HEINZ-CHRISTIAN SCHALK
GERALD F. STEINER

und Gerhard Baumgartner, Christa Binder, Andreas Bolhar-Nordenkampf, Manfred Gurtner-Würl, Peter Konstantiniuk, Andreas Plihal, Goswin Rümmele, Andreas Steinwender, Nikolaus Zangerl

unter Mitarbeit der Verlagsredaktion Mathematik

MATHE-MATIK 2

Verlag Hölder-Pichler-Tempsky GmbH & Co. KG, Wien
www.verlaghpt.at

verlaghpt.at

Dieses Schulbuch wurde auf der Grundlage der Verordnung des Bundesministers für Unterricht und kulturelle Angelegenheiten über die Lehrpläne für Höhere technische und gewerbliche Lehranstalten (= „Rahmenlehrpläne", d. h. die Auswahl und die Gewichtung der Inhalte erfolgt durch die Lehrkräfte), BGBl. Nr. 302/1997, erstellt und mit Bescheid des Bundesministeriums für Unterricht und kulturelle Angelegenheiten vom 30. Oktober 1998, GZ 41.244/3-III/D/13/97, als für den Unterrichtsgebrauch an Höheren technischen und gewerblichen Lehranstalten für den II. Jahrgang im Unterrichtsgegenstand Angewandte Mathematik geeignet erklärt.

Es wurde weiters vom Bundesministerium für Unterricht und kulturelle Angelegenheiten als für den Unterrichtsgebrauch an folgenden Schularten im Unterrichtsgegenstand Mathematik und angewandte Mathematik bzw. Angewandte Mathematik geeignet erklärt:

- Höhere land- und forstwirtschaftliche Lehranstalten (außer der Fachrichtung Land- und Ernährungswirtschaft) für den II. Jahrgang
- technische gewerbliche und kunstgewerbliche Fachschulen für die 2. Klasse
- Höhere technische und gewerbliche Lehranstalten für Berufstätige sowie Vorbereitungslehrgänge für Berufstätige für das 2. Semester (GZ 41.244/1-III/D/13/99 vom 24. November 1999)

Mit freundlicher Genehmigung des Bundesministeriums für Unterricht und kulturelle Angelegenheiten (früher: Bundesministerium für Unterricht und Kunst bzw. Bundesministerium für Unterricht, Kunst und Sport) wurden Inhalte aus der zweiten Experimentalfassung der Lehrzielbank für das berufsbildende Schulwesen (Mathematik für berufsbildende mittlere und höhere Schulen) entnommen.

Mit freundlicher Genehmigung der Texas Instruments Incorporated wurden Abbildungen und Texte aus „Erste Schritte mit dem Voyage™ 200" entnommen. Für die diesem Werk entnommenen Teile gilt: Copyright © 2002 Texas Instruments Incorporated. Autoren und Verlag danken der Texas Instruments Incorporated für die gute Zusammenarbeit.

Schulbuch-Nr. 5.591

Bildquellennachweis:

22 — Bildarchiv der Österreichischen Nationalbibliothek (ÖNB) Wien
32 — Universitäts-Bibliothek Basel
33/Aufgabe 201 — Marine Rundschau
33/Aufgabe 202 — United States Information Agency
34 — KURIER-Artikel, Collage Alexander Lang
36/Aufgabe 212 — Foto Burger
36/Aufgabe 213 — Foto Turok / Embajada de Mexico
37 — Foto 0-451-001 / © Österreichische Fremdenverkehrswerbung
40 — United States Information Agency
45 — Amt der Wiener Landesregierung, MA 33
86 — Foto Schweitzer
90 — Foto Schweitzer
96 — Deutsches Museum München
99 — Universitäts-Bibliothek Basel
101/oben — Universitätsbibliothek München
101/mitte — Deutsches Museum München
101/unten — Universitätsbibliothek München
103 — Julius Meinl AG
115 — Niedersächsische Staats- u. Universitäts-Bibliothek Göttingen
119 — Foto Schweitzer
120 — Universitätsklinik für Strahlentherapie
121 — Verlagsgruppe Langen Müller/Herbig
122 — Deutsches Museum München
126 — Bildarchiv der ÖNB Wien
127 — Bildarchiv der ÖNB Wien
136 — Museen der Stadt Wien
138 — Deutsches Museum München
145 — Foto Storz
147 — KURIER-Foto
156 — Foto Schweitzer
161 — Foto Schweitzer
163 — Fotos Schweitzer
173 — TASS-APN-Bilderdienst / Presseagentur NOWOSTI
197 — Bildarchiv der ÖNB Wien
198 — Siemens Pressebild
202 — Foto Schweitzer
205 — Statistisches Jahrbuch Österreichs 2005 (3)
206 — Statistisches Jahrbuch Österreichs 2005
209 — Statistisches Jahrbuch Österreichs 2005
214 — Foto Burger
217 — Statistisches Jahrbuch Österreichs 2005
223 — Auszug aus der ÖNORM A 6671
226 — Fotos aus dem deutschen MAD
229 — Lichtbildstelle der ÖBB
230 — Casinos Austria AG (2)
232 — Foto Knoll / Stern und Hafferl
233/Aufgabe 972 — Foto Watzlawek
233/Aufgabe 973 — Wr. Spielkartenfabrik Ferd. Piatnik & Söhne
233/Aufgabe 977 — Mazda Austria
234 — Bildarchiv der ÖNB Wien
235 — GESCO Gesellschaft für Unternehmenscommunication GmbH
237 — Botschaft der UdSSR
238 — Wr. Spielkartenfabrik Ferd. Piatnik & Söhne (2)
240/Aufgabe 985 — United States Information Agency
240/Aufgabe 986 — Paul Zsolnay Verlag
241ff. — mit freundlicher Genehmigung der Texas Instruments Incorporated
258 — Foto Steiner

Schulbuchvergütung/Bildrechte: © VBK/Wien

An der Zusammenstellung des vorliegenden Bandes nach dem HTL-Lehrplan 1997 haben Anton BURGER und Monika WATZLAWEK mitgewirkt.

Einband: IBM Computerkunst, Komposition von Jean-Claude HALGAND (Frankreich)

Lektorat: Karl PUFLER

3. Auflage, Nachdruck 2010 (3,02).

Alle Drucke der 3. Auflage können im Unterricht nebeneinander verwendet werden.

Satz, Computergrafik, Druck und Bindung: ERNST BECVAR GMBH, Wien

ISBN 978-3-230-02677-4

INHALTSVERZEICHNIS

Zur Selbstkontrolle

Heinz-Christian Schalk
Gerald F. Steiner

Mathematik 2 Lösungen

bearbeitet von Andreas Plihal, Claudio Zaccarelli und der Verlagsredaktion Mathematik

Das Lösungsheft enthält die Lösungen (Endresultate) zu den Aufgaben dieses Lehrbuchs.

Zu den mit ▢ gekennzeichneten Aufgaben bzw. Aufgabenteilen wird der Lösungsweg ausführlich dargestellt.

Das Lösungsheft ist im Anhang zur Schulbuchliste enthalten, kann aber auch außerhalb der Schulbuchaktion über den Buchhandel bezogen werden.

Schulbuchnummer: 5592
ISBN 978-3-230-02678-1

Unser Service-Team:

Für Bestellungen und Anfragen zu unseren Verlagsprodukten:

Verlag Hölder-Pichler-Tempsky GmbH & Co. KG
A-1090 Wien, Frankgasse 4

Service-Tel: +43-1-403 77 77-70
Fax: +43-1-403 77 77-77

Montag – Donnerstag von 7:30 – 16:00 Uhr, Freitag von 7:30 – 14:00 Uhr

service@verlaghpt.at
www.verlaghpt.at

POTENZEN UND WURZELN

1. Wurzeln als Potenzen mit rationalen Zahlen als Exponenten

Gegeben ist die Zahl 3. Das Quadrat von 3 ist 9: $3^2 = 9$. Ist nun umgekehrt die Zahl 9 gegeben und es ist jene nichtnegative Zahl zu ermitteln, deren Quadrat 9 ist, so schreibt man: $\sqrt{9} = 3$ (gesprochen: Quadratwurzel aus 9 ist gleich 3).

Analog gilt: $2^3 = 8$, wobei 2 die dritte Wurzel (Kubikwurzel) aus 8 ist: $\sqrt[3]{8} = 2$ (gesprochen: Dritte Wurzel aus 8 ist gleich 2).

Weitere Beispiele:

$\sqrt{16} = 4$, weil $4^2 = 16$ $\sqrt[3]{27} = 3$, weil $3^3 = 27$

$\sqrt[4]{256} = 4$, weil $4^4 = 256$ $\sqrt[5]{32} = 2$, weil $2^5 = 32$

Definition:

Unter der **n-ten Wurzel** aus einer nichtnegativen Zahl a ($n \in \mathbb{N}^*$) versteht man jene nichtnegative Zahl b, deren n-te Potenz a ist.

Man schreibt: $\sqrt[n]{a} = b$ (gesprochen: n-te Wurzel aus a ist gleich b).

Bezeichnungen:

a heißt **Radikand**.

n heißt **Wurzelexponent**.

b heißt **Wurzel** (Wurzelwert).

Die Rechenoperation wird **Wurzelziehen** oder **Radizieren** genannt.

Wurzelexponent ↘ $\sqrt[n]{a^m}$ ← Potenzexponent

Das Wurzelziehen kann als eine Umkehrung des Potenzierens aufgefasst werden. **Besteht ein Zusammenhang zwischen Potenz- und Wurzelexponent?**

Wir berechnen mit dem Taschenrechner:

$\sqrt[5]{3^4} = \sqrt[5]{81} = 2{,}40822$ $2{,}40822 = 3^{0{,}8} = 3^{\frac{4}{5}}$

→ $\sqrt[5]{3^4} = 3^{\frac{4}{5}}$ ←

$\sqrt[5]{2^5} = \sqrt[5]{32} = 2$ $2 = 2^1 = 2^{\frac{5}{5}}$

→ $\sqrt[5]{2^5} = 2^{\frac{5}{5}}$ ←

$\sqrt[3]{5^6} = \sqrt[3]{15625} = 25$ $25 = 5^2 = 5^{\frac{6}{3}}$

→ $\sqrt[3]{5^6} = 5^{\frac{6}{3}}$ ←

Definition:

Für alle $a \in \mathbb{R}^+$, $m \in \mathbb{Z}$, $n \in \mathbb{N}^*$ gilt:

$$\sqrt[n]{a^m} = a^{\frac{m}{n}}$$

Sonderfall: $\sqrt[n]{a} = a^{\frac{1}{n}}$

Wurzelexponent$\sqrt{\text{Radikand}}$ = Wurzel

Potenzen mit rationalen Exponenten (z. B.: $a^{\frac{3}{2}}$, $b^{\frac{7}{12}}$, $4^{\frac{1}{2}}$ usw.) haben nun durch die nebenstehende Definition erst einen Sinn bekommen:

$a^{\frac{3}{2}} = \sqrt{a^3}$, $b^{\frac{7}{12}} = \sqrt[12]{b^7}$, $4^{\frac{1}{2}} = 2$ usw.

Um umständliche Schreibweisen zu vermeiden, wollen wir verabreden, dass

(1) allfällige Nenner als von 0 verschieden,

(2) alle auftretenden Radikanden als nicht negativ,

(3) die Zähler der Exponenten als Elemente aus $\mathbb{Z}$,

(4) die Nenner der Exponenten als Elemente aus $\mathbb{N}^*$

zu betrachten sind.

Die von uns gewählte Definition $\sqrt[n]{a^m} = a^{\frac{m}{n}}$ ist deshalb sinnvoll, **weil die Rechengesetze für Potenzen mit ganzen Zahlen als Exponenten auch für Potenzen mit rationalen Zahlen als Exponenten gültig sind.**

Es kann sogar gezeigt werden, dass diese Rechengesetze für beliebige reelle Zahlen als Exponenten gelten.

Aus diesem Grund sind für das Rechnen mit Wurzeln (Jede Wurzel lässt sich ja als Potenz mit rationalem Exponenten schreiben.) keine neuen Rechengesetze notwendig. Es gilt:

Rechnen mit Wurzeln

(1) Beim Addieren und Subtrahieren lassen sich nur gleichartige[1] Wurzeln zusammen fassen.

(1) $p\sqrt[n]{a^m} + q\sqrt[n]{a^m} = (p+q)\sqrt[n]{a^m}$, weil $pa^{\frac{m}{n}} + qa^{\frac{m}{n}} = (p+q)\,a^{\frac{m}{n}}$

z. B.: $\sqrt{3} - 2\sqrt{3} + 5\sqrt{3} = 4\sqrt{3}$

(2) Das Produkt bzw. der Quotient von Wurzeln mit gleichen Radikanden und verschiedenen Wurzelexponenten lässt sich durch geeignetes Erweitern als eine einzige Wurzel anschreiben.

(2) $\sqrt[n]{a}\,\sqrt[m]{a} = \sqrt[nm]{a^{m+n}}$, weil $a^{\frac{1}{n}}a^{\frac{1}{m}} = a^{\frac{m+n}{nm}}$

z. B.: $\sqrt[3]{a} \cdot \sqrt[5]{a} = \sqrt[15]{a^8}$

$\frac{\sqrt[n]{a}}{\sqrt[m]{a}} = \sqrt[nm]{a^{m-n}}$, weil $\frac{a^{\frac{1}{n}}}{a^{\frac{1}{m}}} = a^{\frac{1}{n}-\frac{1}{m}} = a^{\frac{m-n}{nm}}$

z. B.: $\frac{\sqrt[5]{a}}{\sqrt[9]{a}} = \sqrt[45]{a^4}$

(3) Man zieht die Wurzel aus einem Produkt, indem man sie aus den einzelnen Faktoren zieht.

(3) $\sqrt[n]{ab} = \sqrt[n]{a}\,\sqrt[n]{b}$, weil $(ab)^{\frac{1}{n}} = a^{\frac{1}{n}}b^{\frac{1}{n}}$

z. B.: $\sqrt{80} = \sqrt{16}\,\sqrt{5} = 4\sqrt{5}$, $\sqrt{3}\,\sqrt{12} = \sqrt{36} = 6$

(4) Man zieht die Wurzel aus einem Quotienten, indem man sie getrennt aus Zähler und Nenner zieht.

(4) $\sqrt[n]{\frac{a}{b}} = \frac{\sqrt[n]{a}}{\sqrt[n]{b}}$, weil $\left(\frac{a}{b}\right)^{\frac{1}{n}} = \frac{a^{\frac{1}{n}}}{b^{\frac{1}{n}}}$

z. B.: $\sqrt{\frac{9}{16}} = \frac{\sqrt{9}}{\sqrt{16}} = \frac{3}{4}$, $\frac{\sqrt[3]{81}}{\sqrt[3]{3}} = \sqrt[3]{\frac{81}{3}} = \sqrt[3]{27} = 3$

(5) Man zieht die Wurzel aus einer Wurzel, indem man die Wurzelexponenten multipliziert und das Produkt als neuen Wurzelexponenten benutzt.

(5) $\sqrt[n]{\sqrt[m]{a}} = \sqrt[m]{\sqrt[n]{a}} = \sqrt[mn]{a}$, weil $(a^{\frac{1}{m}})^{\frac{1}{n}} = (a^{\frac{1}{n}})^{\frac{1}{m}} = a^{\frac{1}{mn}}$

z. B.: $\sqrt[3]{\sqrt{8}} = \sqrt{\sqrt[3]{8}} = \sqrt{2}$, $\sqrt[7]{\sqrt[5]{a^2}} = \sqrt[35]{a^2}$

(6) Wurzel- und Potenzexponent dürfen mit der gleichen Zahl multipliziert bzw. durch die gleiche Zahl ($\neq 0$) dividiert werden.

(6) $\sqrt[mr]{a^{nr}} = \sqrt[m]{a^n}$, weil $a^{\frac{nr}{mr}} = a^{\frac{n}{m}}$

z. B.: $\sqrt[20]{1024} = \sqrt[20]{2^{10}} = \sqrt{2}$, $\sqrt[15]{a^3} = \sqrt[5]{a}$

[1]) Wurzeln mit gleichen Radikanden und gleichen Wurzelexponenten heißen **gleichartige Wurzeln**.

Beispiel:

Es ist zu vereinfachen:

a) $\sqrt[n-3]{\frac{1}{(5x+3y)^{3-n}}}$ **b)** $\sqrt{24}+\sqrt{216}-\sqrt{54}$

c) $\frac{\sqrt{a^2-b^2}}{\sqrt{a+b}}$ **d)** $\sqrt[3]{x^3-3x^2+3x-1}$

e) $\sqrt{\frac{1}{5}\sqrt[3]{500}}$ **f)** $\sqrt[26]{x^3\sqrt[7]{x^5}}$

g) $\sqrt[3]{\frac{\sqrt{x}}{\sqrt[5]{x}}}$ **h)** $\sqrt[3]{(x^{-2}-y^{-2})^2}\left(\sqrt[3]{x^{-2}+y^{-2}}\right)^2\sqrt[3]{\left(\frac{xy}{\sqrt[4]{y^4-x^4}}\right)^8}$

Lösung:

a) $\sqrt[n-3]{\frac{1}{(5x+3y)^{3-n}}}=\sqrt[n-3]{(5x+3y)^{n-3}}=(5x+3y)^{\frac{n-3}{n-3}}=5x+3y$

b) $\sqrt{24}+\sqrt{216}-\sqrt{54}=\sqrt{4\cdot 6}+\sqrt{36\cdot 6}-\sqrt{9\cdot 6}=$

$=2\sqrt{6}+6\sqrt{6}-3\sqrt{6}=5\sqrt{6}$

Die Umformung $\sqrt{24}=\sqrt{4\cdot 6}=2\sqrt{6}$ wird als **„teilweises" Wurzelziehen** bezeichnet.

c) $\frac{\sqrt{a^2-b^2}}{\sqrt{a+b}}=\sqrt{\frac{a^2-b^2}{a+b}}=\sqrt{\frac{(a+b)(a-b)}{(a+b)}}=\sqrt{a-b}$

d) $\sqrt[3]{x^3-3x^2+3x-1}=\sqrt[3]{(x-1)^3}=x-1$

e) $\sqrt{\frac{1}{5}\sqrt[3]{500}}=\sqrt{\sqrt[3]{\frac{500}{125}}}=\sqrt[3]{\sqrt{4}}=\sqrt[3]{2}$

f) $\sqrt[26]{x^3\sqrt[7]{x^5}}=x^{(3+\frac{5}{7})\frac{1}{26}}=x^{\frac{26}{7}\cdot\frac{1}{26}}=x^{\frac{1}{7}}=\sqrt[7]{x}$

g) $\sqrt[3]{\frac{\sqrt{x}}{\sqrt[5]{x}}}=x^{(\frac{1}{2}-\frac{1}{5})\frac{1}{3}}=x^{\frac{3}{10}\cdot\frac{1}{3}}=x^{\frac{1}{10}}=\sqrt[10]{x}$

h) $\sqrt[3]{(x^{-2}-y^{-2})^2}\left(\sqrt[3]{x^{-2}+y^{-2}}\right)^2\sqrt[3]{\left(\frac{xy}{\sqrt[4]{y^4-x^4}}\right)^8}=$

$=\sqrt[3]{\left(\frac{1}{x^2}-\frac{1}{y^2}\right)^2\left(\frac{1}{x^2}+\frac{1}{y^2}\right)^2\left(\frac{xy}{\sqrt[4]{y^4-x^4}}\right)^8}=$

$=\sqrt[3]{\left[\left(\frac{1}{x^2}-\frac{1}{y^2}\right)\left(\frac{1}{x^2}+\frac{1}{y^2}\right)\right]^2\frac{x^8y^8}{\left(\sqrt[4]{y^4-x^4}\right)^8}}=\sqrt[3]{\left(\frac{1}{x^4}-\frac{1}{y^4}\right)^2\frac{x^8y^8}{(y^4-x^4)^2}}=$

$=\sqrt[3]{\left(\frac{y^4-x^4}{x^4y^4}\right)^2\frac{x^8y^8}{(y^4-x^4)^2}}=\sqrt[3]{\frac{(y^4-x^4)^2}{x^8y^8}\cdot\frac{x^8y^8}{(y^4-x^4)^2}}=\sqrt[3]{1}=1$

Teilweises Wurzelziehen

$\sqrt[n]{a^n b}=a\sqrt[n]{b}$

$\sqrt[1]{a^1}=a$, weil $a^1=a$

$\sqrt[n]{0}=0$ $(n\in\mathbb{N}^*)$, weil $0^n=0$

$\sqrt[n]{1}=1$, weil $1^n=1$

Beispiel:

Die Nenner der folgenden Brüche sind wurzelfrei zu machen:

a) $\frac{1}{\sqrt{2}}$ **b)** $\frac{x}{\sqrt[4]{x}}$ **c)** $\frac{1}{\sqrt{a}-\sqrt{b}}$

Wurzelfreimachen des Nenners

Lösung:

a) $\frac{1}{\sqrt{2}} = \frac{\sqrt{2}}{\sqrt{2}\,\sqrt{2}} = \frac{\sqrt{2}}{2}$ **b)** $\frac{x}{\sqrt[4]{x}} = \frac{x\sqrt[4]{x^3}}{\sqrt[4]{x}\,\sqrt[4]{x^3}} = \frac{x\sqrt[4]{x^3}}{x} = \sqrt[4]{x^3}$

c) $\frac{1}{\sqrt{a}-\sqrt{b}} = \frac{\sqrt{a}+\sqrt{b}}{(\sqrt{a}-\sqrt{b})(\sqrt{a}+\sqrt{b})} = \frac{\sqrt{a}+\sqrt{b}}{a-b}$

Wenn der Nenner ein Binom ist, wird unter Beachtung der Formel $(a+b)(a-b)=a^2-b^2$ erweitert.

Bemerkung: Alle auftretenden Variablen sind der Zahlenmenge $\mathbb{Q}^+$ zu entnehmen.

2. Potenz- und Wurzelfunktionen

2.1 Potenzfunktionen

Definition:

Potenzfunktionen sind Funktionen, die durch eine Funktionsgleichung $y = ax^n$ $(a \in \mathbb{R} \setminus \{0\},\ n \in \mathbb{Z} \setminus \{0\})$ dargestellt werden können.

Für $n > 0$ gilt: $x \in \mathbb{R}$
Für $n < 0$ gilt: $x \in \mathbb{R} \setminus \{0\}$

Beispiele für Potenzfunktionen: $x \mapsto x^3$, $x \mapsto 3x^2$, $x \mapsto x^{-7}$ usw.

Gerade, natürliche Exponenten

Die nebenstehenden Kurven nennt man **Parabeln**. Der höchste bzw. tiefste Punkt einer Parabel heißt **Scheitelpunkt**. Im Beispiel haben alle Parabeln den Scheitel im Punkt P(0, 0).

Der Graph der Funktion $f: x \mapsto ax^n$ $(a \in \mathbb{R} \setminus \{0\},\ x \in \mathbb{R},\ n \in \mathbb{N}_g \setminus \{0\})$ liegt **symmetrisch zur y-Achse**.

Es gilt: $f(x) = f(-x)$

Definition:

Eine Funktion $f: x \mapsto f(x)$, $x \in D$, $D \subseteq \mathbb{R}$ heißt **gerade**, wenn für alle $x \in D$ mit $-x \in D$ gilt: $f(x) = f(-x)$

Beispiel:

Die Graphen der Funktionen (1) $f_1: x \mapsto x^2$ (2) $f_2: x \mapsto 2x^2$ (3) $f_3: x \mapsto \frac{1}{2}x^2$ (4) $f_4: x \mapsto -x^2$ sind in einem gemeinsamen Koordinatensystem zu zeichnen!

Lösung:

Wertetabelle:

x	$f_1(x)$	$f_2(x)$	$f_3(x)$	$f_4(x)$
0	0	0	0	0
±0,5	0,25	0,5	0,13	– 0,25
±1	1	2	0,5	– 1
±1,5	2,3	4,5	1,1	– 2,3
±2	4	8	2	– 4
±3	9	18	4,5	– 9

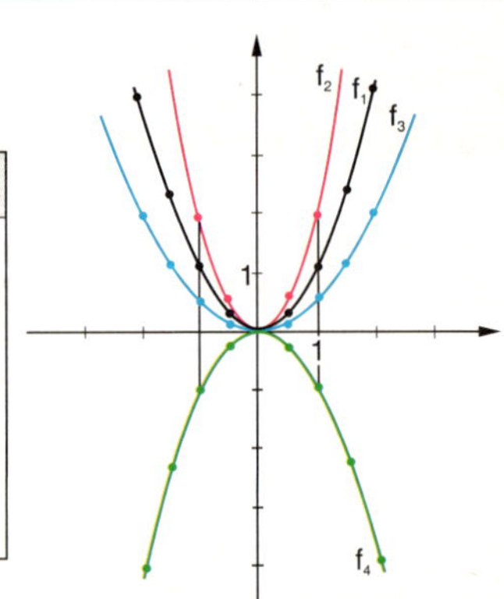

Welche Eigenschaften haben die Funktionen f_1, f_2 und f_3 des obigen Beispiels?

Zunächst einmal gehen alle Funktionsgraphen durch den Punkt P(0, 0). Die Wertemenge ist in jedem Fall $\mathbb{R}_0^+$. Außerdem liegen die Graphen spiegelbildlich zur y-Achse. Es handelt sich um **gerade** Funktionen (vgl. Definition auf der vorigen Seite). Letzteres gilt auch für die Funktion f_4: $x \mapsto -x^2$.

Den Graphen von f_4: $x \mapsto -x^2$ erhält man durch Spiegelung des Graphen von f_1: $x \mapsto x^2$ an der x-Achse.

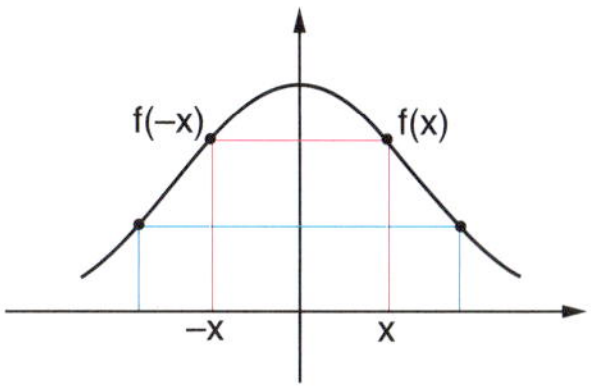

Beispiel:

Die Graphen der Funktionen **(1)** f_1: $x \mapsto x^3$ **(2)** f_2: $x \mapsto x^5$ **(3)** f_3: $x \mapsto 2x^3$ **(4)** f_4: $x \mapsto -x^3$ sind in einem gemeinsamen Koordinatensystem zu zeichnen!

Lösung:

Wertetabelle:

x	$f_1(x)$	$f_2(x)$	$f_3(x)$	$f_4(x)$
0	0	0	0	0
0,75	0,42	0,24	0,84	0,42
−0,75	−0,42	−0,24	−0,84	0,42
1	1	1	2	−1
−1	−1	−1	−2	1
1,25	2	3,1	3,9	−2
−1,25	−2	−3,1	−3,9	2

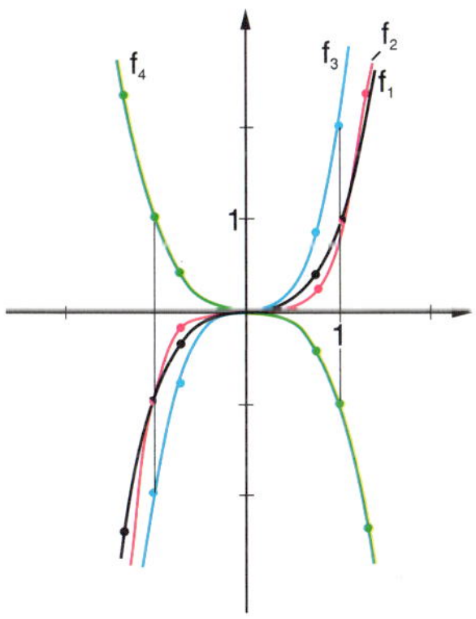

Ungerade, natürliche Exponenten

Die nebenstehenden Kurven heißen gleichfalls **Parabeln**.

Der Graph der Funktion f: $x \mapsto ax^n$ ($a \in \mathbb{R} \setminus \{0\}$, $x \in \mathbb{R}$, $n \in \mathbb{N}_u \setminus \{1\}$)[1] liegt **symmetrisch zum Ursprung** (Punktsymmetrie).

Es gilt: $f(x) = -f(-x)$

Definition:

Eine Funktion f: $x \mapsto f(x)$, $x \in D$, $D \subseteq \mathbb{R}$ heißt **ungerade**, wenn für alle $x \in D$ mit $-x \in D$ gilt: $f(x) = -f(-x)$

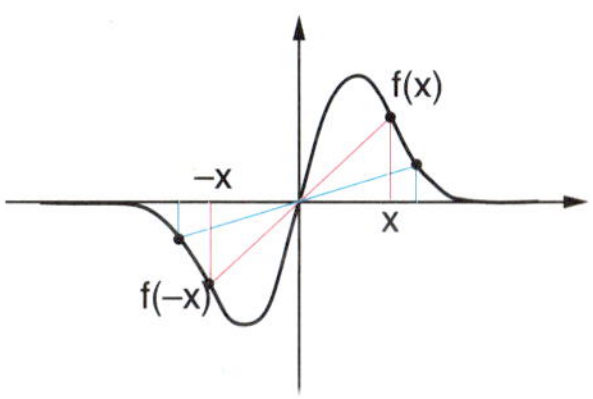

Wir ermitteln einige Eigenschaften der Funktionen f_1, f_2, f_3 und f_4 des obigen Beispiels:

Alle Funktionsgraphen gehen durch den Punkt (0, 0). Die Wertemenge ist in jedem Fall $\mathbb{R}$. Weiters liegen die Graphen spiegelbildlich zum Ursprung. Es handelt sich um **ungerade** Funktionen (vgl. Definition in der Außenspalte).

Den Graphen von f_4: $x \mapsto -x^3$ erhält man durch Spiegelung des Graphen von f_1: $x \mapsto x^3$ an der x-Achse bzw. y-Achse.

$y = ax^{2n}$ ($n \in \mathbb{N}^*$) $y = ax^{2n+1}$

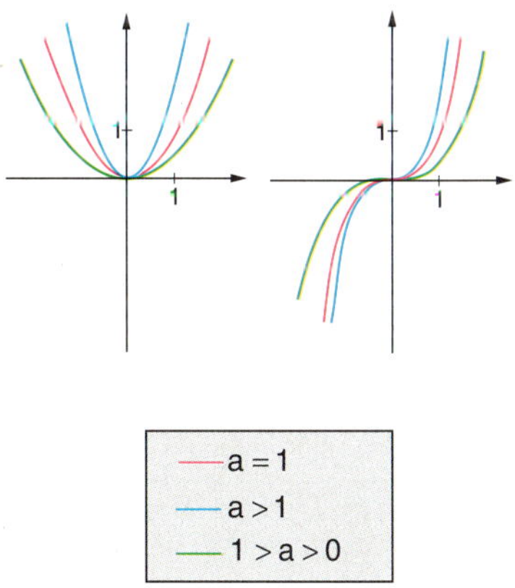

Zusammenfassung:

- Die grafische Veranschaulichung jeder Funktion $x \mapsto ax^n$ ($a \in \mathbb{R} \setminus \{0\}$, $x \in \mathbb{R}$, $n \in \mathbb{N} \setminus \{0, 1\}$) liefert eine Parabel.
- Für $n \in \mathbb{N}_g \setminus \{0\}$ liegt die Parabel symmetrisch zur y-Achse. Es handelt sich um eine gerade Funktion.
- Für $n \in \mathbb{N}_u \setminus \{1\}$ liegt der Graph von $x \mapsto ax^n$ symmetrisch zum Ursprung (Punktsymmetrie). Es handelt sich um eine ungerade Funktion.
- Für $|a| > 1$ wird die Parabel in der y-Richtung gestreckt. Sie wird in der y-Richtung gestaucht, wenn $|a|$ zwischen den Werten 0 und 1 liegt ($0 < |a| < 1$).
- Wenn $a < 0$ ist, tritt noch eine Spiegelung an der x-Achse hinzu.

[1]) Für n = 1 erhalten wir eine Funktion f: $x \mapsto ax$, deren Graph eine Gerade ist.

Gerade, negative Exponenten

Die nebenstehenden Kurven nennt man **Hyperbeln**. Hyperbeln bestehen aus zwei Ästen, die sich zwei Geraden (Hier sind es die Koordinatenachsen.) nähern, ohne sie zu berühren. Man nennt diese Geraden die **Asymptoten** der Hyperbel.

Beispiel:

Die Graphen der Funktionen mit der Gleichung **(1)** $y_1 = \frac{1}{x^2}$ **(2)** $y_2 = \frac{1}{x^4}$ **(3)** $y_3 = \frac{2}{x^6}$ **(4)** $y_4 = -\frac{1}{x^2}$ sind in einem gemeinsamen Koordinatensystem zu zeichnen!

Lösung:

Da die Division durch 0 unzulässig ist, gilt in allen Fällen: $D = \mathbb{R} \setminus \{0\}$

Wertetabelle:

x	y_1	y_2	y_3	y_4
±1	1	1	2	−1
±2	0,25	0,06	0,03	−0,25
±0,75	1,8	3,2	11,2	−1,8
±1,5	0,44	0,2	0,18	−0,44

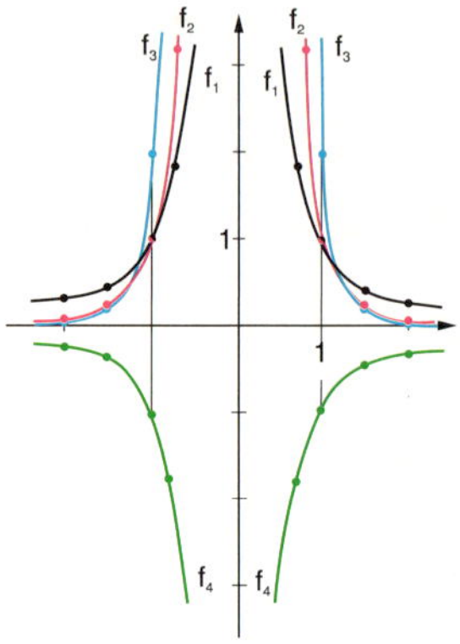

Man begründe, warum es sich im obigen Beispiel um gerade Funktionen handelt!

Die Graphen von $y = -\frac{1}{x^2}$ erhält man durch Spiegelung des Graphen von $y = \frac{1}{x^2}$ an der x-Achse.

Ungerade, negative Exponenten

Die nebenstehenden Kurven heißen gleichfalls **Hyperbeln**.

Beispiel:

Die Graphen der Funktion $x \mapsto ax^{-1} = \frac{a}{x}$ sind für **(1)** $a = 1$ **(2)** $a = 2$ **(3)** $a = 0{,}5$ **(4)** $a = -1$ in einem gemeinsamen Koordinatensystem zu zeichnen!

Lösung:

Wir haben also die Graphen der Funktionen mit den Gleichungen **(1)** $y_1 = \frac{1}{x}$ **(2)** $y_2 = \frac{2}{x}$ **(3)** $y_3 = \frac{1}{2x}$ und **(4)** $y_4 = -\frac{1}{x}$ zeichnerisch darzustellen. Definitionsmenge: $D = \mathbb{R} \setminus \{0\}$

Wertetabelle:

x	y_1	y_2	y_3	y_4
0,5	2	4	1	−2
−0,5	−2	−4	−1	2
1	1	2	0,5	−1
−1	−1	−2	−0,5	1
1,25	0,8	1,6	0,4	−0,8
−1,25	−0,8	−1,6	−0,4	0,8
2	0,5	1	0,25	−0,5
−2	−0,5	−1	−0,25	0,5

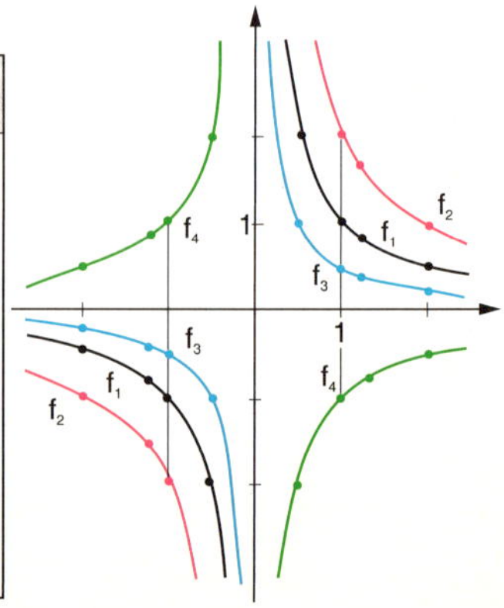

Man versuche, die folgenden Fragen zu beantworten:

- Handelt es sich im vorigen Beispiel um ungerade Funktionen?
- Welchen Einfluss hat der Faktor a auf den Verlauf der Hyperbel?
- Welcher Zusammenhang besteht zwischen den Graphen der Funktionen mit den Gleichungen $y = \frac{1}{x}$ und $y = -\frac{1}{x}$?

$y = \frac{a}{x^{2n}}$ $(n \in \mathbb{N}^*)$ $y = \frac{a}{x^{2n-1}}$

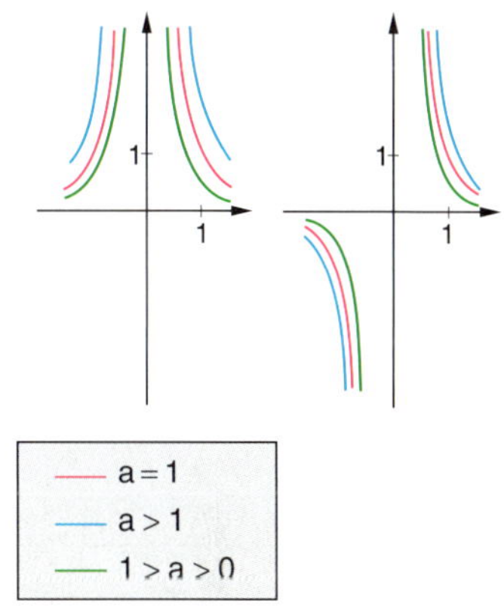

Zusammenfassung:

- Die grafische Veranschaulichung jeder Funktion $x \mapsto ax^{-n} = \frac{a}{x^n}$ $(a \in \mathbb{R} \setminus \{0\}, x \in \mathbb{R} \setminus \{0\}, n \in \mathbb{N}^*)$ liefert eine Hyperbel.
- Für $n \in \mathbb{N}_g \setminus \{0\}$ liegt die Hyperbel symmetrisch zur y-Achse. Es handelt sich um eine gerade Funktion.
- Für $n \in \mathbb{N}_u$ liegt der Graph von $x \mapsto \frac{a}{x^n}$ symmetrisch zum Ursprung (Punktsymmetrie). Es handelt sich um eine ungerade Funktion.
- Für $|a| > 1$ verläuft die Hyperbel flacher. Sie wird stärker gekrümmt, wenn $|a|$ zwischen den Werten 0 und 1 liegt $(0 < |a| < 1)$.
- Wenn $a < 0$ ist, tritt noch eine Spiegelung an der x-Achse hinzu.

Wir wollen nun noch die Eigenschaften **Monotonie**, **Beschränktheit** und **Stetigkeit** von Funktionen besprechen.

Der in der Außenspalte dargestellte Graph von $y = x^2$ hat die Eigenschaft, dass für **wachsende** Argumentwerte x

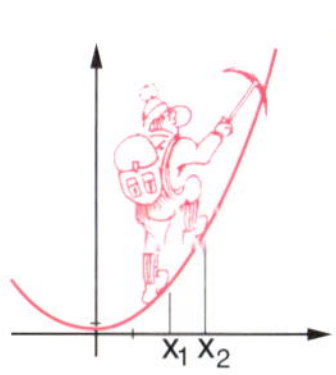

für $x \geqslant 0$ | für $x \leqslant 0$

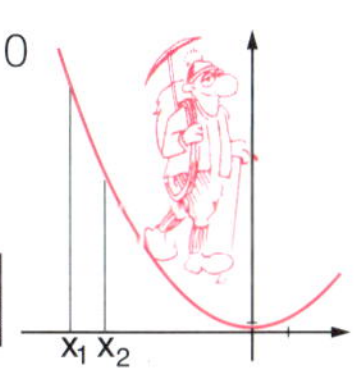

auch die zugehörigen Funktionswerte y

größer | **kleiner**

werden.

Z. B.	Z. B.
$x_1 = 2 \Rightarrow y_1 = 4$	$x_1 = -5 \Rightarrow y_1 = 25$
$x_2 = 3 \Rightarrow y_2 = 9$	$x_2 = -4 \Rightarrow y_2 = 16$
Allgemein:	Allgemein:
$x_1 < x_2 \Rightarrow f(x_1) < f(x_2)$	$x_1 < x_2 \Rightarrow f(x_1) > f(x_2)$

Man sagt:

Die Funktion $x \mapsto x^2$ ist für $x \in \mathbb{R}_0^+$ **streng monoton wachsend (steigend)**.	Die Funktion $x \mapsto x^2$ ist für $x \in \mathbb{R}_0^-$ **streng monoton fallend**.

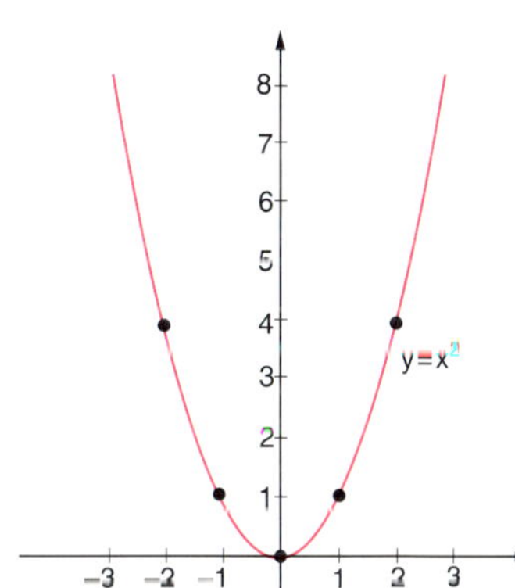

Für **Potenzfunktionen mit geraden, natürlichen Exponenten** $y = ax^{2n}$ $(n \in \mathbb{N}^*)$ gilt für $a > 0$: Die Funktion ist für $x \in \mathbb{R}_0^+$ streng monoton wachsend und für $x \in \mathbb{R}_0^-$ streng monoton fallend. Wenn $a < 0$ ist, dann ist die Funktion für $x \in \mathbb{R}_0^+$ streng monoton fallend und für $x \in \mathbb{R}_0^-$ streng monoton wachsend.

Man überlege, welches Monotonieverhalten Potenzfunktionen mit ungeraden, natürlichen Exponenten bzw. mit negativen Exponenten für $a > 0$ bzw. $a < 0$ haben.

Man überlege, ob Potenzfunktionen mit ungeraden, natürlichen Exponenten bzw. mit negativen Exponenten ebenfalls beschränkt sind.

Betrachten Sie nochmals den auf der vorigen Seite in der Außenspalte dargestellten Graphen von $y = x^2$: Alle Zahlen $b \in \mathbb{R}_0^-$ erfüllen für alle $x \in \mathbb{R}$ die Ungleichung $f(x) \geq b$. Die Funktion $y = x^2$ ist nach unten **beschränkt**. Allgemein kann man feststellen, dass **Potenzfunktionen mit geraden, natürlichen Exponenten** $y = ax^{2n}$ ($n \in \mathbb{N}^*$) für $a > 0$ nach unten und für $a < 0$ nach oben beschränkt sind.

Potenzfunktionen mit natürlichen Exponenten können übrigens „in einem" durchgezeichnet werden, ohne dass man mit dem Zeichenstift absetzen muss. Derartige Funktionen werden als **stetig** bezeichnet.

Beim Zeichnen von **Potenzfunktionen mit negativen Exponenten** müssen Sie an der Stelle $x = 0$ mit dem Zeichenstift absetzen, da diese Funktionen an dieser Stelle **unstetig** sind.

2.2 Wurzelfunktionen

Beispiele für Wurzelfunktionen: $x \mapsto \sqrt{x}$, $x \mapsto \sqrt[5]{x}$, $x \mapsto -4\sqrt[6]{x}$ usw.

Definition:

Wurzelfunktionen sind Funktionen, die durch eine Funktionsgleichung $y = a\sqrt[n]{x^m}$ ($a \in \mathbb{R}\setminus\{0\}$, $m \in \mathbb{Z}\setminus\{0\}$, $n \in \mathbb{N}\setminus\{0, 1\}$, $x \in \mathbb{R}_0^+$) dargestellt werden können.

Beispiel:

Die Graphen der Funktionen **(1)** $f_1: x \mapsto \sqrt{x}$ **(2)** $f_2: x \mapsto \sqrt[3]{x}$ **(3)** $f_3: x \mapsto -\sqrt{x}$ **(4)** $f_4: x \mapsto -\sqrt[3]{x}$ sind in einem gemeinsamen Koordinatensystem zu zeichnen:

Lösung:

Wertetabelle:

x	$f_1(x)$	$f_2(x)$	$f_3(x)$	$f_4(x)$
0	0	0	0	0
0,5	0,71	0,79	– 0,71	– 0,79
1	1	1	– 1	– 1
2	1,41	1,26	– 1,41	– 1,26
3	1,73	1,44	– 1,73	– 1,44
4	2	1,59	– 2	– 1,59

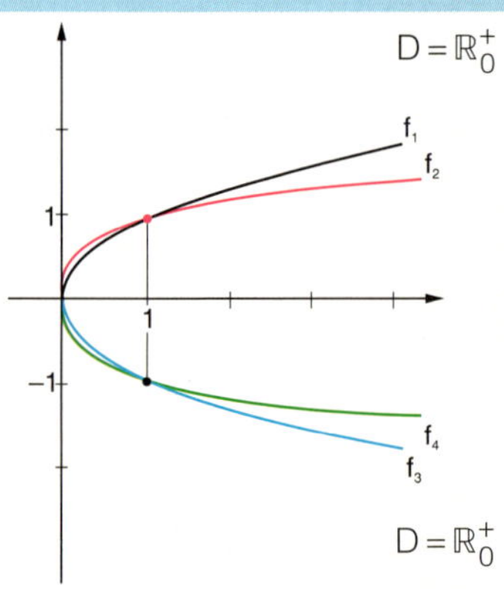

Funktionen, von denen die eine aus der anderen dadurch entsteht, dass man die Variablen x und y miteinander vertauscht, heißen **Umkehrfunktionen**. Die Graphen der Funktionen gehen durch Spiegelung an der Geraden mit der Gleichung $y = x$ ineinander über.

Welcher Zusammenhang besteht zwischen der Potenzfunktion $x \mapsto x^2$ und der Wurzelfunktion $x \mapsto \sqrt{x}$? Die Potenzfunktion mit der Gleichung $y = x^2$ ist im Definitionsbereich $\mathbb{R}_0^+$ die **Umkehrfunktion** f^{-1} der Wurzelfunktion $x \mapsto \sqrt{x}$:[1)]

$y = x^2 \Rightarrow$ **Umkehrung:** $x = y^2 \Rightarrow y = \sqrt{x}$ Auflösung nach y

Zur Erinnerung: Bei der Umkehrung einer Funktion tauschen Definitionsmenge und Wertemenge ihre Rollen. Formal bedeutet das: **Die Variablen x und y sind zu tauschen.** Die neue Gleichung ist (sofern das möglich ist) nach y aufzulösen.

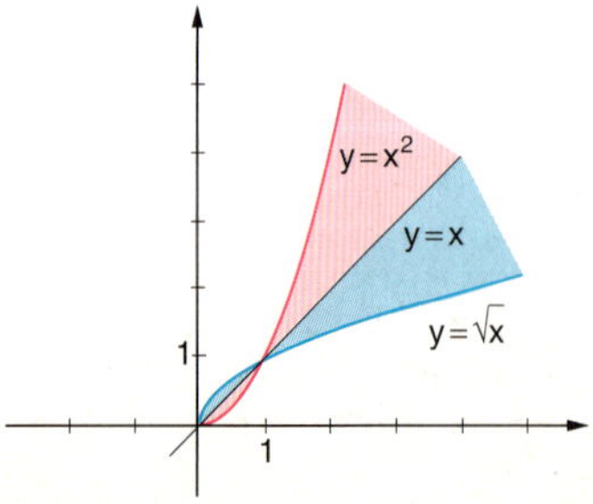

In der Außenspalte werden die Graphen von $x \mapsto x^2$ und $x \mapsto \sqrt{x}$ im Definitionsbereich $\mathbb{R}_0^+$ dargestellt. Allgemein sind die Potenzfunktion $x \mapsto x^n$ und die Wurzelfunktion $x \mapsto \sqrt[n]{x}$ im Definitionsbereich $\mathbb{R}_0^+$ Umkehrfunktionen voneinander.

Die Umkehrfunktion der Potenzfunktion $x \mapsto x^n$ ist die Wurzelfunktion $x \mapsto \sqrt[n]{x}$.
Die Umkehrfunktion der Wurzelfunktion $x \mapsto \sqrt[n]{x}$ ist die Potenzfunktion $x \mapsto x^n$.

1) $f^{-1}(x)$ darf nicht mit $\frac{1}{f(x)}$ verwechselt werden!

3. Wurzelgleichungen

Beispiele für Wurzelgleichungen: $\sqrt{2x-4}=2$, $\sqrt[3]{5x+1}+\sqrt[3]{x-3}=5\sqrt{4}$ usw.

Beispiel:

Man löse die Gleichung $3-\sqrt{x+6}=0$ in $\mathbb{R}$!

Lösung:

Wenn man die gegebene Gleichung quadriert, ergibt sich:

$$(3-\sqrt{x+6})^2=0$$

$$9-6\sqrt{x+6}+x+6=0$$

Wir erkennen, dass die Wurzel, die beseitigt werden sollte, auch noch nach dem Quadrieren auftritt. Aus diesem Grund soll womöglich jede Wurzelgleichung vor dem Quadrieren so umgeformt werden, dass die Wurzel allein auf einer Seite der Gleichung bleibt, d. h. dass sie isoliert wird: $\sqrt{x+6}=3$. Wenn man nun die Gleichung quadriert, erhalt man: $x+6=9$

$$x=3$$

Probe:

$T_L(3)=3-\sqrt{9}=3-3=0$ $\quad T_R=0$ $\quad T_L=T_R(w)$

Es gilt somit: $L=\{3\}$

Bei dem obigen Beispiel haben wir folgendes Verfahren angewandt:

(1) Die Wurzel wurde auf **eine** Seite der Gleichung gebracht.
(2) **Beide** Seiten der Gleichung wurden quadriert.
(3) Berechnung von x.
(4) Ausführung der Probe
(5) Angabe der Lösungsmenge.

Beispiel:

$\sqrt{x+9}+5=0$ ist in $\mathbb{Q}$ zu lösen!

Lösung:

$$\sqrt{x+9}+5=0 \quad | \text{ Wurzel isolieren!}$$
$$\sqrt{x+9}=-5 \quad | \text{ Quadrieren!}$$
$$x+9=25$$
$$x=16$$

Probe:

$T_L(16)=\sqrt{25}+5=10$ $\quad T_R=0$ $\quad T_L\neq T_R$

Die gefundene Lösung $x=16$ erfüllt die Gleichung **nicht**: $L=\{\ \}$

Mit ein bisschen Überlegung hätte man sogleich erkennen können, dass die Wurzelgleichung $\sqrt{x+9}+5=0 \Leftrightarrow \sqrt{x+9}=-5$ **keine** Lösung hat: **Da es keine negativen Wurzeln gibt** (Im Beispiel müsste der Wurzelwert –5 sein.), **muss die Lösungsmenge die leere Menge sein!**

Definition:

Eine Gleichung, in der die Variable mindestens einmal im Radikanden einer Wurzel auftritt, heißt **Wurzelgleichung**.

Gemäß obiger Definition müssen Gleichungen, in denen Wurzeln auftreten, keine Wurzelgleichungen sein. So ist z. B. die Gleichung $3x\sqrt{2}+\sqrt{5}=2\sqrt{7}$ **keine** Wurzelgleichung, sondern eine lineare Gleichung mit Wurzelkoeffizienten.

Angenommen, die Wurzelgleichung $\sqrt{x}=5$ ist über der Grundmenge $\mathbb{Q}$ zu lösen. $\mathbb{Q}$ ist also die Menge der Zahlen, die als mögliche Lösungen der Gleichungen vorgesehen ist.

Allerdings gibt es etliche Elemente der Grundmenge, für die der Gleichungsterm in **keinen** sinnvollen Zahlenwert übergeht: –5, –33, –200 usw.

Wenn man nun die Grundmenge einer Wurzelgleichung dahin gehend einschränkt, dass die Radikanden der auftretenden Wurzeln nur **nichtnegative** Werte annehmen, erhält man die Definitionsmenge D der Gleichung.

Anders formuliert: Die Definitionsmenge einer Wurzelgleichung enthält alle jene Elemente der Grundmenge, für die — beim Belegen der Variablen — **alle** Radikanden dieser Gleichung größer oder gleich Null sind. Auf unseren Fall $\sqrt{x}=5$ bezogen ergibt sich also $D=\mathbb{Q}_0^+$

Quadrieren ist keine Äquivalenzumformung. Daher können „Scheinlösungen" auftreten. Man muss deshalb mittels Probe jene Werte aussondern, die zu falschen oder nicht definierten Aussagen führen, obgleich sie in der Definitionsmenge enthalten sind.

Sofern mehrere Wurzeln auftreten, ist die Definitionsmenge D der Wurzelgleichung die Durchschnittsmenge der Definitionsmengen jener Terme, die die Gleichung bilden.

Für das nebenstehende Beispiel gilt:

$$4x+9 \geqslant 0 \Leftrightarrow x \geqslant -\frac{9}{4}$$
$$D_1 = \left\{x \mid x \in \mathbb{Q} \wedge x \geqslant -\frac{9}{4}\right\}$$
$$x \geqslant 0$$
$$D_2 = \{x \mid x \in \mathbb{Q} \wedge x \geqslant 0\}$$
$$x+5 \geqslant 0 \Leftrightarrow x \geqslant -5$$
$$D_3 = \{x \mid x \in \mathbb{Q} \wedge x \geqslant -5\}$$
$$D = D_1 \cap D_2 \cap D_3 = \{x \mid x \in \mathbb{Q} \wedge x \geqslant 0\}$$

Beispiel:

Man löse die Gleichung $\sqrt{4x+9} = \sqrt{x} + \sqrt{x+5}$ in $\mathbb{Q}$!

Lösung:

$$\sqrt{4x+9} = \sqrt{x} + \sqrt{x+5} \quad | \text{ Quadrieren}$$
$$4x+9 = x+2\sqrt{x(x+5)}+x+5 \quad | \text{ Wurzel isolieren}$$
$$2x+4 = 2\sqrt{x^2+5x} \quad | :2$$
$$x+2 = \sqrt{x^2+5x} \quad | \text{ Quadrieren}$$
$$x^2+4x+4 = x^2+5x$$
$$x = 4$$

Probe:

$T_L(4) = \sqrt{25} = 5 \qquad T_R(4) = \sqrt{4}+\sqrt{9} = 2+3 = 5 \qquad T_L = T_R \text{ (w)}$

Somit gilt: $\mathbf{L} = \{4\}$

AUFGABEN

1. Die wahren Aussagen sind anzukreuzen:

○ **a)** Potenzen mit Bruchzahlen als Exponenten sind Wurzeln.

○ **b)** Nicht jede Wurzel lässt sich als Potenz mit einem gebrochenen Exponenten schreiben.

○ **c)** Für alle a, b ∈ ℝ, a > b gilt: $\sqrt{a^2+b^2} = a+b$

○ **d)** Es ist gleichgültig, ob man eine nichtnegative Zahl a zuerst potenziert und dann radiziert oder ob man in der umgekehrten Reihenfolge vorgeht: $\sqrt[n]{(a^m)} = (\sqrt[n]{a})^m$

○ **e)** Beim Radizieren einer Wurzel darf die Reihenfolge, in der radiziert werden soll, vertauscht werden. Beispiel: .....

○ **f)** Es gilt: $a^{-\frac{1}{n}} = \frac{1}{\sqrt[n]{a}}$

○ **g)** $\sqrt[3]{3\frac{3}{8}} = 3\sqrt[3]{\frac{3}{8}}$ ○ **h)** $\sqrt[3]{5\frac{5}{124}} = 5\sqrt[3]{\frac{5}{124}}$

Man schreibe als Potenzen mit rationalen Exponenten:

2. a) $\sqrt{7}$ **b)** $\sqrt[3]{2}$ **c)** $\sqrt[5]{3^4}$ **d)** $\sqrt[4]{9^5}$

3. a) $\sqrt{a}$ **b)** $\sqrt[x]{b^y}$ **c)** $\sqrt{a+b}$ **d)** $\sqrt[4]{(x-y)^3}$

4. a) $\sqrt{\frac{1}{5}}$ **b)** $\frac{1}{\sqrt[4]{x^3}}$ **c)** $\frac{1}{\sqrt[5]{a+b}}$ **d)** $5\sqrt[3]{5x^5y^3z^6}$

Mit dem Wurzelzeichen ist zu schreiben:

5. a) $2^{\frac{1}{2}}$ **b)** $3^{\frac{2}{3}}$ **c)** $7^{0,5}$ **d)** $11^{0,8}$

6. a) $a^{\frac{2}{7}}$ **b)** $x^{\frac{y}{x}}$ **c)** $5x^{\frac{3}{8}}$ **d)** $(5x)^{\frac{3}{8}}$

7. a) $3^{-\frac{1}{4}}$ **b)** $5^{-1,25a}$ **c)** $\left(\frac{1}{5}\right)^{-\frac{2}{a}}$ **d)** $(x+y)^{-\frac{3}{5}}$

Der Radikand ist durch teilweises (partielles) Wurzelziehen zu vereinfachen:

8. **a)** $\sqrt{32}$ **b)** $\sqrt{48}$ **c)** $\sqrt{54}$ **d)** $\sqrt{88}$

Anleitung: $\sqrt{32} = \sqrt{16 \cdot 2} = \sqrt{16} \cdot \sqrt{2} = 4\sqrt{2}$; $\sqrt{48} = \sqrt{16 \cdot 3} = \ldots$

9. **a)** $\sqrt{108}$ **b)** $\sqrt{128}$ **c)** $\sqrt{250}$ **d)** $\sqrt{375}$

10. **a)** $\sqrt[3]{32}$ **b)** $\sqrt[3]{48}$ **c)** $\sqrt[3]{54}$ **d)** $\sqrt[3]{88}$

11. **a)** $\sqrt[3]{108}$ **b)** $\sqrt[3]{128}$ **c)** $\sqrt[3]{250}$ **d)** $\sqrt[3]{375}$

12. **a)** $\sqrt{a^5}$ **b)** $\sqrt[4]{x^7y}$ **c)** $\sqrt[5]{4x^6y^5}$ **d)** $\sqrt{(a+b)^3}$

13. **a)** $\sqrt[3]{24x^3y}$ **b)** $\sqrt[4]{32x^5y}$ **c)** $\sqrt[5]{32x^5y^7}$ **d)** $\sqrt[5]{96a^{10}b^{11}c}$

Der vor der Wurzel stehende Faktor ist unter die Wurzel zu bringen:

14. **a)** $2\sqrt{2}$ **b)** $4\sqrt{3}$ **c)** $3\frac{1}{2}\sqrt{8}$ **d)** $2\sqrt{3\frac{1}{4}}$

15. **a)** $3\sqrt{\frac{1}{3}}$ **b)** $4\sqrt{0{,}25}$ **c)** $4\sqrt{0{,}125}$ **d)** $5\sqrt{0{,}04}$

16. **a)** $x\sqrt{x}$ **b)** $xy\sqrt{z}$ **c)** $(x+y)\sqrt{z}$ **d)** $\frac{x^3}{y}\sqrt{z}$

17. **a)** $x\sqrt{\frac{1}{x}}$ **b)** $\frac{a}{b}\sqrt{\frac{b}{a}}$ **c)** $\frac{x^2}{2}\sqrt[3]{\frac{16}{x^5}}$ **d)** $\frac{a^3b^2}{c^2}\sqrt[3]{\frac{c^7}{a^8b^5}}$

18. **a)** $(a-b)\sqrt[4]{\frac{a+b}{(a-b)^3}}$ **b)** $(u+v)\sqrt[3]{1-\frac{3uv}{(u+v)^2}}$ **c)** $(x-y)\sqrt[3]{\frac{x^2+xy+y^2}{x^2-2xy+y^2}}$

19. **a)** $(\sqrt{2}-1)\sqrt{\sqrt{2}+1}$ **b)** $(\sqrt{5}-2)\sqrt{2+\sqrt{5}}$ **c)** $\frac{1}{2}(\sqrt{2}+\sqrt{3})\sqrt[3]{8\sqrt{3}-8\sqrt{2}}$

Bei den Aufgaben **20.** bis **54.** ist soweit wie möglich zu vereinfachen:

20. **a)** $\sqrt{3}+\sqrt{12}+\sqrt{75}$ **b)** $\sqrt[3]{2}+\sqrt[3]{16}+\sqrt[3]{432}$

Anleitung: $\sqrt{3}+\sqrt{4 \cdot 3}+\sqrt{25 \cdot 3} = \sqrt{3}+2\sqrt{3}+5\sqrt{3} = \ldots$

21. **a)** $2\sqrt{2}+3\sqrt{8}+4\sqrt{50}$ **b)** $4\sqrt[3]{3}+5\sqrt[3]{24}-2\sqrt[3]{81}$

22. **a)** $3\sqrt{5}+2\sqrt{45}+4\sqrt{20}$ **b)** $2\sqrt[3]{5}+3\sqrt[3]{40}+2\sqrt[3]{135}$

23. **a)** $8\sqrt{1008}+3\sqrt{1183}-5\sqrt{847}$ **b)** $2\sqrt[3]{1372}+5\sqrt[3]{256}-3\sqrt[3]{500}$

24. **a)** $(\sqrt{27}+\sqrt{12})\sqrt{3}$ **b)** $(\sqrt{50}+\sqrt{2})\sqrt{2}$ **c)** $(\sqrt{28}+2\sqrt{7})\sqrt{7}$

25. **a)** $(\sqrt[3]{72}+\sqrt[3]{9})\sqrt[3]{3}$ **b)** $(\sqrt[3]{4}-\sqrt[3]{500})\sqrt[3]{2}$ **c)** $(\sqrt[3]{392}-3\sqrt[3]{49})\sqrt[3]{7}$

26. **a)** $(5\sqrt{3}+7\sqrt{27}-\sqrt{48})\sqrt{2}$ **b)** $(2\sqrt{0{,}9}-\sqrt{4{,}9}+\sqrt{12{,}1})\sqrt{10}$

27. **a)** $(\sqrt[3]{4}-3\sqrt[3]{2}-\sqrt[3]{32})\sqrt[3]{2}$ **b)** $(\sqrt[3]{100}-\sqrt[3]{0{,}8}-\sqrt[3]{72{,}9})\sqrt[3]{10}$

28. **a)** $(\sqrt{5}+\sqrt{3})(\sqrt{5}-\sqrt{3})$ **b)** $(1+\sqrt{2})(\sqrt{2}-1)$

29. **a)** $(2-\sqrt{2})(\sqrt{2}+2)$ **b)** $(1-2\sqrt{3})(2\sqrt{3}+1)$

30. **a)** $(3\sqrt{2}+5\sqrt{3})(3\sqrt{2}-5\sqrt{3})$ **b)** $(5\sqrt{5}+3\sqrt{3})(5\sqrt{5}-3\sqrt{3})$

31. **a)** $(5\sqrt{2}+3\sqrt{5})(\sqrt{5}+1)$ **b)** $(2\sqrt{2}+3\sqrt{3})(5\sqrt{5}-7\sqrt{7})$

32. **a)** $(\sqrt{2}+\sqrt{3}-\sqrt{8})(\sqrt{2}+\sqrt{3})$ **b)** $(\sqrt{3}-\sqrt{5}+\sqrt{12})(3\sqrt{3}+\sqrt{5})$

33. **a)** $(\sqrt{18}+\sqrt{50}):\sqrt{2}$ **b)** $(\sqrt{108}-\sqrt{48}):\sqrt{3}$ **c)** $(\sqrt{2401}+\sqrt{49}):\sqrt{7}$

34. **a)** $(\sqrt[3]{16}+\sqrt[3]{54}):\sqrt[3]{2}$ **b)** $(\sqrt[3]{81}-\sqrt[3]{192}):\sqrt[3]{3}$ **c)** $(\sqrt[3]{343}-\sqrt[3]{7}):\sqrt[3]{7}$

35. **a)** $\sqrt{2}\,\sqrt[4]{2}$ **b)** $\sqrt{3}\,\sqrt[4]{3}$ **c)** $\sqrt[5]{2}\,\sqrt[4]{2}$ **d)** $\sqrt[3]{9}\,\sqrt[5]{9}$

36. **a)** $\sqrt{2}\,\sqrt[4]{4}$ **b)** $\sqrt{\frac{5}{6}}\,\sqrt[3]{\frac{6}{5}}$ **c)** $\sqrt[5]{\frac{3}{16}}\,\frac{2}{\sqrt[3]{3^3}}$ **d)** $\sqrt[7]{7}\,\sqrt[3]{3}\,\frac{1}{\sqrt[21]{750141}}$

37. **a)** $\sqrt{x}\,\sqrt[5]{x}$ **b)** $\sqrt[4]{x}\,\sqrt[3]{x}$ **c)** $\sqrt[3]{x^2}\,\sqrt[5]{x^3}$ **d)** $\sqrt[7]{x^3}\,\sqrt[3]{x^7}$

38. **a)** $\sqrt[9]{\frac{x}{y}}\,\sqrt[8]{\frac{x}{y}}$ **b)** $\sqrt{x^3-1}\,\sqrt[3]{\frac{x^3+1}{x^6-1}}$ **c)** $\sqrt[4]{4-2\sqrt{3}}\,\sqrt{1+\sqrt{3}}$ **d)** $\sqrt{ab\sqrt[3]{(ab)^2}}\,\frac{1}{\sqrt[6]{(ab)^5}}$

39. **a)** $\sqrt[3]{3}:\sqrt[6]{3}$ **b)** $\sqrt[5]{5}:\sqrt{5}$ **c)** $\sqrt[7]{7}:\sqrt[9]{7}$ **d)** $\sqrt[11]{11}:\sqrt[10]{11}$

40. **a)** $\sqrt[4]{4}:\sqrt[6]{8}$ **b)** $\sqrt[6]{27}:\sqrt[4]{9}$ **c)** $\sqrt[6]{125}:\sqrt[8]{25}$ **d)** $\sqrt[10]{10}:\sqrt[4]{2}$

41. **a)** $\sqrt[5]{x}:\sqrt{x}$ **b)** $\sqrt[7]{x}:\sqrt[3]{x}$ **c)** $x\sqrt[4]{x}:\sqrt{x}$ **d)** $\sqrt{x}:\sqrt[3]{x}$

42. **a)** $\sqrt[7]{x}:\sqrt[5]{\frac{1}{x}}$ **b)** $\sqrt[30]{\frac{(x^2-1)^6}{(x-1)^5}}$ **c)** $\sqrt[3]{\frac{x-1}{x+1}}\,\sqrt[8]{\frac{(x+1)^3}{(x-1)^3}}$

43. **a)** $\frac{\sqrt{3}\,\sqrt[3]{3}}{\sqrt[6]{243}}$ **b)** $\frac{\sqrt[5]{2}\,\sqrt[10]{3}}{\sqrt[10]{12}\,\sqrt[7]{13}}$ **c)** $\frac{2\,\sqrt[6]{288}}{\sqrt[3]{6}\,\sqrt[6]{8}\sqrt{2}}$

44. **a)** $\frac{\sqrt[6]{x^5}\,\sqrt[3]{x^4}}{\sqrt[12]{x^{11}}}$ **b)** $\frac{\sqrt[6]{x}\,\sqrt[4]{x^3}}{\sqrt[12]{x^{11}}\,\sqrt[13]{x}}$ **c)** $\frac{\sqrt[3]{x^2}\,\sqrt[5]{x^3x^2}}{x\,\sqrt[15]{x}\,\sqrt[4]{x}}$

45. **a)** $(\sqrt{2})^2$ **b)** $(\sqrt{5})^3$ **c)** $(\sqrt[3]{3})^2$ **d)** $(\sqrt[3]{7})^4$

46. **a)** $(\sqrt{2}+1)^2$ **b)** $(\sqrt{3}-\sqrt{5})^2$ **c)** $(2\sqrt{7}+5\sqrt{3})^2$

47. **a)** $(1-\sqrt{2})^3$ **b)** $(\sqrt{7}-\sqrt{5})^3$ **c)** $(\sqrt{3}-\sqrt{7})^3$

48. **a)** $\sqrt{9^3}$ **b)** $\sqrt{16^3}$ **c)** $\sqrt{64^5}$ **d)** $\sqrt{81^3}$

49. **a)** $\sqrt[3]{8^2}$ **b)** $\sqrt[3]{27^5}$ **c)** $\sqrt[3]{64^2}$ **d)** $(\sqrt[3]{125})^2$

50. **a)** $\sqrt{\sqrt{3}}$ **b)** $\sqrt{\sqrt[3]{9}}$ **c)** $\sqrt[6]{\sqrt{64}}$ **d)** $\sqrt[3]{\sqrt{46656}}$

51. **a)** $\sqrt[3]{\sqrt[3]{x^9}}$ **b)** $\sqrt[4]{\sqrt[3]{x^4}}$ **c)** $\sqrt[5]{\sqrt[6]{x^7}}$ **d)** $\sqrt[n]{\sqrt[n]{x^{n^2}}}$

52. **a)** $\sqrt[3]{\frac{1}{3}\sqrt{243}}$ **b)** $\sqrt{\frac{1}{7}\sqrt[3]{2744}}$ **c)** $\sqrt[52]{\frac{1}{2}\sqrt{8}}$ **d)** $\sqrt[5]{32\cdot\frac{1}{\sqrt{2^5}}}$

53. **a)** $\sqrt{x\sqrt{x}}$ **b)** $\sqrt{x\,\sqrt[5]{x}}$ **c)** $\sqrt{x\,\sqrt[3]{x^2\sqrt{x^3}}}$

54. **a)** $\sqrt[5]{\frac{2}{\sqrt[6]{2}}}$ **b)** $2\sqrt{0{,}5\sqrt{0{,}5\sqrt{0{,}5}}}$ **c)** $4\sqrt{0{,}25\sqrt{0{,}25\sqrt{0{,}25}}}$

Bei den folgenden Aufgaben ist der Nenner wurzelfrei zu machen:

55. **a)** $\frac{8}{\sqrt{2}}$ **b)** $\frac{49}{\sqrt{7}}$ **c)** $\frac{5}{2\sqrt{2}}$ **d)** $\frac{20}{7\sqrt{2}}$

56. **a)** $\frac{b}{\sqrt{a}}$ $(a \in \mathbb{R}^+)$ **b)** $\frac{b}{\sqrt[3]{a}}$ $(a \in \mathbb{R}^+)$ **c)** $\frac{a}{\sqrt[5]{a}}$ $(a \in \mathbb{R}^+)$ **d)** $\frac{a}{\sqrt[7]{a^4}}$ $(a \in \mathbb{R}^+)$

57. **a)** $\frac{\sqrt{7}}{\sqrt{5}}$ **b)** $\frac{3}{\sqrt[3]{3}}$ **c)** $\frac{15}{\sqrt{5}\sqrt{3}}$ **d)** $\frac{2a}{\sqrt[5]{8a^4}}$ $(a \in \mathbb{R}^+)$

58. **a)** $\frac{1}{1+\sqrt{2}}$ **b)** $\frac{4}{3-\sqrt{5}}$ **c)** $\frac{1}{\sqrt{3}+\sqrt{2}}$ **d)** $\frac{4}{\sqrt{3}+\sqrt{7}}$

59. **a)** $\frac{4\sqrt{3}}{\sqrt{7}-\sqrt{3}}$ **b)** $\frac{7\sqrt{3}}{2\sqrt{3}+\sqrt{5}}$ **c)** $\frac{5\sqrt{7}+7\sqrt{5}}{\sqrt{7}+\sqrt{5}}$ **d)** $\frac{7\sqrt{3}-3\sqrt{7}}{\sqrt{7}-\sqrt{3}}$

60. **a)** $\frac{23}{5-\sqrt{2}}$ **b)** $\frac{24}{7-4\sqrt{3}}$ **c)** $\frac{3\sqrt{10}+10\sqrt{3}}{\sqrt{3}+\sqrt{10}}$ **d)** $\frac{2(\sqrt{2}-3\sqrt{5})}{2\sqrt{5}-3\sqrt{2}}$

61. Die wahren Aussagen sind anzukreuzen:

○ **a)** Aus der „Grundparabel" $y = x^2$ erhält man Punkte des Graphen $y = -x^2$ durch Spiegelung an der x-Achse.

○ **b)** Die Funktion $x \mapsto -\frac{25}{27}x^{10}$ ist eine **gerade** Funktion.

○ **c)** Die Graphen der Funktionen $x \mapsto 4x^8$ und $x \mapsto \frac{1}{4}x^8$ liegen symmetrisch zueinander.

○ **d)** Die zeichnerische Darstellung jeder Funktion $x \mapsto \frac{a}{x^n}(a,\ x \in \mathbb{R} \setminus \{0\},\ n \in \mathbb{N}^*)$ liefert eine Hyperbel.

○ **e)** Folgende Punkte liegen auf der Kurve der Funktion $f\colon x \mapsto x^2$: $P_1(-1, 1)$; $P_2(0, 0)$ und $P_3(1, 1)$.

○ **f)** Über der Definitionsmenge $D = \mathbb{R} \setminus \{0\}$ haben die Funktionen $x \mapsto x^{-4}$ und $x \mapsto x^{-5}$ die gleiche Wertemenge.

○ **g)** Die Koordinaten des Punktes $P(1, 1)$ erfüllen alle Funktionsgleichungen der Form $y = x^{-n}$ $(n \in \mathbb{N}^*)$.

○ **h)** Die Funktion $x \mapsto x^{-n}(n \in \mathbb{N}_g \setminus \{0\})$ hat die x-Achse als Asymptote.

62. Der fehlende Text ist einzusetzen:

a) Punkte des Graphen $y = 2x^2$ ergeben sich, wenn man die Ordinaten aller Punkte der „Grundparabel" $y - x^2$ ..... (verdoppelt/halbiert).

b) Punkte des Graphen $y = \frac{1}{2}x^2$ ergeben sich, wenn man die Ordinaten aller Punkte der „Grundparabel" $y = x^2$ ..... (verdoppelt/halbiert).

c) Die grafische Veranschaulichung jeder Funktion $x \mapsto ax^n$ $(a \in \mathbb{R} \setminus \{0\},\ x \in \mathbb{R},\ n \in \mathbb{N} \setminus \{0, 1\})$ liefert eine ..... (Parabel/Hyperbel).

d) Die Funktion $y = -x^{11}$ ist eine ..... (gerade/ungerade) Funktion.

e) Die Funktion $y = \frac{5}{x^6}$ ist eine ..... (gerade/ungerade) Funktion.

f) Die Punkte mit den Koordinaten ..... $(P_1(-1, 1) / P_2(-1, -1) / P_3(0, 0) / P_4(1, 1))$ liegen auf der Kurve mit der Gleichung $y = x^n$ $(n \in \mathbb{N}_u \setminus \{1\})$.

g) Die Funktion $x \mapsto x^{-n}$ $(n \in \mathbb{N}^*)$ hat folgende Geradengleichungen als Asymptoten: ..... $(y = 0 / x = 0 / y = x / y = -x)$.

h) Die Parabel $y = x^3$ hat einen Scheitelpunkt: ..... (Ja/Nein).

63. Gegeben sind die 4 Funktionsgraphen g_1, g_2, g_3 und g_4:

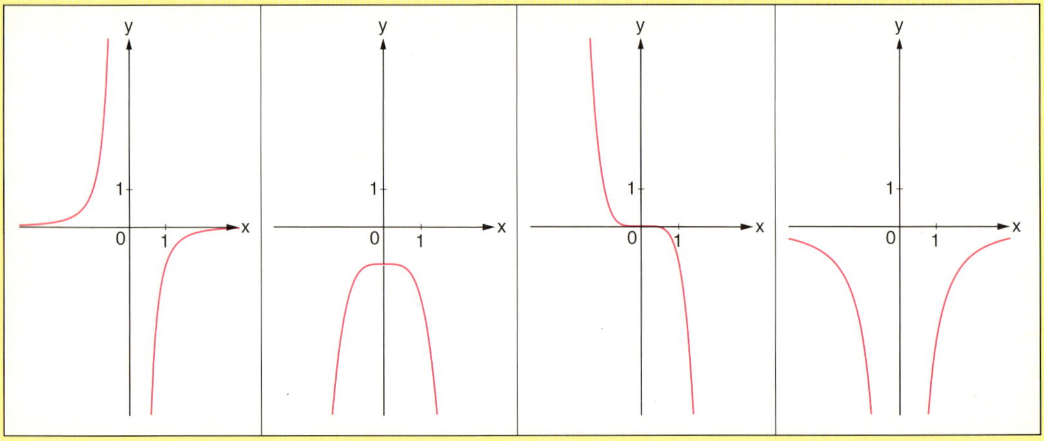

In welcher Zeile sind die zugehörigen Funktionsgleichungen in der richtigen Reihenfolge angegeben? (Mehrere Lösungen sind möglich!)

○ **a)** $y = -3x^{-2}$; $y = -x^4 - 1$; $y = -x^5$; $y = -\frac{1}{x^3}$

○ **b)** $y = -\frac{1}{x^3}$; $y = -x^4 - 1$; $y = -x^5$; $y = -3x^{-2}$

○ **c)** $y = -\frac{1}{x^3}$; $y = x^5$; $y = x^4 - 1$; $y = -3x^2$

○ **d)** $y = -x^{-3}$; $y = -x^4 - 1$; $y = -x^5$; $y = -\frac{3}{x^2}$

○ **e)** Keine der obigen Zeilen ist zutreffend.

64. Man zeichne den Graphen und den „Grenzgraphen" $y = x^n$ und $y = x^{-n}$ für $n \to \infty$ folgender Potenzfunktionen jeweils in einem gemeinsamen Koordinatensystem:

a) $y = x^2$; $y = x^4$; $y = x^n$, $n \to \infty$, $n \in \mathbb{N}_g \setminus \{0\}$

b) $y = x^3$; $y = x^5$; $y = x^n$, $n \to \infty$, $n \in \mathbb{N}_u$

c) $y = x^{-1}$; $y = x^{-3}$; $y = x^{-n}$, $n \to \infty$, $n \in \mathbb{N}_u$

d) $y = x^{-2}$; $y = x^{-4}$; $y = x^{-n}$, $n \to \infty$, $n \in \mathbb{N}_g \setminus \{0\}$

65. Gegeben ist die Funktion $x \mapsto x^0$. Der Graph dieser Funktion ist in nebenstehender Figur dargestellt.

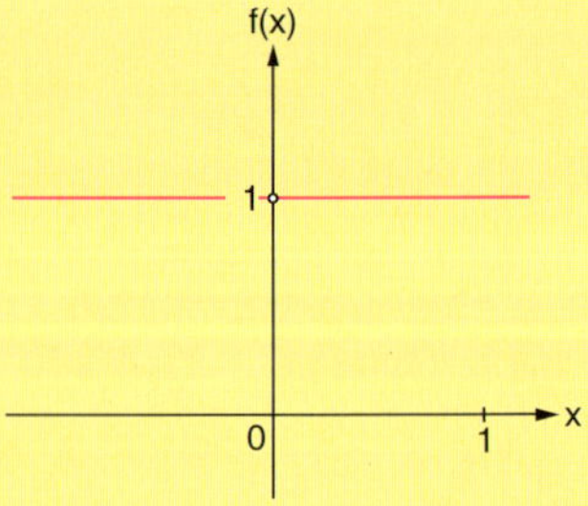

a) Wie lautet die (maximale) Definitionsmenge, wie die zugehörige Wertemenge?

b) Handelt es sich um eine ungerade Funktion?

c) Stimmt die Funktion $x \mapsto x^0$ mit der Funktion $x \mapsto 1$ überein?

Bemerkung: Man sagt, $x \mapsto x^0$ hat an der Stelle 0 eine **Lücke**.

66. Welche Punkte haben f_1: $x \mapsto x^5$ und f_2: $x \mapsto x^2$ ($x \in \mathbb{R}$) gemeinsam?

○ **a)** die Punkte (–1, 1), (0, 0) und (1, 1).

○ **b)** genau die Punkte (–1, –1), (0, 0) und (1, 1).

○ **c)** genau die Punkte (0, 0) und (1, 1).

○ **d)** nur den Nullpunkt (0, 0).

67. Welche Punkte haben f_1: $x \mapsto x^{-5}$ und f_2: $x \mapsto x^{-2}$ ($x \in \mathbb{R} \setminus \{0\}$) gemeinsam?

○ **a)** keinen Punkt.

○ **b)** genau den Punkt (1, 1).

○ **c)** die Punkte (–1, 1) und (1, 1).

○ **d)** genau die Punkte (–1, –1) und (1, 1).

Bei den Angaben **68.** bis **70.** sind die Funktionsgraphen über einer selbstgewählten Definitionsmenge zu zeichnen:

68. **a)** f: $x \mapsto \frac{3x^2}{5}$ **b)** f: $x \mapsto \frac{x^3}{9}$ **c)** f: $x \mapsto \frac{4}{x^2}$ **d)** f: $x \mapsto \frac{2}{x}$

69. **a)** f: $x \mapsto 2x^2 - 3$ **b)** f: $x \mapsto 3x^3 + 2$ **c)** f: $x \mapsto \frac{4}{x^2} - 4$ **d)** f: $x \mapsto \frac{1}{x^3} + 5$

70. **a)** f: $x \mapsto 2x^2 - 4x + 4$ **b)** f: $x \mapsto 6x^6 + 6x - 12$ **c)** f: $x \mapsto \frac{2}{x^4} + x^2 - 4$

71. Die nachstehende Tabelle ist zu vervollständigen:

Name	Parabeln n-ter Ordnung		Hyperbeln n-ter Ordnung	
Graph	(1) 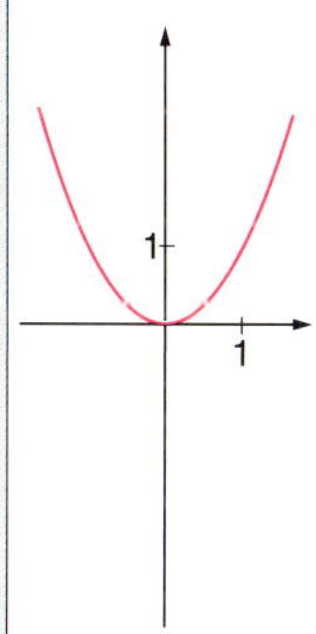	(2) 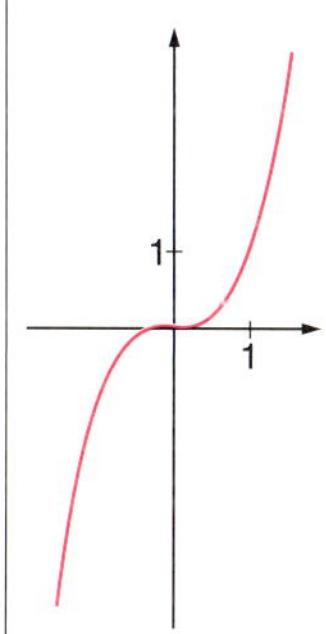	(3) 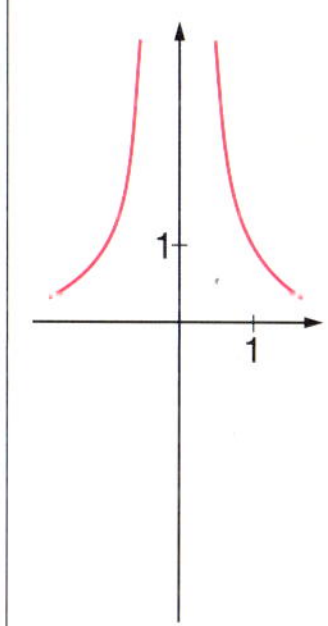	(4) 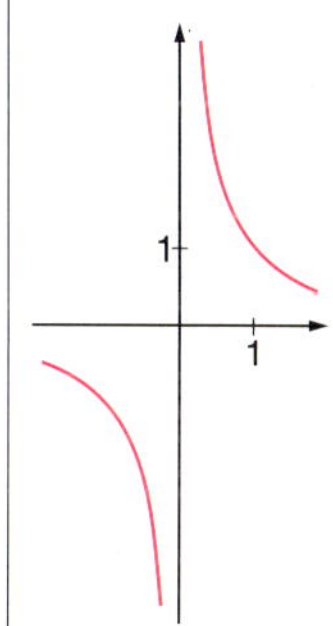
Funktionsgleichung	y =	y =	y =	y =
(maximale) Definitionsmenge	D =	D =	D =	D =
(zugehörige) Wertemenge	W =	W =	W =	W =
gerade oder ungerade				
symmetrisch bezüglich				

72. Die wahren Aussagen sind anzukreuzen:

○ **a)** Die maximale Definitionsmenge der Wurzelfunktion $x \mapsto \sqrt[n]{x}$ ist $\mathbb{R}^+$.

○ **b)** Die Wertemenge der Funktion f: $x \mapsto \sqrt[n]{x}$ über ihrer maximalen Definitionsmenge ist $\mathbb{R}^-$.

○ **c)** (0, 0) und (1, –1) gehören zum Graphen der Funktion f: $x \mapsto -\sqrt[n]{x}$.

○ **d)** Den Graphen von $x \mapsto -x^n$ erhält man durch Spiegelung des Graphen $x \mapsto x^n$ ($n \in \mathbb{Q}$) an der x-Achse.

○ **e)** Die Wertemenge der Funktion f: $x \mapsto -\sqrt[n]{x}$ über ihrer maximalen Definitionsmenge ist $\mathbb{R}^-$.

○ **f)** (0, 0) und (1, 1) gehören zur Funktion f: $x \mapsto \sqrt[n]{x}$.

○ **g)** Die Graphen der Funktion f und ihrer Umkehrfunktion f^{-1} liegen bezüglich der Geraden g: $x \mapsto x$ symmetrisch zueinander.

○ **h)** Die Umkehrfunktion einer Wurzelfunktion ist immer eine Potenzfunktion.

Bei den Aufgaben **73.** und **74.** ist jeweils der Term der Umkehrfunktion der gegebenen Funktion zu ermitteln. Weiters sind die Graphen der Funktion und ihrer Umkehrfunktion in einem Koordinatensystem über einer selbstgewählten Definitionsmenge darzustellen:

73. **a)** $y=\sqrt{5x}$ **b)** $y=3\sqrt{x}$ **c)** $y=\sqrt[3]{x}$ **d)** $y=\sqrt[3]{2x}$

74. **a)** $y=\frac{x^2}{2}$ **b)** $y=x^{-\frac{3}{2}}+1$ **c)** $y=(x-2)^3-2$ **d)** $y=(x+1)^{\frac{1}{5}}$

75. Welche Mengen können nicht Definitionsmenge von $x \mapsto x^{\frac{1}{4}}$ sein?

○ **a)** $\mathbb{R}$ ○ **b)** $\mathbb{N}$ ○ **c)** $\mathbb{Z}$ ○ **d)** $\mathbb{R}^+$ ○ **e)** $\mathbb{R}^-$

76. Welche der angegebenen Zahlenpaare werden — über der maximalen Definitionsmenge D_w — von der Funktion w erzeugt: w: $x \mapsto {}^{-3}\sqrt{x}$, $x \in D_w$?

○ **a)** (0, 1) ○ **b)** (1, 1) ○ **c)** (8, 0,5) ○ **d)** $(2, \sqrt[3]{2})$

Bei folgenden Aufgaben ist die Lösungsmenge in $\mathbb{Q}$ zu ermitteln!

77. **a)** $\sqrt{2x}=8$ **b)** $\sqrt{6x}-5=1$ **c)** $4\sqrt{3x}-11=1$

78. **a)** $\sqrt{x-2}=1$ **b)** $20=\sqrt{15-x}$ **c)** $4\sqrt{x+3}-15=5$

79. **a)** $5\sqrt{3x+1}=3\sqrt{5x+25}$ **b)** $4\sqrt{4x+1}=3\sqrt{7x+2}$

80. **a)** $5\sqrt{x}-1=7\sqrt{x}-5$ **b)** $7\sqrt{x}+9=6(3\sqrt{x}-4)$

81. **a)** $\sqrt{x+3}-\sqrt{x}=1$ **b)** $\sqrt{x+14}+\sqrt{x+7}=7$

82. **a)** $\sqrt{x+9}-\sqrt{x-4}=1$ **b)** $\sqrt{x-5}+\sqrt{x+16}=7$

83. **a)** $\sqrt{5x-9}-\sqrt{5x+11}=-2$ **b)** $\sqrt{5x+11}-\sqrt{5x+4}=1$

84. **a)** $\sqrt{3x+4}=17-\sqrt{3x+123}$ **b)** $\sqrt{4x-15}=2\sqrt{x-8}+1$

85. **a)** $\sqrt{x+4}+\sqrt{x+11}=\sqrt{4x+29}$ **b)** $\sqrt{x+1}+\sqrt{4x+4}=\sqrt{9x+9}$

86. **a)** $\sqrt{4x+1}-\sqrt{x+3}=\sqrt{x-2}$ **b)** $\sqrt{x+3}+\sqrt{x+8}=\sqrt{4x+21}$

87. **a)** $\sqrt{x+15}+\sqrt{x+3}=2\sqrt{x+8}$ **b)** $\sqrt{x+21}+\sqrt{x+5}=2\sqrt{x+12}$

88. **a)** $3\sqrt{x+3}+\sqrt{x+6}=\sqrt{4x+33}$ **b)** $2\sqrt{x+3}+3\sqrt{x+8}=\sqrt{25x+144}$

89. **a)** $\sqrt{x+12}-\sqrt{x-3}=\sqrt{x+32}-\sqrt{x+5}$ **b)** $\sqrt{x+12}+\sqrt{x-3}=\sqrt{x+32}-\sqrt{5+x}$

90. **a)** $\sqrt{x+1}+\sqrt{x+6}=\sqrt{x-2}+\sqrt{x+13}$ **b)** $\sqrt{x+6}-\sqrt{x-1}=\sqrt{x+26}-\sqrt{x+15}$

91. **a)** $\sqrt{2x-4}-\sqrt{2x+29}=\sqrt{2x-16}-\sqrt{2x+5}$ **b)** $\sqrt{3x+7}-\sqrt{3x-5}=\sqrt{3x+27}-\sqrt{3x+7}$

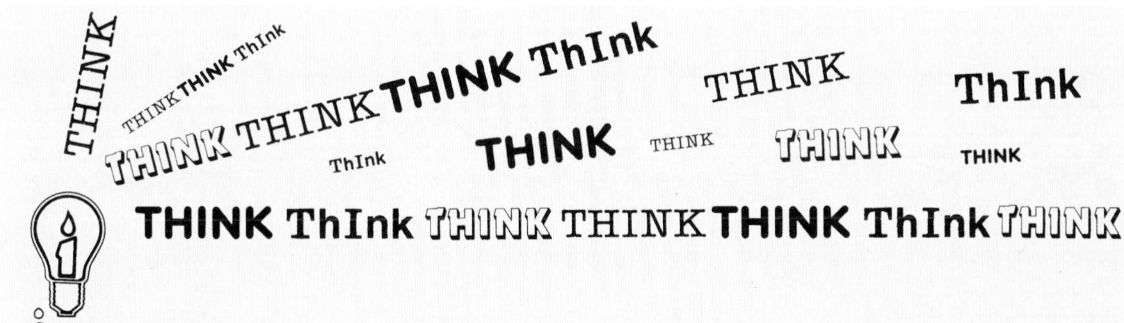

92. $\sqrt{x+\sqrt{x+\sqrt{x\ldots}}} = 2, \quad x = ?$

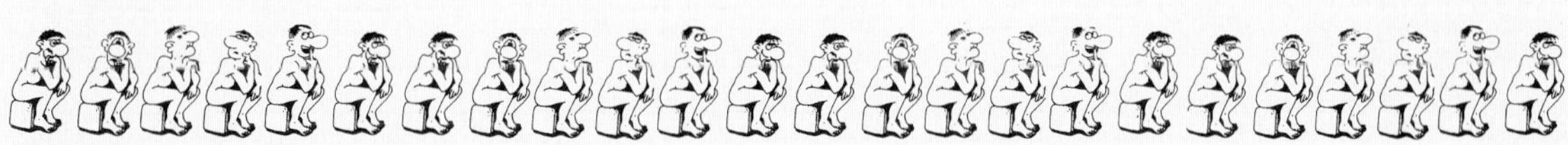

4. Problemstellungen der Technik

Bautechnik

93. Ein Träger mit rechteckigem Querschnitt (h : b = 3 : 2) besitzt ein Widerstandsmoment $W = 120\ \text{cm}^3$.

Wie groß ist die Querschnittsfläche A, wenn $W = \frac{b \cdot h^2}{6}$ gilt?

Elektrotechnik

94. Für den Emissionsstrom I_e einer Triode gilt das $\frac{3}{2}$-Gesetz von SCHOTTKY[1]: $I_e = k \cdot (U_G + D \cdot U_A)^{\frac{3}{2}}$.

Wie groß muss die Anodenspannung U_A sein, damit bei einer Gitterspannung $U_G = -4\ \text{V}$ der Emissionsstrom $I_e = 480\ \mu\text{A}$ beträgt? ($k = 0{,}06\ \text{mAV}^{-\frac{3}{2}}$, $D = 0{,}04$)

95. Die Resonanzfrequenz f_0 des Eingangsschwingkreises eines UKW-Empfängers mit der Induktivität $L = 2{,}0\ \mu\text{H}$ soll mit einem Drehkondensator auf den gewünschten Sender abgestimmt werden.

Es ist der maximale und minimale Wert der Kapazität C zu bestimmen, wenn $f_0 = \frac{1}{2\pi\sqrt{LC}}$ gilt. (UKW-Frequenzen f_0 zwischen 88 und 108 MHz)

96. Die Spannungs-Strom-Kennlinie eines ZnO-Varistors (spannungsabhängiger Widerstand) ist durch $I = k \cdot U^{\alpha}$ $(\alpha > 1)$ beschreibbar.

Es ist allgemein **a)** der Widerstand $\left(R = \frac{U}{I}\right)$ **b)** der Leistungsumsatz $(P = U \cdot I)$ des Varistors zu berechnen!

---

[1]) **Walter SCHOTTKY** (1886—1976), in der Schweiz geborener und vorwiegend in Deutschland tätiger Physiker.

Maschinenbau

97. Für das Trägheitsmoment I_s eines Rechtecks bezüglich einer Achse s durch den Schwerpunkt gilt: $I_s = \frac{bh^3}{12}$.
Das Trägheitsmoment I_a um eine beliebige Achse im Abstand a vom Schwerpunkt ergibt sich aus dem STEINERschen[1] Satz: $I_a = I_s + bha^2$.

a) Wie groß ist der Abstand a der Achse, wenn $I_a = \frac{b \cdot h^3}{3}$ beträgt?

b) Wie groß ist das Trägheitsmoment I_a um die Achse im Abstand a vom Schwerpunkt, wenn $I_s = 17496\ cm^4$ ist und das Seitenverhältnis $b:h = 1:2$ beträgt?

98. In einem Rohr mit dem Radius r = 20 mm wird eine turbulente Strömung mit einer Geschwindigkeit von $v_m = 5$ m/s in der Rohrmitte angenommen.
Die Strömungsgeschwindigkeit v im Abstand **a)** r′ = 10 mm **b)** r′ = 18 mm vom Mittelpunkt des Querschnitts ist nach der Formel von KÁRMÁN[2] zu berechnen: $v = v_m\left[1-\left(\frac{r'}{r}\right)^{1,25}\right]^{\frac{1}{7}}$

Textiltechnik

Für die Berechnung der Drehungszahl T/m (Anzahl der Drehungen eines Garnes pro Meter) dient die KOECHLINsche Formel: $T/m = \alpha_m \sqrt{Nm}$. Für Baumwoll- und Zellwollgarne lässt sich eine optimale Garndrehung (bestmögliche Festigkeitseigenschaften) durch die LÄTSCHsche Formel bestimmen:
$T/m = \alpha_{1m}\ Nm^{0,7}$. ($\alpha_m$ und α_{1m} sind Drehungskoeffizienten, die sich nach der Art des Garnes richten.)

99. Die Drehungszahl T/m eines Schussgarnes Nm 30 mit der Stapellänge 1″ ist nach **a)** KOECHLIN **b)** LÄTSCH zu ermitteln. Einer Tabelle werden für die Drehungskoeffizienten folgende Werte entnommen: $\alpha_m = 105$ bis 115, $\alpha_{1m} = 48$.

Anleitung: Für α_m ist der Mittelwert zu verwenden.

100. Auf 6 cm Schussgarn (Stapellänge 1″) werden 48 Drehungen gezählt. Man ermittle für $\alpha_{1m} = 48$ die Garnnummer Ttex nach LÄTSCH.

5. Problemstellungen der Physik

Die nachstehenden Physikaufgaben fallen außerhalb des eigentlichen Mathematiklehrstoffes. Eine Abstimmung auf den Physikunterricht ist unbedingt notwendig.

101. Die Endtemperatur T_2 einer adiabatischen Zustandsänderung eines idealen Gases ist durch
a) T_1, p_1, p_2 **b)** T_1, V_1, V_2 auszudrücken.

Anleitung: $\frac{p_1V_1}{T_1} = \frac{p_2V_2}{T_2}$, $p_1V_1^{\kappa} = p_2V_2^{\kappa}$, κ..... konstant.

102. Bei den nachstehenden adiabatischen Zustandsänderungen sind für κ = 1,4 (Luft) die jeweils fehlenden Größen zu berechnen:

a) $p_1 = 4$ bar, $p_2 = 1,2$ bar, $V_1 = 0,3\ dm^3$, $T_1 = 400$ K

b) $p_2 = 6$ bar, $V_1 = 0,2\ dm^3$, $T_1 = 300$ K, $T_2 = 500$ K

---

[1]) Jakob STEINER (1796—1863), schweizerischer Mathematiker.

[2]) Theodore von KÁRMÁN (1881—1963), ungarischer Aerodynamiker.

QUADRATISCHE GLEICHUNGEN, UNGLEICHUNGEN UND FUNKTIONEN

1. Quadratische Gleichungen in einer Variablen

1.1 Reinquadratische Gleichungen

Beispiele für reinquadratische Gleichungen: $3x^2+4=0$, $5x^2=0$, $2x^2-18=0$ usw.

Eine reinquadratische Gleichung hat die Form $ax^2+c=0$ ($a, c \in \mathbb{R}$, $a \neq 0$)

Beispiel:

Die Gleichung **a)** $3x^2+7=0$ **b)** $4x^2=0$ **c)** $2x^2-18=0$ ist in $\mathbb{R}$ zu lösen!

Lösung:

a) $3x^2+7=0 \Leftrightarrow x^2=-\frac{7}{3}$. Das Quadrat einer reellen Zahl ist niemals negativ! $L=\{\}$

b) $4x^2=0 \Leftrightarrow x^2=0$. Das Quadrat jeder reellen Zahl aus $\mathbb{R}\setminus\{0\}$ ist von 0 verschieden. Die einzige Lösung ist deshalb 0! $L=\{0\}$

Probe!

c) $2x^2-18=0 \Leftrightarrow x^2-9=0 \Leftrightarrow (x+3)(x-3)=0$. Ein Produkt ist genau dann gleich Null, wenn mindestens einer der Faktoren Null ist!

$x+3=0 \quad \vee \quad x-3=0$

$x_1=-3 \qquad x_2=3$

$L=\{3, -3\}$

Probe!

Die Welt der technischen Probleme ist von ungeheurer Vielfalt. Rahmenträger und Fachwerke können ebenso wie elektrische Netzwerke mit einem weitreichenden mathematischen Werkzeug behandelt werden: mit linearen Gleichungen bzw. linearen Gleichungssystemen. Die Lösung linearer Gleichungssysteme mag viele Rechenschritte erfordern, der Vorgang ist prinzipiell einfach.

Freilich reicht es nicht, nur lineare Gleichungen bzw. lineare Gleichungssysteme zu lösen. Zahlreiche Problemstellungen führen auf nichtlineare Gleichungen.

Die einfachste nicht lineare Gleichung ist die quadratische Gleichung. Wer mit quadratischen Gleichungen umgeht, hat die Welt der Nichtlinearität betreten.

Beispiel:

$\frac{x+3}{x-3}+\frac{x-3}{x+3}=\frac{36}{x^2-9}$ ist in $\mathbb{R}$ zu lösen!

Lösung:

$D=\mathbb{R}\setminus\{3, -3\}$

$\frac{x+3}{x-3}+\frac{x-3}{x+3}=\frac{36}{x^2-9} \Leftrightarrow (x+3)^2+(x-3)^2=36 \Leftrightarrow x^2+6x+9+x^2-6x+9=36 \Leftrightarrow x^2=9 \Rightarrow x_1=3 \quad x_2=-3$

Die gefundenen Werte sind keine Elemente der Definitionsmenge! $L=\{\}$

Beispiel:

Man löse $\frac{3x-10}{x-2}-1=\frac{x-4}{x+1}$ in $\mathbb{Q}$!

Lösung:

$D=\mathbb{Q}\setminus\{2, -1\}$

$\frac{3x-10}{x-2}-1=\frac{x-4}{x+1} \Leftrightarrow (3x-10)(x+1)-(x-2)(x+1)=(x-4)(x-2) \Leftrightarrow$

$\Leftrightarrow 3x^2-7x-10-x^2+x+2=x^2-6x+8 \Leftrightarrow x^2=16 \Rightarrow x_1=4 \quad x_2=-4$

Probe:

$T_L(4)=0 \quad T_R(4)=0 \quad T_R(-4)=\frac{8}{3} \quad T_R(-4)=\frac{8}{3} \quad T_L=T_R(w)$ Somit gilt: $L=\{4, -4\}$

1.2 Gemischtquadratische Gleichungen

Beispiele für gemischtquadratische Gleichungen:

(1) $3x^2-4x=0,\quad x^2-9x=0,\quad 2x^2-x=0$ usw.

(2) $x^2-5x+9=0,\quad 3x^2+5x-1=0,\quad x^2-x+99=0$ usw.

Welcher Unterschied besteht zwischen den in (1) und den in (2) angeführten gemischtquadratischen Gleichungen?

Nun: Bei (1) haben die Gleichungen die Form $ax^2+bx=0$ $(a, b \in \mathbb{R}\setminus\{0\})$. Hingegen haben die Gleichungen bei (2) die Form $ax^2+bx+c=0$ $(a, b, c \in \mathbb{R}\setminus\{0\})$.

Dieser Unterschied wirkt sich auf den einzuschlagenden Lösungsweg aus:

Beispiel:

Die Gleichung **a)** $x^2-9x=0$ **b)** $5x^2-7x=0$ ist in $\mathbb{R}$ zu lösen!

Lösung:

a) $x^2-9x=0$
$x(x-9)=0$ (1)
$x=0 \vee x-9=0$ (2)
$x_1=0 \quad x_2=9$
Probe! $L=\{0, 9\}$

b) $5x^2-7x=0$
$x(5x-7)=0$ (1)
$x=0 \vee 5x-7=0$ (2)
$x_1=0 \quad x_2=\frac{7}{5}$
Probe! $L=\left\{0, \frac{7}{5}\right\}$

(1) x wird herausgehoben!

(2) Ein Produkt von Termen ist genau dann gleich Null, wenn mindestens einer der Faktoren Null ist.

Gewisse gemischtquadratische Gleichungen können wie reinquadratische Gleichungen gelöst werden.

Z. B.: $x^2+4x+4=16 \Leftrightarrow (x+2)^2=16 \Leftrightarrow x+2=\pm 4 \quad x_1=2 \quad x_2=-6$

Die Grundidee besteht dabei in der Umwandlung des Trinoms x^2+4x+4 in ein vollständiges Quadrat $(x+2)^2$ nach der Formel $a^2+2ab+b^2=$ $=(a+b)^2$. Diese Formel kann man ausnützen, um zweigliedrige Terme x^2+px zu einem vollständigen Quadrat zu ergänzen.

Ausdruck	quadratische Ergänzung	Vollständiges Quadrat
x^2+19x	$\left(\frac{19}{2}\right)^2$	$x^2+19x+\left(\frac{19}{2}\right)^2=\left(x+\frac{19}{2}\right)^2$
x^2-5x	$\left(\frac{5}{2}\right)^2$	$x^2-5x+\left(\frac{5}{2}\right)^2=\left(x-\frac{5}{2}\right)^2$
x^2+px	$\left(\frac{p}{2}\right)^2$	$x^2+px+\left(\frac{p}{2}\right)^2=\left(x+\frac{p}{2}\right)^2$

Wenn man z. B. die Gleichung $x^2+19x+84=0$ lösen möchte, kann man folgenden Weg einschlagen:

$$x^2+19x+84=0 \Leftrightarrow (1)\ x^2+19x=-84 \Leftrightarrow$$

$$\Leftrightarrow (2)\ x^2+19x+\left(\frac{19}{2}\right)^2=\left(\frac{19}{2}\right)^2-84 \Leftrightarrow (3)\ \left(x+\frac{19}{2}\right)^2=\left(\frac{19}{2}\right)^2-84$$

$$x+\frac{19}{2}=+\sqrt{\frac{361}{4}-84} \vee x+\frac{19}{2}=-\sqrt{\frac{361}{4}-84}\ \ldots\ x_1=-7 \quad x_2=-12 \ \textbf{Probe!}$$

Dieser Lösungsweg lässt sich immer durchführen.

Um allgemein $x^2+px+q=0$ zu lösen, gehen wir analog vor:

$$x^2+px+q=0 \Leftrightarrow (1)\ x^2+px=-q \Leftrightarrow (2)\ x^2+px+\left(\frac{p}{2}\right)^2=\left(\frac{p}{2}\right)^2-q \Leftrightarrow$$

$$\Leftrightarrow (3)\ \left(x+\frac{p}{2}\right)^2=\left(\frac{p}{2}\right)^2-q$$

Die quadratische Ergänzung findet man, indem man das Quadrat aus dem halben Koeffizienten des linearen Gliedes bildet.

Die Lösung quadratischer Gleichungen hat eine uralte Geschichte. Vielleicht ist die Beschäftigung mit quadratischen Gleichungen aus der Freude des Menschen an Erkenntnis entstanden. Auf Grund der Landesvermessung nach den jährlichen Nilüberschwemmungen ergab sich freilich auch die Notwendigkeit, sich mit quadratischen Gleichungen zu befassen. Der Papyrus Rhind aus dem alten Ägypten beinhaltet jedenfalls bereits spezielle quadratische Gleichungen:

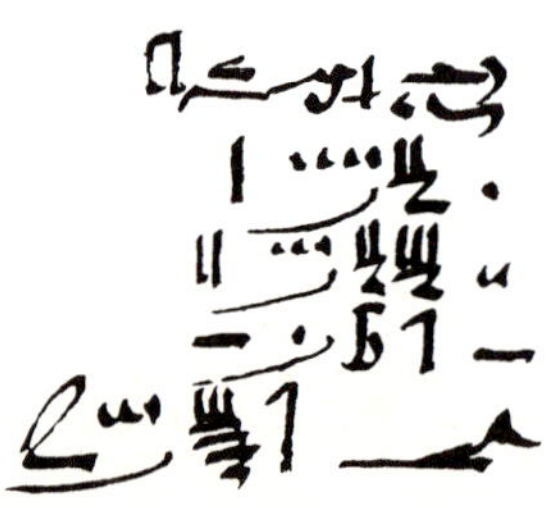

Den Ausdruck $\left(\frac{p}{2}\right)^2 - q$ nennt man **Diskriminante D**. Wir können folgende Fälle unterscheiden:

- $D < 0$: Das Quadrat einer reellen Zahl ist niemals negativ! $\Rightarrow L = \{\ \}$
- $D = 0$: Wir erhalten die doppelt zu zählende Lösung
  $x_1 = x_2 = -\frac{p}{2} \Rightarrow L = \left\{-\frac{p}{2}\right\}$
- $D > 0$: $\left(x + \frac{p}{2} = \sqrt{\left(\frac{p}{2}\right)^2 - q}\right) \vee \left(x + \frac{p}{2} = -\sqrt{\left(\frac{p}{2}\right)^2 - q}\right)$

  Wir erhalten also zwei Lösungen:

  $x_1 = -\frac{p}{2} + \sqrt{\left(\frac{p}{2}\right)^2 - q} \qquad x_2 = -\frac{p}{2} - \sqrt{\left(\frac{p}{2}\right)^2 - q}$

  $\Rightarrow L = \left\{-\frac{p}{2} + \sqrt{\left(\frac{p}{2}\right)^2 - q},\ -\frac{p}{2} - \sqrt{\left(\frac{p}{2}\right)^2 - q}\right\}$

  Kurzschreibweise: $L = \left\{-\frac{p}{2} \pm \sqrt{\left(\frac{p}{2}\right)^2 - q}\right\}$

Selbstverständlich wird man in der Praxis gleich in die sogenannte Lösungsformel $x_{1,2} = -\frac{p}{2} \pm \sqrt{\left(\frac{p}{2}\right)^2 - q}$ einsetzen und nicht den umständlichen Weg über die quadratische Ergänzung einschlagen! Dies zeigt das nächste Beispiel.

Die **allgemeine Form** der quadratischen Gleichung lautet $ax^2 + bx + c = 0$ $(a, b, c \in \mathbb{R},\ a \neq 0)$.
Dividieren wir diese allgemeine Form durch den Koeffizienten a:
$x^2 + \frac{bx}{a} + \frac{c}{a} = 0$ und setzen wir schließlich $\frac{b}{a} = p$ und $\frac{c}{a} = q$, so erhalten wir die **Normalform** der quadratischen Gleichung:
$x^2 + px + q = 0$
Wenn wir nun in
$x_{1,2} = -\frac{p}{2} \pm \sqrt{\left(\frac{p}{2}\right)^2 - q}$ für $p = \frac{b}{a}$
und $q = \frac{c}{a}$ setzen, so ergibt sich:
$x_{1,2} = -\frac{b}{2a} \pm \sqrt{\frac{b^2}{4a^2} - \frac{c}{a}} \Leftrightarrow x_{1,2} = \ldots$

$$x_{1,2} = \frac{-b \pm \sqrt{b^2 - 4ac}}{2a}$$

Beispiel:
Man löse **a)** $x^2 - 4x + 5 = 0$ **b)** $x^2 - 4x + 4 = 0$ **c)** $x^2 - 4x + 3 = 0$ in $\mathbb{R}$!

Lösung:

a) $x^2 - 4x + 5 = 0$
$p = -4,\ q = 5$
$x_{1,2} = -\frac{p}{2} \pm \sqrt{\left(\frac{p}{2}\right)^2 - q}$
$x_{1,2} = \frac{4}{2} \pm \sqrt{\frac{16}{4} - 5}$
$x_{1,2} = 2 \pm \sqrt{4 - 5}$
$D < 0$: $L = \{\ \}$

b) $x^2 - 4x + 4 = 0$
$p = -4,\ q = 4$
$x_{1,2} = -\frac{p}{2} \pm \sqrt{\left(\frac{p}{2}\right)^2 - q}$
$x_{1,2} = \frac{4}{2} \pm \sqrt{\frac{16}{4} - 4}$
$x_{1,2} = 2 \pm \sqrt{4 - 4}$
$D = 0$: $x_1 = 2 \quad x_2 = 2 \quad L = \{2\}$

c) $x^2 - 4x + 3 = 0$
$p = -4,\ q = 3$
$x_{1,2} = -\frac{p}{2} \pm \sqrt{\left(\frac{p}{2}\right)^2 - q}$
$x_{1,2} = \frac{4}{2} \pm \sqrt{\frac{16}{4} - 3}$
$x_{1,2} = 2 \pm \sqrt{4 - 3}$
$D > 0$: $x_1 = 3 \quad x_2 = 1 \quad L = \{3, 1\}$

Man führe die Probe selbstständig durch!

Beispiel:
$4x^2 - 9x + 2 = 0$ ist in $\mathbb{R}$ zu lösen!

Lösung:
Wir können die gegebene Gleichung in $x^2 - \frac{9x}{4} + \frac{1}{2} = 0$ überführen und die Lösungsformel $x_{1,2} = -\frac{p}{2} \pm \sqrt{\left(\frac{p}{2}\right)^2 - q}$ anwenden.
Wenn der Koeffizient von x^2 ungleich 1 ist, ist es aber vorteilhafter, folgendermaßen vorzugehen:
$4x^2 - 9x + 2 = 0, \quad a = 4, \quad b = -9, \quad c = 2$
$x_{1,2} = \frac{-b \pm \sqrt{b^2 - 4ac}}{2a} = \frac{9 \pm \sqrt{81 - 32}}{8} = \frac{9 \pm 7}{8}$
$x_1 = 2 \quad x_2 = \frac{1}{4}$ **Probe!** $L = \left\{2, \frac{1}{4}\right\}$

Wie schon früher erwähnt wurde, ist die Diskriminante D der Radikand (d. h. der unter der Wurzel stehende Ausdruck). In der obigen Lösungsformel
$x_{1,2} = \frac{-b \pm \sqrt{b^2 - 4ac}}{2a}$ gilt
demgemäß: $D = b^2 - 4ac$

François VIÈTA (1540–1603) stammte aus einer katholischen Kaufmannsfamilie. Er studierte Jus in Poitiers und war dann Advokat in Fontenayle-Compte. Mathematik war sein Hobby. Viele seiner Klienten waren Hugenotten. Dadurch wurde VIÈTA in die religiösen Bürgerkriege verwickelt, die mit der grausamen Bartholomäusnacht (1572) endeten. Als geschickter Anwalt konnte er Advokat im Parlament von Paris und später persönlicher Berater am Hof werden. In den Kriegen gegen England wurde er unter anderem mit Dechiffrieraufgaben betraut.

In der Mathematik kennen wir ihn vor allem durch seine Einführung der Buchstabenalgebra in dem Werk „Logistica Speciosa". Er verwendete Vokale für variable Größen, Konsonanten für bekannte Größen, die Zeichen +, – und den Bruchstrich.

Satz von VIÈTA:

Hat die quadratische Gleichung $x^2+px+q=0$ ($p, q \in \mathbb{R}$) die Lösungen x_1 und x_2, so gilt für alle $x \in \mathbb{R}$:

(1) $x_1 + x_2 = -p$

(2) $x_1 \cdot x_2 = q$

(3) $(x-x_1)(x-x_2) = x^2+px+q$

Beispiel:

Man löse $\frac{x}{2(x-2)} - \frac{4}{x+2} = \frac{1}{x-2}$ in $\mathbb{R}$!

Lösung:

$D = \mathbb{R} \setminus \{2, -2\}$

Wir multiplizieren mit $2(x-2)(x+2)$:

$$x(x+2)-8(x-2)=2(x+2)$$
$$x^2+2x-8x+16=2x+4$$
$$x^2-8x+12=0$$
$$x_{1,2}=4\pm\sqrt{16-12}$$

$x_1=6 \quad x_2=2$ ($x_2=2$ ist kein Element der Definitionsmenge.)

Probe:

$T_L(6)=\frac{1}{4} \quad T_R(6)=\frac{1}{4} \quad T_L=T_R(w)$ Somit gilt: $L=\{6\}$

Beispiel:

Die Gleichung $(x+4)(x-3)=0$ ist in $\mathbb{R}$ zu lösen!

Lösung:

1. Variante

$$(x+4)(x-3)=0$$
$$x^2+x-12=0$$
$$x_{1,2}=-\frac{1}{2}\pm\sqrt{\frac{1}{4}+12}$$
$$x_{1,2}=-\frac{1}{2}\pm\sqrt{\frac{1+48}{4}}$$
$$x_{1,2}=-\frac{1}{2}\pm\frac{7}{2}$$

$x_1=3 \quad x_2=-4$

$L=\{3, -4\}$

2. Variante

Ein Produkt ist genau dann gleich Null, wenn mindestens einer der Faktoren Null ist! Einfacher ist deshalb folgender Lösungsweg:

$(x+4)(x-3)=0 \Leftrightarrow$

$$x+4=0 \vee x-3=0$$
$$x_1=-4 \quad x_2=3$$

$L=\{-4, 3\}$

Beispiel:

Man gebe eine quadratische Gleichung mit der Lösungsmenge $L=\left\{-\frac{2}{3}, \frac{3}{2}\right\}$ an, deren Koeffizienten aus dem Betrag nach möglichst kleinen ganzen Zahlen bestehen.

Lösung:

1. Variante

$$\left[x-\left(-\frac{2}{3}\right)\right]\left(x-\frac{3}{2}\right)=0$$
$$\left(x+\frac{2}{3}\right)\left(x-\frac{3}{2}\right)=0$$
$$x^2-\frac{5x}{6}-1=0$$
$$6x^2-5x-6=0$$

2. Variante

$$p=-(x_1+x_2)=-\left(-\frac{2}{3}+\frac{3}{2}\right)=-\frac{5}{6}$$
$$q=x_1x_2=-\frac{2}{3}\cdot\frac{3}{2}=-1$$
$$\Rightarrow x^2-\frac{5x}{6}-1=0$$
$$6x^2-5x-6=0$$

Beispiel:

Von der Gleichung $x^2 - 24x - 81 = 0$ kennt man eine Lösung $x_1 = 27$ die andere ist zu bestimmen.

Lösung:

1. Variante

$x_1 x_2 = q \Leftrightarrow 27x_2 = -81 \Leftrightarrow \mathbf{x_2 = -3}$

2. Variante

$x_1 + x_2 = -p \Leftrightarrow 27 + x_2 = 24 \Leftrightarrow \mathbf{x_2 = -3}$

3. Variante

Wegen $(x - x_1)(x - x_2) = x^2 + px + q$ gilt $(x^2 + px + q) : (x - x_1) = x - x_2$

Wir können also den quadratischen Gleichungsterm durch den zur Lösung $x_1 = 27$ gehörenden Linearfaktor $(x - 27)$ dividieren.

$$
\begin{array}{l}
\;\;(x^2 - 24x - 81) : (x - 27) = x + 3 \\
\underline{-(x^2 - 27x)} \\
\qquad\quad 3x - 81 \\
\qquad\;\; \underline{-(3x - 81)} \\
\qquad\qquad\quad 0
\end{array}
$$

$x^2 - 24x - 81 = (x - 27)(x + 3) \Rightarrow \mathbf{x_2 = -3}$

2. Quadratische Ungleichungen

Beispiele für quadratische Ungleichungen: $2x^2 + 7x < 15$, $x^2 + 2x > 3$, $x^2 - 9 < 0$ usw.

Beispiel:

Die Lösungsmenge der quadratischen Ungleichung $x^2 - 2x > 0$ ist in $\mathbb{R}$ zu ermitteln.

Lösung:

Der Ausdruck $x^2 - 2x$ lässt sich durch Herausheben von x in den Ausdruck $x(x - 2)$ zerlegen.

Wir erhalten damit die äquivalente Ungleichung $x(x - 2) > 0$.

Dieses Produkt ist nur dann positiv, wenn beide Faktoren positiv oder beide Faktoren negativ sind (vgl. Außenspalte). Es ergeben sich somit zwei Fälle.

Fall 1

$(x > 0) \wedge (x - 2 > 0)$

$(x > 0) \wedge (x > 2)$

$\mathbf{L_1 = \{x \in \mathbb{R} \mid x > 2\}}$

Fall 2

$(x < 0) \wedge (x - 2 < 0)$

$(x < 0) \wedge (x < 2)$

$\mathbf{L_2 = \{x \in \mathbb{R} \mid x < 0\}}$

Diese beiden Lösungsmengen sind wieder zu vereinigen, um die Gesamtlösungsmenge L zu erhalten (vgl. Außenspalte):

$$\mathbf{L = L_1 \cup L_2 = \{x \in \mathbb{R} \mid (x > 2) \vee (x < 0)\}}$$

Ein Produkt von zwei Faktoren ist positiv, wenn beide Faktoren positiv oder wenn beide Faktoren negativ sind.

Ein Produkt von zwei Faktoren ist negativ, wenn einer der Faktoren negativ und der andere positiv ist.

x ist Element der Vereinigungsmenge $A \cup B$, wenn x entweder Element der Menge A oder Element der Menge B oder Element beider Mengen ist.

Zur Wiederholung führen wir nochmals die Formeln für quadratische Gleichungen an.

Große Lösungsformel für quadratische Gleichungen der Form $ax^2 + bx + c = 0$:

$$x_{1,2} = \frac{-b \pm \sqrt{b^2 - 4ac}}{2a}$$

Kleine Lösungsformel für quadratische Gleichungen der Form $x^2 + px + q = 0$:

$$x_{1,2} = -\frac{p}{2} \pm \sqrt{\left(\frac{p}{2}\right)^2 - q}$$

Satz von VIÈTA:

Hat die quadratische Gleichung $x^2 + px + q = 0$ $(p, q \in \mathbb{R})$ die Lösungen x_1 und x_2, so gilt für alle $x \in \mathbb{R}$:

(1) $x_1 + x_2 = -p$

(2) $x_1 \cdot x_2 = q$

(3) $(x - x_1)(x - x_2) = x^2 + px + q$

Beispiel:

Die Lösungsmenge der Ungleichung $x^2 + x - 6 < 0$ ist in $\mathbb{R}$ zu ermitteln.

Lösung:

Zunächst lösen wir die zugehörige quadratische Gleichung $x^2 + x - 6 < 0$.

$$x_{1,2} - \frac{p}{2} \pm \sqrt{\left(\frac{p}{2}\right)^2 - q} = -\frac{1}{2} \pm \sqrt{\frac{1}{4} + 6} = -\frac{1}{2} \pm \frac{5}{2}$$

$$x_1 = 2 \qquad x_2 = -3$$

Mit diesen Lösungen können wir die linke Seite der quadratischen Ungleichung umformen (Satz von VIÈTA – vgl. Außenspalte).

$$x^2 + x - 6 < 0$$
$$(x - 2)(x + 3) < 0$$

Fall 1

$(x - 2 > 0) \wedge (x + 3 < 0)$

$(x > 2) \wedge (x < -3)$

$L_1 = \{\ \}$

Fall 2

$(x - 2 < 0) \wedge (x + 3 > 0)$

$(x < 2) \wedge (x > -3)$

$L_2 = \{x \in \mathbb{R} \mid -3 < x < 2\}$

$$L = L_1 \cup L_2 = \{x \in \mathbb{R} \mid -3 < x < 2\}$$

3. Quadratische Funktionen

Beispiele für quadratische Funktionen: $y = x^2$, $y = 3x^2 - 4x + 5$, $y = -2x^2 + 4$ usw.

Beispiel:

In einem kartesischen Koordinatensystem sind — über der Definitionsmenge $D = \{x \in \mathbb{R} \mid -2 \leq x \leq 2\}$ — die Graphen der Funktionen $f_1: x \mapsto x^2$, $f_2: x \mapsto -x^2 + 2$, $f_3: x \mapsto 2x^2 - 1$ und $f_4: x \mapsto \frac{x^2}{2} + 1$ darzustellen.
Weiters sind die Koordinaten des jeweils höchsten bzw. tiefsten Punktes S (Scheitelpunkt) aus der Zeichnung abzulesen.

Lösung:

Wertetabelle:

x	−2	−1	0	1	2	S
$f_1: x \mapsto x^2$	4	1	0	1	4	(0, 0)
$f_2: x \mapsto -x^2 + 2$	−2	1	2	1	−2	(0, 2)
$f_3: x \mapsto 2x^2 - 1$	7	1	−1	1	7	(0, −1)
$f_4: x \mapsto \frac{x^2}{2} + 1$	3	1,5	1	1,5	3	(0, 1)

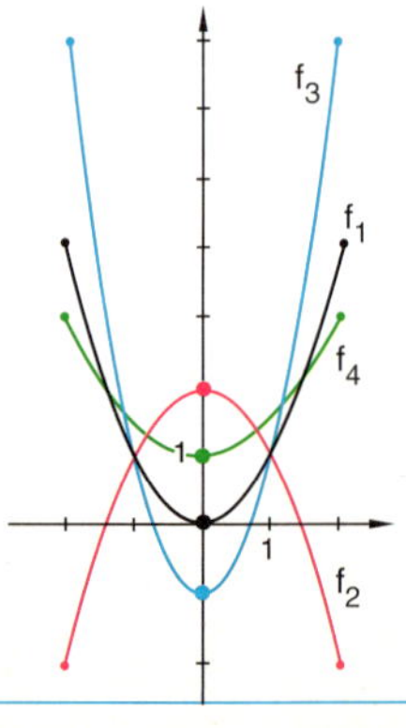

Bemerkung: Der Graph der quadratischen Funktion $f: x \mapsto x^2$ wird als **Grundparabel** bezeichnet.

Beispiel:

Über einer selbst gewählten Definitionsmenge sind die Graphen der Funktionen $f_1: x \mapsto (x-1)^2$, $f_2: x \mapsto (3x-2)^2$ und $f_3: x \mapsto (2x+1)^2$ in einem kartesischen Koordinatensystem darzustellen.

Lösung:

Wertetabelle:

x	− 2	− 1	0	1	2	S
$f_1: x \mapsto (x-1)^2$	9	4	1	0	1	(1, 0)
$f_2: x \mapsto (3x-2)^2$	64	25	4	1	16	$\left(\frac{2}{3}, 0\right)$
$f_3: x \mapsto (2x+1)^2$	9	1	1	9	25	$\left(-\frac{1}{2}, 0\right)$

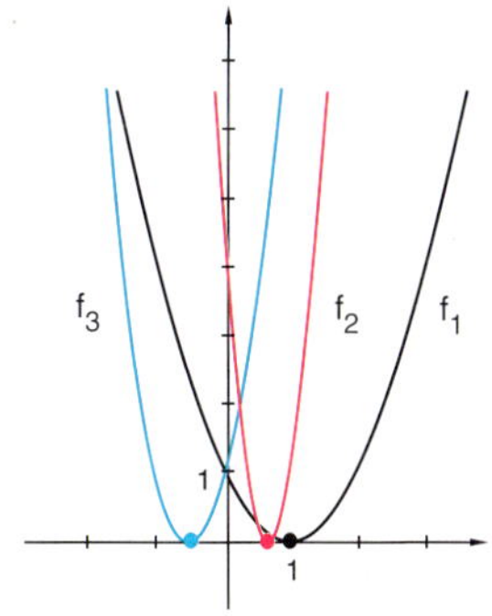

Beispiel:

Die Nullstellen[1] der durch $y = ax^2 + bx + c$ $(a \neq 0)$ festgelegten Funktionen sind zu ermitteln und grafisch darzustellen.

Lösung:

Die gesuchten Nullstellen sind die Lösungen der Gleichung $ax^2 + bx + c = 0$. Die Diskriminante dieser Gleichung ist $b^2 - 4ac$.

Es sind drei Fälle möglich:

(1) D > 0	(2) D = 0	(3) D < 0
$L = \left\{\frac{-b+\sqrt{D}}{2a}, \frac{-b-\sqrt{D}}{2a}\right\}$ (zwei reelle Lösungen)	$L = \left\{-\frac{b}{2a}\right\}$ (eine Doppellösung)	$L = \{\ \}$ (keine reelle Lösung)
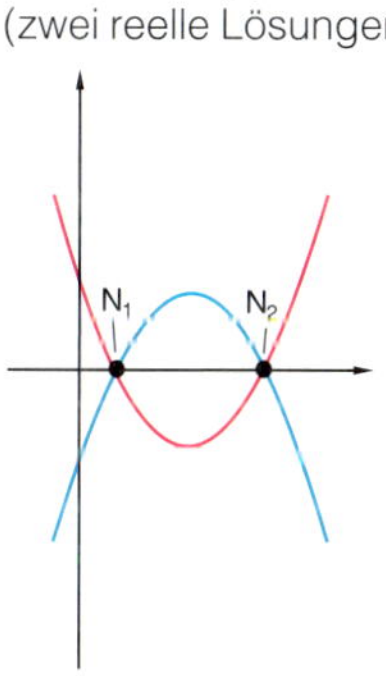	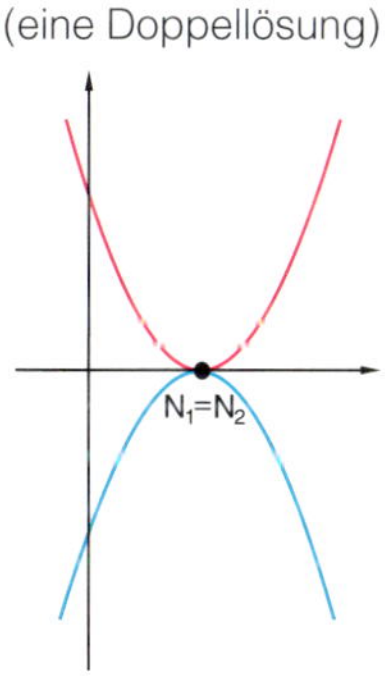	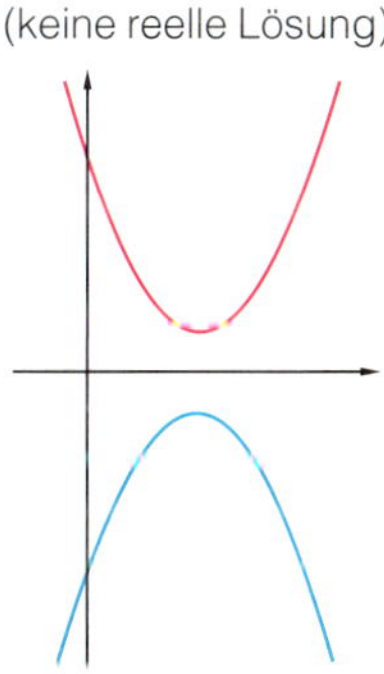
Zwei Nullstellen: $N_1\left(\frac{-b-\sqrt{D}}{2a}, 0\right)$ $N_2\left(\frac{-b+\sqrt{D}}{2a}, 0\right)$	Eine doppelt zu zählende Nullstelle: $N\left(-\frac{b}{2a}, 0\right)$	Keine Nullstelle

Eine **quadratische Funktion** ist eine Funktion, die durch eine Funktionsgleichung

$y = ax^2 + bx + c$ $(a, b, c \in \mathbb{R}, a \neq 0)$

dargestellt werden kann. Ihr Graph heißt **Parabel**.

Der Graph der Funktion mit der Funktionsgleichung

$y = ax^2 + c$ $(a, c \in \mathbb{R}, a \neq 0)$

ist eine Parabel, die um c Einheiten gegenüber dem Graphen von $y = ax^2$ verschoben ist. Die Verschiebung erfolgt längs der y-Achse. Das Vorzeichen von c bestimmt die Richtung der Verschiebung: c > 0 nach oben, c < 0 nach unten. Der Scheitelpunkt S hat die Koordinaten S (0, c). Für $|a| > 1$ wird die Parabel in der y-Richtung gestreckt: Sie wird in der y-Richtung gestaucht, wenn $0 < |a| < 1$. Was gilt für $a < 0$?

Der Graph der Funktion mit der Funktionsgleichung

$y = (x+m)^2$ $(m \in \mathbb{R}, m \neq 0)$

ist eine Parabel, die um −m Einheiten gegenüber dem Graphen von $y = x^2$ verschoben ist. Die Verschiebung erfolgt längs der x-Achse. Der Scheitelpunkt S hat die Koordinaten S (−m, 0).

Der Graph der Funktion mit der Funktionsgleichung

$y = (kx+m)^2$ $(k, m \in \mathbb{R}, k \neq 0, m \neq 0)$

ist eine Parabel, die um $-\frac{m}{k}$ Einheiten gegenüber dem Graphen von $y = k^2x^2$ verschoben ist.

[1]) Ein Wert x heißt **Nullstelle** der Funktion f, wenn f(x) = 0 gilt. Der Wert x bezeichnet dann die x-Koordinate des Schnittpunkts N (x, 0) des Funktionsgraphen mit der x-Achse. Die Nullstelle der quadratischen Funktion mit der Funktionsgleichung y = f(x) ist die Lösung der zugeordneten quadratischen Gleichung f(x) = 0.

AUFGABEN

Bei den folgenden Aufgaben ist die Lösungsmenge in ℝ zu ermitteln!

103. a) $x^2 = 64$ **b)** $3x^2 - 147 = 0$ **c)** $\frac{4x^2}{5} = \frac{12,8}{20,25}$ **d)** $0,08x^2 = \frac{8}{25}$

104. a) $36x^2 - 25 = 0$ **b)** $36x^2 + 25 = 0$ **c)** $17x^2 - 3 = 0$ **d)** $17x^2 + 3 = 0$

105. a) $(4+3x)(2-x)+(4-3x)(2+x) = 22$ **b)** $(6x-9)(5x+7)-(4x+7)(3x-6) = 429$

106. a) $(8x+5)^2 + (8x-5)^2 = 4658$ **b)** $(5x-4)^2 - (4x-5)^2 = 72$

107. a) $\frac{4}{x} + \frac{x}{5} = \frac{24}{x}$ **b)** $\frac{7}{3x} + \frac{x}{3} = \frac{11}{3x}$ **c)** $\frac{5}{6x} - \frac{x}{9} = \frac{7}{18x}$

108. a) $\left(\frac{7}{2} - x\right)\left(\frac{7}{2} + x\right) = 12$ **b)** $\left(\frac{5}{3} - x\right)\left(\frac{5}{3} + x\right) = \frac{10}{3}$ **c)** $\left(\frac{8}{7} - x\right)\left(\frac{8}{7} + x\right) = \frac{64}{49}$

109. a) $\frac{x-4}{x+4} = \frac{1-x}{1+x}$ **b)** $\frac{x+3}{x-3} = \frac{3+x}{3-x}$ **c)** $\frac{1-13x}{13-x} = \frac{11-x}{1-11x}$

110. a) $\frac{x}{x+2} - \frac{x}{2-x} = -\frac{2}{3}$ **b)** $\frac{x+5}{x-5} + \frac{x-5}{x+5} + \frac{13}{6} = 0$

111. a) $\frac{x-3}{x+3} + \frac{x+3}{x-3} = \frac{26}{x^2-9}$ **b)** $\frac{1}{x^2-9} + \frac{2x+3}{x+3} = \frac{3x+4}{x-3}$

112. a) $\frac{5x+3}{5x-3} + \frac{5x-3}{5x+3} = \frac{468}{25x^2-9}$ **b)** $\frac{9+x}{54-6x^2} + \frac{1}{5} = \frac{1}{6-2x} + \frac{1}{9+3x}$

113. a) $ax^2 = b$ **b)** $ax^2 = a^2 + b^2$ **c)** $ax^2 = a^2 - a$

114. a) $(a+1)x^2 = 2\left(a + \frac{1}{2}\right)$ **b)** $(a-4)x^2 = a^2 - 16$ **c)** $(a-b)x^2 = a^3 + a^2b - ab^2 - b^3$

115. a) $a^2x^2 + a^2 + 2abx^2 = b^2 - 2ab - b^2x^2$ **b)** $a^2(2a^2 + x^2) + b^2(2b^2 - x^2) = 3a^4 + b^4$

116. a) $(a+bx)(c+dx) = ac + adx + bcx + bc$ **b)** $(2x-2a+b)(2x-2a-b) = 4a(a+b)$

Anleitung: Man setze $2x - 2a = u$.

117. a) $\frac{1}{ax} = ax$ **b)** $\left(x - \frac{1}{a}\right)^2 = \frac{1}{b^2}$ **c)** $\frac{1}{x^2} = \frac{1}{(ax+b)(ax-b)}$

118. a) $\frac{a-x}{1-ax} - \frac{1-ax}{a-x} = 0$ **b)** $\frac{a-x}{1-ax} = \frac{1-bx}{b-x}$

119. a) $\frac{x}{a} + \frac{b}{x} = \frac{a^2-ab-b^2}{ax}$ **b)** $\frac{a+2b-2x}{a-2b+2x} = \frac{x+b-2a}{x+b+2a}$

120. a) $\frac{x+a}{x-a} + \frac{x-a}{x+a} = \frac{10a}{3}$ **b)** $\frac{x+a}{x-a} + \frac{x-a}{x+a} = \frac{2a^2+2}{1-a^2}$

Bei den folgenden Aufgaben ist die jeweils gefragte Größe zu berechnen, wobei im Ergebnis keine Doppelbrüche vorkommen sollen:

121. a) $O_K = 4\pi r^2$, $r = ?$ **b)** $A = \frac{\pi}{4}d^2$, $d = ?$ **c)** $A = \frac{a^2\sqrt{3}}{4}$, $a = ?$

122. a) $A = 2a^2(\sqrt{2} + 1)$, $a = ?$ **b)** $A = \frac{3a^2\sqrt{3}}{2}$, $a = ?$ **c)** $V = \frac{4\pi r^2 h}{3}$, $r = ?$

123. a) $a^2 + b^2 = c^2$ (1) $a = ?$ (2) $b = ?$ (3) $c = ?$ **b)** $O_{HK} = 4\pi(r_1^2 + r_2^2)$ (1) $r_1 = ?$ (2) $r_2 = ?$

124. a) $V = \frac{\pi h}{6}(3r_1^2 + 3r_2^2 + h^2)$ (1) $r_1 = ?$ (2) $r_2 = ?$ **b)** $d = \sqrt{a^2 + b^2 + c^2}$ (1) $a = ?$ (2) $b = ?$ (3) $c = ?$

125. a) $A = \frac{c}{4}\sqrt{4a^2 - c^2}$, $a = ?$ **b)** $O_P = a^2 + 2a\sqrt{h^2 + \frac{a^2}{4}}$, $h = ?$

Bei den folgenden Aufgaben ist die Lösungsmenge in ℝ zu bestimmen!

126. a) $x(x-1)=0$ **b)** $4x+5x^2=0$ **c)** $\frac{3x^2}{2}=9x$

127. a) $x^2+x-6=0$ **b)** $x^2-x-2=0$ **c)** $x^2-x-12=0$

128. a) $x^2-10x+8=0$ **b)** $x^2-2x-8=0$ **c)** $x^2-7x+3{,}25=0$

129. a) $5x^2-36x+55=0$ **b)** $6x^2+13x+6=0$ **c)** $5x^2-12x-99=0$

130. a) $3x^2-10x+3=0$ **b)** $4x^2+x+10=0$ **c)** $13x^2-4x+1=0$

131. a) $(x+2)(x+3)-(x-4)(7-x)=70$ **b)** $6(x-2)(x-3)-(10-x)(12-2x)=26$

132. a) $(x+1)^2+(x+2)^2=(2x+1)^2$ **b)** $3(2x-2)^2+(4x-6)^2=7(3x-4)^2$

133. a) $(x-2)^2-(x+1)(x-1)=(x+2)^2+(x+3)(x-3)$ **b)** $(x+1)(x+2)-(3x-2)^2=(2x-1)^2+(3x-1)(x+1)$

134. a) $(x-5)^3+(7-x)^3=8$ **b)** $(11-x)^3+(x-3)^3=512$

135. a) $x+\frac{1}{x}=\frac{10}{3}$ **b)** $\frac{x+2}{5x-6}=\frac{x-1}{2x-1}$ **c)** $\frac{x+5}{3x-5}=\frac{x-1}{2(x-3)}$

136. a) $\frac{x}{x-8}+\frac{x-8}{x}=\frac{26}{5}$ **b)** $\frac{x+5}{x-5}-\frac{x-5}{x+5}=\frac{120}{11}$

137. a) $\frac{1}{x+4}+\frac{1}{x+2}=\frac{1}{x+1}+\frac{1}{x+10}$ **b)** $\frac{1}{x+7}-\frac{1}{x+1}=\frac{1}{x-1}-\frac{1}{x-2}$

138. a) $\frac{x+1}{x+2}+\frac{x-1}{x-3}=\frac{23}{(x+2)(x-3)}$ **b)** $\frac{x+4}{x-3}+\frac{x-3}{x-5}=\frac{19}{x^2-8x+15}$

139. a) $\frac{3x+9}{(x+3)^2}+\frac{7}{x-3}=\frac{11x+8}{x^2-9}$ **b)** $\frac{x+1}{x+2}+\frac{x+2}{x+3}=\frac{x+3}{x+4}+\frac{x+4}{x+5}$

140. a) $x^2-(a+b)x+ab=0$ **b)** $x^2-2(a^2+b^2)x+(a^2-b^2)^2=0$

141. a) $x^2-(a^2+b^2)x+(a^2-ab+b^2)ab=0$ **b)** $x^2-(a^2+b^2)x-(a^2+ab+b^2)ab=0$

142. a) $ax^2+(a-1)x-1=0$ **b)** $ax^2-(a^2+1)x+a=0$

143. a) $(a-b)x^2-bx-a=0$ **b)** $abx^2-(a+b)(ab+1)x+(a^2+1)(b^2+1)=0$

144. a) $(x-a)^2-bc=b(x-a-c)$ **b)** $ax^2-ab(x+6b)-a^2(x+2b)=0$

145. a) $(a-x)^2+(b-x)^2-(a-b)^2$ **b)** $(x-a)^2+(x-b)^2=(a-b)^2$

146. a) $x\left(x-\frac{a}{b}\right)=\frac{1}{b}-\frac{x}{a}$ **b)** $x^2\left(1+\frac{b}{a}\right)-\frac{a}{a-b}=\frac{2bx}{a-b}$

147. a) $x+\frac{1}{x}=\frac{a}{b}+\frac{b}{a}$ **b)** $x-\frac{1}{x}=\frac{a}{b}-\frac{b}{a}$

148. a) $\frac{1}{a-b+x}-\frac{1}{a}-\frac{1}{b}+\frac{1}{x}$ **b)** $\frac{1}{x-a+b}=\frac{1}{x}-\frac{1}{a}+\frac{1}{b}$

149. a) $\frac{x}{a+x}+\frac{a+x}{x}=\frac{5}{2}$ **b)** $x^2-\frac{ax}{a-b}+\frac{a^2}{b(a-b)}-\frac{ax}{b}=0$

150. a) $x+\frac{a+b}{a-b}=\frac{a-b}{a+b}+\frac{1}{x}$ **b)** $x-\frac{a+b}{a-b}=\frac{a-b}{a+b}-\frac{1}{x}$

151. a) $\frac{a}{x-b}+\frac{x-a}{b}=2$ **b)** $\frac{1}{x-a}+\frac{x-b}{ab}=\frac{2}{b}$

152. a) $\frac{a+bx}{a-bx}-\frac{a-bx}{a+bx}=\frac{4ab}{a^2-b^2}$ **b)** $\frac{x+a}{x-a}-\frac{x-a}{x+a}=\frac{4a(a+b)}{2ab+b^2}$

153. Der Satz von VIÈTA ist für $D \geq 0$ zu beweisen!

154. Wie lautet die Normalform der quadratischen Gleichung mit der Lösungsmenge L?

a) $L = \{-9, 1\}$ **b)** $L = \{-5, -33\}$ **c)** $L = \{-17^{(2)}\}$[1)]

d) $L = \left\{\frac{1}{8}, 14\right\}$ **e)** $L = \left\{-\frac{3}{2}, \frac{4}{5}\right\}$ **f)** $L = \left\{1+\sqrt{2}, 3+\sqrt{3}\right\}$

155. Von einer quadratischen Gleichung kennt man eine Lösung. Die andere ist zu bestimmen, falls es eine gibt.

a) $x^2+2x-360=0,\ x_1=18$ **b)** $x^2+21x+90=0,\ x_1=-15$

c) $x^2-93x+1512=0,\ x_1=72$ **d)** $2x^2-15x+25=0,\ x_1=5$

e) $3x^2+x-2=0,\ x_1=\frac{2}{3}$ **f)** $0{,}2x^2+4{,}8x+19=0,\ x_1=-5$

156. Wie lautet die Normalform der quadratischen Gleichung, deren Lösungen x_1, x_2 folgende Bedingungen erfüllen:

a) $x_1+x_2=7,\ x_1-x_2=3$ **b)** $x_1+x_2=16,\ x_1\cdot x_2=55$

c) $x_1-x_2=4{,}75,\ x_1\cdot x_2=-5{,}625$ **d)** $x_1+x_2=-2,\ \frac{x_1}{x_2}=-0{,}5$

e) $x_1+x_2=2,\ \frac{x_1}{x_2}=-2$ **f)** $x_1x_2=-2{,}5,\ \frac{x_1}{x_2}=-4{,}9$

157. Man überprüfe die Lösungsmenge der folgenden quadratischen Gleichungen mit Hilfe des Satzes von VIÈTA:

a) $8x^2-65x+8=0,\ L=\{8, 0{,}125\}$ **b)** $x^2-19{,}8x+82{,}8=0,\ L=\{6, 13{,}8\}$

c) $\frac{x^2}{2}-70x+882=0,\ L=\{126, 14\}$ **d)** $x^2+(4-\sqrt{7})x-4\sqrt{7}=0,\ L=\{-4, \sqrt{7}\}$

158. Man bestimme in den folgenden Gleichungen die Konstante a so, dass die Diskriminante 0 ist:

a) $x^2+2x+a=0$ **b)** $x^2+ax+9=0$ **c)** $x^2-2ax+16=0$

d) $ax^2-4x+1=0$ **e)** $16x^2-8ax+a=0$ **f)** $3ax^2+2ax+1=0$

159. Es ist zu kürzen:

a) $\frac{x^2-3x-10}{x+2}$ **b)** $\frac{2x^2-19x-10}{x-10}$ **c)** $\frac{8x^2-39x-5}{x+0{,}125}$

160. Die Richtigkeit der Lösungsformel $x_{1,2}=\frac{-b\pm\sqrt{b^2-4ac}}{2a}$ ist durch Einsetzen in die Gleichung $ax^2+bx+c=0$ zu zeigen!

161. Man zeige, dass die Gleichung $ax^2+bx+c=0$ die Lösung **a)** 1 hat, wenn $a+b+c=0$ gilt **b)** -2 hat, wenn $4a-2b+c=0$ gilt!

Die Lösungsmengen für die folgenden quadratischen Ungleichungen sind über der Grundmenge $\mathbb{R}$ zu ermitteln.

162. a) $x^2-9<0$ **b)** $x^2-16>0$ **c)** $x^2-25<0$

163. a) $4x^2+5<0$ **b)** $3x^2-7>0$ **c)** $2x^2-9<0$

164. a) $(x+9)(x+7)>0$ **b)** $(x+1)(x-3)<0$ **c)** $(x+289)(17x-3)<0$

165. a) $x^2+2x+1>0$ **b)** $3x^2-4x+1<0$ **c)** $12x^2-60x-13>0$

166. a) $2x^2+12x-30<x^2+9x+40$ **b)** $5x^2+30x+117>x^2+30x-65$

[1)] Diese Schreibweise gibt an, dass -17 Doppellösung der quadratischen Gleichung ist.

167. Der Graph der Funktion $x \mapsto y = 2x^2 - 4x - 6$ ist — über der Definitionsmenge $D_f = [-1{,}2,\ 3{,}2]$ — zu zeichnen. Außerdem sind die Koordinaten des Scheitelpunkts S aus dem Graphen abzulesen.

168. In einem kartesischen Koordinatensystem sind — über der Definitionsmenge $\mathbb{R}$ — die Funktionen $x \mapsto y = x^2 - 6x + 8$, $x \mapsto y = x^2 - 6x + 9$, $x \mapsto y = x^2 - 6x + 10$ grafisch darzustellen. Weiters ist der jeweils tiefste Punkt S (Scheitelpunkt) grafisch zu ermitteln.

169. Man gebe die Eigenschaften des Graphen der Funktion $x \mapsto y = ax^2 + c$ $(a,\ c \in \mathbb{R},\ a \neq 0)$ im Vergleich zur Grundparabel $x \mapsto y = x^2$ an, **a)** wenn a alle Werte aus $\mathbb{R} \setminus \{0\}$ annimmt **b)** wenn c alle Werte aus $\mathbb{R}$ annimmt. **c)** Welche Gerade ist Symmetrieachse für die durch $x \mapsto y = ax^2 + c$ $(a, c \in \mathbb{R},\ a \neq 0)$ dargestellten Parabeln?

170. Der Graph der Funktion $y = (x-1)^2 - 2 = x^2 - 2x - 1$ ist zu zeichnen und mit den Graphen der Funktion $y = x^2$ und $y = (x-1)^2$ zu vergleichen.

171. In den nebenstehenden Figuren sind die Graphen der folgenden Funktionen dargestellt $(a,\ b \in \mathbb{R}^+)$:

a) $x \mapsto x^2 + b$ **b)** $x \mapsto (x-a)^2$

c) $x \mapsto (x+a)^2 + b$ **d)** $x \mapsto x^2$

e) $x \mapsto (x+a)^2 - b$ **f)** $x \mapsto (x+a)^2$

g) $x \mapsto (x-a)^2 - b$ **h)** $x \mapsto x^2 - b$

i) $x \mapsto (x-a)^2 + b$

Welche Funktion gehört zu welchem Graphen?

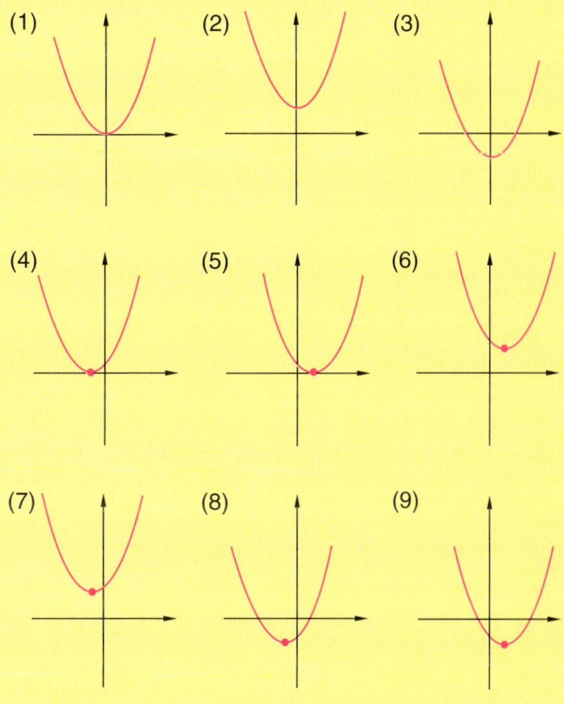

172. Wie lauten jene Zahlen, die gleich ihrem Reziprokwert sind?

173. Das 5-fache einer Zahl multipliziert mit der um 7 verminderten Zahl ergibt Null. Gibt es ganze Zahlen, welche die obige Bedingung erfüllen?

174. Wir zerlegen die Zahl 5 in zwei Summanden, deren Produkt gleich 4 ist. Wie lauten die Summanden?

175. Die Summe zweier Zahlen beträgt 14, die Summe ihrer Quadrate ist 100. Wie lauten die Zahlen?

176. Das geometrische Mittel zweier reeller Zahlen ist 16. Ihr arithmetisches Mittel beläuft sich auf 20. Wie lauten die Zahlen?

Anleitung: arithmetisches Mittel $\boxed{m_a = \frac{a+b}{2}}$, geometrisches Mittel $\boxed{m_g = \sqrt{ab}}$.

177. Ein Privatkonto wurde am 1. Jänner 2004 mit 10 000,— Euro eröffnet. Nach einem Jahr fällt der Zinsfuß um ein Viertel seines früheren Wertes. Am Ende des zweiten Jahres können insgesamt 10 712,— Euro behoben werden. Mit welchen Zinssätzen wurde das Kapital jeweils verzinst?

178. Der Verkaufspreis eines Stücks einer Ware erhöht sich insgesamt um 48,— Euro. Dadurch erhält man nun für 20 160,— Euro ein Stück weniger als vor der Preiserhöhung. Um wie viel Prozent wurde die Ware teurer?

179. Wird eine Musik-CD zu einem bestimmten Preis p (in Euro) angeboten, so besteht eine Nachfrage von $x = 30000 - 1000p$[1)] (Stück). (Hier wird angenommen, dass die Nachfrage sinkt, wenn der Preis steigt!) Der sich daraus ergebende Umsatz U ist von der Anzahl der verkauften Stück und dem zugehörigen Preis abhängig: $U = px$. Bei welchen Preisen erzielt die Firma einen Umsatz von 216 000,— Euro?

Analytische Aufgaben mit quadratischen Funktionen

180. Gegeben: $y = \frac{x^2}{4} + 2x - 3, \; y = \frac{x}{2} + 1$

Gesucht: Koordinaten der Schnittpunkte S_1 und S_2 der beiden Funktionsgraphen.

181. Gesucht ist die Gleichung einer quadratischen Parabel, die durch die Punkte A (6, −1), B (−3, −19) und C (3, 5) geht.

182. Die Punkte P_1 (0, 3), P_2 (2, −1) und P_3 (4, 3) liegen auf dem Graphen einer quadratischen Funktion.

a) Wie lautet die Gleichung dieser Funktion?
b) Wie groß ist der Funktionswert an der Stelle $x = -1$?
c) Man bestimme die Nullstellen der Funktion.

183. Durch die Punkte V(2, 2) und W(5, −1) soll eine quadratische Parabel gelegt werden, die die Gerade $y = -x - 2$ an der Stelle $x = -3$ schneidet. Funktionsgleichung?

184. $y = -\frac{3x}{2} + 15, \; y = x^2 - 3x + c$

a) Die Konstante c ist so zu bestimmen, dass die quadratische Funktion an der Stelle $x = -2$ von der gegebenen Geraden geschnitten wird.
b) Koordinaten der beiden Schnittpunkte?

185. Gesucht ist die Gleichung einer quadratischen Parabel, die $y = -x^2 + 16x$ bei $x_1 = 2$ und bei $x_2 = 10$ schneidet und außerdem mit der y-Achse bei y = 25 einen Schnittpunkt hat.

186. Eine quadratische Funktion hat bei $x = 3$ eine Nullstelle und schneidet die Gerade $y = 2x - 3$ an den Stellen $x_1 = -1$ und $x_2 = 5$. Funktionsgleichung?

187. Gegeben: $y = 4x^2 - 12x - 21$

a) Der Funktionsgraph ist über [−3, 6] zu zeichnen. (Maßstab: x-Werte 1 ≙ 1 cm, y-Werte 10 ≙ 1 cm)
b) Wie groß ist der Funktionswert an der Stelle $x = 2{,}5$?
c) An welchen Stellen ist der Funktionswert $y = 10$?
d) Wie lautet die Gleichung jener Geraden, die die gegebene Parabel an der Stelle $x = -1$ schneidet und die Steigung $k = 0{,}5$ hat?
e) Der zweite Schnittpunkt S der Geraden mit der Parabel ist zu berechnen.

188. Die nebenstehende Figur veranschaulicht die Wurfparabel eines vom Punkt A rückgespielten Tennisballs (unter Vernachlässigung des Luftwiderstands). Der Abschusspunkt A liegt 6,00 m vor dem Netz N in einer Höhe von 0,60 m. Der Ball überfliegt das Netz in einer Höhe von 1,20 m (B) und trifft 6,00 m hinter dem Netz den Boden (C).

Man berechne die Funktionsgleichung der Wurfparabel in einem Koordinatensystem mit dem Ursprung N und waagrechter x-Achse.

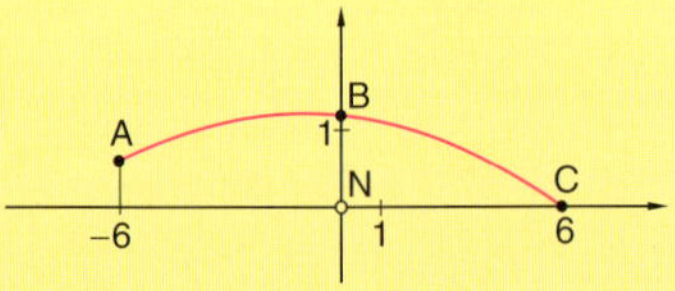

1) Diese Nachfragefunktion wurde beliebig gewählt.

189. Beschränkte Funktionen

a) Betrachten wir die nebenstehende Funktion f(x) im Intervall $[x_1, x_2]$. Für alle $x \in [x_1, x_2]$ gibt es eine Zahl B, sodass die Ungleichung $f(x) \leqslant B$ erfüllt wird. B wird als **obere Schranke** von f bezeichnet.

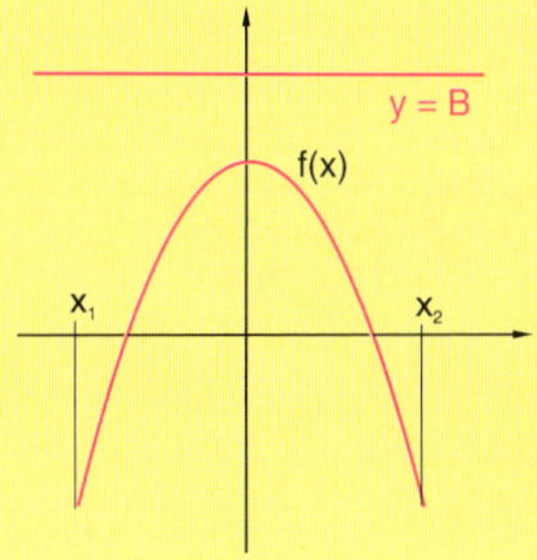

(1) Verläuft der Graph von f(x) in $[x_1, x_2]$

○ oberhalb ○ unterhalb ○ sowohl ober- als auch unterhalb

der Geraden mit der Gleichung y = B?

(2) Gegeben ist die Funktion f mit der Gleichung $y = -x^2 + 2$ im Intervall [−2, 2]. Ist die Zahl

○ −5 ○ 1 ○ 0 ○ 3 ○ 2

eine obere Schranke von f?

b) Betrachten wir die nebenstehende Funktion f(x) im Intervall $[x_1, x_2]$. Für alle $x \in [x_1, x_2]$ gibt es eine Zahl b, sodass die Ungleichung $f(x) \geqslant b$ erfüllt wird. b wird als **untere Schranke** von f bezeichnet.

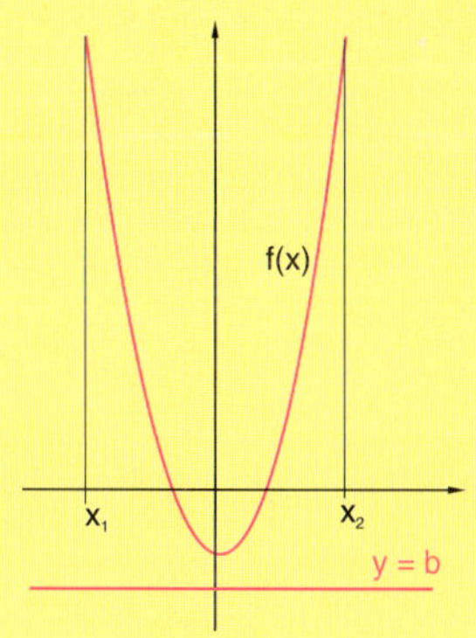

(1) Verläuft der Graph von f(x) in $[x_1, x_2]$

○ oberhalb ○ unterhalb ○ sowohl ober- als auch unterhalb

der Geraden mit der Gleichung y = b?

(2) Gegeben ist die Funktion f mit der Gleichung $y = 2x^2 - 1$ im Intervall [−2, 2]. Ist die Zahl

○ 5 ○ 1 ○ 0 ○ 3 ○ 2

eine untere Schranke von f?

c) Sofern eine Funktion f im Intervall $[x_1, x_2]$ sowohl nach oben als auch nach unten beschränkt ist, spricht man von einer in $[x_1, x_2]$ **beschränkten Funktion**.

Es sind verschiedene Funktionen anzugeben, die allesamt beschränkt sind.

190. Um die Gleichung $x^2 - 5x + 6 = 0$ zu lösen, zeichnet ein Schüler die Grundparabel $y = x^2$ und die Gerade $y = 5x - 6$.

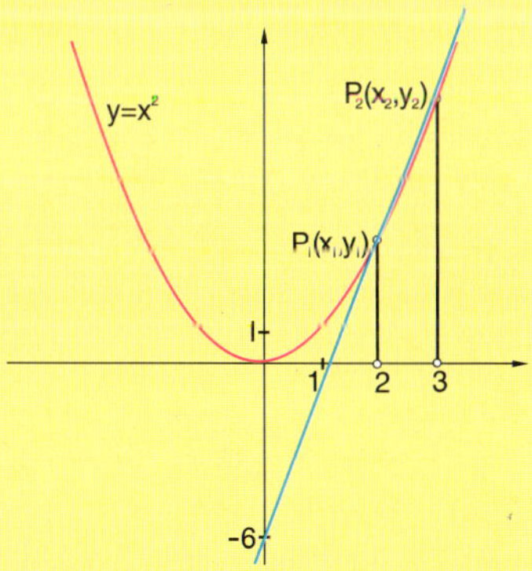

Die x-Werte der Schnittpunkte dieser beiden Kurven[1] sind $x_1 = 2$ bzw. $x_2 = 3$ — also die Lösungen der Gleichung $x^2 - 5x + 6 = 0$.

a) Ist das Zufall? (Begründung!)

b) Wie ist vorzugehen, um die Gleichung $x^2 + x - 6 = 0$ auf analogem Weg zu lösen?

[1]) Der Begriff der Kurve ist in der Mathematik weit gefasst: Auch eine Gerade ist eine Kurve.

Vermischte Aufgaben

191. Die Seitenlängen einer rechteckigen Solarzelle mit der Fläche 216 dm^2 sollen im Verhältnis 2 : 3 stehen. Wie groß ist der Umfang u der Solarzelle?

192. *„Rechtecke gleichen Umfangs haben den gleichen Flächeninhalt".* Die meisten bei einer kleinen Umfrage interviewten Nichtmathematiker entschieden sich dafür, diesen Satz als richtig anzusehen. Dies lässt sich aber leicht widerlegen. Es gibt nämlich unter allen Rechtecken (vgl. nebenstehende Figuren) mit dem Umfang u = 12 cm genau eines, das den größten Flächeninhalt besitzt. Dieses ist zu bestimmen.

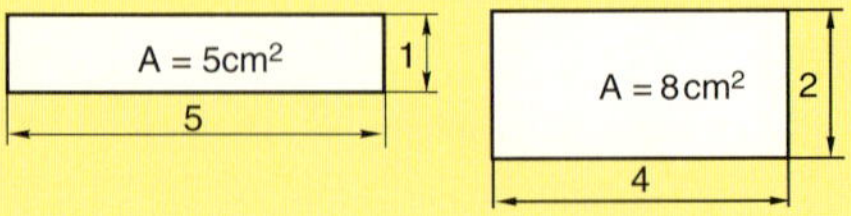

(Bemaßungen in Zentimeter)

Anleitung: $u = 2(a+b) = 12 \Leftrightarrow a+b = 6 \Leftrightarrow a = 6-b$. Für den Flächeninhalt gilt: $A = ab \Leftrightarrow A = (6-b)b \Leftrightarrow$
$\Leftrightarrow A = 6b - b^2$. Und nun ist A in Abhängigkeit von b zeichnerisch darzustellen.

193. Von einem rechtwinkeligen Dreieck ist die Kathete a = 24 mm und der nicht anliegende Hypotenusenabschnitt q = 20 mm gegeben. Wie lang sind die Hypotenuse c und die zweite Kathete b?

194. Jenes rechtwinkelige Dreieck, dessen Katheten sich um 7 cm unterscheiden und dessen Hypotenuse um 9 cm länger ist als die kürzere Kathete, soll einem Deltoid mit der Diagonale e = 10 cm flächengleich sein. Man berechne die zweite Diagonale des Deltoids.

195. Die Strecke AB soll im Verhältnis $\overline{AX} : \overline{XB} = \overline{XB} : \overline{AB}$ geteilt werden (Goldener Schnitt). In welchem Verhältnis stehen die Teilstrecken zueinander?

Anleitung: Man setze die Länge der Strecke AB gleich 1.

196. Wie viele Ecken hat ein Polygon mit 44 Diagonalen?

197. Aus einem quadratischen Stück Karton soll der Unterteil einer Schachtel gebastelt werden. Die Länge a jedes Einschnitts beträgt 3 cm. Wie groß ist die Seitenlänge des Pappstücks zu wählen, damit das Volumen der Schachtel V = 507 cm^3 beträgt?

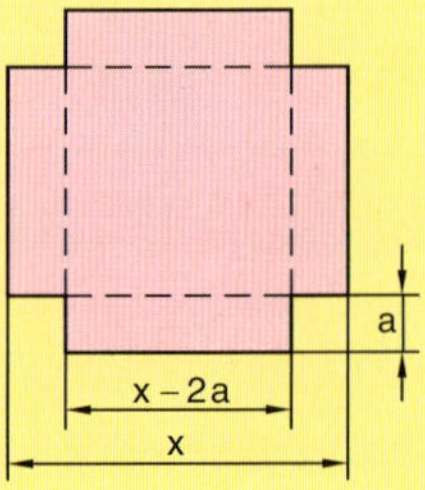

Anleitung: $V = a(x-2a)^2$

198. Beim BRINELLschen Härtetest[1] wird eine Stahlkugel vom Durchmesser D = 13 mm in den zu prüfenden Werkstoff gedrückt. Nehmen wir an, der Durchmesser d des Eindruckkreises beträgt 5 mm. Wie groß ist dann h?

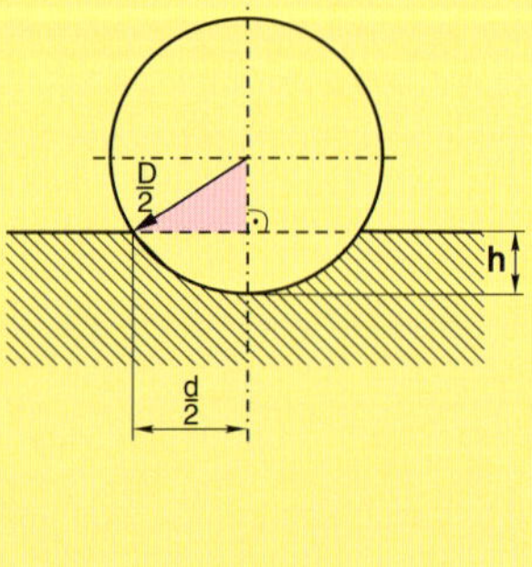

Anleitung: $\left(\frac{D}{2}\right)^2 = \left(\frac{D}{2} - h\right)^2 + \left(\frac{d}{2}\right)^2$.

[1]) **Johan August BRINELL** (1849–1925) demonstrierte auf der Pariser Weltausstellung von 1900 einen Schnelltest zur Härteprüfung von Stahl.

199. Einer Kugel mit dem Radius R = 2 dm wird ein Drehzylinder eingeschrieben. Sein Achsenschnitt soll einen Umfang u = 112 cm aufweisen. Man bestimme r und h des Zylinders.

Anleitung: Wenn wir den pythagoräischen Lehrsatz anwenden (R, r, h), ist der Zylinder noch nicht eindeutig bestimmt. Durch die Angabe u = 112 cm lassen sich die Lösungen ermitteln.

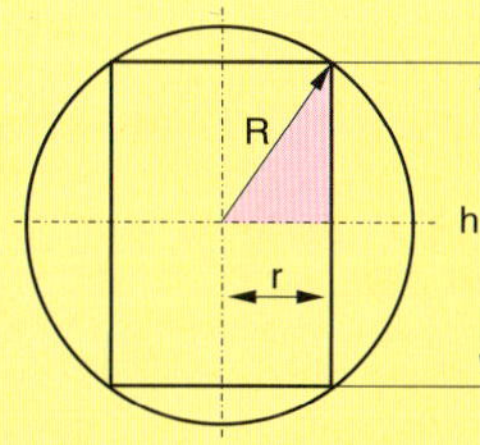

200. Ein Drehkegel ist 9 cm hoch und hat ein Volumen $V = 27\pi\ cm^3$. Wie groß ist sein Radius r?

201. Zur Bestimmung der Wassertiefe wird in der Seefahrt das Echolot verwendet.

Der Ultraschallsender S hat zum Empfänger E eine Distanz von d = 17 m — vgl. nebenstehende Figur.

Wie groß ist die bordseitige Wassertiefe h, wenn ein ausgesandter Schallimpuls **a)** im Atlantik — um den Breitengrad Null — nach 114 ms empfangen wird? **b)** im Roten Meer nach 83 ms registriert wird?

Anleitung: Schallwellen verhalten sich in der Ausbreitung wie Lichtwellen, also gilt: Einfallswinkel = Reflexionswinkel. Somit ist das Dreieck EST gleichschenkelig; zurückgelegter Weg der Schallwellen: $s = \overline{ST} + \overline{TE} = 2\,\overline{ST}$.

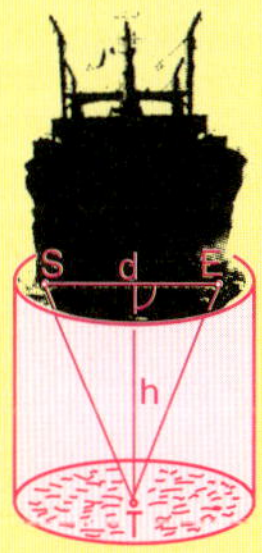

Gewässer	Schallgeschw. c in m/s
Weddellsee (Südpol)	1445
Atlant. Ozean (Äquator)	1516
Philippinengraben	1531
Rotes Meer	1534
Sargassosee (Azoren)	1536

202. Eine Rakete (Masse m) muss auf dem Weg von der Erde (Masse M_1) zum Mond (Masse M_2) D = 384000 km überwinden. Auf ihrer Reise passiert sie einen Punkt im All, in dem sie von der Masse der Erde und der des Mondes gleich stark angezogen wird: Wo liegt dieser sogenannte „Neutrale Punkt", wenn man annimmt, dass $M_1 = 81 M_2$ ist?

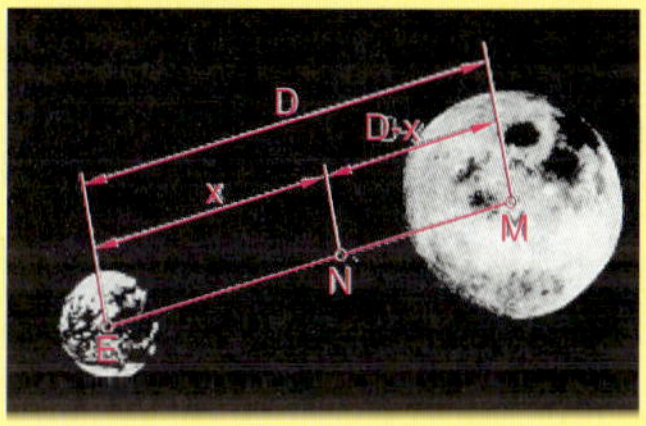

Anleitung: Anziehungskraft F_1 zwischen Rakete und Erde: $F_1 = \frac{kmM_1}{x^2}$

Anziehungskraft F_2 zwischen Rakete und Mond: $F_2 = \frac{kmM_2}{(D-x)^2}$ x und D − x sind die jeweiligen Abstände der Rakete zu den Himmelskörpern und $k = 66{,}70 \cdot 10^{-12}\ Nm^2/kg^2$ ist die Gravitationskonstante.

203. Um 12 Uhr sind die beiden CB-Funker[1] GST1 und AP23 in folgender Situation (vgl. Figur):

— GST1 fährt mit 60 km/h, AP23 mit 120 km/h in Richtung des Kreuzungsmittelpunkts

— die Reichweite ihrer Funkgeräte beträgt R = 30 km

GST1 ist noch 22 km, AP23 noch 32 km von der Kreuzung entfernt.

Wann können die beiden Funker frühestens miteinander in Funkkontakt treten? Wann wird die Verbindung voraussichtlich wieder abreißen?

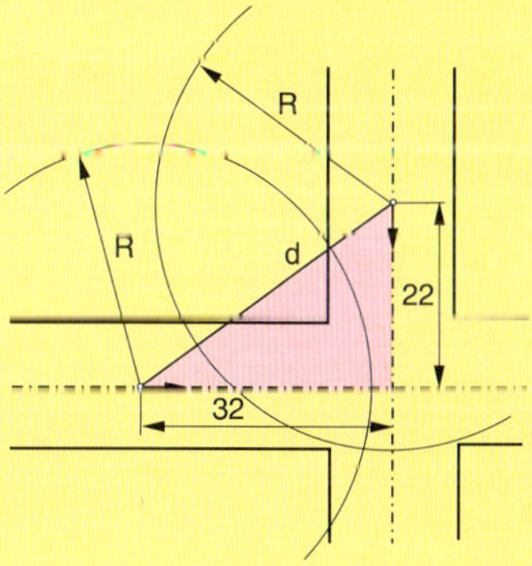

Anleitung: (1) $d < R \Leftrightarrow$ Funkverbindung ist möglich.
(2) $d > R \Leftrightarrow$ Keine Funkverbindung ist möglich.
(3) $d = R \Leftrightarrow$ Funkkontakt ist gerade noch möglich.

[1]) CB ist die Abkürzung für Citizen Band (engl.): Amateurfunk.

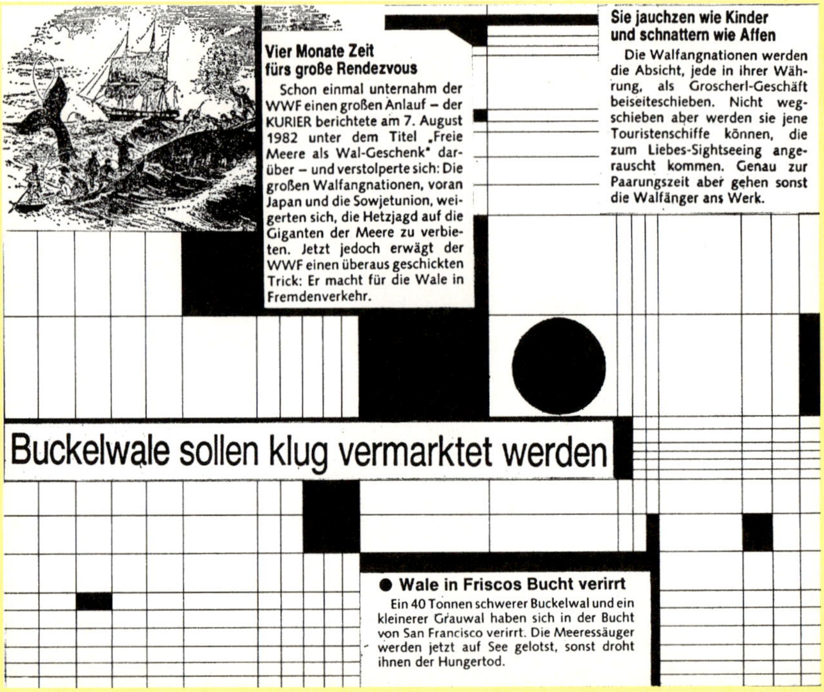

Vier Monate Zeit fürs große Rendezvous

Schon einmal unternahm der WWF einen großen Anlauf – der KURIER berichtete am 7. August 1982 unter dem Titel „Freie Meere als Wal-Geschenk“ darüber – und verstolperte sich: Die großen Walfangnationen, voran Japan und die Sowjetunion, weigerten sich, die Hetzjagd auf die Giganten der Meere zu verbieten. Jetzt jedoch erwägt der WWF einen überaus geschickten Trick: Er macht für die Wale in Fremdenverkehr.

Sie jauchzen wie Kinder und schnattern wie Affen

Die Walfangnationen werden die Absicht, jede in ihrer Währung, als Groscherl-Geschäft beiseiteschieben. Nicht wegschieben aber werden sie jene Touristenschiffe können, die zum Liebes-Sightseeing angerauscht kommen. Genau zur Paarungszeit aber gehen sonst die Walfänger ans Werk.

Buckelwale sollen klug vermarktet werden

● Wale in Friscos Bucht verirrt

Ein 40 Tonnen schwerer Buckelwal und ein kleinerer Grauwal haben sich in der Bucht von San Francisco verirrt. Die Meeressäuger werden jetzt auf See gelotst, sonst droht ihnen der Hungertod.

204. Worauf ist bei der wirtschaftlichen Ausbeutung einer Tierart unbedingt zu achten, um ihre Ausrottung zu verhindern?

Im nebenstehenden Graphen findet sich auf der x-Achse die Anzahl der Wale, auf der y-Achse wurde die Wachstumsrate eingetragen. Anhand des Graphen von f(x) lassen sich drei Fälle unterscheiden:

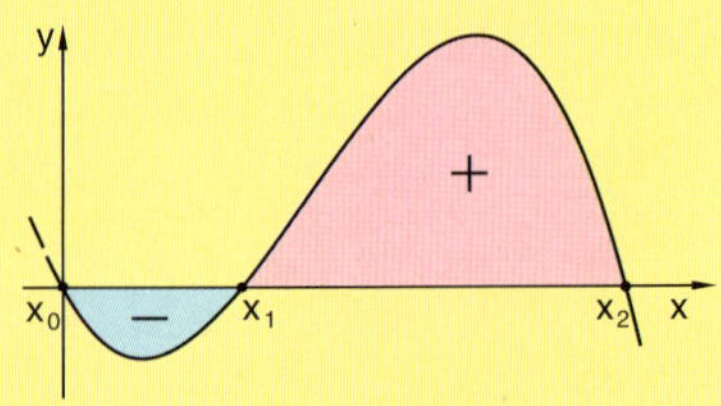

(1) $x \in]x_1, x_2] \Rightarrow$ die Population[1] wächst bis x_2.

(2) $x > x_2 \Rightarrow$ die Population[1] sinkt (infolge der innerartlichen Konkurrenz) bis x_2.

(3) $x \in]0, x_1[\Rightarrow$ die Population[1] sinkt bis x_0, d. h. sie stirbt schließlich aus, da sich auf Grund der zu geringen Anzahl von Walen keine Paare mehr finden und fortpflanzen können.

a) Was kann man über das vermutliche Schicksal der Wale für $x = 10^4$ aussagen, wenn für die Fang-Rate e — sie gibt die gefangenen Tiere in Prozent von x an — gilt:

(1) $e = 0$ (2) $e = 10^{-2}$

Anleitung: $ax^2 - (bx^3 + cx) - ex = 0 \Leftrightarrow$ $\Leftrightarrow x(-bx^2 + ax - (c+e)) = 0 \Leftrightarrow$ $x = 0 \vee -bx^2 + ax - (c+e) = 0$ usw. Anschließend sind für a, b, c und e die gegebenen Werte einzusetzen, x_1 und x_2 zu berechnen und das Ergebnis zu interpretieren.

> Die Wachstumsrate y (in einem bestimmten Zeitpunkt) ist abhängig von der jeweiligen Anzahl x der Wale:
>
> $y = ax^2 - (bx^3 + cx) - ex$
>
> ax^2 ...... normales Fortpflanzungsverhalten
>
> $bx^3 + cx$ ...... Abnahme der Population durch zu viele bzw. zu wenige Tiere
>
> ex ...... Anzahl der gefangenen Tiere
>
> Durch Beobachtung ergeben sich Richtwerte für a, b und c: $a = 1{,}01 \cdot 10^{-6}$, $b = 10^{-11}$, $c = 10^{-3}$

b) (1) Wie groß darf die Fang-Rate e maximal sein, wenn ein Bestand von $x = 10^4$ Wale nicht aussterben soll?

(2) Auf welche Anzahl von Walen pendelt sich dann die Population ein?

---

[1]) Gesamtheit der Individuen einer Art oder Rasse, in unserem Fall ist das die Anzahl der Blauwale.

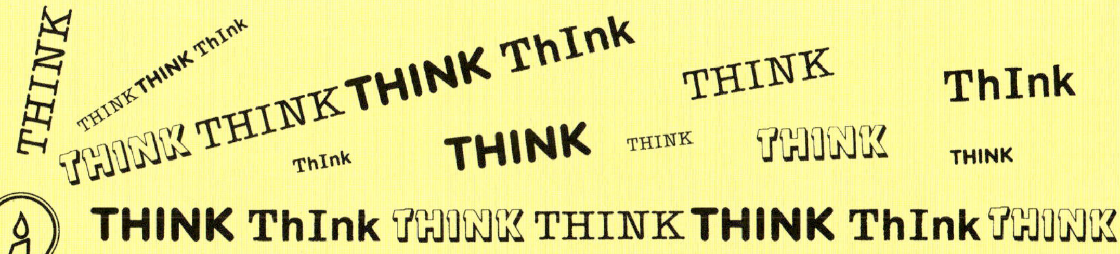

205. Die Lösungsmengen jeder der folgenden quadratischen Gleichungen bestimmt einen Weg durch das Labyrinth[1]:

(1) $x^2 - 6x + 8 = 0$ (2) $x^2 + 3x - 70 = 0$ (3) $x^2 - 7x + 10 = 0$ (4) $x^2 - 6x - 5 = 0$

(5) $x^2 - 3x - 4 = 0$ (6) $8x^2 - 85x + 225 = 0$ (7) $2x^2 - 5x - 3 = 0$

(8) $2x^2 - 5x + 2 = 0$ (9) $2x^2 + 17x + 30 = 0$ (10) $3x^2 - 4x + 1 = 0$

RECHTS: $\{4, -1\}$; $\{-2{,}5, -6\}$; $\{5, 2\}$; $\{5{,}625, 5\}$; $\{3, -0{,}5\}$

LINKS: $\{2, 0{,}5\}$; $\{4, 2\}$; $\left\{1, \frac{1}{3}\right\}$; $\{7, -10\}$; $\{6{,}742, -0{,}742\}$

Anleitung: Die beim Start an der Wegkreuzung stehende Zahl 1 bezieht sich auf die Gleichung **(1)**. Da die Lösungsmenge von **(1)** unter „**LINKS**" zu finden ist, ist der Weg **L** einzuschlagen.

[1]) Irrgarten.

4. Problemstellungen der Physik

Die nachstehenden Physikaufgaben fallen außerhalb des eigentlichen Mathematiklehrstoffes. Eine Abstimmung auf den Physikunterricht ist unbedingt notwendig. Die Erdbeschleunigung g soll generell näherungsweise mit $9{,}81\,m/s^2$ angenommen werden.

206. Ein Stein wird mit einer Anfangsgeschwindigkeit $v_0 = 16\,m/s$ senkrecht nach oben geworfen. Nach welcher Zeit befindet sich der Stein in einer Höhe von $s = 9\,m$?

207. Eine Gewehrkugel wird mit einer Laufaustrittsgeschwindigkeit $v_0 = 100\,m/s$ senkrecht nach oben geschossen. Mit welcher Geschwindigkeit v trifft sie auf ein Hindernis in $s = 50\,m$ Höhe?

208. Ein Kraftfahrzeug beschleunigt von $v_0 = 10\,m/s$ gleichmäßig mit $a = 3{,}5\,m/s^2$. Welche Geschwindigkeit wird nach $s = 50\,m$ erreicht?

Anleitung: Man berechne zuerst die Zeit, in welcher 50 m zurückgelegt werden.

209. Rekonstruktion eines Unfalls:

Ein Kraftfahrzeug prallte mit $v = 20\,km/h$ gegen ein Hindernis. Wie groß war die Geschwindigkeit v_0 zu Beginn der Bremsung, wenn der Bremsweg $s = 20\,m$ war und eine gleichförmige Verzögerung von $a = -7\,m/s^2$ angenommen werden kann?

210. Ein Körper ist mit einer Feder gekoppelt (vgl. nebenstehende Figur). Wie weit kann sich ein Körper mit der Masse $m = 25\,kg$ aus der Ruhelage RL entfernen, wenn er dort eine Geschwindigkeit $v = 5\,m/s$ hat? (Federkonstante $D = 12\,N/cm$, Reibungskoeffizient $\mu = 0{,}3$)

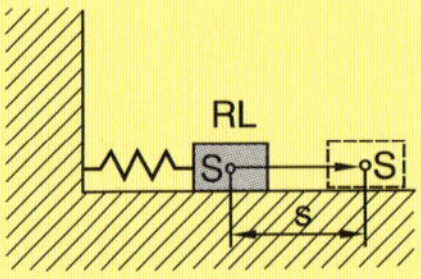

211. Bei einem zentrischen, teilweise elastischen Stoß zweier Körper ($m_1 = 2\,kg$, $m_2 = 3\,kg$), die sich aufeinander zu bewegen ($v_1 = 8\,m/s$, $v_2 = -6\,m/s$), gehen 40% der Gesamtenergie verloren. Man berechne die Geschwindigkeiten v_1' und v_2' nach dem Stoß!

Bemerkung: Das Vorzeichen von v_1 bzw. v_2 gibt die Richtung an.

212. Von der Aussichtsterrasse des Wiener Donauturms ($h_0 = 150\,m$) wird ein Kieselstein mit $v_0 = 5\,m/s$ empor geschleudert.

a) Wie lange dauert es, bis der Stein am Turm vorbei gefallen und am Boden gelandet ist?

b) Der Zusammenhang zwischen Zeit t und Höhe h ist grafisch darzustellen, wobei die Zeit auf der x-Achse und die Höhe auf der y-Achse aufzutragen ist. Schließlich ist die maximale Höhe aus dem Schaubild abzulesen.

Anleitung: Die Höhe h errechnet sich zu $h(t) = h_0 + v_0 t - \frac{g}{2}t^2$

Maßstäbe: $\begin{cases} t: 1\,cm \mathrel{\hat{=}} 1\,s \\ h: 1\,cm \mathrel{\hat{=}} 30\,m \end{cases}$

213. *„Den größten Sprung mit der höchsten Fallhöhe führen die sogenannten ‚Todesspringer' seit Jahren den Touristen in Acapulco/Mexiko vor. Dabei stürzen sich die ebenso mutigen wie gut bezahlten Artisten im Kopfsprung aus einer Höhe von etwa 35 Metern über den Klippenrand hinaus in die Brandung."*[1]

Wie lange dauert so ein Kopfsprung?

[1] Aus „GUINNESS, Lexikon der Superlative".

TRIGONOMETRIE

1. Wiederholung und Vertiefung

Zeichnen wir einen Winkel α ($0° < \alpha < 90°$) und eine beliebige parallele Gerade wie in der Figur in der Außenspalte, dann gilt auf Grund des Strahlensatzes: $\frac{\overline{AB}}{\overline{SB}} = \frac{\overline{CD}}{\overline{SD}} = \frac{\overline{EF}}{\overline{SF}}$

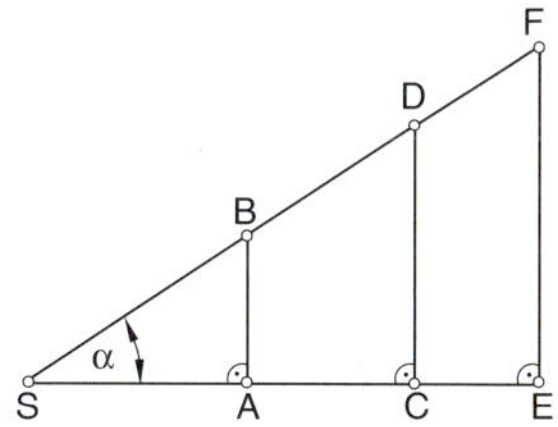

Für die Dreiecke SAB, SCD, SEF sowie letztlich für jedes rechtwinkelige Dreieck mit dem Winkel α gilt also: Das Verhältnis $\frac{\text{„Gegenkathete" zu } \alpha}{\text{„Hypotenuse" zu } \alpha}$ ist eine reelle Zahl, welche **nur vom Winkel α abhängt**. Wir bezeichnen diese Zahl mit **sin α** und nennen sie den „**Sinus von α**".

Zu jedem spitzen Winkel α gehört eine eindeutig bestimmte reelle Zahl $\sin\alpha$. Damit ist eine Funktion festgelegt $f: \alpha \rightarrow \sin\alpha$ die wir **Sinusfunktion** nennen. Die Sinusfunktion ist ein typisches Beispiel für eine sogenannte **„trigonometrische Funktion"**.

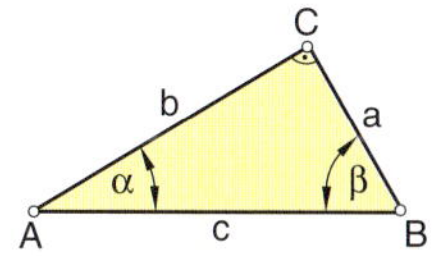

c ...... Hypotenuse

a ...... Ankathete bezüglich β = = Gegenkathete bezüglich α

b ...... Gegenkathete bezüglich β = = Ankathete bezüglich α

Für die Berechnungen am rechtwinkeligen Dreieck erweist es sich als nützlich, noch zwei weitere trigonometrische Funktionen festzulegen:

$$\cos\alpha \overset{\text{DEF}}{=} \frac{\text{Ankathete}}{\text{Hypotenuse}} = \frac{b}{c} \qquad \tan\alpha \overset{\text{DEF}}{=} \frac{\text{Gegenkathete}}{\text{Ankathete}} = \frac{a}{b}$$

Besondere Werte:

Funktion	$\alpha = 30°$	$\alpha = 45°$	$\alpha = 60°$
$\sin\alpha$	$\frac{1}{2}$	$\frac{\sqrt{2}}{2}$	$\frac{\sqrt{3}}{2}$
$\cos\alpha$	$\frac{\sqrt{3}}{2}$	$\frac{\sqrt{2}}{2}$	$\frac{1}{2}$
$\tan\alpha$	$\frac{\sqrt{3}}{3}$	1	$\sqrt{3}$

Bei Aufgaben aus der Stereometrie ist oftmals der sogenannte **Flächenprojektionssatz** hilfreich:

Wenn ein beliebiges Flächenstück in allen seinen Punkten unter dem selben Winkel α gegen die Horizontalebene geneigt ist, dann besteht zwischen seinem Flächeninhalt A und dem Inhalt A′ seiner Projektion auf diese Ebene die folgende Beziehung:

$$A' = A \cdot \cos\alpha$$

Bei Vermessungsaufgaben unterscheiden wir folgende Winkel.

- **Höhenwinkel (Elevationswinkel)** } Ein Schenkel ist immer
- **Tiefenwinkel (Depressionswinkel)** } die Horizontale!
- **Sehwinkel (Gesichtswinkel)**: Das ist jener Winkel, den die von den Enden eines Gegenstandes zu der Pupille des Auges oder des Objektivs eines optischen Instrumentes gezogenen Geraden einschließen.

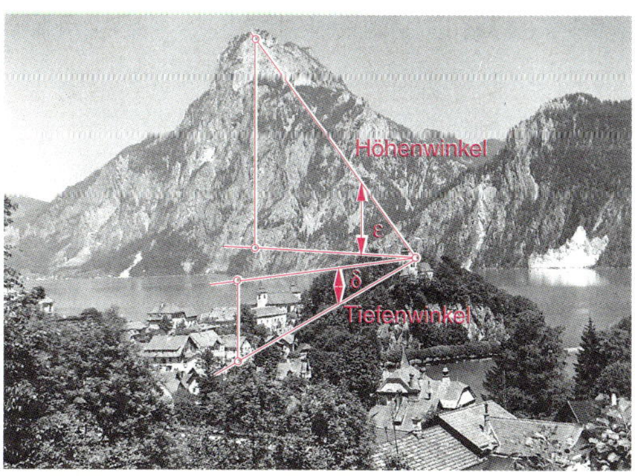

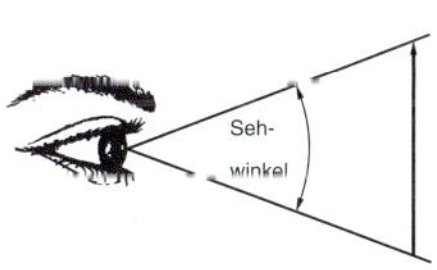

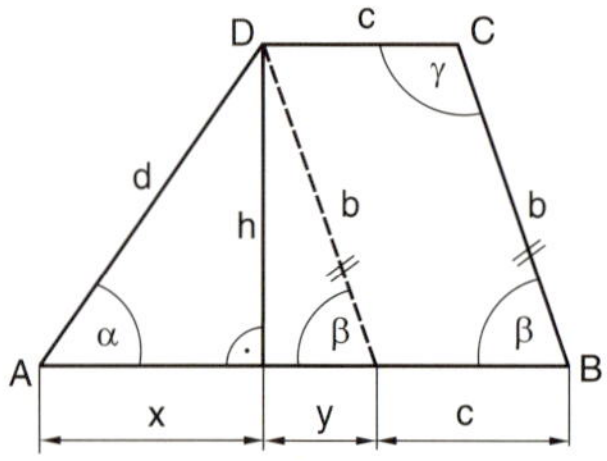

Beispiel:

Der Flächeninhalt eines Trapezes ($a = 80$ mm, $d = 65$ mm, $\alpha = 14{,}25°$, $\beta = 53{,}13°$) ist zu berechnen!

Lösung:

$\sin\alpha = \frac{h}{d} \Leftrightarrow h = d \cdot \sin\alpha = 65 \cdot \sin 14{,}25° = 16$

$\cos\alpha = \frac{x}{d} \Leftrightarrow x = d \cdot \cos\alpha = 65 \cdot \cos 14{,}25° = 63$

$\tan\beta = \frac{h}{y} \Leftrightarrow y = \frac{h}{\tan\beta} = \frac{16}{\tan 53{,}13°} = 12$

$c = 80 - x - y = 80 - 63 - 12 = 5$

$A = \frac{a+c}{2} \cdot h = \frac{80+5}{2} \cdot 16 = 680$ $\quad$ **$A = 680\ \text{mm}^2$**

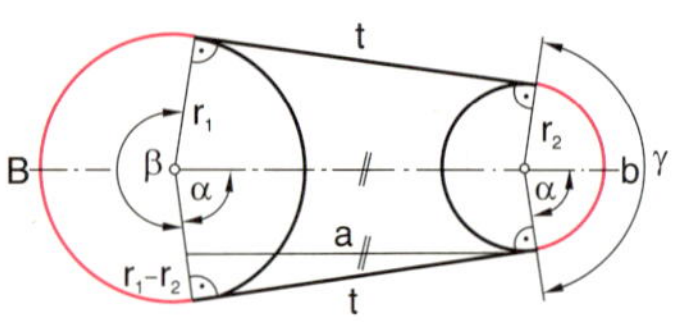

Beispiel:

Um zwei Riemenscheiben mit den Radien $r_1 = 60$ mm, $r_2 = 23$ mm und dem Achsenabstand $a = 685$ mm wird ein — straff gespannter — Treibriemen gelegt, dessen Länge — auf Millimeter genau — anzugeben ist!

Lösung:

Wir bezeichnen das umschlungene Stück des großen Rades mit B, das des kleinen Rades mit b.

Wenn die Tangentenlänge t ist, ergibt sich somit für die Gesamtlänge L des Treibriemens $L = 2t + B + b$.

Wegen $t^2 = a^2 - (r_1 - r_2)^2 = \ldots \Rightarrow t = 684$

$\cos\alpha = \frac{r_1 - r_2}{a} = \frac{37}{684} \Rightarrow \alpha = 86{,}9°$

$\beta = 360° - 2 \cdot 86{,}9° = 186{,}2°$ $\qquad$ $\gamma = 2 \cdot 86{,}9° = 173{,}8°$

$B = \frac{\pi r_1 \beta}{180°} = \frac{\pi \cdot 60 \cdot 186{,}2°}{180°} = 195$

$b = \frac{\pi r_2 \gamma}{180°} = \frac{\pi \cdot 23 \cdot 173{,}8°}{180°} = 70$

$L = 2 \cdot 684 + 195 + 70 = 1633$ $\qquad$ **Gesamtlänge $L = 1633$ mm**

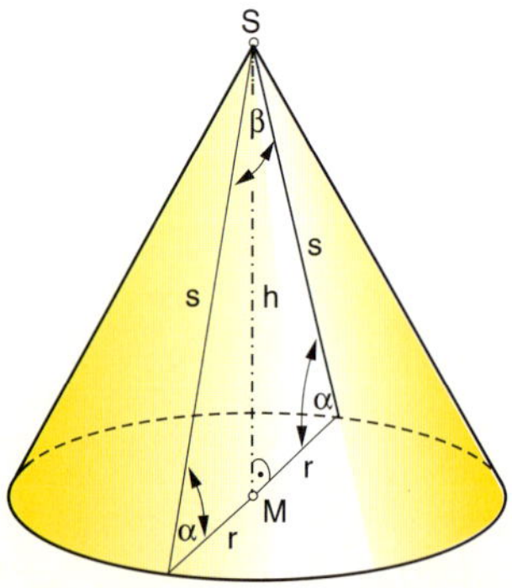

Beispiel:

Man berechne die Mantelfläche eines Drehkegels, wenn die Grundfläche $46{,}5\ \text{m}^2$ und der Neigungswinkel einer Mantelerzeugenden mit der Grundfläche $\alpha = 61{,}5°$ beträgt.

Lösung:

Wir wenden den Flächenprojektionssatz an, wobei $A = M$, $A' = 46{,}5\ \text{m}^2$ und $\alpha = 61{,}5°$ gilt:

$A' = A \cdot \cos\alpha \Leftrightarrow A = \frac{A'}{\cos\alpha} = \frac{46{,}5}{\cos 61{,}5°} = 97{,}452$ $\qquad$ **$A = 97{,}45\ \text{m}^2$**

AUFGABEN

214. Rechtwinkeliges Dreieck

a) $c = 524$ mm, $b = 322$ mm; β, α, $a = ?$ **b)** $c = 7{,}3$ mm, $\beta = 26{,}2°$; α, a, $b = ?$

c) $a = 5{,}6$ m, $\alpha = 42{,}6°$; β, b, $c = ?$ **d)** $a = 33$ cm, $b = 56$ cm, α, β, $c = ?$

215. Von einem Trapez sind folgende Größen bekannt: $b = 13$ cm, $d = 15$ cm, $e = 23{,}324$ cm, $\alpha = 53{,}13°$.

Das Trapez ist vollständig zu berechnen: **a)** alle Seiten, **b)** alle Winkel, **c)** die zweite Diagonale **d)** die Fläche.

216. Um zwei Riemenscheiben mit den Radien r_1, r_2 und dem Achsenabstand a wird ein straff gespannter Treibriemen gelegt, dessen Länge L zu berechnen ist!

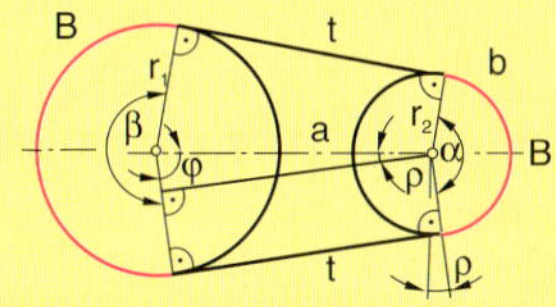

a) $r_1 = 268$ cm, $r_2 = 100$ cm, $a = 410$ cm

b) $r_1 = 195$ cm, $r_2 = 40$ cm, $a = 493$ cm

217. Man berechne die Treibriemenlänge L eines gekreuzten Riementriebes für

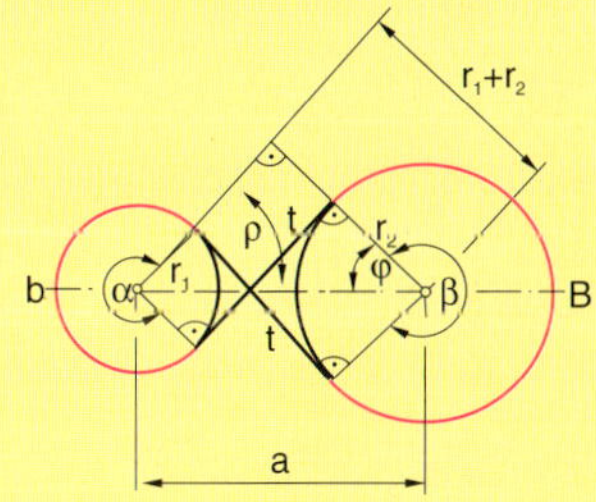

a) $r_1 = 15$ cm, $r_2 = 25$ cm, $a = 100$ cm

b) $r_1 = 30$ cm, $r_2 = 40$ cm, $a = 120$ cm

218. Man berechne aus der Kurbelradiuslänge r, der Pleuelstangenlänge l und dem Drehwinkel α die Länge des Kolbenweges x!

a) $r = 10$ cm, $l = 100$ cm, $\alpha = 37{,}2°$ **b)** $r = 20$ cm, $l = 150$ cm, $\alpha = 35{,}417°$

Anleitung: Die jeweilige Entfernung des Zylinders zur Kurbelwelle ist zu ermitteln, indem man die Seitenlängen der blau bzw. rosa unterlegten Dreiecke berechnet.

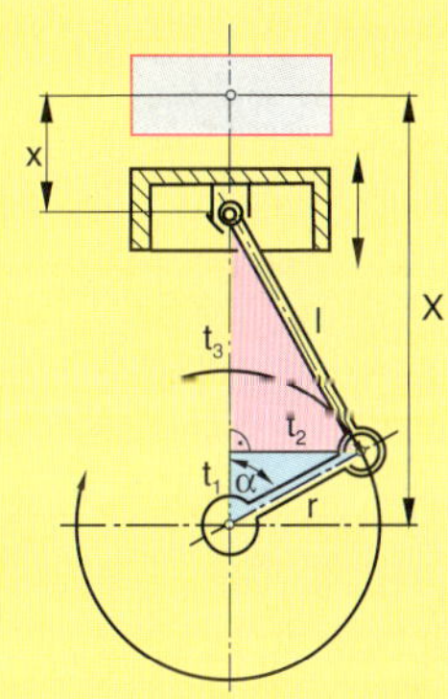

219. Es ist windstill und regnet. Die Regentropfen hinterlassen auf den Fenstern eines mit 100 km/h fahrenden Personenzuges geradlinige Spuren, die mit der oberen Fensterkante einen Winkel von **a)** 11° **b)** 10° bilden. Man berechne die Fallgeschwindigkeit x der Regentropfen!

220. Ein Öltanker fährt nach Norden und peilt ein Leuchtfeuer in der Entfernung a unter dem Winkel α an. Welchen Winkel β ergibt die Peilung, nachdem der Tanker in einer Zeit b den Weg c zurückgelegt hat?

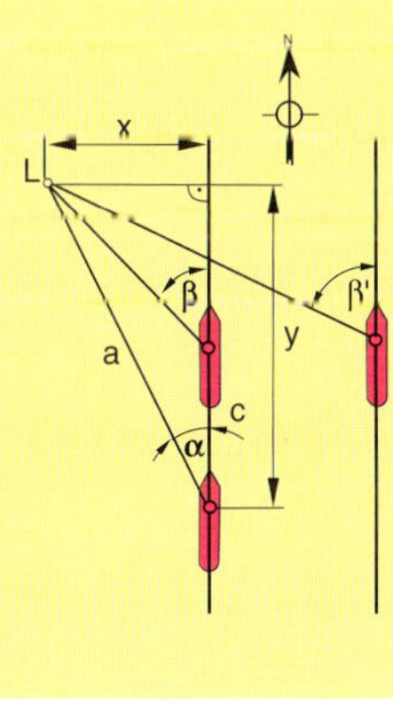

a) $a = 18$ km, $b = 10$ min, $c = 2$ km, $\alpha = 25°$

b) $a = 21$ km, $b = 18$ min, $c = 2{,}8$ km, $\alpha = 45°$

Bemerkung: Für kleine Entfernungen können Kugeldreiecke (auf der Erde) wie ebene Dreiecke behandelt werden.

c) In Aufgabe b) ist der Peilwinkel β′ um 11° größer als erwartet. Wie groß ist die Geschwindigkeit der Querströmung?

221. Das nebenstehende Foto zeigt den Jupiter. Wie ist es entstanden? Ein Satellit wurde zum Jupiter gesandt. Die an ihm befestigte Kamera visierte das Objekt an und sandte das Foto via Parabolantenne zu einem Erdsatelliten. Dieser funkte das Foto zur Erde.

Um dieses Kommunikationssystem näherungsweise zu dimensionieren, wollen wir Folgendes vereinbaren:

- Die beiden Planetenbahnen sind konzentrische Kreise und liegen in der selben Ebene.[1)]
- Die Satellitenbahnradien sind gegenüber der Entfernung Erde—Jupiter vernachlässigbar, d. h. die Satelliten sind mit den jeweiligen Planeten identisch.
- Die Sonne liegt im Mittelpunkt beider Planetenbahnen.
- $r_E = 149{,}6 \cdot 10^6$ km, $r_J = 778{,}3 \cdot 10^6$ km — vgl. nebenstehende Figur.
- Die Achse der Parabolantennen des Erdsatelliten ist gegen die Erdbahn unter dem Winkel α ausgerichtet.

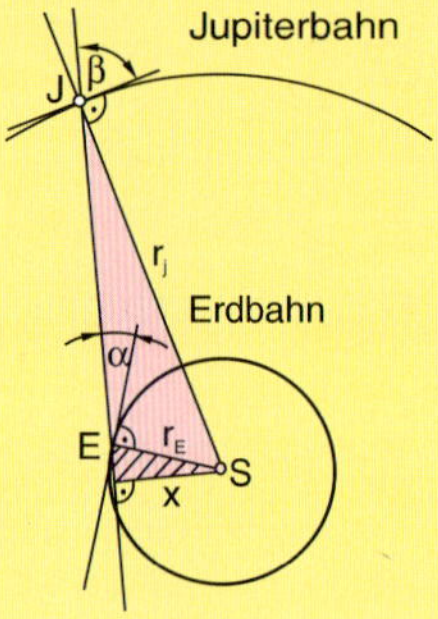

Unter welchem Winkel β muss die Achse der Parabolantenne des Jupitersatelliten gegen die Jupiterbahn ausgerichtet werden, damit eine Übertragung stattfinden kann?

a) $\alpha = 65{,}167°$ **b)** $\alpha = 69{,}25°$

222. In einem alten Mathematikbuch fand sich folgende Aufgabe:

„Eine Zweistufenrakete verläßt die Erde unter dem Winkel ***a)*** *$\alpha = 49{,}167°$* ***b)*** *$\alpha = 52{,}2°$ gegen die kreisförmige[2)] Erdbahn, die den Radius $149{,}6 \cdot 10^6$ km hat. Unter welchem Winkel β passiert die Rakete die kreisförmige[2)] Venusbahn, die den Radius $108{,}2 \cdot 10^6$ km hat?"*

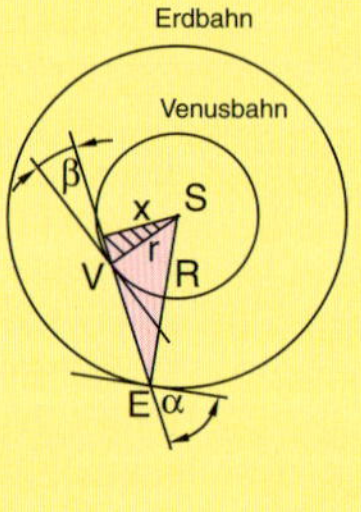

- Zunächst ist die Aufgabe im strengen Sinne der Problemstellung durchzurechnen.
- Anschließend ist die nebenstehende Stellungnahme durchzudenken und anzugeben, mit welchem Argument die Realitätsbezogenheit der Aufgabe in Frage gestellt wird.

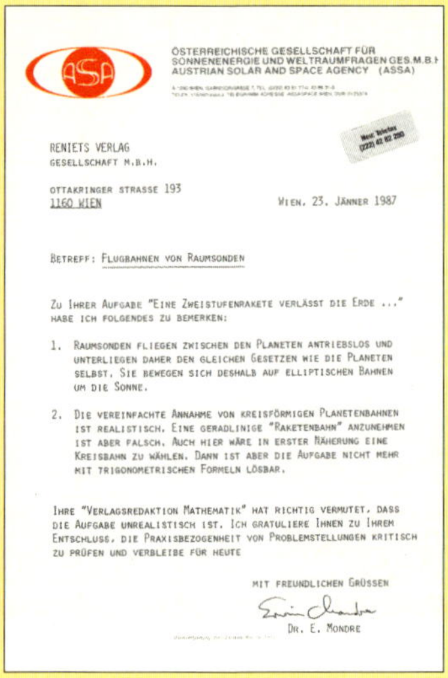

ÖSTERREICHISCHE GESELLSCHAFT FÜR SONNENENERGIE UND WELTRAUMFRAGEN GES.M.B.H.
AUSTRIAN SOLAR AND SPACE AGENCY (ASSA)

Reniets Verlag
Gesellschaft m.b.H.

Ottakringer Strasse 193
1160 Wien

Wien, 23. Jänner 1987

Betreff: Flugbahnen von Raumsonden

Zu Ihrer Aufgabe "Eine Zweistufenrakete verlässt die Erde ..." habe ich folgendes zu bemerken:

1. Raumsonden fliegen zwischen den Planeten antriebslos und unterliegen daher den gleichen Gesetzen wie die Planeten selbst. Sie bewegen sich deshalb auf elliptischen Bahnen um die Sonne.
2. Die vereinfachte Annahme von kreisförmigen Planetenbahnen ist realistisch. Eine geradlinige "Raketenbahn" anzunehmen ist aber falsch. Auch hier wäre in erster Näherung eine Kreisbahn zu wählen. Dann ist aber die Aufgabe nicht mehr mit trigonometrischen Formeln lösbar.

Ihre "Verlagsredaktion Mathematik" hat richtig vermutet, dass die Aufgabe unrealistisch ist. Ich gratuliere Ihnen zu Ihrem Entschluss, die Praxisbezogenheit von Problemstellungen kritisch zu prüfen und verbleibe für heute

mit freundlichen Grüssen

Dr. E. Mondre

223. Eine Kraft $F = 450$ N schließt mit der Waagrechten einen Winkel $\varphi = 57{,}5°$ ein. Man bestimme die Horizontalkomponente F_H und die Vertikalkomponente F_V.

224. Gegeben sind die beiden Kräfte F_1 und F_2 — vgl. nebenstehende Figur. Wie groß ist die Resultierende F?

Welche Winkel φ_1 und φ_2 schließt F mit den Kräften ein?

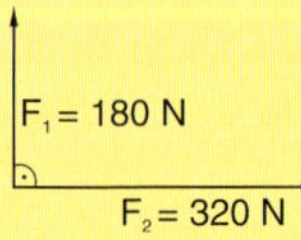

225. Die Kraft F ist derart in zwei normal aufeinanderstehende Komponenten F_1 und F_2 zu zerlegen, dass F_1 mit F den Winkel α einschließt:

a) $F = 83$ N, $\alpha = 42°$ **b)** $F = 347$ N, $\alpha = 36°$

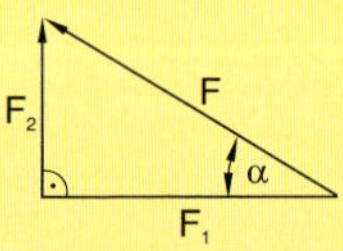

1) Planetenbahnen sind weder exakt kreisförmig, noch liegen sie genau in einer Ebene. Die Abweichungen sind jedoch so gering, dass sie vernachlässigt werden können. Bei langen Signallaufzeiten muss „voraus" gezielt werden, um optimale Nachrichtenverbindungen zu erhalten.

2) In erster Näherung.

226. Wer sein Auto liebt, der schiebt! (Die Liebe wird bei Pannen aber indirekt proportional zur Masse des fahrbaren Untersatzes sein.) Angenommen, die zwei Insassen des nebenstehend skizzierten Fahrzeugs würden unter gleichem Winkel **a)** $\alpha = 21°$ **b)** $\alpha = 7°$ in Fahrtrichtung des Wagens drücken. Wie groß ist die resultierende Kraft, wenn beide über die gleichen Kräfte $F_1 = F_2 = 200$ N verfügen?

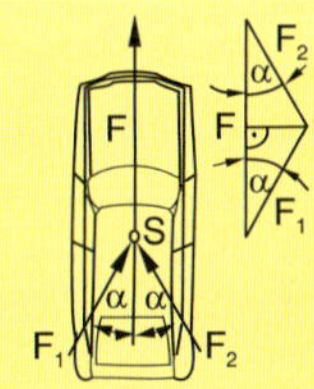

227. Auf Grund eines technischen Gebrechens kam ein Seilbahnwagen mit einem Gewicht $G = 2000$ N zufällig in der Mitte eines Spannfeldes zu stehen. Die Seilunterstützungspunkte der das Spannfeld begrenzenden Stützen befinden sich auf gleicher Höhe. Der Seillaufwinkel an den Stützen, der sich nach Beendigung der Durchhangsschwankungen einstellte, betrug $\alpha = 8{,}5°$. Wie groß ist die horizontale Komponente F der Seilspannkraft an der Stütze?

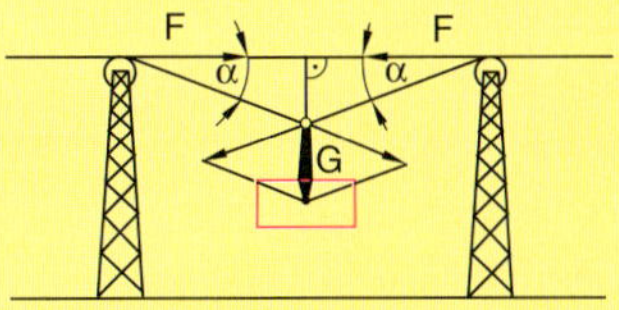

228. Ein Keil wird mit der Kraft F_1 in ein Werkstück getrieben. Mit welcher Kraft F_2 wirkt der Keil mit jeder schrägen Fläche auf das Werkstück?

a) $F_1 = 400$ N, $\alpha = 10°$ **b)** $F_1 = 500$ N, $\alpha = 20°$

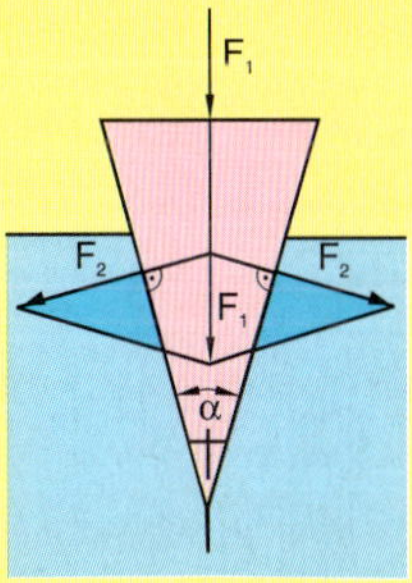

229. Auf einer schiefen Ebene beginnt ein Körper dann zu gleiten, wenn Folgendes gilt: Hangabtriebskraft H = Reibungskraft R. Bei welchem Neigungswinkel α ist das der Fall, wenn die Haftreibungszahl $\mu = 0{,}9$ ist?

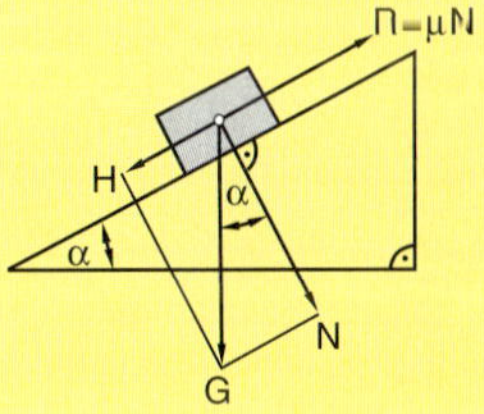

230. Auf Grund der Haftreibung beginnt ein Fahrzeug mit blockierten Rädern erst dann die Bodenhaftung zu verlieren, wenn die talwärts wirkende Kraft mehr als **a)** 20% **b)** 30% der auf die Fahrbahn wirkenden Kraft N ausmacht. Bei welchem Steigungswinkel α kann sich das Fahrzeug gerade noch halten?

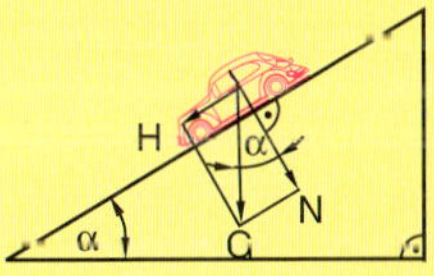

231. Die Kippgefahr für einen Traktor am Hang wird umso größer, je höher der Schwerpunkt S des Traktors liegt, je größer der Hangneigungswinkel β wird und je kleiner die Spurweite s ist. Wir nehmen an, dass S über der Hinterachse, also in der Zeichenebene liegt. Der Traktor kippt, wenn das durch den Schwerpunkt S gelegte Lot G außerhalb der Spurweite (und damit unterhalb des talseitigen Hinterrades) die Hangebene durchstößt. Bei welchem Hangneigungwinkel β beginnt ein Traktor mit der Spurweite $s = 1300$ mm und einer Schwerpunktshöhe $h = 800$ mm zu kippen?

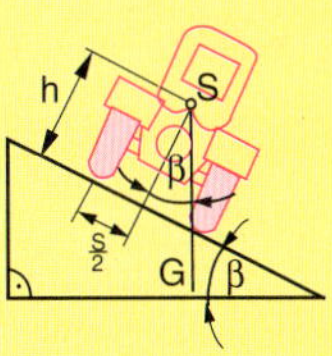

2. Trigonometrische Funktionen beliebiger Winkel

(1)

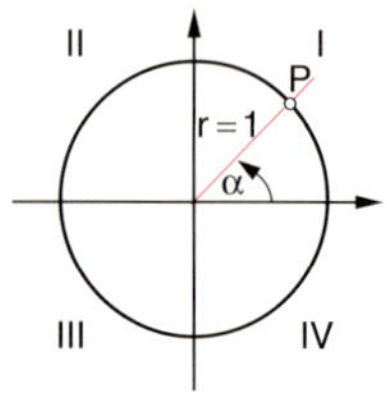

(2)

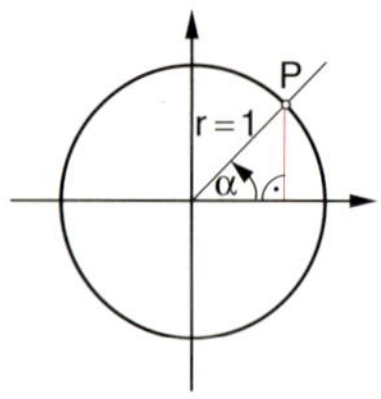

(3)

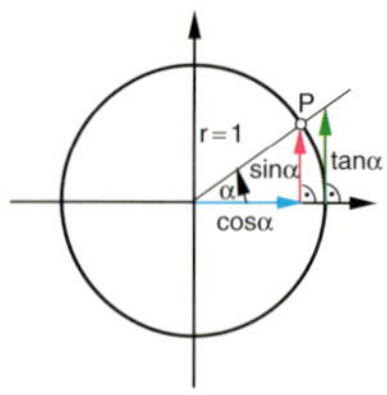

(4)

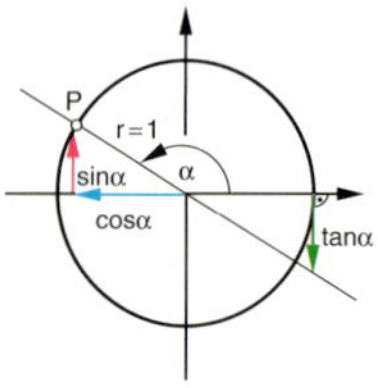

(5)

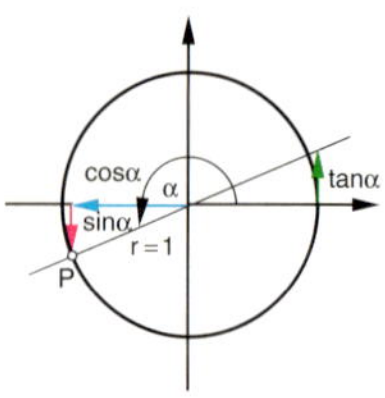

Gibt es eigentlich einen Kosinus von 197°?

Vorsicht! Damit, dass man die entsprechende Tastenfolge für cos197° in den Taschenrechner eintastet und auf der Anzeige –0,9563048 abliest, ist es nicht getan. Denn wir haben die trigonometrischen Funktionen im rechtwinkeligen Dreieck (also für Winkel $\varphi < 90°$) erklärt und wissen deshalb nicht, ob etwa $\cos\varphi$ für $\varphi > 90°$ sinnvoll ist.

Tatsächlich aber gibt es einen Kosinuswert von Winkeln über 90° und man kann die trigonometrischen Funktionen für beliebige Winkel definieren. Zu diesem Zweck zeichnen wir in einem kartesischen Koordinatensystem den Kreis mit dem Radius $r = 1$, den **Einheitskreis**, derart ein, dass der Mittelpunkt M des Kreises im Ursprung liegt. Wir betrachten jetzt den Winkel α in Figur **(1)**: Der eine Schenkel des Winkels α liegt fest und zeigt in Richtung der positiven x-Achse. Der freie Schenkel (dessen Länge immer 1 ist!) durchläuft — vergleichbar mit einem auf dem Bildschirm kreisenden „Radarstrahl" — alle 4 Quadranten gegen den Uhrzeigersinn, also bei einer vollen Umdrehung alle Werte von 0° bis 360°.

In Figur **(2)** wurde das Lot vom Punkt P auf die x-Achse gezeichnet. Es entsteht ein rechtwinkeliges Dreieck mit der Hypotenuse 1.

$$\sin\alpha = \frac{\text{Gegenkathete}}{1} = \textbf{Gegenkathete} \qquad \cos\alpha = \frac{\text{Ankathete}}{1} = \textbf{Ankathete}$$

Nochmals: Die beiden Katheten sind zahlenmäßig gleich dem Sinus bzw. Kosinus des Winkels α.

Ohne Schwierigkeiten lässt sich jedenfalls auch die Strecke $\tan\alpha$ am Einheitskreis finden, sofern die Ankathete eines entsprechenden rechtwinkeligen Dreiecks die Länge 1 hat (vgl. Figur **(3)**): $\tan\alpha$ wird auf der Tangente abgelesen, die im Punkt (1, 0) den Einheitskreis berührt.

Dieses Verfahren weiten wir nun auf alle 4 Quadranten aus. Da wir uns auf den Einheitskreis beziehen, kann eine Dreieckseite mit der Länge 1 gewählt werden und somit können den Funktionswerten der trigonometrischen Funktionen entsprechende Streckenlängen zugeordnet werden. Sinus- und Tangenswerte werden positiv gezählt, wenn sich ihre entsprechenden Strecken oberhalb der x-Achse befinden, negativ im umgekehrten Fall. Beim Kosinus sind Überlegungen bezüglich der y-Achse anzustellen.

Der Punkt P hat die Koordinaten $(\cos\alpha, \sin\alpha)$. Im ersten Quadranten sind die x- und y-Werte positiv...

In den Figuren **(3)** bis **(5)** sind Möglichkeiten für die Quadranten I, II und III dargestellt. Man führe selbstständig Überlegungen durch, wie die Skizze für den vierten Quadranten aussieht.

Zusammenfassung:

Quadrant / Funktion	I	II	III	IV
$\sin\alpha$	+	+	−	−
$\cos\alpha$	+	−	−	+
$\tan\alpha$	+	−	+	−

⇔

sin

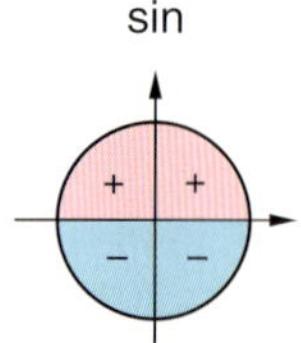

cos

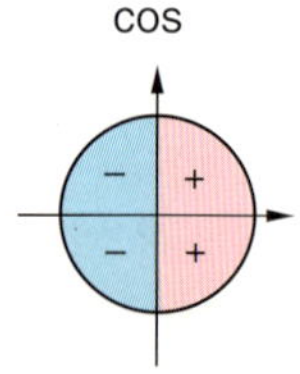

tan

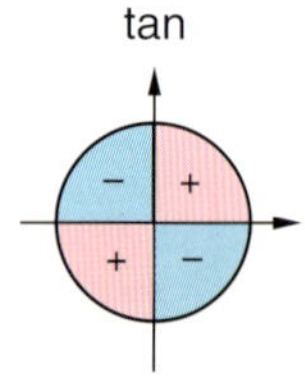

Wir betrachten die nebenstehenden Figuren und können Folgendes erkennen:

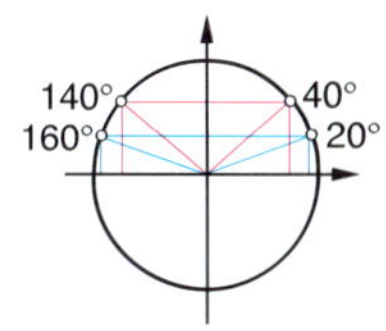

$\sin 140° = \sin(180° - 140°) = \sin 40°$

$\sin 160° = \sin(180° - 160°) = \sin 20°$

Allgemein: $\boxed{\sin(180° - \alpha) = \sin\alpha}$

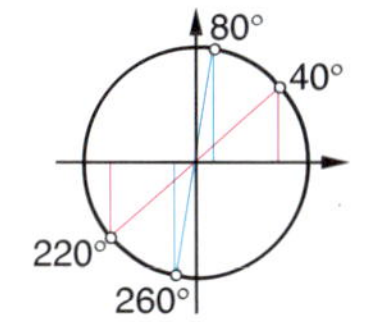

$\sin 220° = \sin(180° + 40°) = -\sin 40°$

$\sin 260° = \sin(180° + 80°) = -\sin 80°$

Allgemein: $\boxed{\sin(180° + \alpha) = -\sin\alpha}$

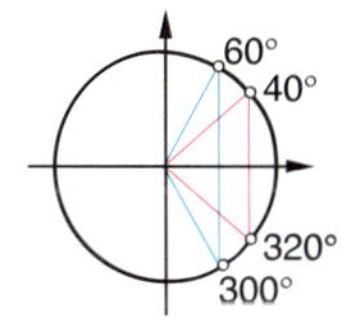

$\sin 320° = \sin(360° - 40°) = -\sin 40°$

$\sin 300° = \sin(360° - 60°) = -\sin 60°$

Allgemein: $\boxed{\sin(360° - \alpha) = -\sin\alpha}$

Wenn unser Radarstrahl eine volle Umdrehung macht, dann durchlauft die Sinusfunktion im Intervall [0°, 360°] 4-mal den selben Absolutwert:
$|\sin\alpha| = |\sin(180° - \alpha)| = |\sin(180° + \alpha)| = |\sin(360° - \alpha)|$.[1)]

Bei einer vollen Umdrehung gilt auch für die Kosinus- und Tangensfunktion:

$|\cos\alpha| = |\cos(180° - \alpha)| = |\cos(180° + \alpha)| = |\cos(360° - \alpha)|$.

$|\tan\alpha| = |\tan(180° - \alpha)| = |\tan(180° + \alpha)| = |\tan(360° - \alpha)|$.

Durch entsprechende Überlegungen am Einheitskreis ergeben sich folgende Beziehungen:

$$\sin\alpha = \sin(180° - \alpha) = -\sin(180° + \alpha) = -\sin(360° - \alpha) = -\sin(-\alpha)$$

$$\cos\alpha = -\cos(180° - \alpha) = -\cos(180° + \alpha) = \cos(360° - \alpha) = \cos(-\alpha)$$

$$\tan\alpha = -\tan(180° - \alpha) = \tan(180° + \alpha) = -\tan(360° - \alpha) = -\tan(-\alpha)$$

Die in der letzten Spalte auftretenden negativen Winkel bedürfen einer Erklärung. Was man unter einer Drehung versteht, glaubt wohl jeder zu wissen. In der Mathematik ist man freilich genauer als im täglichen Sprachgebrauch und unterscheidet:

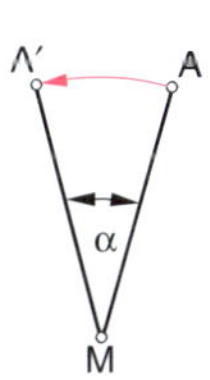

$\alpha = 30°$

α, β ..... Drehwinkel
M ..... Drehpunkt

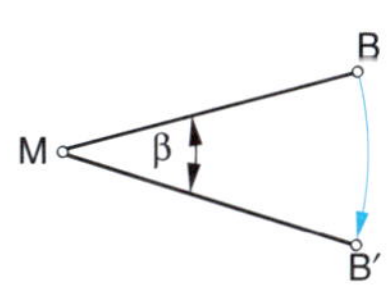

$\beta = -30°$

Positiver Winkel:
Drehung des Schenkels MA im **entgegengesetzten** Drehsinn des Uhrzeigers.

Negativer Winkel:
Drehung des Schenkels MB im Drehsinn des Uhrzeigers.

1) Für $\alpha = 0°$ und $\alpha = 90°$ ist diese Aussage allerdings nicht richtig.

Beispiel:

Für welchen Winkel α mit $0° < \alpha < 360°$ gilt **a)** $\sin\alpha = -0{,}8742$ **b)** $\cos\alpha = 0{,}9214$ **c)** $\tan\alpha = -13{,}762$?

Lösung:

	a liegt im Quadranten			
	I	II	III	IV
Funktion	$0° < \alpha < 90°$	$90° < \alpha < 180°$	$180° < \alpha < 270°$	$270° < \alpha < 360°$
a) $\sin\alpha$	–	–	$\alpha_1 = ?$	$\alpha_2 = ?$
b) $\cos\alpha$	$\alpha_1 = ?$	–	–	$\alpha_2 = ?$
c) $\tan\alpha$	–	$\alpha_1 = ?$	–	$\alpha_2 = ?$

$\sin\alpha = -0{,}8742$. Wir überlegen, in welchen Quadranten die Sinusfunktion negativ ist: Nur im dritten und vierten Quadranten ist sie negativ, also für Winkel, die im Bereich $180° < \alpha < 270°$ bzw. $270° < \alpha < 360°$ liegen.

Wir brauchen uns um den ersten und zweiten Quadranten nicht zu kümmern. Für $\cos\alpha = 0{,}9214$ und $\tan\alpha = -13{,}762$ überlegen wir ähnlich. Für welche Winkel ist die Kosinusfunktion positiv, für welche Winkel ist die Tangensfunktion negativ?

In obiger Tabelle ist zusammengefasst, in welchen Quadranten die gesuchten Winkel α jeweils liegen.

Mit dem Taschenrechner berechnen wir:

a) $\sin\alpha = -0{,}8742 \Leftrightarrow \alpha = -60{,}95°$

$\sin\alpha = \sin(180° - \alpha)$ $\Rightarrow \sin(-60{,}95°) = \sin(180° + 60{,}95°) = \sin 240{,}95°$ $\quad \alpha_1 = \mathbf{240{,}95°}$

$\sin\alpha = \sin(360° + \alpha)$ $\Rightarrow \sin(-60{,}95°) = \sin(360° - 60{,}95°) = \sin 299{,}05°$ $\quad \alpha_2 = \mathbf{299{,}05°}$

b) $\cos\alpha = 0{,}9214 \Leftrightarrow \alpha = 22{,}87°$ $\quad \alpha_1 = \mathbf{22{,}87°}$

$\cos\alpha = \cos(360° - \alpha)$ $\Rightarrow \cos 22{,}87° = \cos(360° - 22{,}87°) = \cos 337{,}13°$ $\quad \alpha_2 = \mathbf{337{,}13°}$

c) $\tan\alpha = -13{,}762 \Leftrightarrow \alpha = -85{,}844°$

$\tan\alpha = \tan(180° + \alpha)$ $\Rightarrow \tan(-85{,}844°) = \tan(180° - 85{,}844°) = \tan 94{,}156°$ $\quad \alpha_1 = \mathbf{94{,}156°}$

$\tan\alpha = \tan(360° + \alpha)$ $\Rightarrow \tan(-85{,}844°) = \tan(360° - 85{,}844°) = \tan 274{,}156°$ $\quad \alpha_2 = \mathbf{274{,}156°}$

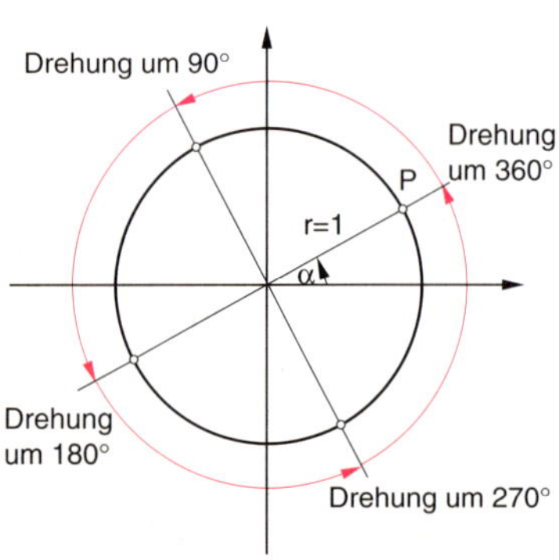

Im obigen Beispiel haben wir die Beziehung $\sin\alpha = \sin(360° + \alpha)$ und $\tan\alpha = \tan(360° + \alpha)$ verwendet. Die Richtigkeit dieser Gleichung lässt sich unmittelbar einsehen, wenn man bedenkt, dass

- der Kreis 360° hat (voller Winkel)
- der Winkel α dauernd zunimmt und daher der freie Schenkel des Winkels α im Einheitskreis eine Umdrehung nach der anderen beschreibt
- sich die Funktionswerte der trigonometrischen Funktionen bei jeder vollen Umdrehung in derselben Reihenfolge wiederholen
- **und zwar für Sinus und Kosinus alle 360°.**

Wie sieht die Sache aber für den Tangens aus? Bei der Tangensfunktion genügt schon eine Umdrehung um 180°, damit eine Wiederholung der Funktionswerte auftritt?

3. Berechnungen am allgemeinen Dreieck

Beispiel:

Der Flächeninhalt A eines Dreiecks mit den Seitenlängen b, c und dem eingeschlossenen Winkel α ist **a)** für spitzwinkelige Dreiecke **b)** für stumpfwinkelige Dreiecke zu berechnen.

Lösung:

a)

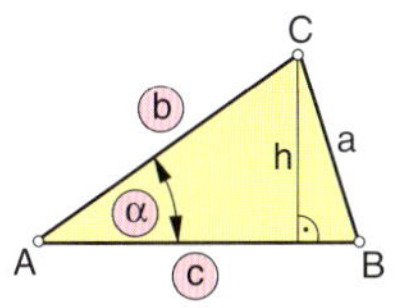

$A = \frac{c \cdot h}{2}$

$\sin\alpha = \frac{h}{b} \Leftrightarrow h = b \cdot \sin\alpha$

$A = \frac{b \cdot c \cdot \sin\alpha}{2}$

b)

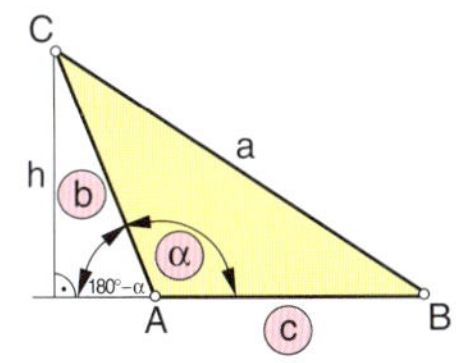

$A = \frac{c \cdot h}{2}$

$\sin(180° - \alpha) = \frac{h}{b} \Leftrightarrow$

$h = b \cdot \sin(180° - \alpha) = b \cdot \sin\alpha$

$A = \frac{b \cdot c \cdot \sin\alpha}{2}$

Wir sind — vgl. nebenstehendes Beispiel — nun in der Lage, den Flächeninhalt eines Dreiecks zu berechnen, wenn zwei Seiten und der eingeschlossene Winkel gegeben sind.

Es gilt:

$$A = \frac{a \cdot b}{2} \cdot \sin\gamma = \frac{a \cdot c}{2} \cdot \sin\beta = \frac{b \cdot c}{2} \cdot \sin\alpha$$

Der Flächeninhalt eines Dreiecks ist gleich dem halben Produkt zweier Seitenlängen und dem Sinus des eingeschlossenen Winkels.

Für ein rechtwinkeliges Dreieck gilt:

$$\gamma = 90° \Rightarrow \sin\gamma = 1 \Rightarrow A = \frac{a \cdot b}{2}$$

Eine Straßenlampe hängt an zwei Seilen, die in gleicher Höhe an zwei $\ell = 15{,}30$ m entfernten Hauswänden befestigt sind. Die Seilstücke schließen mit der Horizontalen die Winkel $\alpha_1 = 12°$ und $\alpha_2 = 9°$ ein.

Wie lang sind die Seilstücke ℓ_1 und ℓ_2 auf zwei Dezimalstellen gerundet?

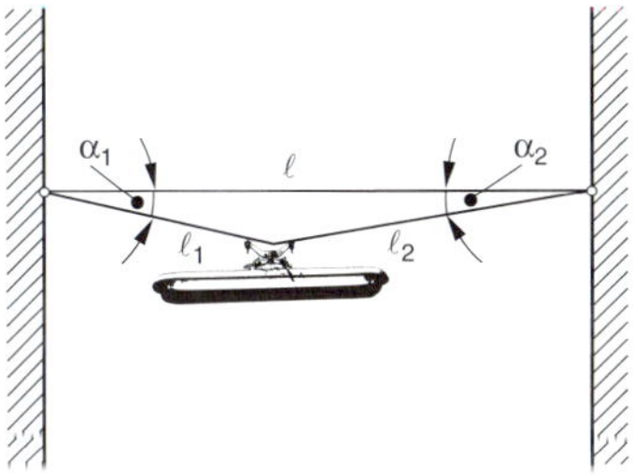

Das Problem scheint im Grunde genommen ganz einfach zu sein: Ein allgemeines Dreieck, von dem eine Seite ($\ell = 15{,}30$ m) und zwei Winkel ($\alpha_1 = 12°$, $\alpha_2 = 9°$) bekannt sind, ist zu bestimmen. Dennoch: Ohne Kenntnis des sogenannten **Sinussatzes** wird es wohl nur sehr „klugen Köpfen" gelingen, diese scheinbar so einfache Aufgabe in den Griff zu bekommen.

Sinussatz:

Jeweils zwei Seiten eines Dreiecks stehen im gleichen Verhältnis wie die Sinuswerte ihrer gegenüber liegenden Winkel.

Sinussatz:

$a : b : c = \sin\alpha : \sin\beta : \sin\gamma$

$\frac{a}{\sin\alpha} = \frac{b}{\sin\beta} = \frac{c}{\sin\gamma} = 2r$[1)]

Mit Hilfe des Sinussatzes können wir jene Dreiecke direkt berechnen, von denen Folgendes gegeben ist:

(1) zwei Seiten und einer ihrer Gegenwinkel oder

(2) eine Seite und zwei Winkel, von denen einer der Seite gegenüber liegt.

Liegen hingegen die zwei Winkel an der einen gegebenen Seite, so muss zunächst mit Hilfe von $\alpha + \beta + \gamma = 180°$ der Gegenwinkel der Seite berechnet werden. Erst dann kann der Sinussatz verwendet werden.

Beweis:

Man gelangt zum Sinussatz, indem man die Fläche des selben Dreiecks auf verschiedene Arten ausdrückt.

$$\left.\begin{array}{l}\frac{b \cdot c}{2} \cdot \sin\alpha = \frac{a \cdot c}{2} \cdot \sin\beta \\ \frac{a \cdot c}{2} \cdot \sin\beta = \frac{a \cdot b}{2} \cdot \sin\gamma\end{array}\right\} \Leftrightarrow \left\{\begin{array}{l}\frac{\sin\alpha}{a} = \frac{\sin\beta}{b} \\ \frac{\sin\beta}{b} = \frac{\sin\gamma}{c}\end{array}\right\} \Leftrightarrow \frac{a}{\sin\alpha} = \frac{b}{\sin\beta} = \frac{c}{\sin\gamma}$$

1) r ..... Umkreisradius

Beispiel:

Von einem Dreieck sind die Seitenlänge $c = 10\,mm$ und die Winkel $\alpha = 63{,}027°$ und $\beta = 73{,}694°$ gegeben. Man berechne die fehlenden Umfangstücke des Dreiecks!

Lösung:

$\gamma = 180° - (\alpha + \beta) = 180° - (63{,}027° + 73{,}694°) \Rightarrow \gamma = 43{,}279°$

$\frac{a}{\sin\alpha} = \frac{c}{\sin\gamma} \Leftrightarrow a = \frac{c \cdot \sin\alpha}{\sin\gamma} = \frac{10 \cdot \sin 63{,}027°}{\sin 43{,}279°} = 13 \qquad a = 13\,mm$

$\frac{b}{\sin\beta} = \frac{c}{\sin\gamma} \Leftrightarrow b = \frac{c \cdot \sin\beta}{\sin\gamma} = \frac{10 \cdot \sin 73{,}694°}{\sin 43{,}279°} = 14 \qquad b = 14\,mm$

Jetzt dürfte das vorige Beispiel, die Längen ℓ_1 und ℓ_2 der Lampenseile zu berechnen, unproblematisch sein...

Beispiel:

Von einem Dreieck sind die Seitenlängen $a = 22\,mm$, $b = 19\,mm$ und der Winkel $\alpha = 60{,}218°$ gegeben. Man berechne die fehlenden Umfangstücke des Dreiecks!

Lösung:

$\frac{a}{\sin\alpha} = \frac{b}{\sin\beta} \Leftrightarrow \sin\beta = \frac{b \cdot \sin\alpha}{a} = \frac{19 \cdot \sin 60{,}218°}{22} \Rightarrow \beta = 48{,}553°$

$\gamma = 180° - (\alpha + \beta) = 180° - (60{,}218° + 48{,}553°) \Rightarrow \gamma = 71{,}229°$

$\frac{a}{\sin\alpha} = \frac{c}{\sin\gamma} \Leftrightarrow c = \frac{a \cdot \sin\gamma}{\sin\alpha} = \frac{22 \cdot \sin 71{,}229°}{\sin 60{,}218°} = 24 \qquad c = 24\,mm$

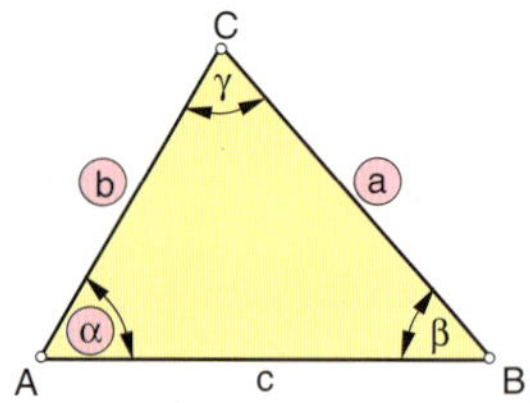

Auf Grund der Beziehung $\sin\beta = \sin(180° - \beta)$ könnte man vielleicht glauben, dass $\sin 48{,}553° = \sin(180° - 48{,}553°)$ ist. Der Supplementärwinkel $\beta = 131{,}447°$ ist aber deshalb auszuschließen, da er zu $\alpha = 60{,}218°$ addiert bereits mehr als 180° ergibt.

Kosinussatz:

$a^2 = b^2 + c^2 - 2 \cdot b \cdot c \cdot \cos\alpha$

$b^2 = a^2 + c^2 - 2 \cdot a \cdot c \cdot \cos\beta$

$c^2 = a^2 + b^2 - 2 \cdot a \cdot b \cdot \cos\gamma$

Kosinussatz:

Das Quadrat der Länge einer Dreieckseite ist gleich der Summe der Quadrate der Längen der beiden anderen Dreieckseiten vermindert um das doppelte Produkt dieser Seitenlängen und dem Kosinuswert des von ihnen eingeschlossenen Winkels.

Mit Hilfe des Kosinussatzes können wir jene Dreiecke berechnen, von denen Folgendes gegeben ist:

(1) zwei Seiten und der von ihnen eingeschlossene Winkel oder

(2) drei Seiten.

Jedes Dreieck, das konstruierbar ist, lässt sich jetzt — mit den Mitteln der Trigonometrie — vollständig bestimmen.

Beispiel:

Von einem Dreieck sind die Seitenlängen $a = 17\,mm$, $b = 21\,mm$ und der Winkel $\gamma = 98{,}944°$ gegeben. Man berechne die fehlenden Umfangstücke des Dreiecks!

Lösung:

$c^2 = a^2 + b^2 - 2 \cdot a \cdot b \cdot \cos\gamma \Leftrightarrow c = \sqrt{a^2 + b^2 - 2 \cdot a \cdot b \cdot \cos\gamma} =$

$= \sqrt{17^2 + 21^2 - 2 \cdot 17 \cdot 21 \cdot \cos 98{,}944°} = \sqrt{841} = 29 \qquad c = 29\,mm$

Nun rechnen wir mit dem Sinussatz weiter:

$\frac{a}{\sin\alpha} = \frac{c}{\sin\gamma} \Rightarrow \sin\alpha = \frac{a \cdot \sin\gamma}{c} = \frac{17 \cdot \sin 98{,}944°}{29} \qquad \Rightarrow \alpha = 35{,}386°$

$\beta = 180° - (\alpha + \gamma) = \ldots \qquad \Rightarrow \beta = 45{,}670°$

Bemerkung: Der Supplementärwinkel von α ist auszuschließen.

Beispiel:
Von einem Dreieck sind die Seitenlängen $a = 11\,\text{cm}$, $b = 21\,\text{cm}$ und $c = 18\,\text{cm}$ gegeben. Man berechne die Winkel des Dreiecks!

Lösung:

Die Dreiecksungleichungen werden erfüllt, daher kann man eine sinnvolle Lösung erwarten. Wir verwenden zunächst den Kosinussatz:

$$b^2 = a^2 + c^2 - 2\,ac \cdot \cos\beta \Leftrightarrow \cos\beta = \frac{a^2 + c^2 - b^2}{2\,ac} = \frac{11^2 + 18^2 - 21^2}{2 \cdot 11 \cdot 18}$$

$$\Rightarrow \beta = \mathbf{89{,}421°}$$

Nun rechnen wir mit dem Sinussatz weiter:

$$\frac{a}{\sin\alpha} = \frac{b}{\sin\beta} \Leftrightarrow \sin\alpha = \frac{a \sin\beta}{b} = \frac{11 \cdot \sin 89{,}421°}{21} \Rightarrow \alpha_1 = \mathbf{31{,}586°}$$

($\alpha_2 = 180° - \alpha_1 = 148{,}414°$ ist auszuschließen, da $\beta + \alpha_2 > 180°$ wäre!)

$$\gamma = 180° - (\alpha_1 + \beta) = 180° - (89{,}421° + 31{,}586°) \Rightarrow \gamma = \mathbf{58{,}993°}$$

Wir wissen, dass ein allgemeines Dreieck durch **drei** voneinander unabhängige Stücke bestimmt ist. Beschränken wir uns auf die Umfangstücke, so ergeben sich 4 verschiedene Grundaufgaben:

1. Grundaufgabe:
Bestimmung der Winkel aus drei gegebenen Seiten. (SSS-Fall)

2. Grundaufgabe:
Bestimmung der restichen Umfangstücke aus zwei Seiten und dem eingeschlossenen Winkel. (SWS-Fall)

3. Grundaufgabe:
Bestimmung der restlichen Umfangstücke aus zwei Seiten und einem Winkel, der einer dieser Seiten gegenüberliegt. (SSW-Fall)

4. Grundaufgabe:
Bestimmung der restlichen Umfangstücke aus zwei Winkeln und der eingeschlossenen Seite (WSW-Fall). Durch zwei gegebene Winkel ist auch der dritte Innenwinkel genau bestimmt. Somit ist die Lage der beiden gegebenen Winkel bezüglich der gegebenen Dreieckseite gleichgültig. Der WWS-Fall und der SWW-Fall ist also in dieser Grundaufgabe enthalten.

Die Grundaufgaben sind unter folgenden Bedingungen lösbar:

1. **Grundaufgabe:** Die Dreiecksungleichungen müssen erfüllt sein.
2. **Grundaufgabe:** Der gegebene Winkel muss kleiner als 180° sein.
3. **Grundaufgabe:** Der gegebene Winkel muss kleiner als 180° sein.
4. **Grundaufgabe:** Die Summe der beiden gegebenen Winkel muss kleiner als 180° sein.

Aus den Kongruenzsätzen ergibt sich, dass alle Grundaufgaben — mit Ausnahme der 3. Grundaufgabe — ein Dreieck eindeutig festlegen. Sicher ist, dass die Lösung der SSW-Grundaufgabe eindeutig ist, wenn der gegebene Winkel der **größeren** Seite gegenüber liegt. (Vgl. SSW-Kongruenzsatz)

Wie verhält es sich aber, wenn von einem Dreieck zwei Seiten und ein der **kleineren** Seite gegenüber liegender Winkel gegeben sind? Mit diesen Angaben sind mehrere Lösungen möglich, die wir anhand des folgenden Beispiels behandeln wollen.

Sind von einem Dreieck die Seitenlängen a, b und c gegeben ist es vorteilhaft mit der Berechnung des größten Winkels zu beginnen.

Wer einen Blick auf das nebenstehende Beispiel riskiert, wird erkennen, dass im Sinne der obigen Ausführungen vorgegangen wurde: β ist der größte Winkel, β wurde zuerst berechnet. **Der größte Winkel liegt immer gegenüber der längsten Seite.** Unter diesem Aspekt lässt sich der eingangs festgehaltene Satz anwendbar formulieren: „Sind von einem Dreieck die Seitenlängen a, b und c gegeben, so ist es vorteilhaft, mit der Berechnung jenes Winkels zu beginnen, der der längsten Seite gegenüberliegt." Diese Forderung lässt sich leicht erfüllen. Ist sie sinnvoll? Kann man auch zum Ziel gelangen, wenn man mit der Berechnung eines kleineren Winkels beginnt? Probieren wir die Sache aus. Ermitteln wir vorerst α mit dem Kosinussatz: ...
$\alpha = 31{,}586°$. Der Sinussatz $\frac{a}{\sin\alpha} = \frac{c}{\sin\gamma} \Leftrightarrow c = \frac{a \cdot \sin\gamma}{\sin\alpha}$ liefert anschließend zwei Werte:
$\gamma_1 = 58{,}993°$ und $\gamma_2 = 121{,}008°$
Beide Lösungen erscheinen vorerst möglich. Unter Anwendung von $\alpha + \beta + \gamma = 180°$ erhalten wir auch für β zwei Lösungen: $\beta_1 = 89{,}421°$ und $\beta_2 = 27{,}406°$. Die Probe zeigt allerdings, dass γ_2 und β_2 auszuschließen sind. (Bitte nachprüfen!) Diesen Nachteil der langwierigen Rechnung, in deren Verlauf sich eine scheinbare Lösung einschleicht, kann man umgehen, wenn man mit der Berechnung des größten Winkels beginnt.

Zwei Dreiecke sind **kongruent**, wenn sie ...
(1) in den drei Seiten überein stimmen (SSS-Satz).
(2) in zwei Seiten und dem von ihnen eingeschlossenen Winkel überein stimmen (SWS-Satz).
(3) in zwei Seiten und dem der größeren Seite gegenüber liegenden Winkel überein stimmen (SSW-Satz) oder
(4) in einer Seite und den beiden anliegenden Winkeln überein stimmen (WSW-Satz).

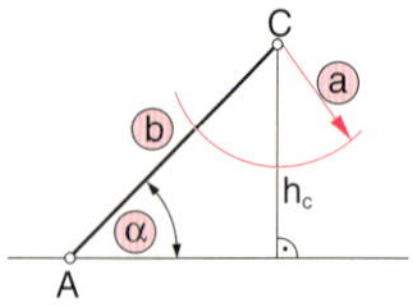

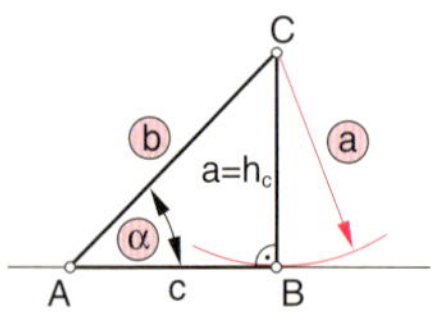

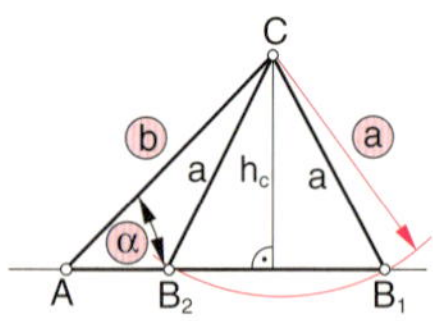

Beispiel:

Man konstruiere ein Dreieck aus **a)** $a = 2\,\text{cm}$, $b = 5\,\text{cm}$, $\alpha = 45°$ **b)** $a = 3{,}5\,\text{cm}$, $b = 5\,\text{cm}$, $\alpha = 45°$ **c)** $a = 4\,\text{cm}$, $b = 5\,\text{cm}$, $\alpha = 45°$

Lösung:

a) $h_c > a$: Wir erhalten keine Lösung.

b) Wir erhalten für $a = 3{,}5\,\text{cm}$ (bei der gegebenen Zeichengenauigkeit) genau eine Lösung.

Im Fall $a = h_c$ gibt es somit genau eine Lösung. Auf Grund des phytagoräischen Lehrsatzes ist dies bei $\alpha = 45°$ und $b = 5\,\text{cm}$ exakt der Fall für: $a = \frac{5\sqrt{2}}{2} = 3{,}5355\ldots$

c) $h_c < a$: Wir erhalten genau zwei Lösungen.

Zusammenfassung:

Wenn von einem Dreieck zwei Seiten und der der kleineren Seite gegenüberliegende Winkel φ gegeben sind, dann besitzt das Dreieck

(1) **keine** Lösung für: (größere Seite) $\cdot \sin\varphi >$ kleinere Seite

(2) genau **eine** Lösung für: (größere Seite) $\cdot \sin\varphi =$ kleinere Seite

(3) genau **zwei** Lösungen für: (größere Seite) $\cdot \sin\varphi <$ kleinere Seite

Wenn von einem Dreieck zwei Seiten und der der kleineren Seite gegenüber liegende Winkel gegeben sind, können prinzipiell folgende Umfangstücke gegeben sein:

(1) a, b, α $(a < b)$

(2) a, b, β $(a > b)$

(3) a, c, α $(a < c)$

(4) a, c, γ $(a > c)$

(5) b, c, β $(b < c)$

(6) b, c, γ $(b > c)$

Bemerkung: (größere Seite) $\cdot \sin\varphi$ entspricht im obigen Beispiel der Höhe h_c, da $\sin\alpha = \frac{h_c}{b} \Leftrightarrow h_c = b \cdot \sin\alpha$ gilt!

Die 3. Grundaufgabe (SSW-Fall) ist die einzige, die zwei Lösungen haben kann. Man spricht deshalb auch vom **„doppeldeutigen Fall"**.

Beispiel:

Von einem Dreieck sind die Seitenlängen $a = 38\,\text{mm}$, $b = 45\,\text{mm}$ und der Winkel $\alpha = 52{,}711°$ gegeben. Man berechne die fehlenden Umfangstücke!

Lösung:

$b \cdot \sin\alpha = 45 \cdot \sin 52{,}711° = 35{,}802$

Es handelt sich um den Fall $a < b \wedge b \cdot \sin\alpha < a$

Somit gibt es zwei Lösungen!

$$\frac{a}{\sin\alpha} = \frac{b}{\sin\beta} \Leftrightarrow \sin\beta = \frac{b \cdot \sin\alpha}{a} = \frac{45 \cdot \sin 52{,}711°}{38} \qquad \Rightarrow \beta_1 = 70{,}415°$$

$$\beta_2 = 180° - \beta_1 = 180° - 70{,}415° \qquad \Rightarrow \beta_2 = 109{,}585°$$

$$\gamma_1 = 180° - (\alpha + \beta_1) = \ldots \qquad \Rightarrow \gamma_1 = 56{,}874°$$

$$\gamma_2 = 180° - (\alpha + \beta_2) = \ldots \qquad \Rightarrow \gamma_2 = 17{,}704°$$

$$\frac{a}{\sin\alpha} = \frac{c}{\sin\gamma} \Leftrightarrow c = \frac{a \cdot \sin\gamma}{\sin\alpha}$$

$$c_1 = \frac{38 \cdot \sin 56{,}874°}{\sin 52{,}711°} = 40 \qquad c_1 = 40\,\text{mm}$$

$$c_2 = \frac{38 \cdot \sin 17{,}704°}{\sin 52{,}711°} = 14{,}525 \qquad c_2 = 14{,}5\,\text{mm}$$

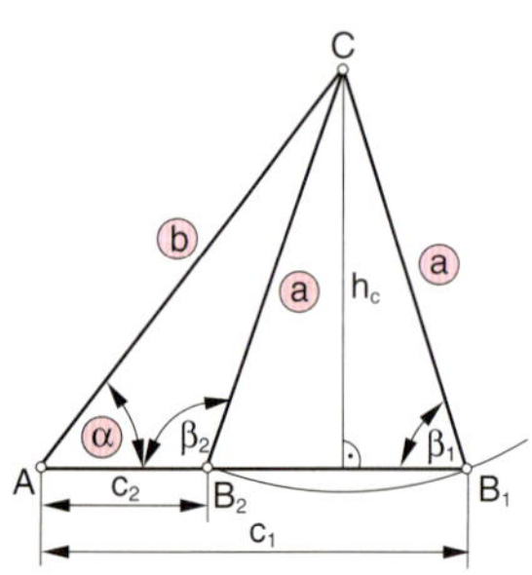

Man beachte: Das Dreieck B_1B_2C ist gleichschenkelig!

AUFGABEN

232. Am Einheitskreis sind $\sin\alpha$, $\cos\alpha$ und $\tan\alpha$ für **a)** $\alpha = 53°$ **b)** $\alpha = 140°$ **c)** $\alpha = 215°$ und **d)** $\alpha = 300°$ darzustellen!

233. Man zeichne einen Kreis mit dem Radius $r = 10$ cm und ermittle durch Abmessen näherungsweise folgende Werte:

a) $\sin 40°$ **b)** $\cos 70°$ **c)** $\sin 110°$ **d)** $\cos 250°$
e) $\sin 230°$ **f)** $\tan 35°$ **g)** $\tan 215°$ **h)** $\tan 325°$

234. Auf Grund geometrischer Überlegungen ist jeweils eines der Relationszeichen >, < oder = einzusetzen!

a) $\sin 40°$ ..... $\sin 250°$ **b)** $\cos 40°$ ..... $\cos 60°$
c) $\tan 12°$ ..... $\tan 192°$ **d)** $\sin 170°$ ..... $\sin 70°$
e) $\cos 45°$ ..... $\cos(-45°)$ **f)** $\tan 150°$ ..... $\tan 190°$
g) $\sin 91°$ ..... $\cos 1°$ **h)** $\tan 30°$ ..... $\sin 30°$

235. In welchen Quadranten kann der Winkel α liegen, wenn Folgendes gilt:

a) $\sin\alpha = 0{,}7342$ **b)** $\cos\alpha = 0{,}5231$ **c)** $\tan\alpha = -4{,}3284$
d) $\sin\alpha = -0{,}9102$ **e)** $\cos\alpha = -0{,}1315$ **f)** $\tan\alpha = 17{,}512$

236. Die gegebenen Funktionswerte sind durch Funktionswerte des Winkels α mit $0° < \alpha < 90°$ derselben Funktion darzustellen:

a) $\sin 155°$ **b)** $\sin 181°$ **c)** $\cos 155°$ **d)** $\cos 285°$
e) $\sin 245°$ **f)** $\tan 165°$ **g)** $\tan 265°$ **h)** $\tan 306°$

237. Die nachstehende Tabelle ist so zu vervollständigen, dass nur Funktionswerte des Winkels α auftreten:

φ	$90°+\alpha$	$90°-\alpha$	$180°+\alpha$	$180°-\alpha$	$270°+\alpha$	$270°-\alpha$	$360°+\alpha$	$360°-\alpha$
$\sin\varphi$	$\cos\alpha$	$\cos\alpha$	$-\sin\alpha$	$\sin\alpha$				
$\cos\varphi$	$-\sin\alpha$	$\sin\alpha$	$-\cos\alpha$	$-\cos\alpha$				
$\tan\varphi$								

Wie lassen sich die jeweiligen Beziehungen am Einheitskreis herleiten?

Anleitung:

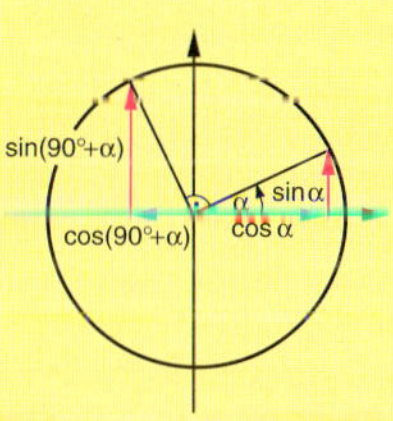

$\sin(90° + \alpha) = \cos\alpha$
$\cos(90° + \alpha) = -\sin\alpha$

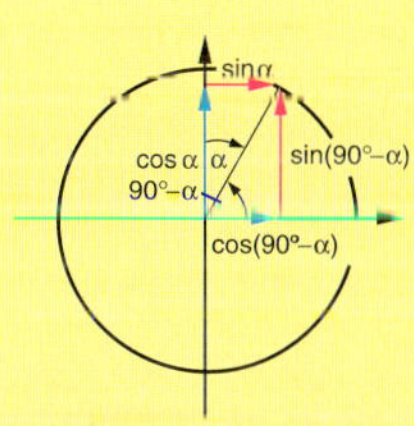

$\sin(90° - \alpha) = \cos\alpha$
$\cos(90° - \alpha) = \sin\alpha$

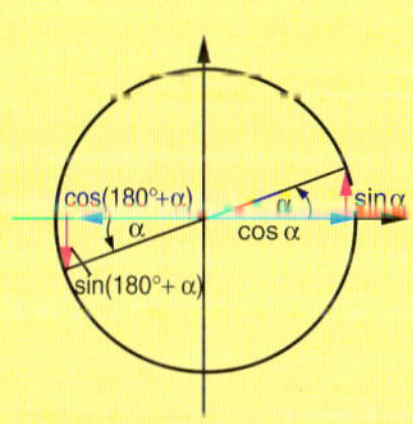

$\sin(180° + \alpha) = -\sin\alpha$
$\cos(180° + \alpha) = -\cos\alpha$

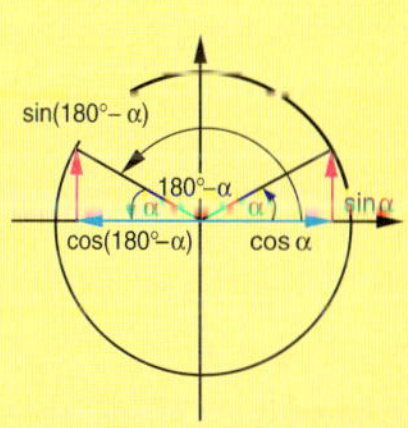

$\sin(180° - \alpha) = \sin\alpha$
$\cos(180° - \alpha) = -\cos\alpha$

Bei den folgenden Aufgaben sind die zugehörigen Argumente α mit $0° \leq \alpha < 360°$ zu ermitteln!

238. **a)** $\sin\alpha = 0{,}419$ **b)** $\cos\alpha = -0{,}47712$ **c)** $\tan\alpha = 0{,}60206$

239. **a)** $\sin\alpha = 0{,}147$ **b)** $\cos\alpha = 0{,}9324$ **c)** $\tan\alpha = 1{,}1137$

240. **a)** $\sin\alpha = -0{,}32$ **b)** $\cos\alpha = -0{,}453$ **c)** $\tan\alpha = -1{,}2$

241. **a)** $\sin\alpha = -0{,}8$ **b)** $\cos\alpha = 0{,}5321$ **c)** $\tan\alpha = -0{,}45$

Bei den folgenden Aufgaben sind die zugehörigen Argumente x mit $x \in [0, 2\pi[$ im Bogenmaß anzugeben!

Bemerkung: Man achte darauf, dass der Taschenrechner auf das **Bogenmaß** eingestellt ist!

242. **a)** $\sin x = 1{,}53904$ **b)** $\cos x = 0{,}5081$ **c)** $\tan x = -3{,}4$

243. **a)** $\sin x = 0{,}0625$ **b)** $\cos x = 0{,}30214$ **c)** $\tan x = -2{,}7182$

244. **a)** $\sin x = -0{,}3825$ **b)** $\cos x = 1{,}342$ **c)** $\tan x = 0{,}093$

245. **a)** $\sin x = 0{,}713$ **b)** $\cos x = 0{,}91$ **c)** $\tan x = 0{,}3185$

246. Der Flächeninhalt eines Dreiecks ist für **a)** $a = 50{,}0$ cm, $b = 36{,}6$ cm, $\gamma = 62{,}3°$ **b)** $b = 30{,}8$ cm, $c = 18{,}0$ cm, $\alpha = 34{,}7°$ zu berechnen.

247. Es ist der **a)** Sinussatz **b)** Kosinussatz für das nebenstehende Dreieck anzugeben.

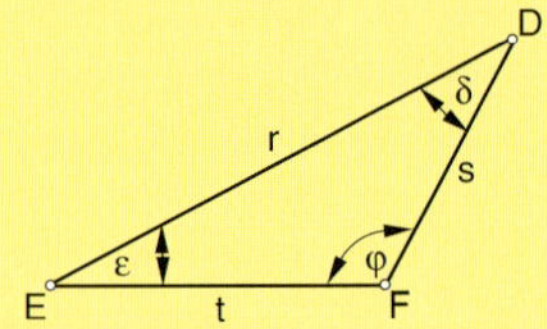

248. Der Kosinussatz ist **a)** für spitzwinkelige Dreiecke **b)** für stumpfwinkelige Dreiecke zu beweisen.

Anleitung: Es genügt sich auf eine Beziehung — etwa $a^2 = b^2 + c^2 - 2 \cdot b \cdot c \cdot \cos\alpha$ — zu beschränken, da sich die zwei anderen durch Umbenennung ergeben.

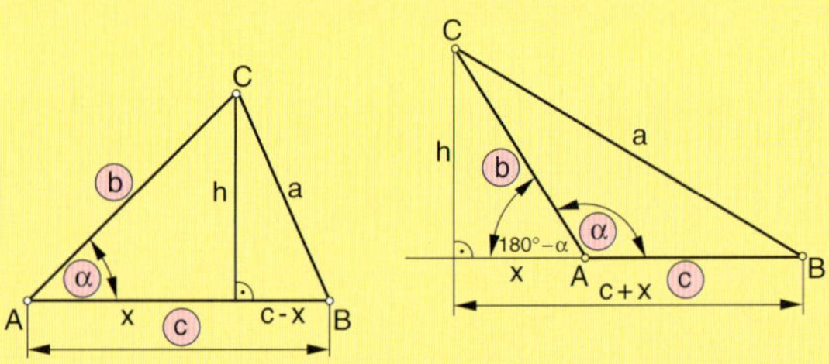

249. Es ist anzugeben, welche der folgenden Umfangstücke eines Dreiecks die unmittelbare Anwendung des Sinus- oder aber Kosinussatzes ermöglichen:

a) a, c, α **b)** a, β, γ **c)** a, b, γ **d)** a, α, β
e) b, c, α **f)** a, b, c **g)** a, b, α **h)** a, c, β

250. Gehen wir davon aus, dass der Kosinussatz noch nicht entdeckt wurde. Für richtige Mathematikerinnen und Mathematiker eine herzzerreißende Angelegenheit. Tatsächlich lassen sich **alle** Grundaufgaben (wenn auch nicht ganz leicht!) nur mit dem Sinussatz lösen. Freilich **erleichtert** die Kombination von Sinus- und Kosinussatz die Dreiecksberechnung.

Für die nachstehenden Dreiecksangaben ist der Lösungsweg mit dem geringsten Rechenaufwand anzugeben, wobei folgende Annahme getroffen wird:

$R_K > R_S > R_W$[1]

R ..... Rechenaufwand K ..... Kosinussatz
S ..... Sinussatz W ..... Winkelsumme

Im Sinne der obigen Ungleichung ist in die Kästchen K, S oder W einzusetzen!

a) SSS-Satz

Geg.: a, b, c

☐ → größter Winkel
☐ → zweiter Winkel
☐ → dritter Winkel

b) SWS-Satz

Geg.: a, b, γ ($\gamma < 180°$)

☐ → dritte Seite
☐ → zweiter Winkel
☐ → dritter Winkel

c) WSW-Satz

Geg.: α, β, a ($\alpha + \beta < 180°$)

☐ → dritter Winkel
☐ → zweite Seite
☐ → dritte Seite

[1]) Diese Ungleichung gilt im Allgemeinen bei Verwendung nicht programmierbarer Taschenrechner.

251. Welche Kongruenzfälle eines Dreiecks besitzen stets eine eindeutige Lösung?

○ **a)** SWS ○ **b)** SSW ○ **c)** WSW ○ **d)** SSS

252. Bei welchen der gegebenen Dreiecke könnte der **doppeldeutige Fall** vorliegen, wenn man annimmt, dass $a > b$ und $b > c$ ist?

○ **a)** a, c, γ ○ **b)** a, c, α ○ **c)** a, c, β ○ **d)** b, c, β

○ **e)** b, c, γ ○ **f)** a, b, β ○ **g)** a, b, α ○ **h)** a, b, γ

Bemerkung: Aus $a > b$ und $b > c$ folgt $a > c$!

253. Welches der folgenden Dreiecke besitzt (1) keine Lösung (2) genau eine Lösung (3) genau zwei Lösungen?

a) $a = 10\,\text{cm}$, $b = 15\,\text{cm}$, $\alpha = 37{,}32°$ **b)** $a = 10\,\text{cm}$, $b = 10\,\text{cm}$, $\alpha = 60°$

c) $a = 10\,\text{cm}$, $b = 10\,\text{cm}$, $c = 21\,\text{cm}$ **d)** $a = 10\,\text{cm}$, $b = 15\,\text{cm}$, $\alpha = 87{,}3°$

e) $a = 10\,\text{cm}$, $b = 15\,\text{cm}$, $\alpha = 31{,}2°$ **f)** $a = 16\,\text{cm}$, $b = 12\,\text{cm}$, $\alpha = 40°$

g) $a = 10\,\text{cm}$, $b = 15\,\text{cm}$, $\alpha = 41{,}81°$ **h)** $a = 10\,\text{cm}$, $b = 15\,\text{cm}$, $\alpha = 114{,}2°$

Die nachstehenden Tabellen sind zu vervollständigen:

254. Allgemeines Dreieck
(Lösung mit Hilfe des Sinussatzes)

	a	b	c	α	β	γ	A
a)	37			67,4°	18,9°		
b)	101				11,4°	125,0°	
c)		40			9,5°	133,6°	
d)	404		435	64,0°			
e)	1001		1038			113,1°	
f)	404	116		43,6°			
g)		970	1032			121,7°	
h)			300	53,1°		112,6°	

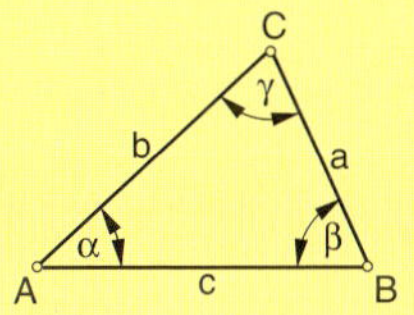

255. Allgemeines Dreieck
(Lösung mit Hilfe des Sinus- bzw. Kosinussatzes)

	a	b	c	α	β	γ	A
a)	36	25				53,1°	
b)	78		88		22,6°		
c)	104	202	294				
d)		85	400				7200
e)	180					107,9°	38016
f)		208		22,6°			11040
g)		1625				160,0°	51300
h)	650				67,4°		2 321400

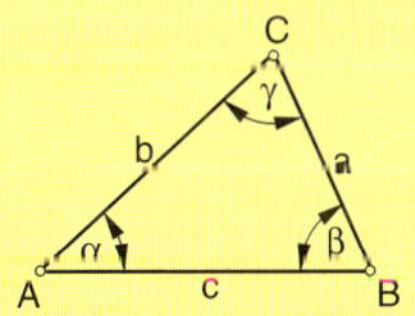

256. Trapez

(Lösung mit Hilfe des Sinus- bzw. Kosinussatzes)

	a	b	c	d	e	f	α	β	γ	δ	A
a)	77		38	25			73,7°				
b)	80	50	24	34							
c)	182	50					22,3°	60,8°			
d)	50		30				62,7°	89,1°			
e)	192	53	51		149,64						
f)	69			25			53,1°				1020
g)	155		112			136,85	61,9°				
h)				34,6	51,8	34,6				162°	

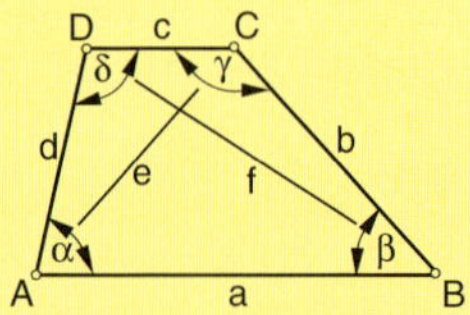

257. Gegeben: **a)** $s_1 = 318\,m$, $\beta_1 = 47{,}2°$, $\beta_3 = 50{,}1°$

b) $s_1 = 495\,m$, $\beta_1 = 56{,}3°$, $\beta_3 = 42{,}6°$

Gesucht: s_2, s_3

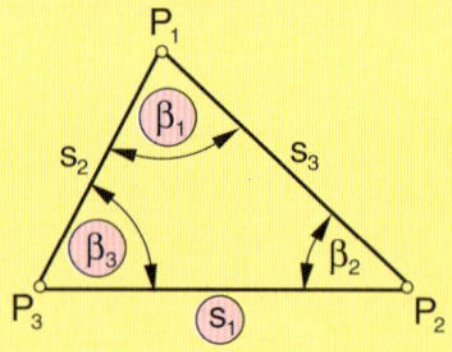

258. Gegeben: **a)** $a = 30\,mm$, $b = 40\,mm$, $c = 54\,mm$

b) $a = 12\,mm$, $b = 30\,mm$, $c = 19\,mm$

Gesucht: s_a, s_b, s_c

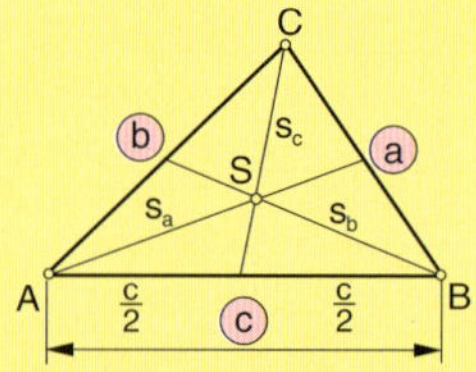

259. Die Diagonalen eines Parallelogramms mit dem Flächeninhalt $A = 4200\,cm^2$ verhalten sich wie $21{,}4 : \sqrt{337}$ und schneiden einander unter 60,642°. Umfang und Diagonalen des Parallelogramms sind zu berechnen.

260. In einem Parallelogramm wird der Winkel $\alpha = 53°7'48''$ durch die Diagonale $e = \sqrt{97}$ cm im Verhältnis 1:2,2172 geteilt. Man berechne Umfang und Flächeninhalt des Parallelogramms! (2 Möglichkeiten)

261. Es ist zu zeigen, dass in einem Parallelogramm mit den Seiten a, b und den Diagonalen e, f Folgendes gilt: $e^2 + f^2 = 2(a^2 + b^2)$

Anleitung: Man berechne die Quadrate der Diagonalen aus den Seiten und dem eingeschlossenen Winkel (Kosinussatz!) und bilde die Summe. Es gilt: $\cos\alpha = \cos(180° - \beta) = -\cos\beta$ ...

262. Drei Kreise mit den Radien **a)** $r_1 = 1\,cm$, $r_2 = 2\,cm$, $r_3 = 1\,cm$ **b)** $r_1 = 3\,cm$, $r_2 = 4\,cm$, $r_3 = 5\,cm$ berühren einander von außen. Wie groß ist die zwischen den Kreisen liegende Fläche?

263. Mit Hilfe des LORAN-C-Systems (**LO**ng **R**ange **A**id to **N**avigation) bestimmen Schiffe ihre Position auf See. Das Schiff empfängt dabei von zwei Radiosendern je ein Signal. Beträgt der Abstand des Schiffes von den beiden Sendern a und b, so treffen die Signale mit Verzögerungszeiten $t_1 = \frac{a}{c}$ bzw. $t_2 = \frac{b}{c}$ ($c = 3{,}0 \cdot 10^8\,m/s$) am Schiff ein, das diese Verzögerungszeiten mit einer Atomuhr misst. Man berechne aus den Signalverzögerungszeiten $t_1 = 2{,}5 \cdot 10^{-4}\,s$ und $t_2 = 3{,}21 \cdot 10^{-4}\,s$ den Winkel ρ zwischen den beiden Peilungsgeraden, wenn die beiden Sender $s = 132\,km$ voneinander entfernt sind.

4. Graph und Eigenschaften trigonometrischer Funktionen, Arkusfunktionen

Mit Hilfe trigonometrischer Funktionen haben wir bereits zahlreiche Berechnungen durchgeführt:

— Berechnungen am rechtwinkeligen Dreieck

— Berechnungen am allgemeinen Dreieck

— Anwendung auf Aufgaben der Stereometrie

— Anwendung auf Vermessungsaufgaben

Nun sollen Graph und Eigenschaften trigonometrischer Funktionen besprochen werden.

Beispiel:

Der Graph der Funktion $f: x \mapsto \sin x$ ist in einem kartesischen Koordinatensystem im Bereich $[0, 3\pi]$ zu zeichnen.

Bemerkung: Durch die Schreibweise mit der (unabhängigen) Variablen x soll der Funktionscharakter betont werden.

Lösung:

Wir tragen auf der x-Achse die Bogenlänge des Winkel $2\pi \approx 6{,}28$ ab. Dann wählen wir im Einheitskreis einige Winkel (z. B. $30° = \frac{\pi}{6}$, $60° = \frac{\pi}{3}$ usw.) und tragen den zugehörigen Funktionswert — den wir aus dem Einheitskreis übernehmen — als y-Wert auf. Wir verbinden die einzelnen Punkte zu einer lückenlosen Kurve: Es entsteht der Graph der Funktion $x \mapsto \sin x$. Dieser wird auch als **Sinuskurve** bezeichnet.

Wegen der Symmetrieeigenschaften der Sinuskurve genügt es, die Kurve für $0° \leqslant \alpha \leqslant 90°$ zu zeichnen und den weiteren Verlauf durch entsprechende Spiegelungen zu bestimmen.

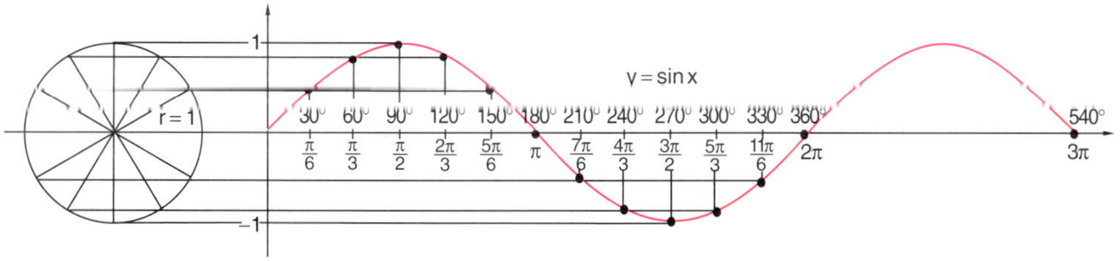

Einige Eigenschaften der Funktion $x \mapsto \sin x$:

(1) Definitionsmenge $D = \mathbb{R}$

(2) Wertemenge $W = [-1, 1]$

(3) Für die Sinusfunktion wiederholen sich die Funktionswerte nach jeder vollen Umdrehung unseres Radarstrahls im Einheitskreis: $\sin\alpha = \sin(\alpha + 360°)$ bzw. im Bogenmaß: $\sin x = \sin(x + 2\pi)$, $\sin\alpha = \sin(\alpha + k \cdot 360°)$ oder im Bogenmaß: $\sin x = \sin(x + 2k\pi)$, $k \in \mathbb{Z}$. Mit anderen Worten: Addiert man zum Argument α bzw. x der Sinusfunktion ein ganzzahliges positives oder negatives Vielfaches von 360° bzw. 2π, dann bleibt der Funktionswert unverändert! $f(x) = f(x + 2k\pi)$

Die Sinusfunktion ist eine **periodische Funktion** mit der **Periode**[1] 360° bzw. 2π.

(4) Die Sinusfunktion hat über $D = \mathbb{R}$ unendlich viele **Nullstellen** $\mathbf{N(k\pi, 0)}$, $k \in \mathbb{Z}$. (Vgl. den Funktionsgraph!)

(5) $\sin(-x) = -\sin x$. Die Sinusfunktion ist eine **ungerade Funktion.**

Definition:

Eine Funktion $f: x \mapsto f(x)$ heißt **periodisch** mit der **Periode p**, wenn für alle $x \in D$ gilt: $f(x) = f(x + p)$ mit $p \in \mathbb{R} \setminus \{0\}$ und $(x + p) \in D$.

Wenn p die kleinste positive Zahl ist, für die $f(x) = f(x + p)$ gilt, dann heißt p die **primitive Periode** der Funktion.

[1]) periodos (griech.): Herumweg, Kreislauf.

(6) Grafische Veranschaulichungen:

Die Funktion $x \mapsto \sin x$ ist symmetrisch bezüglich des Ursprungs (Punktsymmetrie):

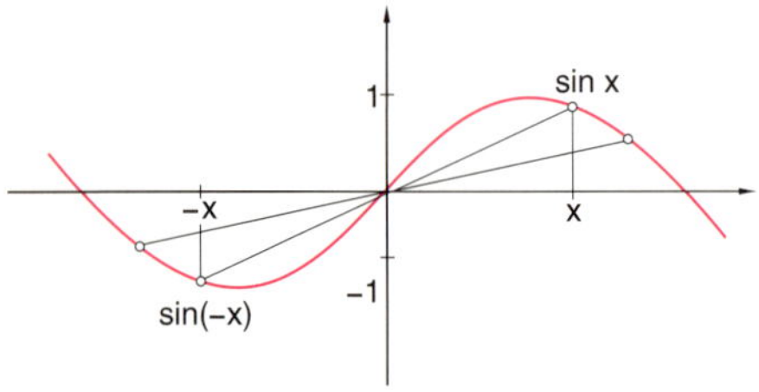

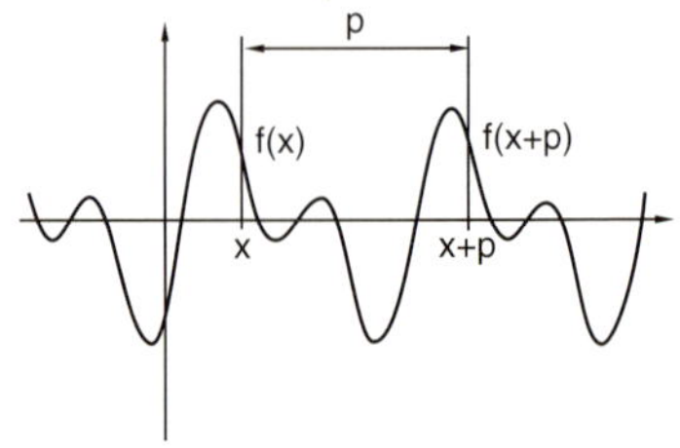

Wir betrachten die nachstehenden Graphen der Funktionen $x \mapsto \cos x$ und $x \mapsto \tan x$. Was lässt sich über die Eigenschaften dieser Funktionen aussagen?

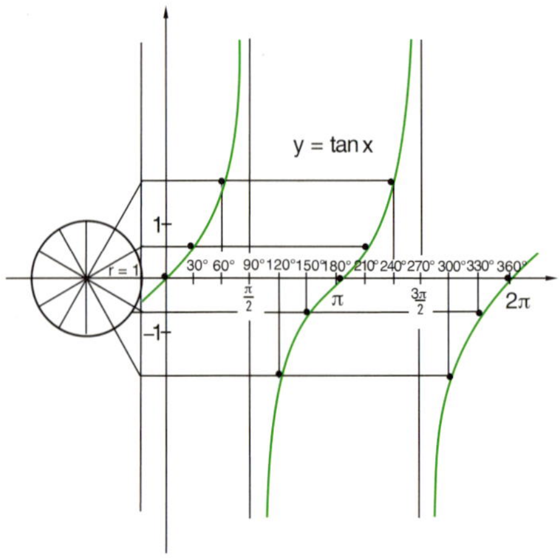

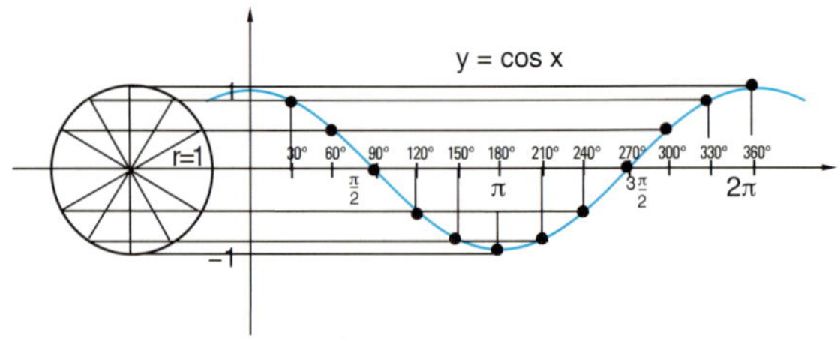

— Definitionsmenge?
— Wertemenge?
— primitive Periode?
— Nullstellen?
— gerade Funktion?
— ungerade Funktion?
— Asymptoten?

Funktionen, von denen die eine aus der anderen dadurch „entsteht", dass man die Variablen x und y miteinander vertauscht, heißen **Umkehrfunktionen**. Die Graphen der Funktionen gehen durch Spiegelung an der Geraden mit der Gleichung $y = x$ ineinander über.

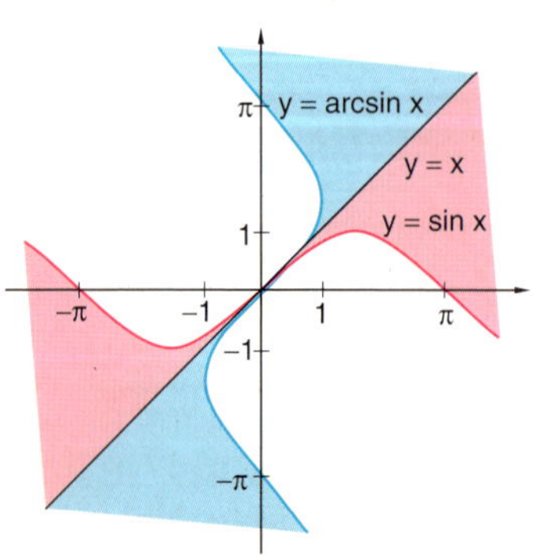

Ist eine trigonometrische Funktion, also z. B. $x \mapsto \sin x$ umkehrbar? Und wenn ja, wie sieht dann die Umkehrfunktion aus?

Grundsätzlich erhält man den Graphen einer Umkehrfunktion f^{-1}, indem man den Graphen der Funktion f an der Geraden mit der Gleichung $y = x$ spiegelt.[1] Wenn wir dieses Verfahren z.B. $x \mapsto \sin x$ anwenden, erkennen wir: Es entsteht zwar der Graph einer Relation, diese ist aber **keine** Funktion, da es zu jedem x-Wert nicht höchstens einen — sondern sogar unendlich viele y-Werte gibt. Z. B. $x = 0$, $y_1 = \pm\pi$, $y_2 = \pm 2\pi$ usw. (Vgl. Figur in der Außenspalte.)

Auch ohne geometrische Überlegung lässt sich das leicht einsehen: Denn eine Gleichung der Form $\sin x = a \quad (-1 \leqslant a \leqslant 1)$, $x = ?$ hat nun einmal keine eindeutige Lösung.

Um die trigonometrischen Funktionen umkehren zu können, müssen wir sie zuvor auf Teilintervalle von $\mathbb{R}$ beschränken.

Die Umkehrfunktion f^{-1} einer auf Teilintervalle von $\mathbb{R}$ beschränkten trigonometrischen Funktion f heißt **Arkusfunktion**.

---

[1] $f^{-1}(x)$ darf nicht mit $\frac{1}{f(x)}$ verwechselt werden.

Trigonometrische Funktion	Arkusfunktion	Definitionsmenge	Wertemenge
$f: x \mapsto \sin x$	$f^{-1}: x \mapsto \arcsin x$ [1]	$D = [-1, 1]$	$W = \left[-\frac{\pi}{2}, \frac{\pi}{2}\right]$
$f: x \mapsto \cos x$	$f^{-1}: x \mapsto \arccos x$	$D = [-1, 1]$	$W = [0, \pi]$
$f: x \mapsto \tan x$	$f^{-1}: x \mapsto \arctan x$	$D = \mathbb{R}$	$W = \left]-\frac{\pi}{2}, \frac{\pi}{2}\right[$

Beispiel:
Der Graph von **a)** $y = \arcsin x$, $D = \{x \mid -1 \leq x \leq 1\}$ **b)** $y = \arccos x$, $D = \{x \mid -1 \leq x \leq 1\}$ und **c)** $y = \arctan x$, $D = \{x \mid -\pi \leq x \leq \pi\}$ ist in einem kartesischen Koordinatensystem zu skizzieren!

Lösung:

a)

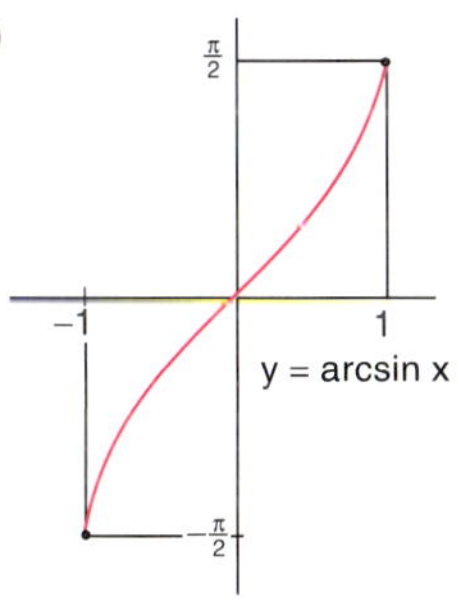

b)

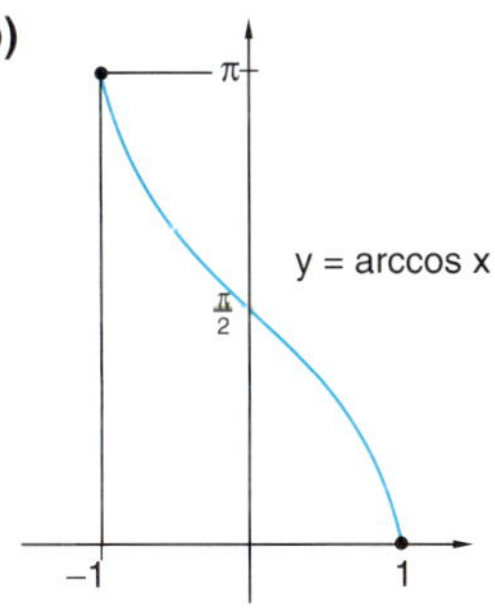

c)

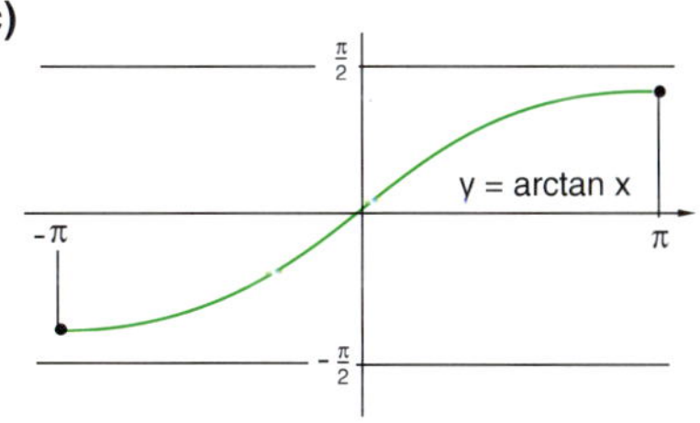

AUFGABEN

264. Der fehlende Text ist einzusetzen:

a) $\sin(-\alpha) = \ldots\ldots (\sin\alpha \,/ -\sin\alpha)$

b) $\cos(-\alpha) = \ldots\ldots (\cos\alpha \,/ -\cos\alpha)$

c) $\tan(-\alpha) = \ldots\ldots (\tan\alpha \,/ -\tan\alpha)$

d) $x \mapsto x^3 - 5x$ ist eine ..... (gerade/ungerade/weder gerade noch ungerade) Funktion.

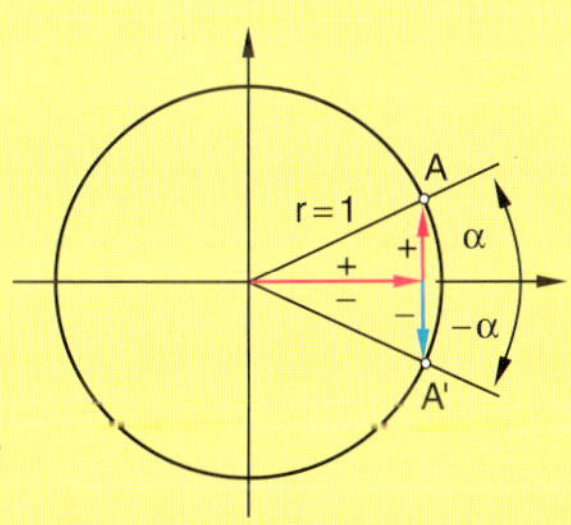

> Eine Funktion $f: x \mapsto f(x)$, $x \in D$ heißt **gerade**, wenn für alle $x \in D$ gilt:
> $f(x) = f(-x)$
> Eine Funktion $f: x \mapsto f(x)$, $x \in D$ heißt **ungerade**, wenn für alle $x \in D$ gilt:
> $f(x) = -f(-x)$

e) Funktionen, die weder gerade noch ungerade sind, ... (gibt es/gibt es nicht).

f) Die Sinusfunktion ist eine ..... (gerade/ungerade/weder gerade noch ungerade) Funktion.

g) Die Kosinusfunktion ist eine ..... (gerade/ungerade/weder gerade noch ungerade) Funktion.

h) Die Funktion $x \mapsto \tan x$ ist eine ..... (gerade/ungerade/weder gerade noch ungerade) Funktion.

265. Der Graph von **a)** $y = \sin x$, $D = \left[-\pi, \frac{5\pi}{2}\right]$ **b)** $y = \cos x$, $D = \left]-\frac{\pi}{2}, \frac{5\pi}{2}\right]$ und **c)** $y = \tan x$, $D = \{x \mid -\pi \leq x \leq \pi\} \setminus \left\{-\frac{\pi}{2}, \frac{\pi}{2}\right\}$ ist in einem kartesischen Koordinatensystem zu zeichnen.

---

[1]) gesprochen: Arkus-Sinus von x. Der arcsin x ist jener Bogen am Einheitskreis, der zu dem vorgegebenen sin x gehört.

266. Die wahren Aussagen sind anzukreuzen:

- ○ **a)** $\sin 0° = \frac{1}{2}\sqrt{0}$ $\sin 30° = \frac{1}{2}\sqrt{1}$ $\sin 45° = \frac{1}{2}\sqrt{2}$ $\sin 60° = \frac{1}{2}\sqrt{3}$ $\sin 90° = \frac{1}{2}\sqrt{4}$
- ○ **b)** $\cos 0° = \frac{1}{2}\sqrt{4}$ $\cos 30° = \frac{1}{2}\sqrt{3}$ $\cos 45° = \frac{1}{2}\sqrt{2}$ $\cos 60° = \frac{1}{2}\sqrt{1}$ $\cos 90° = \frac{1}{2}\sqrt{0}$
- ○ **c)** Sind zwei Winkel **komplementär**, so ist der Sinuswert des einen Winkels gleich dem Kosinuswert des anderen Winkels.
- ○ **d)** Sind zwei Winkel **supplementär**, so haben sie gleiche Sinuswerte, entgegengesetzte Kosinuswerte.
- ○ **e)** Jede trigonometrische Funktion hat für α, $180° - \alpha$, $180° + \alpha$ und $360° - \alpha$ Funktionswerte mit demselben Betrag.
- ○ **f)** Jede trigonometrische Funktion hat für α, $180° - \alpha$ und $180° + \alpha$ dieselben Funktionswerte.
- ○ **g)** Die Arkusfunktionen sind periodische Funktionen. (Begründung?)
- ○ **h)** Im Argument einer Arkusfunktion kann **niemals** ein Winkel stehen, denn die Funktionswerte der trigonometrischen Funktionen sind **immer** Zahlen.

267. Der fehlende Text ist einzusetzen:

a) Die Sinusfunktion ist in den Intervallen $\left[-\frac{\pi}{2}, \frac{\pi}{2}\right]$, $\left[\frac{3\pi}{2}, \frac{5\pi}{2}\right]$,... streng monoton ..... (wachsend/fallend) und in den Intervallen $\left[\frac{\pi}{2}, \frac{3\pi}{2}\right]$, $\left[\frac{5\pi}{2}, \frac{7\pi}{2}\right]$,... streng monoton ..... (wachsend/fallend).

b) Die Kosinusfunktion ist in den Intervallen $[0, \pi]$, $[2\pi, 3\pi]$,... streng monoton ..... (wachsend/fallend) und in den intervallen $[\pi, 2\pi]$, $[3\pi, 4\pi]$,... streng monoton ..... (wachsend/fallend).

c) Die Tangensfunktion ist in den Intervallen $\left]-\frac{\pi}{2}, \frac{\pi}{2}\right[$, $\left]\frac{\pi}{2}, \frac{3\pi}{2}\right[$,... streng monoton ..... (wachsend/fallend).

d) $y = \arcsin x$ ist in $[-1, 1]$ streng monoton ..... (wachsend/fallend).

e) $y = \arccos x$ ist in $[-1, 1]$ streng monoton ..... (wachsend/fallend).

f) $y = \arctan x$ ist streng monoton ..... (wachsend/fallend).

g) Die Definitionsmenge $\mathbb{R}$ lässt sich in ..... (genau/höchstens/mindestens) zwei Intervalle zerlegen, für die die Funktion $f: x \mapsto x^2$ einerseits streng monoton steigend und andererseits streng monoton fallend ist.

h) Beispiel für eine Funktion, die weder streng monoton steigend noch streng monoton fallend ist: .....

Bei den folgenden Aufgaben sind die Graphen der gegebenen Funktionsgleichungen über geeigneten Definitionsmengen, die den Kurvenverlauf jeweils gut erkennen lassen, zu zeichnen! (Einheit = 2 cm)

268. a) $y = 1 + \sin x$ **b)** $y = 2\sin x$ **c)** $y = |\sin x|$ **d)** $y = \sin x + \cos x$

269. a) $y = 2 - \cos x$ **b)** $y = \frac{\cos x}{2}$ **c)** $y = |\cos x|$ **d)** $y = \sin x - \cos x$

270. a) $y = \tan x - 1$ **b)** $y = -\tan x$ **c)** $y = |\tan x|$ **d)** $y = \frac{\tan x + \sin x}{2}$

Bei den folgenden Aufgaben sind die Funktionswerte im Bogenmaß im Intervall $[0, 2\pi[$ zu berechnen und auf 3 Dezimalstellen zu runden.

271. a) $\arcsin 0{,}32$ **b)** $\arcsin(-1)$ **c)** $\arcsin 1$ **d)** $\arcsin(-0{,}52)$

272. a) $\arccos 0$ **b)** $\arccos(-1)$ **c)** $\arccos 0{,}32$ **d)** $\arccos(-0{,}52)$

273. a) $\arctan 0$ **b)** $\arctan(-1)$ **c)** $\arctan 1$ **d)** $\arctan 0{,}32$

274. Der Graph von **a)** $y = 3 \arcsin x$ **b)** $y = -2 \arccos x$ und **c)** $y = \frac{1}{2} \arctan x$ ist zu konstruieren. Hierbei ist der Graph der zugeordneten trigonometrischen Funktion an der unter 45° geneigten und durch den Ursprung verlaufenden Geraden zu spiegeln.

275. Es ist die folgende Tabelle, die Fragen über trigonometrische Funktionen und Arkusfunktionen stellt, auszufüllen.

Graph / Eigenschaften der Funktion	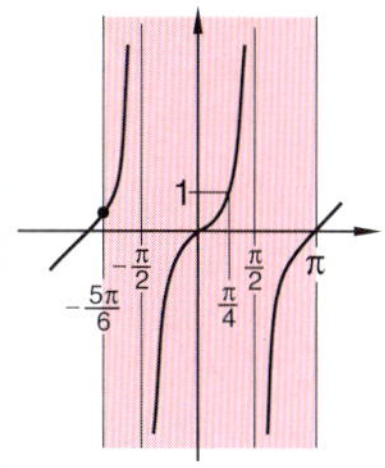	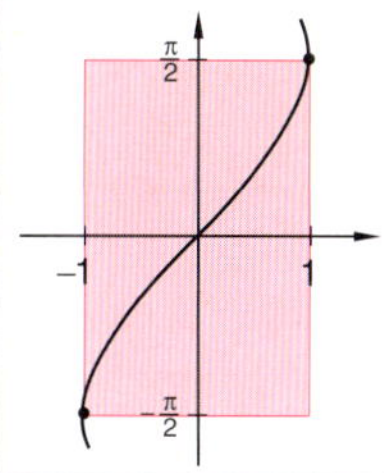	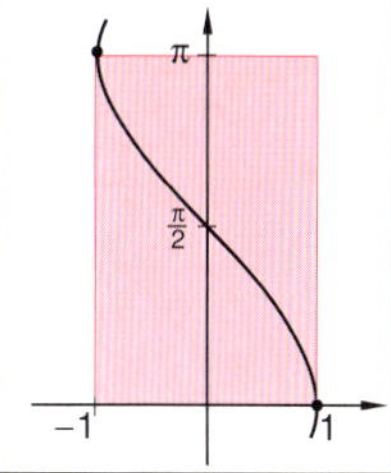
Funktionsgleichung Definitionsmenge } des dargestellten Wertemenge } Graphen			
maximale Definitionsmenge zugehörige Wertemenge			
Die folgenden Fragen beziehen sich auf die maximale Definitionsmenge: Nullstellen periodische Funktion? primitive Periode gerade oder ungerade Funktion Asymptoten?			

Graph / Eigenschaften der Funktion	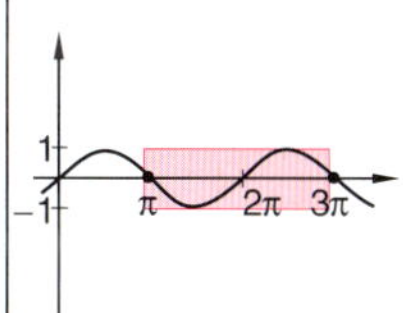	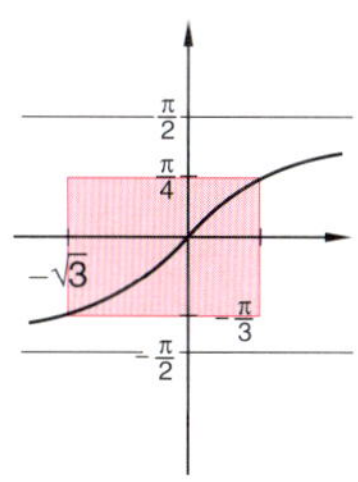	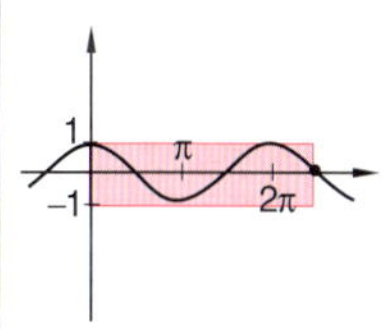
Funktionsgleichung Definitionsmenge } des dargestellten Wertemenge } Graphen			
maximale Definitionsmenge zugehörige Wertemenge			
Die folgenden Fragen beziehen sich auf die maximale Definitionsmenge: Nullstellen periodische Funktion? primitive Periode gerade oder ungerade Funktion Asymptoten?			

5. Goniometrische Beziehungen

In diesem Kapitel werden wir 16 Formeln kennen lernen, die allesamt **Beziehungen zwischen trigonometrischen Funktionen** ausdrücken. Gleich am Anfang sollen ein paar Gründe genannt werden, **wofür** die Formeln gebraucht werden:

(1) Sie sind Voraussetzung, um **goniometrische Gleichungen** zu verstehen.[1)]

(2) Bei technischen Fragestellungen und vielen anderen praktischen Anwendungen treten immer wieder Probleme auf, die sich ohne Kenntnis dieser Beziehungen **nicht** lösen lassen.

(3) Sie werden mitunter für mathematische Beweise gebraucht.

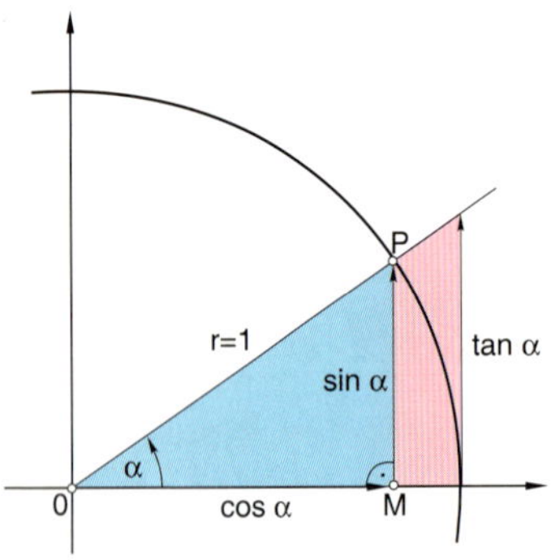

(1) $\sin^2\alpha + \cos^2\alpha = 1$ (2) $\tan\alpha = \frac{\sin\alpha}{\cos\alpha}$

(3) $1 + \tan^2\alpha = \frac{1}{\cos^2\alpha}$

Hinsichtlich der Herleitung der Formeln (1) und (2) betrachten wir den in der Außenspalte dargestellten Ausschnitt aus dem Einheitskreis.

Auf das Dreieck 0MP bezogen, liefert der pythagoräische Lehrsatz:

$(\sin\alpha)^2 + (\cos\alpha)^2 = 1$. Bemerkenswert ist die Schreibweise in Formel (1)

$(\sin\alpha)^2 = \sin^2\alpha$, d. h. bei Potenzen der trigonometrischen Funktionen setzt man die Exponenten direkt an das Funktionzeichen!

Man beachte, dass $\sin\alpha^2$ als $\sin(\alpha^2)$ verstanden wird! Ist der Ausdruck $\sin(\alpha^2)$ überhaupt sinnvoll?

sin

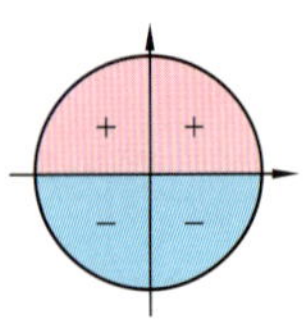

Formel (2) können wir direkt aus dem Dreieck M0P ablesen:

$$\tan\alpha \overset{\text{DEF}}{=} \frac{\text{Gegenkathete}}{\text{Ankathete}} = \frac{\sin\alpha}{\cos\alpha}$$

Formel (3) erhalten wir letztlich, indem wir Formel (1) durch $\cos^2\alpha$ dividieren ...

cos

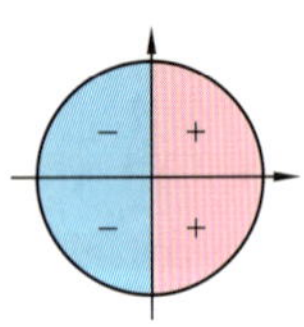

Wir sind nun imstande aus einem gegebenen trigonometrischen Funktionswert die beiden anderen Funktionswerte des selben Winkels ohne Benützung des Taschenrechners zu berechnen.

Beispiel:

Man berechne die zwei anderen trigonometrischen Funktionswerte desselben Winkels zu $\sin\alpha = \frac{12}{13}$, $90° < \alpha < 180°$!

Lösung:

$$\sin^2\alpha + \cos^2\alpha = 1 \Leftrightarrow |\cos\alpha| = \sqrt{1-\sin^2\alpha} = \sqrt{1-\frac{144}{169}} = \sqrt{\frac{25}{169}} = \frac{5}{13}$$

$$\Rightarrow \cos\alpha = -\frac{5}{13}$$

$$\tan\alpha = \frac{\sin\alpha}{\cos\alpha} = \frac{12}{13} : \left(-\frac{5}{13}\right) = -\frac{12}{5} \qquad \Rightarrow \tan\alpha = -\frac{12}{5}$$

tan

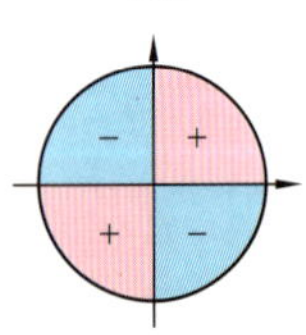

1) Eine Gleichung, in der die Variable mindestens einmal im Argument einer trigonometrischen Funktion auftritt, heißt **goniometrische Gleichung**.
Beispiele: $4\sin x = 1$, $3\cos x - \sin 2x = -0{,}4$, $\frac{1}{2}\tan x = 3\sin x$ usw.

Beispiel:
Man berechne die zwei anderen trigonometrischen Funktionswerte desselben Winkels zu $\tan\alpha = -\frac{1}{2}\sqrt{2}$, $270° < \alpha < 360°$!

Lösung:

$$1+\tan^2\alpha = \frac{1}{\cos^2\alpha} \Leftrightarrow \ldots |\cos\alpha| = \frac{1}{\sqrt{1+\tan^2\alpha}} = \frac{1}{\sqrt{1+\frac{1}{2}}} =$$

$$= \frac{1}{\sqrt{\frac{3}{2}}} = \sqrt{\frac{2}{3}} = \frac{\sqrt{2}\cdot\sqrt{3}}{\sqrt{3}\cdot\sqrt{3}} = \frac{\sqrt{6}}{3} \qquad \Rightarrow \cos\alpha = \frac{\sqrt{6}}{3}$$

$$\sin^2\alpha + \cos^2\alpha = 1 \Leftrightarrow |\sin\alpha| = \sqrt{1-\cos^2\alpha} = \sqrt{1-\frac{2}{3}} = \sqrt{\frac{1}{3}} =$$

$$= \frac{1\cdot\sqrt{3}}{\sqrt{3}\cdot\sqrt{3}} = \frac{\sqrt{3}}{3} \qquad \Rightarrow \sin\alpha = -\frac{\sqrt{3}}{3}$$

Grafische Darstellung für spitze Winkel α.

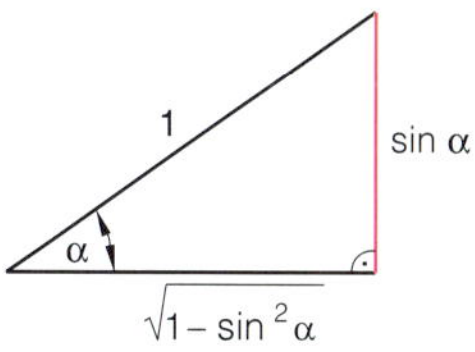

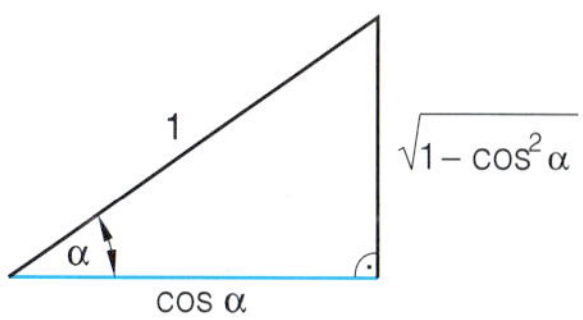

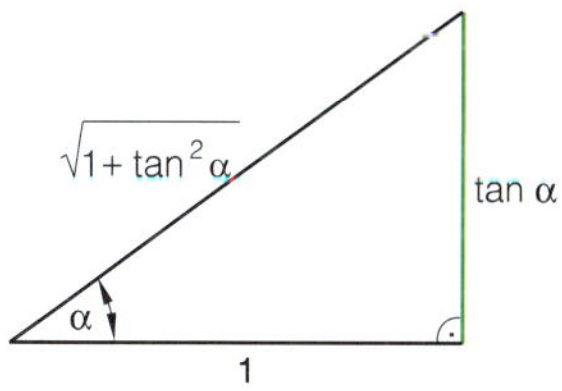

Die im obigen Beispiel verwendeten „Umrechnungsformeln“

$$|\cos\alpha| = \sqrt{1-\sin^2\alpha}, \quad |\cos\alpha| = \frac{1}{\sqrt{1+\tan^2\alpha}} \quad \text{und} \quad |\sin\alpha| = \sqrt{1-\cos^2\alpha}$$

tragen wir in die nachstehende Tabelle ein:

	Umrechnungsformel für bekanntes		
	$\sin\alpha$	$\cos\alpha$	$\tan\alpha$
$\lvert\sin\alpha\rvert$		$\sqrt{1-\cos^2\alpha}$	
$\lvert\cos\alpha\rvert$	$\sqrt{1-\sin^2\alpha}$		$\frac{1}{\sqrt{1+\tan^2\alpha}}$
$\lvert\tan\alpha\rvert$			

Man versuche die obige Tabelle zu vervollständigen!

(4) $\sin(\alpha+\beta) = \sin\alpha\cdot\cos\beta + \cos\alpha\cdot\sin\beta$
(5) $\sin(\alpha-\beta) = \sin\alpha\cdot\cos\beta - \cos\alpha\cdot\sin\beta$
(6) $\cos(\alpha+\beta) = \cos\alpha\cdot\cos\beta - \sin\alpha\cdot\sin\beta$
(7) $\cos(\alpha-\beta) = \cos\alpha\cdot\cos\beta + \sin\alpha\cdot\sin\beta$
(8) $\tan(\alpha+\beta) = \frac{\tan\alpha + \tan\beta}{1-\tan\alpha\cdot\tan\beta}$ (9) $\tan(\alpha-\beta) = \frac{\tan\alpha - \tan\beta}{1+\tan\alpha\cdot\tan\beta}$

Die Formeln (4) bis (9) heißen **erster Summensatz**.

Hinsichtlich der Herleitung der Formeln (4) bis (9) sei auf den Aufgabenteil verwiesen.

Beispiel:
Man vereinfache $\sin(\alpha+30°) - \cos(\alpha-60°)$.

Lösung:

$$\sin(\alpha+30°) - \cos(\alpha-60°) =$$

$$= \sin\alpha\cdot\underbrace{\cos 30°}_{\frac{\sqrt{3}}{2}} + \cos\alpha\cdot\underbrace{\sin 30°}_{\frac{1}{2}} - \cos\alpha\cdot\underbrace{\cos 60°}_{\frac{1}{2}} - \sin\alpha\cdot\underbrace{\sin 60°}_{\frac{\sqrt{3}}{2}} =$$

$$= \frac{\sqrt{3}}{2}\sin\alpha + \frac{1}{2}\cos\alpha - \frac{1}{2}\cos\alpha - \frac{\sqrt{3}}{2}\sin\alpha = 0$$

Trigonometrische Funktionswerte des **doppelten Winkels**.

(10) $\sin 2\alpha = 2\sin\alpha \cdot \cos\alpha$

(11) $\cos 2\alpha = \cos^2\alpha - \sin^2\alpha$

(12) $\tan 2\alpha = \frac{2\tan\alpha}{1-\tan^2\alpha}$

Die Formeln (10) bis (12) erhält man, indem in (4), (6) und (8) jeweils $\beta = \alpha$ gesetzt wird!

Beispiel:

Lösung:

$\tan 2\alpha = \frac{\Delta h}{4{,}6}$; $\tan\alpha = \frac{\Delta h}{10{,}8}$

$$\tan 2\alpha = \frac{2\tan\alpha}{1-\tan^2\alpha} \Rightarrow \frac{\Delta h}{4{,}6} = \frac{2\left(\frac{\Delta h}{10{,}8}\right)}{1-\left(\frac{\Delta h}{10{,}8}\right)^2} \Leftrightarrow \Delta h\left(1-\frac{\Delta h^2}{116{,}64}\right) = \frac{4{,}6\Delta h}{5{,}4} \Leftrightarrow \ldots 116{,}64 - \Delta h^2 = \frac{4{,}6 \cdot 116{,}64}{5{,}4}$$

$\Rightarrow \Delta h = 4{,}2\ \text{m}$

Beispiel:

Die Richtigkeit der Formel $\sin 3\alpha = 3\sin\alpha - 4\sin^3\alpha$ ist zu beweisen!

Lösung:

$\sin 3\alpha = \sin(2\alpha + \alpha) = \sin 2\alpha \cdot \cos\alpha + \cos 2\alpha \cdot \sin\alpha =$ — (4)

$= 2\sin\alpha \cdot \cos\alpha \cdot \cos\alpha + (\cos^2\alpha - \sin^2\alpha)\sin\alpha =$ — (10), (11)

$= 2\sin\alpha \cdot \cos^2\alpha + \sin\alpha \cdot \cos^2\alpha - \sin^3\alpha =$ — Zusammenfassen!

$= 3\sin\alpha \cdot \cos^2\alpha - \sin^3\alpha =$

$= 3\sin\alpha\,(1-\sin^2\alpha) - \sin^3\alpha =$ — (1)

$= 3\sin\alpha - 3\sin^3\alpha - \sin^3\alpha = 3\sin\alpha - 4\sin^3\alpha$

$\sin 3\alpha = 3\sin\alpha - 4\sin^3\alpha$

(13) $\sin\alpha + \sin\beta = 2\sin\frac{\alpha+\beta}{2}\cos\frac{\alpha-\beta}{2}$

(14) $\sin\alpha - \sin\beta = 2\cos\frac{\alpha+\beta}{2}\sin\frac{\alpha-\beta}{2}$

(15) $\cos\alpha + \cos\beta = 2\cos\frac{\alpha+\beta}{2}\cos\frac{\alpha-\beta}{2}$

(16) $\cos\alpha - \cos\beta = -2\sin\frac{\alpha+\beta}{2}\sin\frac{\alpha-\beta}{2}$

Die Formeln (13) bis (16) heißen **zweiter Summensatz**.

Hinsichtlich der Herleitung der Formeln (13) bis (16) sei auf den Aufgabenteil verwiesen!

Beispiel:

$\sin\left(x+\frac{\pi}{3}\right)+\sin\left(\frac{\pi}{3}-x\right)$ ist zu vereinfachen.

Lösung:

$$\sin\left(x+\frac{\pi}{3}\right)+\sin\left(\frac{\pi}{3}-x\right) = \overbrace{2\sin\frac{x+\frac{\pi}{3}+\frac{\pi}{3}-x}{2}\cos\frac{x+\frac{\pi}{3}-\frac{\pi}{3}+x}{2}}^{(13)} = 2\sin\frac{\pi}{3}\cos x = \sqrt{3}\cos x$$

Hätte man das obige Beispiel auch mit dem ersten Summensatz lösen können? Welche Variante ist günstiger?

Beispiel:

$\sin x - \cos x$ ist unter Anwendung des zweiten Summensatzes in ein Produkt zu verwandeln.

Lösung:

$\cos\alpha = \sin(90° - \alpha)$

$$\sin x - \cos x = \sin x - \overbrace{\sin\left(\frac{\pi}{2}-x\right)} = \overbrace{2\cos\frac{x+\frac{\pi}{2}-x}{2}\sin\frac{x-\frac{\pi}{2}+x}{2}}^{(14)} = \overbrace{2\cos\frac{\pi}{4}}^{\frac{\sqrt{2}}{2}}\sin\left(x-\frac{\pi}{4}\right) = \sqrt{2}\sin\left(x-\frac{\pi}{4}\right)$$

Beispiel:

Man beweise: $\frac{1+\cos\alpha}{1-\cos\alpha} = \frac{1}{\tan^2\frac{\alpha}{2}}$

Lösung:

$$\frac{1+\cos\alpha}{1-\cos\alpha} = \frac{\cos 0° + \cos\alpha}{\cos 0° - \cos\alpha} = \frac{\overbrace{2\cos\frac{\alpha}{2}\cos\left(-\frac{\alpha}{2}\right)}^{(15)}}{\underbrace{-2\sin\frac{\alpha}{2}\sin\left(-\frac{\alpha}{2}\right)}_{(16)}} = \frac{2\cos\frac{\alpha}{2}\cos\frac{\alpha}{2}}{-2\sin\frac{\alpha}{2}\left(-\sin\frac{\alpha}{2}\right)} = \frac{\cos^2\frac{\alpha}{2}}{\underbrace{\sin^2\frac{\alpha}{2}}_{(2)}} = \frac{1}{\tan^2\frac{\alpha}{2}}$$

Bemerkung: $\cos\left(-\frac{\alpha}{2}\right) = \cos\frac{\alpha}{2}$; $\sin\left(-\frac{\alpha}{2}\right) = -\sin\frac{\alpha}{2}$.

AUFGABEN

Bei den folgenden Aufgaben sind jeweils die zwei anderen trigonometrischen Funktionswerte desselben Winkels — ohne Verwendung eines Taschenrechners — zu berechnen!

276. a) $\sin\alpha = \frac{4}{5}$ $(0° < \alpha < 90°)$ **b)** $\cos\alpha = -\frac{63}{65}$ $(90° < \alpha < 180°)$

277. a) $\cos\alpha = -0{,}4$ $(180° < \alpha < 270°)$ **b)** $\tan\alpha = -\frac{40}{9}$ $(90° < \alpha < 180°)$

278. a) $\tan\alpha = \frac{3}{4}$ $(0° < \alpha < 90°)$ **b)** $\sin\alpha = \frac{15}{17}$ $(90° < \alpha < 180°)$

279. a) $\sin\alpha = -\frac{40}{41}$ $(270° < \alpha < 360°)$ **b)** $\cos\alpha = \frac{13}{85}$ $(270° < \alpha < 360°)$

280. a) $\cos\alpha = 0{,}6$ $(270° < \alpha < 360°)$ **b)** $\tan\alpha = -2{,}4$ $(270° < \alpha < 360°)$

281. a) $\tan\alpha = -\sqrt{6}$ $(90° < \alpha < 180°)$ **b)** $\sin\alpha = \frac{1}{2}\sqrt{2}$ $(90° < \alpha < 180°)$

282. a) $\sin\alpha = -\frac{1}{4}(\sqrt{6} + \sqrt{2})$ $(180° < \alpha < 270°)$ **b)** $\cos\alpha = \frac{1}{4}(\sqrt{5} + 1)$ $(270° < \alpha < 360°)$

283. a) $\cos\alpha = \frac{1}{4}\sqrt{10 + 2\sqrt{5}}$ $(360° < \alpha < 450°)$ **b)** $\tan\alpha = \sqrt{\frac{n-1}{3}}$ $(0° < \alpha < 90°)$

Bei den folgenden Aufgaben sind die gegebenen Terme soweit wie möglich zu vereinfachen!

284. a) $\frac{\sin\alpha}{\tan\alpha}$ **b)** $\cos\alpha \cdot \tan\alpha$ **c)** $\frac{\cos\alpha \cdot \tan\alpha}{\sin\alpha}$

285. a) $\sin\alpha + \frac{\cos\alpha}{\tan\alpha}$ **b)** $\frac{1}{\cos\alpha} - \sin\alpha \cdot \tan\alpha$ **c)** $\frac{1}{\cos^2\alpha} - 1$

286. a) $\tan^2\alpha \cdot \frac{\cos\alpha}{\sin\alpha}$ **b)** $\frac{\cos\alpha}{1 + \tan^2\alpha}$ **c)** $\frac{\sin\alpha}{1 + \frac{1}{\tan^2\alpha}}$

287. a) $\frac{\sin^2\alpha}{1 - \cos\alpha}$ **b)** $\frac{\cos\alpha}{\tan\alpha + \frac{1}{\cos\alpha}}$ **c)** $\frac{\frac{1}{\tan^2\alpha} + 1}{1 + \tan^2\alpha}$

288. a) $(\sin\alpha + \cos\alpha)^2 - 2\sin\alpha \cdot \cos\alpha$ **b)** $(\sin\alpha - \cos\alpha)^2 + 2\sin\alpha \cdot \cos\alpha$

289. a) $\sqrt{(3\cos\alpha - 4\sin\alpha)^2 + (3\sin\alpha + 4\cos\alpha)^2}$ **b)**[1] $\sqrt{\sin\alpha\,(\tan\alpha + \tan^{-1}\alpha)\cos\alpha}$

290. a) $\frac{\sin\alpha}{\cos\alpha + 1} + \frac{1 + \cos\alpha}{\sin\alpha}$ **b)**[1] $\frac{\cos\alpha}{1 - \tan\alpha} - \frac{\sin\alpha}{\tan^{-1}\alpha - 1}$

291. a) $\sqrt{\frac{1 - \cos^2\alpha}{1 - \sin^2\alpha}}$ **b)** $\left(\frac{1 - \sin\alpha}{1 + \sin\alpha}\right)^{\frac{1}{2}}$ **c)**[1] $\frac{\cos\alpha\sqrt{1 + \tan^{-2}\alpha}}{\tan^{-1}\alpha}$

292. a) $\frac{\sin^3\alpha}{\cos\alpha - \cos^3\alpha}$ **b)** $\frac{\sin^4 x - \cos^4 x}{\sin x - \cos x}$ **c)** $\frac{\sin^4\alpha - \cos^4\alpha}{\sin^2\alpha - \cos^2\alpha}$

293. a) $\frac{1 + \tan^2\alpha}{\tan^2\alpha - 1} - \frac{1}{\sin^2\alpha - \cos^2\alpha}$ **b)**[1] $\frac{1 + \tan\alpha}{\tan\alpha - 1} - \frac{\tan^{-1}\alpha + 1}{1 - \tan^{-1}\alpha}$

294. a)[1] $\frac{1 - \cos^4 x}{\sin^4 x} - 2\tan^{-2} x$ **b)**[1] $(1 - \tan\alpha)(1 - \tan^{-1}\alpha) + \frac{1}{\sin\alpha \cdot \cos\alpha}$

295.[1] $\sin^2\alpha \cdot \tan\alpha + \cos^2\alpha \cdot \tan^{-1}\alpha + 2\sin\alpha \cdot \cos\alpha - \frac{1}{\sin\alpha \cdot \cos\alpha}$

296. Anhand der nebenstehenden Figur ist zu zeigen:

a) $\sin(\alpha + \beta) = \sin\alpha \cdot \cos\beta + \cos\alpha \cdot \sin\beta$

b) $\cos(\alpha + \beta) = \cos\alpha \cdot \cos\beta - \sin\alpha \cdot \sin\beta$

Ist damit bewiesen, dass die obigen Formeln für beliebige Winkel α und β gelten?

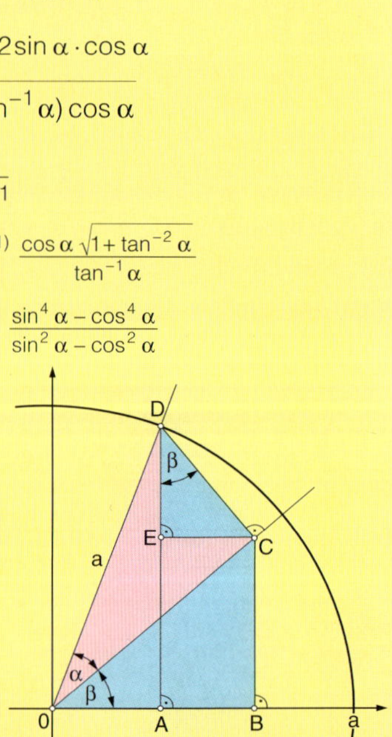

[1]) Hier ist $\tan^{-1} x$ — im Gegensatz zu $f^{-1}(x)$ — mit $\frac{1}{\tan x}$ identisch. Die Umkehrfunktionen der trigonometrischen Funktionen werden ja mit einem vorangestellten „arc" gekennzeichnet.

297. Anhand der nebenstehenden Figur ist zu zeigen:

a) $\sin(\alpha - \beta) = \sin\alpha \cdot \cos\beta - \cos\alpha \cdot \sin\beta$

b) $\cos(\alpha - \beta) = \cos\alpha \cdot \cos\beta + \sin\alpha \cdot \sin\beta$

Ist damit bewiesen, dass die obigen Formeln für beliebige Winkel α und β gelten?

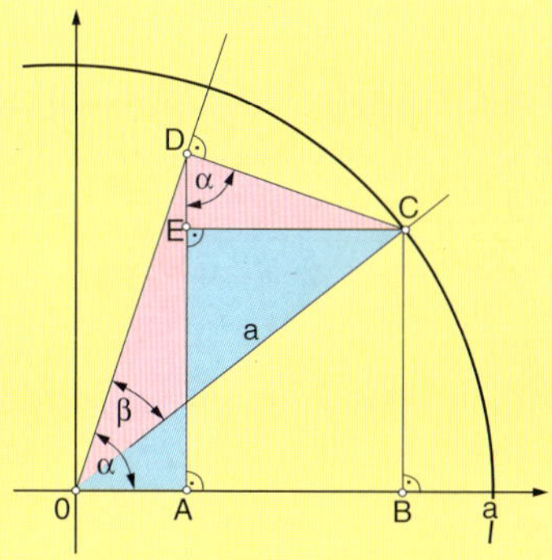

298. Man beweise **a)** $\tan(\alpha + \beta) = \frac{\tan\alpha + \tan\beta}{1 - \tan\alpha \cdot \tan\beta}$

b) $\tan(\alpha - \beta) = \frac{\tan\alpha - \tan\beta}{1 + \tan\alpha \cdot \tan\beta}$

Anleitung: $\tan(\alpha + \beta) = \frac{\sin(\alpha + \beta)}{\cos(\alpha + \beta)} = \ldots$

Bei den Aufgaben **299.** bis **304.** sind die gegebenen Terme soweit wie möglich zu vereinfachen!

299. a) $\sin(30° + \alpha) + \cos(60° + \alpha)$ **b)** $\sin(\alpha - 150°) - \cos(\alpha - 120°)$

300. a) $\cos(60° + \alpha) + \sin(210° + \alpha)$ **b)** $\sin(\alpha + 390°) - \cos(\alpha + 300°)$

301. a) $\cos(\alpha - \beta)\cos\beta - \sin(\alpha - \beta)\sin\beta$ **b)** $\sin x \cdot \sin(x - y) + \cos x \cdot \cos(x - y)$

302. a) $\cos\beta \cdot \sin(\alpha - \beta) + \sin\beta \cdot \cos(\alpha - \beta)$ **b)** $\sin(x + y)\cos y - \cos(x + y)\sin y$

303. a) $\frac{\sin(x + y)\sin(x - y)}{\sin^2 x - \sin^2 y}$ **b)** $\frac{\cos^2 x - \sin^2 y}{\cos(x + y)\cos(x - y)}$

304. a) $\sqrt{\frac{\cos^2\beta - \cos^2\alpha}{\sin(\alpha + \beta)\sin(\alpha - \beta)}}$ **b)** $\sqrt{\frac{\cos(\alpha + \beta)\cos(\alpha - \beta)}{\cos^2\beta - \sin^2\alpha}}$

305. Die wahren Aussagen sind anzukreuzen, wobei in jedem Fall die Entscheidung zu begründen ist:

○ **a)** $\sin 2\alpha = 2\sin\alpha\sqrt{1 - \sin^2\alpha}$ ○ **b)** $\cos 2\alpha = 1 - 2\sin^2\alpha$

○ **c)** $\cos 2\alpha = 2\cos^2\alpha - 1$ ○ **d)** $\tan 2\alpha = \frac{2\sin\alpha \cdot \cos\alpha}{\cos^2\alpha - \sin^2\alpha}$

○ **e)** $1 = \cos^2\frac{\alpha}{2} + \sin^2\frac{\alpha}{2}$ ○ **f)** $\left|\sin\frac{\alpha}{2}\right| = \sqrt{\frac{1 - \cos\alpha}{2}}$

○ **g)** $\left|\cos\frac{\alpha}{2}\right| = \sqrt{\frac{1 + \cos\alpha}{2}}$ ○ **h)** $\left|\tan\frac{\alpha}{2}\right| = \sqrt{\frac{1 - \cos\alpha}{1 + \cos\alpha}}$

306. Gegeben ist $\sin\alpha = 0{,}8$ $(0° < \alpha < 90°)$, $\cos\beta = -\frac{20}{29}$ $(90° < \beta < 180°)$ und $\tan\gamma = -\frac{36}{77}$ $(270° < \gamma < 360°)$. Ohne Verwendung eines Taschenrechners ist zu berechnen:

a) $\sin 2\alpha$ **b)** $\cos 2\alpha$ **c)** $\tan 2\alpha$

d) $\sin 2\beta$ **e)** $\cos 2\beta$ **f)** $\tan 2\beta$

g) $\sin 2\gamma$ **h)** $\cos 2\gamma$ **i)** $\tan 2\gamma$

307. Text wie Aufgabe **306.** für $90° < \alpha < 180°$, $180° < \beta < 270°$ und $90° < \gamma < 180°$.

308. Von einem Helikopter, 70 ft über dem Meeresspiegel, erscheint die Spitze der Freiheitsstatue unter einem doppelt so großen Höhenwinkel wie ihr Sockel — vgl. nebenstehende Figur. In welcher horizontalen Entfernung x befindet sich der Hubschrauber?

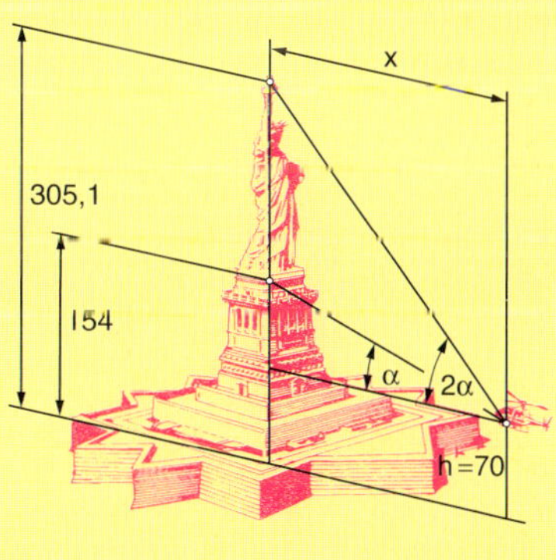

(Bemaßungen in feet)

Bei den Aufgaben **309.** bis **312.** sind die gegebenen Terme soweit wie möglich zu vereinfachen!

309. a) $\cos 2x + \sin 2x \cdot \tan x$ **b)** $\tan x - 2\sin^{-1} 2x + \tan^{-1} x$

310. a) $\sin 2x - \frac{2\tan x}{1+\tan^2 x}$ **b)** $\frac{\sin 2x}{\cos 2x + 1} - \tan x$

311. a) $\sqrt{\frac{1-\cos 2x}{1+\cos 2x} + 1}$ **b)** $\sqrt{\frac{1-\tan^2 x}{\tan^2 x + 1} + \sin^2 x}$

312. a) $\sin(2x+y) - 2\sin x \cdot \cos(x+y)$ **b)** $\frac{\tan(x-y)+\tan y}{1-\tan(x-y)\tan y}$

313. Man beweise die Richtigkeit der nachstehenden Gleichungen:

a) $\cos 3\alpha = 4\cos^3 \alpha - 3\cos \alpha$ **b)** $\tan 3\alpha = \frac{3\tan\alpha - \tan^3\alpha}{1-3\tan^2\alpha}$

314. Man beweise **a)** $\sin\alpha + \sin\beta = 2\sin\frac{\alpha+\beta}{2}\cos\frac{\alpha-\beta}{2}$ **b)** $\sin\alpha - \sin\beta = 2\cos\frac{\alpha+\beta}{2}\sin\frac{\alpha-\beta}{2}$ durch Addition bzw. Subtraktion der Gleichungen $\sin(x+y) = \sin x \cdot \cos y + \cos x \cdot \sin y$ und $\sin(x-y) = \sin x \cdot \cos y - \cos x \cdot \sin y$, wenn für $x+y=\alpha$ und $x-y=\beta$ gesetzt wird.

315. Es ist zu beweisen: **a)** $\cos\alpha + \cos\beta = 2\cos\frac{\alpha+\beta}{2}\cos\frac{\alpha-\beta}{2}$ **b)** $\cos\alpha - \cos\beta = -2\sin\frac{\alpha+\beta}{2}\sin\frac{\alpha-\beta}{2}$

Anleitung: Der Beweis erfolgt ähnlich wie in Aufgabe **314.**

Bei den folgenden Aufgaben sind die gegebenen Terme soweit wie möglich zu vereinfachen!

316. a) $\sin\left(\frac{\pi}{6}+x\right) - \sin\left(\frac{\pi}{6}-x\right)$ **b)** $\cos\left(\frac{\pi}{4}+x\right) + \cos\left(x-\frac{\pi}{4}\right)$

317. a) $\sin\left(x+\frac{\pi}{6}\right) + \sin\left(\frac{\pi}{6}-x\right)$ **b)** $\cos\left(\frac{\pi}{4}+x\right) - \cos\left(\frac{\pi}{4}-x\right)$

318. a) $\sin(45° + \alpha) - \sin(45° - \alpha)$ **b)** $\cos(30° + \alpha) - \cos(30° - \alpha)$

319. a) $\sin(\alpha+\beta) + \sin(\alpha-\beta)$ **b)** $\cos(\alpha+\beta) + \cos(\alpha-\beta)$

320. a) $\frac{\sin x + \sin y}{\cos x + \cos y}$ **b)** $\frac{\cos x - \cos y}{\sin x - \sin y}$

321. a) $\frac{\sin x + \sin y}{\cos x - \cos y}$ **b)** $\frac{\sin x - \sin y}{\cos x + \cos y}$

322. a) $\frac{\sin(x+y) + \sin(x-y)}{\cos(x+y) - \cos(x-y)}$ **b)** $\frac{\sin\left(x+\frac{\pi}{3}\right) - \sin\left(x-\frac{\pi}{3}\right)}{\cos\left(x+\frac{\pi}{3}\right) + \cos\left(x-\frac{\pi}{3}\right)}$

Bei den folgenden Aufgaben ist die Richtigkeit der gegebenen Formeln (möglichst unter Verwendung des zweiten Summensatzes) zu beweisen!

323. a) $\sin 3x + \sin 5x = 2\sin 4x \cdot \cos x$ **b)** $\cos 4x - \cos 2x = -2\sin 3x \cdot \sin x$

324. a) $1 + \sin x = 2\sin^2\left(\frac{x}{2}+\frac{\pi}{4}\right)$ **b)** $1 - \sin\alpha = 2\cos^2\left(45° + \frac{\alpha}{2}\right)$

325. a) $\cos x + 1 = 2\cos^2\frac{x}{2}$ **b)** $1 - \cos\alpha = 2\sin^2\frac{\alpha}{2}$

326. a) $\sin 2\alpha + 1 = 2\sin^2(45° + \alpha)$ **b)** $1 + \cos 2x = 2\cos^2 x$

327. a) $1 - 2\cos x = 4\sin\left(\frac{\pi}{6}+\frac{x}{2}\right)\sin\left(\frac{x}{2}-\frac{\pi}{6}\right)$ **b)** $2\sin 2x - 1 = 4\sin\left(x-\frac{\pi}{12}\right)\cos\left(x+\frac{\pi}{12}\right)$

328. a) $\cos x + \sin x = \sqrt{2}\cos\left(\frac{\pi}{4}-x\right)$ **b)** $\cos\alpha - \sin\alpha = \sqrt{2}\sin(45° - \alpha)$

329. a) $1 + \tan\alpha = \frac{\sqrt{2}\cos(45° - \alpha)}{\cos\alpha}$ **b)** $1 - \tan x = \frac{\sqrt{2}\sin\left(\frac{\pi}{4}-x\right)}{\cos x}$

330. a) $\sqrt{3}\tan x + 1 = \frac{2\sin\left(x + \frac{\pi}{6}\right)}{\cos x}$ **b)** $1 - \sqrt{3}\tan\alpha = \frac{2\sin(30° - \alpha)}{\cos\alpha}$

331. a) $\tan\alpha + \tan\beta = \frac{\sin(\alpha + \beta)}{\cos\alpha \cdot \cos\beta}$ **b)** $\tan x - \tan y = \frac{\sin(x - y)}{\cos x \cdot \cos y}$

Die nachstehenden Terme sind in eine Summe umzuformen:

332. a) $2\sin 3x \cdot \cos x$ **b)** $2\sin 4x \cdot \cos 3x$ **c)** $\sin ax \cdot \cos bx$

333. a) $\sin(3-n)x \cdot \cos(2-n)x$ **b)** $2\sin(2+n)x \cdot \cos(2-n)x$

6. Allgemeine Sinus-, Kosinus- und Tangensfunktion

In diesem Kapitel wollen wir unter anderem die Funktion $x \mapsto a \cdot \sin(bx + c) + d$ mit $x \mapsto \sin x$ vergleichen. Die Bedeutung der einzelnen Konstanten a,b,c und d wird in den nachstehenden Zusammenstellungen besprochen.

① **$a \cdot f(x)$ verglichen mit $f(x)$** ($a \in \mathbb{R} \setminus \{0\}$)

Ein Faktor $a > 1$ bewirkt eine Dehnung (Streckung) von f(x) auf das a-fache in der y-Richtung. $0 < a < 1$ bewirkt eine Stauchung von f(x) parallel zur y-Achse mit dem Faktor a. $a < 0$ liefert zusätzlich eine Spiegelung von f(x) an der x-Achse.

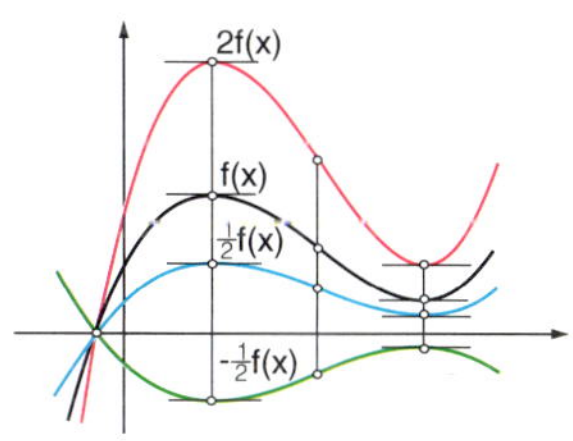

Beispiel:

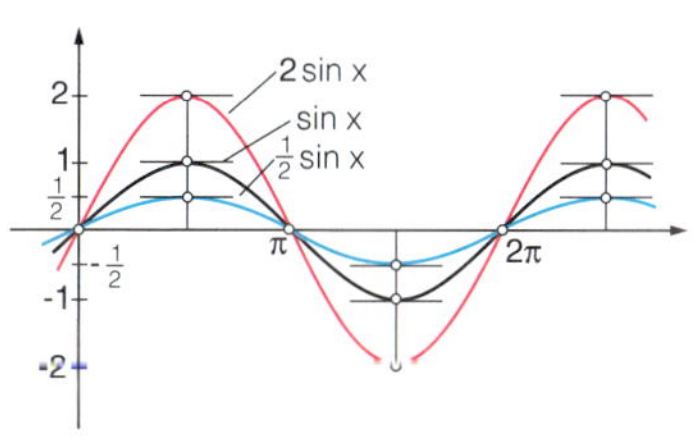

Beispiel:

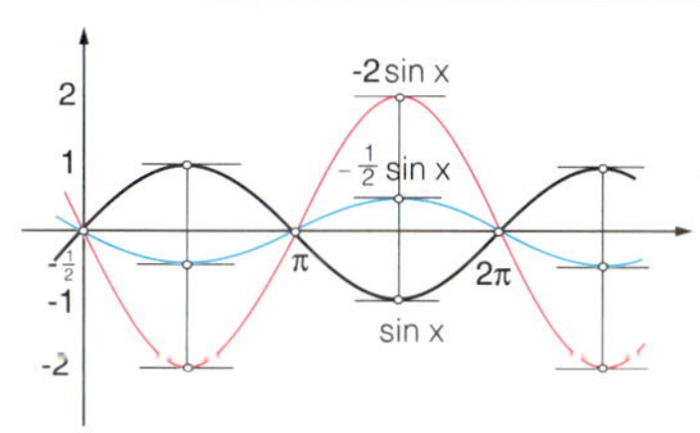

Man bezeichnet $|a|$ als **Amplitude**[1] der Funktion $f\colon x \mapsto a \cdot \sin x$. Physikalische Bedeutung der Amplitude: Größeren Amplituden entsprechen stärkere Schwingungen.

② **$f(x) + d$ verglichen mit $f(x)$** ($d \in \mathbb{R}$)

Verschiebung um d parallel zur y-Achse.

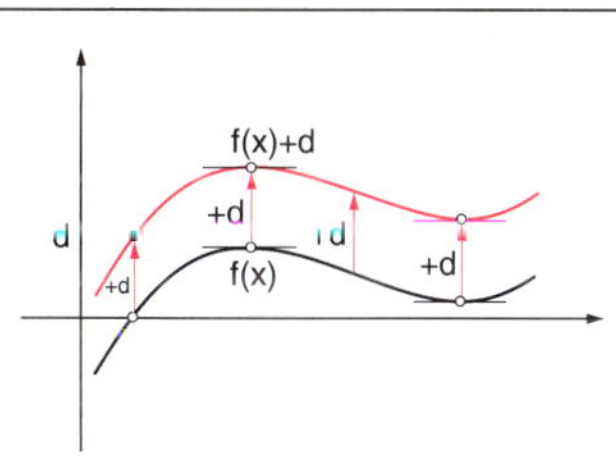

Beispiel:

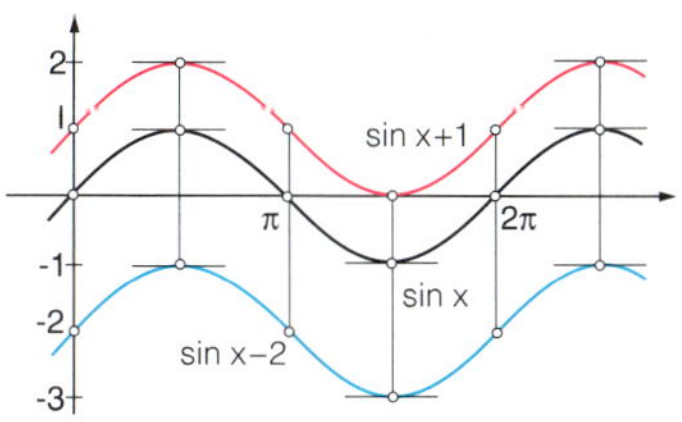

Beispiel:

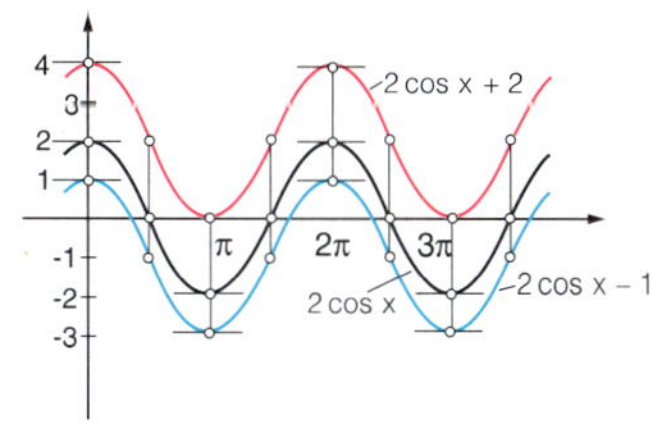

[1]) amplitudo (lat.): Weite.

Beispiel:

Der Graph der Funktion f: $x \mapsto 3\sin x - 1$ soll aus der Funktion g: $x \mapsto \sin x$ entwickelt werden!

Lösung:

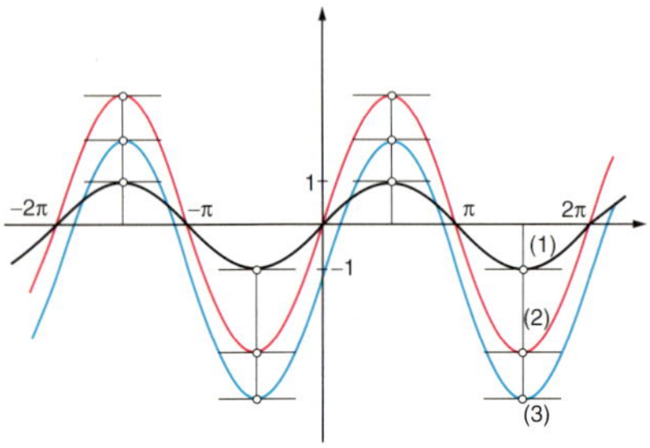

Schritte in der Entwicklung:

(1) $x \mapsto \sin x$ wird gezeichnet (schwarz).

(2) $x \mapsto 3\sin x$ wird durch entsprechende Streckung von $x \mapsto \sin x$ erhalten (rot).

(3) $x \mapsto 3\sin x - 1$ ergibt sich durch Verschiebung um $x \mapsto 3\sin x$ um -1 parallel zur y-Achse (blau).

Wenn es nur darum geht, den Graphen von f: $x \mapsto 3\sin x - 1$ darzustellen (ihn also nicht aus g: $x \mapsto \sin x$ zu **entwickeln**), wird man am Besten eine Wertetabelle anlegen und den Graphen „punktweise" konstruieren.

Trägt man die Wertepaare der nebenstehenden Wertetabelle in ein kartesisches Koordinatensystem ein, so erhält man — wenn die Punkte entsprechend verbunden werden — das selbe Schaubild von f: $x \mapsto 3\sin x - 1$ wie im obigen Beispiel.

x	-2π	$-\frac{3\pi}{2}$	$-\pi$	$-\frac{\pi}{2}$	0	$\frac{\pi}{2}$	π	$\frac{3\pi}{2}$	2π
$y = 3\sin x - 1$	−1	2	−1	−4	−1	2	−1	−4	−1

③ f(x + c) verglichen mit f(x) $(c \in \mathbb{R})$

Verschiebung um $-c$ parallel zur x-Achse.

c bedeutet die **Phasenverschiebung**.

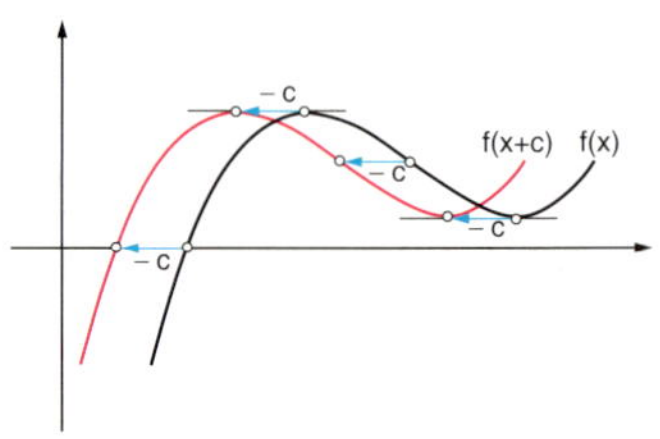

Beispiel:

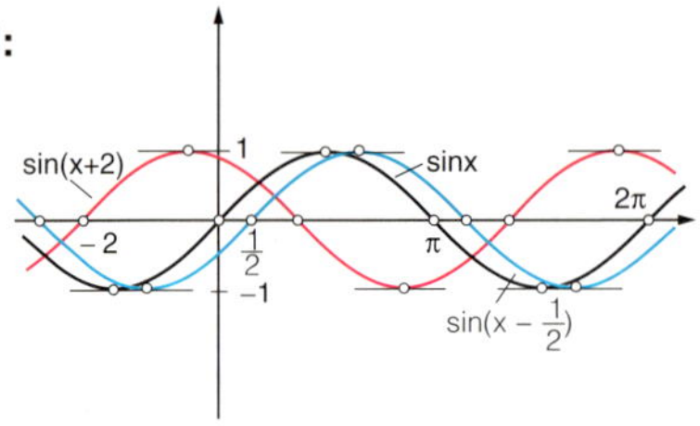

Beispiel:

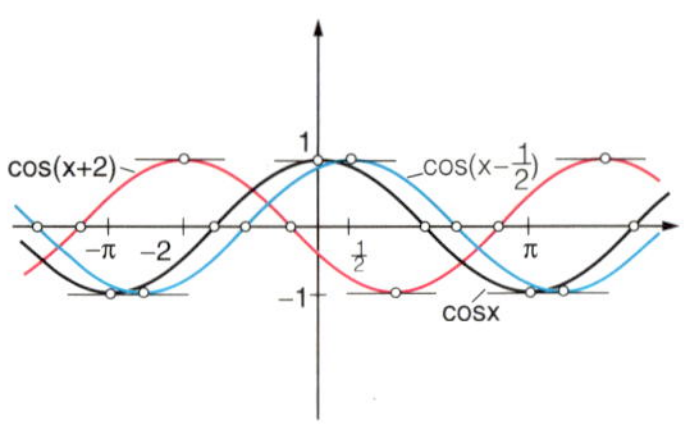

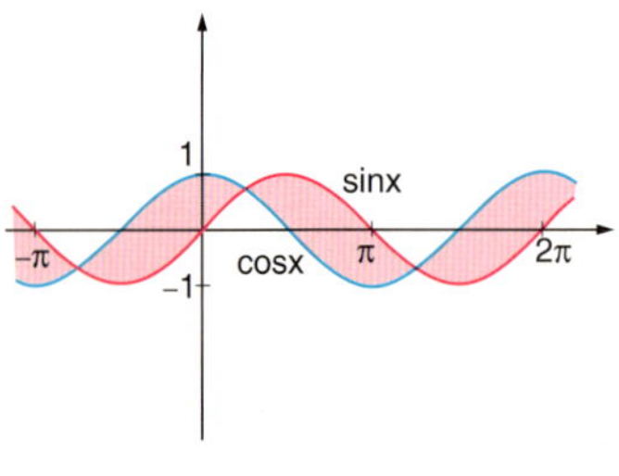

Die Kosinuskurve ist gegenüber der Sinuskurve um $\frac{\pi}{2}$ nach links verschoben, ansonsten aber kongruent zu ihr. Die Kosinuskurve ist also eine Sinuskurve mit der Phasenverschiebung $\frac{\pi}{2}$.

Anders formuliert: Die Sinuskurve „hinkt" der Kosinuskurve um $\frac{\pi}{2}$ nach bzw. die Kosinuskurve eilt der Sinuskurve um $\frac{\pi}{2}$ vor.

4 **f(bx) verglichen mit f(x)** $(b \in \mathbb{R} \setminus \{0\})$

Ein Faktor $b > 1$ bewirkt eine Stauchung von $f(x)$ auf das $\frac{1}{b}$-fache in der x-Richtung. $0 < b < 1$ bewirkt eine Dehnung (Streckung) von $f(x)$ parallel zur x-Achse mit dem Faktor $\frac{1}{b}$. $b < 0$ liefert zusätzlich eine Spiegelung von $f(x)$ an der y-Achse.

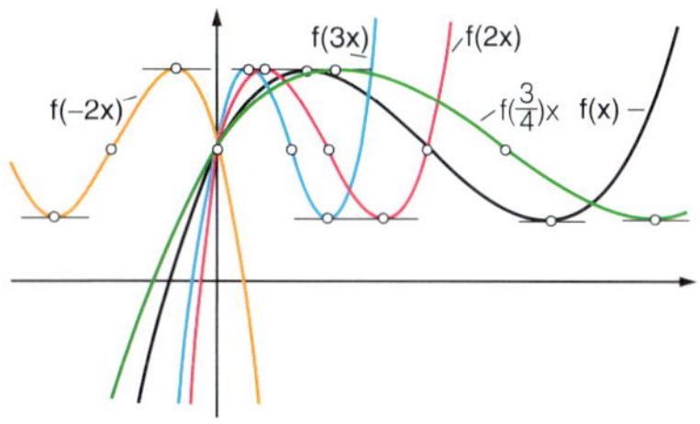

Beispiel:

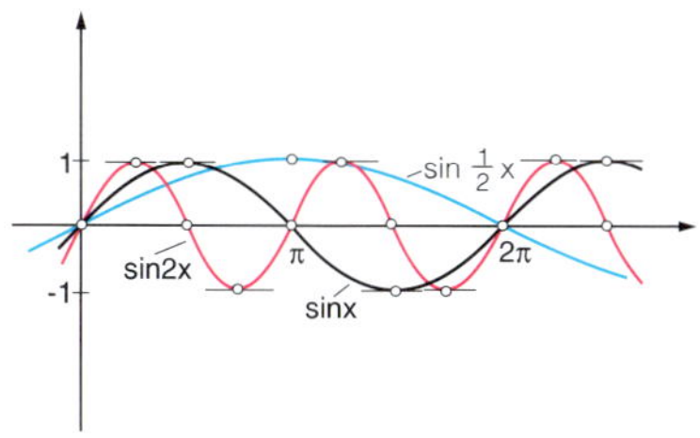

Beispiel:

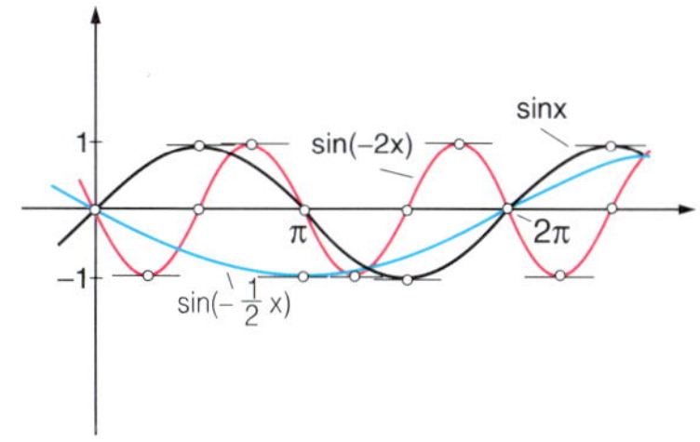

Wir erkennen: Die Funktion $x \mapsto \sin x$ hat die Periode 2π, die Funktion $x \mapsto \sin bx$ hat die Periode $\frac{2\pi}{|b|}$.

Für $|b| > 1$ tritt also eine **Verkleinerung** der Periode gegenüber der Sinusfunktion ein, für $0 < |b| < 1$ liegt eine **Vergrößerung** der Periode vor.

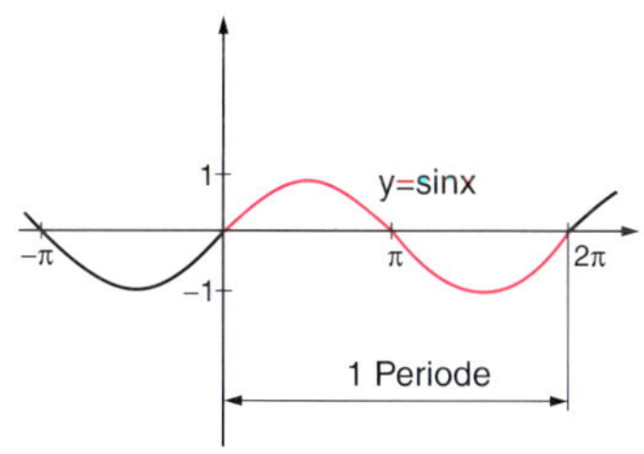

Beispiel:

Der Graph der Funktion $x \mapsto \frac{1}{2}\sin\left(2x + \frac{\pi}{4}\right)$ ist zu veranschaulichen!

Lösung:

(1) Bestimmen der Nullstellen:

$$2x + \frac{\pi}{4} = \ldots, -2\pi, -\pi, \quad 0, \pi, 2\pi, 3\pi, \ldots$$

$$2x = \ldots, -\frac{9\pi}{4}, -\frac{5\pi}{4}, \quad -\frac{\pi}{4}, \frac{3\pi}{4}, \frac{7\pi}{4}, \frac{11\pi}{4}, \ldots$$

$$x = \ldots, -\frac{9\pi}{8}, -\frac{5\pi}{8}, -\frac{\pi}{8}, \frac{3\pi}{8}, \frac{7\pi}{8}, \frac{11\pi}{8}, \ldots$$

(2) Einzeichnen der Nullstellen:

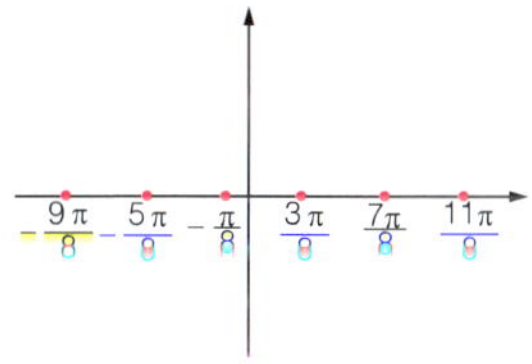

(3) Bestimmen der Maxima (Minima):

Da ein Maximum (Minimum) einer Sinusschwingung genau in der Mitte zwischen zwei benachbarten Nullstellen liegt, kann das Schaubild der gegebenen Funktion nur wie folgt aussehen:

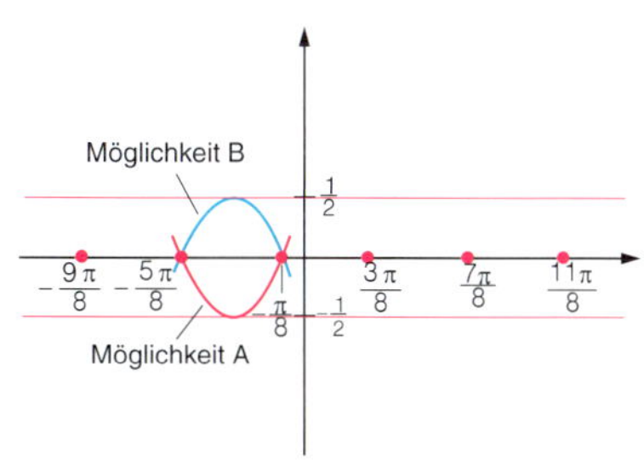

Ein gesuchtes Maximum (Minimum) liegt daher genau in der Mitte zwischen $\frac{3\pi}{8}$ und $\frac{7\pi}{8}$, also an der Stelle $x = \frac{5\pi}{8}$.

Nun braucht nur noch untersucht werden, ob $f\left(\frac{5\pi}{8}\right) > 0$ ($\Rightarrow$ Maximum) oder $f\left(\frac{5\pi}{8}\right) < 0$ ($\Rightarrow$ Minimum) ist:

$$f\left(\frac{5\pi}{8}\right) = \frac{1}{2}\sin\left(2 \cdot \frac{5\pi}{8} + \frac{\pi}{4}\right) = \frac{1}{2}\sin\frac{3\pi}{2} = -\frac{1}{2}$$

(4) Schaubild der Funktion:

Bemerkung: Es ist hier vorteilhaft, auf der x- und y-Achse verschiedene Maßstäbe zu wählen.

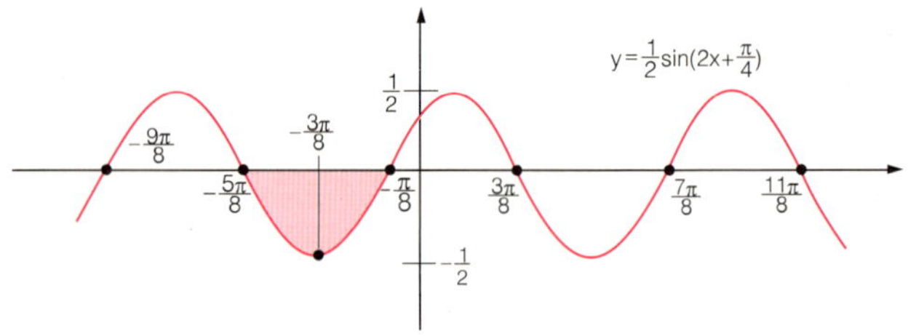

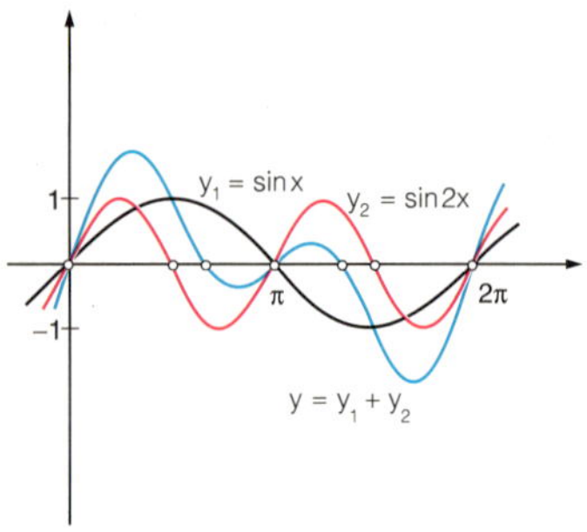

Bei der allgemeinen Sinusfunktion $x \mapsto a \cdot \sin(bx + c)$ darf man die Konstante c **nicht** als Phasenverschiebung interpretieren. Vielmehr muss $x \mapsto a \cdot \sin(bx + c)$ umgeformt werden zu $x \mapsto a \cdot \sin\left[b\left(x + \frac{c}{b}\right)\right]$ — die Phasenverschiebung gegenüber sin bx ist also $-\frac{c}{b}$. Wie groß ist die Phasenverschiebung der Funktion $x \mapsto \frac{1}{2}\sin\left(2x + \frac{\pi}{4}\right)$ gegenüber $x \mapsto \sin 2x$?

Ähnlich ergibt sich auf grafischem Weg die Summe zweier oder mehrerer Sinusfunktionen durch additive Überlagerung.

In der Außenspalte wurde die „Summenfunktion" zweier Sinusfunktionen ungleicher Periode dargestellt.

Wir erkennen:

Die Summenfunktion zweier Sinusfunktionen ungleicher Periode ist **keine** Sinusfunktion mehr.

Wie ist es aber mit der Summenfunktion zweier Sinusfunktionen **gleicher** Periode?

Also z. B. $y_1 = \frac{1}{3}\sin 2x$ und $y_2 = \sin(2x - 1)$ — ist daher die Summenfunktion $y = y_1 + y_2 = \frac{1}{3}\sin 2x + \sin(2x - 1)$ eine Sinusfunktion?

Beispiel:

Der Graph der Funktion **a)** $y = 2\sin x + \sin x$ **b)** $y = \frac{1}{2}\sin 2x + \sin(2x - 1)$ ist — über einer selbstgewählten Definitionsmenge — durch Addition der entsprechenden y-Werte der „Einzelfunktionen" zu konstruieren.

Lösung:

a)

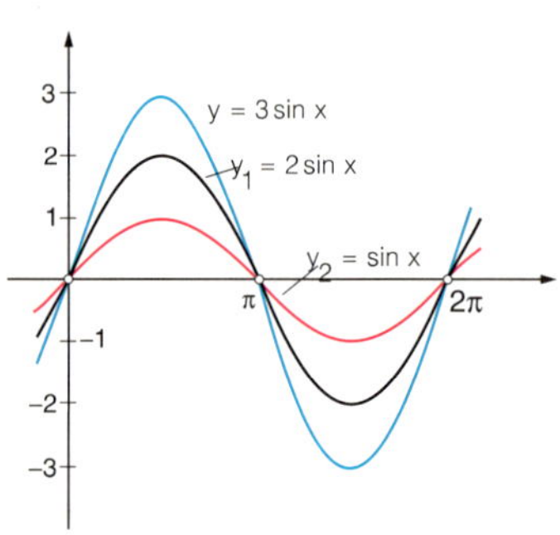

Wir zeichnen zunächst $y_1 = 2\sin x$ (schwarz) und $y_2 = \sin x$ (rot). Anschließend werden die y-Werte von y_1 und y_2 addiert (blau).

b)

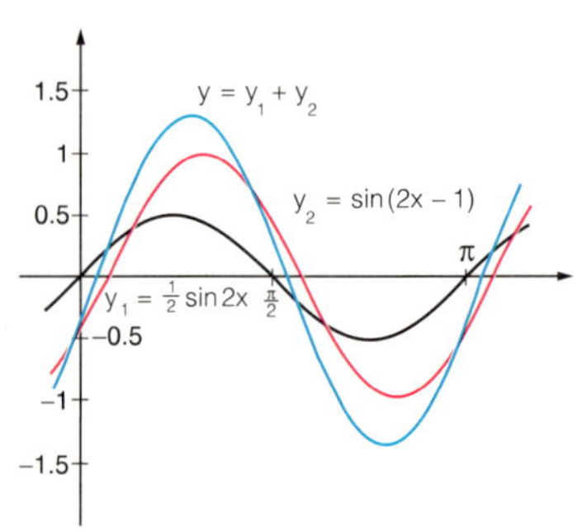

Zunächst zeichnen wir $y_1 = \frac{1}{2}\sin 2x$ (schwarz), dann $y_2 = \sin(2x - 1)$ (rot).
$y = y_1 + y_2$, d. h. die entsprechenden y-Werte werden addiert (blau).

In beiden Fällen des vorigen Beispiels ist die Summenfunktion wieder eine Sinusfunktion. Dies ist kein Zufall — es gilt folgender Satz:

> Die Summenfunktion f zweier Sinusfunktionen gleicher Periode f_1: $x \mapsto a_1 \cdot \sin x$ und f_2: $x \mapsto a_2 \cdot \sin(x+\varphi)$ ist eine Sinusfunktion derselben Periode: $f = f_1 + f_2$: $x \mapsto a \cdot \sin(x+\varepsilon)$

Beweis:

$f_1(x) = a_1 \cdot \sin x$

$f_2(x) = a_2 \cdot \sin(x+\varphi)$

$f(x) = a \cdot \sin(x+\varepsilon)$

Nun soll gezeigt werden, dass $f_1(x) + f_2(x) = f(x)$ für alle $x \in D$ gilt.

Wir setzen also die obigen Ausdrücke ein:

$$a_1 \cdot \sin x + a_2 \cdot \sin(x+\varphi) - a \cdot \sin(x+\varepsilon) = 0 \qquad (4)$$

Das Ziel ist es nun, die Variablen a und ε zu bestimmen und ihre Unabhängigkeit von x nachzuweisen:

$$a_1 \cdot \sin x + a_2 \cdot (\sin x \cdot \cos\varphi + \cos x \cdot \sin\varphi) - a \cdot (\sin x \cdot \cos\varepsilon + \cos x \cdot \sin\varepsilon) = 0$$

$$a_1 \cdot \sin x + a_2 \cdot \cos\varphi \cdot \sin x + a_2 \cdot \sin\varphi \cdot \cos x - a \cdot \cos\varepsilon \cdot \sin x - a \cdot \sin\varepsilon \cdot \cos x = 0$$

$$\underbrace{(a_1 + a_2 \cdot \cos\varphi - a \cdot \cos\varepsilon)}_{=0} \boxed{\sin x} + \underbrace{(a_2 \cdot \sin\varphi - a \cdot \sin\varepsilon)}_{=0} \boxed{\cos x} = 0$$

für alle $x \in D$ [1)]

(1) $a_1 + a_2 \cdot \cos\varphi - a \cdot \cos\varepsilon = 0$

(2) $a_2 \cdot \sin\varphi - a \cdot \sin\varepsilon = 0$

(1) $a \cdot \cos\varepsilon = a_1 + a_2 \cdot \cos\varphi$

(2) $a \cdot \sin\varepsilon = a_2 \cdot \sin\varphi$

Was würde eigentlich passieren, wenn einer der beiden Koeffizienten von sin x oder cos x nicht gleich null wäre?

Nun werden Gleichung (1) und (2) quadriert und anschließend addiert:

$$a^2\cos^2\varepsilon + a^2\sin^2\varepsilon = (a_1 + a_2\cos\varphi)^2 + (a_2\sin\varphi)^2$$

$$a^2(\sin^2\varepsilon + \cos^2\varepsilon) = a_1^2 + 2a_1a_2 \cdot \cos\varphi + a_2^2 \cdot \cos^2\varphi + a_2^2 \cdot \sin^2\varphi \qquad (1)$$

$$a^2 = a_1^2 + 2a_1a_2 \cdot \cos\varphi + a_2^2(\sin^2\varphi + \cos^2\varphi) \qquad (1)$$

$$a = \sqrt{a_1^2 + a_2^2 + 2a_1a_2 \cdot \cos\varphi}$$

(2) $$a = \frac{a_2 \cdot \sin\varphi}{\sin\varepsilon}$$

(1) $$\frac{a_2 \cdot \sin\varphi \cos\varepsilon}{\sin\varepsilon} = a_1 + a_2 \cdot \cos\varphi$$

$$\frac{\cos\varepsilon}{\sin\varepsilon} = \frac{a_1 + a_2 \cdot \cos\varphi}{a_2 \cdot \sin\varphi} \qquad \text{Kehrwert, (2)}$$

$$\tan\varepsilon = \frac{a_2 \cdot \sin\varphi}{a_1 + a_2 \cdot \cos\varphi}$$

a und ε sind tatsächlich unabhängig von x.

Diese Ergebnisse können auch geometrisch gefunden werden.

Die nebenstehende Behauptung mag einem plausibel erscheinen, wenn man sich folgende Tatsache aus der Akustik bewusst macht:

In neuester Zeit ist es gelungen, die tiefsten Töne der Maschinengeräusche in ihrer Intensität zu dämpfen. (Wichtig für die Bedienungsmannschaft!) Dazu werden Mikrofone an den schallerzeugenden Quellen angebracht und die periodischen Töne durch gegenphasige akustische Signale von großen Lautsprechern, wenn schon nicht ausgelöscht, so doch gedämpft. Wichtig ist, dass dieses Verfahren nur für sinusförmige Schwingungen niederster Frequenz funktioniert. Rauschen ist **kein** sinusförmiger Vorgang, nicht voraussagbar und daher durch diese Methode nicht zu dämpfen.

[1)] Es soll also nicht **ein** x bestimmt werden, das diese Gleichung erfüllt, sondern deren **Allgemeingültigkeit** für bestimmte Werte a und ε gezeigt werden.

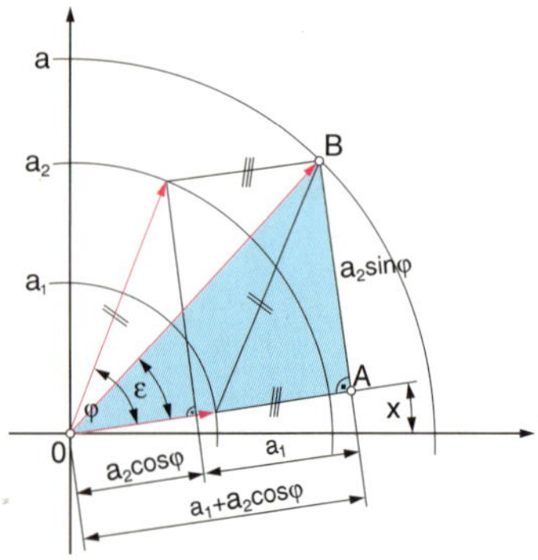

Geometrische Interpretation

Denken wir uns die „Radarstrahlen" der in der Außenspalte dargestellten Funktionen $a_1 \cdot \sin x$ und $a_2 \cdot \sin(x+\varphi)$ für einen Moment — für ein beliebiges x — festgehalten. Durch vektorielle Addition dieser beiden Pfeile erhalten wir den Strahl $\overrightarrow{0B}$. Anschließend wird das Lot durch den Punkt B auf den zum Winkel x gehörigen Schenkel gefällt. Somit entsteht $\Delta 0AB$, dessen Hypotenuse $\overrightarrow{0B}$ — das ist ja der „Radarstrahl" der Funktion $a \cdot \sin(x+\varepsilon)$ — die Länge $|0B| = a = \sqrt{(a_1 + a_2 \cdot \cos\varphi)^2 + (a_2 \cdot \sin\varphi)^2} = \ldots$ hat. $\tan\varepsilon$ ergibt sich aus der Definition der Tangensfunktion, also:

$$\tan\varepsilon = \frac{a_2 \cdot \sin\varphi}{a_1 + a_2\cos\varphi}$$

Beispiel:

Gegeben sind die Funktion $y_1 = 2\sin x$ und $y_2 = \sin\left(x - \frac{\pi}{3}\right)$. y_1 und y_2 sind zu addieren und das Ergebnis in der Form $y = a \cdot \sin(x + c)$ anzugeben.

Lösung:

$$y = y_1 + y_2 = 2\sin x + \sin\left(x - \frac{\pi}{3}\right)$$

$$a_1 = 2,\ a_2 = 1,\ \varphi = -\frac{\pi}{3}\text{: } a = \sqrt{a_1^2 + a_2^2 + 2a_1a_2\cos\varphi} = \sqrt{4+1+4\cos\left(-\frac{\pi}{3}\right)} = \sqrt{7} = \mathbf{2{,}65}$$

$$\tan\varepsilon = \frac{a_2\sin\varphi}{a_1 + a_2\cos\varphi} = \frac{\sin\left(-\frac{\pi}{3}\right)}{2 + \cos\left(-\frac{\pi}{3}\right)} = 0{,}3464 \qquad \Rightarrow \varepsilon = -0{,}333$$

$y = a \cdot \sin(x + \varepsilon)$, $\mathbf{y = 2{,}65 \sin(x - 0{,}333)}$

AUFGABEN

334. Der fehlende Text ist einzusetzen:

a) Die Funktion $x \mapsto 5\sin x$ hat ..... (dieselbe/ eine andere) Periode wie die Funktion $x \mapsto \sin x$.

b) Der Faktor a einer Funktion $x \mapsto a \cdot \sin x$ beeinflusst ..... (die Periode/die Definitionsmenge).

c) Der größte Wert, den die Funktion $x \mapsto \sin x$ annehmen kann, ist..... (1/0/–1/nicht entscheidbar).

d) Der größte Wert, den die Funktion $x \mapsto a \cdot \sin x\,(a \in \mathbb{R})$ annehmen kann, ist ..... (a/–a/1/nicht entscheidbar).

e) $x \mapsto \sin x$, $D = \mathbb{R}$, $W = \ldots..$ $x \mapsto 3\sin x$, $D = \mathbb{R}$, $W = \ldots..$ $x \mapsto a \cdot \sin x$, $D = \mathbb{R}$, $W = \ldots..$

f) Der Graph von $x \mapsto \cos x$ wird auf das Doppelte in y-Richtung gedehnt. Neue Funktionsgleichung: .....

g) Der Graph von $x \mapsto \sin x$ wird auf $\frac{1}{20}$ in y-Richtung gestaucht. Neue Funktionsgleichung: .....

h) Der Graph von $x \mapsto \sin x$ wird auf das 20-fache in y-Richtung gedehnt und an der x-Achse gespiegelt. Neue Funktionsgleichung: .....

335. Man skizziere $y = \cos x$, $y = 0{,}5\cos x$ und $y = 2\cos x$ in einem gemeinsamen Koordinatensystem über der Definitionsmenge $D = \left[-\frac{\pi}{2}, \frac{5\pi}{2}\right]$.

336. Das Glied c (c > 0) einer Funktion $y = \sin(x + c)$ bewirkt gegenüber der Grundsinuskurve $y = \sin x$:

- O **a)** eine Streckung in y-Richtung
- O **b)** eine Streckung in x-Richtung
- O **c)** eine Stauchung in y-Richtung
- O **d)** eine Stauchung in x-Richtung
- O **e)** eine Verschiebung in y-Richtung
- O **f)** eine Verschiebung in x-Richtung um c Einheiten nach links
- O **g)** eine Verschiebung in x-Richtung um c Einheiten nach rechts
- O **h)** keine der in **a)** bis **g)** genannten Veränderungen.

337. Man skizziere $y = \sin x$, $y = \sin\left(x + \frac{\pi}{2}\right)$ und $y = \sin\left(x - \frac{\pi}{2}\right)$ in einem gemeinsamen Koordinatensystem über einer selbstgewählten Definitionsmenge.

338. Der fehlende Text ist einzusetzen:

a) Der Graph von $x \mapsto \cos x$ und $x \mapsto \cos x + 4$ hat ..... (dieselbe/nicht dieselbe) Amplitude.

b) $f(x) + d$ $(d \in \mathbb{R} \setminus \{0\})$ ist gegenüber $f(x)$ um $|d|$ parallel zur ..... (x-Achse/y-Achse) verschoben.

c) Gegeben sind die Funktionen $x \mapsto \sin x$, $x \mapsto \sin(x + 99)$ und $x \mapsto \sin x + 99$. Welche Funktionen sind untereinander phasengleich? .....

d) Der Graph von $x \mapsto \cos x$ wird um 3 Einheiten nach unten, parallel zur y-Achse verschoben. Neue Funktionsgleichung: .....

e) Der Graph von $x \mapsto \cos x$ wird um 3 Einheiten nach links, parallel zur x-Achse verschoben. Neue Funktionsgleichung: .....

f) Der Graph von $x \mapsto \sin x$ wird um 4 Einheiten nach oben, parallel zur y-Achse verschoben und auf das Dreifache in y-Richtung gedehnt. Neue Funktionsgleichung: .....

g) Der Graph von $x \mapsto \sin x$ wird um 4 Einheiten nach rechts, parallel zur x-Achse verschoben, anschließend um 3 Einheiten nach unten, parallel zur y-Achse verschoben und zuletzt auf die Hälfte in y-Richtung gestaucht. Neue Funktionsgleichung: .....

h) Die Kosinuskurve eilt der Sinuskurve um die Phasenverschiebung ..... vor.

Bei den folgenden Aufgaben ist der Graph der durch ihre Funktionsgleichung gegebenen Funktion im Intervall $[-\pi, 2\pi]$ zu zeichnen. (1 rad $\hat{=}$ 2 cm)

339. a) $y = 2{,}1\sin x$ **b)** $y = -1{,}8\cos x$ **c)** $y = \frac{1}{3}\sin x + 1{,}2$

340. a) $y = \cos(x + 30°)$ **b)** $y = -\sin\left(x + \frac{\pi}{3}\right)$ **c)** $y = \frac{2}{3}\cos\left(x - \frac{\pi}{2}\right)$

341. a) $y = 0{,}5\cos 3x$ **b)** $y = \sin\frac{x}{\pi} + 1{,}4$ **c)** $y = -0{,}4\cos(-\sqrt{3}x)$

342. a) $y = 1{,}5\sin\left(\frac{x}{2} + \frac{\pi}{6}\right)$ **b)** $y = 0{,}8\cos\left(x - \frac{\pi}{4}\right)$

343. a) $y = -1{,}2\sin\left(\frac{x}{5} - \frac{\pi}{3}\right) - 2$ **b)** $y = 2\cos\left(\frac{\pi}{4} - x\right) + 1$

Bei den folgenden Aufgaben ist jeweils die Funktionsgleichung jener trigonometrischen Funktion anzugeben, die dem Schaubild entspricht.

344. a)

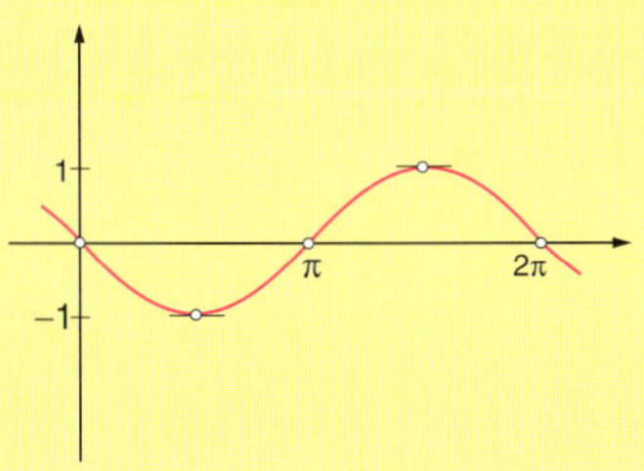

b)

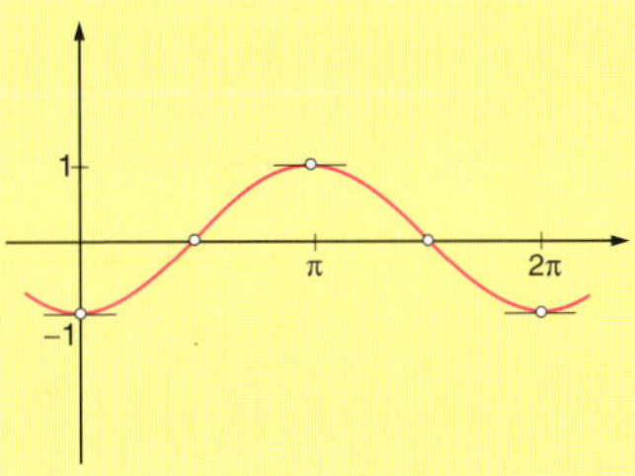

345. a)

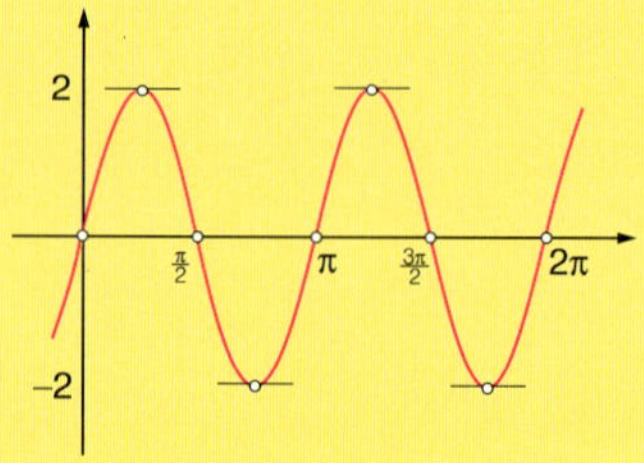

b)

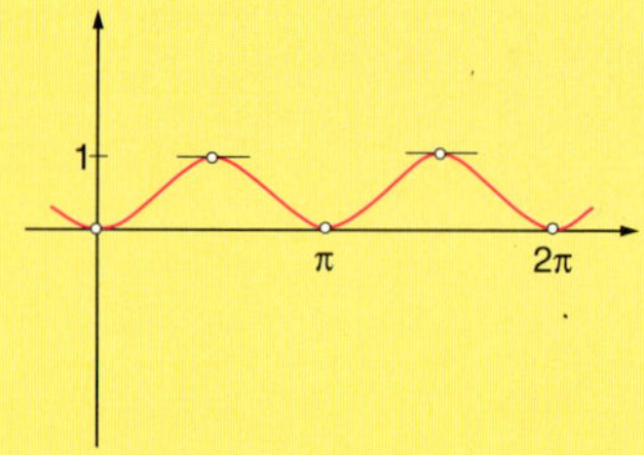

346. a)

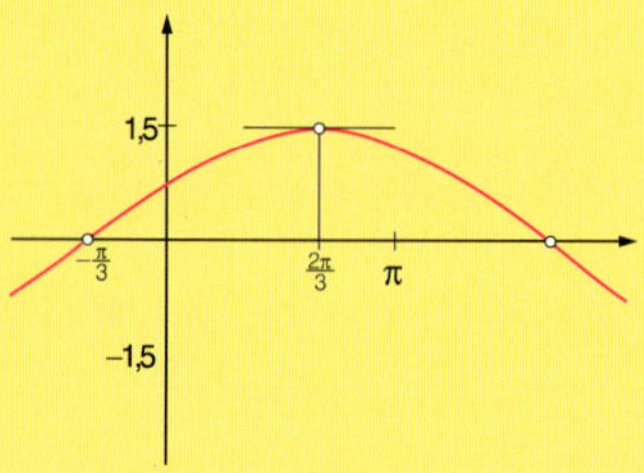

b)

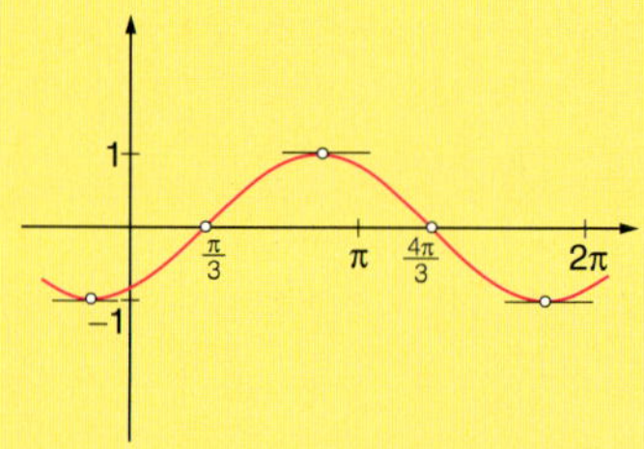

347. a)

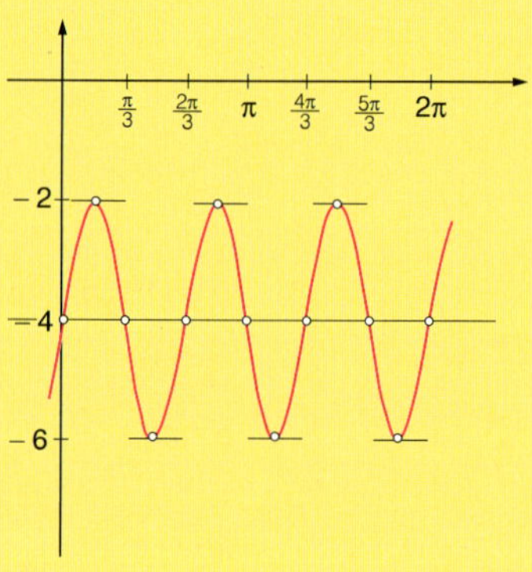

b)

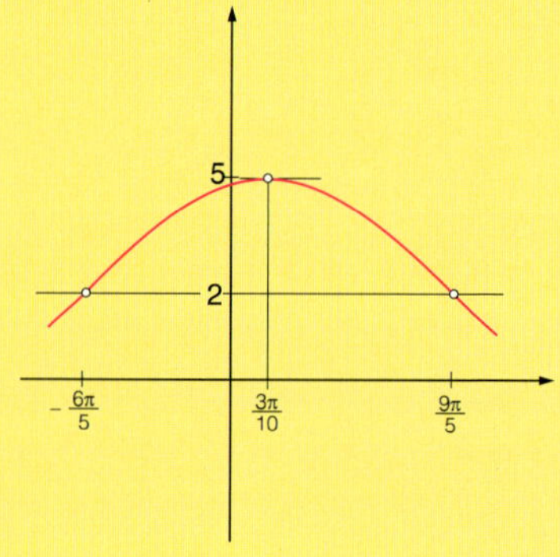

348. a)

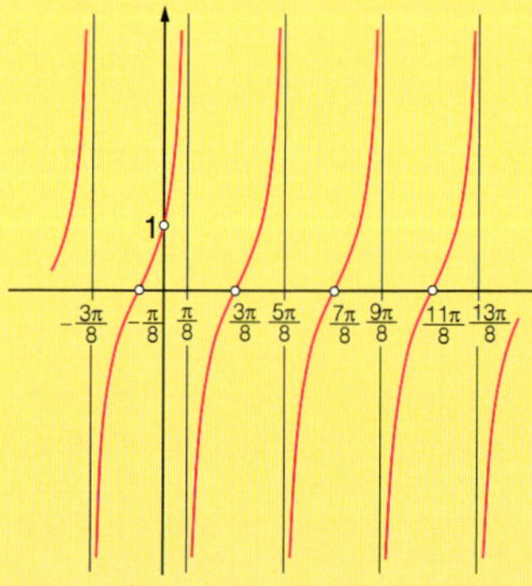

b)

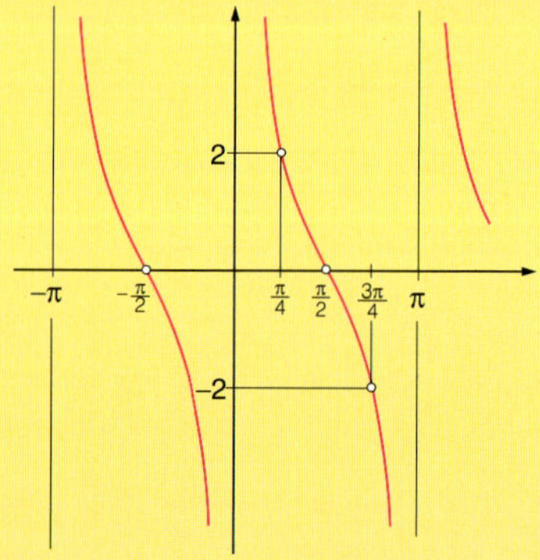

Bei den folgenden Aufgaben ist der Graph der durch ihre Funktionsgleichung gegebenen Funktion im Intervall $[-\pi, 2\pi[$ zu zeichnen. Die Zeicheneinheit beträgt 2 cm.

349. a) $y = \sin x + \sin(x-1)$ **b)** $y = \cos x - \cos(x-1)$

350. a) $y = \sin\left(x-\frac{\pi}{3}\right) + 2\sin x$ **b)** $y = \cos\left(x-\frac{\pi}{3}\right) - 2\cos x$

351. a) $y = \sin x + \frac{1}{2}\cos x$ **b)** $y = 0{,}3\sin x + 2\cos x$

352. a) $y = 0{,}5\sin\left(x-\frac{\pi}{3}\right) + 2\sin\left(x+\frac{\pi}{6}\right)$ **b)** $y = 0{,}4\cos\left(x+\frac{2\pi}{3}\right) + \cos\left(x-\frac{\pi}{6}\right)$

Bei den folgenden Aufgaben ist jeweils der gegebene Term auf die Form $a \cdot \sin(x+c)$ umzuformen.

353. a) $3\sin x + 2\sin\left(x+\frac{\pi}{3}\right)$ **b)** $-\frac{1}{3}\sin\left(x-\frac{\pi}{12}\right) + 4\sin x$

354. a) $\sin x + \frac{1}{2}\cos x$ **b)** $3\sin x + 2\cos x$

355. a) $0{,}5\sin\left(x-\frac{\pi}{3}\right) + 2\sin\left(x+\frac{\pi}{6}\right)$ **b)** $10\sin(x+0{,}8) + 15\sin(x+2{,}12)$

356. a) $0{,}4\cos\left(x+\frac{\pi}{2}\right) - 3\sin\left(x-\frac{\pi}{6}\right)$ **b)** $5\sin(2x+1) - 14\cos\left(2x-\frac{3\pi}{2}\right)$

7. Goniometrische Gleichungen

Beispiele für goniometrische Gleichungen:

$4\sin x = 1$, $3\cos x - \sin 2x = -0{,}4$, $\frac{1}{2}\tan x = 3\sin x$ usw.

Beispiel:

$\cos 3x = 0{,}5$ ist über der Grundmenge $G = [0°, 360°]$ zu lösen.

Lösung:

Wir tippen die für die Bestimmung von arccos 0,5 notwendige Tastenfolge in den Taschenrechner ein und erhalten 60°.

Es gilt also: $3x = 60° \Leftrightarrow \mathbf{x_1 = 20°}$

Dies ist allerdings nur eine Lösung, da $\cos x = \cos(360° - x)$

Wir setzen also an: $3x = 360° - 60° \Leftrightarrow \mathbf{x_2 = 100°}$

Die Kosinusfunktion ist eine Funktion mit der Periode 2π (360°). $x \mapsto \cos bx$ hat die Periode $\frac{360°}{|b|}$. $x \mapsto \cos 3x$ hat demnach die Periode 120°.

Daraus ergeben sich die weiteren Lösungen:

$x_3 = x_1 + 120° = \mathbf{140°}$, $x_4 = x_1 + 2 \cdot 120° = \mathbf{260°}$

$x_5 = x_2 + 120° = \mathbf{220°}$, $x_6 = x_2 + 2 \cdot 120° = \mathbf{340°}$

Probe:

$\cos(3 \cdot 20°) = 0{,}5$, $\cos(3 \cdot 100°) = 0{,}5$, $\cos(3 \cdot 140°) = 0{,}5$

$\cos(3 \cdot 260°) = 0{,}5$, $\cos(3 \cdot 220°) = 0{,}5$, $\cos(3 \cdot 340°) = 0{,}5$

Somit gilt: $\mathbf{L = \{20°, 100°, 140°, 220°, 260°, 340°\}}$

Definition:

Eine Gleichung, in der die Variable mindestens einmal im Argument einer trigonometrischen Funktion auftritt, heißt **goniometrische Gleichung**.

Die **Goniometrie** ist ein Teilgebiet der Trigonometrie. Sie befasst sich mit denjenigen Beziehungen zwischen trigonometrischen Funktionen, die allein Winkel betreffen.

Grundsätzlich unterscheiden wir folgende Arten goniometrischer Gleichungen:

Typ 1: Es liegt nur eine trigonometrische Funktion mit ein und demselben Argument vor, z. B. $\sin^2 2x + \sin 2x + 1 = 0$ oder $\cos x + 2\cos x = 0{,}5$.

Typ 2: Es liegen verschiedene trigonometrische Funktionen mit ein und demselben Argument vor, z. B. $\sin 2x + \cos 2x + 1 = 0$ oder $\tan x + 2\cos x = 0{,}8$.

Typ 3: Es liegen verschiedene trigonometrische Funktionen mit verschiedenen Argumenten vor, z. B. $\sin x + \cos 2x + 1 = 0$ oder $\tan \frac{x}{2} - 2\cos x = 0{,}4$.

Welcher Lösungsweg ist bei einer goniometrischen Gleichung einzuschlagen? Nun: Meist ist es aussichtsreich, die Gleichung auf den Typ 1 zurückzuführen. Allgemeine Vorschriften („Kochrezepte") lassen sich leider nicht angeben. Es gibt nicht einmal eine Methode um die Anzahl der Lösungen zu erkennen. In jedem Fall ist die Kenntnis der nachstehenden Formeln vorteilhaft:

(1) $\sin^2\alpha + \cos^2\alpha = 1$ (2) $\tan\alpha = \frac{\sin\alpha}{\cos\alpha}$ (3) $1 + \tan^2\alpha = \frac{1}{\cos^2\alpha}$

(4) $\sin(\alpha + \beta) = \sin\alpha \cdot \cos\beta + \cos\alpha \cdot \sin\beta$

(5) $\sin(\alpha - \beta) = \sin\alpha \cdot \cos\beta - \cos\alpha \cdot \sin\beta$

(6) $\cos(\alpha + \beta) = \cos\alpha \cdot \cos\beta - \sin\alpha \cdot \sin\beta$

(7) $\cos(\alpha - \beta) = \cos\alpha \cdot \cos\beta + \sin\alpha \cdot \sin\beta$

(8) $\tan(\alpha + \beta) = \frac{\tan\alpha + \tan\beta}{1 - \tan\alpha \cdot \tan\beta}$ (9) $\tan(\alpha - \beta) = \frac{\tan\alpha - \tan\beta}{1 + \tan\alpha \cdot \tan\beta}$

(10) $\sin 2\alpha = 2\sin\alpha \cdot \cos\alpha$ (11) $\cos 2\alpha = \cos^2\alpha - \sin^2\alpha$

(12) $\tan 2\alpha = \frac{2\tan\alpha}{1 - \tan^2\alpha}$

(13) $\sin\alpha + \sin\beta = 2\sin\frac{\alpha+\beta}{2}\cos\frac{\alpha-\beta}{2}$

(14) $\sin\alpha - \sin\beta = 2\cos\frac{\alpha+\beta}{2}\sin\frac{\alpha-\beta}{2}$

(15) $\cos\alpha + \cos\beta = 2\cos\frac{\alpha+\beta}{2}\cos\frac{\alpha-\beta}{2}$

(16) $\cos\alpha - \cos\beta = -2\sin\frac{\alpha+\beta}{2}\sin\frac{\alpha-\beta}{2}$

Außerdem ist zu beachten:

(17) $\sin\alpha = \sin(180° - \alpha)$ (18) $\cos\alpha = \cos(360° - \alpha)$

(19) $\tan\alpha = \tan(180° + \alpha)$

(20) **Ein Produkt ist genau dann gleich Null, wenn mindestens einer der Faktoren Null ist!**

Den obigen Satz werden wir manchmal bei der Lösung goniometrischer Gleichungen benötigen.

Beispiel:

Die Nullstellen der Funktion $x \mapsto \sin 2x - \cos 2x$ sind in $[0, 2\pi]$ zu berechnen.

Lösung:

Um die Nullstellen zu ermitteln, müssen wir die Gleichung $\sin 2x - \cos 2x = 0$ lösen.

$\sin 2x - \cos 2x = 0$ | $: \cos 2x \quad +1$

$\frac{\sin 2x}{\cos 2x} = 1$ (2)

$\tan 2x = 1$ Einstellung des Taschenrechners auf das Bogenmaß!

$2x = 0{,}7854$

1. Nullstelle: $\mathbf{x_1 = 0{,}3927}$

2. Nullstelle: $\mathbf{x_2 = 1{,}9635}$ | $x_2 = x_1 + \frac{\pi}{2}$[1]

3. Nullstelle: $\mathbf{x_3 = 3{,}5343}$ | $x_3 = x_1 + \pi$

4. Nullstelle: $\mathbf{x_4 = 5{,}1051}$ | $x_4 = x_1 + \frac{3\pi}{2}$

x	0	$\frac{\pi}{6}$	$\frac{\pi}{4}$	$\frac{\pi}{3}$	$\frac{\pi}{2}$	$\frac{2\pi}{3}$	$\frac{3\pi}{4}$	$\frac{5\pi}{6}$
f(x)	–1	0,366	1	1,366	1	–0,366	–1	–1,366

x	π	$\frac{7\pi}{6}$	$\frac{5\pi}{4}$	$\frac{4\pi}{3}$	$\frac{3\pi}{2}$	$\frac{5\pi}{3}$	$\frac{7\pi}{4}$	$\frac{11\pi}{6}$	2π
f(x)	–1	0,366	1	0,366	1	–0,366	–1	–1,366	–1

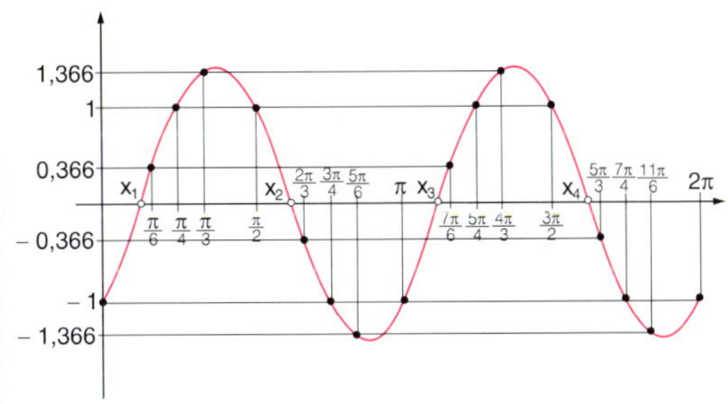

Bemerkung: Es müssen jene Lösungen ausgeschlossen werden, für die $\cos 2x = 0$ gilt.

Ob die Lösung einer goniometrischen Gleichung im Gradmaß oder im Bogenmaß angegeben wird, ist selbstverständlich für die Richtigkeit der Lösung ohne Belang. Im obigen Beispiel wurde das Bogenmaß gewählt.

Beispiel:
$\sin 2x - \cos 2x = 1$ ist über $G = [0°, 360°[$ zu lösen.

Bemerkung: Man beachte die Ähnlichkeit von $\sin 2x - \cos 2x = 0$ und $\sin 2x - \cos 2x = 1$. Dennoch ist der einzuschlagende Lösungsweg verschieden ...

Lösung:

$\sin 2x - \cos 2x = 1$ | (10), (11), (1)

$2\sin x \cdot \cos x - (\cos^2 x - \sin^2 x) = \sin^2 x + \cos^2 x$

$2\sin x \cdot \cos x - \cos^2 x + \sin^2 x = \sin^2 x + \cos^2 x$ | $-(\sin^2 x + \cos^2 x)$

$2\sin x \cdot \cos x - 2\cos^2 x = 0$ | Herausheben!

$\cos x(\sin x - \cos x) = 0$ | (20)

$\cos x = 0 \quad \vee \quad \sin x - \cos x = 0$ | $:\cos x \quad +1\,(\cos x \neq 0)$

$x_1 = 90°$ | (18) $\qquad \frac{\sin x}{\cos x} = 1$ | (2)

$x_2 = 270° \qquad \tan x = 1$

$x_3 = 45°$ | (19)

$x_4 = 225°$

Probe! $L = \{90°, 270°, 45°, 225°\}$

[1]) Die Tangensfunktion ist eine Funktion mit der Periode 180°. $x \mapsto \tan 2x$ hat demnach die Periode $90° = \frac{\pi}{2}$.

Beispiel:

$2\cos^2 x = 1 - \cos x$ ist in $\mathbb{R}$ zu lösen!

Lösung:

Zunächst wird umgeformt: $2\cos^2 x + \cos x - 1 = 0$. Es liegt eine quadratische Gleichung in der Variablen $(\cos x)$ vor ...

$$(\cos x)_{1,2} = \frac{-1 \pm \sqrt{1+8}}{4} = \frac{-1 \pm 3}{4}$$

$$\cos x = \frac{1}{2} \quad \vee \quad \cos x = -1$$

$$x_1 = 1{,}0472 \;|\; (18) \quad (360° = 2\pi) \qquad x_3 = \pi$$

$$x_2 = 5{,}236$$

Probe! $L = \{x \mid x = 1{,}0472 + 2k\pi \vee x = 5{,}2360 + 2k\pi \vee x = (2k+1)\pi,\ k \in \mathbb{Z}\}$

Die „lange" Lösungsmenge im obigen Beispiel erscheint vielleicht im ersten Augenblick verwirrend. Folgendes ist zu bedenken:

(1) Die Grundmenge ist nicht auf ein bestimmtes Intervall beschränkt, die Gleichung ist über $\mathbb{R}$ zu lösen.

(2) Die Kosinusfunktion ist eine Funktion mit der Periode 2π, die Gleichung hat über $\mathbb{R}$ unendlich viele Lösungen.

(3) Durch unsere Darstellung der Lösungsmenge werden **alle** Lösungen erfasst.

Gibt es eigentlich auch goniometrische Gleichungen mit $L = G$? Mit anderen Worten: Gibt es Gleichungen, bei denen die Lösungsmenge mit der Grundmenge identisch ist?

Beispiel:

$\sin 5x + \sin x - 2\sin 3x \cdot \cos 2x = 0$ ist in $\mathbb{R}$ zu lösen!

Lösung: $\sin 5x + \sin x - 2\sin 3x \cdot \cos 2x = 0 \quad |\ (13)\ + 2\sin 3x \cdot \cos x$

$$2\sin 3x \cdot \cos 2x = 2\sin 3x \cdot \cos 2x$$

Die Gleichung $2\sin 3x \cdot \cos 2x = 2\sin 3x \cdot \cos 2x$ ist für alle Elemente der Grundmenge erfüllt: $\Rightarrow L = \mathbb{R}$.

Beispiel:

Die Gleichung $5\sin x - 2\cos x = 2$ ist über $G = \{x \mid 0° \leqslant x < 360°\}$ zu lösen.

Lösung:

$5\sin x - 2\cos x = 2$	(1) $\lvert\cos x\rvert = \sqrt{1-\sin^2 x}$
$5\sin x - 2\sqrt{1-\sin^2 x} = 2$	$+2\sqrt{1-\sin^2 x} - 2$
$5\sin x - 2 = 2\sqrt{1-\sin^2 x}$	Quadrieren!
$25\sin^2 x - 20\sin x + 4 = 4 - 4\sin^2 x$	$-4 + 4\sin^2 x$
$29\sin^2 x - 20\sin x = 0$	Herausheben!
$\sin x\,(29\sin x - 20) = 0$	(20)

$$\sin x = 0 \quad \vee \quad 29\sin x - 20 = 0$$

$$x_1 = 0° \;|\; (17) \qquad x_3 = 43{,}60° \;|\; (17)$$

$$x_2 = 180° \qquad x_4 = 136{,}4°$$

Beim Quadrieren können bekanntlich Elemente auftreten, die eine Gleichung nicht erfüllen. Führt man im vorliegenden Fall die Probe aus, zeigt sich, dass x_1 und x_4 zu falschen Aussagen führen, somit also auszusondern sind. $\Rightarrow L = \{43{,}6°,\ 180°\}$

Das obige Beispiel lässt sich günstiger durch Einführung eines Hilfswinkels lösen. Vor allem erhält man keine überflüssigen Lösungen:

Durch Verwendung gerundeter Zwischenergebnisse kann die Lösung sehr ungenau werden. Es ist daher wichtig, mit voller Rechengenauigkeit zu arbeiten und erst das Endergebnis zu runden.

Allgemein

$$a \cdot \sin x + b \cdot \cos x = c \qquad |:a$$
$$\sin x + \frac{b}{a}\cos x = \frac{c}{a}$$
$$\text{Hilfswinkel: } \frac{b}{a} = \tan\varphi \qquad (2)$$
$$\sin x + \tan\varphi \cdot \cos x = \frac{c}{a}$$
$$\sin x + \frac{\sin\varphi}{\cos\varphi} \cdot \cos x = \frac{c}{a} \qquad |\cdot\cos\varphi$$
$$\sin x \cdot \cos\varphi + \sin\varphi \cdot \cos x = \frac{c}{a}\cos\varphi \qquad (4)$$
$$\sin(x+\varphi) = \frac{c}{a}\cos\varphi$$
$$x = \arcsin\left(\frac{c}{a}\cos\varphi\right) - \varphi$$

Speziell

$$5\sin x - 2\cos x = 2 \qquad |:5$$
$$\sin x - \frac{2}{5}\cos x = \frac{2}{5}$$
$$\tan\varphi = -\frac{2}{5} \Rightarrow \varphi = -21{,}80°$$
$$\vdots$$
$$\sin(x - 21{,}80°) = 0{,}3714$$
$$x - 21{,}80° = 21{,}80° \text{ bzw. } 158{,}2°$$
$$x_1 = 43{,}6° \quad x_2 = 180° \qquad L = \{43{,}6°,\ 180°\}$$

Beispiel:

$\tan\left(\frac{\pi}{4}+x\right) = 3\tan\left(\frac{\pi}{4}-x\right)$ ist über $G = [0, 2\pi[$ zu lösen.

Lösung:

$$\tan\left(\frac{\pi}{4}+x\right) = 3\tan\left(\frac{\pi}{4}-x\right)^{1)} \qquad (8)$$
$$\frac{\tan\frac{\pi}{4}+\tan x}{1-\tan\frac{\pi}{4}\cdot\tan x} = 3\left(\frac{\tan\frac{\pi}{4}-\tan x}{1+\tan\frac{\pi}{4}\cdot\tan x}\right)^{1)} \qquad \tan\frac{\pi}{4} = 1$$
$$\frac{1+\tan x}{1-\tan x} = 3\left(\frac{1-\tan x}{1+\tan x}\right)^{1)} \qquad (1-\tan x)(1+\tan x)$$
$$(1+\tan x)^2 = 3(1-\tan x)^2$$
$$1 + 2\tan x + \tan^2 x = 3 - 6\tan x + 3\tan^2 x$$
$$2\tan^2 x - 8\tan x + 2 = 0 \qquad |:2$$
$$\tan^2 x - 4\tan x + 1 = 0$$
$$(\tan x)_{1,2} = \frac{+4 \pm \sqrt{16-4}}{2} = 2 \pm \sqrt{3}$$

$$\tan x = 3{,}732 \quad \vee \quad \tan x = 0{,}268$$
$$x_1 = 1{,}309 \quad (19) \qquad x_3 = 0{,}262 \quad (19)$$
$$x_2 = 4{,}451 \qquad x_4 = 3{,}403$$

Probe:

$$\left.\begin{array}{l} T_L(1{,}309) = -1{,}732;\ T_L(4{,}451) = -1{,}732;\ T_L(0{,}262) = 1{,}732;\ T_L(3{,}403) = 1{,}732 \\ T_R(1{,}309) = -1{,}732;\ T_R(4{,}451) = -1{,}732;\ T_R(0{,}262) = 1{,}732;\ T_R(3{,}403) = 1{,}732 \end{array}\right\}\ T_L = T_R(W)$$

$$L = \{1{,}309,\ 4{,}451,\ 0{,}262,\ 3{,}403\}$$

1) Man überlege, welche Werte auszuschließen sind.

AUFGABEN

Es ist die Lösungsmenge in $\mathbb{R}$ zu ermitteln:

357. a) $\sin 2x = 0{,}81$ **b)** $\cos 3x = 0{,}421$ **c)** $\tan \frac{x}{2} = 4{,}32$

358. a) $\sin x = 1{,}9$ **b)** $\cos 2{,}26x = 0{,}721$ **c)** $\cos 3t = 0{,}78$

Bei den folgenden Aufgaben sind die Nullstellen der durch ihre Funktionsgleichung gegebenen Funktion in $[0,\ 2\pi]$ zu berechnen. Weiters ist der Funktionsgraph zu zeichnen. (Zeicheneinheit = 2 cm)

359. a) $y = \sin \frac{x}{2}$ **b)** $y = \cos 1{,}2x$ **c)** $y = \tan 2x$

360. a) $y = \cos(3x - 1{,}6)$ **b)** $y = \tan\left(\frac{x}{3} + 1{,}1\right)$

361. a) $y = \sin 4x + \sin 2x$ **b)** $y = \sin 2x + \cos 2x$

Bei den folgenden Aufgaben sind **alle** Lösungen der gegebenen goniometrischen Gleichungen über $G = [0°,\ 360°[$ zu bestimmen, d. h. die Lösungen sind im Gradmaß anzugeben!

362. a) $\tan x = 3\sin x$ **b)** $3\sin 2x = \cos x$ **c)** $\sin 2x = \tan x$

363. a) $2\sin x = \tan x$ **b)** $\tan x \cdot \sin 2x = 1$ **c)** $8\sin 2x = \frac{9}{\tan x}$

364. a) $\tan^2 x + 2{,}5\tan x = -1$ **b)** $\tan x = 2 - \frac{1}{\tan x}$

365. a) $\tan x \cdot \tan 2x = 1$ **b)** $2\sin 2x - 5\tan 2x = 0$

366. a) $\sin x - \cos 2x = 0$ **b)** $\sin x + \cos 2x = 0{,}5$

367. a) $2\sin^2 x + 4\cos^2 x = 3$ **b)** $\sin^2 x - 3\cos^2 x = 1$

368. a) $4\sin x + 3\cos x = 4$ **b)** $2\sin x - 3\cos x = 1{,}57$

369. a) $(\sin^2 x + 1)^{0,5}\sqrt{1 - \sin^2 x} = \cos 2x$ **b)** $\sqrt{1 - \cos^2 x}\,(\cos x + 1)^{0,5} = \sin x$

370. a) $\sin x - 1 = \cos x - \tan x$ **b)** $\tan x + \cos x = 1 + \sin x$

371. a) $\sin^2 x - 6\cos^2 x + \sin x \cdot \cos x = 0$ **b)** $2\sin^2 2x = 1 - \sin 2x$

372. a) $\sin(90° + \alpha)\sin(90° - \alpha) = \frac{1}{1 + \tan^2\alpha}$ **b)** $\cos\left(\frac{\pi}{2} + x\right)\cos\left(\frac{\pi}{2} - x\right) = -\cos 2x$

373. a) $\sin 2x + \sin 3x = 3\sin x$ **b)** $\cos 2x + \cos 3x = 4\cos^3 x$

Anleitung: $\sin 3x = \sin(2x + x) = \ldots$ (4)

374. a) $\sin x + \sin 2x + \sin 4x + \sin 5x = 0$ **b)** $\cos x + \cos 2x + \cos 4x + \cos 5x = 0$

375. a) $\sin 4x - \sin 3x + \sin 2x - \sin x = 0$ **b)** $\cos 4x + \cos 3x - \cos 2x - \cos x = 0$

376. Welche Werte müssen zwei Komplementärwinkel haben, wenn der Sinus ihrer Differenz 0,1 beträgt?

Vermischte Aufgaben

377. Auf eine plankonkave Linse (vgl. nebenstehende Figur) mit einem Krümmungsradius $r = 75$ mm und dem sogenannten **Brechungsindex** $n = 1{,}51$ fällt ein Parallelstrahl p, der von der Achse den Abstand $h = 15$ mm besitzt.

Man berechne den Abstand f des Brennpunktes F vom Mittelpunkt M.[1)]

Anleitung: $\sin\beta = n \cdot \sin\alpha$ (Brechungsgesetz)

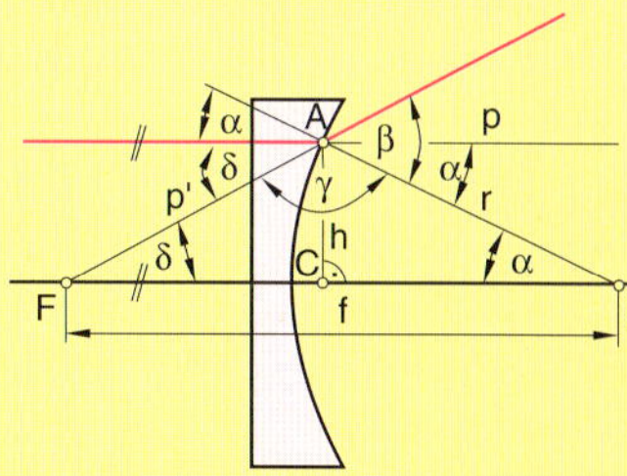

378. Auf eine plankonvexe Linse mit einem Krümmungsradius $r = 75$ mm und dem Brechungsindex $n = 1{,}51$ fällt der Parallelstrahl p, der den Abstand $h = 15$ mm von der Achse besitzt.

In welcher Entfernung $\overline{CF} = x$ wird der gebrochene Lichtstrahl p′ die Achse schneiden?

Anleitung: $\sin\beta = n \cdot \sin\alpha$ (Brechungsgesetz)

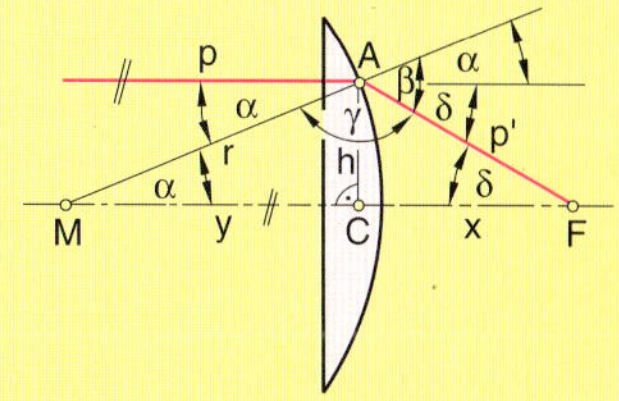

379. Zwei Gleisachsen, die einen Winkel $\alpha = 123°28'$ bilden, sollen durch einen sie berührenden Kreisbogen vom Radius $r = 300$ m verbunden werden. Es ist zu ermitteln, wie weit die Berührungspunkte A und B vom Schnittpunkt S der beiden Gleisachsen entfernt sind.

Um wie viel Prozent ist der Bogen kürzer als der Weg über den Achsenschnittpunkt S?

Bemerkung: In der Praxis der Schienenverlegung lässt man einen geraden Gleisstrang nicht übergangslos in einen Kreisbogen münden, weil beim Durchfahren ein Ruck auftreten würde. Man arbeitet mit sogenannten **Klotoiden**, deren Berechnung Kenntnisse erfordert, die die Lehrplanforderungen des II. Jahrgangs der HTL weit übersteigen.

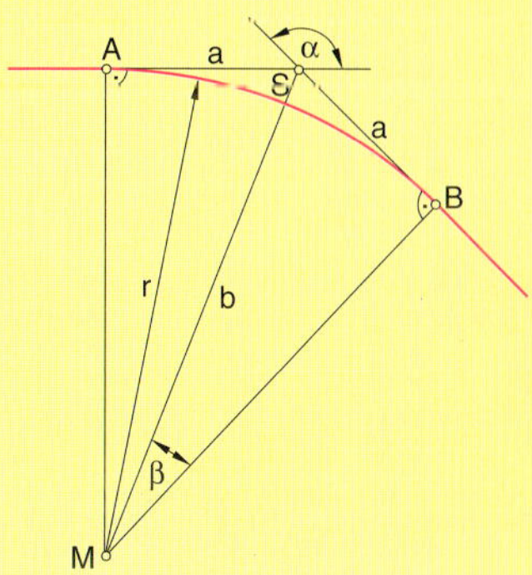

380. Zwei Billardkugeln A und B haben die Entfernungen $a = 0{,}98$ m bzw. $b = 1{,}57$ m von einer Bande. Ihre Entfernung voneinander beträgt $d = 1{,}09$ m.

Unter welchem Winkel ε muss die Kugel A gegen die Bande gestoßen werden, damit sie nach einmaliger Reflexion an der Bande zentral auf die Kugel B stößt?

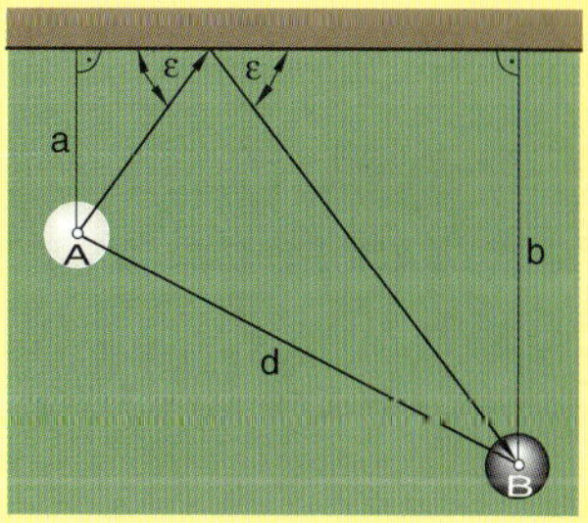

381. Ein Orientierungsläufer läuft 2,5 km von A nach B, dort weicht er um $\alpha = 53{,}13°$ nach rechts ab und gelangt nach 1 km zum Ort C. In C biegt er um 90° nach rechts ab und gelangt nach 2 km zum Ort D.

Wie weit hat er auf kürzestem Weg zum Ausgangspunkt A zurück, und welche Richtung ε hat er dabei einzuschlagen?

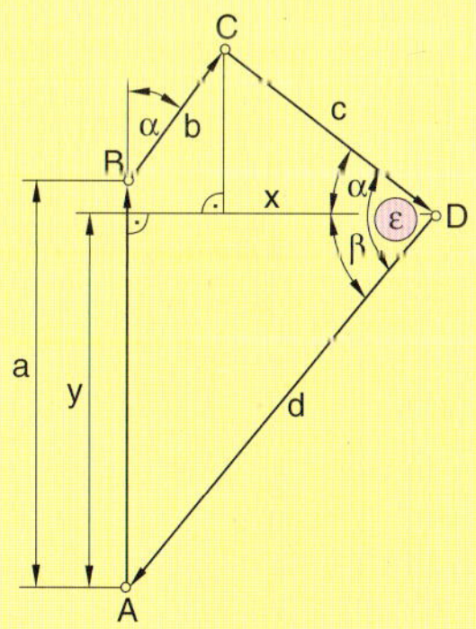

1) Der Brechungsindex der umgebenden Luft wird mit 1 angenommen, eine Näherung, die in der Praxis mit großer Genauigkeit erfüllt ist.

382. Beim Schlagball der männlichen Jugend nimmt der Spieler S in der Mitte der Schlaglinie AB Aufstellung und wirft den Ball in Richtung Z. Fällt dieser innerhalb des Schrägraumes zu Boden, wird der Wurf als Weitschlag gewertet.

Wie groß ist die maximal zulässige Abweichung α von der Zielrichtung $\overline{SZ}$ für einen Weitschlag bei einer Schlagweite von **a)** $\overline{SX} = 75\,m$ **b)** $\overline{SX} = 90\,m$?

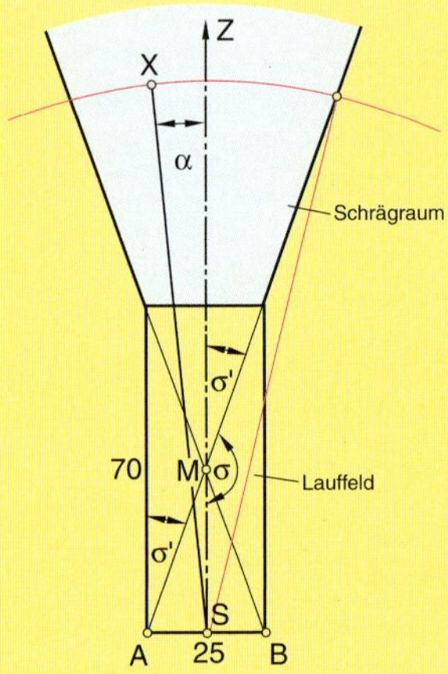

383. Ein Sportler nimmt im Punkt S Aufstellung und versucht, den Diskus in Richtung Z zu werfen. Tatsächlich aber weicht die Wurfrichtung SX von der Zielrichtung SZ um den Winkel α ab. Fällt der Diskus noch innerhalb des Wurffeldes — das ist der Sektor mit dem Zentriwinkel von 90° — im Punkt X zu Boden, so wird nur die Strecke $\overline{XT} = t$ als Wurfweite gewertet ($2r = 2{,}5\,m$).

a) Wie wird ein Wurf bei $s = 29\,m$ und $\alpha = 38°$ gewertet?

b) Um welchen Winkel α weicht ein Wurf — seine Bewertung war $t = 26\,m$ — von der Zielrichtung SZ ab, wenn für $s = 26{,}3\,m$ gemessen wurde?

c) Nach einem Wurf trifft der Diskus die Grenze des Wurffeldes. Wie groß ist die Distanz s und die Abweichung α, wenn der Wurf mit $t = 32{,}6\,m$ bemessen wird?

d) $s = 28\,m$, $\alpha = 48°$: Kann dieser Wurf noch gewertet werden?

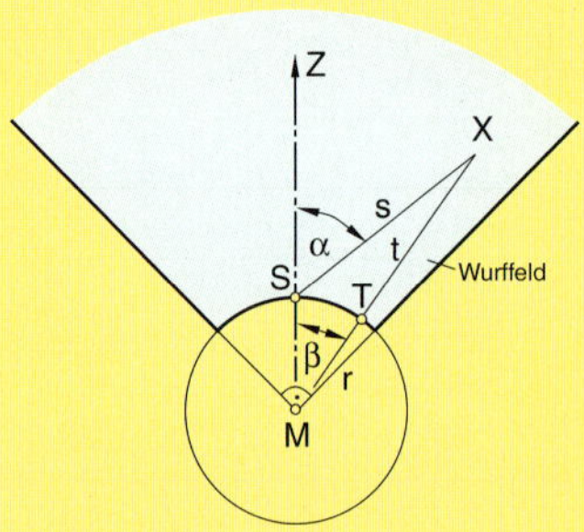

8. Problemstellungen der Technik I

Rechtwinkeliges Dreieck

384. Im Hinblick auf die nebenstehende Figur sind die Maße y und z zu ermitteln!

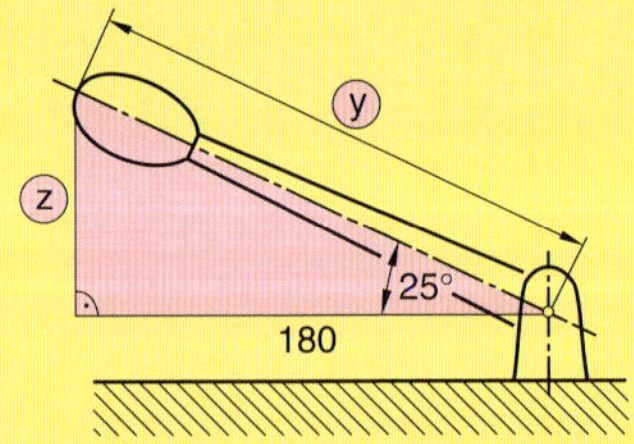

385. Bei einem metrischen Gewinde beträgt der Flankenwinkel $\alpha = 60°$ — vgl. nebenstehende Figur. Wie groß sind s und t in Abhängigkeit von h?

386. Bei einem Whitworth-Gewinde beträgt der Flankenwinkel $\alpha = 55°$. Wie groß sind s und t in Abhängigkeit von h?

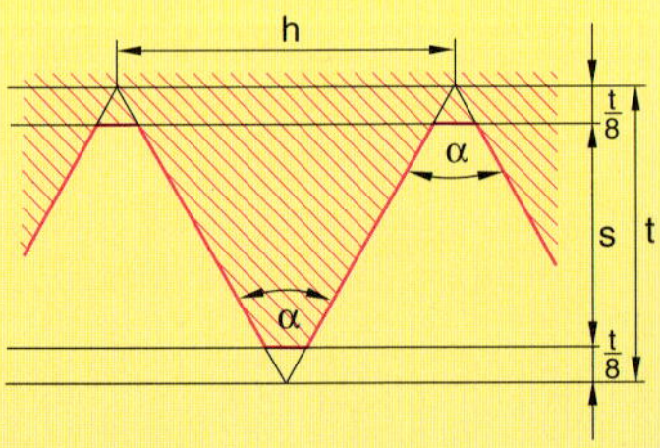

387. Eine Spiralfeder mit einem Drahtdurchmesser $d = 8\,mm$ wird auf einen Bolzen mit einem Durchmesser $D = 36\,mm$ gewickelt. Die Ganghöhe beträgt $h = 10\,mm$. Wie groß ist der Steigungswinkel σ?

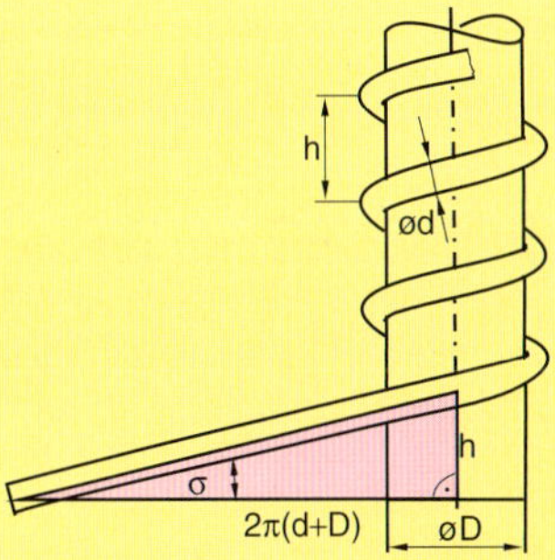

388. Bei welchem Neigungswinkel α einer schiefen Ebene beginnt eine Last G zu rutschen, wenn die Haftreibungszahl μ als gegeben vorausgesetzt wird?

Anleitung: Die Hangabtriebskraft H und die Reibungskraft R müssen einander die Waage halten.

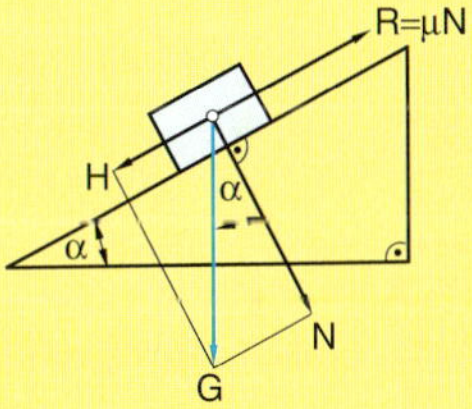

389. Eine Last von $m = 10\,kg$ liegt auf einer schiefen Ebene. Man berechne die Normalkraft N, die Hangabtriebskraft H und die Reibungskraft R unter der Voraussetzung, dass $\alpha = 23°$ und die Haftreibungszahl $\mu = 0{,}8$ ist.

Anleitung: $G = m \cdot g \; (g \approx 9{,}81\,m/s^2)$

390. Im Zuge von Bauarbeiten soll eine Walze ($m = 500\,kg$) auf einer Straße mit $\alpha = 6°$ Neigung hochgezogen werden. Drei Varianten stehen zur Auswahl:[1)]

(1) (2) (3) $\beta = 11°$

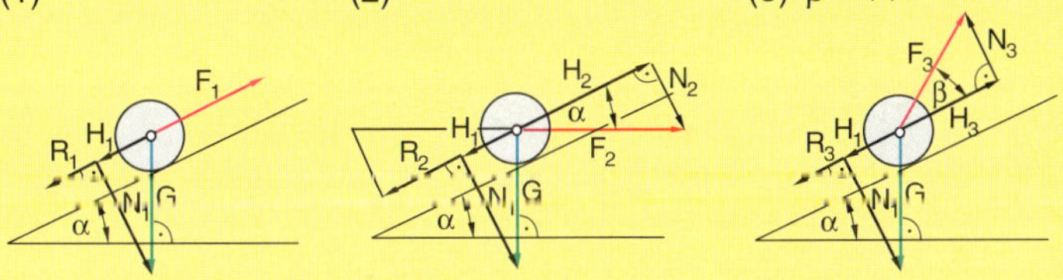

Welche der drei Möglichkeiten ist für $\mu = 0{,}1$ die günstigste?

391. Das Brechungsgesetz aus der Physik lautet: $n = \dfrac{\sin\alpha}{\sin\beta}$

α ..... Einfallswinkel
β ..... Brechungswinkel
n ..... Brechungszahl (eine dimensionslose Materialkonstante)

Wie dick ist eine planparallele Glasplatte ($n = 1{,}5$), wenn ein unter dem Einfallswinkel $\alpha = 42°$ auftreffender Lichtstrahl um $s = 3\,mm$ parallel verschoben wird?

Anleitung: Man berechne zunächst den Winkel β, dann die Größe r und schließlich die Dicke d!

392. Um wie viel wird ein Lichtstrahl beim Durchsetzen einer 12 mm dicken Glasplatte parallel verschoben, wenn der Einfallswinkel $\alpha = 38°$ und die Brechungszahl $n = 1{,}6$ beträgt?

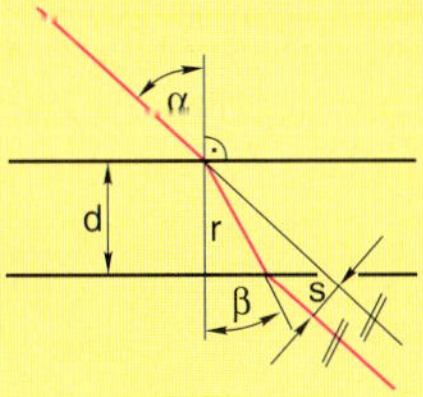

393. Die Einfallswinkel eines Lichtstrahles von Luft in Wasser seien 0°, 30°, 45°, 60° und 90°, die Brechungszahl beträgt $\frac{4}{3}$. Wie groß sind die zugehörigen Brechungswinkel?

---

1) Zur besseren Veranschaulichung wurde in den Figuren ein größerer Neigungswinkel eingezeichnet.

394. Ein Lichtstrahl wird bei seinem Weg durch ein Prisma $\left(\varphi = 60°,\ n = \frac{3}{2}\right)$ zweimal gebrochen. Wie groß ist der Austrittswinkel α_2, falls der Einfallswinkel **a)** $\alpha_1 = 53°$ **b)** $\alpha_1 = 47°$ beträgt?

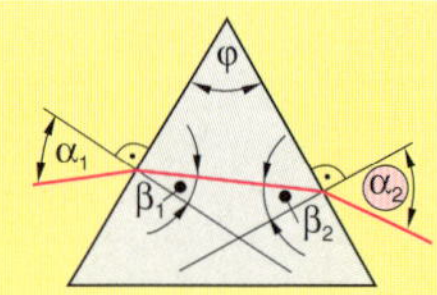

395. Ein Heizölbehälter aus Stahlblech hat die Form eines 10 m hohen Hohlzylinders mit aufgesetztem Hohlkegel. Zwischen Zylinder und Kegel befindet sich keine Trennwand. Die lichte Weite des Hohlzylinders beträgt 6 m. Die Mantellinien des kegelförmigen Teiles sind zur Horizontalebene unter $\varepsilon = 28°4'$ geneigt. **a)** Wie viel Tonnen Öl finden in diesem Behälter Platz, wenn $1\ m^3$ Heizöl eine Masse von 0,8 t hat? **b)** Wie groß ist der Öffnungswinkel β des Kegels? **c)** Aus wie viel m^2 Blech besteht der Behälter?

Bemerkung: Die Blechdicke wird nicht berücksichtigt.

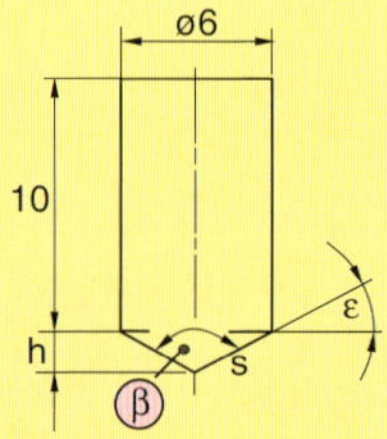

396. Ein Walmdach (vgl. nebenstehende Figur) hat gleichgeneigte Dachflächen. Wie groß ist der Neigungswinkel α des Gratsparrens a gegenüber der Horizontalebene?

a) $b = 10{,}4\ m,\ h = 4{,}32\ m$ **b)** $b = 8{,}76\ m,\ h = 3{,}85\ m$

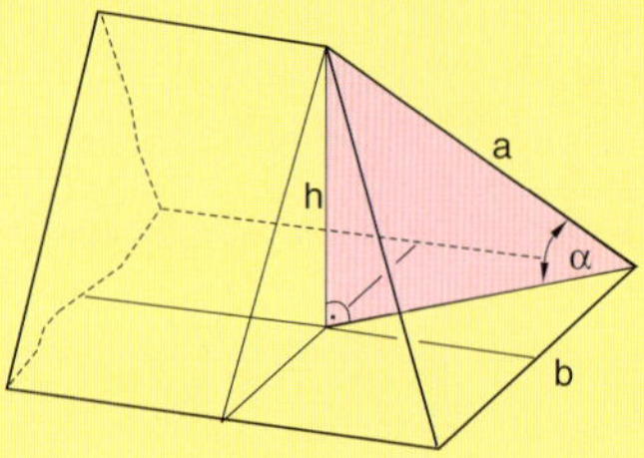

397. Um die Formänderungsfähigkeit eines Grobblechs festzustellen, wird ein Biegeversuch unternommen. Wie weit muss der in der Mitte aufgesetzte Dorn gesenkt werden, um einen Biegungswinkel von $\alpha = 30°$ zu verursachen?

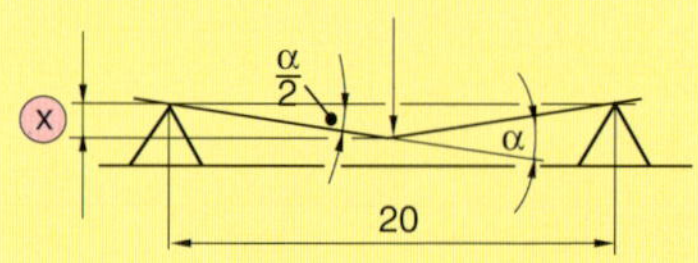

398. Ein Zahnradgetriebe besteht aus zwei Kegelrädern mit aufeinander senkrechten Kegelachsen (vgl. nebenstehende Figur). Wie groß sind die Durchmesser d und D?

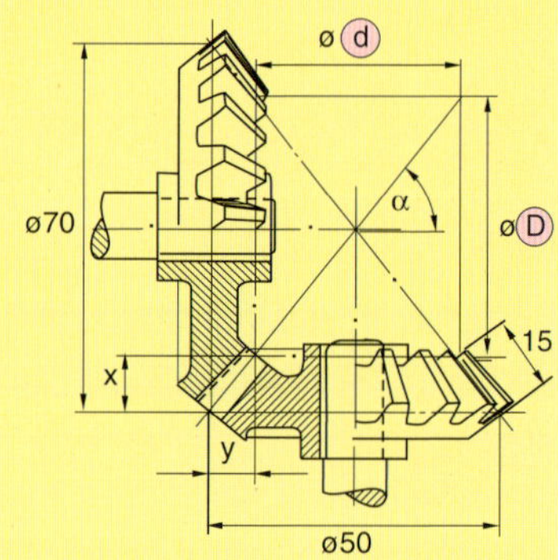

399. Die nebenstehende Figur zeigt einen Vertikalschnitt durch einen Hochofen. Die Winkel σ und τ sind zu berechnen.

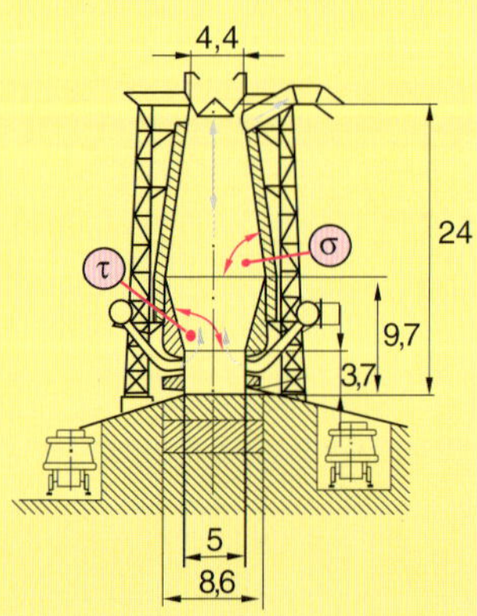

400. Zwei Abwasserrohre werden verbunden (vgl. nebenstehende Figur). Länge x des Verbindungsstückes?

Bemerkung: Wie könnte man diese Aufgabe sprachlich fassen, wenn **keine** erläuternde Zeichnung zur Verfügung steht?

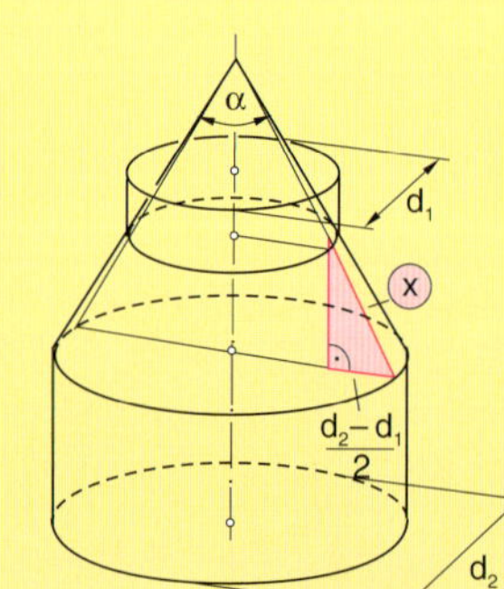

401. Zwei Entlüftungsrohre mit verschiedenen Durchmessern, d = 150 mm, D = 200 mm) sollen durch ein Rohrstück von der Form eines Kegelstumpfmantels verbunden werden. Aus technischen Gründen darf der Winkel α des gedachten Kegels 90° nicht überschreiten. Wie groß ist die Länge x des Verbindungsstückes wenigstens zu wählen?

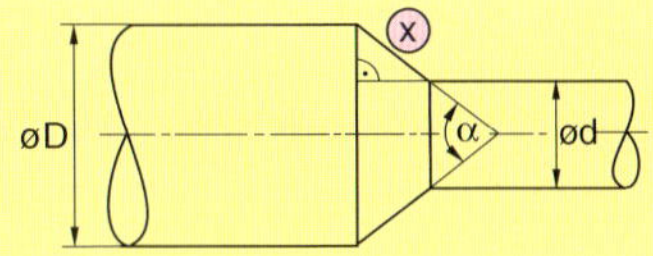

402. Von einem kreisförmigen Straßenstück soll der Radius r des mittleren Fahrbahnstreifens berechnet werden. Die Länge s und die Höhe h einer Kreissehne wurden gemessen: s = 70,0 m, h = 1,20 m

Anleitung: Aus dem Dreieck OQR ist zunächst die Seite t zu berechnen ... (Das gefundene Resultat lässt sich durch eine zweite Lösungsvariante — ohne Trigonometrie — überprüfen: Anwendung des **Höhensatzes** im Dreieck PQR!)

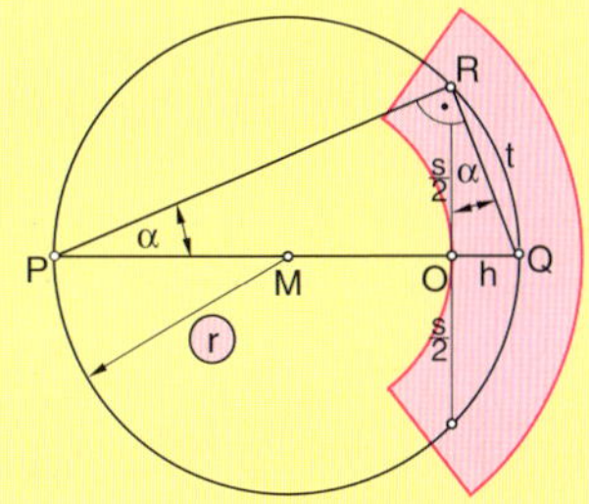

403. An einem über eine Seilwinde geführten Seil hängt eine Masse m = 12 kg. Das andere Ende des Seiles — das mit der Horizontalen einen Winkel $\alpha = 30°$ bildet — wird festgehakt, so dass die Masse m ruht. Welche Gesamtkraft F wirkt auf die Achse der Winde und wie groß ist ihre Horizontalkomponente F_h und ihre Vertikalkomponente F_v?

Anleitung: Für das Gewicht G der Masse m gilt: $G = m \cdot g$ ($g \approx 9{,}81\,m/s^2$)

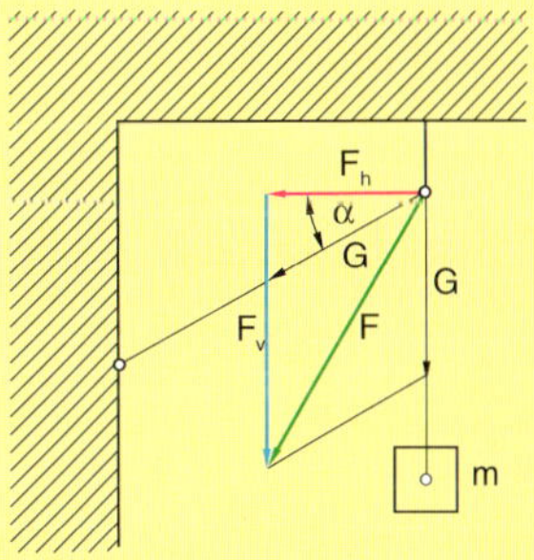

404. An einem — sich masselos zu denkenden — Winkelhebel greifen die Kräfte $F_1 = 35$ N und $F_2 = 60$ N an. Bei welchem Winkel α stellt sich Gleichgewicht ein?

Anleitung: Für das Gleichgewicht gilt: $F_1 \cdot s_1 = F_2 \cdot s_2$ (Hebelgesetz!)

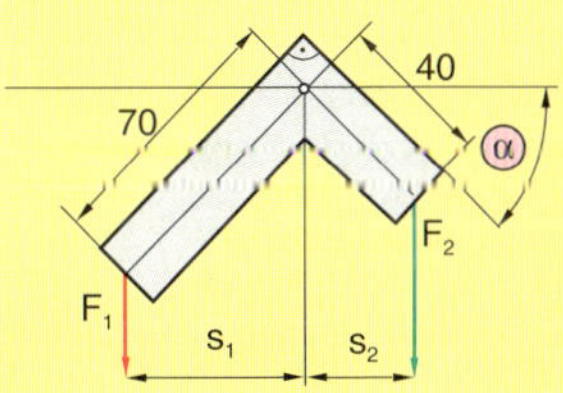

405. Eine Last mit einer uns unbekannten Masse m_L wird auf ein Ende eines l = 50 cm langen Waagebalkens gelegt, der eine Masse von $m_B = 4$ kg aufweist. Der Drehpunkt D des Waagebalkens liegt d = 3 cm über seinem Schwerpunkt S. Wie groß ist die Masse m_L, wenn diese eine „Auslenkung" des Waagebalkens von 7° aus der Horizontalen verursachte?

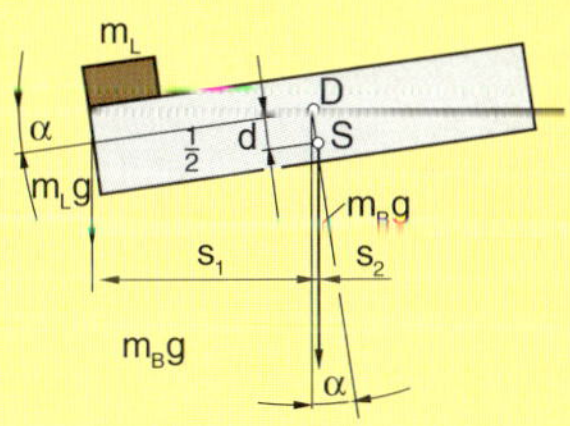

406. Eine Last mit einer Masse $m_L = 10$ dag wird auf ein Ende eines l = 60 cm langen Waagebalkens gelegt, der eine Masse von $m_B = 10$ kg aufweist. Um wie viel neigt sich der Waagebalken, wenn sich sein Drehpunkt D 2 cm über seinem Schwerpunkt S befindet?

407. Ein Heizöltank aus Stahlblech hat die Form eines Drehzylinders und ist (vgl. nebenstehende Figur) bis zur Höhe h = 0,7 m mit Öl gefüllt. Der Tank hat den Durchmesser d = 1 m und die Länge l = 4,1 m. Wie viel Liter Öl müssen noch in den Tank geleert werden, um diesen zu füllen?

Bemerkung: Die Blechdicke wird nicht berücksichtigt.

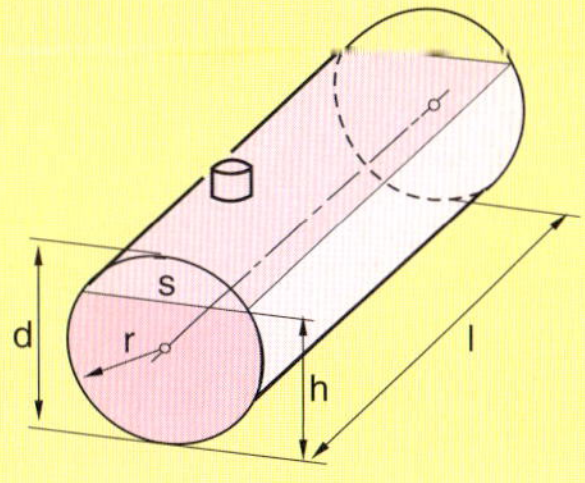

408. Text wie Aufgabe **407.** für h = 0,3 m, d = 0,9 m und l = 2,7 m.

409. Zur Bestimmung des Zementverbrauches soll der Flächeninhalt A_G des dargestellten Röhrenquerschnitts berechnet werden.

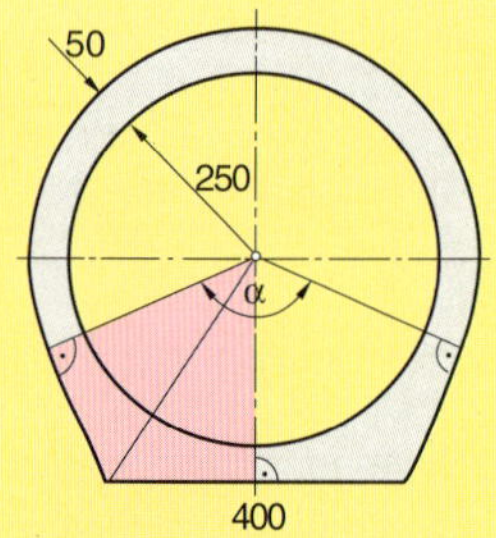

410. An einem Hang soll ein Radweg angelegt werden. Hierfür ist es notwendig, dass ein 100 m langer Damm aufgeschüttet wird. Die Dichte des Schuttmaterials beträgt $\rho = 2{,}7\,\text{kg/dm}^3$.

a) Länge der Basis c?

b) Welchen Flächeninhalt A_{TR} hat das Trapez ABCD?

c) Länge der Höhe h?

d) Wie viel Schuttmaterial wird für den Damm benötigt?

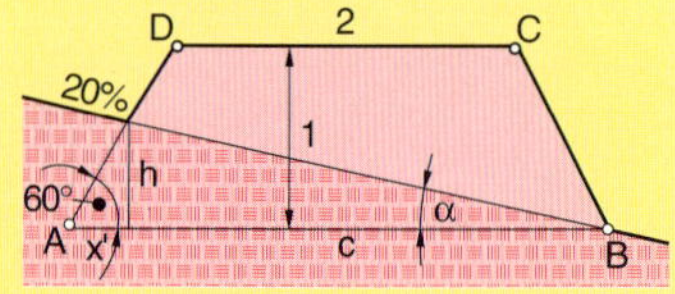

(Bemaßungen in Meter)

411. Von einem exzentrisch gewölbten Maschinenteil sind (vgl. nebenstehende Figur) folgende Größen bekannt: $s = 130\,\text{mm}$, $h = 40\,\text{mm}$, $r = 40\,\text{mm}$, $R = 90\,\text{mm}$, $d = 15\,\text{mm}$.

a) Winkel $\alpha = ?$ Winkel $\beta = ?$

b) Länge des Mittelpunktabstands m?

c) Welchen Flächeninhalt A_D hat das Dreieck LM_1M_2?

d) Wie groß ist die Querschnittsfläche A des Maschinenteils?

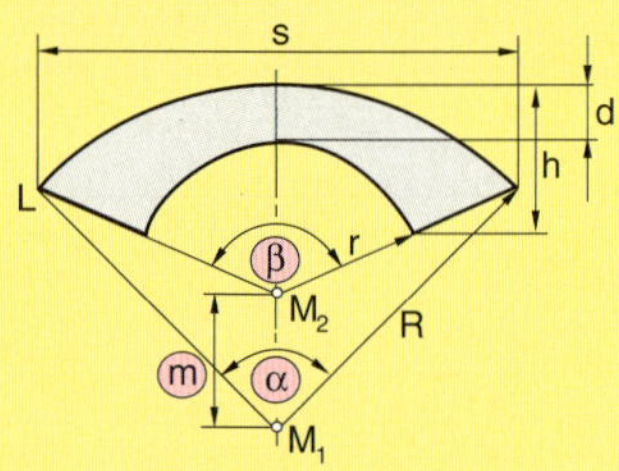

Schiefwinkeliges Dreieck

412. Wie groß sind die beiden Kräfte F_1 und F_2, die mit der Resultierenden $F = 85\,\text{N}$ die Winkel $\alpha = 34{,}2°$ und $\beta = 27{,}6°$ einschließen?

Anleitung: α und α' sind Wechselwinkel. Man berechne zunächst γ ...

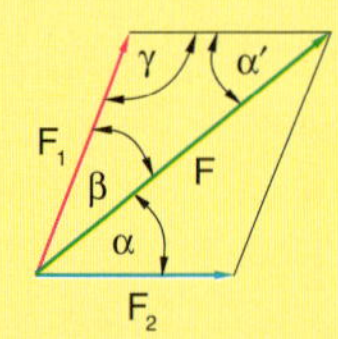

413. Text wie Aufgabe **412.** für $F = 120\,\text{N}$, $\alpha = 38{,}1°$ und $\beta = 24{,}7°$.

414. Die in I und II auftretenden Kräfte sind jeweils zu berechnen:

a)

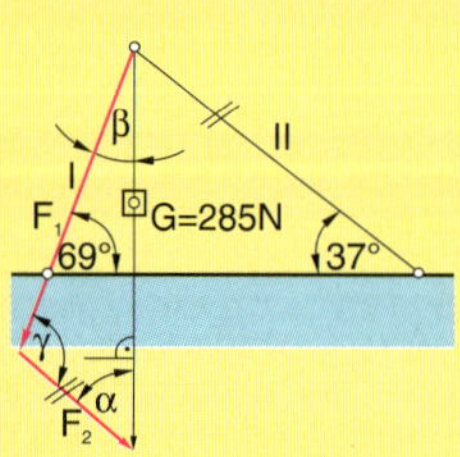

b)

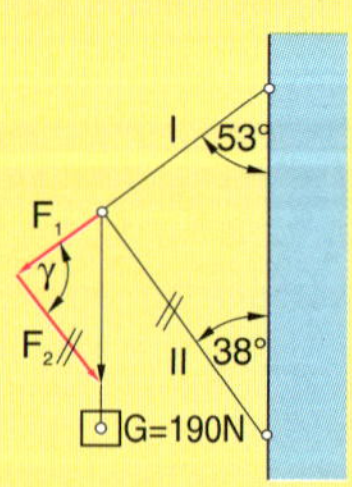

c)

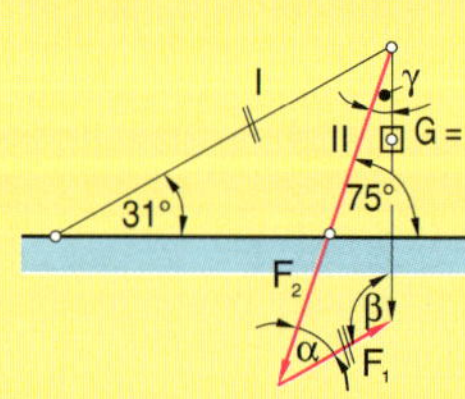

415. Auf ein quadratisches Blechstück wirken drei dem Betrag nach gleiche, aber verschieden gerichtete Kräfte F ein. Die Winkel, unter denen die Kräfte einwirken, sind auf Grund der nebenstehenden Figur zu bestimmen. Unter der Voraussetzung, dass die Reibung zwischen dem Blech und der Grundfläche vernachlässigbar klein ist, ist die resultierende Kraft F_0 und deren Richtung ε zu ermitteln.

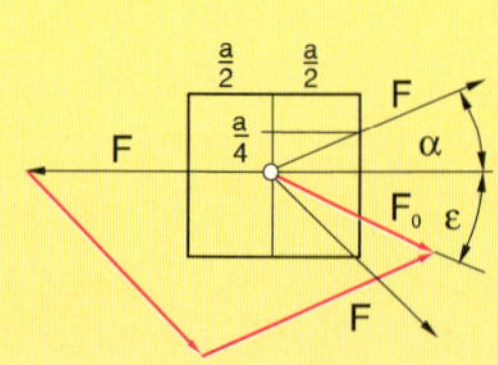

416. Die drei Gewichte G_1, G_2 und G_3 werden an einer Vorrichtung (vgl. nebenstehende Figur) angebracht.

a) Wie groß sind die Winkel α, β und γ, bei denen für $G_1 = 54\,N$, $G_2 = 120\,N$ und $G_3 = 73\,N$ Gleichgewicht herrscht?

b) Welche Winkel stellen sich ein, wenn $G_1 = G_2 = G_3$ ist?

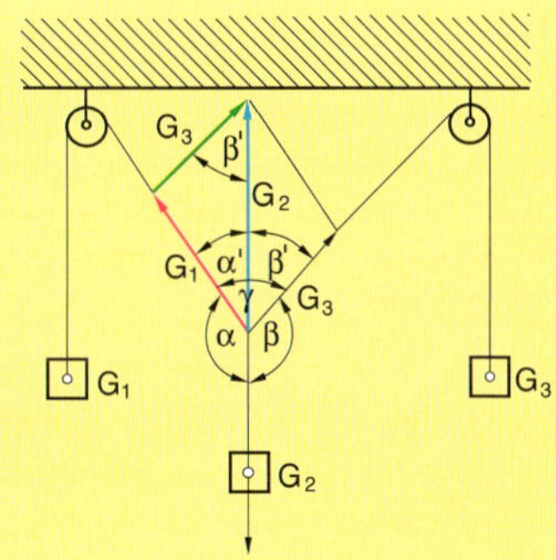

417. Von dem Querschnitt durch den nebenstehend skizzierten Kanal sind folgende Größen bekannt: $\varphi = 105°$, $r = 35\,cm$, $a = 48\,cm$.

a) Die Strecke x ist mit Hilfe des Sinussatzes zu berechnen.

b) Flächeninhalt A_1 des rosa unterlegten Fünfecks?

c) Flächeninhalt A_2 des blau unterlegten Kreissektors?

d) Wie groß ist die Querschnittsfläche A des Kanals?

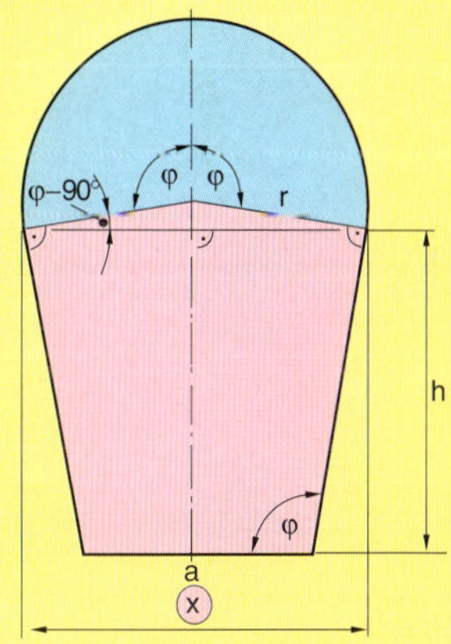

418. Von einem Kran sind folgende Größen bekannt: $a = 3{,}6\,m$, $s = 9{,}7\,m$, $\beta = 51°$, $\sigma = 29°$

Wie groß sind l, b und λ?

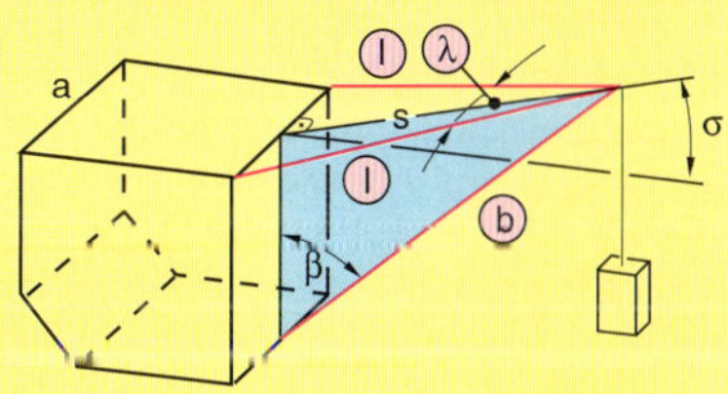

419. Von dem nebenstehend skizzierten Grundstück sind folgende Größen bekannt: $a = 56\,m$, $b = 72\,m$, $\alpha = 36°$, $\beta = 81°$, $\gamma = 17°$.

a) Strecke $e = ?$; Flächeninhalt $A_1 = ?$

b) Strecke $g = ?$; Flächeninhalt $A_2 = ?$

c) Welchen Wert repräsentiert das Grundstück ABCD, wenn der Quadratmeterpreis mit 4000,— Euro angenommen wird?

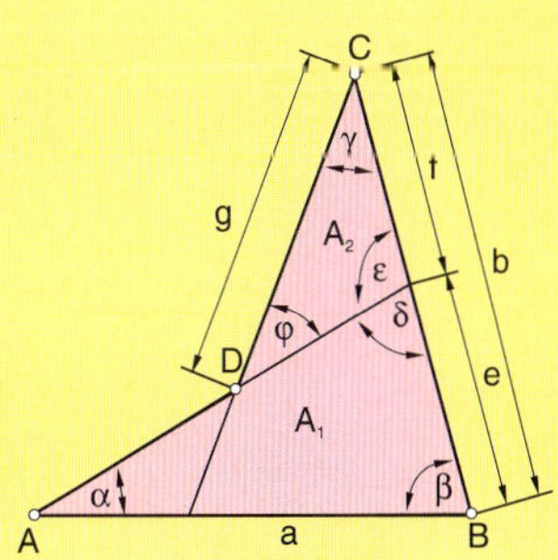

420.

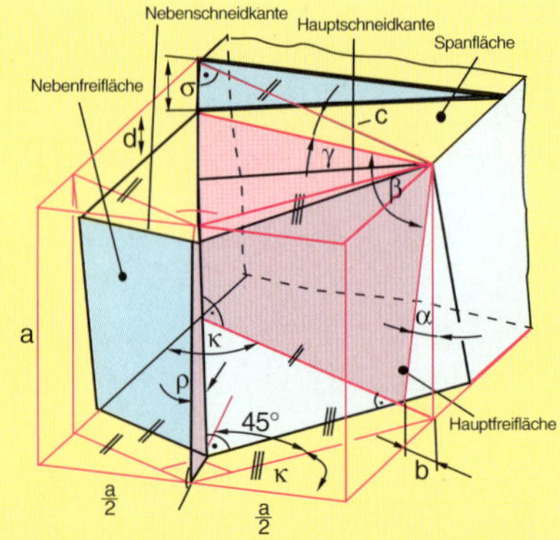

Das obige Foto zeigt den Werdegang eines Drehschneidemeißels vom quaderförmigen Rohstück zum fertigen Werkzeug: Zunächst wird die Haupt- und Nebenfreifläche angeschliffen, bis sich auf **beiden** Seiten der geforderte Freiwinkel α ergibt. Weiters stehen beide Flächen — horizontal gemessen — normal aufeinander (vgl. obige Figur). Im Anschluss daran wird der Spanwinkel γ angeschliffen.

a) Im Hinblick auf die obige Figur sind der Keilwinkel β und die Winkel ρ und σ allgemein mit Hilfe des Freiwinkels α, des Spanwinkels γ und des Einstellwinkels κ auszudrücken.

b) Die Winkel β, ρ, σ sind mit Hilfe der in **a)** gefundenen Relationen für $\alpha = 6°$, $\gamma = 7°$, $\kappa = 70°$ zu berechnen.

Goniometrische Beziehungen

421. Die in der Elektrotechnik auftretende Formel $\sin \omega t + \sin\left(\omega t + \frac{2\pi}{3}\right) + \sin\left(\omega t + \frac{4\pi}{3}\right) \overset{\text{DEF}}{=} 0$ ist zu beweisen.

422. $i_1 = 10 \sin \omega t$, $i_2 = 10 \sin\left(\omega t + \frac{2\pi}{3}\right)$, $i_3 = 10 \sin\left(\omega t + \frac{4\pi}{3}\right)$; $i_{ges} = i_1 + i_2 + i_3$, $i_{ges} = ?$

423. Auf einer schiefen Ebene wird eine Last mit dem Gewicht G gleichförmig hochgezogen. Auf die Last wirkt die Kraft F horizontal ein. Weiters ist zu beachten: $\mu = \tan \rho$, wobei μ der Reibungskoeffizient und ρ jener Neigungswinkel der schiefen Ebene ist, bei der die Last die Bodenhaftung zu verlieren beginnt und abwärts gleitet.

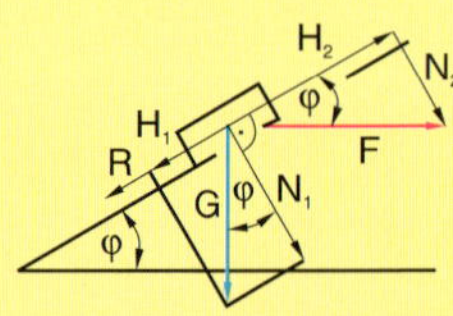

Es ist zu zeigen, dass die Beziehung $F = G \cdot \tan(\varphi + \rho)$ gilt.

Anleitung: Da die Last nicht beschleunigt wird, müssen die Kräfte H_1, H_2 und R im Gleichgewicht stehen: $H_1 + R = H_2$

424. Im Hinblick auf Aufgabe **423.** ist zu zeigen, dass für die gleichförmige Abwärtsbewegung auf einer schiefen Ebene folgendes gilt: $F = G \cdot \tan(\varphi - \rho)$.

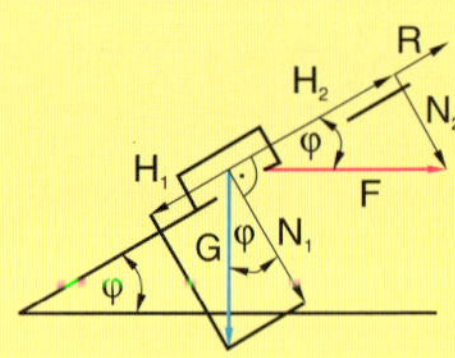

Anleitung: $H_2 + R = H_1$

425. Die beiden Kräfte F_1 und F_2 schließen miteinander den Winkel $\alpha = 67{,}3°$ ein. Ihre resultierende Kraft F beträgt 124 N, die Differenz von F_1 und F_2 ist $\Delta F = F_1 - F_2 = 41\,\text{N}$.

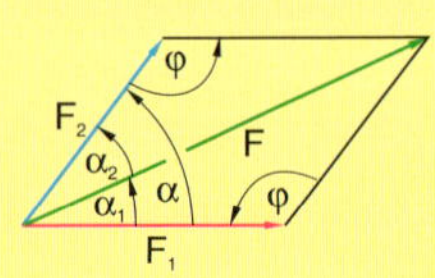

$\alpha_1 = ?$, $\alpha_2 = ?$, $F_1 = ?$, $F_2 = ?$

Anleitung: Das Gleichungssystem

(1) $\alpha = \alpha_1 + \alpha_2$

(2) $2\alpha + 2\varphi = 360°$

(3) $\Delta F = F_1 - F_2$

(4) $\frac{F}{\sin \varphi} = \frac{F}{\sin \alpha_2}$

(5) $\frac{F}{\sin \varphi} = \frac{F_2}{\sin \alpha_1}$ ist zu lösen!

9. Problemstellungen der Technik II

Bautechnik

426. Die Dachfläche A des gegebenen Hauses, dessen Dachneigung $\alpha = 52°$ beträgt, ist zu berechnen!

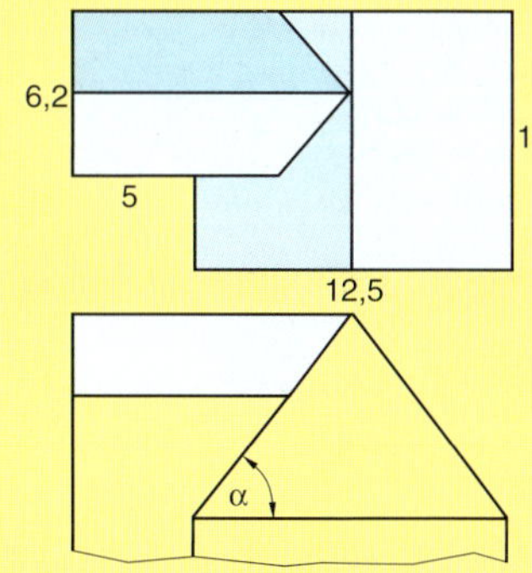

(Bemaßungen in Meter)

427. Walmdach:

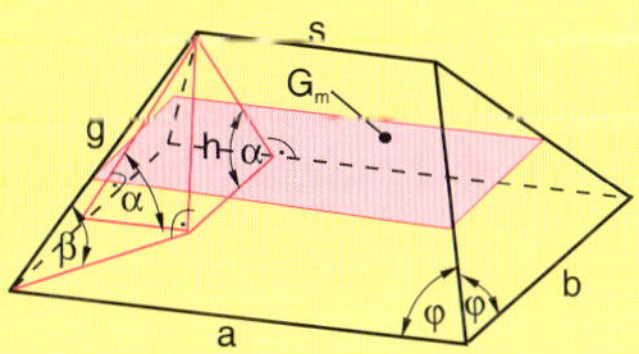

Geg.: $a = 8{,}3$ m, $b = 5{,}8$ m, Dachneigung $\alpha = 27{,}2°$

Ges.: Firsthöhe h und -länge s, Winkel β und φ, Länge der Gratsparren g, Dachfläche A (Flächenprojektionssatz!), Dachvolumen V.

428. Eckhaus:

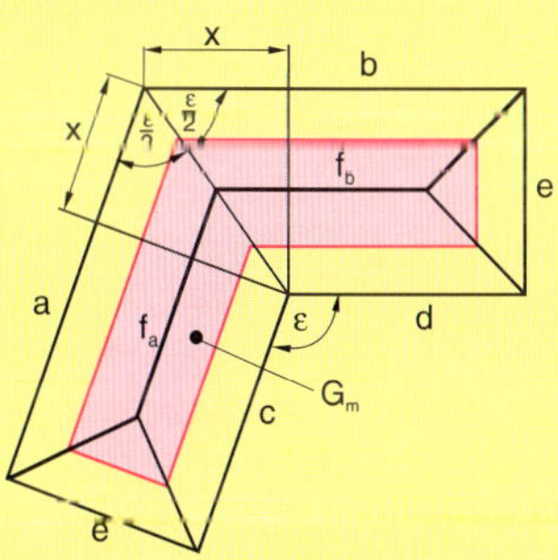

Geg.: $a = 34$ m, $b = 26$ m, $e = 15$ m, $\varepsilon = 110°$

Traufhöhe[1] $H = 8{,}60$ m, Dachneigung $\alpha = 34°$

Ges.: Grundrissfläche G_1, Umfang u, Dachfläche A, umbauter Raum V.

429. Von einem Walmdach über trapezförmigem Grundriss kennt man die Dachneigung $\alpha = 40{,}5°$ und drei Traufenlängen.

a) Länge der 4. Traufe d?

b) Winkel β, Firsthöhe h und -länge s?

c) Gratsparrenlängen g_1 und g_2?

d) Winkel γ und ε?

e) Dachfläche A?
Anleitung: Flächenprojektionssatz

f) Dachvolumen V?

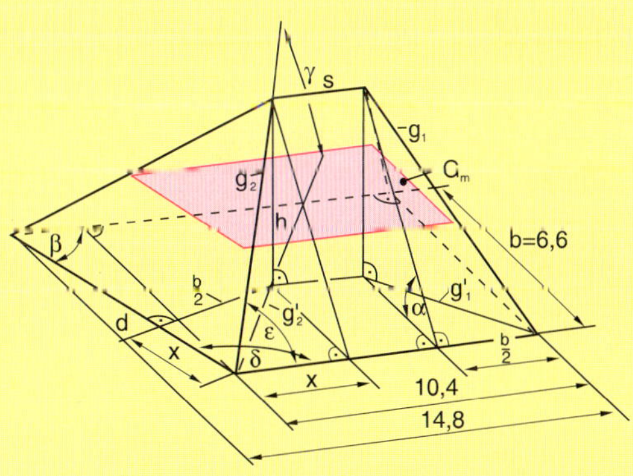

(Bemaßungen in Meter)

[1]) Die Traufhöhe ist die Höhe des Hauses bis zur Dachkante (= Traufe).

430. Um einen 60 m langen Geländeabschnitt abzutragen, wird ein Muldenkipper eingesetzt. Wie viele Fuhren sind durchzuführen, wenn 15% Auflockerung angenommen wird?

Anleitung: $\tan\beta' = \frac{4}{5}$, $\tan\alpha = \frac{36{,}2}{100}$ usw.

Profilschnitt des Geländes:

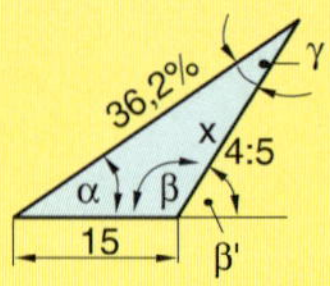

Kippbehälter:

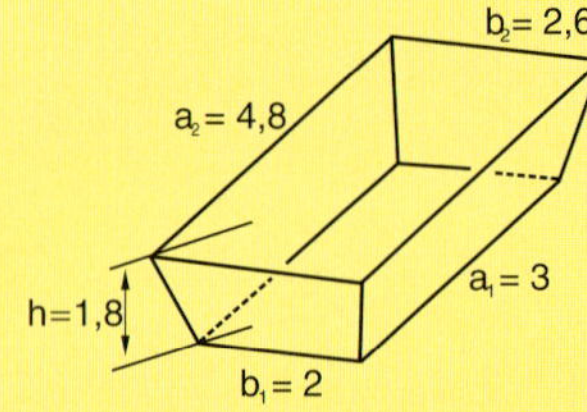

(Bemaßungen in Meter)

431. Grund- und Aufriss eines Hauses:

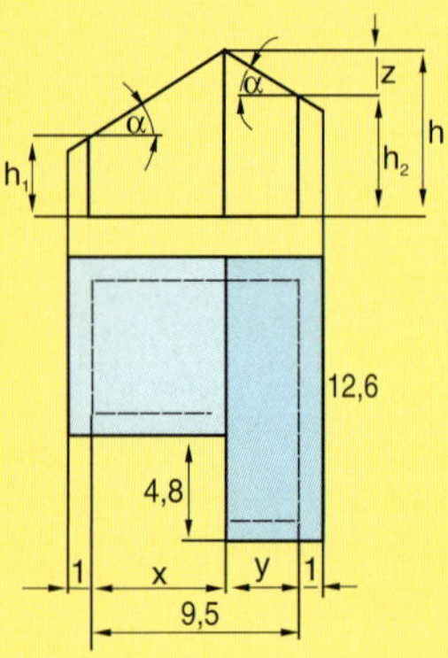

Geg.: Dachneigung $\alpha = 32{,}5°$, $h_1 = 3{,}6\,\text{m}$, $h_2 = 5{,}2\,\text{m}$

Ges.: Firsthöhe h, Dachfläche A

Anleitung: Zunächst ist die Größe x zu berechnen ...

432. Trigonometrische Höhenmessung:

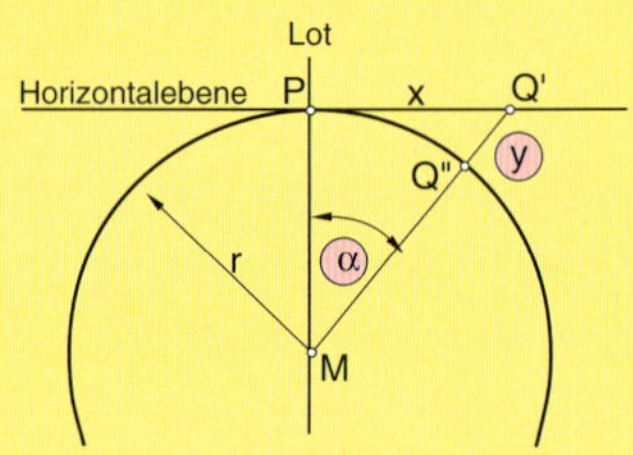

a) Im Hinblick auf die nebenstehende Figur sind die Größen y und α für $x = 10\,\text{km}$ zu berechnen. ($r = 6370\,\text{km}$)

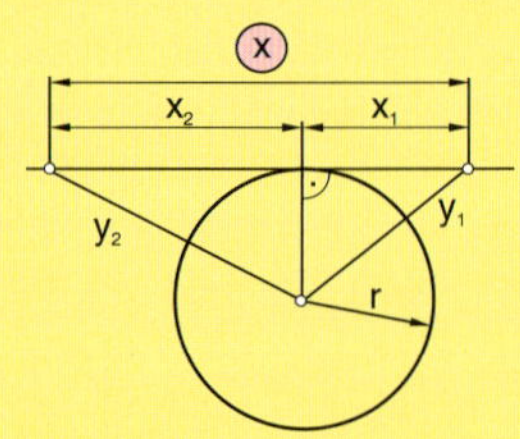

b) Text wie Aufgabe **a)** für $x = 20\,\text{km}$.

c) Bei welchem Abstand x verschwindet für eine Augenhöhe $y_2 = 1{,}60\,\text{m}$ ein $y_1 = 8{,}60\,\text{m}$ hoher Mast eines Schiffes? ($r = 6370\,\text{km}$)

Anleitung: Das Quadrat des Tangentenabschnittes t ist gleich dem Produkt der beiden Sekantenabschnitte s_1 und s_2: $t^2 = s_1 s_2$ (Sekanten-Tangentensatz).

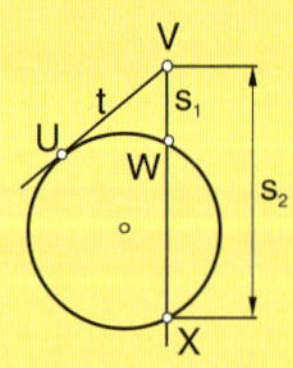

d) Text wie Aufgabe **c)** für einen $y_1 = 12{,}80\,\text{m}$ hohen Mast.

e) Ein Schiff nähert sich dem Inselstaat Taiwan, dessen höchste Erhebung der Berg Tung shan mit 3997 m ist. Vom Schiff, 25 m über der Wasseroberfläche, taucht der Gipfel dieses 60 km von der Küste entfernten Berges scheinbar aus dem Meer auf. Wie weit ist das Schiff in diesem Augenblick von der Küste entfernt? ($r = 6370\,\text{km}$)

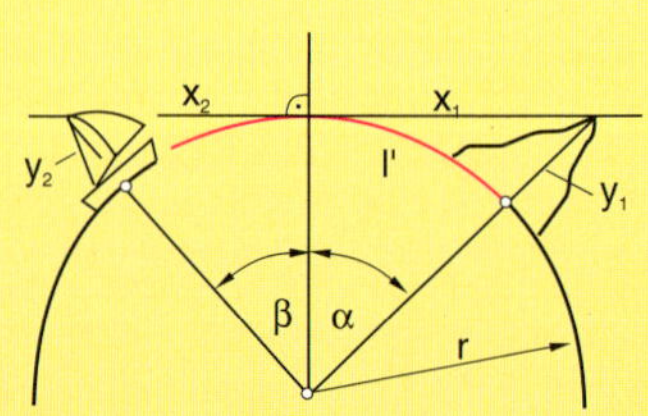

Bemerkung: Der Wellengang und die Lichtbrechung durch Temperaturschichtung über dem Meer sind zu vernachlässigen.

433. Geodätisches Koordinatensystem[1]

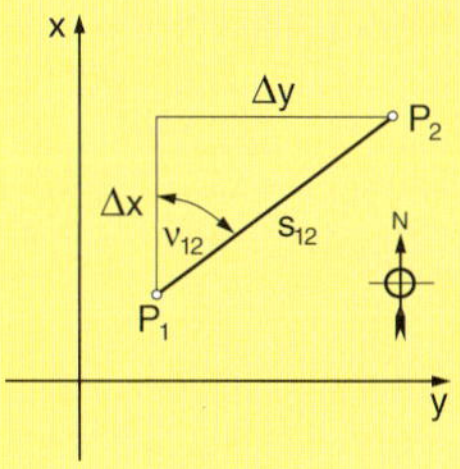

a) Geg.: $P_1(136{,}745,\ 112{,}134)$, $P_2(64{,}257,\ 153{,}274)$
Ges.: Richtungswinkel ν_{12}, s_{12}

Bemerkung: Der Richtungswinkel wird von der positiven x-Achse im mathematischen negativen Sinn gezählt.

b) Geg.: $P_1(235{,}479,\ 186{,}217)$, $s_{12} = 124{,}503\,\text{m}$, $\nu_{12} = 257{,}49321°$
Ges.: $P_2(x_2,\ y_2)$

434.[1]

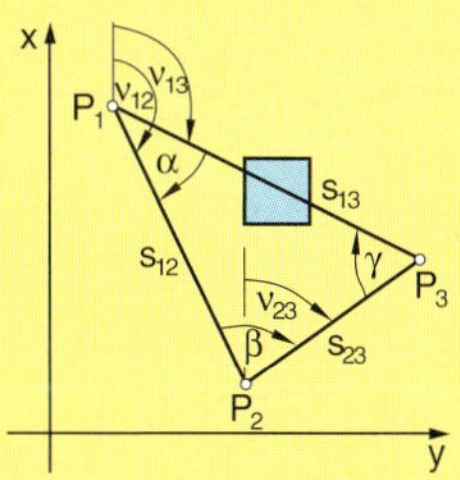

a) Geg.: $P_1(186{,}24,\ 43{,}16)$, $P_2(57{,}13,\ 143{,}18)$, $P_3(124{,}17,\ 246{,}53)$
Ges.: ν_{12}, ν_{13}, ν_{23}, s_{12}, s_{13}, s_{23}, α, β, γ

b) Geg.: $P_1(123{,}48,\ 242{,}35)$, $P_2(56{,}43,\ 142{,}78)$, $\beta = 265{,}83751°$ (im Uhrzeigersinn!), $s_{23} = 162{,}43\,\text{m}$
Ges.: ν_{12}, ν_{23}, $P_3(x_3,\ y_3)$, ν_{13}, α, γ

435.[1] Vorwärtseinschnitt:

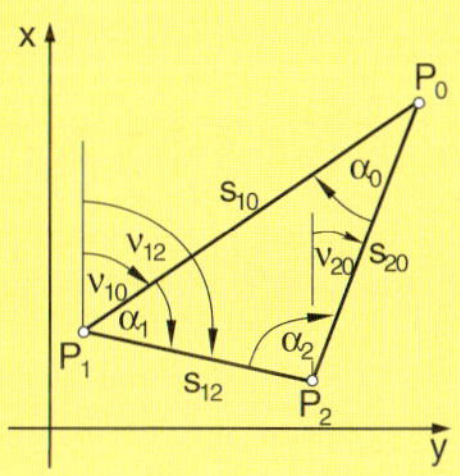

Ausgehend von zwei durch Koordinaten bestimmten Punkten ist durch Winkelmessung ein neuer Punkt zu bestimmen!

a) Geg.: $P_1(x_1,\ y_1)$, $P_2(x_2,\ y_2)$, α_1, α_2
Ges.: s_{12}, α_0, s_{10}, s_{20}, $P_0(x_0,\ y_0)$

b) Geg.: $P_1(42{,}17,\ 12{,}34)$, $P_2(8{,}43,\ 81{,}15)$
$\alpha_1 = 52{,}531°$, $\alpha_2 = 95{,}863°$
Ges.: ν_{12}, s_{12}, α_0, s_{10}, s_{20}, ν_{10}, ν_{20}, $P_0(x_0,\ y_0)$

436.[1] Höhenbestimmung:

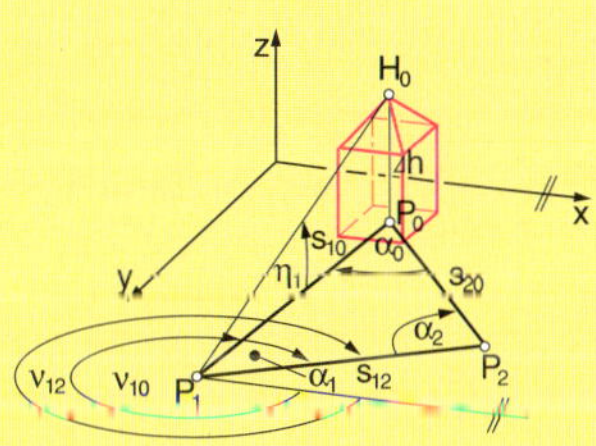

Zur Bestimmung des Ortes und der Höhe eines Turmes wurden von zwei bekannten Punkten P_1 und P_2 die Winkel α_1, α_2 und η_1 gemessen.

a) Geg.: $P_1(10{,}67,\ 74{,}85)$, $P_2(54{,}77,\ 65{,}31)$, $\alpha_1 = 38{,}729°$, $\alpha_2 = 88{,}763°$, $\eta_1 = 27{,}899°$
Ges.: $P_0(x_0,\ y_0)$, $H_0(x_0,\ y_0,\ z_0)$

b) Geg.: $P_1(15{,}43,\ 63{,}98)$, $P_2(34{,}78,\ 24{,}23)$, $\alpha_1 = 23{,}445°$, $\alpha_2 = 82{,}82°$, $\eta_1 = 34{,}524°$
Ges.: $P_0(x_0,\ y_0)$, $H_0(x_0,\ y_0,\ z_0)$

437. Man berechne den Querschnitt einer Sohlschale (vgl. nachstehende Figur).

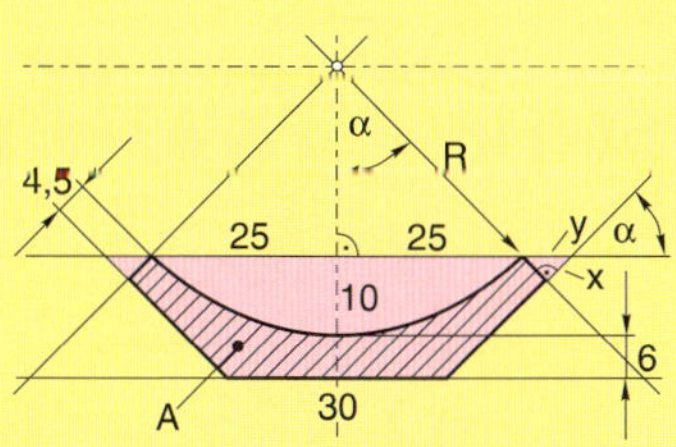

(Bemaßungen in Zentimeter)

[1]) Es wird ein geodätisches Koordinatensystem verwendet. Dieses ist dadurch gekennzeichnet, dass die „mathematische" x-Richtung nach Norden ausgerichtet ist und die y-Richtung nach Osten zeigt.

438. Die Masse des nachstehenden Eckelements ist zu berechnen! ($\rho = 2{,}5\,kg/dm^3$)

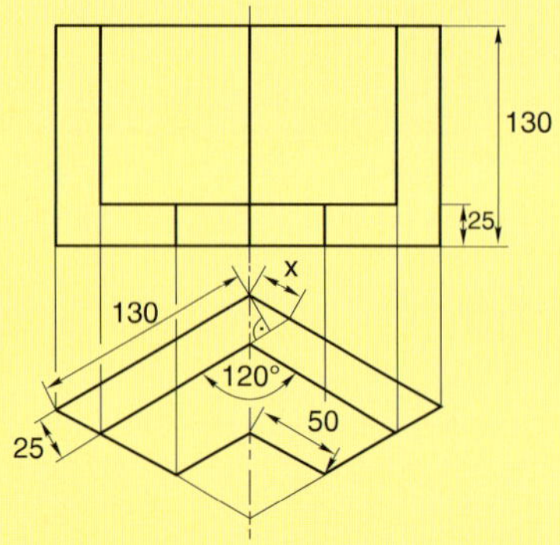

(Bemaßungen in Zentimeter)

439. Zylindrischer Tank:

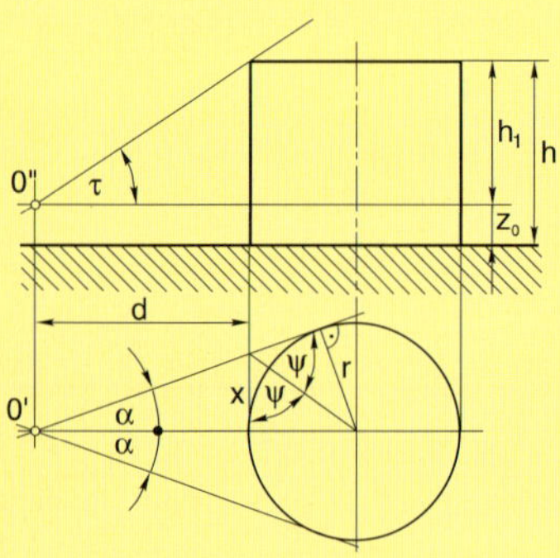

a) Geg.: $d,\ \alpha,\ \tau,\ z_0$
Ges.: $\psi,\ x,\ r,\ h_1,\ h,\ V,\ M$

b) Geg.: $d = 29{,}45\,m$, $\alpha = 24{,}36°$, $\tau = 41{,}53°$, $z_0 = 1{,}60\,m$
Ges.: $\psi,\ x,\ r,\ h_1,\ h,\ V,\ M$

440. Walmdach — rechtwinkeliges Mauereck:

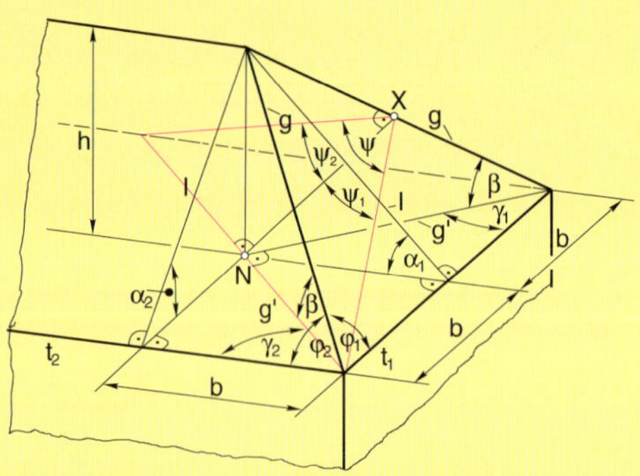

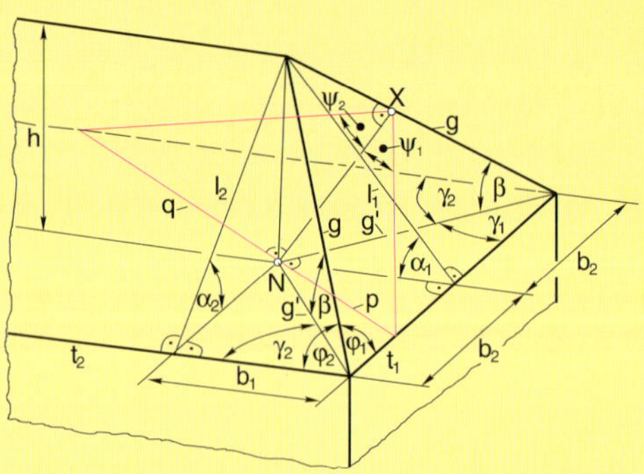

a) Geg.: Gleiche Dachneigungen,
$\alpha_1 = \alpha_2 = 43°$
Ges.: $\gamma_1,\ \gamma_2,\ \beta,\ \varphi_1,\ \varphi_2,\ \psi$

b) Geg.: Ungleiche Dachneigungen,
$\alpha_1 = 38°$, $\alpha_2 = 52°$
Ges.: $\gamma_1,\ \gamma_2,\ \beta,\ \varphi_1,\ \varphi_2,\ \psi_1,\ \psi_2$

441. Walmdach — schiefwinkeliges Mauereck:

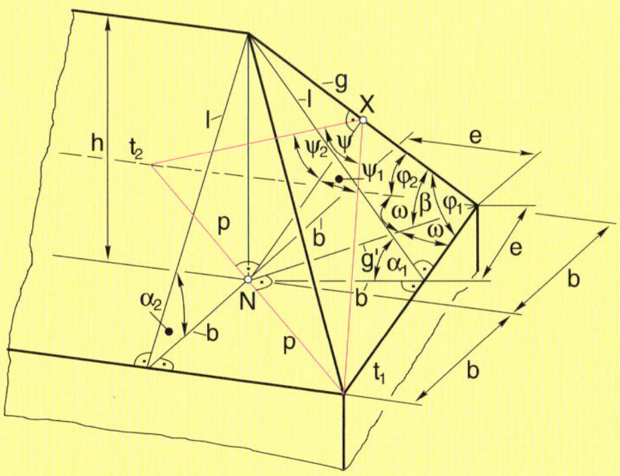

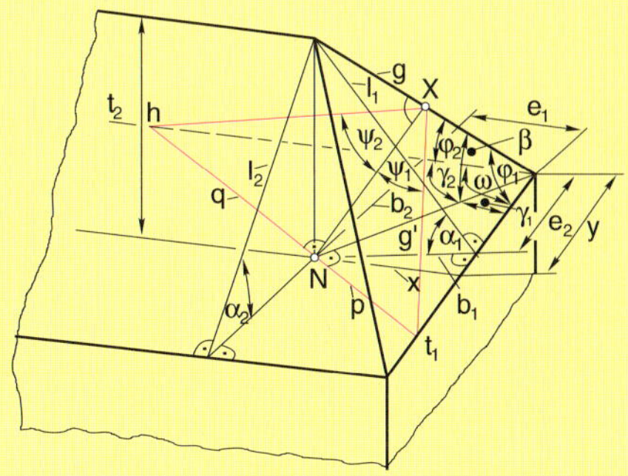

a) Geg.: Gleiche Dachneigungen,
$\alpha_1 = \alpha_2 = 50°$
Traufenwinkel $2\omega = 130°$
Ges.: β, φ_1, φ_2, ψ

b) Geg.: Ungleiche Dachneigungen,
$\alpha_1 = 55°$, $\alpha_2 = 40°$, $\omega = 100°$
Ges.: γ_1, γ_2, β, φ_1, φ_2, ψ_1, ψ_2

442. a) Die blau unterlegte Figur veranschaulicht ein Eisenprofil. Man berechne die Masse m eines 1 m langen Profils. ($\rho_{Eisen} = 7{,}5\,kg/dm^3$).

b) Die rosa unterlegte Figur veranschaulicht ein Aluminiumprofil, wobei $\overline{MP}:\overline{PQ} = 1:2$. Masse m eines 2,4 m langen Profils? ($\rho_{Aluminium} = 2{,}7\,kg/dm^3$).

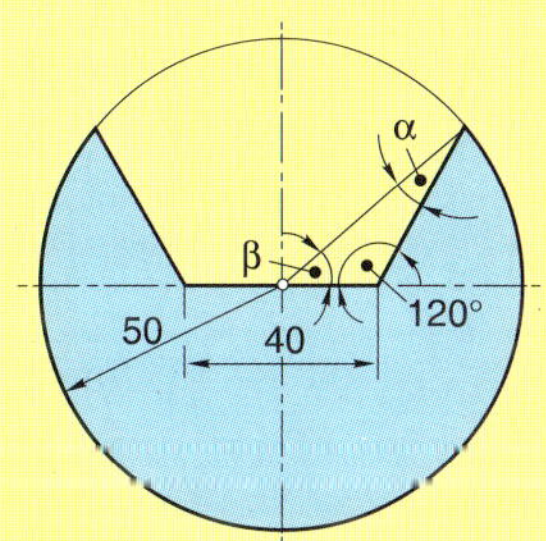

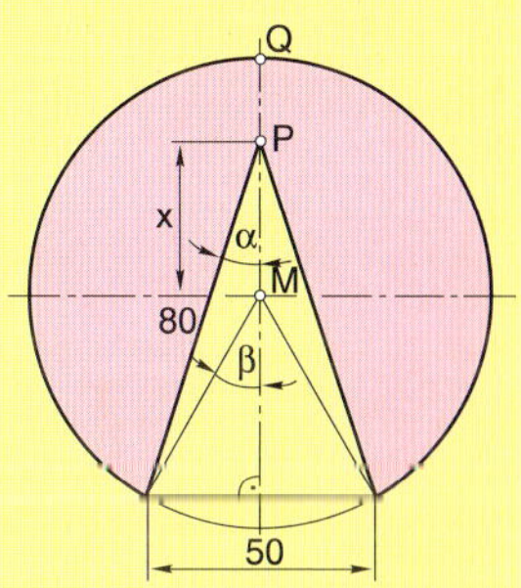

Elektro-/Nachrichtentechnik

443. Überlagerung von Schwingungen:

Es werden die sinusförmigen Wechselspannungen $u_1(t)$ und $u_2(t)$ überlagert (addiert). Die entstehende Gesamtspannung u (t) ist **(1)** grafisch **(2)** rechnerisch anzugeben.

a) $u_1(t) = 380 \cdot \sin(2\pi\, 50\, t)\, V$
$u_2(t) = 380 \cdot \cos(2\pi\, 50\, t)\, V$

b) $u_1(t) = 12 \cdot \sin\left(2\pi \cdot 10^3 t + \frac{\pi}{4}\right) V$
$u_2(t) = 10 \cdot \sin\left(2\pi \cdot 10^3 t + \frac{\pi}{3}\right) V$

c) $u_1(t) = 8{,}5 \cdot \cos\left(2\pi\, 300\, t - \frac{\pi}{6}\right) V$
$u_2(t) = 8{,}5 \cdot \sin\left(2\pi\, 300\, t + \frac{\pi}{6}\right) V$

d) $u_1(t) = 60 \cdot \sin\left(2\pi\, 500\, t + \frac{\pi}{8}\right) V$
$u_2(t) = 65 \cdot \cos\left(2\pi\, 500\, t - \frac{5\pi}{6}\right) V$

444. a) Bei der Überlagerung zweier sinusförmiger Wechselspannungen $u_1(t) = 10 \cdot \cos(50t)\, V$ und $u_2(t) = 10 \cdot \cos(60t)\, V$, deren Frequenzen sich kaum voneinander unterscheiden, entsteht die sogenannte **Schwebung**. Man berechne die Gesamtspannung $u(t) = u_1(t) + u_2(t)$ unter Verwendung des zweiten Summensatzes.

b) Die Gesamtspannung u (t) ist für $t \in \left[0, \frac{3\pi}{5}\right]$ grafisch darzustellen.

c) Es sind die einzelnen Terme von u (t) anhand der Grafik zu deuten.

444. (Fortsetzung)

d) $p_1(t) = p_0 \cos \omega_1 t$ und $p_2(t) = p_0 \cos \omega_2 t$ beschreiben die Druckverläufe von Schallwellen, die zwei verstimmte Gitarren bei Anschlagen der gleichen Saite erzeugen. Der Druckverlauf $p(t) = p_1(t) + p_2(t)$ der entstehenden Schallwelle ist zu berechnen.

Wie kann man den Effekt der Schwebung zum Stimmen der beiden Gitarren verwenden?

445. Aus dem nebenstehenden Zeigerdiagramm einer RC-Serienschaltung ist der Verlustwinkel φ für die Frequenzen **a)** $f = 50\,\text{Hz}$ **b)** $f = 1\,\text{kHz}$ **c)** $f = 10\,\text{kHz}$ zu berechnen. ($R = 50\,\Omega$, $X_C = -\frac{1}{2\pi f C}$, $C = 47\,\text{nF}$)

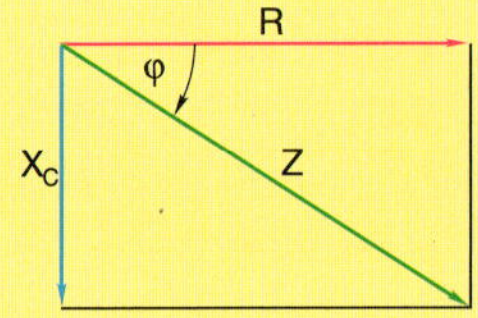

446. Aus dem Zeigerdiagramm des nebenstehenden Parallelschwingkreises ist der Phasenwinkel φ zwischen Strom I und Spannung U für $I = 1{,}07\,\text{A}$, $I_C = 0{,}51\,\text{A}$, $I_L = 1{,}46\,\text{A}$ zu berechnen.

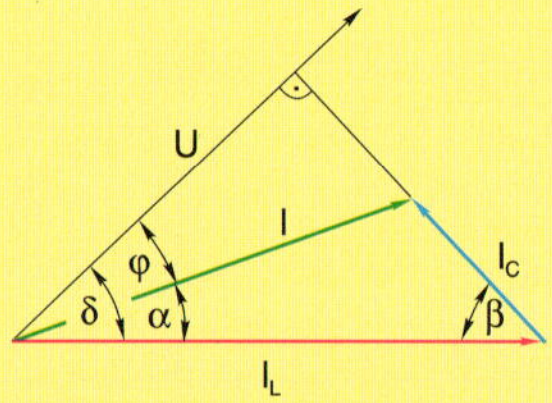

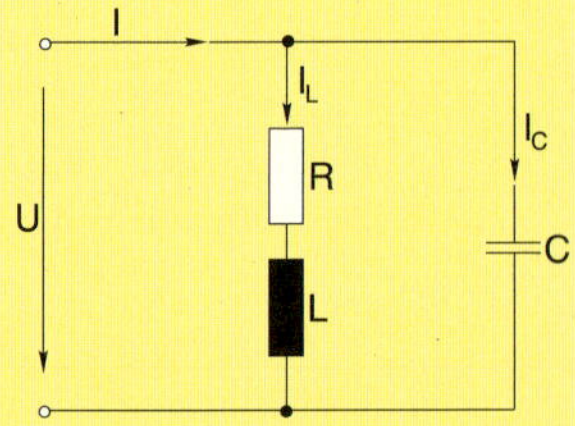

447. Ein Diaprojektor beleuchtet aus einer Entfernung von $d = 7\,\text{m}$ eine quadratische Fläche mit $s = 3\,\text{m}$. Wie groß ist die beleuchtete Fläche, wenn die Projektionsrichtung um $\alpha = 12°$ von der Horizontalen abweicht?

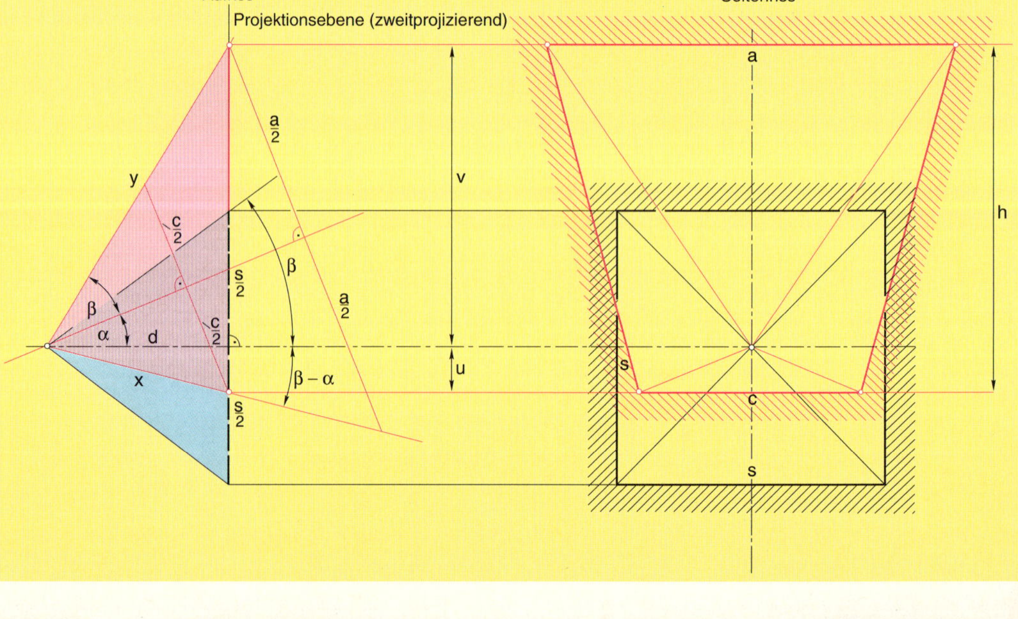

Maschinenbau

448. Für nebenstehendes Schaltkreuz (4 Schäfte) sind die Größen a, d, l und α gegeben. Folgendes ist zu berechnen:

a) Abstand m der Mittelpunkte zweier benachbarter Kugelknöpfe.

b) Gesamthöhe h des Schaltkreuzes.

c) Gesamtdurchmesser D.

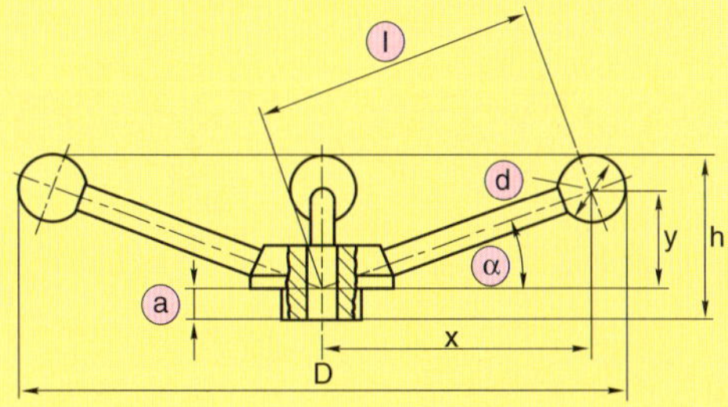

449. Das Profil eines Keilriemens mit dem ISO-Kurzzeichen A hat folgende Maße: $\alpha = 34°$, $b = 12{,}7\,\text{mm}$, $c = 2{,}7\,\text{mm}$, $b : h = 13 : 8$

a) Wie groß ist die Wirkbreite b_w?

b) Wie groß ist die Querschnittsfläche A?

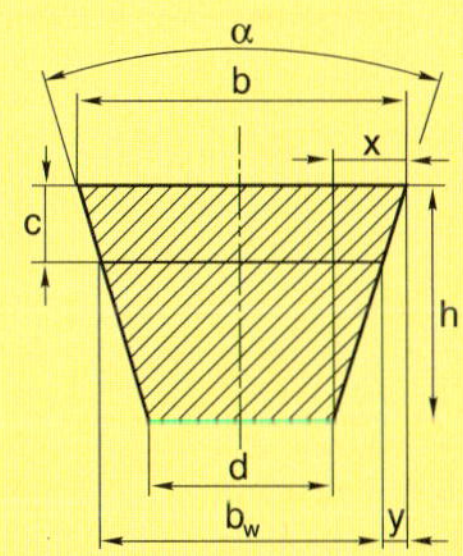

450. Welcher Winkel φ muss auf dem Support einer Drehbank eingestellt werden, um einen Kegelstumpf gemäß den Angaben in nebenstehender Figur zu drehen?

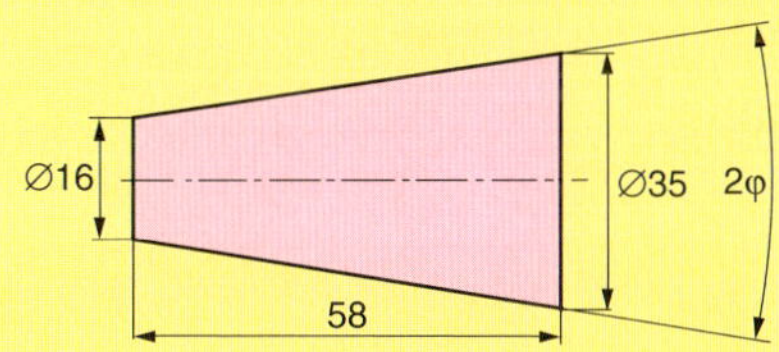

451. Zwei Kegelräder mit dem Durchmesser $d_1 = 45\,\text{mm}$ und $d_2 = 26\,\text{mm}$ greifen ineinander ein. Wie groß müssen die Eingriffswinkel α_1 und α_2 der beiden Räder sein?

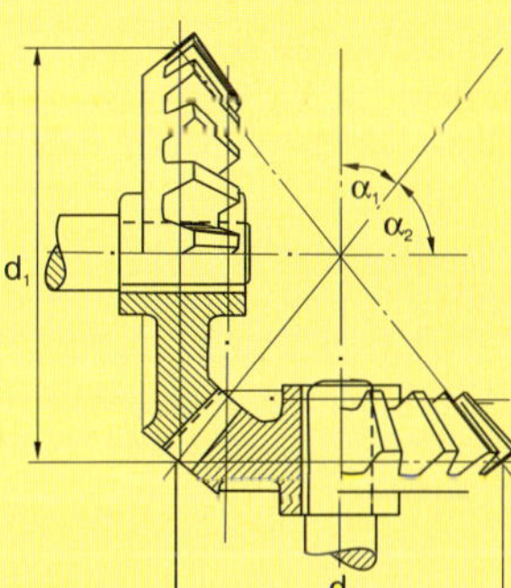

452. Es ist der Weg x der Schubstange eines Schubkurbelantriebs als Funktion des Winkels α darzustellen.
(E.....Rechter Endpunkt E der Schubstange für $\alpha = 0°$)

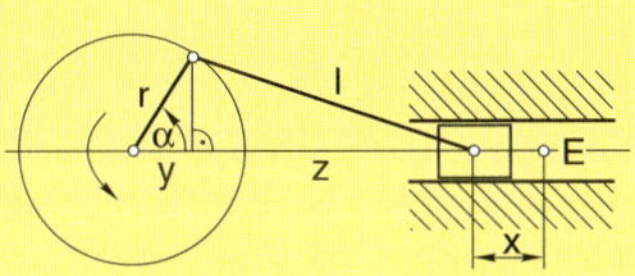

Textiltechnik

Die Drehung eines Garnes verleiht diesem bestimmte Festigkeitseigenschaften. Wickelt man eine Drehung eines Garnes vom Durchmesser d ab, ergibt sich nebenstehendes Bild:

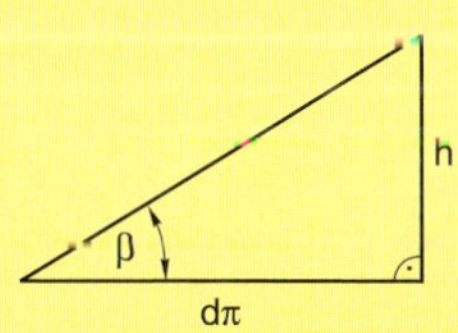

β ..... Steigungswinkel
h ..... Steigungshöhe
$d\pi$ ..... Umfang

453. Wie groß ist der Steigungswinkel β, wenn auf 10 cm eines Garnes mit dem Durchmesser $d = 0{,}8\,\text{mm}$ 72 Drehungen gezählt werden?

454. Welche Dicke hat ein Garn mit einer Garndrehungszahl 650 T/m (Drehungen pro Meter), wenn der Steigungswinkel $\beta = 35°$ beträgt?

455. Wie groß ist die Aufrichtung a der Häkchen einer Karde bei einer Belagshöhe $h = 10\,\text{mm}$ und $\varphi = 74°$ (vgl. nebenstehende Figur)?

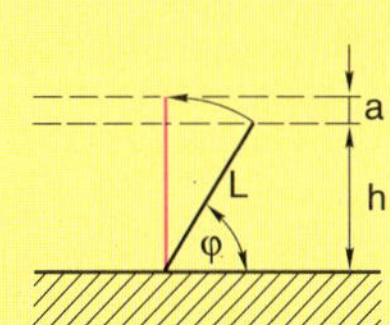

10. Problemstellungen der Physik

Die nachstehenden Physikaufgaben fallen außerhalb des eigentlichen Mathematiklehrstoffes. Eine Abstimmung auf den Physikunterricht ist unbedingt notwendig.

456. Um welchen Winkel α muss der Hebel (vgl. nebenstehende Figur) nach links gedrückt werden, damit er von selbst umfällt? ($a = 8$ cm, $b = 5$ cm)

Bemerkung: Da gleicher Querschnitt vorausgesetzt wird, gilt: $F_a : F_b = a : b$.

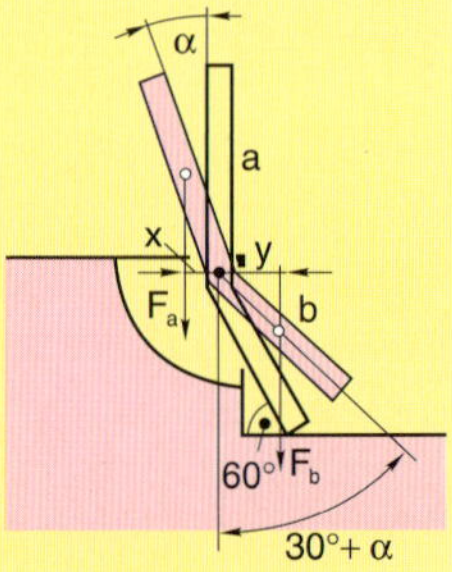

457. Eine Kugel rollt mit einer Momentangeschwindigkeit $v = 20$ m/s eine mit $k = 15\%$ ansteigende schiefe Ebene hinauf. Welchen Weg legt sie noch zurück, wenn der Reibungskoeffizient $\mu = 0{,}12$ beträgt?

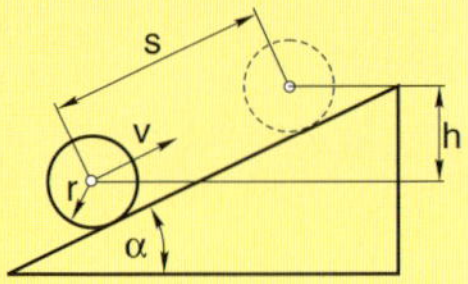

458. Beim Durchdringen einer planparallelen Glasplatte wird ein Lichtstrahl parallel verschoben (vgl. nebenstehende Figur). Die Verschiebung s ist vom Einfallswinkel α, der Glasdicke d und dem Brechungsindex n abhängig.

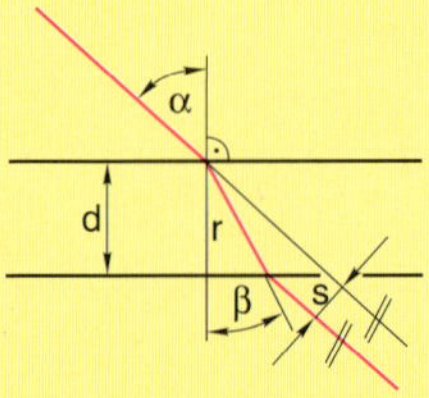

a) Für s ist unter Verwendung der Variablen α, d, n ein Term anzugeben.

b) s ist unter Verwendung des in **a)** ermittelten Terms für $\alpha = 30°$, $d = 10$ mm und $n = 1{,}4$ zu berechnen.

c) Der Brechungsindex n ist für $\alpha = 40°$ und $s = \frac{d}{4}$ zu berechnen.

Bemerkung: Beim Eintritt und Austritt des Lichtstrahls gilt das SNELLIUSsche Brechungsgesetz $\left(n = \frac{\sin\alpha}{\sin\beta}\right)$. Der Winkel β wird **Brechungswinkel** genannt.

Die Aufgaben **459.** und **460.** behandeln das Thema **„Fahrt in einer überhöhten Kurve“**. Hierbei ist Folgendes zu beachten: Damit das Fahrzeug nicht von der Fliehkraft F_Z nach außen getrieben wird, muss deren Komponente F_1 durch die Reibungskraft F_R und die Gewichtskomponente F_T kompensiert werden.

459. Welche Geschwindigkeit v kann das Fahrzeug gerade noch haben, um bei einem Kurvenradius $r = 80$ m, einer Neigung von $k = 15\%$ und einem Reibungskoeffizient $\mu = 0{,}4$ nicht seitlich abgetrieben zu werden?

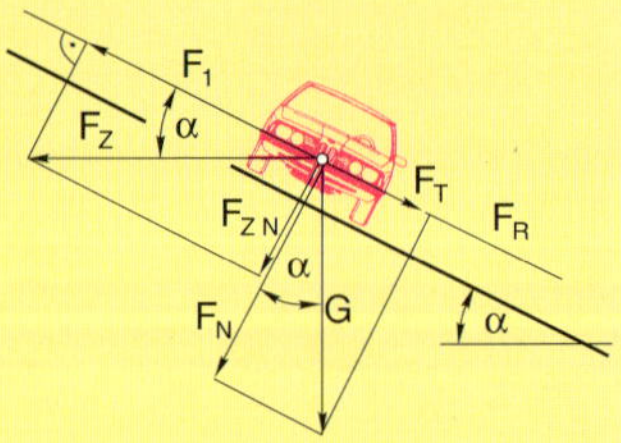

460. Welche Steigung k in Prozent muss die Kurve haben, damit ein Fahrzeug bei einem Kurvenradius $r = 120$ m und einem Reibungskoeffizient $\mu = 0{,}5$ mit einer Geschwindigkeit $v = 130$ km/h fahren kann, ohne seitlich abgetrieben zu werden?

EXPONENTIALFUNKTION UND LOGARITHMUS(FUNKTION)

1. Exponentialfunktionen

Beispiele für Exponentialfunktionen: $x \mapsto 2^x$, $x \mapsto \left(\frac{2}{3}\right)^x$, $x \mapsto 10^x$ usw.

Der Ausdruck a^x, $a > 0$[1] stellt für jedes $x \in \mathbb{R}$ einen eindeutig bestimmten Zahlenwert dar. Er legt somit eine Funktion $f\colon x \mapsto a^x$ fest.

Definition:

Exponentialfunktionen sind Funktionen, die durch eine Funktionsgleichung $y = a^x$ ($a \in \mathbb{R}^+ \setminus \{1\}$)[2] dargestellt werden können. Die unabhängige Variable x tritt somit als Exponent einer konstanten positiven Basis auf.

Man beachte den Unterschied zur Potenzfunktion:

> Bei der Potenzfunktion $f\colon x \mapsto x^n$ ist die **Basis** veränderlich.
>
> Bei der Exponentialfunktion $f\colon x \to a^x$ ist der **Exponent** veränderlich.

Beispiel:

Die Graphen der Funktionen **(1)** $f_1\colon x \mapsto 2^x$ **(2)** $f_2\colon x \mapsto \left(\frac{1}{2}\right)^x$ **(3)** $f_3\colon x \mapsto \left(\frac{2}{3}\right)^x$ **(4)** $f_4\colon x \mapsto \left(\frac{3}{2}\right)^x$ sind über der Definitionsmenge $D = \{x \mid x \in \mathbb{R} \wedge (-3) \leqslant x \leqslant 3\}$ in einem gemeinsamen Koordinatensystem zu zeichnen!

Lösung:

Wertetabelle:

x	$f_1(x)$	$f_2(x)$	$f_3(x)$	$f_4(x)$
−3				
−2				
−1				
0				
1				
2				
3				

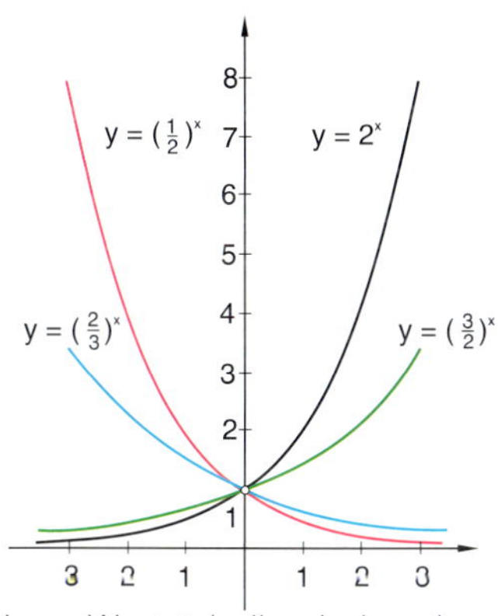

Die fehlenden Funktionswerte der obigen Wertetabelle sind zu berechnen.

Einige Eigenschaften der Funktion $x \mapsto a^x$ $(a \in \mathbb{R}^+ \setminus \{1\},\ x \in \mathbb{R})$:

(1) Definitionsmenge $D = \mathbb{R}$
(2) Wertemenge $W = \mathbb{R}^+$
(3) Die x-Achse ist Asymptote.
(4) $x \mapsto a^x$ geht immer durch den Punkt $P(0, 1)$.
(5) $x \mapsto a^x$ ist streng monoton wachsend für $a > 1$.
(6) $x \mapsto a^x$ ist streng monoton fallend für $a < 1$.
(7) $x \mapsto a^x$ und $x \mapsto a^{-x}$ liegen symmetrisch bezüglich der y-Achse.

Die Bedeutung der Exponentialfunktion liegt vor allem im Bereich der Naturwissenschaften und der Wirtschaft, wo mit ihrer Hilfe Wachstums- bzw. Abnahmevorgänge beschrieben werden können: Zinseszinsen, progressive und degressive Abschreibung, Bevölkerungs- und Pflanzenwachstum, radioaktiver Zerfall von Atomkernen, Erwärmungs- und Abkühlungsprozesse usw.

[1] Die Einschränkung $a > 0$ ist notwendig, weil Potenzen mit reellen Exponenten nur für positive Basen erklärt sind.

[2] Für $a = 1$ ergibt sich die konstante Funktion $y = 1$.

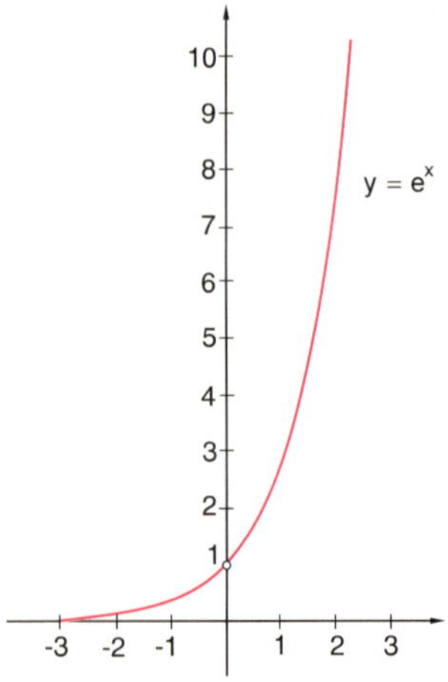

Der Graph der Funktion mit der Gleichung $y = e^{bx}$ veranschaulicht für $b > 0$ Zunahme, für $b < 0$ Abnahme von natürlichen Vorgängen.

Gemäß dem in der Außenspalte dargestellten Funktionsgraphen vermehrt sich z. B. die Menschheit oder der Holzbestand eines Waldes. Selbst Bakterien vermehren sich zunächst nach dieser Funktion. Vergleichen wir den Graphen dieser Funktion mit der grafischen Veranschaulichung des vorigen Beispiels, könnte man vermuten, dass diese „natürliche" Exponentialfunktion die Basis 2 hat. Tatsächlich aber ist es nicht so einfach, denn die Basis ist die sogenannte **EULERsche Zahl** $e = 2{,}718281828459045235360\ldots$ Die Zahl e[1] wurde nicht willkürlich festgelegt. Vielmehr ist sie genau die Zahl, mit der man zahlreiche **Naturgesetze** beschreiben kann.

Wie würde übrigens
— der Verlauf des Luftdruckes bei zunehmender Höhe,
— die Entladung eines Kondensators in Abhängigkeit der Zeit oder
— der Schalldruck (Schallintensität) in Abhängigkeit der Dicke des zu durchdringenden Mediums

grafisch zu veranschaulichen sein?

Es genügt, wenn wir uns folgenden Näherungswert für e merken: $e = 2{,}718$

e ist — ähnlich wie π — **keine** periodische Dezimalzahl. In der höheren Mathematik zählt die Exponentialfunktion $x \mapsto e^x$ zu den wichtigsten Funktionen.

Leonhard EULER (1707—1783) war der wahrscheinlich produktivste Mathematiker, der je lebte. Das Verzeichnis seiner Werke umfasst rund 900 Titel, seine „Gesammelten Werke", die seit 1907 herausgegeben werden, umfassen derzeit mehr als 70 Bände und sind noch lange nicht abgeschlossen.

Leonhard EULER entstammt einer Pastorenfamilie aus Basel. Er studierte bei Johann BERNOULLI (1667—1748), war von 1727—1741 an der Petersburger Akademie der Wissenschaften, von 1741—1766 an der von FRIEDRICH dem Großen gegründeten Berliner Akademie und ab 1766 wieder in Petersburg tätig. Außer mit zahlreichen Gebieten der Mathematik beschäftigte sich EULER unter anderem mit Philosophie, Schiffsbau, Artillerie, Astronomie, Kartografie, Optik und Musiktheorie. Beispielsweise berechnete er für FRIEDRICH den Großen Lotterien und konstruierte Brunnen mit Wasserspielen für den Schlosspark von Sans-Souci. 1738 verlor EULER nach einer schweren Infektion das Sehvermögen des rechten Auges. 1771 erkrankte er auch am linken Auge schwer. Die letzten Jahre seines Lebens war er beinahe blind.

Hier kamen ihm sein unfehlbares Gedächtnis und seine enorme Konzentrationsfähigkeit zugute: Er diktierte seinen Gehilfen seine Arbeiten. Letztere zeichneten sich vor allem durch ihre Klarheit und leichte Verständlichkeit aus. Seine Lehrbücher prägten den noch heute üblichen Stil.

AUFGABEN

461. Der Graph der folgenden durch ihre Funktionsgleichung gegebenen Funktion ist über der Definitionsmenge $D = \{x \in \mathbb{R} \mid -2 \leqslant x \leqslant 3\}$ zu zeichnen:

a) $y = 3^x$ **b)** $y = 3^{-x}$ **c)** $y = 3^{|x|}$ **d)** $y = \frac{1}{3^{|x|}}$

462. Text wie Aufgabe **461.** für $D = [-3, 3]$:

a) $y = 4^x$ **b)** $y = 4^{-x}$ **c)** $y = 4^{|x|}$ **d)** $y = \frac{1}{4^{\sqrt{|x|}}}$

e = 2,718...

463. Man berechne $\left(1+\frac{1}{n}\right)^n$ für **a)** $n = 1$ **b)** $n = 10$ **c)** $n = 99$ **d)** $n = 1000$ **e)** $n = 10000$

Wir erkennen: Für wachsendes n nähert sich $\left(1+\frac{1}{n}\right)^n$ einer bestimmten Zahl. Diese Zahl heißt **EULERsche Zahl** und wird mit dem Buchstaben e bezeichnet.

---

[1]) e ist eine irrationale Zahl, d. h. sie kann nicht durch einen Bruch ganzer Zahlen dargestellt werden. Ferner kann e auch nicht als n-te Wurzel ($n \in \mathbb{N}^*$) einer rationalen Zahl dargestellt werden. In diesem Zusammenhang sagen wir: e ist eine transzendent irrationale Zahl.

464. Es sind die Funktionswerte $y = e^x$ für nachstehende Argumente x zu berechnen, das Ergebnis ist auf 3 Dezimalstellen zu runden!

a) $x = 0{,}347$ **b)** $x = -3{,}167$ **c)** $x = 2{,}241 \cdot 10^{-3}$ **d)** $x = -0{,}01273$

465. Man zeichne **a)** $x \mapsto e^x$ **b)** $x \mapsto e^{-x}$ für $]-2, 2[$.

466. Für ein Kapital, das zu einem Jahreszinssatz p angelegt wird, erhält man nach n Jahren $K_n = K_0\left(1+\frac{p}{100}\right)^n$. Welchen Betrag erhält man nach 23 Jahren für 5000,— Euro bei p = 4 %?

467. Nährstoffreiche Substanzen und feuchte Wärme von 20°C bis 37°C stellen günstige Lebensbedingungen für Bakterien dar (z. B. Bakterien des Zahnbelags). Dabei vermehren sich diese durch Zweiteilung etwa nach **a)** $\tau = 20$ min **b)** $\tau = 0{,}5$ h **c)** $\tau = 1$ h. Man untersuche, wie viele solcher Lebewesen sich aus einer Bakterienzelle bei ungeänderten Umweltbedingungen innerhalb eines Tages bilden können. (Gleitkommadarstellung!)

Anleitung: Die Vermehrung durch Zweiteilung führt auf folgende exponentielle Abhängigkeit der Anzahl A: $A(t) = A_0 2^{\frac{t}{\tau}}$ (A_0 ..... Anzahl am Beobachtungsbeginn, A(t) ..... Anzahl nach t Stunden). Man beachte: τ ist jeweils die Zeit, nach der eine Verdopplung eintritt.

468. In einem $\vartheta_R = 22$°C warmen Zimmer liegt ein Grippekranker mit $\vartheta_K = 38{,}5$°C Körpertemperatur. Die Prüfspitze des verwendeten Fieberthermometers erwärmt sich nach folgendem Gesetz:

$\vartheta = \vartheta_K - (\vartheta_K - \vartheta_R)e^{-t/\tau}$ $\tau = 1{,}5$ min, ϑ in °C, t in min

Auf welche Temperatur ϑ ist das Thermometer nach **a)** 5 min **b)** 10 min angestiegen? Die Resultate sind grafisch zu überprüfen.

469. Bei der embryonalen Entwicklung teilen sich die vorhandenen Zellen zunächst unabhängig voneinander. Die Zahl der Zellen wächst dann nach dem Gesetz $z = 2^t$, wobei t die Zahl der Teilungsperioden ist. Dieses Exponentialgesetz gilt aber nur bis etwa zur achten Teilungsperiode. Danach verändert sich der Teilungsprozess und man kann dann nicht mehr von einem exponentiellen Wachstum sprechen. Wie groß ist die Anzahl der Zellen nach jeder Teilungsperiode? (t = 1, ..., 8)

470. Im Jahr 1980 war die Fläche Mitteleuropas von rund $5 \cdot 10^6$ ha Wald bedeckt. Nach Schätzungen der ECE (Economic Commission for Europe) nimmt der Bestand jährlich im Durchschnitt um 2,67‰ zu.

a) Um wie viel Prozent hätte die Waldfläche demnach bis zum Jahr (1) 1997 (2) 2000 zuzunehmen?

b) Man beschaffe aktuelles Datenmaterial und vergleiche dieses mit den errechneten Werten.

471. Der Luftdruck p nimmt mit zunehmender Höhe (über Meeresspiegel) ab, und zwar nach der Formel $p = p_0 e^{-0{,}13h}$ (p in bar, h in km, $p_0 = 1{,}013$ bar auf Meeresspiegelniveau).

Wie groß sind demnach die durchschnittlichen Luftdruckwerte an folgenden geografischen Punkten?

Ort	h in m
Bodensee (Vorarlberg)	396
Großglockner (Osttirol, Kärnten)	3797
Kufstein (Tirol)	499
Neusiedlersee (Burgenland)	115
Schneeberg (Niederösterreich)	2076
Sonnblick (Salzburg)	3105
Steyr (Oberösterreich)	310
Tamsweg (Salzburg)	1021
Turracher Höhe (Kärnten, Steiermark)	1783
Wien	171
Kilimandscharo (Tansania)	5895
Mt. Everest (Nepal)	8848

$\log_3 5 = x \Leftrightarrow 3^x = 5$

LINKS MITTE RECHTS

Logarithmus = Exponent

Definition:

Jene Zahl $x \in \mathbb{R}$, für die $a^x = b$ ($a \in \mathbb{R}^+ \setminus \{1\}$, $b \in \mathbb{R}^+$) gilt, heißt **Logarithmus** von b zur Basis a:

$$a^x = b \Leftrightarrow x = \log_a b$$

Der Logarithmus einer Zahl b zur Basis a ist also jene Zahl x, mit der man a potenzieren muss, um den Numerus b zu erhalten.

Es kommen nur positive reelle und von 1 verschiedene Basen a in Betracht, deren Exponenten beliebige reelle Zahlen x sein dürfen. Dieser Sachverhalt wird künftighin nicht jedesmal ausdrücklich erwähnt.

Eine Seite einer dekadischen Logarithmentafel:

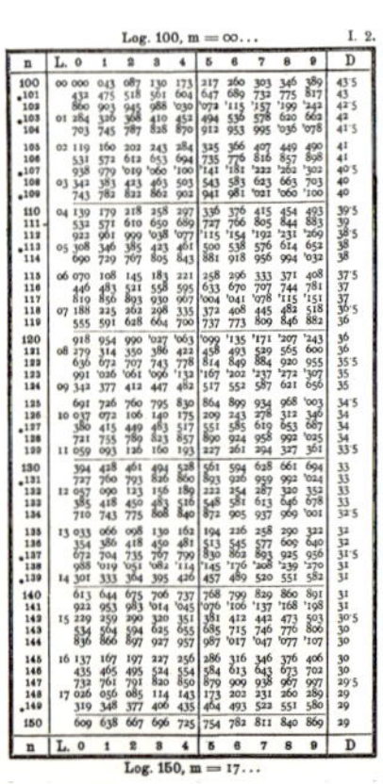
Log. 100, m = 00... I. 2.

Log. 150, m = 17...

2. Was ist der „Logarithmus"?

$3^x = 5$ — Wie groß ist x?

Eine schwierige Frage. Wir nehmen den Taschenrechner zur Hand und versuchen dem x auf die Spur zu kommen, indem wir es jeweils zwischen zwei rationale Zahlen einschließen:

$1 < x < 2$	denn	$3^1 = 3$	$3^2 = 9$
$1{,}4 < x < 1{,}5$	denn	$3^{1,4} = 4{,}65554$	$3^{1,5} = 5{,}19615$
$1{,}42 < x < 1{,}48$	denn	$3^{1,42} = 4{,}75896$	$3^{1,48} = 5{,}08323$

Wir haben durch **Probieren** Intervalle gefunden, in denen x liegen muss. Wir werden später einen Weg kennen lernen, wie man die Variable x in Gleichungen dieser Art **berechnen** kann.

Offensichtlich besitzt eine Gleichung der Form $a^x = b\ (b > 0)$ genau eine Lösung $x \in \mathbb{R}$ Diese Zahl x heißt der **„Logarithmus von b zur Basis a"**.

Man schreibt $x = \log_a b$.

Bezeichnungen: a heißt **Basis**, b heißt **Numerus**[1], x nennt man **Logarithmus**. **Den Logarithmus berechnen heißt den Exponenten einer Potenz bestimmen.**

Beispiel:

Die folgenden Logarithmen sind mit Hilfe der Äquivalenz $x = \log_a b \Leftrightarrow a^x = b$ zu bestimmen:

a) $\log_3 9 = ?$ **b)** $\log_4 64 = ?$ **c)** $\log_7 \frac{1}{49} = ?$ **d)** $\log_{0,5} \frac{1}{32} = ?$

Lösung:

a) $\log_3 9 = 2$, weil $3^2 = 9$ **b)** $\log_4 64 = 3$, weil $4^3 = 64$

c) $\log_7 \frac{1}{49} = -2$, weil $7^{-2} = \frac{1}{49}$ **d)** $\log_{0,5} \frac{1}{32} = 5$, weil $\left(\frac{1}{2}\right)^5 = \frac{1}{32}$

Das Logarithmieren ist eine Rechenoperation 3. Stufe.

Von besonderer Bedeutung sind die Logarithmen zur Basis 10. Sie werden als **dekadische Logarithmen**, **Zehnerlogarithmen** oder **BRIGGSsche Logarithmen**[2] bezeichnet. Wir vereinbaren für die dekadischen Logarithmen die abkürzende Bezeichnung lg u (**„logarithmus generalis"**) statt $\log_{10}$ u zu verwenden.

Nicht weniger wichtig sind die Logarithmen zur Basis e. Die Logarithmen zur Basis $e = 2{,}718\ldots$ heißen **natürliche Logarithmen**. Statt $\log_e a$ schreibt man ln a (**„logarithmus naturalis"**).

Zur Bestimmung der Logarithmen verwendete man früher die Logarithmentafeln. Heute besitzt fast jeder Taschenrechner eine „Logarithmustaste" bzw. eine „Logarithmusfunktion".

Der Leser informiere sich durch die Bedienungsanleitung seines Taschenrechners, wie man den dekadischen und den natürlichen Logarithmus bestimmt und wie man umgekehrt jeweils den Numerus ermittelt.

Anschließend ist herauszufinden, welche der nachstehenden Beispiele falsch sind:

(1) $\lg 3481 = 3{,}542$ (2) $\ln 17 = 2{,}833$

(3) $2{,}5340 = \lg 1792{,}3$ (4) $50{,}341 = \ln 7{,}292$

[1] Mehrzahl: Numeri

[2] Der englische Mathematiker **Henry BRIGGS** (1561—1630) führte 1617 die Zehnerlogarithmen ein.

Im 17. Jahrhundert erforderte die aufstrebende Seefahrt, dass für Navigationszwecke komplizierte Berechnungen mit großer Genauigkeit in kurzer Zeit durchgeführt wurden. So kam es zur Erfindung der Logarithmen, über die der französische Mathematiker Marquis **Pierre-Simon DE LAPLACE** (1749—1827) sagte: *„Die Erfindung der Logarithmen kürzt monatelang währende Berechnungen bis auf einige Tage ab und verdoppelt dadurch sozusagen das Leben (der Rechner)".* Die dekadischen Logarithmen wurden auf eine bestimmte Anzahl von Dezimalstellen berechnet[1] und in Tabellen, sogenannten **Logarithmentafeln** festgehalten. Durch eine uns heute umständlich und zeitintensiv erscheinende Vorgangsweise wurden zu den Numeri die zugehörigen dekadischen Logarithmen aufgesucht und mit letzteren die entsprechenden — um eine Stufe erniedrigten — Rechenoperationen durchgeführt. Auf dem gleichen Prinzip (der Vereinfachung des praktischen Rechnens durch Erniedrigung der Rechenstufe) beruht der logarithmische Rechenschieber. Bis vor einigen Jahren gab es zum Rechenschieber und zur Logarithmentafel keine Alternative. Erst durch die — mit der Weltraumtechnik in engem Zusammenhang stehende — Erfindung der integrierten Schaltkreise wurde die billige Massenproduktion von elektronischen Taschenrechnern ermöglicht. Mit Hilfe des Taschenrechners wird die Rechenarbeit entscheidend reduziert. Das Rechnen mit Logarithmen hat daher stark an Bedeutung verloren.

AUFGABEN

472. a) $\log_2 64 = ?$ **b)** $\log_3 \frac{1}{243} = ?$ **c)** $\log_4 8 = ?$ **d)** $\log_5 \frac{1}{\sqrt{125}} = ?$

473. a) $\log_{\frac{1}{2}} 0{,}5 = ?$ **b)** $\log_{\frac{1}{3}} 27 = ?$ **c)** $\log_{\frac{1}{4}} \frac{1}{\sqrt[5]{16}} = ?$ **d)** $\log_{\frac{1}{5}} \sqrt[3]{25} = ?$

474. a) $\log_{\frac{2}{3}} \frac{4}{9} = ?$ **b)** $\log_{\frac{4}{5}} 1 = ?$ **c)** $\log_{\frac{7}{8}} \frac{64}{49} = ?$ **d)** $\log_{\frac{3}{10}} \frac{1}{\sqrt{0{,}3}} = ?$

475. $\log_2 b$ für $b \in \left\{1,\ 2,\ 0{,}5,\ \frac{1}{16},\ \sqrt{2},\ \sqrt[3]{4},\ \frac{1}{0{,}125},\ \frac{1}{\sqrt{128}},\ \frac{1}{\sqrt[7]{4}},\ \frac{1}{\sqrt[3]{1024}}\right\}$

476. $\log_5 b$ für $b \in \left\{5,\ \frac{1}{5},\ 25,\ 1,\ \frac{1}{625},\ 0{,}04,\ \sqrt{5},\ \sqrt[4]{125},\ \sqrt[3]{5},\ \frac{1}{\sqrt[7]{5}}\right\}$

$a^{\log_a x} = x$

477. $\log_{10} b$ für $b \in \left\{10,\ 1,\ 100,\ 1000,\ 10^6,\ 0{,}01,\ 0{,}1,\ \sqrt[4]{10},\ \sqrt[3]{100},\ \frac{1}{\sqrt[4]{1000}}\right\}$

Bei den Aufgaben **478.** bis **481.** ist jeweils die Variable x zu berechnen!

478. a) $\log_x 125 = 3$ **b)** $\log_x 216 = 3$ **c)** $\log_x \frac{1}{8} = -3$

479. a) $\log_x \frac{1}{256} = 8$ **b)** $\log_x \frac{3}{4} = -1$ **c)** $\log_x 256 = -2$

480. a) $\log_2 x = 10$ **b)** $\log_3 x = -2$ **c)** $\log_4 x = \frac{1}{2}$

481. a) $\log_{0{,}2} x = -1$ **b)** $\log_{\frac{6}{7}} x = -3$ **c)** $\log_{1{,}125} x = -\frac{1}{3}$

482. a) $\log_a a = ?$ **b)** $\log_a 1 = ?$ **c)** $\log_a a^n = ?$

483. Man berechne die Variable x:

a) $x = \lg 43{,}53$ **b)** $\lg x = 1{,}5$ **c)** $x = \lg 0{,}1$ **d)** $\lg x = 3$ **e)** $x = \lg 0{,}04$
f) $\lg x = 1{,}2$ **g)** $x = \lg 25$ **h)** $\lg x = -0{,}1$ **i)** $\lg x = 1{,}105$ **j)** $\lg x = 0{,}3645 - 1$

484. Es ist die Variable x zu berechnen:

a) $x = \ln 54{,}52$ **b)** $\ln x = 3{,}9$ **c)** $x = \ln 0{,}2$ **d)** $\ln x = 5$ **e)** $x = \ln 0{,}08$
f) $\ln x = 173{,}5$ **g)** $x = \ln 49$ **h)** $\ln x = -1{,}4$ **i)** $\ln x = 5{,}123$ **j)** $\ln x = 37{,}126$

---

[1]) Allgemein gültige Verfahren zum Berechnen von Logarithmen erfordern tiefe mathematische Kenntnisse, auf die hier nicht eingegangen werden kann.

Es gilt:

$\log_a a = 1$, weil $a^1 = a$
$\log_a 1 = 0$, weil $a^0 = 1$
$\log_a a^n = n$, weil $a^n = a^n$

(1) Der Logarithmus eines Produkts ist gleich der Summe der Logarithmen der Faktoren.

(2) Der Logarithmus eines Quotienten ist gleich der Differenz aus dem Logarithmus des Dividenden und dem des Divisors.

(3) Der Logarithmus einer Potenz ist gleich dem Produkt aus ihrem Exponenten und dem Logarithmus der Potenzbasis.

(4) Der Logarithmus einer Wurzel ist gleich dem Quotienten aus dem Logarithmus des Radikanden und dem Wurzelexponenten.

3. Rechengesetze für Logarithmen

Für das Rechnen mit Logarithmen gelten bestimmte Rechengesetze:

(1) $\log_a (u \cdot v) = \log_a u + \log_a v$ $(u > 0,\ v > 0,\ a > 0, a \neq 1)$

z.B.: $\log_7 5 \cdot 6 \cdot 7 = \log_7 5 + \log_7 6 + \log_7 7 = \mathbf{\log_7 5 + \log_7 6 + 1}$

(2) $\log_a \frac{u}{v} = \log_a u - \log_a v$ $(u > 0,\ v > 0,\ a > 0, a \neq 1)$

z.B.: $\lg 0{,}01 = \lg \frac{1}{100} = \lg 1 - \lg 100 = 0 - 2 = \mathbf{-2}$

(3) $\log_a u^r = r \log_a u$ $(u > 0, a > 0, a \neq 1, r \in \mathbb{R})$

z.B.: $\log_3 \left(\frac{3}{5}\right)^3 = 3\log_3 \left(\frac{3}{5}\right) = 3(\log_3 3 - \log_3 5) = \mathbf{3(1 - \log_3 5)}$

(4) $\log_a \sqrt[n]{u} = \frac{1}{n}\log_a u$ $(u > 0, a > 0, a \neq 1, n \in \mathbb{N}^*)$

z.B.: $\log_a \sqrt[7]{\left(\frac{6}{7}\right)^3} = \log_a \left(\frac{6}{7}\right)^{\frac{3}{7}} = \frac{3}{7}\log_a \frac{6}{7} = \mathbf{\frac{3}{7}(\log_a 6 - \log_a 7)}$

Durch Anwendung dieser Rechengesetze tritt

an Stelle der Multiplikation	die Addition,
an Stelle der Division	die Subtraktion,
an Stelle des Potenzierens	die Multiplikation und
an Stelle des Wurzelziehens	die Division.

Somit werden die Rechenoperationen der 3. Stufe auf Rechenoperationen 2. Stufe, die der 2. Stufe auf die der 1. Stufe zurückgeführt.

Beispiel:[1)]

Die folgenden Terme sind mit Hilfe der Rechengesetze für Logarithmen additiv zu zerlegen:

a) $\log \frac{a^2 b^4}{\sqrt{c}}$ **b)** $\log \frac{a^2 - b^2}{10x}$ **c)** $\log \sqrt[3]{\frac{6x^3 \sqrt{x-2}}{x^2 - 9}}$

Lösung:

a) $\log \frac{a^2 b^4}{\sqrt{c}} = 2\log a + 4\log b - \frac{1}{2}\log c$

b) $\log \frac{a^2 - b^2}{10x} = \log \frac{(a+b)(a-b)}{2 \cdot 5x} = \log (a+b) + \log (a-b) - \log 2 - \log 5 - \log x$

Man beachte: $\log (a+b) \neq \log a + \log b$ (häufiger Fehler)!

c) $\log \sqrt[3]{\frac{6x^3 \sqrt{x-2}}{x^2 - 9}} = \log \left[\frac{6x^3 (x-2)^{\frac{1}{2}}}{(x+3)(x-3)}\right]^{\frac{1}{3}} = \frac{1}{3}[\log 6x^3 + \frac{1}{2}\log (x-2) - \log (x+3) - \log (x-3)] =$

$= \frac{1}{3}[\log 2 + \log 3 + 3\log x + \frac{1}{2}\log (x-2) - \log (x+3) - \log (x-3)] =$

$= \frac{1}{3}\log 2 + \frac{1}{3}\log 3 + \log x + \frac{1}{6}\log (x-2) - \frac{1}{3}\log (x+3) - \frac{1}{3}\log (x-3)$

---

1) Da es gleichgültig ist, welche Basis aus $\mathbb{R}^+ \setminus \{1\}$ dem Logarithmus zu Grunde liegt, schreiben wir bei den Beispielen und Aufgaben statt „$\log_a$" nur „log". Ferner vereinbaren wir, dass alle auftretenden Variablen so durch reelle Zahlen ersetzt werden, dass die zugehörigen Logarithmen definiert sind.

Beispiel:

Die nachstehenden algebraischen Summen sind in den Logarithmus eines einzigen Terms zu verwandeln:

a) $\log u + \log v - (\log w + \log x)$ **b)** $3\log a - \frac{1}{3}\log(a-b)$

c) $4\log x - \frac{1}{5}[3\log(x-y) + \frac{1}{4}\log(x+y)]$

Lösung:

a) $\log u + \log v - (\log w + \log x) = \log\frac{uv}{wx}$

b) $3\log a - \frac{1}{3}\log(a-b) = \log a^3 - \log(a-b)^{\frac{1}{3}} = \log\frac{a^3}{\sqrt[3]{a-b}}$

c) $4\log x - \frac{1}{5}[3\log(x-y) + \frac{1}{4}\log(x+y)] =$

$= \log x^4 - \log\sqrt[5]{(x-y)^3\sqrt[4]{x+y}} = \log\frac{x^4}{\sqrt[5]{(x-y)^3\sqrt[4]{x+y}}}$

Jost BÜRGI

Nachdem wir die Rechengesetze für Logarithmen bereits erfolgreich angewendet haben, wollen wir nun überlegen, warum diese Gesetze gelten.

Betrachten wir z. B. Rechengesetz (1) $\log_a(u \cdot v) = \log_a u + \log_a v$

Wir haben den Logarithmus als Exponent einer Potenz definiert. Es gelten daher die Regeln für das Rechnen mit Potenzen: Potenzen mit gleicher Basis werden multipliziert, indem man die Exponenten addiert.

Die Gültigkeit der anderen Rechengesetze lässt sich mit ähnlichen Überlegungen zeigen.

Johannes KEPLER

Einige historische Bemerkungen über Logarithmen:

Eine Methode, die jahrhundertelang in Verwendung stand, war das Rechnen mit Logarithmen, die zunächst nicht als Exponenten von Potenzen betrachtet wurden. Um einen brauchbaren Algorithmus zu erhalten, musste man Logarithmentafeln mit geringer Schrittweite aufstellen. Der Schweizer Uhrmacher **Jost BÜRGI** (1552—1632) entwickelte bereits Ende des 16. Jahrhunderts als Hofastronom in Prag sogenannte „Progress-Tabulen". **Johannes KEPLER** (1571—1630) erkannte die Nützlichkeit dieses neuen Hilfsmittels und überredete BÜRGI, diese zu drucken. In den Wirren des 30-jährigen Krieges gingen die meisten Exemplare der 1620 erschienenen Tabellen zu Grunde. Unabhängig von BÜRGI berechnete der schottische Baron **John NAPIER (NEPER)** (1550—1617) gleichfalls Logarithmentafeln, die 1614 mit dem Titel „Mirifici Logarithmorum..." in Edinburgh veröffentlicht und rasch bekannt wurden. 1616 wurden sie ins Englische übersetzt, 1617 lernte KEPLER sie kennen und war begeistert. Sowohl BÜRGI als auch NAPIER nahmen als Basis der Logarithmen Zahlen, die e (der Basis der natürlichen Logarithmen) bzw. 1/e nahe sind. Als der englische Professor der Geometrie **Henry BRIGGS** (1560—1630) von den NAPIERschen Logarithmen erfuhr, kontaktierte er NAPIER und schlug ihm vor, als Basis 10 zu nehmen, und gemeinsam mit NAPIER berechnete BRIGGS solche Tabellen, die nach dem Tod NAPIERS veröffentlicht wurden. Die BRIGGSschen Tabellen wurden auf 14 Dezimalstellen genau berechnet. Ende des 17. Jahrunderts erkannte man, dass die Logarithmusfunktion die Umkehrfunktion der Exponentialfunktion ist. Wer heute auf Knopfdruck mit dem Taschenrechner bzw. Taschencomputer den Logarithmus einer Zahl berechnet, sollte sich wenigstens ungefähr vorstellen können, was in seiner „Black Box" vorgeht.

John NAPIER

AUFGABEN

Bei den folgenden Aufgaben sind die gegebenen Terme mit Hilfe der Rechengesetze für Logarithmen (so weit wie möglich) additiv zu zerlegen:

485. a) $\log abcd$ **b)** $\log \frac{ab}{cd}$ **c)** $\log \frac{a^4b^3}{c^2}$ **d)** $\log \frac{\sqrt{a}}{b^5c}$

486. a) $\log 5a^{12}\sqrt[3]{b}$ **b)** $\log 12a^5\sqrt[3]{b}$ **c)** $\log \sqrt[4]{\frac{a^3b}{c}}$ **d)** $\log \sqrt{\frac{xy^2}{\sqrt{c}}}$

487. a) $\log(a-b)$ **b)** $\log(a^4-b^4)^3$ **c)** $\log \frac{a^2+b^2}{a^2-b^2}$ **d)** $\log \sqrt{\frac{16a^2-25b^2}{2a}}$

488. a) $\log \frac{x^3}{y^2}\sqrt[4]{\frac{a^2x}{3b^3}}$ **b)** $\log \frac{a^3}{b^2}\sqrt[3]{\frac{x^2}{2y}}$ **c)** $\log \frac{x^2}{y^3}\sqrt[4]{\frac{a^3}{3b}}$ **d)** $\log \frac{a^2\sqrt[3]{x^2}}{b^3\sqrt[5]{2y^4}}$

489. a) $\log \frac{a^2b}{xy^3}\sqrt{\frac{x^3y}{a^4b}}$ **b)** $\log \frac{x^3y^3}{ab^2}\sqrt{\frac{a^4b}{x^5y}}$ **c)** $\log \sqrt[7]{\frac{x^4\sqrt[3]{y^5}}{\sqrt{a^3(x+y)^4}}}$ **d)** $\log \sqrt[5]{\frac{12x^4\sqrt[3]{y-1}}{4x^2-y^2}}$

490. a) $\log \frac{\sqrt[3]{x^8(y^2+z)^4}}{\sqrt[4]{y^7(y^2+z)^3}}\sqrt{\frac{y^7}{x^9}}$ **b)** $\log \frac{\sqrt[5]{a^7(b-c^2)^4}}{\sqrt[3]{b^4(b-c^2)^5}}\sqrt{\frac{b^8}{a^3}}$ **c)** $\log \frac{\sqrt[4]{(x+y^2)^5a^7}}{\sqrt[7]{b^8(x+y^2)^3}}$

491. a) $\log \frac{a^8\sqrt[5]{(x+y)^2a^{15}}}{b^5\sqrt[9]{(x+y)b^3}}(ab)^2$ **b)** $\log \frac{a\sqrt[3]{(x-y)^4b^{10}}}{b\sqrt[5]{(x-y)a^2}}(ab)^3$ **c)** $\log \frac{a^7\sqrt[6]{(x+y)^3a^4}}{b^6\sqrt[8]{(x+y)^2b^4}}(ab)^4$

492. a) $\log \frac{x^9\sqrt[5]{(z-y)^4y^3}}{y^7\sqrt[7]{(z-y)^5x^{12}}}(xz^2)^5$ **b)** $\log \frac{a^3\sqrt[6]{a^9(x-y)^5}}{b^3\sqrt[7]{b^7(x-y)^6}}(ab^2)^4$ **c)** $\log \frac{x^4\sqrt[7]{y^8(a-b)^3}}{y^4\sqrt[6]{x^9(a-b)^4}}(x^2y)^3$

Bei den folgenden Aufgaben sind die gegebenen algebraischen Summen in den Logarithmus eines einzigen Terms zu verwandeln:

493. a) $\log a - \log b + \log c$ **b)** $\log 3 + \log 4 - \log 2$

494. a) $2\log a - 3\log b + 5\log c$ **b)** $2\log 3 + 3\log 4 - 5\log 2$

495. a) $\log 7 + \log a - \frac{1}{2}\log b + 2\log c$ **b)** $\log a - \frac{1}{2}\log(b-c)$

496. a) $2\log a - \log b + \frac{1}{2}\log x - \frac{3}{5}\log y$ **b)** $3\log x - \log y + \frac{3}{4}\log a - \frac{1}{2}\log b$

497. a) $\frac{1}{5}\left(2\log x + \frac{6}{5}\log b - \frac{3}{5}\log 2 - \frac{1}{5}\log a\right)$ **b)** $\frac{1}{11}\left(3\log a + \frac{5}{4}\log y - \frac{3}{4}\log 3 - \frac{1}{4}\log x\right)$

498. a) $\log(x^2+x-2) - \log(x^2-x-6)$ **b)** $\log(x^2-3x-10) - \log(x^2-5x-14)$

499. $\frac{1}{2}[\log(a+b) + \log(a-b) + \log(a^2+b^2) + \log(a^4+b^4)]$

500. $\frac{1}{3}[-\log(3x-y) - \log(3x+y) - \log(9x^2+y^2) - \log(81x^4+y^4)]$

501. a) $\frac{1}{5}\left[\log x - \log(x+y) + 3\log y - \frac{4}{7}\log xy\right]$ **b)** $\frac{1}{6}[\log a + \log(a-b) - 2\log b + 3\log ab]$

502. a) $\frac{1}{9}\left[-\frac{4}{3}\log(x-y) - 2\log x + 3\log y + \frac{1}{8}\log xy\right]$ **b)** $\frac{1}{2}\left[\frac{2}{3}\log a - \frac{3}{4}\log b + \frac{4}{3}\log ab - \frac{1}{2}\log(a+b)\right]$

503. $\frac{1}{2}\left[\frac{1}{8}\log x + \frac{3}{4}\left(5\log x - \frac{1}{3}\log c + \frac{2}{3}\log a + \frac{1}{3}\log b - \frac{2}{3}\log 2\right)\right]$

504. a) $\frac{1}{3}\left[3\log x - \frac{1}{2}(\log y + \log z - 2\log xyz)\right]$ **b)** $\frac{1}{7}\left[\frac{3}{4}\log x - \frac{1}{8}\left(4\log b - \frac{2}{5}\log a + \frac{3}{5}\log x + \frac{4}{5}\log y\right)\right]$

505. a) $\frac{1}{9}\left\{\frac{4}{3}\log(x-y) + \frac{2}{5}\left[5\log x - \frac{1}{3}\log(x+y)\right]\right\}$ **b)** $\frac{1}{2}\left\{\frac{2}{3}\log a + 2\left[3\log b - \frac{1}{2}\log(a-b)\right]\right\}$

506. a) $\frac{1}{5}\left\{\frac{4}{7}\log(x-y) - \frac{4}{7}\left[3\log x + \frac{5}{3}\log(x+y)\right]\right\}$ **b)** $\frac{1}{4}\left\{\frac{4}{3}\log(a+b) - 3\left[\frac{1}{2}\log(a-b) + 5\log a\right]\right\}$

4. Logarithmusfunktionen

Wer kann sich möglichst viele der nebenstehend fotografierten Artikel merken? 5 Minuten stehen zur Verfügung, dann ist das Buch wegzulegen und alle Produkte, die im Gedächtnis haften geblieben sind, werden aufgeschrieben. Gleichgültig wie gut oder schlecht man dabei abschneidet: Umso weniger Waren man nennen kann, desto länger wird der Zeitpunkt des Lernens zurückliegen.

Durch Experimente haben Psychologen festgestellt, dass die Anzahl der erinnerten Objekte etwa logarithmisch mit der Zeit des Lernvorgangs zunimmt. Die Veranschaulichung dieses Zusammenhangs erfolgt durch eine sogenannte **Logarithmusfunktion**. Über Graph und Eigenschaften der Logarithmusfunktion wollen wir in diesem Abschnitt sprechen.

Beispiele für Logarithmusfunktionen: $x \mapsto \log_2 x$, $x \mapsto \lg x$, $x \mapsto \ln x$ usw.

Beispiel:

Zu der durch ihre Funktionsgleichung $y = 3^x$ gegebenen Funktion ist die Umkehrfunktion zu berechnen.

Lösung:

Zur Wiederholung: Definitionsmenge und Wertemenge tauschen bei der Umkehrung einer Funktion ihre Rollen, d. h. **die Variablen x und y sind zu tauschen**. Die neue Gleichung wird anschließend — wenn immer das möglich ist — nach y gelöst.

$y = 3^x \Rightarrow$ **Umkehrung:** $x = 3^y$

Um in der Gleichung $x = 3^y$ die Variable y explizit auszudrücken, müssen wir zur Basis 3 logarithmieren:

$x = 3^y \Leftrightarrow \log_3 x = \log_3 3^y \Leftrightarrow \log_3 x = y \log_3 3 \qquad \log_3 3 = 1$ (!)

$$y = \log_3 x$$

Wir erkennen: Die logarithmische Funktion $x \mapsto \log_3 x$ ist die Umkehrfunktion der Exponentialfunktion $x \mapsto 3^x$!

Definition:

Logarithmusfunktionen sind Funktionen, die durch eine Funktionsgleichung $y = \log_a x$ ($a \in \mathbb{R}^+ \setminus \{1\}$, $x \in \mathbb{R}^+$) dargestellt werden können.

Darstellung der Funktion $x \mapsto 3^x$ und ihrer Umkehrfunktion — vgl. nebenstehendes Beispiel.

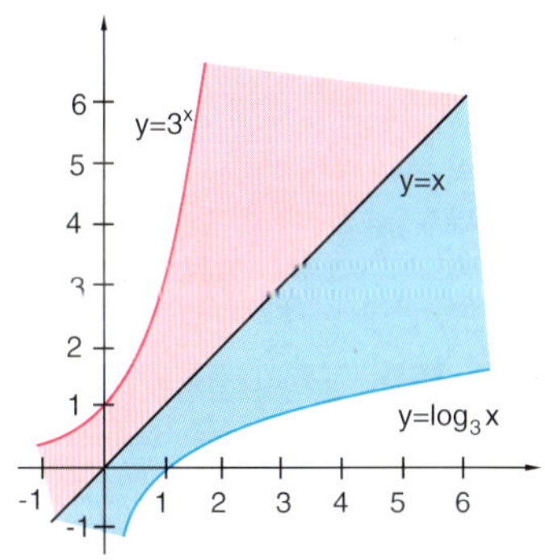

Einige Eigenschaften der Funktion $x \mapsto \log_a x$ ($a \in \mathbb{R}^+ \setminus \{1\}$, $x \in \mathbb{R}^+$):

(1) Definitionsmenge $D = \mathbb{R}^+$

(2) Wertemenge $W = \mathbb{R}$

(3) Die y-Achse ist Asymptote.

(4) $x \mapsto \log_a x$ geht immer durch den Punkt $P(1, 0)$.

(5) $x \mapsto \log_a x$ für $a > 1$ ist streng monoton wachsend, für $0 < a < 1$ streng monoton fallend.

(6) $x \mapsto \log_a x$ ist Umkehrfunktion von $x \mapsto a^x$.

Die logarithmische Funktion $x \mapsto \log_a x$ ist die Umkehrfunktion der Exponentialfunktion $x \mapsto a^x$.

AUFGABEN

507. Zu der durch ihre Funktionsgleichung **a)** $y = 2^x$ **b)** $y = 2^{-x}$ **c)** $y = 5^x$ **d)** $y = 5^{-x}$ gegebenen Funktion ist die Umkehrfunktion zu berechnen!

508. Der Graph von **a)** $y = \log_3 x$ **b)** $y = \log_7 x$ ist durch Spiegelung des Graphen der zugehörigen Exponentialfunktion an der Geraden $x \mapsto x$ zu konstruieren.

509. Die logarithmische Funktion **a)** $x \mapsto \log_2 x$ **b)** $x \mapsto \ln 3x$ ist grafisch darzustellen.

510. Die folgenden natürlichen Logarithmusfunktionen sind grafisch darzustellen:

a) $x \mapsto \ln x$ **b)** $x \mapsto \ln 2x$ **c)** $x \mapsto -\ln x$ **d)** $x \mapsto -\ln 3x$

5. Exponentialgleichungen und logarithmische Gleichungen

5.1 Exponentialgleichungen

Definition:

Exponentialgleichungen sind Gleichungen, bei denen die Variable im Exponenten vorkommt.

Beispiele für Exponentialgleichungen: $2^x = 2^5$, $e^{x+1} = 4$, $5^{x+2} = 5^{x+2}$ usw.

Beispiel:
Die Gleichung $\frac{2^{3x}}{16} = \frac{2^x}{128}$ ist in $\mathbb{R}$ zu lösen!

Lösung:

$$\frac{2^{3x}}{2^4} = \frac{2^x}{2^7} \Leftrightarrow 2^{3x-4} = 2^{x-7}$$

$$3x - 4 = x - 7 \Leftrightarrow 2x = -3 \Leftrightarrow x = -\frac{3}{2}$$

Probe:

$$T_L\left(-\frac{3}{2}\right) = \frac{2^{-\frac{9}{2}}}{16} = \frac{1}{16\sqrt{2^9}} = \frac{1}{16 \cdot 16\sqrt{2}} = \frac{1}{256\sqrt{2}}$$

$$T_R\left(-\frac{3}{2}\right) = \frac{2^{-\frac{3}{2}}}{128} = \frac{1}{128\sqrt{2^3}} = \frac{1}{128 \cdot 2\sqrt{2}} = \frac{1}{256\sqrt{2}} \qquad T_L = T_R \quad (w)$$

Somit gilt: $L = \left\{-\frac{3}{2}\right\}$

Potenzen gleicher Basis können nur dann gleich sein, wenn auch ihre Exponenten gleich sind:

$$a^{f(x)} = a^{g(x)} \Leftrightarrow f(x) = g(x)$$

$(a \in \mathbb{R}^+ \setminus \{1\})$

z. B.: $3^x = 3^4 \Leftrightarrow x = 4$

$$a^{f(x)} = b^{f(x)} \Leftrightarrow f(x) = 0$$ [1]

$(a, b \in \mathbb{R}^+, a \neq b)$

z. B.: $7^x = 5^x \Leftrightarrow x = 0$

Beispiel:
$4^{x-1} = 5 \cdot 2^{2x-7} + (3^{x-2})^2$ ist in $\mathbb{N}$ zu lösen!

Lösung:

$$2^{2x-2} = 5 \cdot 2^{2x-7} + 3^{2x-4}$$

Potenzen mit gleicher Basis werden auf eine Seite gebracht:

$$\begin{aligned} 2^{2x-2} - 5 \cdot 2^{2x-7} &= 3^{2x-4} \\ 2^{2x-7}(2^5 - 5) &= 3^{2x-4} \\ 2^{2x-7} \cdot 27 &= 3^{2x-4} \\ 2^{2x-7} \cdot 3^3 &= 3^{2x-4} \\ 2^{2x-7} &= 3^{2x-7} \\ 2x - 7 &= 0 \\ 2x &= 7 \\ x &= \frac{7}{2} \end{aligned}$$

Die Potenz mit dem kleinsten Exponenten wird heraus gehoben.

Probe:

$$T_L\left(\frac{7}{2}\right) = 4^{\frac{5}{2}} = (4^{\frac{1}{2}})^5 = 2^5 = 32$$

$$T_R\left(\frac{7}{2}\right) = 5 \cdot 2^0 + 3^3 = 5 + 3^3 = 32 \qquad T_L = T_R \quad (w)$$

Im Hinblick auf die Grundmenge $\mathbb{N}$ gilt: $L = \{\}$

[1] $a^{f(x)} = b^{f(x)} \Leftrightarrow \frac{a^{f(x)}}{b^{f(x)}} = 1 \Leftrightarrow \left(\frac{a}{b}\right)^{f(x)} = \left(\frac{a}{b}\right)^0 \Leftrightarrow f(x) = 0.$

Um Exponentialgleichungen zu lösen, die **verschiedene Basen und Exponenten** haben (z. B.: $3^x = 4$), müssen beide Seiten der Gleichung logarithmiert werden. Dies zeigt das nächste Beispiel.

Beispiel:
Man löse $3^x = 4$ in $\mathbb{R}$!

Lösung:

$$3^x = 4 \Leftrightarrow \lg 3^x = \lg 4 \Leftrightarrow x \cdot \lg 3 = \lg 4 \Leftrightarrow x = \frac{\lg 4}{\lg 3}$$

$$x \approx \frac{0{,}60206}{0{,}47712} \Rightarrow x \approx 1{,}2619$$

Probe:

$$T_L(1{,}2619) = 3^{1{,}2619} \approx 4$$

$$T_R = 4 \qquad T_L = T_R \quad \text{(w)}$$

Es gilt: $L = \{1{,}2619\}$

Eine Gleichung geht in eine äquivalente Gleichung über, wenn man beide Seiten der Gleichung logarithmiert.

Logarithmieren ist eine Äquivalenzumformung, da eine eindeutige Umkehrung der Logarithmusfunktion gegeben ist. (Im Gegensatz dazu gibt es zur quadratischen Funktion keine eindeutige Umkehrung, sodass Quadrieren keine Äquivalenzumformung ist.)

Beispiel:
$7^{2x} \cdot 4^{x-2} = 11^x$ ist in $\mathbb{R}$ zu lösen!

Lösung:

$$7^{2x} \cdot 4^{x-2} = 11^x \Leftrightarrow 2x \cdot \lg 7 + (x-2)\lg 4 = x \cdot \lg 11$$

$$2x \cdot \lg 7 + x \cdot \lg 4 - x \cdot \lg 11 = 2\lg 4$$

$$x \cdot (2\lg 7 + \lg 4 - \lg 11) = 2\lg 4$$

$$x = \frac{2\lg 4}{2\lg 7 + \lg 4 - \lg 11}$$

$$x \approx \frac{1{,}20412}{1{,}25086}$$

$$x \approx 0{,}96263$$

Probe:

$$T_L(0{,}96263) = 7^{1{,}92526} \cdot 4^{-1{,}03737} \approx 10{,}057$$

$$T_R(0{,}96263) = 11^{0{,}96263} \approx 10{,}057$$

$$T_L = T_R \quad \text{(w)} \qquad L = \{0{,}96263\}$$

Beispiel:
Die Gleichung $5^{x-1} + 5^{x-2} + 5^{x-3} = 5^{x+1} - 5^{x-2} + 5^{x-3} - 9$ ist in $\mathbb{R}$ zu lösen!

Lösung:
Wir subtrahieren auf beiden Seiten der Gleichung 5^{x-3}:

$$5^{x-1} + 5^{x-2} = 5^{x+1} - 5^{x-2} - 9 \qquad \Big| \; +5^{x-2} - 5^{x+1}$$

$$5^{x-1} + 2 \cdot 5^{x-2} - 5^{x+1} = -9$$

Die Potenz mit dem kleinsten Exponenten wird heraus gehoben.

$$5^{x-2} \cdot (5 + 2 - 5^3) = -9$$

$$5^{x-2} = \frac{9}{118}$$

$$(x-2)\ln 5 = \ln \frac{9}{118}$$

$$\vdots$$

$$x = 0{,}401$$

Probe! $L = \{0{,}401\}$

Die nachstehende Figur zeigt die Logarithmusfunktionen $x \mapsto \lg x$ und $x \mapsto \ln x$ in einem gemeinsamen Koordinatensystem.

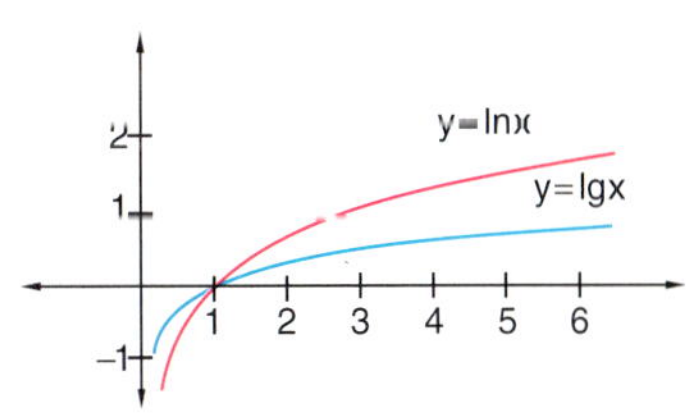

5.2 Logarithmische Gleichungen

Definition:

Logarithmische Gleichungen sind Gleichungen, bei denen die Variable im Numerus von einem Logarithmus vorkommt.

Logarithmen mit gleicher Basis können nur dann gleich sein, wenn auch ihre Numeri gleich sind:

$\log_a f(x) = \log_a g(x) \Leftrightarrow f(x) = g(x)$

$(a > 1,\ f(x) > 0,\ g(x) > 0)$

Beispiele für logarithmische Gleichungen: $\lg(x + 100) = 0{,}30103$, $\log_3 10 - \log_3 5 = \log_3 x$, $\ln(x^3 - 4) = 3\ln(x - 2)$ usw.

Beispiel:

$\lg(x - 2) - \lg x = \lg(x + 3) - \lg(x + 10)$ ist in ℝ zu lösen!

Lösung:

Wir wenden das Rechengesetz (2) für Logarithmen an:

$$\lg\frac{x-2}{x} = \lg\frac{x+3}{x+10} \Leftrightarrow \frac{x-2}{x} = \frac{x+3}{x+10}$$
$$(x-2)(x+10) = x(x+3)$$
$$x^2 + 8x - 20 = x^2 + 3x$$
$$5x = 20$$
$$x = 4$$

Probe:

$T_L(4) = \lg 2 - \lg 4 = \mathbf{\lg 0{,}5}$

$T_R(4) = \lg 7 - \lg 14 = \mathbf{\lg 0{,}5} \quad T_L = T_R \quad (w) \Rightarrow L = \{4\}$

(2) $\log_a u - \log_a v = \log_a \frac{u}{v}$

Wir wissen von der Definition des Logarithmus, dass die nebenstehende Gleichung nur Sinn hat, wenn

(1) $x - 2 > 0 \Rightarrow x > 2$,

(2) $x > 0$,

(3) $x + 3 > 0 \Rightarrow x > -3$ und

(4) $x + 10 > 0 \Rightarrow x > -10$.

Daher ist die Gleichung nur für $x > 2$ definiert. $\Rightarrow D = \{x \mid x \in \mathbb{R} \wedge x > 2\}$

Beispiel:

$\ln 5x^5 - 4\ln 5x = \ln 5$ ist in ℝ zu lösen!

Lösung:

Es ist ℝ als Grundmenge gegeben. Es gilt: $D = \mathbb{R}^+$

Wir wenden die Rechengesetze (2) und (3) für Logarithmen an:

$$\ln 5x^5 - 4\ln 5x = \ln 5$$
$$\ln\frac{5x^2}{(5x)^4} = \ln 5$$
$$\frac{5x^5}{5^4x^4} = 5$$
$$x = 5^4 = 625$$

Probe:

$T_L(625) = 33{,}798 - 32{,}189 = \mathbf{1{,}609}$

$T_R(625) = \mathbf{1{,}609} \qquad T_L = T_R \ (w) \Rightarrow L = \{625\}$

(2) $\log_a u - \log_a v = \log_a \frac{u}{v}$

(3) $r \cdot \log_a u = \log_a u^r$

Man überlege, warum die nebenstehende logarithmische Gleichung für $x \in \mathbb{R}^+$ definiert ist.

AUFGABEN

Bei den folgenden Aufgaben ist die Lösungsmenge in ℝ zu ermitteln!

511. a) $3^x = 27^2$ **b)** $2^{2x} = 256$ **c)** $7^{3(x-12)} = 1$

512. a) $a^x = a\sqrt{a}$ **b)** $100^{4x-5} = 0{,}01$ **c)** $9^{x+3} = \frac{1}{27}$

513. a) $a^{2x+13}a^{5x}a^{7x+1} = 1$ **b)** $5(5^{3x+7} \cdot 5^{2x+1}) = 5^{x+1}$

514. a) $\frac{5^{3x+2}}{5^{x-1}} = 5^3$ **b)** $\frac{7^{5x+3}}{7^{2+3x}} = \frac{1}{7^{2-5x}}$

515. a) $2^{x-5} \cdot 4^{3x+7} = 16^4$ **b)** $\frac{3^{2x-1}}{9} = 27^{3x+13}$

516. a) $\sqrt{a^{3x+2}} = \sqrt{a^{2x+3}}$ **b)** $\sqrt[3]{a^{x+2}} = \sqrt{a^{5x-3}}$

517. a) $\sqrt{0,5^{2x-1}}\,\sqrt[4]{2^{3x}} = \sqrt[6]{0,125}$ **b)** $\dfrac{\sqrt[3]{a^{x+1}}}{\sqrt[3]{a^{2x-7}}} = \dfrac{\sqrt[4]{a^{7-5x}}}{\sqrt{a^{7-3x}}}$

518. a) $224 \cdot 4^x = 2^{x+6} \cdot 14$ **b)** $\dfrac{6^{2x+1}}{108^x} = 18$

519. a) $6^{2x} + 6^{2x-3} = 217$ **b)** $3^{2x+3} + 3^{2x} = 14 \cdot 2^{2x+1}$

520. a) $3 \cdot 2^x + 7 \cdot 2^{x-1} = 53 - 5 \cdot 2^{x+2}$ **b)** $3^{2x-3} - 3^{x-1} = 3^{2x-5} - 3^{x-3}$

521. a) $6^{x+1} - 7^x = 5 \cdot 6^x - 6^{x-1}$ **b)** $11 \cdot 7^{x-1} + 7 \cdot 11^{x-1} = 7^x + 11^x$

522. a) $4^{3x} + 23 \cdot 3^{3x} + 11 \cdot 4^{3x-2} = 3^{3(x+1)}$ **b)** $5^{4x-1} - 16 \cdot 5^{4x-3} = 9 \cdot 3^{4x-2} - 4 \cdot 3^{2(2x-1)}$

523. $4 \cdot 2^{x-1} - 3^x + 13 \cdot 3^{x-1} = 6 \cdot 2^{x+1} - 10 \cdot 2^{x-2}$

524. $2^{5x-4} + 3 \cdot 2^{5x-9} + 3 \cdot 5^{5x-8} = 5^{5x-7} + 5 \cdot 2^{5x-8}$

525. $2^{2x+2} + 9 \cdot 2^{2x-1} + 4 \cdot 3^{2x-2} + 7 \cdot 3^{2x-3} = 3^{2x} + 7 \cdot 2^{2x}$

526. $6^{x-1} - 5 \cdot 6^{x-2} + 4 \cdot 3^{x+1} = 3^{x+2} + 15 \cdot 3^{x-1} - 21 \cdot 6^{x-3}$

527. $7^{4x-1} - 7^{4x-2} + 35 \cdot 6^{4x-2} = 6^{4x} + 6 \cdot 7^{4x-3} + 6^{4x-1}$

528. $3^{x+5} - 6 \cdot 7^{x-1} + 4 \cdot 3^{x+1} - 7^{x+1} = 5 \cdot 7^{x-2} + 4 \cdot 3^{x+3} - 3 \cdot 7^x$

529. $4^{2x+2} + 4 \cdot 3^{2x+2} + 2 \cdot 4^{2x+3} + 2 \cdot 3^{2x+5} = 5 \cdot 3^{2x+4} + 4^{2x+4} - 4^{2x+1} - 3^{2x+3}$

530. $2^{3x+6} + 3^{3x} - 3^{3x+3} + 5 \cdot 2^{3x+4} - 2^{3x+1} = 2 \cdot 3^{3x+2} - 2^{3x+5} + 3 \cdot 2^{3x+2} - 4 \cdot 3^{3x+1}$

531. a) $2^x = 3$ **b)** $3^x = 2$ **c)** $3^{x-1} = 5$ **d)** $5^{x+1} = 3$

532. a) $\sqrt[x]{5^{2x-1}} = 7$ **b)** $\sqrt[x]{4^{x+1}} = \sqrt[3]{2^{-4}}$ **c)** $\sqrt[4]{2^{4x-1}} = \sqrt[3]{5^{2x+7}}$

533. a) $3^{x+1} = \frac{1}{27}$ **b)** $9^{x+1} = 81$ **c)** $2^{1-x} = 64$ **d)** $\left(\frac{4}{25}\right)^{x-2} = \frac{16}{625}$

534. a) $0,16 \cdot 4^{2-4x} = 5^{2x-1}$ **b)** $5^{x+2} \cdot 7^{2x} \cdot 0,5^x = 5^x \cdot 7^{2x-3}$

535. a) $2^{3x-3} \cdot 4^{2x+2} \cdot 8^{x+1} = 16$ **b)** $2^{2x+3} \cdot 4^{1-2x} = 8^{2x+2}$

536. a) $5^{2x} - 2^{3x} = 5^{2x-2}$ **b)** $9 \cdot 4^{2x} = 1 + 15 \cdot 4^{2x-1}$

537. a) $2^{x-1} + 3 \cdot 2^x = 28$ **b)** $2 \cdot 7^{x-1} - 7^{x-2} = \frac{13}{49}$

538. a) $3^{2x} = 2^{2x} + 0,5^{1-2x}$ **b)** $9^{x-0,5} - 11 \cdot 9^{x-2} = 0,5^{-2x}$

539. a) $9^{x-2} - 4 \cdot 7^{x-1} = 9^{x-4}$ **b)** $7^{x-1} - 6 \cdot 5^{x-2} = 7^{x-3}$

540. a) $6^{x+3} - 5 \cdot 6^{x+1} = 4 \cdot 9^{2x+5}$ **b)** $2^{3x+2} + 4 \cdot 5^{2x-1} = 3 \cdot 8^{x+1}$

541. a) $6^{2x-4} + 7^{3x+4} = 6^{2x-2} - 7^{3x-1}$ **b)** $8^{x+1} + 9^{x-1} = 9^x - 8^x$

542. a) $12^{3x+2} - 13^{2x+1} = 12^{3x-2} + 13^{2x-1}$ **b)** $13^{3x+2} - 12^{2x+1} = 13^{3x-2} - 12^{2x-1}$

543. a) $3^{x+2} + 4^{x} = 4^{x+1} - 3^{x+1}$ **b)** $5^{x+3} + 6^{x+3} = 5^{x+5} - 6^{x+2}$

544. a) $4^{x-2} + 5^{x-1} = 4^{x+1} - 5^{x+1}$ **b)** $7^{4x+1} + 4 \cdot 5^{3x} = 5^{3x+2} + 7^{4x-1}$

545. $9^{2x-1} + 8^{4x-2} - 2 \cdot 8^{4x-2} + 9^{2x+3} - 7 \cdot 8^{4x+1} = 3 \cdot 9^{2x-1} - 8^{4x+1}$

546. $13^{3x-1} + 17^{2x+5} - 2 \cdot 17^{2x+5} - 13^{3x-4} = 5 \cdot 17^{2x-4} - 6 \cdot 13^{3x-4} + 17^{2x+9}$

547. a) $2^{2x} - 4 \cdot 2^{x} + 4 = 0$ **b)** $25^{x} - 6 \cdot 5^{x} + 5 = 0$ **c)** $5^{2x} - 6 \cdot 5^{x+1} + 125 = 0$

Anleitung: Man setze $2^{x} = u$. Dann ist $2^{2x} = u^2 \Rightarrow u^2 - 4u + 4 = 0$ usw.

548. a) $7^{2x+1} - 344 \cdot 7^{x} + 19 = 0$ **b)** $3^{2x-2} + 3 = 4 \cdot 3^{x-1}$ **c)** $2^{2x-3} - 3 \cdot 2^{x+1} + 64 = 0$

549. a) $2 \cdot 3^{2x} - 5 \cdot 3^{x+1} + 27 = 0$ **b)** $11^{x}(1 + 11^{\frac{2}{x}}) = 11^{x+1}$ **c)** $3(3^{x+11} + 1) = 244\sqrt{3^{x+8}}$

550. a) $(9^{3-x})^{2-2x} = 1$ **b)** $5^{(5-x)(6-x)} = 25$ **c)** $2^{x^2-5x+6} = 8^2$

551. a) $\lg(x+1) = \lg 4$ **b)** $\ln 3(x-5) = \ln 7$ **c)** $\lg \frac{x-1}{x+1} = \lg 2$

552. a) $\lg(x+5) = 1{,}84510$ **b)** $\lg 7(x-8) = 0{,}30103$ **c)** $\lg \frac{2x+1}{2x-1} = 2{,}90309$

Anleitung: $\lg 70 \approx 1{,}84510$

553. a) $\lg(3x-4) + \lg 19 = \lg(8x+3) + \lg 2$ **b)** $\lg(7x+5) - \lg 3 = \lg(9x+10) - \lg 4$

554. a) $\lg(x+3) - 0{,}47712 = \lg(2x-4)$ **b)** $\lg(6x-3) - \lg x = 0{,}69897$

555. a) $\lg(x+3) + \lg 2x = \lg(x+9) + \lg(2x-4)$ **b)** $\ln(3x-5) + \ln(15-8x) = \ln(6x-11) + \ln(7-4x)$

556. a) $\lg(x+2) - \lg(3x-1) = \lg(x+5) - \lg(3x+1)$ **b)** $\lg(x+30) - \lg(x+10) = \lg(x+60) - \lg(x+20)$

557. $\lg(5x-1) - 0{,}60206 = 0{,}47712 - \lg 7 + \lg(9x+1) - \lg 3$

558. $\lg(x^2+7x+10) - \lg(x^2+x-6) = \lg(x-4) - \lg(x-2) + \lg(2x^2+7x+6) - \lg(x^2-x-12)$

559. a) $\lg x^5 - \lg x^2 = \lg 8$ **b)** $\lg x^3 - \lg x^2 = -2{,}38561$

560. a) $5\lg x - 2\lg x^2 = 1{,}20412$ **b)** $3\lg x^5 - 5\lg x^2 = 1{,}50515$

561. a) $x \cdot \lg 10 = \lg 100$ **b)** $x \cdot \lg 3 = 0{,}95424$ **c)** $x \cdot \lg 18 = 17512$

562. a) $\lg(5^{x} - 125) = 2{,}69897$ **b)** $\lg(7^{x} + 6) - x \cdot \lg 7 = 0{,}84510$

563. a) $\lg(3^{x+1} - 2) - x \cdot \lg 3 = 0{,}44370$ **b)** $\lg(2^{x-3} + 2^{x-2}) - x \cdot \lg 2 = \lg 2^{x}$

564. a) $\ln(5x+12) + \ln(5x-12) = \ln 81$ **b)** $\lg(7x+2) - \lg 60 = -\lg(7x-2)$

565. a) $\lg(2x+5) + 2 = 2{,}9542 - \lg(2x+5)$ **b)** $\lg(3x+12) + 0{,}60206 = 2 - \lg(3x-12)$

566. a) $x^{\lg x} = 1$ **b)** $x^{\lg x} = 10$ **c)** $x^{\lg x} = 10000$

567. a) $\lg(x-1) + \lg(2-x) = \lg(x+2) + \lg(x-5)$ **b)** $\lg(x-3) - \lg(2x+7) = \lg(3x+1) - \lg(x-5)$

568. a) $\lg(x+3) - \lg(3x-5) = \lg(x-1) - \lg(2x-6)$ **b)** $\lg(x-1) + \lg(x+2) = \lg(2x+1) + \lg(x-2)$

569. a) $2\ln(x+3) - 3\ln(x+2) + \ln(x+1) = 0$ **b)** $\lg(x-3) = 0{,}90309 + \lg x - \lg(x+3)$

570. $\lg[x(x+1)] - \lg(3x+1) + \lg(x+3) = \lg(3x+7) - 1{,}2553 + \lg(2x+1)$

571. **a)** $\frac{1}{2}\lg(x+\sqrt{x-9}) = 0{,}23856$ **b)** $\frac{1}{3}\lg(15x+2\sqrt{x^2-5x+8}) = 0{,}60206$

572. **a)** $2(\lg x)^2 - \lg x^{17} + 36 = 0$ **b)** $25\lg^2 x - 2\lg x^{25} + 25 = 0$

Anleitung: $\lg x = u$, $(\lg x)^2 = u^2 \Rightarrow 2u^2 - 17u + 36 = 0$ usw.

573. **a)** $\lg^2 x - \lg x^3 + 2 = 0$ **b)** $\lg^2(x+1) = \lg(x+1)$ **c)** $\lg^2(x+3) - \lg(x+3) = 0$

574. **a)** $x^{\lg x} = \frac{x^3}{100}$ **b)** $(x^{\lg x})^3 = \frac{x^7}{100}$ **c)** $(x^{\lg x})^4 = \frac{x^{12}}{\sqrt{100^9}}$

Anleitung: Man logarithmiere die Gleichung!

575.[1] Der Mäusebussard ist unser häufigster Greifvogel. In Niederösterreich leben etwa 2500 Brutpaare, d. h. rund 5000 Mäusebussarde, die sich weitgehend von Feldmäusen ernähren. Je nachdem, ob es in einem Jahr viele oder wenige Feldmäuse gibt, zieht ein Brutpaar ein bis drei Junge auf.

Nehmen wir an, dass durchschnittlich zwei Junge von einem Brutpaar aufgezogen werden, keine Sterblichkeit die Mäusebussardbestände reduziert, Vögel nicht abwandern und die Jungvögel uneingeschränkte Möglichkeiten vorfinden, bereits im Alter von einem Jahr selbst erfolgreich zu brüten. In diesem Fall würde die niederösterreichische Mäusebussard-Population exponentiell anwachsen.

a) Nach wie vielen Jahren würde auf jedem m^2 Boden in Niederösterreich ein Mäusebussard sitzen? (Fläche von Niederösterreich: 19170 km^2)

Anleitung: Diese Annahmen führen auf $A(x) = A_0 \cdot 2^x$ ($A(x)$ ..... Anzahl nach x Jahren, $A_0 = 5000$).

b) Nach wie vielen Jahren würde auf jedem m^2 Boden in Europa ein niederösterreichischer Mäusebussard sitzen? (Fläche von Europa: 10,5 Millionen km^2)

Bemerkung: Natürlich können die Bestände von Mäusebussarden — wie die anderer Tierarten — nicht in solchen Ausmaßen anwachsen, da erhöhte Sterblichkeit und verringerte Fortpflanzung die Bestände sehr rasch den jeweiligen Umweltbedingungen anpassen und mehr oder weniger auf gleicher Höhe halten.

576.[1] Um das Alter von Tierskeletten zu bestimmen, verwendet man die sogenannte **^{14}C-Datierung** (oder auch: **Radiokarbon-Methode**). ^{14}C ist die Bezeichnung für ein radioaktives Kohlenstoffisotop, das sich in äußerst geringen Mengen im Kohlendioxyd der Luft befindet. Durch die Fotosynthese wird ^{14}C in die Pflanzen aufgenommen und gelangt über die Nahrungskette in den Tierkörper. Die Halbwertszeit τ von ^{14}C liegt zwischen $\tau_1 = 5090$ Jahren und $\tau_2 = 5770$ Jahren, d. h. nach dieser Zeit ist die Hälfte der ^{14}C-Atome und nach weiteren τ Jahren abermals die Hälfte der noch verbleibenden Atome zerfallen usw.

Wie alt ist ein Tierskelett, wenn sein gemessener ^{14}C-Anteil nur noch 7,9‰ ist? Man führe die Berechnung für τ_1 und τ_2 durch.

577. Infolge der chemischen Schädlingsbekämpfung mittels DDT (Dichlordiphenyltrichlorethan) ist dieses Gift über die Nahrungskette auch in die Kuhmilch gelangt. Eine Konzentration von 0,05 ppm (parts per million $\hat{=} 10^{-4}\%$) wird zwar noch toleriert, jedoch ist es wünschenswert, diese Toleranzgrenze auf 0,02 ppm zu senken. Das kann nicht von heute auf morgen geschehen. Erst in etwa 30 Jahren hat sich die Hälfte des vorhandenen Giftstoffes chemisch zersetzt.

Wie lange dauert es voraussichtlich, bis die angestrebte Grenze von 0,02 ppm erreicht wird, wenn ab jetzt kein DDT mehr verwendet wird?

Bemerkung: DDT wird im Fettkörper des menschlichen Organismus gespeichert. Bei dessen Abbau (Gewichtsverlust!) können die Blutwerte von DDT gefährlich hoch werden.

---

[1]) Diese Aufgabe, die zum Kapitel „Logarithmusfunktion" zählt, führt auf die Lösung einer logarithmischen Gleichung.

6. Funktionsleitern

In der Außenspalte findet sich eine interessante Übersicht, die dem Buch „LÜTH, Der Mensch ist kein Zufall" entnommen wurde. Die Größenunterschiede der in unserem Kosmos vorkommenden Gebilde ist gewaltig. Die Zahlen alleine sagen vielleicht gar nicht soviel aus. Wie könnte man die Größenunterschiede grafisch veranschaulichen? Jeder, der sich diese Frage stellt, wird wahrscheinlich zunächst an eine **lineare Skala** denken:

Tabelle 1.1: Die räumliche Struktur des Kosmos nach der Größenordnung seiner Gebilde (nach C. F. v. Weizsäcker)

10^{-13} cm		Kleinste Länge	
-12		Atomkern	
-11			
-10			γ-Strahlen
-9			
-8	1 Å	Atomhülle	Röntgenstrahlen
-7	1 mμ	Einfache Moleküle	
-6		Höchste Eiweißmoleküle	Ultraviolett
-5		Kolloidteilchen	
-4	1 μ	Bakterien	Sichtbares Licht
-3		Dunsttropfen	
-2		Nebeltropfen	Ultrarot
-1	1 mm	Regentropfen	
1 cm		Fingernagel	Ultrakurzwellen
10		Singvogel	
10^2	1 m	Mensch	
3	10 m	Größte Tiere	
4	100 m	Größte Bäume	Radiowellen
5	1 km	Kleinstadt	
6	10 km	Großstadt	
7	100 km	Hannover – Göttingen	
8	1000 km	Deutschland	
9	10 000 km	Erde	
10	100 000 km	Erde – Mond 400 000 km	
11	1 Million km	Durchmesser der Sonne 1,4 Millionen km	
12	10 Millionen km		
13	100 Millionen km	Sonne – Erde 150 Millionen km	
14	1000 Millionen km	Sonne – Neptun 4500 Millionen km	
15			
16			
17			
18	1 Lichtjahr	α Centauri 4 Lichtjahre	
19	10 Lichtjahre	Sirius 9 Lichtjahre	
20	100 Lichtjahre		
21	1000 Lichtjahre	Sternwolken	
22	10 000 Lichtjahre	Milchstraße quer	
23	100 000 Lichtjahre	Milchstraße längs	
24	1 Million Lichtjahre	Entfernung Andromedanebel 0,7 Millionen Lichtjahre	
25	10 Millionen Lichtjahre	Nebelnester	
26	100 Millionen Lichtjahre	Fernste beobachtete Nebel etwa 500 Millionen Lichtjahre	
27	1000 Millionen Lichtjahre	Hypothetischer Radius der Welt 3 Milliarden Lichtjahre	

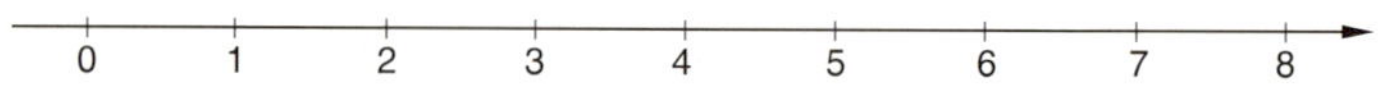

Allerdings erstrecken sich die Längenausdehnungen der Gebilde unseres Kosmos über einen weiten Bereich: Die kleinste auftretende Länge ist 10^{-13} cm, die größte hingegen 10^{27} cm. Diese Werte stehen im Verhältnis $10^{-13}: 10^{27} =$ **$1: 10^{40}$**. Das kleinste Intervall, das man zeichnen kann, ist etwa 0,5 mm lang. Das größte Intervall ist rund 20 cm. Mit anderen Worten: Man kann Werte auftragen, die etwa im Verhältnis 0,5 mm : 20 cm = **1: 400** stehen. Und dieses Verhältnis ist wesentlich kleiner als $1: 10^{40}$...

Gibt es dennoch eine Möglichkeit, große Wertebereiche grafisch zu veranschaulichen? Ja! Mittels sogenannten **„Logarithmusleitern" (logarithmischen Skalen)**. Das Prinzip soll zunächst an einem einfachen Beispiel erklärt werden.

Eine **Funktionsleiter** entsteht, wenn man auf einer Geraden von einem Ursprungspunkt ausgehend die y- Werte der Funktion f(x) abträgt und diese Marken mit den zugehörigen x-Werten versieht.

Gilt f(x) = lg x, nennt man die entstehende Funktionsleiter eine **Logarithmusleiter** oder **logarithmische Skala**.

Logarithmusleitern sind die wichtigsten Funktionsleitern für die technische Praxis.

Beispiel:

Es ist eine Leiter der logarithmischen Funktion $x \mapsto \lg x$ für $x \in [1, 10]$ zu konstruieren. Die Zeicheneinheit ZE soll 9 cm betragen.

Lösung:

Zunächst berechnen wir eine Wertetabelle mit den Spalten Ⓐ, Ⓑ und Ⓒ.

Ⓐ .....Spalte für die verlangten x-Werte

Ⓑ .....Spalte für die y-Werte der Funktion $x \mapsto \lg x$

Ⓒ .....Spalte für das Produkt von Spalte Ⓑ mit der Zeicheneinheit ZE = 9 cm.

Anschließend werden auf einer Geraden von einem vorher festgelegten Ursprung die Werte der Spalte Ⓒ abgetragen. Die dadurch entstehenden Marken versehen wir mit den x-Werten der Spalte Ⓐ.

Ⓐ	Ⓑ	Ⓒ
x	y	y · ZE cm
1	0	0
2	0,3	2,7
3	0,5	4,3
4	0,6	5,4
5	0,7	6,3
6	0,8	7,0
7	0,8	7,6
8	0,9	8,1
9	1,0	8,6
10	1,0	9

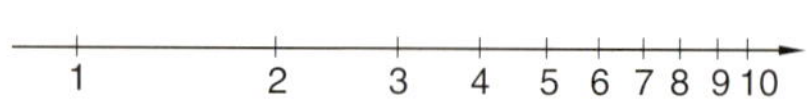

Man überlege, warum logarithmische Skalen **nicht** mit der Marke Null beginnen können.

Die grafische Veranschaulichung der in unserem Kosmos vorkommenden Längenausdehnungen ist mit einer Logarithmusleiter leicht möglich — vgl. Aufgabe **584**.

Beispiel:

Wenn man beide Achsen eines Koordinatensystems logarithmisch teilt, erhält man **doppeltlogarithmisches Papier** — vgl. Außenspalte! Welche Funktionen werden auf doppeltlogarithmischen Papieren als Gerade dargestellt? (Begründung!)

Lösung:

Für die dargestellte Gerade gilt die Funktionsgleichung $Y = kX + d$

mit $\left\{\begin{matrix} Y.....\text{Funktionswert der Ordinate} \\ X.....\text{Funktionswert der Abszisse} \end{matrix}\right\}$: Beide Achsen sind logarithmisch geteilt: $Y = \lg y$, $X = \lg x$ (1)

Der Abstand d auf der y-Achse lässt sich als Logarithmus von a zur Basis 10 schreiben: $d = \lg a$ (2)

Beziehung (1) und (2) werden in die Funktionsgleichung $Y = kX + d$ eingesetzt: $\lg y = k \cdot \lg x + d$

$$\lg y = \lg x^k + \lg a$$

$$\lg y = \lg ax^k$$

$y = ax^k$, d. h. Potenzfunktionen werden auf doppeltlogarithmischem Papier als Gerade dargestellt!

Doppeltlogarithmisches Papier:

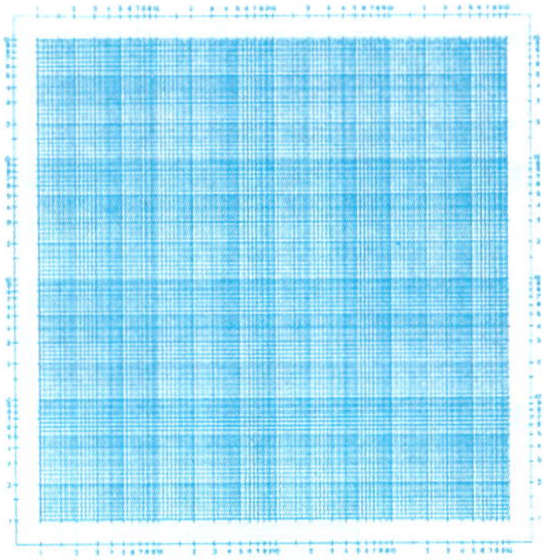

AUFGABEN

578.[1] Es ist die Leiter der Potenzfunktion $x \mapsto x^2$ mit $x \in [0, 10]$ auf einer Länge von 10 cm zu zeichnen. (Potenzleiter)

579.[1] Text wie Aufgabe **578.** für die Wurzelfunktion $x \mapsto \sqrt{x}$, $x \in [0, 9]$, Länge der Leiter: 12 cm. (Wurzelleiter)

580. Eine Leiter der trigonometrischen Funktion $x \mapsto \sin x$ mit $x \in \left[0, \frac{\pi}{2}\right]$ ist zu konstruieren. Die Zeicheneinheit ZE soll 10 cm betragen. (Trigonometrische Leiter)

581. Text wie Aufgabe **580.** für die Exponentialfunktion $x \mapsto 2^x$, $x \in [-2, 5]$, ZE = 0,5 cm. (Exponentialleiter)

582. Es ist eine 120 mm lange Logarithmusleiter für $x \mapsto \lg x$ mit $x \in [1, 10]$ zu zeichnen.

583. Text wie Aufgabe **582.** für eine 6 cm lange Logarithmusleiter, $x \in [1, 10^6]$.

584. Im Hinblick auf das Kapitel **6. Funktionsleitern** sind die Größenverhältnisse der in unserem Kosmos vorkommenden Gebilde grafisch zu veranschaulichen. (ZE = 0,5 cm)

585. (1) Ordinatenlogarithmisches Papier (2) Abszissenlogarithmisches Papier

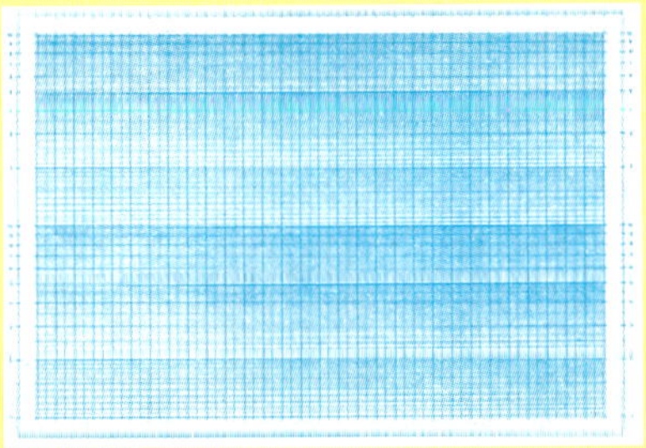

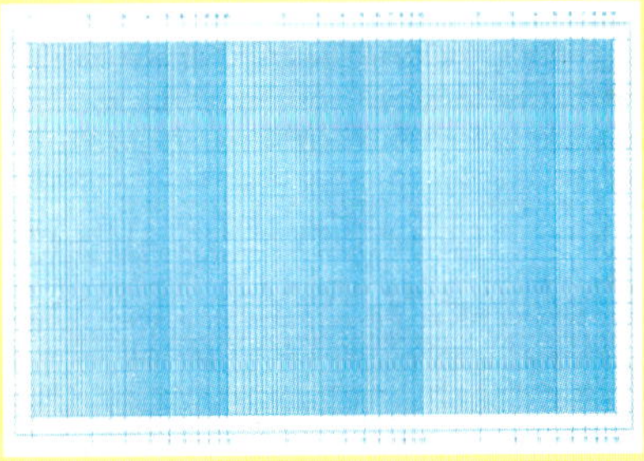

a) Welcher Unterschied und welche Gemeinsamkeiten bestehen zwischen (1) und (2)?

b) Welche Funktionen werden auf ordinatenlogarithmischen Papieren als Gerade dargestellt?

c) Welche Funktionen werden auf abszissenlogarithmischen Papieren als Gerade dargestellt?

Bemerkung: Ordinaten- und abszissenlogarithmisches Papier sind **einfachlogarithmische Papiere**.

---

[1]) Ermitteln der Zeicheneinheit ZE: $ZE = \frac{\text{Länge der darzustellenden Skala}}{y_{max} - y_{min}}$

586. Die Funktion $x \mapsto \ln x$ mit $x \in [1, 100]$ ist auf einfachlogarithmischem Papier zu veranschaulichen.

587. Text wie Aufgabe **586.** für $x \mapsto e^{-\lambda x}$, $\lambda = 0{,}5$ und $x \in [0,6]$.

588. Man stelle die Funktion $x \mapsto 1{,}4\sqrt{x}$ mit $x \in [1, 100]$ auf doppeltlogarithmischem Papier dar!
Bemerkung: Auf doppeltlogarithmischen Papieren tragen beide Achsen logarithmische Teilungen.

589. Auf welchem Funktionspapier erscheint der Graph der Funktionsgleichung **a)** $y = x^2$ **b)** $y = 2\sqrt{x}$ als Gerade? Grafische Veranschaulichung!

590. Welche Art von Funktionsleiter zeigt die nebenstehende Figur? Wie lautet die Funktionsgleichung?

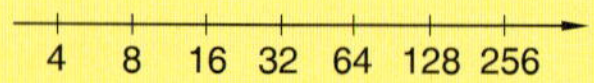

591. Die Funktionsgleichung ist jeweils zu ermitteln:

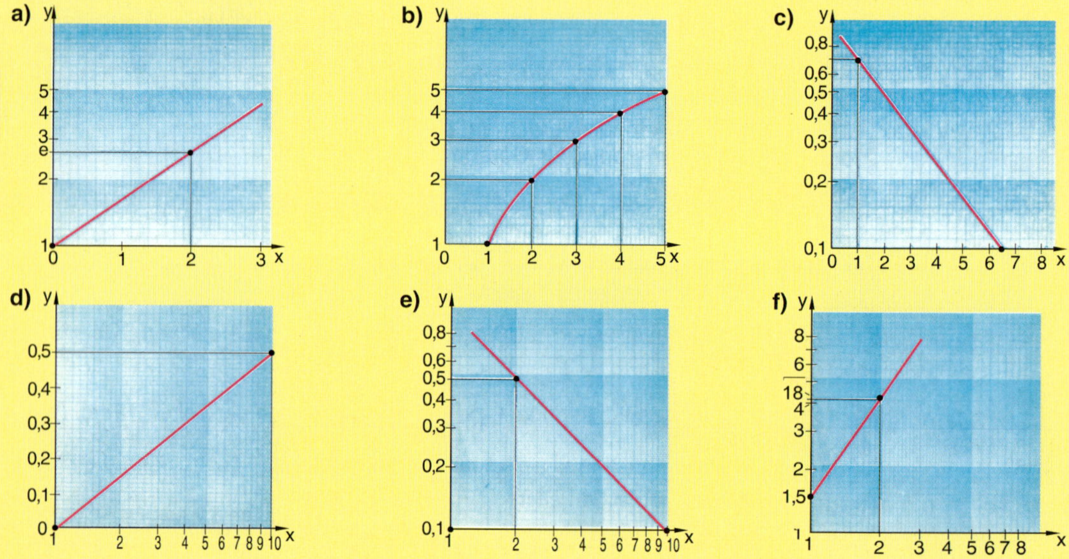

592. Eine Temperaturmessung ergab die in der nebenstehenden Wertetabelle angeführten Messwerte. Ein exponentieller Temperaturabfall wird vermutet. Die Messwerte sind auf einfachlogarithmischem Papier darzustellen, die Funktionsgleichung ist rechnerisch zu bestimmen.

t [in h]	ϑ (in °C)
0	65
1	53
2	41
3	33
4	28
5	21

593. Durch Messung wurden folgende Wertepaare gefunden:

x	1309	1471	1490	1565	1611	1680
y	2,138	3,421	3,597	4,340	4,882	5,660

Die Versuchsreihe ist an einer (angenäherten) Formel darzustellen!
Anleitung: Die Wertepaare sind zunächst auf doppeltlogarithmischem Papier aufzutragen.

594. Es ist auf grafischem Weg zu entscheiden, ob zwischen der Umlaufzeit eines Planeten und der mittleren Entfernung zur Sonne ein Zusammenhang besteht:

	Merkur	Venus	Erde	Mars	Jupiter	Saturn
Umlaufzeit in Tagen (d)	87,97	224,7	365,25	686,9	4331,9	10760,3
Mittlerer Sonnenabstand in AE	0,39	0,72	1,0	1,5	5,2	9,54

Bemerkung: Die mittlere Entfernung zwischen Erde und Sonne wird als **„Astronomische Einheit“** bezeichnet. $1\,AE = 149{,}5658 \cdot 10^6$ km.

595. Die Normzahlenreihe E 12 lautet:

10 12 15 18 22 27 33 39 47 56 68 82 100

a) Es ist zu bestimmen, mit welcher Formel diese Zahlenwerte errechnet werden können (gerundet). **Anleitung:** Man trage die Werte in einfachlogarithmisches Papier ein.

b) Wie würde die Formel allgemein für eine Reihe E n lauten?

c) Man errechne alle Zahlen der Reihe E 24.

7. Problemstellungen der Technik I

596. Das radioaktive Element ^{60}Co ist ein Kobaltisotop und eines der gefährlichsten Folgeprodukte bei Kernwaffenversuchen. ^{60}Co weist eine Halbwertszeit von $\tau = 5{,}3$ Jahren auf, d. h. nach 5,3 Jahren ist bereits die Hälfte aller Atomkerne unter Begleitung von radioaktiver Strahlung zerfallen, und nach weiteren 5,3 Jahren abermals die Hälfte der noch verbleibenden Atomkerne usw.
Wie lange dauert es, bis von einer bestimmten Anzahl von Atomkernen nur mehr 1% vorhanden ist?

597. Mechanische Unruhen in Uhren, Federungseinrichtungen in Kraftfahrzeugen und Eisenbahnwaggons und elektrische Schwingkreise erzeugen bei einer einmaligen Erregung ohne weiteren Antrieb eine gedämpfte Schwingung der Form $y = y_0 e^{-\lambda t} \sin \omega t$ (vgl. nebenstehende Figur).

Wie groß ist λ, wenn bei $T = \frac{5\pi}{2\omega}$ s und $\omega = 2\pi s^{-1}$ die zugehörige Auslenkung y der gedämpften Schwingung um 60% kleiner als die der ungedämpften Schwingung ist?

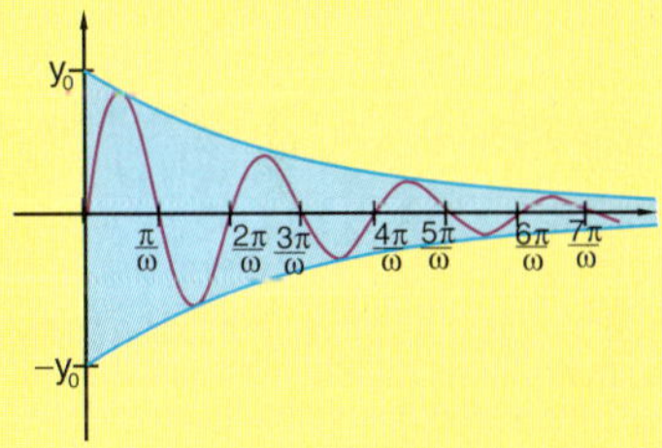

y ..... Momentauslenkung des Systems
t ..... Zeit
λ ..... Dämpfungskonstante
ω ..... Winkelgeschwindigkeit der Schwingung
$\pm y_0 e^{-\lambda t}$ ..... Einhüllende der gedämpften Schwingung

598. Filme werden nach der Filmempfindlichkeit eingeteilt. Dabei gibt es DIN- und ASA-Zahlen. S_{DIN} ist die **logarithmische Empfindlichkeit**, S_{ASA} die **arithmetische Empfindlichkeit**. Zwischen beiden Werten besteht die Beziehung: $S_{DIN} = 1 + 10 \lg S_{ASA}$ (S ..... Empfindlichkeit)

a) Welcher DIN-Zahl entspricht 100 ASA?

b) Was passiert mit der DIN-Zahl, wenn die ASA-Zahl verdoppelt wird?

c) Man stelle eine Vergleichstabelle DIN—ASA für ASA = 10 bis ASA = 1000 auf!

d) Wie lautet die Formel, aufgelöst nach S_{ASA}?

599. Der Rohstoffhaushalt der Erde ist begrenzt. Der jährliche Verbrauch wächst. Wir wollen uns überlegen, wie lange die Reserven der Erde ausreichen, einen exponentiell wachsenden Verbrauch zu decken:

	Reserve in Mio. t	jährl. Verbrauch	jährl. Zuwachsrate p des Verbrauchs in Prozent
Aluminium	5600	18	4,3
Blei	123	4	3,1
Kupfer	780	4,2	3,3
Zinn	10	0,24	2,0

a) Wie lautet die Funktion, die den jährlichen Blei-Verbrauch v (t) von p = 3,1% beschreibt?

b) Wie viele Jahre reichen die Rohstoffe, wenn der Verbrauch nicht wächst?

c) In welcher Zeit n verdoppelt sich der jährliche Verbrauch für die obigen Elemente?

d) Man zeige, dass die Formel $n = \frac{\log 2}{\log\left(1 + \frac{p}{100}\right)}$ der Verdoppelungszeit entspricht.

e) Wie lange reicht die Blei-Reserve? Man ermittle die Restmenge in jährlichen Abständen (30 Jahre)!

600. Durch den Treibhauseffekt der Erde — die kurzwellige Sonnenstrahlung durchdringt die Atmosphäre besser als die langwellige Wärmestrahlung der Erde — wird eine Aufheizung der Atmosphäre angenommen, die mit der Konzentration von CO_2 wächst: $T(x) = 13(1 - e^{\frac{-x+335}{2000}})$

T ..... Temperaturerhöhung in °C
x ..... CO_2-Konzentration in ppm

a) Der Graph der Funktion $T(x)$ ist für $x \in [335, 1000]$ zu zeichnen.

b) Nimmt man als Funktion der Zunahme des CO_2-Gehalts $x(t) = t + 335$ an, so ergibt sich eine zusammengesetzte Funktion $T(x(t)) = ?$

c) Wie groß ist die Temperaturerhöhung bis zum Jahr $t = 2000$ bzw. $t = 2200$?

601. Es ist jene Arbeit W zu berechnen, die erforderlich ist, um 10 kg Luft bei 20° C von 10 m^3 auf 4 m^3 zu komprimieren.

Anleitung: $p_1V_1 = p_2V_2$ (BOYLE-MARIOTTEsches Gesetz)

$R = 287\ J/kgK$ (spezifische Gaskonstante) m.....Gasmasse (kg)
$T = \vartheta + 273°\ C$ (absolute Temperatur) p_1, p_2.....Gasdruck (N/m^2)
$W = mRT \ln \frac{p_1}{p_2}$

602. Eine moderne Technologie der Nachrichtenübermittlung ist die Glasfasertechnik: Das Signal wird in Lichtwellen umgesetzt und durch dünne, 0,05 mm starke Glasfasern geschickt. Dabei treten Dämpfungen in der Größe von 3 dB/km auf. Der Zusammenhang zwischen einfallender Leistung P_0, ankommender Leistung P und der Dämpfung a (in dB) lautet: $a = 10 \lg \frac{P_0}{P}$ (dB)

a) Um wie viel Prozent nimmt die Lichtleistung in einer Glasfaser mit Dämpfung 3 dB pro Kilometer ab?

b) Wie lang ist eine Glasfaser mit der Dämpfung 2 dB/km, die die einfallende Leistung um 90% schwächt?

c) Welche Lichtleistung erhält man am Ende einer 10 km langen Glasfaser bei Einspeisung einer Lichtleistung von 1 mW und einer Dämpfung von 2,5 dB/km?

603. Ein Infrarot-Laserstrahl verliert mit zunehmender Eindringtiefe x (in mm) nach der Gleichung $I(x) = I_0 e^{-0,4x}$ an Intensität I. Nach welcher Gewebetiefe beträgt die Intensität **a)** 30% **b)** 10% der ankommenden Strahlung? (Rechnerische und zeichnerische Lösung!)

604. Bei der Massenproduktion von ICs (Chips) ist von der Gesamtzahl der gefertigten Schaltkreise nur ein geringer Teil funktionsfähig. Der Ausschuss ist umso größer, je kleiner die Minimaldimensionen innerhalb des Chips sind und je größer die Fertigungstoleranzen sind. Der relative Anteil $p_T(x)$ an toleranzfreien Chips fällt daher rasch mit abnehmender Chipgröße von 100% auf 0%. Eine Annäherung an $p_T(x)$ ist durch die folgende Funktionsgleichung gegeben: $p_T(x) = \frac{100}{1 + e^{-\frac{x}{4T} + 15T}}$ (T ..... Fertigungstoleranz in µm, x ..... Minimaldimension in µm)

a) Gesucht ist die maximale Definitionsmenge von $p_T(x)$ und die zugehörige Wertemenge.

b) Graph von $p_T(x)$ für $T = 0,5$ und $x \in]0, 100]$?

c) Text wie b) für $T = 0,75$

d) Text wie b) für $T = 1$

605. Die Maßzahlgleichung der Kapazität zwischen einem Draht und einer dazu parallel verlaufenden Fläche lautet: $C = \frac{\varepsilon l}{1,8 \ln \frac{4a}{d}}$ (C ..... Kapazität C in pF, l ..... Länge des Drahtes in cm, a ..... Abstand in cm, d ..... Durchmesser in cm, ε ..... Materialkonstante)

Man ermittle die Kapazität C für folgende Werte: $l = 270$ cm, $a = 54$ cm, $d = 0,5$ cm, $\varepsilon = 1,008$

606. Der Flächeninhalt A des Sektors einer logarithmischen Spirale zwischen den Winkeln α und β ergibt sich aus folgender Formel $A = \frac{a^2}{4b}(e^{2\beta b} - e^{2\alpha b})$. Für $a = 4$, $b = \frac{1}{2}$, $\alpha = 0$ und $\beta = \pi$ ist der zugehörige Flächeninhalt zu berechnen!

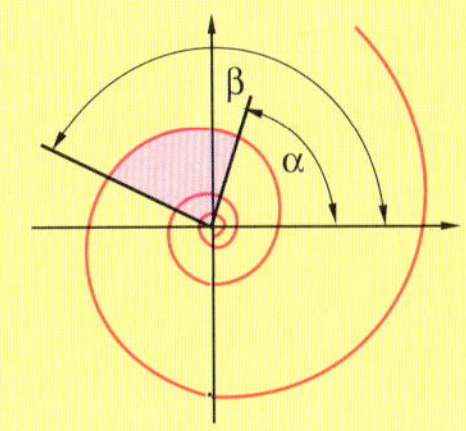

607. Die menschlichen Sinneseindrücke verändern sich **nicht linear,** sondern ungefähr **logarithmisch** mit der (physikalischen) Reizstärke. Daher verwendet man in der praktischen Schallmessung ein logarithmisches Maß: den Schalldruckpegel L_p. Hierbei wird der zu messende Schalldruck p ins Verhältnis zur Hörschwelle des menschlichen Ohres $p_0 = 20\ \mu Pa$ gesetzt:

$L_p = 20 \lg \frac{p}{p_0}$ [dezibel = dB]

Die nebenstehende Tabelle ist entsprechend zu vervollständigen!

p	Lp in dB	Geräuschbeispiele
	0	Hörschwelle
$10\,p_0$		Flüstern
	40	leiser Rundfunk
	60	normal laute Unterhaltung
$10^4\,p_0$		Staubsauger, Motor-Rasenmäher, Hundegebell
	100	Tischlerei
$10^6\,p_0$		Flugzeugpropeller 5 m, Schmerzschwelle
	170	Weltraumrakete

608. An der einen Seite einer Zimmerwand ruft eine Schallquelle einen Schalldruck $p_1 = 60\,mPa$ hervor. An der anderen Seite der Wand kann noch ein Schalldruck $p_2 = 800\ \mu Pa$ verzeichnet werden. Um wie viel nimmt bei dieser Dämmung der Schallpegel ab?

609. Eine Verdoppelung des Schalldruckes führt zu einer Zunahme des Schalldruckpegels um 6 dB. Ist diese Behauptung richtig?

610. In einem Büroraum stehen 10 Schreibmaschinen, von denen jede einen mittleren Schallpegel von $L_1 = 60\,dB$ erzeugen kann. Wie hoch ist der Schallpegel L_{10}, wenn alle Maschinen gleichzeitig bedient werden?

611. Fichten sind das wichtigste Nutzholz unserer Breiten. Durch den sauren Regen sind sie allerdings auch die am meisten bedrohte Baumart: Der Durchmesser der Bäume, gemessen in 1,3 m Höhe, kann näherungsweise durch folgende Funktion beschrieben werden: $d(t) = \frac{1}{1 + e^{-0{,}05(t-60)}}$ (d ..... Durchmesser in m, t ..... Zeit in Jahren)

a) Wie groß ist der Durchmesser nach 10, 20, 50, 100 Jahren?

b) Wie sieht die Funktion im Intervall 0 bis 200 aus?

c) Wie alt ist eine Fichte mit 0,4 m Durchmesser?

d) Umkehrfunktion?

Ertragsgesetze nach MITSCHERLICH: 1926 veröffentlichte **Eilhard Alfred MITSCHERLICH** (1874—1956) eine Aussage über die Zunahme des Pflanzenertrags (Hafer), wenn ein Wachstumsfaktor (Natrium, Kalium, Phosphor) gesteigert wird. Diese Aussage wurde als **Gesetz vom abnehmenden Ertragszuwachs** bekannt.

Eilhard Alfred MITSCHERLICH

MITSCHERLICH hat seine Versuche in Quarzsand durchgeführt. Dabei wurde ein Quarzsand verwendet, der absolut frei von Nährstoffen ist. Unter dieser Bedingung (Nährstoffmenge $x = 0$) kann kein Ertrag erzielt werden: Ertrag $y = 0$. Nun wird die Zugabe eines Wachstumsfaktors so lange gesteigert, bis der Ertrag 50% des Höchstertrages A erreicht hat. Diese Menge an zugeführtem Nährstoff nennt man **Nährstoffeinheit** (NE) und setzt daher $x = 1$. Der Höchstertrag A muss in einem Versuch ermittelt worden sein.

Die mathematische Formulierung des Gesetzes vom abnehmenden Ertragszuwachs ergibt folgende logarithmische Gleichung:

$\lg(A - y) = \lg A - cx$. c ist der sogenannte „Wirkungsfaktor". Er beträgt für Stickstoff 0,2, für Kalium 0,4 und für Phosphor 0,6.

612. a) Das Gesetz vom abnehmenden Ertragszuwachs ist nach y aufzulösen!

b) Man ermittle den Wirkungsfaktor c, wenn der Ertrag y in Prozent gemessen wird. A ist dann 100%. (Höchstertrag!) Wenn die Anzahl der Nährstoffeinheiten 1 beträgt, ist $y = 50\%$ (Vgl. die obige Versuchsbeschreibung!)

c) Die Wertetabelle für die in **a)** erhaltene Gleichung ist aufzustellen und der in **b)** für den Wirkungsfaktor c ermittelte Wert zu berücksichtigen.

d) Das Gesetz vom abnehmenden Ertragszuwachs, d. h. der Graph der Ertragsfunktion, ist in einem kartesischen Koordinatensystem darzustellen!

613. Im Laborversuch hat MITSCHERLICH das Gesetz vom abnehmenden Ertragszuwachs $\lg(A - y) = \lg A - cx$ erhalten. Der Versuch wurde — wie schon früher erwähnt — in Quarzsand durchgeführt, der keinen Nährstoff enthielt. Berücksichtigt man, dass die Anbauflächen der Landwirtschaft einen bestimmten Nährstoffvorrat enthalten, so muss man zusätzlich zur verabreichten Nährstoffmenge x den pflanzenverfügbaren Nährstoff des Bodens — mit „b“ bezeichnet — berücksichtigen. Man erhält dann folgende modifizierte Formel: $\lg(A - y) = \lg A - c(x + b)$

a) Man berechne den voraussichtlich erzielbaren Ertrag y, wenn $A = 120$ dt/ha und $b = 50$ kg N/ha beträgt und 300 kg NAC (=Nitramoncal)/ha gedüngt werden. NAC enthält 28% reinen Stickstoff.

b) Das pflanzenaufnehmbare Nährstoffkapital b von Stickstoff ist zu ermitteln, wenn $A = 100$ dt/ha beträgt und eine Düngung mit 250 kg NAC einen Ertrag von 40 dt/ha liefert.

614. Im Jahre 1971 wurde der Strombedarf Österreichs für die nächsten 20 Jahre prognostiziert, um das Ausbauprogramm der Kraftwerke zu planen. Die zur Verfügung stehenden Daten der letzten 15 Jahre sind in der nebenstehenden Tabelle festgehalten. Wie könnte man für diese Werte eine geeignete Funktion finden?

Jahr	1955	1960	1965	1970
Stromverbrauch in TWh	9,6	13,3	17,8	23,9

a) Zunächst gilt es zu bestimmen, ob das Stromwachstum linear oder exponentiell ist. Um das zu entscheiden, untersuche man einerseits die Differenzen und anderseits die Quotienten benachbarter Stromverbrauchszahlen:

$23{,}9 - 17{,}8 =$ $\quad$ $23{,}9 : 17{,}8 =$

$17{,}8 - 13{,}4 =$ $\quad$ $17{,}8 : 13{,}4 =$

Sind die Quotienten annähernd gleich, ist das Wachstum exponentiell.

b) Im Fall eines exponentiellen Wachstums ist der Jahreswachstumsfaktor — z. B. durch $q = \sqrt[5]{\frac{17{,}8}{13{,}4}}$ — zu ermitteln. Damit ist anschließend die Näherungsfunktion $f(t) = K \cdot q^{t-55}$ aufzustellen, in dem $f(65) = 17{,}8$ gesetzt und K bestimmt wird.

c) Mit der in **b)** erhaltenen Funktion berechne man den relativen Fehler im Vergleich zu den exakten Werten der Jahre 1955, 1960, 1965, 1970.

Anleitung: Relativer Fehler $= \frac{\text{Näherungswert} - \text{Exakter Wert}}{\text{Exakter Wert}} \cdot 100\%$

d) Mit der in **b)** erhaltenen Funktion ist zu prognostizieren: $f(75) = ?$ $f(80) = ?$ $f(90) = ?$ Wie viele Kraftwerke braucht man zusätzlich von 1970 bis 1990, wenn man berücksichtigt, dass Kraftwerke 6000 Stunden jährlich in Betrieb sind und ein Kraftwerk 500 MW Leistung hat?

Anleitung: $1\,\text{MW} \cdot 1\,\text{h} = 1\,\text{MWh}$ $\quad 1\,\text{TWh} = 10^6\,\text{MWh}$

e) Die Funktionswerte der in **b)** erhaltenen Funktion sind mit den in der nebenstehenden Tabelle festgehaltenen tatsächlichen Werten zu vergleichen. Der relative Fehler der Funktionswerte gegenüber den wahren Werten ist zu bestimmen bzw. der Jahreswachstumsfaktor q für die Jahre 1970—1975, 1975—1980 und 1980—1984 ist festzustellen.

Jahr	1975	1980	1984
TWh	30,3	37,5	40,2

Bemerkung: Wenn der relative Fehler größer als 20% ist oder der Jahreswachstumsfaktor q der letzten Jahre auf weniger als den halben Wert sinkt, dann ist diese Prognose auf Basis der erstellten Funktion nicht zulässig!

8. Problemstellungen der Technik II

Formelumstellungen

615. Wie groß darf der Umschlingungswinkel α einer Rolle mit $\mu = 0{,}15$ maximal werden, um mit der zur Verfügung stehenden Kraft $F_2 = 16\,\text{kN}$ eine Last von $F_1 = 10\,\text{kN}$ zu heben: $F_2 = F_1 \cdot e^{\mu\alpha}$ (α im Bogenmaß)

616. a) $I_\lambda = I_0 e^{-N\sigma d}$ $\quad d = ?$ $\qquad$ **b)** $L \geqslant 2ae^{\frac{\ell}{a}}\ (a > 0)$ $\quad 2\ell \leqslant ?$

617. a) $I = I_0 \cdot e^{-\frac{t}{\tau}}$ $\quad \tau = ?$ $\qquad$ **b)** $N = \sqrt{E} \cdot e^{-\frac{E}{c}}$ $\quad c = ?$

618. a) $r_1 = r_2 \cdot e^{\frac{p_s}{2 \cdot 10^4 p_m}}$ $\quad p_m = ?$ $\qquad$ **b)** $E = E_0 \cdot e^{-\frac{cA}{4V}t}$ $\quad t = ?$

619. a) $R_T = R_N e^{B\left(\frac{1}{T} - \frac{1}{T_N}\right)}$ $\quad T_N = ?$ $\qquad$ **b)** $R_{T_1} = R_{T_2} e^{k(T_1 - T_2)}$ $\quad k = ?$

620. Beim Einschalten eines Stromkreises bestehend aus einem Widerstand R, einem Kondensator $C = 22\,\mu\text{F}$ und einer Spannungsquelle $U_0 = 15\,\text{V}$ folgt die Spannung u am Kondensator dem Gesetz $u = U_0(1 - e^{-\frac{t}{RC}})$. Wie groß muss R sein, wenn zum Zeitpunkt $t = 3\,\text{s}$ die Spannung am Kondensator $u = 11\,\text{V}$ beträgt?

621. a) $e^{\frac{4{,}14 \cdot V}{TSc}} + \alpha_m = 1$ $\quad S = ?$ $\qquad$ **b)** $I_D = I_S(e^{\frac{U_D}{U_T}} - 1)$ $\quad U_D = ?$

622. a) $\frac{G}{L} = 1 - 2e^{-W_p \cdot T_p}$ $\quad W_p = ?$ $\qquad$ **b)** $I_s(e^{\frac{U_p}{U_T}} + 1) = SE$ $\quad U_T = ?$

623. a) $y = y_0 e^{-\lambda t} \sin \omega t$ $\quad \lambda = ?$ $\qquad$ **b)** $A = \frac{a^2}{4b}(e^{2\beta b} - e^{2\alpha b})$ $\quad \beta = ?$

624. a) $M = g\frac{(m_1 e^{\mu_0 \pi} - m_2)l + 2r^2 m_1 m_2 (e^{\mu_0 \pi} - 1)}{r(m_1 e^{\mu_0 \pi} + m_2)}$ $\quad \mu_0 = ?$ $\qquad$ **b)** $N_2 = N_{10}\frac{\lambda_1}{\lambda_2 - \lambda_1} e^{-\lambda_1 t} + \left(N_{20} - N_{10}\frac{\lambda_1}{\lambda_2 - \lambda_1}\right) e^{-\lambda_2 t}$ $\quad t = ?$

625. Wie groß ist die Materialkonstante β eines spannungsabhängigen Widerstandes mit der Formkonstanten $C = 270$, wenn bei einer Spannung $U = 200\,\text{V}$ ein Strom $I = 200\,\text{mA}$ fließt? $U = C \cdot I^\beta$

626. a) $M = k_4 \cdot d^\alpha \cdot \Delta p$ $\quad \alpha = ?$ $\qquad$ **b)** $T \cdot v^{\kappa - 1} = C$ $\quad \kappa = ?$

627. a) $10^{\frac{L_T - L}{10}} - \frac{A}{10}$ $\quad L_T = ?$ $\qquad$ **b)** $\frac{p_2}{p_1} = \left(\frac{T_2}{T_1}\right)^{\frac{\kappa}{\kappa - 1}}$ $\quad \kappa = ?$

628. a) $\frac{p_n}{p_{n-1}} - \sqrt[z]{\frac{p_e}{p_q}}$ $\quad z = ?$ $\qquad$ **b)** $p_I \cdot v_I^m = p_1 \cdot v_1^m$ $\quad m = ?$

629. a) $I_D = I \cdot \left(1 - \frac{U_{GS}}{U}\right)^\alpha$ $\quad \alpha = ?$ $\qquad$ **b)** $p = p_0\left(1 - \frac{6{,}5b}{288{,}15}\right)^\gamma$ $\quad \gamma = ?$

630. a) $C_j = C_0\left(1 - \frac{U_D}{U_{DF}}\right)^{-n}$ $\quad n = ?$ $\qquad$ **b)** $R_a = R_i\left(\frac{\sigma}{\sigma - 1{,}05p}\right)^{\frac{1}{\alpha}} + C$ $\quad \alpha = ?$

631. a) $M - m = 5 - 5\lg r$ $\quad r = ?$ $\qquad$ **b)** $E_H = E_{OH} + \frac{RT}{zF} \ln a_{Me}$ $\quad a_{Me} = ?$

632. Wie groß ist die Ausgangsleistung P_2 eines Übertragungssystems mit einem Leistungspegel $p = -10\,\text{dB}$ bei einer Eingangsleistung $P_1 = 1\,\text{W}$, wenn $p = 10 \lg \frac{P_2}{P_1}$ gilt?

633. Es ist das Spannungsverhältnis $\frac{U_1}{U_2}$ in dB anzugeben, wenn $P_i = \frac{U_i^2}{R_i}$ gilt.

634. a) $p = \frac{1}{2}\ln\frac{P_1}{P_2}$ $P_1 = ?$ **b)** $\Delta S = C_p \ln\frac{T_2}{T_1}$ $T_2 = ?$

635. a) $Q_{41} = mRT_4 \ln\frac{p_4}{p_1}$ $p_4 = ?$ **b)** $\Delta_{dB} = 20\lg(1+|\rho_1\rho_2|)$ $|\rho_2\rho_2| = ?$

636. a) $C = \frac{\varepsilon\ell}{1{,}8\ln\frac{4a}{d}}$ $d = ?$ **b)** $E = \frac{4}{x\ln\frac{R}{d}}$ $R = ?$

637. a) $\lambda = \frac{0{,}259}{\left[\lg\left(R_e\frac{\sqrt{\lambda}}{2{,}51}\right)\right]^2}$ $R_e = ?$ **b)** $\tan\delta_a = \frac{m}{\sqrt{2}}\sqrt{\ln\frac{w_x}{w_m}}$ $w_m = ?$

638. a) $\Delta_{fd} = \sqrt{g\ln\frac{2kT}{M\lambda^2}}$ $\lambda = ?$ **b)** $\Delta W_{3dB} = \sqrt{\frac{\ln 2}{2\ln g_0 - \ln 2}}\,\Delta w_a$ $g_0 = ?$

Maschinenbau

Für die Kräfte F_1 und F_2 an einer Rolle (vgl. nebenstehende Figur) gilt die Formel von EULER: $F_2 = F_1 \cdot e^{\mu\hat{\alpha}}$ bzw. $F_2 = F_1 \cdot e^{\mu_0\hat{\alpha}}$

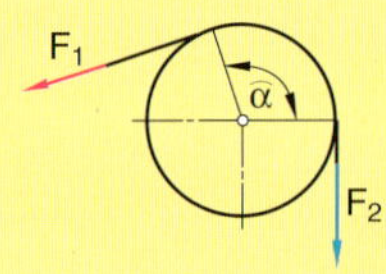

$\hat{\alpha}$ ..... Umschlingungswinkel (Bogenmaß)

μ ..... Gleitreibungszahl (bei fester Rolle)

μ_0 ..... Haftreibungszahl (bei beweglicher Rolle)

639. Wie groß muss bei $\mu = 0{,}27$ in nebenstehender Figur die Kraft F_1 sein, um ein Gewicht von 50 N zu halten?

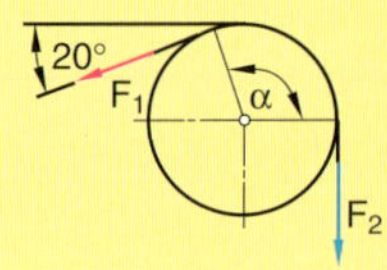

640. Welches Gewicht G kann man mit einer Kraft F = 120 N bei **a)** einmaliger **b)** zweimaliger **c)** viermaliger Umschlingung des nebenstehend skizzierten zylindrischen Balkens halten? ($\mu = 0{,}25$)

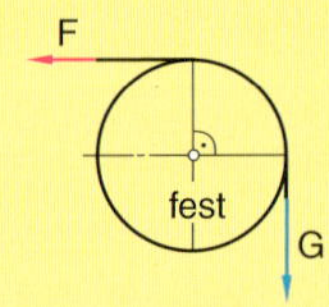

641. Wie groß muss der Umschlingungswinkel α bei einer Haltekraft F = 150 N sein, wenn das zu haltende Gewicht **a)** 150 N **b)** 250 N **c)** 1 kN beträgt? ($\mu = 0{,}26$)

642. Eine drehbare Scheibe wird auf Grund der Haftreibung mit einer Umfangskraft $F_u = F_2 - F_1$ mitgenommen. Zwischen F_1 und F_2 besteht der Zusammenhang: $F_2 = F_1 \cdot e^{\mu_0\hat{\alpha}}$

Wie groß ist die Umfangskraft F_u bei **a)** $\beta = 35°$ **b)** $\beta = 0°$? ($F_1 = 1$ kN, $\mu_0 = 0{,}15$)

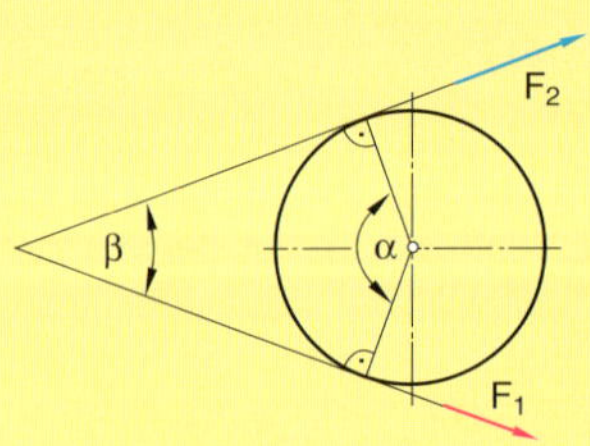

643. Wie groß muss der Haftreibungskoeffizient μ_0 sein, wenn mit einer einfachen Rolle (vgl. nebenstehende Figur) das Gewicht G gehalten werden kann?

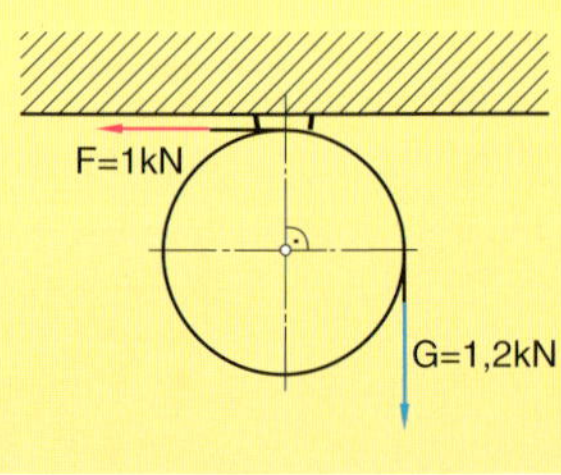

9. Problemstellungen der Physik

Die nachstehenden Physikaufgaben fallen außerhalb des eigentlichen Mathematiklehrstoffes. Eine Abstimmung auf den Physikunterricht ist unbedingt notwendig.

644. Eine Pendeltür soll so gedämpft werden, dass ihr Ausschlag bereits nach einer vollen Schwingung nur mehr ein Zehntel der ursprünglichen Auslenkung beträgt.

Für die Auslenkung gilt: $A(t) = A_0 e^{-\delta t} \cos \omega t$

(ω.....Kreisfrequenz, δ.....Dämpfungsfaktor)

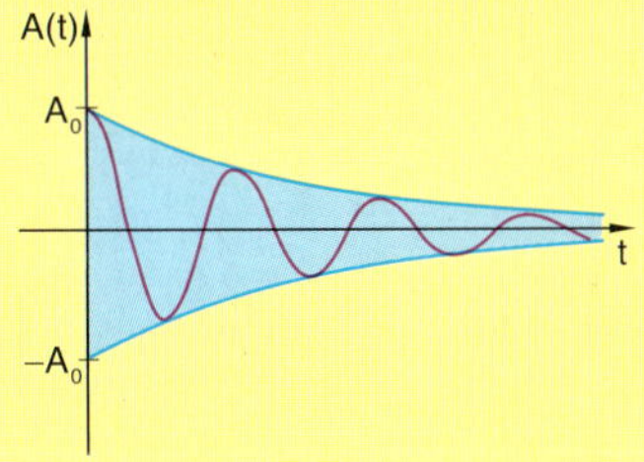

a) Der Dämpfungsfaktor δ ist für eine Pendeltür mit einer Schwingungsdauer $T = 1{,}2$ s zu berechnen.

Anleitung: $\omega = \frac{2\pi}{T}$

b) Auslenkung nach zwei Schwingungen?

645. Bei den nachstehenden adiabatischen Zustandsänderungen idealer Gase ist jeweils die Konstante κ zu berechnen:

a) $p_1 = 4$ bar, $p_2 = 2$ bar, $V_1 = 0{,}5\,dm^3$, $V_2 = 0{,}85\,dm^3$

b) $p_1 = 3$ bar, $p_2 = 9$ bar, $T_1 = 300$ K, $T_2 = 400$ K

c) $V_1 = 0{,}4\,dm^3$, $V_2 = 0{,}6\,dm^3$, $T_1 = 400$ K, $T_2 = 350$ K

d) $p_1 = 4$ bar, $p_2 = 1{,}6$ bar, $T_1 = 400$ K, $T_2 = 320$ K

Anleitung: $\frac{p_1 V_1}{T_1} = \frac{p_2 V_2}{T_2}$, $p_1 V_1^{\kappa} = p_2 V_2^{\kappa}$

646. Bei einer isothermen Zustandsänderung eines idealen Gases ($\kappa = 1$) benötigt man zum Verdichten von p_1 nach p_2 die Wärme $Q = p_1 V_1 \ln \frac{p_2}{p_1}$

a) Warum liefern auch die Formeln (1) $Q = p_2 V_2 \ln \frac{p_2}{p_1}$ (2) $Q = p_1 V_1 \ln \frac{V_1}{V_2}$ das selbe Ergebnis?

b) Zur Verdichtung von $V_1 = 2\,m^3$ Luft mit $p_1 = 1$ bar sind $Q = 40$ kJ verfügbar. Welcher Enddruck p_2 kann erreicht werden?

647. Zwei Töne haben das Tonintervall einer **Oktave**, wenn sich ihre Frequenzen wie 1 : 2 verhalten. Dazwischen befinden sich 11 Töne, sodass eine Oktave insgesamt 12 sogenannte **Halbtonschritte** umfasst. Das Verhältnis zweier aufeinander folgender Halbtöne ist immer gleich.

a) Wie groß ist das Verhältnis zweier aufeinander folgender Halbtöne?

b) Welcher Ton hat eine Frequenz von $f = 370$ Hz, wenn der Ton a_1 eine Frequenz von $f_0 = 440$ Hz hat?

c) Welche Frequenz hat der Ton cis_2?

Anleitung:

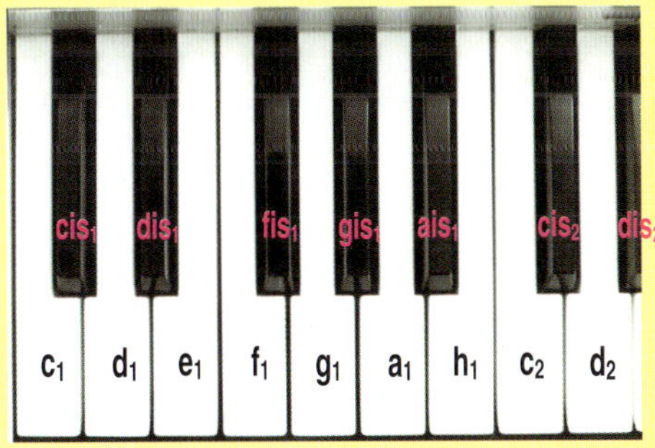

648. Die Behandlung von Krebs ist ein vielschichtiges Problem. Um der Verschleppung von Tochterzellen einer Krebsgeschwulst (Metastasenbildung) entgegen zu wirken wird der Patient, wenn es möglich ist, zunächst chirurgisch vom primären Malignom[1] befreit und je nach Indikation einer Strahlentherapie zugeführt. Zum Beispiel kann ein Schilddrüsenkarzinom mit dem Radionuklid Jod-131 behandelt werden. In fortgeschrittenen Fällen kann auch eine Chemotherapie notwendig werden. Im menschlichen Organismus zerfällt das Radionuklid unter Emission der gewünschten Strahlung, außerdem wird die eingebrachte Substanz vom Körper exponentiell abgebaut.

Die Zeit t_1, in der die Hälfte der Substanz vom Organismus wieder ausgeschieden wird — die **biologische Halbwertszeit** —, ist also nur eine Komponente, nach der die ursprüngliche Radioaktivität abgebaut wird. Wie erwähnt, gibt es ja auch noch den immer vorhandenen „physikalischen" Zerfall und damit verbunden die **physikalische Halbwertszeit** t_2. Der Abbau einer radioaktiven Substanz im Organismus ist ein kombinierter Prozess, der nach dem Gesetz $\boxed{E(t) = E_v\, e^{\frac{\ln 0{,}5}{t_1}\cdot t}\, e^{\frac{\ln 0{,}5}{t_2}\cdot t}}$ [2] vor sich geht.

Wie groß ist die effektive Halbwertszeit t (Zu diesem Zeitpunkt ist $E(t) = \frac{E_v}{2}$!) für $t_1 = 5$ Tage und $t_2 = 8{,}04$ Tage?

649. Die nebenstehende Darstellung ist das Computertomogramm vom Schädel eines Menschen, bei dem ein Tumor vermutet wurde. Dieser Querschnitt durch das menschliche Gehirn liefert schmerzfrei und rasch ein relativ sicheres diagnostisches Ergebnis. Wird ein Tumor festgestellt, so kann sich der Patient nach einem erfolgten neurochirurgischen Eingriff auch einer umfangreichen Strahlentherapie unterziehen. Beispielsweise wird radioaktives Phosphor-32 injiziert. Dieses wird vom Organismus mit einer (biologischen) Halbwertszeit von $t_1 = 8$ Tagen abgebaut. Neben t_1 ist auch die physikalische Halbwertszeit von $t_2 = 14{,}3$ Tagen zu berücksichtigen. Nehmen wir an, dass radioaktives Phosphor mit $E_v = 440$ Bq injiziert wurde.

a) Wie groß ist die Restmenge an Phosphor-32 nach 10 Tagen?

Anleitung: Die in Aufgabe **648.** gegebene Gleichung ist heranzuziehen. $[E] = 1\,\text{Bq} = 1\,\text{s}^{-1}$; Bq.....Becquerel [3]

b) Wann ist die Restmenge auf 10% gesunken?

650. Text wie Aufgabe **649.** für Schwefel-35, $E_v = 1850$ MBq, $t_1 = 9{,}5$ Tage[4] und $t_2 = 88$ Tage.

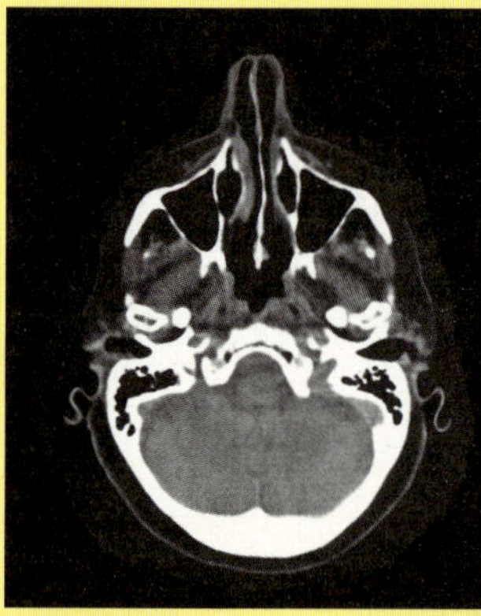

Was im ersten Augenblick wie eine Röntgenschnittaufnahme ausschaut, ist in Wirklichkeit ein Beispiel der modernen angewandten Mathematik. Ein computertomografisches Bild wird aus vielen Positionen der um den gewünschten Patientenquerschnitt herum bewegten Röntgenstrahlenquelle im Computer zurückgerechnet.

651. Aspirin ist ein häufig verwendetes Analgetikum (= schmerzstillendes Mittel). Der darin enthaltene Wirkstoff Acetylsalicylsäure wird mit einer Halbwertszeit von 3 Stunden exponentiell ausgeschieden. Ein Patient nimmt um 8, 12 und 18 Uhr je eine Tablette 0,5 g.

Wie viel g wirksame Substanz befindet sich um **a)** 14 Uhr **b)** 24 Uhr im Körper?

Bemerkung: Es ist zu beachten, dass sich die menschliche Schmerzschwelle ändert. Sie sinkt schon am Abend ab, so dass der Griff der Nachtschwester in den Kasten mit Analgetika fast Routine ist. Die Voraussetzung der Halbwertszeit von 3 Uhr morgens für Acetylsalicylsäure gilt nur bei nierengesunden Patienten. Bei nierenkranken oder auch bei älteren Menschen können schnell kritische und gesundheitsschädliche Konzentrationen entstehen.

---

[1]) Bösartige Geschwulst.

[2]) $E(t)$, E_v sind die zur Zeit t bzw. $t = 0$ noch nicht zerfallenen Kerne des Elements.

[3]) Benannt nach **Antoine Henri BECQUEREL** (1852—1908), französischer Physiker.

[4]) Mittlere gewichtete Halbwertszeit.

DIE KOMPLEXEN ZAHLEN

1. Eine überraschende Einleitung ...

„‚Das Kind hat ein phantastisches Talent für Mathematik', raunte mir mein Sitznachbar auf der Parkbank hinter vorgehaltener Hand aus dem Mundwinkel zu, so daß sein Sohn Eytan nichts davon hören und sich nichts darauf einbilden konnte. ‚Er geht erst seit ein paar Monaten in die Schule, aber der Lehrer hält ihn schon jetzt für ein Wunderkind ... Eytan, sag dem Herrn eine Zahl.'
‚1032', sagte Eytan.
‚Eine andre. Eine höhere.'
‚6527.'
‚Also bitte. Haben Sie so etwas schon erlebt? Im Handumdrehen! Und dabei ist er erst sieben Jahre alt! Unglaublich, wo er diese hohen Zahlen hernimmt. Und das ist noch gar nichts. Eytan, sag dem Herrn, er soll an eine Zahl denken!'
‚Nein', sagte Eytan.
‚Eytaaan! Du wirst den Herrn sofort bitten, an eine Zahl zu denken!'
‚Denken Sie an eine Zahl', grunzte Eytan gelangweilt.
Jetzt machte mein Nachbar wieder von der vorgehaltenen Hand und vom Mundwinkel Gebrauch:
‚Drei! Bitte denken Sie an drei!' Dann hob er den Finger und wandte sich dem Gegenstand seines Stolzes zu: ‚Und jetzt werden wir den Herrn bitten, die Zahl, die er sich gedacht hat, mit zehn zu multiplizieren, nicht wahr, Eytan?'
‚Meinetwegen.'
‚Was heißt ›meinetwegen‹? Sprich anständig und in ganzen Sätzen.'
‚Multiplizieren Sie die Zahl, die Sie sich gedacht haben, mit zehn', leierte Eytan den vorgeschriebenen Text herunter.
‚Weiter', ermahnte ihn sein Vater.
‚Dann dividieren Sie die neue Zahl durch fünf, halbieren Sie die Zahl, die sie dann bekommen — und das Resultat ist die Zahl, an die Sie zuerst gedacht haben.'
‚Stimmt's?' fragte mein Nachbar zitternd vor Aufregung; und als ich bejahend nickte, kannte seine Freude keine Grenzen. ‚Aber wir sind ja noch nicht fertig! Eytan, sag jetzt dem Herrn, an welche Zahl er gedacht hat.
'Weiß ich nicht.'
‚Eytan!'
‚Sieben?' fragte das Wunderkind.
‚Nein!'
‚Eins?'
‚Auch nicht!' brüllte der enttäuschte Papa. ‚Konzentrier dich!'
‚Ich konzentrier' mich ja.' Der Kleine begann zu weinen. ‚Aber woher soll ich wissen, an welche Zahlen ein fremder Mann denkt?'
Mit der Selbstbeherrschung des Vaters war es vorbei:
‚Drei!' Seine Stimme überschlug sich. ‚Drei, drei, drei! Wie oft soll ich dir noch sagen, dass die Leute immer an drei denken?!'
‚Und wenn schon', quakte das gepeinigte Kind. ‚Was gehen mich Zahlen an? Immer nur Zahlen, immer nur Zahlen! Wer braucht das?'"[1]

Ephraim KISHON,
erfolgreicher Autor.

Und an dieser Stelle wollen wir einhaken: Wozu brauchen wir die Zahlen? Die Zahlen stellen ein geistiges Werkzeug dar, mit dessen Hilfe der Mensch die Welt quantitativ erfasst und in ihr Ordnung schafft. Wir haben dieses Werkzeug immer weiter verfeinert und gelangten so schrittweise von den natürlichen Zahlen zu den reellen Zahlen.
Etwas anschaulicher ausgedrückt: Wir brauchen die Zahlen, um gewisse Probleme zu lösen.

---

[1]) © by Albert Langen, Georg Müller Verlag GmbH, München, aus: Ephraim KISHON, Nicht so laut vor Jericho, übersetzt von Friedrich TORBERG.

Carl Friedrich GAUSS
(1777—1855)

„Ich habe mich in diesem Herbst sehr viel mit der allgemeinen Betrachtung der krummen Flächen beschäftigt, welche in ein unabsehbares Feld führt ... Jene Untersuchungen greifen tief in vieles andere, ich möchte sogar sagen, in die Metaphysik der Raumlehre ein, und nur mit Mühe kann ich mich von solchen daraus entspringenden Folgen, wie z. B. die wahre Metaphysik der negativen und imaginären Größen ist, losreißen. Der wahre Sinn des $\sqrt{-1}$ steht mir dabei mit großer Lebendigkeit vor der Seele, aber es wird sehr schwer sein, ihn in Worte zu fassen."

GAUSS

$\mathbb{C}$ ..... Menge der komplexen Zahlen

i wird als imaginäre Einheit bezeichnet und steht symbolisch für $\sqrt{-1}$.

(1) Das Produkt einer reellen Zahl b mit der imaginären Einheit i nennt man **„imaginäre Zahl"**.

(2) Die Addition bzw. Subtraktion imaginärer Zahlen ergibt wieder eine imaginäre Zahl.

(3) Das Produkt zweier imaginärer Zahlen ergibt eine reelle Zahl.

(4) Der Quotient zweier imaginärer Zahlen ergibt eine reelle Zahl.

Welch ein gewaltiger Denkprozess liegt zwischen der naiv-unschuldigen Anschauung des kleinen Eytan am Beginn dieses Kapitels und der Übersicht, die **wir** über Zahlbereiche haben. Denn dass wir heute die für Zahlen gültigen Rechengesetze sowie die verschiedenen Zahlenarten klar überblicken, ist das Ergebnis einer langen, erfahrungsgemäßen Entwicklung.

Wenn wir z. B. die Gleichung $x^2 - 2 = 0$ über den Grundmengen $\mathbb{N}$, $\mathbb{Z}$ oder $\mathbb{Q}$ lösen, ist die Lösungsmenge L die leere Menge. Über der Grundmenge $\mathbb{R}$ erhalten wir hingegen $L = \{\pm\sqrt{2}\}$.

$\mathbb{R}$ ist der „umfassendste" Zahlbereich — und dennoch: viele Gleichungen sind auch in $\mathbb{R}$ nicht lösbar.

So hat etwa die Gleichung $x^2 + 4 = 0$ keine Lösung, da es keine reelle Zahl x mit $x^2 = -4$ gibt.

Analog erhalten wir z. B. für $x^2 - 4x + 13 = 0$: $x^2 - 4x + 13 = 0 \Leftrightarrow x_{1,2} = \ldots = 2 \pm \sqrt{-9}$. Die Gleichung ist also in $\mathbb{R}$ nicht lösbar.

Wir wollen nun aber für uns neue Zahlen beschreiben, wo alle diese Gleichungen lösbar sind.

Die Überschrift hat es schon verraten: Es handelt sich um die sogenannten **„komplexen Zahlen"**. Die komplexen Zahlen $\mathbb{C}$ werden die reellen Zahlen als Teilmenge enthalten.

Die Zahlen der Größe nach zu ordnen wird in $\mathbb{C}$ problematisch sein, denn eine Unterscheidung zwischen größeren und kleineren Zahlen wird es dort nicht mehr geben...

Unvorstellbar? Nun, die komplexen Zahlen besitzen noch ganz andere Anwendungen, z. B. in der Physik bei der Berechnung von Wechselstromwiderständen. Und man geht nicht fehl, diesen Zahlbereich als einen der wesentlichen Bausteine der Mathematik zu bezeichnen.

Doch zurück zu unserer Absicht, diesen Zahlbereich zu „entwickeln":

Wir führen eine „neue" Zahl i ein, deren Quadrat i^2 gleich -1 sein soll und nennen sie die **„imaginäre Einheit"**.

Dafür kann man zwar formal kurz $i = \sqrt{-1}$ schreiben, darf aber nicht etwa $i^2 = \sqrt{-1}\sqrt{-1} = \sqrt{(-1)(-1)} = \sqrt{+1} = 1$ rechnen.

Unter Beachtung, dass $i^2 = -1$ ist, kann man aber sonst nach den bisher üblichen Rechengesetzen arbeiten.

Beispiel:

(1) $5 \cdot i = \mathbf{5i}$ $\quad 7 \cdot i = \mathbf{7i}$

$6 \cdot 3i = \mathbf{18i}$ $\quad 4 \cdot 8i \cdot 3 = \mathbf{96i}$

(2) $i + i = \mathbf{2i}$ $\quad 3i + 4i = \mathbf{7i}$

$\frac{1}{3}i - \frac{2}{3}i = -\frac{1}{3}i$ $\quad 0{,}9i - 0{,}8i = \mathbf{0{,}1i}$

(3) $2i \cdot 5i = 10i^2 = 10(-1) = \mathbf{-10}$

$4 \cdot 3i \cdot 2(-2i) = -48i^2 = -48(-1) = \mathbf{48}$

Kann das Produkt aus mehr als zwei imaginären Zahlen auch imaginär sein?

(4) $\frac{8i}{2i} = 4$ $\quad -\frac{10i}{20i} = -\frac{1}{2}$

Kann der Wert eines Bruches, bei dem der Zähler imaginär ist und der Nenner reell ist, reell sein?

(5) $i^0 = 1$
$i^1 = i$
$i^2 = -1$
$i^3 = i^2 \cdot i = -i$
$i^4 = i^3 \cdot i = -i \cdot i = -(i)^2 = -(-1) = 1$
$i^5 = i^4 \cdot i = 1 \cdot i = i$
$i^6 = i^5 \cdot i = i \cdot i = i^2 = -1$
$i^7 = i^6 \cdot i = -1 \cdot i = -i$
$i^8 = i^7 \cdot i = -i \cdot i = -(i)^2 = -(-1) = 1$

(5) $i = \sqrt{-1}$
$i^2 = -1$
$i^3 = -i$
$i^4 = 1$
$i^5 = i$
usw.

$i^{4n+1} = i$
$i^{4n+2} = i^2$
$i^{4n+3} = i^3$
$i^{4n} = 1 \; (n \in \mathbb{Z})$

Beispiele für komplexe Zahlen: $3+7i,\ 2-4i,\ 3i+7 \ldots$

Wenn der Realteil einer komplexen Zahl $a+bi$ Null ist ($a = 0$), erhalten wir eine imaginäre Zahl.

Wenn der Imaginärteil einer komplexen Zahl $a+bi$ Null ist ($b = 0$), erhalten wir eine reelle Zahl.

Die reellen Zahlen und die imaginären Zahlen kann man also als Sonderfälle der komplexen Zahlen auffassen.

Definition:

Die „Summe" einer reellen Zahl a und einer imaginären Zahl bi heißt **komplexe Zahl z**:

$z = a + bi \; (a, b \in \mathbb{R})$

Man nennt a den **Realteil** und b den **Imaginärteil** von z.

Beispiel:

a) $(5+7i)+(4-2i) = ?$ **b)** $(8-3i)-(2-5i) = ?$

c) $(2+4i)(1-3i) = ?$ **d)** $\frac{5-7i}{2+3i} = ?$ **e)** $(2+5i)^3 = ?$

Lösung:

a) $(5+7i)+(4-2i) = (5+4)+(7-2)i = \mathbf{9+5i}$

b) $(8-3i)-(2-5i) = (8-2)+(-3+5)i = \mathbf{6+2i}$

c) $(2+4i)(1-3i) = 2+4i-6i-12i^2 = 2-2i+12 = \mathbf{14-2i}$

d) $\frac{5-7i}{2+3i} = \frac{5-7i}{2+3i} \cdot \frac{2-3i}{2-3i} = \frac{10-14i-15i+21i^2}{4-9i^2} = \frac{10-29i-21}{4+9} =$

$= \frac{-11-29i}{13} = -\frac{11}{13} - \frac{29i}{13}$

Zur Erklärung: Die Division gilt als gelöst, wenn wir das i vom Nenner „wegbringen" (der Nenner reell ist). Ähnlich wie beim „Wurzelfreimachen des Nenners" wird erweitert. Wir erweitern mit der zum Nenner konjugiert komplexen Zahl.

e) $(2+5i)^3 = 8+60i-150+125i^3 = -142+60i-125i = \mathbf{-142-65i}$

Zur Erinnerung: $(a+b)^3 = a^3+3a^2b+3ab^2+b^3$

Zwei komplexe Zahlen $z_1 = a+bi$ und $z_2 = c+di$ sind genau dann gleich, wenn sie in Realteil und Imaginärteil überein stimmen.

$a+bi = c+di \Leftrightarrow (a = c) \wedge (b = d)$

Komplexe Zahlen, die sich nur durch das Vorzeichen ihrer Imaginärteile unterscheiden, heißen **konjugiert komplexe Zahlen**;

z. B.: $3-4i, \quad 3+4i$
$-7+2i, \ -7-2i$

Man addiert komplexe Zahlen, indem man ihre Real- und ihre Imaginärteile getrennt addiert.

Das Produkt konjugiert komplexer Zahlen ist stets reell:
$(a+bi)\,(a-bi) = a^2+b^2$

Es gibt noch eine andere Schreibweise für komplexe Zahlen. So schreibt man z. B. statt $z = 5+3i$ das Zahlenpaar (5, 3), wobei die erste Komponente (5) der Realteil und die zweite Komponente (3) der Imaginärteil ist.

Weitere Beispiele:

$-142-65i = (-142,\ -65),\ 9+5i = (9,\ 5),\ 14-2i = (14,\ -2)$ usw.

Können wir damit etwas anfangen? Leider nein — so lautet die ehrliche Antwort. Die sogenannte **Zahlenpaarschreibweise** wird für uns nur den Vorteil haben, dass sie kurz und übersichtlich ist.

Zahlenpaarschreibweise einer komplexen Zahl $a+bi$:

(a, b)

Man bezeichnet a als **erste Komponente**, b als **zweite Komponente**.

2. Veranschaulichung komplexer Zahlen, Polarform

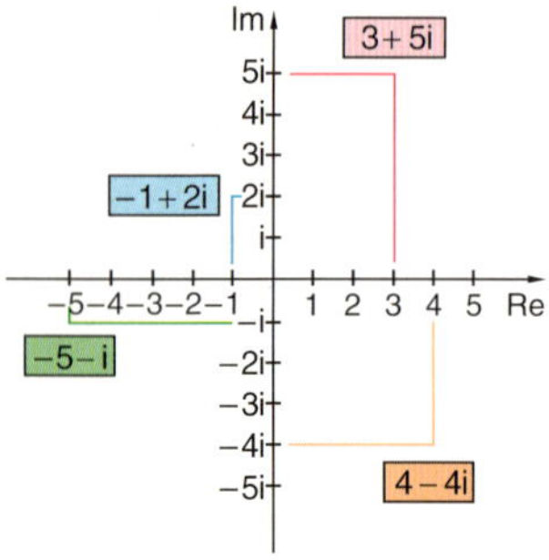

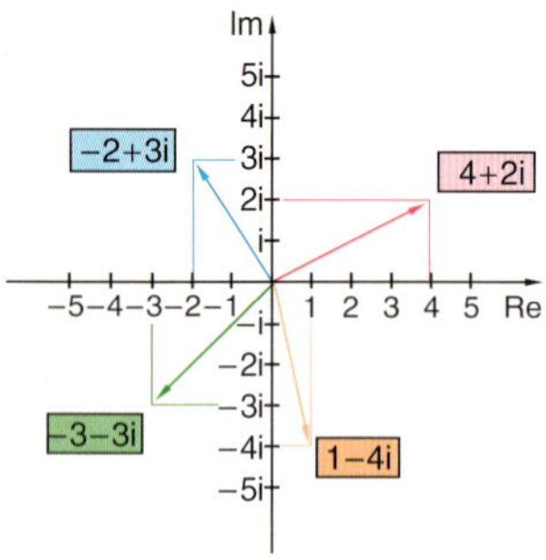

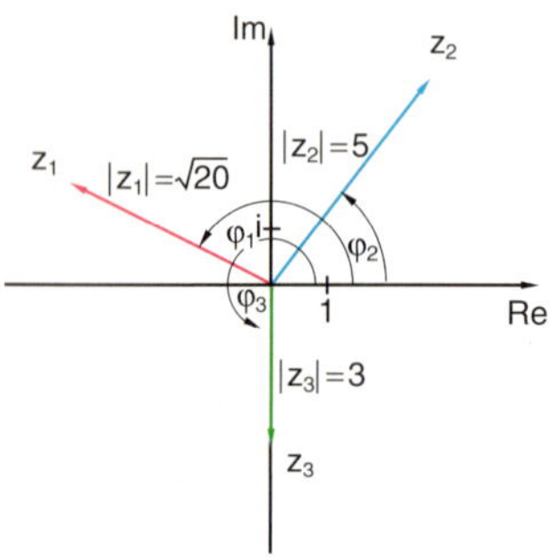

In obiger Figur wurde jeweils der Betrag $|z|$ und der Winkel φ eingezeichnet. Durch $|z|$ und φ ist jede komplexe Zahl $z = a + bi$ eindeutig festgelegt.

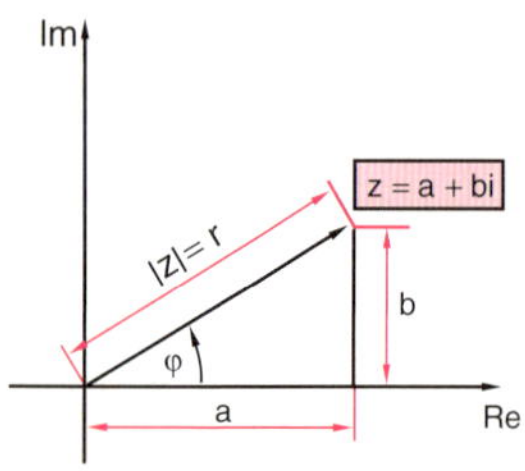

Jede reelle Zahl a lässt sich als Punkt einer Zahlengeraden veranschaulichen, und umgekehrt entspricht jeder Punkt der Zahlengeraden einer reellen Zahl. Für eine analoge Darstellung komplexer Zahlen eignet sich die sogenannte **GAUSSsche Zahlenebene**.

Auf diese Weise entspricht offenbar jeder komplexen Zahl $a + bi$ ein Punkt der GAUSSschen Zahlenebene mit den Koordinaten (a, b) und jedem Punkt (c, d) eine komplexe Zahl $c + di$.

Diese Veranschaulichung komplexer Zahlen wird noch deutlicher, wenn man die komplexe Zahl $z = a + bi$ als Pfeil auffasst, der vom Koordinatenursprung ausgeht.

Die einer komplexen Zahl z zugeordnete Pfeillänge r heißt **Betrag $|z|$** von z. Der Betrag einer komplexen Zahl lässt sich mit Hilfe der nachstehenden Formel berechnen:

$$r = |z| = |a + bi| = \sqrt{a^2 + b^2} \qquad (a, b \in \mathbb{R})$$

Beispiel:

Die Beträge der komplexen Zahlen **a)** $z_1 = -4 + 2i$ **b)** $z_2 = 3 + 4i$ **c)** $z_3 = -3i$ sind zu berechnen.

Lösung:

a) $r_1 = |z_1| = |-4 + 2i| = \sqrt{16 + 4} = \sqrt{20} \approx$ **4,472**

b) $r_2 = |z_2| = |3 + 4i| = \sqrt{9 + 16} = \sqrt{25} =$ **5**

c) $r_3 = |z_3| = |-3i| = \sqrt{9} =$ **3**

Jede komplexe Zahl $z = a + bi$ ist durch

— den Betrag $|z|$ und

— den Winkel φ (vgl. Außenspalte) eindeutig festgelegt.

$|z|$ und φ werden als **Polarkoordinaten** der komplexen Zahl z bezeichnet. Wir erkennen:

$\cos \varphi = \frac{a}{r} \Leftrightarrow a = r \cdot \cos \varphi \qquad \tan \varphi = \frac{b}{a}$ für $a \neq 0$

$\sin \varphi = \frac{b}{r} \Leftrightarrow b = r \cdot \sin \varphi$

Es gilt daher:

$$z = r(\cos \varphi + i \cdot \sin \varphi)$$

(Polarform einer komplexen Zahl $z = a + bi$)

Polarform einer komplexen Zahl $z = (a, b)$ in Zahlenpaarschreibweise:

$$z = (r, \varphi)$$

Beispiele für die Polarform einer komplexen Zahl in Zahlenpaarschreibweise: (3,162, 161,57°), (5, 53,13°), (4,472, 63,43°)

Freilich ist es nicht falsch, das Bogenmaß für φ zu verwenden. Auf die obigen Beispiele bezogen: (3,162, 2,82), (5, 0,93), (4,472, 1,11)

Und nun wird es kritisch! Jetzt lässt sich z. B. nicht mehr zwischen $3+4i$ und $3(\cos 4+i\cdot\sin 4)$ unterscheiden, wenn wir bloß (3, 4) anschreiben. In solchen Zweifelsfällen hilft die Angabe des Koordinatensystems: In kartesischen Koordinaten bedeutet $(3, 4)=3+4i$, hingegen gilt für Polarkoordinaten $(3, 4)=3(\cos 4+i\cdot\sin 4)$.

Beispiel:

Die komplexe Zahl $z=2+4i$ soll auf die Polarform gebracht werden.

Lösung:

$r=\sqrt{4+16}\approx 4{,}472$; $\tan\varphi=\frac{4}{2}=2 \Rightarrow \varphi\approx 63{,}43°$

$z=4{,}472(\cos 63{,}43°+i\cdot\sin 63{,}43°)$ bzw. $z=(4{,}472,\ 63{,}43°)$

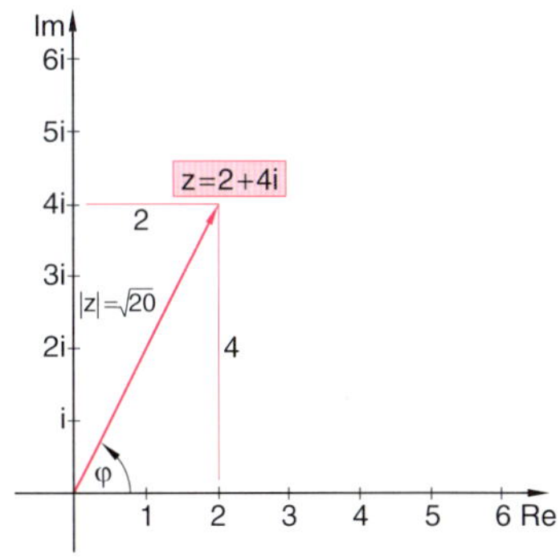

Der Taschenrechner zeigt uns für eine Gleichung der Form $\tan\varphi=a\ (a\in\mathbb{R})$ in $\mathbb{R}$ genau eine Lösung an: nämlich einen Winkel φ, der zwischen 0° und 90° liegt. Da sowohl der Realteil a als auch der Imaginärteil b der komplexen Zahl $2+4i$ positiv sind, liegt φ im ersten Quadranten, also tatsächlich zwischen 0° und 90°. Was ist aber, wenn a negativ und b positiv ist? Man überlege, in welchem Quadranten φ dann liegen muss.

Beispiel:

Gegeben ist $z=-3+i$, Polarform?

Lösung:

$r=\sqrt{9+1}=3{,}162$; $\tan\varphi=\frac{1}{-3}\Rightarrow\varphi=-18{,}43°$

Der Realteil a der komplexen Zahl $z=-3+i$ ist negativ, ihr Imaginärteil b ist positiv. Wie man auch anhand der Figur in der Außenspalte erkennt, liegt z im zweiten Quadranten, also $90°<\varphi<180°$.

Problem: Der Taschenrechner zeigt für $\varphi=-18{,}43°$ an.

Nun bleibt der Tangens eines Winkels bekanntlich unverändert, wenn man 180° zum Winkel addiert:

$$\tan\varphi=\tan(\varphi+180°)$$

$\Rightarrow\varphi=-18{,}43°+180°=161{,}57°$

$z=3{,}162(\cos 161{,}57°+i\cdot\sin 161{,}57°)$ bzw. $z=(3{,}162,\ 161{,}57°)$

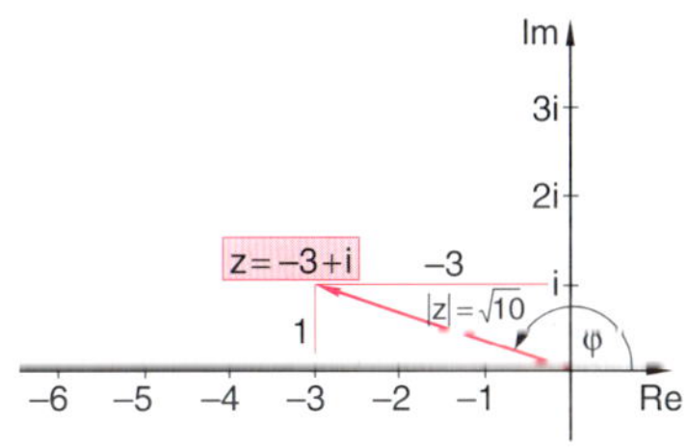

Beispiel:

Wie lautet die Polarform der komplexen Zahl $z=(5,\ -1)$?

Lösung:

$(5,\ -1)$ ist die Zahlenpaarschreibweise der komplexen Zahl $5-i$.

$r=\sqrt{25+1}=5{,}099$; $\tan\varphi=\frac{-1}{5}\Rightarrow\varphi=-11{,}31°$

$5-i$ liegt im 4. Quadranten (vgl. Figur in der Außenspalte), daher $270°<\varphi<360°$.

$\tan\varphi=\tan(\varphi+180°)$ $\qquad$ $\tan\varphi=\tan(\varphi+360°)$

$\Rightarrow\varphi=-11{,}31°+360°=348{,}69°$

$z=5{,}099(\cos 348{,}69°+i\cdot\sin 348{,}69°)$ bzw. $z=(5{,}099,\ 348{,}69°)$

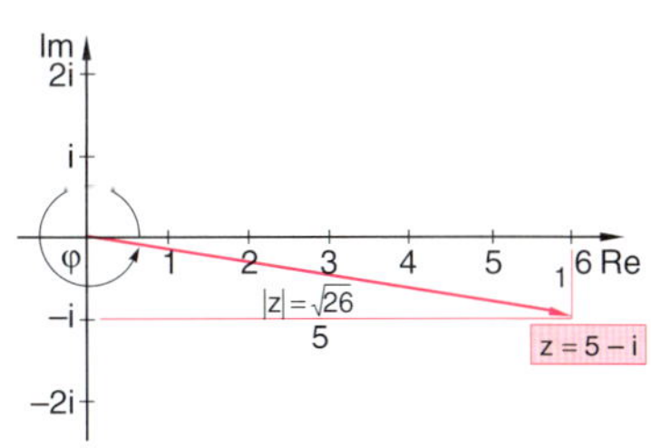

Beispiel:

Die komplexe Zahl $z = (4,\ 17°)$ ist auf die Form $a+bi$ zu bringen.

Lösung:

$z = (4,\ 17°)$ — Es liegt Polarform in Zahlenpaarschreibweise vor!

$\Rightarrow r = 4,\ \varphi = 17°;\ z = 4(\cos 17° + i \cdot \sin 17°) = 3{,}825 + 1{,}169i$ $\quad z = \mathbf{3{,}825 + 1{,}169i}$

Multiplikation in Polarform

$z_1 = (r_1,\ \varphi_1),\ z_2 = (r_2,\ \varphi_2)$

$$z_1 \cdot z_2 = (r_1 \cdot r_2,\ \varphi_1 + \varphi_2)$$

In Worten:

Zwei in Polarform gegebene Zahlen z_1 und z_2 werden multipliziert, indem man ihre Beträge multipliziert und ihre Winkel addiert.

Division in Polarform

$z_1 = (r_1,\ \varphi_1),\ z_2 = (r_2,\ \varphi_2)$

$$z_1 : z_2 = (r_1 : r_2,\ \varphi_1 - \varphi_2)$$

In Worten:

Zwei in Polarform gegebene Zahlen z_1 und z_2 werden dividiert, indem man ihre Beträge dividiert und ihre Winkel subtrahiert.

Gottfried Wilhelm LEIBNIZ

Multiplikation in Polarform

Beispiel:

Man berechne $(3,\ 180°) \cdot (5,\ 17°)$!

Lösung:

$(3,\ 180°) \cdot (5,\ 17°) = \mathbf{(15,\ 197°)}$

Im obigen Beispiel sind zwei komplexe Zahlen, die in Polarform gegeben sind, zu multiplizieren. Richtig, wenn auch sehr umständlich, wäre folgender Lösungsweg: Die beiden Zahlen werden zunächt auf die Form $a+bi$ gebracht und anschließend multipliziert.

Division in Polarform

Beispiel:

Man berechne $(24,\ 40°) : (6,\ 35°)$!

Lösung:

$(24,\ 40°) : (6,\ 35°) = \mathbf{(4,\ 5°)}$

Gleichgültig, ob komplexe Zahlen in der Form $a+bi$ oder in der Polardarstellung $z = r(\cos\varphi + i \cdot \sin\varphi)$ bzw. $(r,\ \varphi)$ gegeben sind — wir können sie multiplizieren und dividieren.

Wichtiger Hinweis: Um das Arbeiten mit den verschiedenen Schreibweisen zu üben sind die Beispiele (Aufgaben) immer in **der** Form zu rechnen, in der die Angabe erfolgt.

Einige historische Bemerkungen zu komplexen Zahlen:

Gottfried Wilhelm LEIBNIZ (1646—1716) sagte von ihnen, sie seien eine *„feine und wunderbare Zuflucht des menschlichen Geistes, ein Amphibium zwischen Sein und Nichtsein“*. Manche nannten sie imaginär, also nur in der Vorstellung existierend, andere sprachen von eingebildeten Zahlen.

Wurzeln aus negativen Zahlen wurden bereits in der Antike bei **HERON von Alexandria** (ca. 130—100 v. Chr.) zur Lösung von quadratischen Gleichungen herangezogen, dann erst wieder bei **Geronimo CARDANO** (1501—1576), der zeigte, dass sie als Lösungen Gleichungen erfüllen.

Noch im 16. Jahrhundert wurden Rechenregeln für diese „unmöglichen“ Lösungen aufgestellt. Im 17. Jahrhundert rechnete man bedenkenlos mit komplexen Zahlen, hatte aber keine näheren Vorstellungen von diesen. Außer bei der Lösung von Gleichungen tauchten imaginäre Zahlen auch bei der Erweiterung der Logarithmusfunktion auf: Was ist $\log(-1)$?

Um 1800 wurde dann von verschiedenen Mathematikern (z. B. von **Carl-Friedrich GAUSS**) eine geometrische Deutung gegeben, wodurch sie den Anschein des Irrealen, Geistigen verloren. Von GAUSS stammt auch die heute übliche Bezeichnung „komplexe Zahlen“. Die Abkürzung i^2 für -1 führte **Leonhard EULER** (1707—1783) im Jahr 1777 ein.

3. Potenzieren komplexer Zahlen

Potenzieren komplexer Zahlen? „Alter Hut" — denkt sich der aufmerksame Leser, der sich erinnert, dass wir schon früher z. B. $(2+5i)^3$ berechnet haben. Schwieriger wird es, wenn höhere Potenzen komplexer Zahlen zu berechnen sind: $(1+i)^{12}$, $(3-4i)^6$ usw.

Mit dem Satz von MOIVRE (vgl. Außenspalte) lassen sich jedoch auch diese Probleme einfach bewältigen.

Satz von MOIVRE:

$$(r, \varphi)^n = (r^n, n\varphi) \qquad n \in \mathbb{N}^*$$

Die n-te Potenz einer komplexen Zahl (r, φ) ist eine komplexe Zahl mit dem Betrag r^n und dem Argument $n\varphi$.[1)]

Abraham DE MOIVRE (1667 bis 1754), französischer Mathematiker

Beispiel:

a) $(1+i)^{12} = ?$ **b)** $(3-4i)^6 = ?$ **c)** $\left(\frac{2\sqrt{2}}{3} - \frac{i}{3}\right)^8 = ?$

Lösung:

a) $r = \sqrt{1+1} = \sqrt{2}$; $\tan\varphi = 1 \Rightarrow \varphi = 45°$

$r^{12} = (\sqrt{2})^{12} = 64$; $12\varphi = 12 \cdot 45° = 540°$

$(1+i)^{12} = 64(\cos 540° + i \cdot \sin 540°) = 64(-1) = \mathbf{-64}$

b) $r = \sqrt{9+16} = 5 \qquad \tan\varphi = -\frac{4}{3} \Rightarrow \varphi = -53{,}13°$

$r^6 = 5^6 = 15625; \qquad 6\varphi = 6(-53{,}13°) = -318{,}78° \mathrel{\hat{=}} 41{,}22°$

$(3-4i)^6 = 15625(\cos 41{,}22° + i \cdot \sin 41{,}22°) =$

$= 15625(0{,}752 + 0{,}659i) = \mathbf{11753 + 10296i}$

c) $r = \sqrt{\frac{8}{9} + \frac{1}{9}} = 1; \qquad \tan\varphi = \left(-\frac{1}{3}\right) : \left(\frac{2\sqrt{2}}{3}\right) = -\frac{1}{2\sqrt{2}} \Rightarrow \varphi = -19{,}47°$

$r^8 = 1^8 = 1; \qquad 8\varphi = 8(-19{,}47°) = -155{,}77° \mathrel{\hat{=}} 204{,}23°$

$\left(\frac{2\sqrt{2}}{3} - \frac{i}{3}\right)^8 = 1(\cos 204{,}23° + i \cdot \sin 204{,}23°) = \mathbf{-0{,}912 - 0{,}410i}$

Beispiel:

Die Gültigkeit der folgenden Formeln aus der Trigonometrie ist mit Hilfe des Satzes von MOIVRE zu zeigen:

a) $\cos 3\alpha = \cos^3\alpha - 3\sin^2\alpha \cdot \cos\alpha$ **b)** $\sin 3\alpha = 3\sin\alpha \cdot \cos^2\alpha - \sin^3\alpha$

Lösung:

$$(\cos\alpha + i \cdot \sin\alpha)^n = \cos n\alpha + i \cdot \sin n\alpha$$ Satz von MOIVRE für $r = 1$

Im konkreten Fall sollen wir **a)** $\cos 3\alpha = \ldots$ bzw. **b)** $\sin 3\alpha = \ldots$ zeigen, d. h. $n = 3$!

$$(\cos\alpha + i \cdot \sin\alpha)^3 = \underbrace{\cos 3\alpha}_{\text{Realteil}} + i \cdot \underbrace{\sin 3\alpha}_{\text{Imaginärteil}} \quad \ldots\ldots (1)$$

Wir können allerdings $(\cos\alpha + i \cdot \sin\alpha)^3$ auch nach der Formel $(a+b)^3$ berechnen:

$$\begin{array}{ccccccccccc} (a & + & b)^3 & = & a^3 & + & 3a^2b & + & 3ab^2 & + & b^3 \\ \downarrow & & \downarrow & & \downarrow & & \downarrow & & \downarrow & & \downarrow \end{array}$$

$$(\cos\alpha + i \cdot \sin\alpha)^3 = \cos^3\alpha + 3\cos^2\alpha \cdot i \cdot \sin\alpha + 3\cos\alpha \cdot i^2 \cdot \sin^2\alpha + i^3 \cdot \sin^3\alpha =$$

$$= \cos^3\alpha + 3i \cdot \sin\alpha \cdot \cos^2\alpha - 3\sin^2\alpha \cdot \cos\alpha - i \cdot \sin^3\alpha =$$

$$= \underbrace{\cos^3\alpha - 3\sin^2\alpha \cdot \cos\alpha}_{\text{Realteil}} + i(\underbrace{3\sin\alpha \cdot \cos^2\alpha - \sin^3\alpha}_{\text{Imaginärteil}}) \ldots\ldots (2)$$

Für die beiden von $(\cos\alpha + i \cdot \sin\alpha)^3$ ermittelten Lösungen (1) und (2) müssen die Realteile und Imaginärteile übereinstimmen!

Somit gilt: **a)** $\cos 3\alpha = \cos^3\alpha - 3\sin^2\alpha \cdot \cos\alpha$ **b)** $\sin 3\alpha = 3\sin\alpha \cdot \cos^2\alpha - \sin^3\alpha$

---

1) Dieser Satz ist auch für negative ganzzahlige Exponenten gültig.

Gleichheit komplexer Zahlen:

> Zwei komplexe Zahlen $z_1 = (a, b)$ und $z_2 = (c, d)$ sind genau dann gleich, wenn sie in Realteil und Imaginärteil überein stimmen.
>
> $(a, b) = (c, d) \Leftrightarrow (a = c) \wedge (b = d)$

„Für die beiden von $(\cos\alpha + i\cdot\sin\alpha)^3$ ermittelten Lösungen **(1)** und **(2)** müssen die Realteile und Imaginärteile übereinstimmen..." heißt es im Beispiel. Warum eigentlich **müssen** sie übereinstimmen? Steckt hier eine stille Übereinkunft der Mathematiker dahinter — hat man sich das einfach ausgemacht? Naturlich nicht! Lesen wir zunächst die Definition in der Außenspalte.

Also nochmals: Zwei komplexe Zahlen sind genau dann gleich, wenn sie in ihren Realteilen und Imaginärteilen übereinstimmen. Diese Definition ist sinnvoll. Es ist unmittelbar einleuchtend, dass nicht etwa die beiden Zahlen $z_1 = 3 - 4i$ und $z_2 = 2 + 5i$ gleich sein können.

Wir haben $(\cos\alpha + i\cdot\sin\alpha)^3$ auf zwei verschiedene Arten berechnet. Die beiden Lösungen **(1)** und **(2)** müssen natürlich (wenn wir uns nicht verrechneten) gleich sein, denn aus $p = q$ und $p = r$ folgt bekanntlich $q = r$.

Die beiden Lösungen **(1)** und **(2)** sind komplexe Zahlen. Sie bestehen jeweils aus einem Realteil und einem Imaginärteil. Und wer die Sache bis hierher verstanden hat, der kann jetzt auch begründen, **warum** für die beiden von $(\cos\alpha + i\cdot\sin\alpha)^3$ ermittelten Lösungen die Realteile und die Imaginärteile übereinstimmen **müssen**.

4. Radizieren[1)] komplexer Zahlen

Wir verstehen unter der n-ten Wurzel einer komplexen Zahl z diejenige Zahl x, deren n-te Potenz gleich z ist:

$\sqrt[n]{z} = x \Leftrightarrow x^n = z$

Eine komplexe Zahl z hat im Allgemeinen mehrere n-te Wurzeln.

Aus einer komplexen Zahl z wird die n-te Wurzel gezogen, indem man aus ihrem Betrag r die n-te Wurzel zieht und das Argument der Zahl durch n dividiert:

$\sqrt[n]{(r, \varphi)} = \left(\sqrt[n]{r}, \frac{\varphi}{n}\right)$ ..... Hauptwert

$\sqrt[n]{(r, \varphi)}$ liefert insgesamt n verschiedene Lösungen in $\mathbb{C}$:

$\sqrt[n]{(r, \varphi)} = \left(\sqrt[n]{r}, \frac{\varphi}{n} + k\cdot\frac{360°}{n}\right)$

$k = 0, 1, 2, \ldots n-1$

$k = 0$ liefert den schon weiter oben angeführten Hauptwert.

Für $k = 1, 2, \ldots n-1$ erhalten wir $n-1$ verschiedene Lösungen.

Bei $k = n, n+1, \ldots$ und $k = -1, -2, \ldots$ ergeben sich Wiederholungen.

$\sqrt[3]{2+5i} = ?$

Das Problem liegt auf dem Tisch. Jetzt gilt es, kreativ zu werden und einen Lösungsweg zu finden. Wandeln wir zunächst $2+5i$ in die Polarform um:

$r = \sqrt{4+25} = 5{,}385;\ \tan\varphi = \frac{5}{2} \Rightarrow \varphi = 68{,}20°$

$2 + 5i = \mathbf{5{,}385(\cos 68{,}20° + i\cdot\sin 68{,}20°)}$

$\sqrt[3]{2+5i} = x \Leftrightarrow 2+5i = x^3$ ..... x ist sicherlich eine komplexe Zahl, lässt sich daher in Polarform schreiben: $x = |x|(\cos\Omega + i\cdot\sin\Omega)$

$5{,}385(\cos 68{,}20° + i\cdot\sin 68{,}20°) = [|x|(\cos\Omega + i\cdot\sin\Omega)]^3$

$5{,}385(\cos 68{,}20° + i\cdot\sin 68{,}20°) = |x|^3(\cos 3\Omega + i\cdot\sin 3\Omega)$ — Satz von MOIVRE!

Wir setzen die Beträge gleich:

$5{,}385 = |x|^3 \Leftrightarrow |x| =$
$= \sqrt[3]{5{,}385} = 1{,}753$

... und wir setzen die Argumente gleich:

$3\Omega = 68{,}20° + k\cdot 360°$[2)] $(k \in \mathbb{N})$
$\Omega = 22{,}73° + k\cdot 120°$

Durchläuft k die Werte 0, 1, 2, erhält man drei verschiedene Lösungen:

$k = 0: x_1 = 1{,}753(\cos 22{,}73° + i\cdot\sin 22{,}73°) = \mathbf{1{,}617 + 0{,}677i}$

$k = 1: x_2 = 1{,}753(\cos 142{,}73° + i\cdot\sin 142{,}73°) = \mathbf{-1{,}395 + 1{,}061i}$

$k = 2: x_3 = 1{,}753(\cos 262{,}73° + i\cdot\sin 262{,}73°) = \mathbf{-0{,}222 - 1{,}739i}$

Die für $k = 0$ erhaltene Lösung bezeichnen wir als **Hauptwert**.

---

1) Wurzelziehen.

2) Die Sinus- und Kosinuswerte wiederholen sich alle 360°: $\sin\varphi = \sin(\varphi + k\cdot 360°)$ bzw. $\cos\varphi = \cos(\varphi + k\cdot 360°)$; $k \in \mathbb{N}$.

Beispiel:

$\sqrt[5]{5{,}3623+4{,}4995i}=?$ Das Ergebnis ist in der Form $(r,\ \varphi)$ anzugeben!

Lösung:

Umwandlung von $5{,}3623+4{,}4995i$ in die Polarform:

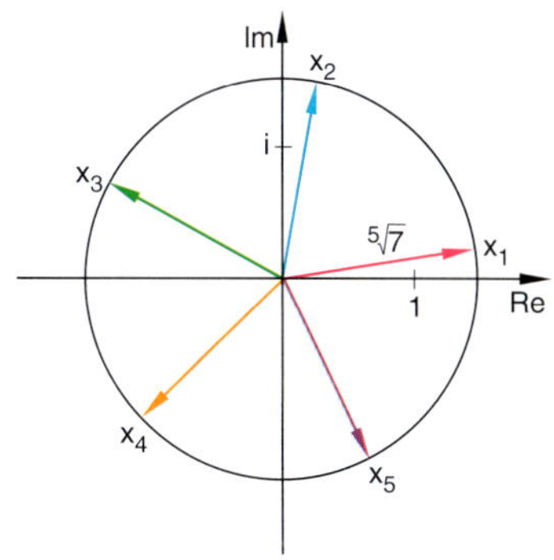

$r=\sqrt{28{,}754+20{,}246}=7;\ \tan\varphi=\frac{4{,}4995}{5{,}3623}\Rightarrow\varphi=40°$

$5{,}3623+4{,}4995i=7(\cos 40°+i\cdot\sin 40°)=\mathbf{(7,\ 40°)}$

$\sqrt[5]{(7,\ 40°)}=\left(\sqrt[5]{7},\ \frac{40°}{5}+k\cdot\frac{360°}{5}\right)$

$k=0$: $\mathbf{x_1=(\sqrt[5]{7},\ 8°)}$ $k=1$: $\mathbf{x_2=(\sqrt[5]{7},\ 80°)}$ $k=2$: $\mathbf{x_3=(\sqrt[5]{7},\ 152°)}$

$k=3$: $\mathbf{x_4=(\sqrt[5]{7},\ 224°)}$ $k=4$: $\mathbf{x_5=(\sqrt[5]{7},\ 296°)}$

Beispiel:

$\sqrt{-9+40i}=?$

Lösung:

1. Variante

Umwandlung von $-9+40i$ in die Polarform:

$r=\sqrt{81+1600}=41;$

$\tan\varphi=\frac{40}{-9}\Rightarrow\ldots\ \varphi=102{,}68°$

$-9+40i=41(\cos 102{,}68°+i\cdot\sin 102{,}68°)=$

$=(41,\ 102{,}68°)$

$\sqrt{(41,\ 102{,}68°)}=\left(\sqrt{41},\ \frac{102{,}68°}{2}+k\cdot\frac{360°}{2}\right)$

$k=0$: $x_1=\sqrt{41}(\cos 51{,}34°+i\cdot\sin 51{,}34°)=\mathbf{4+5i}$

$k=1$: $x_2=\sqrt{41}(\cos 231{,}34°+i\cdot\sin 231{,}34°)=$

$=\mathbf{-4-5i}$

2. Variante

Die Quadratwurzel aus $-9+40i$ ist sicherlich wieder eine komplexe Zahl, also eine Zahl der Form $a+bi$ mit $a,\ b\in\mathbb{R}$:

$\sqrt{-9+40i}=a+bi$ |Quadrieren!

$-9+40i=a^2+2abi+b^2i^2=\underbrace{a^2-b^2}_{\text{Realteil}}+\underbrace{2abi}_{\text{Imaginärteil}}$

Real- und Imaginärteil müssen übereinstimmen:

(1) $a^2-b^2=-9$

(2) $2ab=40\Leftrightarrow a=\frac{20}{b}$

$\Rightarrow\frac{400}{b^2}-b^2=-9\Leftrightarrow b^4-9b^2-400=0$

Es liegt eine quadratische Gleichung in b^2 vor:

$b^2_{1,2}=\frac{9}{2}\pm\sqrt{\frac{81}{4}+400}=\frac{9}{2}\pm\frac{41}{2}=25,\ -16$

$b_1^2=25\Leftrightarrow b_{11}=5,\ b_{12}=-5;$

$a_{11}=4,\ a_{12}=-4\Rightarrow\mathbf{x_1=4+5i,\ x_2=-4-5i}$

$b_2^2=-16\Leftrightarrow b_{21}=4i,\ b_{22}=-4i$: b_{21} und b_{22} sind **keine** reellen Zahlen, scheiden daher aus!

Wie das obige Beispiel zeigt, kann man die Quadratwurzel aus einer komplexen Zahl auf zwei verschiedene Arten berechnen. Die Variante 2 ist im Allgemeinen etwas aufwendiger. Wir wollen deshalb — wenn nicht ausdrücklich etwas anderes verlangt ist — immer in Polarform rechnen.

Beispiel:

$\sqrt[10]{-1024} = ?$

Lösung:

Umwandlung der Zahl -1024 in die Polarform:

$r = 1024;\ \tan\varphi = 0 \Rightarrow \ldots\ \varphi = 180°$ $\quad -1024 = 1024(\cos 180° + i\cdot\sin 180°) = (1024,\ 180°)$

$\sqrt[10]{(1024,\ 180°)} = \left(\sqrt[10]{1024},\ \frac{180°}{10} + k\cdot\frac{360°}{10}\right)$ $\quad \sqrt[10]{1024} = 2$ (Taschenrechner!)

$k = 0$: $x_1 = 2(\cos 18° + i\cdot\sin 18°)$

$k = 1$: $x_2 = 2(\cos 54° + i\cdot\sin 54°)$

$k = 2$: $x_3 = 2(\cos 90° + i\cdot\sin 90°) = 2i$

$k = 3$: $x_4 = 2(\cos 126° + i\cdot\sin 126°)$

$k = 4$: $x_5 = 2(\cos 162° + i\cdot\sin 162°)$

$k = 5$: $x_6 = 2(\cos 198° + i\cdot\sin 198°)$

$k = 6$: $x_7 = 2(\cos 234° + i\cdot\sin 234°)$

$k = 7$: $x_8 = 2(\cos 270° + i\cdot\sin 270°) = -2i$

$k = 8$: $x_9 = 2(\cos 306° + i\cdot\sin 306°)$

$k = 9$: $x_{10} = 2(\cos 342° + i\cdot\sin 342°)$

Alle 7 Zahlen, deren 7. Potenz gleich 1 ist, teilen den Einheitskreis in 7 gleiche Teile (vgl. nebenstehendes Beispiel).

Man bezeichnet die Gleichung $x^7 = 1$ als **„Kreisteilungsgleichung"**. Allgemein versteht man unter einer Kreisteilungsgleichung jede Gleichung der Form

$x^n - 1 = 0$ $\quad (x \in \mathbb{C},\ n \in \mathbb{N}^*)$.

Die Lösungen von $x^n - 1 = 0$ werden **n-te Einheitswurzeln** genannt.

Beispiel:

Die Gleichung $x^7 - 1 = 0$ ist in $\mathbb{C}$ zu lösen, die Resultate sind in der Form $a + bi$ auf 4 Dezimalstellen genau anzugeben.

Lösung:

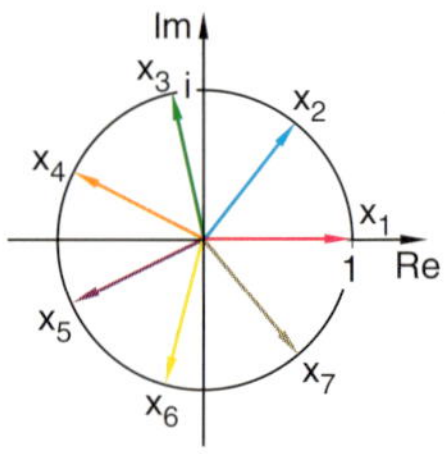

$x^7 - 1 = 0 \Leftrightarrow x^7 = 1 \Leftrightarrow x = \sqrt[7]{1}$

Polarform der Zahl 1:

$\ldots 1 = \cos 0° + i\cdot\sin 0° = (1,\ 0°)$

$\sqrt[7]{(1,\ 0°)} = \left(\sqrt[7]{1},\ \frac{0°}{7} + k\cdot\frac{360°}{7}\right)$

$k = 0$: $x_1 = \cos 0° + i\cdot\sin 0° = 1$

$k = 1$: $x_2 = \cos 51{,}43° + i\cdot\sin 51{,}43° = 0{,}6235 + 0{,}7818i$

$k = 2$: $x_3 = \cos 102{,}86° + i\cdot\sin 102{,}86° = -0{,}2225 + 0{,}9749i$

$k = 3$: $x_4 = \cos 154{,}29° + i\cdot\sin 154{,}29° = -0{,}9010 + 0{,}4339i$

$k = 4$: $x_5 = \cos 205{,}71° + i\cdot\sin 205{,}71° = -0{,}9010 - 0{,}4339i$

$k = 5$: $x_6 = \cos 257{,}14° + i\cdot\sin 257{,}14° = -0{,}2225 - 0{,}9749i$

$k = 6$: $x_7 = \cos 308{,}57° + i\cdot\sin 308{,}57° = 0{,}6235 - 0{,}7818i$

Aus dem Hausübungsheft eines Schülers:

In Sonderfällen können Kreisteilungsgleichungen auch ohne Anwendung des Satzes von MOIVRE gelöst werden.

$$z^3 - 1 = 0$$

$$(z-1)(z^2+z+1) = 0$$

$$z - 1 = 0 \quad \vee \quad z^2 + z + 1 = 0$$

$$\underline{z_1 = 1} \qquad z_{2,3} = \frac{-1 \pm \sqrt{1-4}}{2}$$

$$z_{2,3} = \frac{-1 \pm \sqrt{3}\,i}{2}$$

$$\underline{z_{2,3} = -0{,}5 \pm 0{,}866\,i}$$

AUFGABEN

Mit Hilfe der imaginären Einheit i sind folgende Wurzeln darzustellen:

652. **a)** $\sqrt{-1}$ **b)** $\sqrt{-25}$ **c)** $\sqrt{-64}$ **d)** $\sqrt{-196}$ **e)** $\sqrt{-5}$

653.[1] **a)** $\sqrt{-72a^4}$ **b)** $\sqrt{-3a^6}$ **c)** $\sqrt{-288a^3}$ **d)** $\sqrt{-\frac{a^3}{16}}$ **e)** $\sqrt{-\frac{5a^5}{6}}$

654. Es ist für $n \in \mathbb{Z}$ zu beweisen:

a) $i^{4n} = 1$ **b)** $i^{4n+1} = i$ **c)** $i^{4n+2} = -1$ **d)** $i^{4n+3} = -i$

$$i^{4n+1} = i \qquad i^{4n+2} = i^2 \qquad i^{4n+3} = i^3 \qquad i^{4n} = 1$$

655. **a)** $i^{19} = ...$ **b)** $i^{29} = ...$ **c)** $i^{33} = ...$ **d)** $i^{47} = ...$

656. **a)** $i^{40} = ...$ **b)** $i^{50} = ...$ **c)** $i^{77} = ...$ **d)** $i^{145} = ...$

657. **a)** $i^{-3} =$ **b)** $i^{-4} = ...$ **c)** $i^{-55} = ...$ **d)** $i^{-100} = ...$

658. **a)** $i^{-19} = ...$ **b)** $i^{-200} = ...$ **c)** $i^{-43} = ...$ **d)** $i^{-998} = ...$

659. Wie groß ist der Real- und Imaginärteil folgender komplexer Zahlen:

a) $2i + 5i - 2$ **b)** $i^{-3} + 1$ **c)** $i + \frac{1}{i}$ **d)** $\frac{3}{i^2} - i^5$

Bei den folgenden Aufgaben sind die Lösungen in **Zahlenpaarschreibweise** anzugeben:

660. **a)** $(1+2i)+(3+4i)$ **b)** $(6+i)+(3-7i)$ **c)** $(4+5i)+(7+3i)$

661. **a)** $(7-3i)+(2-5i)$ **b)** $(8-5i)+(3+9i)$ **c)** $(4+9i)+(3-2i)$

662. **a)** $(12+i)-(12-i)$ **b)** $(13+4i)-(17+5i)$ **c)** $(2+3i)-(3+2i)$

663. **a)** $(21-19i)-(3+7i)$ **b)** $(2+8i)-(10+12i)$ **c)** $(10-9i)-(17-15i)$

664. **a)** $(3+7i)(5+6i)$ **b)** $(5+19i)(13-2i)$ **c)** $(6+i)(1-i)$

665. **a)** $(8+4i)(15-17i)$ **b)** $(11-13i)(11+13i)$ **c)** $(10-2i)(3+17i)$

666. **a)** $(5+3i)^2$ **b)** $(7-i)^2$ **c)** $(1+i)^3$ **d)** $(3-4i)^3$

667. **a)** $\frac{1}{2+i}$ **b)** $1:(3-5i)$ **c)** $\frac{2}{2-i}$ **d)** $5i:(6+7i)$

668. **a)** $\frac{3i}{3+5i}$ **b)** $\frac{3+4i}{3-4i}$ **c)** $\frac{2+9i}{9+2i}$ **d)** $\frac{6-15i}{8-3i}$

669. **a)** $(5+3i)^{-2}$ **b)** $(3-9i)^{-2}$ **c)** $(6-6i)^{-3}$ **d)** $(36-54i)^{-3}$

670. **a)** $\frac{2+5i}{8-4i^{30}}$ **b)** $\frac{4+6i}{1-2i^{28}}$ **c)** $\frac{(8-7i)^2}{8+7i^{49}}$ **d)** $\frac{(9-5i)^2}{16-9i^{99}}$

671. **a)** $\frac{(5+4i)^3}{8-9i^{33}}$ **b)** $\frac{(7-6i)^3}{9-8i^{51}}$ **c)** $\frac{1+19i}{(3+4i)^2}$ **d)** $\frac{4-14i}{(17-i)^2}$

672. **a)** $\frac{8+3i}{(2+5i)^3}$ **b)** $\frac{7-16i^{100}}{(2+2i)^3}$ **c)** $\frac{(9-27i)^2}{(5+i)^3}$ **d)** $\frac{(5+5i)^2}{(1-2i)^3}$

---

[1] $a \in \mathbb{R}^+$.

673. Die beiden Zahlen z und z* sind zueinander konjugiert komplex: $z = a + bi$, $z^* = a - bi$ $(a, b \in \mathbb{R})$. Es ist zu zeigen:

a) $z + z^* = 2a$ **b)** $z^* \cdot z = a^2 + b^2$ **c)** $(z_1 \cdot z_2)^* = z_1^* \cdot z_2^*$ **d)** $\left(\frac{z_1}{z_2}\right)^* = \frac{z_1^*}{z_2^*}$

674. Die folgenden Summen sind in die einfachsten Produkte zweier konjugiert komplexer Zahlen zu zerlegen:

a) $a^2 + b^2$ **b)** $x + 1$ **c)** $4x^2 + 9y^2$ **d)** $25x^2 + 625y^2$

Bemerkung: $a, b, x, y \in \mathbb{R}$.

675. Es sei $z = a + bi$ und $z^* = a - bi$ $(a, b \in \mathbb{R})$. Wie lautet die umfassendste Zahlenmenge, für die Folgendes gilt:

a) $z = z^*$ **b)** $z^* = -z$ **c)** $z \cdot z^* = p$ $(p \in \mathbb{R})$ **d)** $z \cdot z^* = p$ $(p \in \mathbb{R}^+)$

676. Gegeben sind die komplexen Zahlen (a, b) und (c, d) in kartesischen Koordinaten.

a) $(a, b) + (c, d) = ?$ **b)** $(a, b) - (c, d) = ?$ **c)** $(a, b) \cdot (c, d) = ?$ **d)** $(a, b) : (c, d) = ?$

Bemerkung: $a, b, c, d \in \mathbb{R}$; $(c, d) \neq (0, 0)$.

Bei den folgenden Aufgaben ist die Lösungsmenge in $\mathbb{C}$ zu ermitteln!

677. a) $x^2 + 2x + 26 = 0$ **b)** $x^2 - 6x + 10 = 0$ **c)** $x^2 + 18x + 97 = 0$

678. a) $x^2 + 6x + 10 = 0$ **b)** $x^2 - 4x + 5 = 0$ **c)** $x^2 + x + 1 = 0$

679. a) $4x^2 - 4x + 5 = 0$ **b)** $4x^2 - 2x + 7 = 0$ **c)** $4x^2 - 12x + 15 = 0$

680. a) $4x^2 - 4x + 37 = 0$ **b)** $8x^2 - 12x + 17 = 0$ **c)** $16x^2 - 64x + 89 = 0$

681. a) $(5x-3)(5x+3) = (4x+7)(4x-7)$ **b)** $(x+3)^2 + (x-5)^2 = (x-2)^2$

682. a) $\frac{x+5}{x-5} + \frac{x-5}{x+5} = 0$ **b)** $\frac{1}{x-2} - \frac{1}{x-4} = 1$ **c)** $\frac{3x+1}{x-1} - \frac{x+5}{x+1} = 0$

683. a) $\frac{1}{1-x} - \frac{1}{x+1} = \frac{x^2+3}{1-x^2}$ **b)** $\frac{1}{8-x} - \frac{1}{x+8} = \frac{x^2+3}{64-x^2}$ **c)** $\frac{2}{6-x} - \frac{4}{x+6} = \frac{x^2+6}{36-x^2}$

684. Der Satz von VIÈTA ist für komplexe Lösungen zu beweisen!
Anleitung: $\sqrt{D} = i\sqrt{-D}$

685. Von der Gleichung $x^2 + px + q = 0$ $(p, q \in \mathbb{R})$ ist eine Lösung bekannt:

a) $x_1 = 7 + 12i$ **b)** $x_1 = 2 - 5i$ **c)** $x_1 = -5 - 2i$

Die Koeffizienten p und q sind jeweils zu berechnen.

Anleitung: Hat eine quadratische Gleichung mit reellen Koeffizienten zwei von einander verschiedene Lösungen, so sind diese entweder zwei reelle Zahlen oder zwei zueinander konjungiert komplexe Zahlen.

> Satz von VIÈTA:
> Hat die quadratische Gleichung $x^2 + px + q = 0$ $(p, q \in \mathbb{R})$ die Lösungen x_1 und x_2, so gilt für alle $x \in \mathbb{R}$:
> (1) $x_1 + x_2 = -p$
> (2) $x_1 \cdot x_2 = q$
> (3) $(x - x_1)(x - x_2) = x^2 + px + q$

686. Die nachstehende Tabelle bezieht sich auf die Gleichung $x^2 + px + q = 0$ $(p, q \in \mathbb{R})$ bzw. deren Lösungen x_1 und x_2 die fehlenden Größen sind zu ermitteln!

	a)	b)	c)	d)	e)	f)
p	4	?	2	−2	?	$-\frac{4}{3}$
q	?	2	13	?	9	?
Realteil der Lösungen	?	$-\frac{1}{3}$	?	?	2	?
Imaginärteile der Lösungen	±1	?	±3	±0,3499	?	±1,1055

687. Wie lautet die quadratische Gleichung, deren Lösungen x_1, x_2 folgende Bedingungen erfüllen:

a) $x_1+x_2=-2;\ x_1-x_2=10i$ **b)** $x_1+x_2=6;\ x_1 \cdot x_2=10$ **c)** $x_1-x_2=24i;\ \frac{x_1}{x_2}=\frac{168i-95}{193}$

d) $x_1 \cdot x_2=29;\ \frac{x_1}{x_2}=\frac{20i-21}{29}$ **e)** $x_1^2+x_2^2=42;\ x_1+x_2=-10$ **f)** $\frac{1}{x_1}-\frac{1}{x_2}=-\frac{2i}{5};\ \frac{x_2}{x_1}=0{,}6-0{,}8i$

688. Die komplexen Zahlen **a)** $5-3i$ **b)** $(5,\ 3)$ **c)** $(-2,\ -1)$ **d)** $(0,\ -3)$ sind als vom Koordinatenursprung ausgehende Pfeile in der GAUSSschen Zahlenebene darzustellen.

Bemerkung: Die komplexen Zahlen sind in allen Fällen in kartesischen Koordinaten gegeben.

689. Grafische Addition/Subtraktion komplexer Zahlen

Es ist die Summe/Differenz von z_1, z_2 jeweils rechnerisch zu ermitteln und mit der gegebenen grafischen Lösung zu vergleichen.

> Grafisches Addieren und Subtrahieren komplexer Zahlen erfolgt wie das Addieren und Subtrahieren von Vektoren[1].

a) $z_1=3+4i,\ z_2=2,\ z_1+z_2=?$

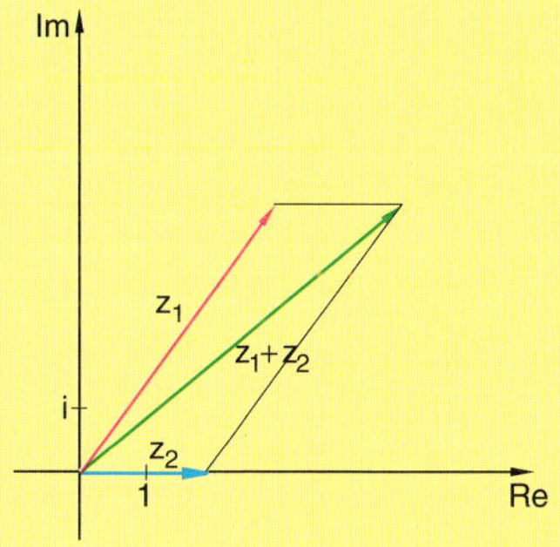

b) $z_1=5,\ z_2=-4i,\ z_1-z_2=?$

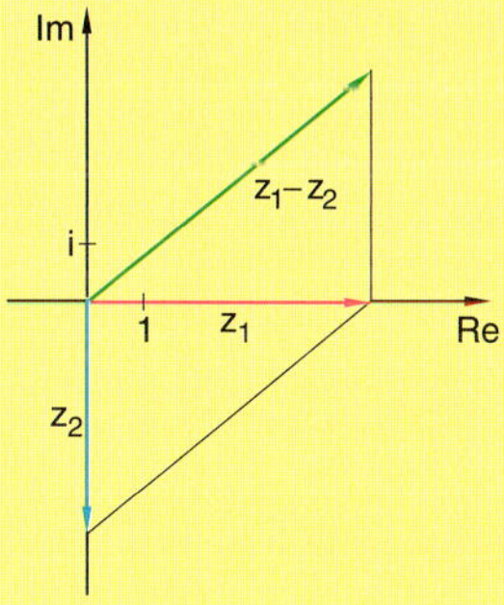

Bei den Aufgaben **690.** bis **692.** sind die gesuchten Summen bzw. Differenzen zweier komplexer Zahlen grafisch zu ermitteln:

690. a) $z_1=2+5i,\ z_2=-6+3i,\ z_1+z_2=?$

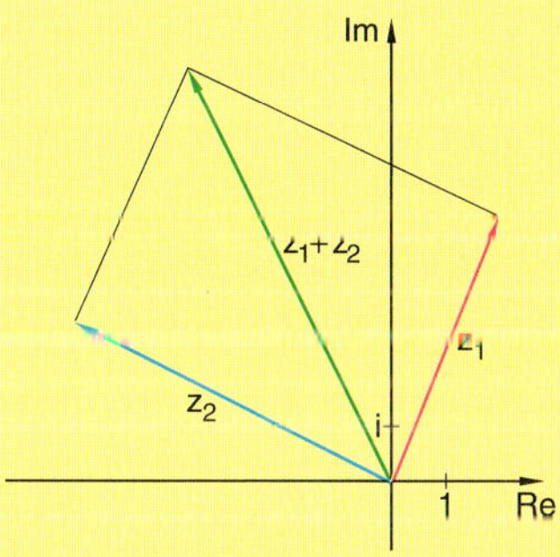

b) $z_1=-2-i,\ z_2=3+4i,\ z_1-z_2=?$

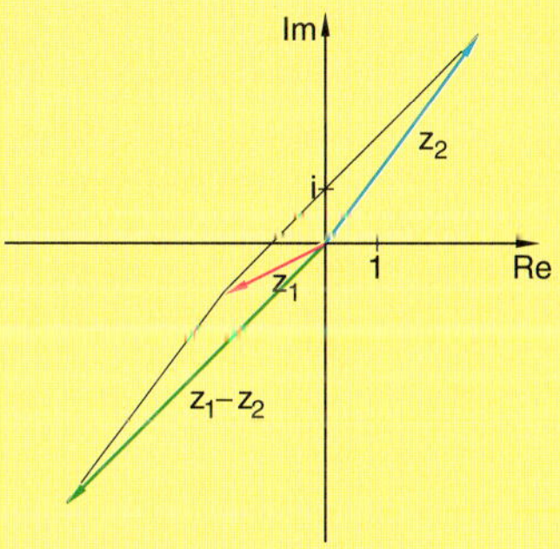

691. a) $z_1=1-2i, z_2=4i, z_1+z_2=?$ **b)** $z_1=5, z_2=-4i, z_2-z_1=?$

692. a) $z_1=3+4i, z_2=-3+i, z_1+z_2=?$ **b)** $z_1=3-i, z_2=-2+4i, z_1-z_2=?$

[1]) Alle höheren Rechenoperationen (Multiplikation usw.) werden aber in der Vektorrechnung anders erklärt und veranschaulicht als bei den komplexen Zahlen.

693. Die Beträge der komplexen Zahlen **a)** $2+i$ **b)** $(5,\ 12)$ **c)** $(0,\ -0{,}4)$ **d)** $(-u,\ v)$[1] sind zu bestimmen.

Bemerkung: Die komplexen Zahlen sind in allen Fällen in kartesischen Koordinaten gegeben.

694. Es ist der Betrag der in nebenstehender Figur dargestellten komplexen Zahl z auf 3 Dezimalstellen genau anzugeben.

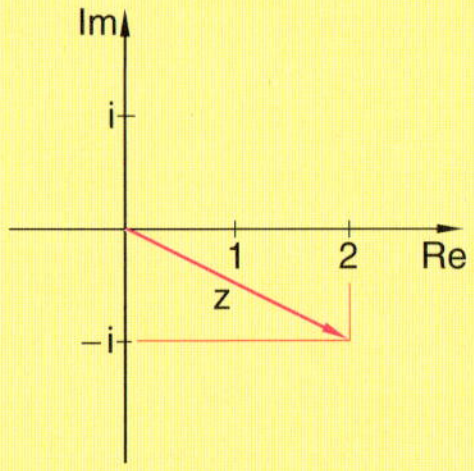

695. Von einer komplexen Zahl z ist entweder ihr Imaginärteil Im (z) oder ihr Realteil Re (z) gegeben. Außerdem ist ihr Betrag $|z|$ bekannt:

a) $\text{Im}(z)=6,\ |z|=10$ **b)** $\text{Re}(z)=-8,\ |z|=17$

c) $\text{Im}(z)=7,\ |z|=25$ **d)** $\text{Re}(z)=-9,\ |z|=41$

Zahlenpaarschreibweise von z?

696. Die nachstehende Tabelle ist durch alle Darstellungsmöglichkeiten komplexer Zahlen — entsprechend der in a) ausgeführten Lösung — zu vervollständigen:

a)	$3+4i$	$(3,\ 4)$	$5(\cos 53{,}1^\circ + i\cdot\sin 53{,}1^\circ)$	$(5,\ 53{,}1^\circ)$	**b)**	$-5+12i$	?	?	?
c)	?	$(0,\ -7)$	?	?	**d)**	?	?	$4(\cos 120^\circ + i\cdot\sin 120^\circ)$	?
e)	?	?	?	$(5,\ 323{,}13^\circ)$	**f)**	?	?	$\sqrt{3}(\cos 30^\circ + i\cdot\sin 30^\circ)$	?
g)	?	$(-15,\ -8)$	?	?	**h)**	$-3{,}41-0{,}0775i$	?	?	?

697. $z_1=(r_1,\ \varphi_1);\ z_2=(r_2,\ \varphi_2)$ $\boxed{z_1\cdot z_2=(r_1\cdot r_2,\ \varphi_1+\varphi_2)}$ Beweis?

Anleitung: $z_1=r_1(\cos\varphi_1+i\cdot\sin\varphi_1),\ z_2=r_2(\cos\varphi_2+i\cdot\sin\varphi_2)$

$z_1\cdot z_2=r_1r_2(\cos\varphi_1+i\cdot\sin\varphi_1)(\cos\varphi_2+i\cdot\sin\varphi_2)=\ldots$

Außerdem ist der erste Summensatz anzuwenden: $\cos(\alpha+\beta)=\cos\alpha\cdot\cos\beta-\sin\alpha\cdot\sin\beta$

698. Es ist zu berechnen:

a) $(1,\ 20^\circ)\,(2,\ 40^\circ)$ **b)** $(3,\ -5^\circ)\,(5,\ -10^\circ)$ **c)** $(1,\ 250^\circ)\,(1,\ 300^\circ)$ **d)** $(3,\ 190^\circ)\,(4,\ 200^\circ)$

Bemerkung: Das Resultat ist in der Form $(r,\ \varphi)$ mit $0^\circ\leqslant\varphi<360^\circ$ anzugeben.

699. $z_1=(r_1,\ \varphi_1);\ z_2=(r_2,\ \varphi_2)$ $\boxed{z_1 : z_2=(r_1 : r_2,\ \varphi_1-\varphi_2)}$ Beweis?

Anleitung: $\dfrac{z_1}{z_2}=\dfrac{r_1(\cos\varphi_1+i\cdot\sin\varphi_1)}{r_2(\cos\varphi_2+i\cdot\sin\varphi_2)}=\dfrac{r_1(\cos\varphi_1+i\cdot\sin\varphi_1)(\cos\varphi_2-i\cdot\sin\varphi_2)}{r_2(\cos\varphi_2+i\cdot\sin\varphi_2)(\cos\varphi_2-i\cdot\sin\varphi_2)}=\ldots$

700. Es ist zu berechnen:

a) $(2,\ 70^\circ):(4,\ 40^\circ)$ **b)** $(4,\ 20^\circ):(4,\ 50^\circ)$ **c)** $(15,\ 3^\circ):(2,\ -12^\circ)$ **d)** $(18,\ -1^\circ):(3,\ 390^\circ)$

Bemerkung: Das Resultat ist in der Form $(r,\ \varphi)$ mit $0^\circ\leqslant\varphi<360^\circ$ anzugeben.

[1]) $u, v\in\mathbb{R}$.

701. Satz von MOIVRE: $(r,\ \varphi)^n = (r^n,\ n\varphi)$ $(n \in \mathbb{N}^*)$. Es ist zu zeigen, dass dieser Satz auch für **negative ganze Exponenten,** $(n = -m,)$ gültig ist. $(m \in \mathbb{N}^*)$

Anleitung: $[r(\cos\varphi + i\cdot\sin\varphi)]^{-m} = \frac{1}{[r(\cos\varphi + i\cdot\sin\varphi)]^m} = \frac{1}{r^m(\cos m\varphi + i\cdot\sin m\varphi)} \cdot \frac{(\cos m\varphi - i\cdot\sin m\varphi)}{(\cos m\varphi - i\cdot\sin m\varphi)} = \ldots$

Außerdem ist zu bedenken: $\cos(-\alpha) = \cos\alpha$, $\sin(-\alpha) = -\sin\alpha$!

Bei den folgenden Aufgaben ist der Satz von MOIVRE anzuwenden. Für das Ergebnis ist immer jene Form zu wählen, in der die Aufgabe erfolgte.

702. a) $(\cos 10° + i\cdot\sin 10°)^4$ **b)** $(\cos 20° + i\cdot\sin 20°)^4$ **c)** $[2(\cos 50° + i\cdot\sin 50°)]^{-3}$

703. a) $(3,\ 15°)^5$ **b)** $(3{,}4,\ 2{,}2°)^6$ **c)** $(4,\ 17°)^{-3}$ **d)** $(\sqrt{3},\ 1°34')^{-5}$

704. a) $(1-i)^6$ **b)** $(12-i)^5$ **c)** $(3-4i)^{-4}$ **d)** $\left(\frac{\sqrt{3}}{2} - \frac{i}{2}\right)^{-7}$

705. a) $(1+i)^{10}$ **b)** $(20+21i)^2$ **c)** $(15-8i)^{-3}$ **d)** $\left(\frac{2}{\sqrt{5}} - \frac{i}{\sqrt{5}}\right)^{-8}$

706. Mit Hilfe des Satzes von MOIVRE ist zu zeigen:

a) $\cos 2\alpha = \cos^2\alpha - \sin^2\alpha$ **b)** $\sin 2\alpha = 2\sin\alpha\cdot\cos\alpha$

c) $\cos 4\alpha = \cos^4\alpha + \sin^4\alpha - 6\sin^2\alpha\cdot\cos^2\alpha$ **d)** $\sin 4\alpha = 2\sin 2\alpha\cdot\cos 2\alpha$

707. $\sqrt[n]{(r,\ \varphi)} = \left(\sqrt[n]{r},\ \frac{\varphi}{n} + k\cdot\frac{360°}{n}\right)$

Durchläuft k die Werte 0, 1, 2, ..., n−1, erhalten wir n verschiedene Lösungen für die n-te Wurzel einer komplexen Zahl. Bei $k = n,\ n+1, \ldots$ und $k = -1,\ -2, \ldots$ ergeben sich Wiederholungen. Warum kommt es zu diesen Wiederholungen?

Bei den folgenden Aufgaben sind **alle** Werte zu ermitteln. Quadratwurzeln sind auf beide Varianten zu berechnen. Das Ergebnis ist in der Form $a+bi$ auf 3 Dezimalen genau anzugeben.

708. a) $\sqrt[3]{64(\cos 60° + i\cdot\sin 60°)}$ **b)** $\sqrt[4]{16(\cos 80° + i\cdot\sin 80°)}$ **c)** $\sqrt[5]{243(\cos 90° + i\cdot\sin 90°)}$

709. a) $\sqrt[6]{(64,\ 30°)}$ **b)** $\sqrt[7]{(1,\ 140°)}$ **c)** $(125,\ 30°)^{\frac{1}{3}}$ **d)** $(32,\ 70°)^{0{,}2}$

710. a) $\sqrt{8+6i}$ **b)** $\sqrt{-7-24i}$ **c)** $\sqrt{8-15i}$ **d)** $\sqrt{5-5i}$

711. a) $\sqrt[3]{3+4i}$ **b)** $\sqrt[5]{16+12i}$ **c)** $\sqrt[9]{5-12i}$ **d)** $\sqrt[10]{24-10i}$

712. a) $\sqrt[6]{-729}$ **b)** $\sqrt[3]{-3375}$ **c)** $\sqrt{i}$ **d)** $\sqrt[3]{i}$

Anleitung: $i = \cos 90° + i\cdot\sin 90°$

713. Die folgenden Kreisteilungsgleichungen sind in $\mathbb{C}$ zu lösen:

a) $z^3 - 1 = 0$ **b)** $z^5 - 1 = 0$ **c)** $z^6 = 1$ **d)** $z^8 = 1$

Bei den nachstehenden Gleichungen[1)] ist die Lösungsmenge in $\mathbb{C}$ zu ermitteln!

714. a) $x^2 - 3x + 8i = 0$ **b)** $x^2 - 5x + 4i = 0$ **c)** $3x^2 - 2x - 9i = 0$

715. a) $x^2 - (4-i)x + 5 + i = 0$ **b)** $x^2 - x - 2ix - 1 + i = 0$ **c)** $z^2 + \frac{8+2i}{1-i}z + \frac{40+20i}{1-i} = 0$

716. a) $x^2 - 4x - 6ix - 5 + 14i = 0$ **b)** $2x^2 - 5x - 3ix + 1 + 3i = 0$ **c)** $\sqrt{2z-4} = \sqrt{z+1+3i} - 1$

1) Gleichungen dieser Art treten unter anderem in der Theorie der Turbulenz von Luftströmungen auf.

5. Exponentialform und Logarithmen komplexer Zahlen

EULERsche Formel:

$e^{i\varphi} = \cos\varphi + i \cdot \sin\varphi$

Auf den Beweis der EULERschen Formel müssen wir verzichten, da dieser Kenntnisse aus der Differenzialrechnung erfordert, die uns noch nicht zur Verfügung stehen.

Der Mathematiker **Leonhard EULER** (1707—1783) entdeckte einen interessanten Zusammenhang zwischen den trigonometrischen Funktionen und der Exponentialfunktion $x \to e^x$: die sogenannte **„EULERsche Formel“** (vgl. Außenspalte).

Wir sind in der Lage, jede komplexe Zahl z in der **Exponentialform** $z = r \cdot e^{i\varphi}$ anzugeben!

Beispiel:

Gegeben sind die komplexen Zahlen **a)** $z = 2 + 4i$ **b)** $z = -3 + i$. Wie lautet die Exponentialform dieser Zahlen?

Lösung:

Die Exponentialform einer komplexen Zahl z lautet: $z = r \cdot e^{i\varphi}$. Es gilt r und φ zu bestimmen!

a) $r = \sqrt{4+16} = \mathbf{4{,}472}$; $\tan\varphi = \frac{4}{2} = 2 \Rightarrow \varphi = \mathbf{63{,}43°}$ (Gradmaß) bzw. $\varphi = \mathbf{1{,}107\ rad}$ (Bogenmaß)
Exponentialform der Zahl $z = 2 + 4i$: $\mathbf{z = 4{,}472 e^{i \cdot 63{,}43°}}$ bzw. $\mathbf{z = 4{,}472 e^{1{,}107 i}}$

b) $r = \sqrt{9+1} = \mathbf{3{,}162}$; $\tan\varphi = \frac{1}{-3} \Rightarrow \ldots \varphi = \mathbf{161{,}57°}$ (Gradmaß) bzw. $\varphi = \mathbf{2{,}82\ rad}$ (Bogenmaß)
Exponentialform der Zahl $z = -3 + i$: $\mathbf{z = 3{,}162 e^{i \cdot 161{,}57°}}$ bzw. $\mathbf{z = 3{,}162 e^{2{,}82 i}}$

Leonhard **EULER** (1707—1783), schweizer Mathematiker

Wir haben bereits Darstellungsarten komplexer Zahlen kennengelernt; z. B. die Polarform und die Zahlenpaarschreibweise.

Was „bringt“ eigentlich die neue Schreibweise, die Exponentialform komplexer Zahlen? Welche Bedeutung hat dieses $z = r \cdot e^{i\varphi}$?

Nun: Diese Schreibweise $z = r \cdot e^{i\varphi}$ ist ein mächtiges Hilfsmittel. *„Sie erlaubt eine verhältnismäßig einfache Beschreibung von oft komplizierten Vorgängen, wie Schwingungen und Ausbreitungen von Wellen. Ob Elektrotechniker, Elektroniker oder Atomphysiker, jeder benutzt sie, von den Mathematikern natürlich ganz zu schweigen. Einige wenige Beispiele müssen (leider) Beweis genug dafür sein:*

Technische Wechselströme beschreibt man durch $I = I_0 e^{i\omega t}$. In dieser Form lassen sich zeitliche Verschiebungen (Phasenverschiebungen) zwischen Strom und Spannung besonders leicht untersuchen. Auch mechanische Schwingungen (z. B. einer Feder) werden oft durch $x = x_0 e^{it}$ angegeben. x ist dabei die Auslenkung aus der Ruhelage. Ebene Wellen haben die Form e^{ikr}, wobei k die Kennzahl der Welle ist (der sogenannte Wellenvektor) und r der Ausbreitungspfeil. Kein Wunder, daß auch bei der Streuung von Licht an irgendwelchen Gegenständen mit der komplexen e-Funktion gearbeitet wird.“ [1)]

Jede positive reelle Zahl a lässt sich als e-Potenz schreiben:

Die Logarithmen zur Basis $e = 2{,}718\ldots$ heißen **natürliche Logarithmen**.

$a = e^{\ln a}$ mit $\ln a = \log_e a$

Statt $\log_e a$ schreibt man ln a.

Beispiele: $2 = e^{\ln 2} = e^{0{,}6931}$, $3 = e^{\ln 3} = e^{1{,}0986}$, $49 = e^{\ln 49} = e^{3{,}8918}$ usw.

Und damit können wir **komplexe Exponenten** in den Griff bekommen: 2^i, 3^{4+2i}, ja selbst i^i ist für uns jetzt berechenbar!

1) Aus „Richard KNERR, Mathematik — eine faszinierende Wissenschaft“.

Beispiel:

Die Zahlen **a)** 2^i **b)** 5^{2i} **c)** 3^{4+2i} sind in der Form a + bi auf 3 Dezimalen genau anzugeben.

Lösung:

a) $2 = e^{\ln 2}$; $2^i = (e^{\ln 2})^i = e^{i \ln 2}$ $\boxed{e^{i\varphi} = \cos\varphi + i \cdot \sin\varphi}$ (EULERsche Formel), für $\varphi = \ln 2$ ergibt sich:

$e^{i \ln 2} = \cos(\ln 2) + i \cdot \sin(\ln 2) = 0{,}769 + 0{,}639i$ $\qquad$ $\mathbf{2^i = 0{,}769 + 0{,}639i}$

b) $5 = e^{\ln 5}$; $5^{2i} = (e^{\ln 5})^{2i} = e^{2i \cdot \ln 5} = e^{i \cdot \ln 25} = \cos(\ln 25) + i \cdot \sin(\ln 25) = -0{,}997 - 0{,}077i$

$\mathbf{5^{2i} = -0{,}997 - 0{,}077i}$

c) $3 = e^{\ln 3}$; $3^{4+2i} = 3^4 \cdot 3^{2i} = 3^4(e^{\ln 3})^{2i} = 81e^{2i \cdot \ln 3} = 81e^{i \cdot \ln 9} = 81[\cos(\ln 9) + i \cdot \sin(\ln 9)] =$

$= -47{,}487 + 65{,}620i$ $\qquad$ $\mathbf{3^{4+2i} = -47{,}487 + 65{,}620i}$

Wir gehen jetzt noch einen Schritt weiter. Basis und Exponent sind komplexe Zahlen: $(7-i)^{5i} = ?$ $\quad (5-8i)^{4-3i} = ?$

Wie löst man solche Aufgaben?

Die Sache ist recht einfach: Nicht nur eine reelle Zahl a, sondern sogar jede komplexe Zahl z lässt sich als e-Potenz schreiben:

$\boxed{z = e^{\ln z}}$ mit $\ln z = \ln r + i\varphi$

Definition:

Der **natürliche Logarithmus**[1] der von Null verschiedenen[2] komplexen Zahl $z = a + bi$ ist definiert als

$\boxed{\ln z = \ln r + i\varphi}$

mit $r = \sqrt{a^2 + b^2}$ und $\tan\varphi = \frac{b}{a}$.

Beispiele:

$6 + 3i = e^{\ln\sqrt{45} + 0{,}4636i}$, denn $r = \sqrt{36 + 9} = \sqrt{45}$ und $\tan\varphi = \frac{1}{2} \Rightarrow \varphi = 0{,}4636$

$7 + i = e^{\ln\sqrt{50} + 0{,}1419i}$, denn $r = \sqrt{49 + 1} = \sqrt{50}$ und $\tan\varphi = \frac{1}{7} \Rightarrow \varphi = 0{,}1419$

Wir beschränken uns auf den natürlichen Logarithmus komplexer Zahlen. Andere Logarithmen werden kaum benötigt.

Das weiter oben für reelle Basen und komplexe Exponenten verwendete Verfahren kann jetzt auch bei **komplexen Basen und Exponenten** angewendet werden.

Beispiel:

Es ist auf 3 Dezimalen genau zu berechnen: **a)** $(5+3i)^{2i}$ **b)** $(1+i)^{1-i}$

Lösung:

a) $5 + 3i = e^{\ln\sqrt{34} + 0{,}5404i}$, denn $r = \sqrt{25 + 9} = \sqrt{34}$ und $\tan\varphi = \frac{3}{5} \Rightarrow \varphi = 0{,}5404$

$(5+3i)^{2i} = (e^{\ln\sqrt{34} + 0{,}5404i})^{2i} = e^{2i \cdot \ln\sqrt{34} + 2i \cdot 0{,}5404i} = e^{i \cdot \ln 34 - 1{,}0808} = e^{-1{,}0808} \cdot e^{i \cdot \ln 34}$

$e^{-1{,}0808} \cdot e^{i \cdot \ln 34} = e^{-1{,}0808}[\cos(\ln 34) + i \cdot \sin(\ln 34)] = -0{,}315 - 0{,}127i$ $\qquad$ $\mathbf{(5+3i)^{2i} = -0{,}315 - 0{,}127i}$

b) $1 + i = e^{\ln\sqrt{2} + 0{,}7854i}$, denn $r = \sqrt{1+1} = \sqrt{2}$ und $\tan\varphi = 1 \Rightarrow \varphi = 0{,}7854$

$(1+i)^{1-i} = (e^{\ln\sqrt{2} + 0{,}7854i})^{1-i} = e^{\ln\sqrt{2} + 0{,}7854i - i \cdot \ln\sqrt{2} + 0{,}7854} = e^{1{,}1320 + 0{,}4388i} = e^{1{,}132} \cdot e^{0{,}4388i}$

$e^{1{,}132} \cdot e^{0{,}4388i} = e^{1{,}132}(\cos 0{,}4388 + i \cdot \sin 0{,}4388) = 2{,}808 + 1{,}318i$ $\qquad$ $\mathbf{(1+i)^{1-i} = 2{,}808 + 1{,}318i}$

1) Gemeint ist der Hauptwert.

2) Der Logarithmus von Null kann auch in ℂ nicht erklärt werden.

AUFGABEN

717. Setzt man in der EULERschen Formel $\boxed{e^{i\varphi} = \cos\varphi + i \cdot \sin\varphi}$ für $\varphi = \pi$, dann ergibt sich ein Zusammenhang zwischen den in der Mathematik fünf wichtigsten Zahlen 0, 1, i, e und π. Wie lautet dieser Zusammenhang?

718. Gegeben sind die komplexen Zahlen **a)** $6+8i$ **b)** $8-15i$ **c)** $-7+24i$ **d)** $-9-40i$. Exponentialform?

719. Die Zahlen **a)** $z_1 = 1{,}414e^{i \cdot 45°}$ **b)** $z_2 = 2e^{\frac{\pi}{6}i}$ **c)** $z_3 = 14{,}5e^{i \cdot 37{,}3°}$ **d)** $z_4 = 3e^{1{,}222i}$ sind in der Form $a+bi$ auf 3 Dezimalen genau anzugeben.

720. Die Zahlen **a)** 3^i **b)** $(\sqrt{5})^{3i}$ **c)** 4^{-i} **d)** $(\sqrt{7})^{-4i}$ sind in der Form $a+bi$ auszudrücken. (3 Dezimalen)

721. **a)** $i^i = ?$ **b)** $i^{-i} = ?$ **c)** $(-i)^i = ?$ **d)** $(-i)^{-i} = ?$

Anleitung: $i = \cos\frac{\pi}{2} + i \cdot \sin\frac{\pi}{2} = e^{\frac{\pi}{2}i}$

722. Zwischen den Exponentialfunktionen und den trigonometrischen Funktionen besteht folgende Beziehung:

$$\boxed{\sin\varphi = \frac{e^{i\varphi} - e^{-i\varphi}}{2i}} \quad \text{und} \quad \boxed{\cos\varphi = \frac{e^{i\varphi} + e^{-i\varphi}}{2}} \quad \text{Beweis?}$$

Anleitung: Wenn man in der EULERschen Formel φ durch $-\varphi$ ersetzt, erhält man $e^{-i\varphi} = \cos(-\varphi) + i \cdot \sin(-\varphi)$ bzw. $e^{-i\varphi} = \cos\varphi - i \cdot \sin\varphi$. Diese letzte Gleichung ist nun von der EULERschen Formel zu subtrahieren...

723. Der natürliche Logarithmus der komplexen Zahlen ist zu berechnen: **a)** $z_1 = (3{,}5,\ 192{,}8°)$ **b)** $z_2 = 3-4i$ **c)** $z_3 = 5(\cos 60° + i \cdot \sin 60°)$ **d)** $z_4 = (-5,\ -12)$ in kartesischen Koordinaten.

Bei den folgenden Aufgaben sind die ermittelten Resultate auf 3 Dezimalen genau anzugeben!

724. **a)** $(2+i)^i$ **b)** $(5-5i)^{4i}$ **c)** $(7-i)^{5i}$ **d)** $(-1+i)^{-6i}$

725. **a)** $(3+5i)^{1-i}$ **b)** $(5-7i)^{2+3i}$ **c)** $(4-7i)^{2-i}$ **d)** $(5+8i)^{4-3i}$

6. Elektrotechnische Problemstellungen

Das gegenständliche Mathematikbuch soll kein Lehrbuch der Elektrotechnik ersetzen. Aus diesem Grund werden hier nur die typischen Aufgaben zu den Themen Exponentialfunktion und Logarithmus sowie zu komplexen Zahlen gestellt. Hinsichtlich des technisch-physikalischen Hintergrundes muss auf die einschlägige Literatur verwiesen werden.

Gustav Robert KIRCHHOFF
(1824—1887)

726. Gegeben ist eine Kippschwingung mit der Periodendauer $T = RC\ln\frac{U_0 - U_L}{U_0 - U_z}$. Welche Periodendauer T ergibt sich für $U_0 = 300$ V, $U_z = 180$ V, $U_L = 90$ V, $R = 10\ k\Omega$, $C = 100$ nF?

727. Zu welcher Zeit t gilt für $R = 10\ k\Omega$ und $C = 2{,}2$ nF der Zusammenhang $0{,}75U_0 = U_0(1 - e^{\frac{-t}{\tau}})$, $\tau = RC$?

728. Die Kapazität zwischen zwei parallel gespannten Drähten berechnet sich nach der Formel $C = \frac{\pi\varepsilon_0 l}{\ln\frac{2a}{d}}$. Wie groß ist der Abstand a der beiden Drähte für $C = 4{,}35$ nF, $d = 2$ mm, $l = 1$ km und $\varepsilon_0 = 8{,}85 \cdot 10^{-2}$ F/m?

729. Die Induktivität zweier paralleler Drähte (Doppelleitung) berechnet sich nach der Formel $L = \frac{\mu_0}{\pi} l \cdot \ln\frac{2a}{d}$. Wie groß ist der Drahtdurchmesser d für $L = 2{,}49$ mH, $a = 60$ cm, $l = 1$ km und $\mu_0 = 4\pi \cdot 10^{-7}$ H/m?

730. Nach Betätigen des Schalters S (vgl. nebenstehende Figur) gehorcht der Strom i(t) der Funktionsgleichung $i(t) = I_0(1 - e^{\frac{-t}{\tau}})$. Welche Werte ergeben sich für $i(0)$, $i(\tau)$, $i(2\tau)$ und $i(3\tau)$?

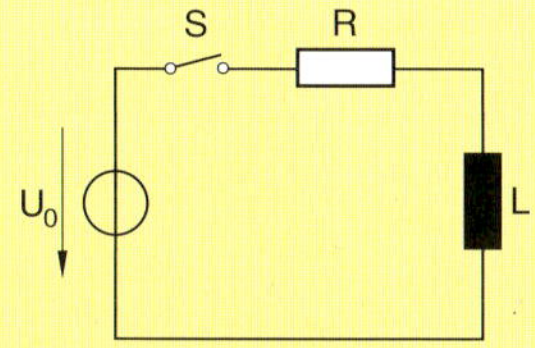

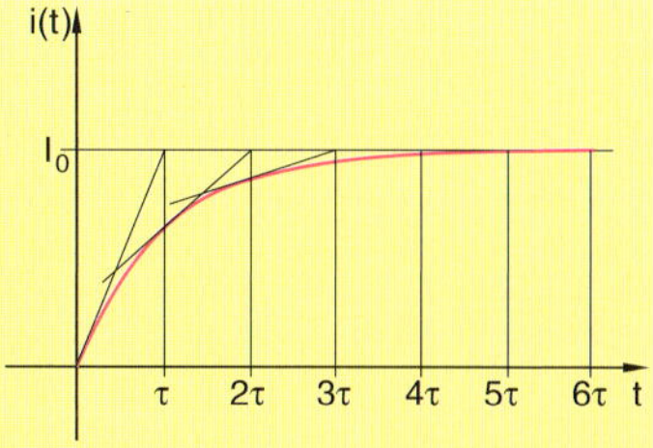

731. Vorgelegt ist die Funktionsgleichung $u(t) = U_0 e^{\frac{-t}{\tau}}$ mit $\tau = \frac{L}{R}$. Gesucht ist der Graph der Spannung u (t) für $t \in [0,\ 4\tau]$! ($U_0 = 25\,\text{V}$, $R = 1{,}2\,\text{k}\Omega$, $L = 120\,\text{mH}$)

732. Im nebenstehenden Stromkreis wird zum Zeitpunkt t = 0 der Schalter S betätigt. Die Spannung $u_C(t)$ beginnt am Kondensator C nach dem Gesetz $u_C(t) = U_0(1 - e^{\frac{-t}{RC}})$ anzuwachsen. Nach $t = 7{,}15\,\text{ms}$ ist $u_C(t)$ gleich 70% von U_0. Wie groß ist C für $R = 18\,\text{k}\Omega$?

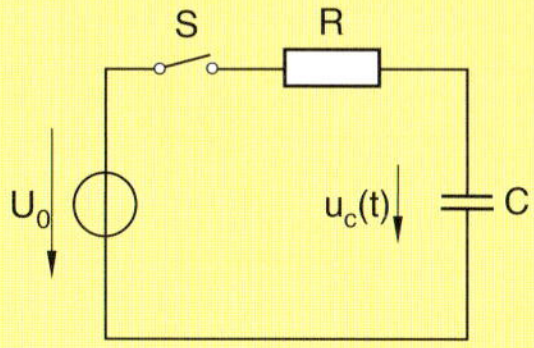

733. a) Nach Betätigen des Schalters S (vgl. nebenstehende Figur) zeigt sich am Kondensator C der Spannungsverlauf nach dem Gesetz $u_C(t) = U_0(1 - e^{-\frac{t}{\tau}})$, während für die Spannung am Widerstand R (nach KIRCHHOFF) Folgendes gilt: $u_R(t) - U_0 - u_C(t)$. Zu welchem Zeitpunkt t_1 gilt $u_C(t) = u_R(t)$?

b) Wie lässt sich zeigen, dass die Zeitdauer t_1 für den Spannungsverlauf $u_R(t)$ der „Halbwertszeit“ entspricht?

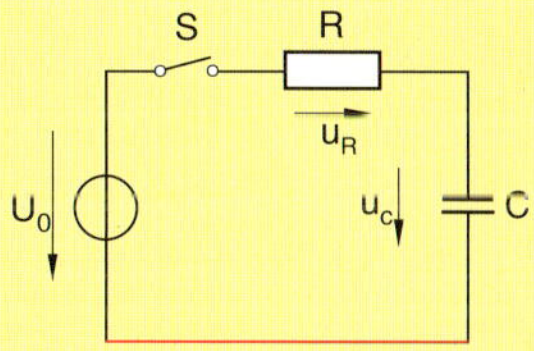

In der Elektrotechnik ist es üblich, j als Zeichen für die imaginäre Einheit heranzuziehen, da mit i zeitlich sich ändernde Ströme bezeichnet werden. Bei den folgenden Aufgaben wird die komplexe Rechentechnik benötigt.

734. Es ist der komplexe Widerstand $Z = Z_1 + Z_2$ und der Leitwert $Y = \frac{1}{Z}$ der Serienschaltung von Z_1 und Z_2 zu berechnen:

a) $Z_1 = (82 + j47)\,\text{k}\Omega$, $Z_2 = (120 - j390)\,\text{k}\Omega$

b) $Z_1 = (180 + j120)\,\text{k}\Omega$, $Z_2 = (270 - j120)\,\text{k}\Omega$

c) $Z_1 = (6{,}8 - j1{,}2)\,\text{k}\Omega$, $Z_2 = (15 - j2{,}2)\,\text{k}\Omega$

d) $Z_1 = (47 - j120)\,\Omega$, $Z_2 = 82\,\Omega$

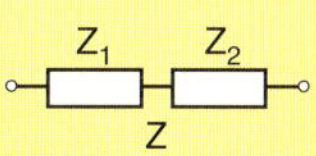

Bemerkung: $[Y] = 1\,\text{S} = 1\,\Omega^{-1}$

735. Es ist der komplexe Widerstand $Z = \frac{1}{\frac{1}{Z_1} + \frac{1}{Z_2}}$ und der Leitwert $Y = \frac{1}{Z}$ der Parallelschaltung von Z_1 und Z_2 zu ermitteln:

a) $Z_1 = (390 + j1200)\,\Omega$, $Z_2 = (270 - j120)\,\Omega$

b) $Z_1 = (15 + j68)\,\text{k}\Omega$, $Z_2 = (1200 - j1500)\,\Omega$

c) $Z_1 = (3{,}3 - j1{,}2)\,\text{M}\Omega$, $Z_2 = (150 + j150)\,\text{k}\Omega$

d) $Z_1 = j12\,\text{k}\Omega$, $Z_2 = (27 - j2{,}2)\,\text{k}\Omega$

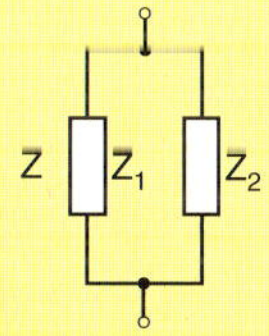

736. Wie groß ist der komplexe Widerstand $Z = Z_1 + Z_2 + Z_3$ und der Leitwert $Y = \frac{1}{Z}$ der Serienschaltung von Z_1, Z_2 und Z_3?

a) $Z_1 = (10 + j20)\,\Omega$, $Z_2 = (15 - j10)\,\Omega$, $Z_3 = (25 - j5)\,\Omega$

b) $Z_1 = (90 + j40)\,\Omega$, $Z_2 = (70 - j30)\,\Omega$, $Z_3 = 100\,\Omega$

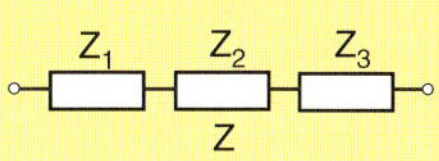

737. Wie groß ist der komplexe Widerstand $Z = \frac{1}{\frac{1}{Z_1} + \frac{1}{Z_2} + \frac{1}{Z_3}}$ und der Leitwert $Y = \frac{1}{Z}$ der Parallelschaltung von Z_1, Z_2 und Z_3?

a) $Z_1 = (3 - j7)\,\Omega$, $Z_2 = (8 + j3)\,\Omega$, $Z_3 = (5 + j6)\,\Omega$

b) $Z_1 = (20 + j40)\,\Omega$, $Z_2 = (20 - j80)\,\Omega$, $Z_3 = (40 + j60)\,\Omega$

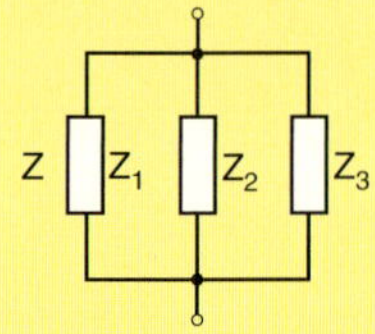

738. Es ist der Betrag $|Z|$ und Phasenwinkel φ der folgenden komplexen Widerstände Z zu berechnen:

a) $Z = (27 - j39)\,k\Omega$ **b)** $Z = (180 + j470)\,\Omega$

c) $Z = (8{,}2 + j15)\,M\Omega$ **d)** $Z = (6800 - j330)\,\Omega$

739. Text wie Aufgabe **738.** für:

a) $Z = -j15\,k\Omega$ **b)** $Z = (47 + j47)\,k\Omega$

c) $Z = j3{,}3\,\Omega$ **d)** $Z = 82\,k\Omega$

Begriff	Schaltsymbol	Formel für den komplexen Widerstand
OHMscher Widerstand	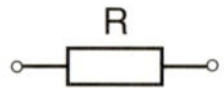	$Z_R = R$
Kapazität	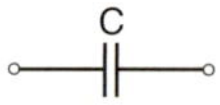	$Z_C = \frac{1}{j\omega C}$
Induktivität		$Z_L = j\omega L$

Beispiel für eine Serienschaltung:

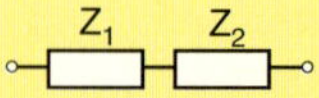

$$Z = Z_1 + Z_2$$

Beispiel 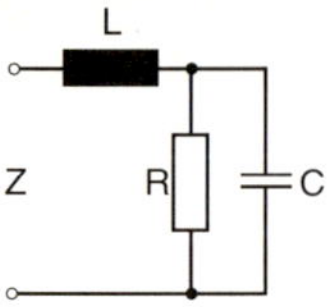	Gesamtwiderstand $Z = Z_L + (Z_R \| Z_C) = j\omega L + \frac{1}{\frac{1}{R} + \frac{1}{\frac{1}{j\omega C}}}$
Beispiel 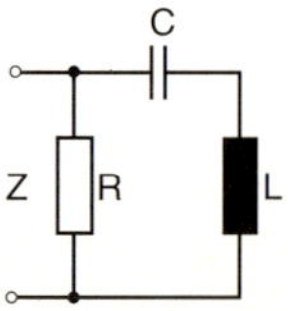	Gesamtwiderstand $Z = Z_R \| (Z_C + Z_L) = \frac{1}{\frac{1}{R} + \frac{1}{\frac{1}{j\omega C} + j\omega L}}$

Beispiel für eine Parallelschaltung:

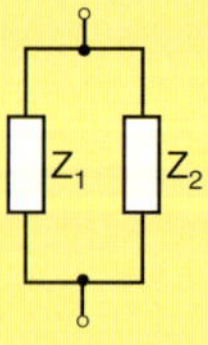

$$Z = \frac{1}{\frac{1}{Z_1} + \frac{1}{Z_2}}$$

Bei den Aufgaben **740.** und **741.** ist der komplexe Gesamtwiderstand Z in der Form $Z = a + jb$ anzugeben!

740. a)

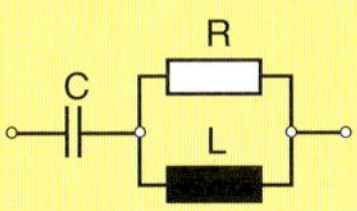

$Z = Z_C + (Z_R \| Z_L)$

b)

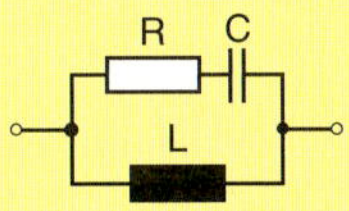

$Z = (Z_R + Z_C) \| Z_L$

c)

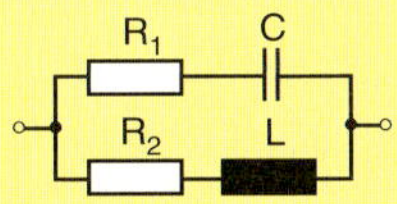

$Z = (Z_{R_1} + Z_C) \| (Z_{R_2} + Z_L)$

d)

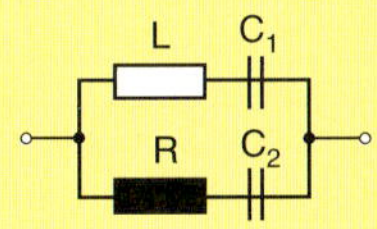

$Z = (Z_L + Z_{C_1}) \| (Z_R + Z_{C_2})$

741. a)

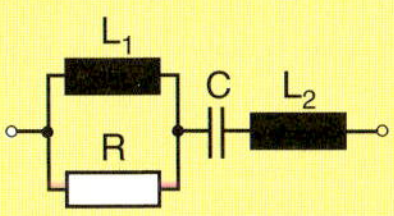

b)

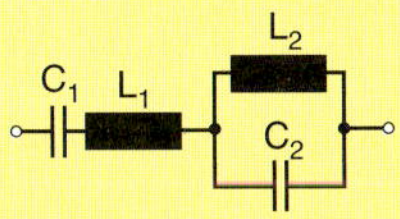

c)

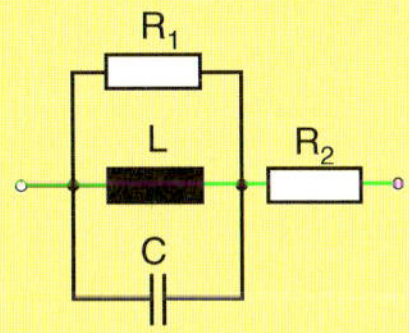

d)

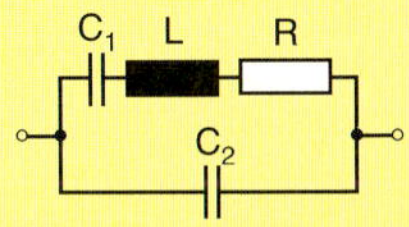

742. Es ist der komplexe Widerstand der nachstehenden Netzwerke in der Zahlenpaarschreibweise $Z = (|Z|, \varphi)$ darzustellen:

a)

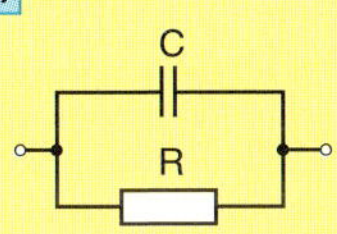

$R = 10\,\text{k}\Omega$
$C = 2{,}2\,\mu\text{F}$
$f = 1\,\text{kHz}$

b)

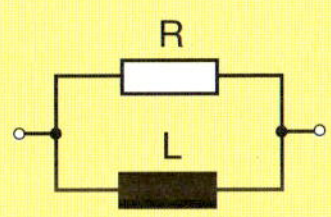

$R = 5{,}6\,\text{k}\Omega$
$L = 1{,}8\,\text{mH}$
$f = 200\,\text{kHz}$

c)

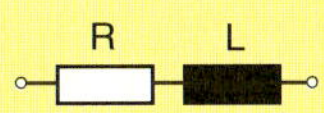

$R = 150\,\text{k}\Omega$
$L = 330\,\text{mH}$
$f = 10\,\text{kHz}$

d)

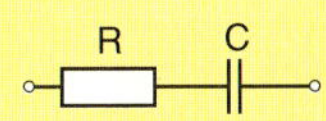

$R = 1\,\text{M}\Omega$
$C = 470\,\text{nF}$
$f = 5\,\text{kHz}$

743. Serienschwingkreis:

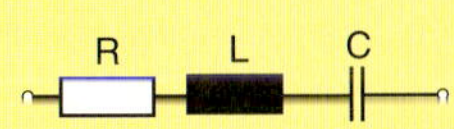

a) Der Gesamtwiderstand Z des Serienschwingkreises ist in der Form $Z = a + jb$ darzustellen.

b) Bei welcher Kreisfrequenz ω_0 wird der komplexe Widerstand Z reell?

744. Parallelschwingkreis:

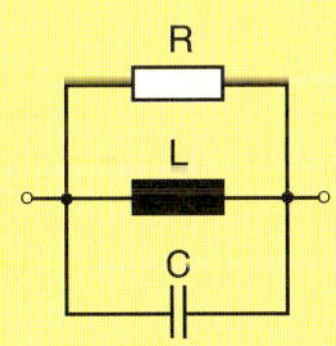

a) Der Gesamtwiderstand Z des Parallelschwingkreises ist in der Form $Z = a + jb$ darzustellen.

b) Bei welcher Kreisfrequenz ω_0 wird der komplexe Widerstand Z reell?

745. a) Der komplexe Gesamtwiderstand $Z = R + j\omega L$ ist für $\omega \in \{0, 10^3, 10^4, 10^5\}$, $R = 4{,}7\,\text{k}\Omega$ und $L = 120\,\text{mH}$ grafisch zu veranschaulichen.

b) Welche Grafik ergibt sich, wenn ω alle positiven reellen Zahlen durchläuft?

Bemerkung: $[\omega] = 1\,\text{s}^{-1}$

746. Aus der nebenstehenden Figur ist der Betrag von $Z = R + \frac{1}{j\omega C}$ abzulesen und ω zu berechnen.
($R = 27\,k\Omega$, $C = 6{,}8\,nF$)

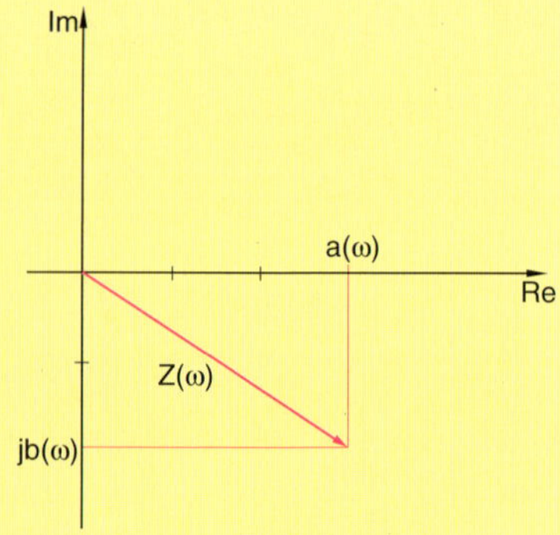

In der komplexen Widerstandsebene kann der Gesamtwiderstand $Z(\omega) = a(\omega) + jb(\omega)$ durch einen Zeiger veranschaulicht werden, dessen Spitze die Koordinaten (a, b) hat. (Vgl. Aufgabe **746.**) Durchläuft ω die Menge $\mathbb{R}^+$, verändern sich auch $a(\omega)$ und $b(\omega)$ d. h. die Zeigerspitze von Z beginnt sich zu bewegen. Die Zeigerspitze beschreibt eine Kurve, die man **Ortskurve** von Z nennt. Die Ortskurve von Z bietet den Vorteil, dass man Z, $|Z|$ und φ ablesen kann.

747. Die entsprechenden Ortskurven sind punktweise zu konstruieren!

a)

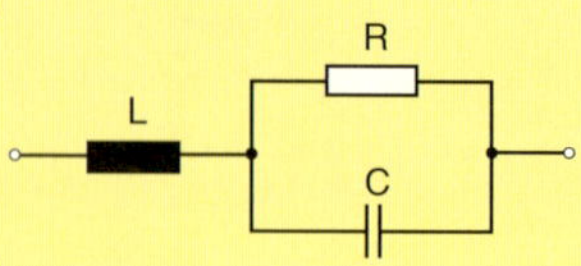

$R = 4{,}7\,k\Omega$
$L = 680\,mH$
$C = 0{,}11\,\mu F$

ω	0	$5\cdot10^2$	10^3	$2\cdot10^3$	$3\cdot10^3$	$5\cdot10^3$	10^4
$a(\omega)$							
$b(\omega)$							

b)

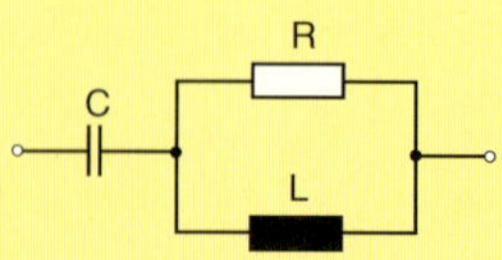

$R = 22\,k\Omega$
$L = 470\,mH$
$C = 3{,}3\,nF$

ω	10^4	$2\cdot10^4$	$3\cdot10^4$	$5\cdot10^4$	10^5	$2\cdot10^5$	10^6
$a(\omega)$							
$b(\omega)$							

c)

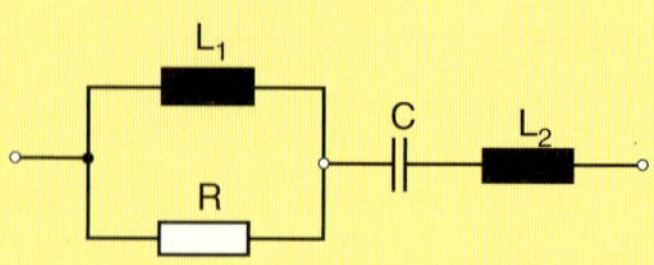

$R = 680\,\Omega$
$L_1 = 75\,mH$
$L_2 = 8{,}2\,mH$
$C = 330\,nF$

ω	$4\cdot10^3$	$5\cdot10^3$	$7\cdot10^3$	$8\cdot10^3$	10^4	$2\cdot10^4$	$5\cdot10^4$
$a(\omega)$							
$b(\omega)$							

Während eine Sternschaltung beliebiger Eckenzahl n in eine n-Eck-Schaltung umgewandelt werden kann, ist nur für $n = 3$ eine Umwandlung in beide Richtungen immer möglich. Diese Umwandlungen haben bei Drehstromanwendungen erhebliche Bedeutung. In einem Drehstromnetz mit verschiedenen Lastwiderständen in den einzelnen Zweigen kann durch Phasenkompensation die störende Blindleistung auf Null reduziert werden.

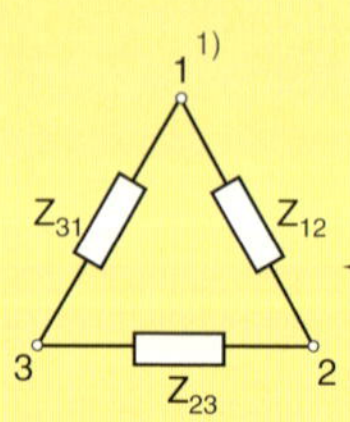

Dreieckschaltung

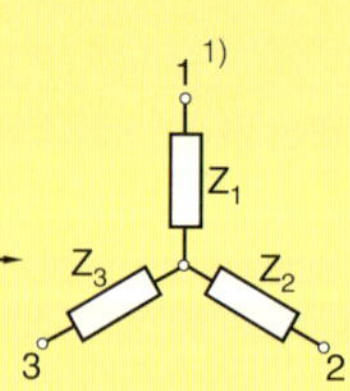

Sternschaltung

Dreieck → Stern

$$Z_1 = \frac{Z_{12}Z_{31}}{Z_{12} + Z_{23} + Z_{31}}$$

$$Z_2 = \frac{Z_{12}Z_{23}}{Z_{12} + Z_{23} + Z_{31}}$$

$$Z_3 = \frac{Z_{31}Z_{23}}{Z_{12} + Z_{23} + Z_{31}}$$

Stern → Dreieck

$$Z_{12} = \frac{Z_1Z_2 + Z_2Z_3 + Z_3Z_1}{Z_3}$$

$$Z_{23} = \frac{Z_1Z_2 + Z_2Z_3 + Z_3Z_1}{Z_1}$$

$$Z_{31} = \frac{Z_1Z_2 + Z_2Z_3 + Z_3Z_1}{Z_2}$$

748. Gegeben sind Impedanzen einer Sternschaltung: $Z_1 = Z_2 = 50\,\Omega$, $Z_3 = 2\,\mu F$, $f = 50\,Hz$. Wie groß sind die Impedanzen der entsprechenden Dreieckschaltung?

749. Die Impedanzen einer Phasenkompensation in einer Dreieckschaltung lauten: $f = 50\,Hz$. Wie groß sind die Impedanzen der entsprechenden Sternschaltung? [2]

---

[1]) Man beachte den Umlaufsinn 1, 2, 3 entgegen der mathematischen Konvention für die Phasen R, S, T des Drehstroms.
[2]) Eine Phasenkompensation mittels Dreieckschaltung verhindert das Auswandern der Spannung.

VEKTORRECHNUNG

458. **Korollar:** Sei $\mathfrak{J} \subset |\mathfrak{B}_{n+1}$, dim $\mathfrak{J}$ = n, $\mathfrak{a}_o \notin \mathfrak{J}$, L = $\{\mathfrak{a}_o\} + \mathfrak{J}$. Dann läßt sich in $\mathfrak{B}_{n+1}$ stets eine Basis mit folgender Eigenschaft einführen: Sei $\mathfrak{r} \in \mathfrak{B}_{n+1}$ ein beliebiger Vektor mit der Koordinatenmatrix $\overset{\vee}{\mathfrak{r}} = \|\lambda_o, \lambda_1, \ldots, \lambda_n\|$ bezüglich der in 457. genannten Basis. Dann gilt:

1. $\mathfrak{r} \in \mathfrak{J} \Rightarrow \lambda_o = 0_K$
2. Ist $\mathfrak{r} \notin \mathfrak{J}$, so wird dem p-Punkt H[$\mathfrak{r}$] der eigentliche a-Punkt $\{\mathfrak{r}_a\}$= H[$\mathfrak{r}$]$\cdot$L zugeordnet, dessen Koordinatenmatrix

$$\overset{\vee}{\mathfrak{r}}_a = \|1_K, \frac{\lambda_1}{\lambda_o}, \ldots, \frac{\lambda_n}{\lambda_o}\| \text{ lautet.}$$

Künftig werden wir bei einschlägigen Fragestellungen immer eine Basis dieser Art wählen.

Die nebenstehende Abbildung ist kein Auszug aus einer chinesischen Straßenverkehrsordnung, sondern handfeste Mathematik. Man möchte sich dabei fragen: Was machen Mathematiker eigentlich, wenn sie Mathematik betreiben? Wer hätte sich gedacht, dass es sich beim nebenstehenden Manuskriptauszug um Vektorrechnung handelt? Keine Angst. Nur Mathematikprofessoren (und solche, die es werden wollen) müssen sich durch daumendicke Literatur dieses Kalibers „durchbeißen".

In Band 1 haben wir uns unter anderem mit folgenden Fragen bzw. Themen befasst:

- Was ist ein Vektor?
- Gleichheit von Vektoren
- Unterscheidung von Skalaren und Vektoren
- Addition und Subtraktion von Vektoren
- Multiplikation eines Vektors mit einer Zahl
- Was sind Basisvektoren, Einheitsvektoren und Ortsvektoren?

Im Kapitel „Wiederholung und Vertiefung" soll manches davon am konkreten Beispiel in Erinnerung gerufen werden. Später wollen wir jene Methoden der Vektorrechnung besprechen, die in Technik und Wirtschaft von Bedeutung sind.

1. Wiederholung und Vertiefung

Beispiel:

Gegeben: $\vec{r} = \binom{x}{9}$, $|\vec{r}| = 41$. Wie groß ist die fehlende Koordinate x?

Lösung:

$|\vec{r}| = 41$ $\qquad x^2 + 81 = 1681$

$\left|\binom{x}{9}\right| = 41$ $\qquad x^2 = 1600 \Rightarrow x_1 = 40 \quad x_2 = -40$

$\sqrt{x^2 + 9^2} = 41 \,|^2$ $\qquad \vec{r}_1 = \binom{40}{9}, \ \vec{r}_2 = \binom{-40}{9}$

Beispiel:

Der Umfang u des gleichschenkeligen Dreiecks ABC[A(27, 6), B(−17, 28), C(3, y)] mit der Spitze C ist zu berechnen!

Definition:

Unter der **Länge** eines Vektors versteht man die Länge eines (beliebigen) seiner Repräsentanten. Statt „Länge von $\vec{v}$" sagt man auch „Betrag von $\vec{v}$" und schreibt „$|\vec{v}|$".

Allgemein gilt für $v = \binom{a}{b}$

$$|\vec{v}| = \sqrt{a^2 + b^2}$$

Rechnerische Methode, um die x- und y-Koordinaten eines Vektors $\overrightarrow{AB}$ mit $A(x_1, y_1)$ und $B(x_2, y_2)$ zu ermitteln:

$$\overrightarrow{AB} = \binom{x_2 - x_1}{y_2 - y_1}$$

Kurz: „Spitze minus Schaft"

Lösung:

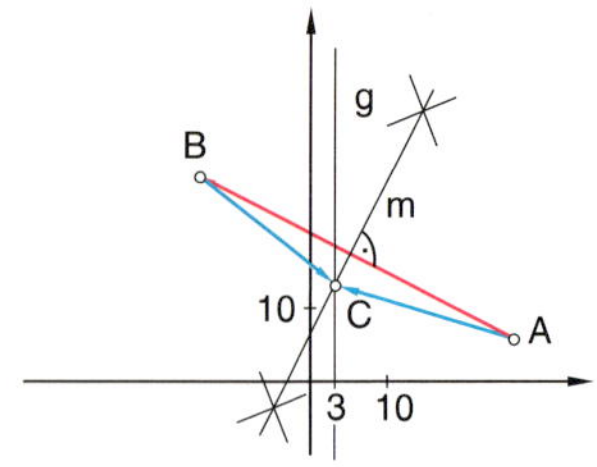

C liegt einerseits auf der Streckensymmetrale (m) zwischen A und B, andererseits kennen wir seine x-Koordinate x = 3(g).

Es gilt: $|\overrightarrow{AC}| = |\overrightarrow{BC}|$

$$\left|\begin{pmatrix}-24\\y-6\end{pmatrix}\right| = \left|\begin{pmatrix}20\\y-28\end{pmatrix}\right|$$

$$\sqrt{(-24)^2+(y-6)^2} = \sqrt{20^2+(y-28)^2} \quad | \text{ Quadrieren!}$$

$$576+y^2-12y+36 = 400+y^2-56y+784$$

$$44y+612 = 1184$$

$$44y = 572$$

$$y = 13 \Rightarrow \mathbf{C(3,\ 13)}$$

$$|\overrightarrow{AB}| = \left|\begin{pmatrix}44\\-22\end{pmatrix}\right| = \sqrt{44^2+(-22)^2} = \ldots \approx 49{,}2$$

$$|\overrightarrow{AC}| = |\overrightarrow{BC}| = \left|\begin{pmatrix}20\\-15\end{pmatrix}\right| = \sqrt{20^2+(-15)^2} = \ldots = 25$$

$$u = |\overrightarrow{AB}| + |\overrightarrow{AC}| + |\overrightarrow{BC}| = 49{,}2+25+25 = 99{,}2$$

u = 99,2

Gleich orientierte Vektoren:

Verschieden orientierte Vektoren:

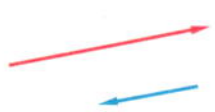

Beispiel:

a) Wann sind zwei Vektoren gleich?

b) Was versteht man unter Ortsvektoren?

c) Wie multipliziert man die Koordinaten $\begin{pmatrix}a_x\\a_y\end{pmatrix}$ des Vektors $\vec{a}$ mit der reellen Zahl c?

d) Darf man einen Vektor mit einer negativen Zahl multiplizieren?

e) $\vec{a} = \begin{pmatrix}a_x\\a_y\end{pmatrix}$, $\vec{b} = \begin{pmatrix}b_x\\b_y\end{pmatrix}$, $\vec{a}+\vec{b} = ?$, $\vec{a}-\vec{b} = ?$

f) Basisvektoren i und j in Koordinatendarstellung?

g) Wie lautet die Komponentendarstellung von $\begin{pmatrix}-4\\3\end{pmatrix}$?

h) Wie heißt ein Vektor mit dem Betrag 1?

Lösung:

a) Zwei Vektoren sind genau dann gleich, wenn sie gleich lang, parallel und gleich orientiert sind.

b) Vektoren heißen genau dann **Ortsvektoren**, wenn ihr Anfangspunkt im Ursprung liegt.

c) $c\begin{pmatrix}a_x\\a_y\end{pmatrix} = \begin{pmatrix}c \cdot a_x\\c \cdot a_y\end{pmatrix}$

d) Ja.

e) $\vec{a}+\vec{b} = \begin{pmatrix}a_x+b_x\\a_y+b_y\end{pmatrix}$ $\quad \vec{a}-\vec{b} = \begin{pmatrix}a_x-b_x\\a_y-b_y\end{pmatrix}$

f) $\vec{i} = \begin{pmatrix}1\\0\end{pmatrix}$ $\vec{j} = \begin{pmatrix}0\\1\end{pmatrix}$

g) $\begin{pmatrix}-4\\3\end{pmatrix} = -4\vec{i}+3\vec{j}$

h) Einheitsvektor.

Mittelpunkt einer Strecke:

$$\overrightarrow{0M} = \frac{1}{2}(\overrightarrow{0A}+\overrightarrow{0B})$$

Schwerpunkt eines Dreiecks:

$$\overrightarrow{0S} = \frac{1}{3}(\overrightarrow{0A}+\overrightarrow{0B}+\overrightarrow{0C})$$

Das nebenstehende Foto zeigt einen Teil eines Zeltdaches der Sportstadien in München. Welche Kräfte treten in den Stahlgelenken, Seilen und Masten auf? In welche Richtung wirken diese Kräfte?

Mit Hilfe der Vektorrechnung lassen sich diese für die Techniker wichtigen Fragen beantworten.

Dieser Hinweis soll ein Ansporn sein, sich zunächst mit den theoretisch anmutenden Problemen

— Abtragen von Strecken

— Teilungspunkt einer Strecke

zu befassen.

2. Abtragen von Strecken

Beispiel:

Gesucht ist ein Vektor $\vec{b}$ mit der Länge 2, der parallel zu $\vec{a} = \begin{pmatrix} -6 \\ 8 \end{pmatrix}$ und gleich orientiert ist, d. h. $\vec{a}$ und $\vec{b}$ sollen in die selbe Richtung zeigen.

Lösung:

Zunächst wird der Vektor $\vec{a}$ durch seinen Betrag $|\vec{a}|$ dividiert. Dadurch erhält man einen Vektor mit dem Betrag 1, also den Einheitsvektor a_0![1]

$$\vec{a}_0 = \frac{\begin{pmatrix} -6 \\ 8 \end{pmatrix}}{\sqrt{(-6)^2 + 8^2}} = \ldots = \frac{1}{10}\begin{pmatrix} -6 \\ 8 \end{pmatrix} = \frac{1}{5}\begin{pmatrix} -3 \\ 4 \end{pmatrix}$$

$$\vec{b} = 2\vec{a}_0 = 2 \cdot \frac{1}{5}\begin{pmatrix} -3 \\ 4 \end{pmatrix} = \frac{2}{5}\begin{pmatrix} -3 \\ 4 \end{pmatrix} = \begin{pmatrix} -1{,}2 \\ 1{,}6 \end{pmatrix} \qquad \vec{b} = \begin{pmatrix} -1{,}2 \\ 1{,}6 \end{pmatrix}$$

Einheitsvektor:

$$\vec{a}_0 = \frac{\vec{a}}{|\vec{a}|}$$

Vektor $\vec{a}$ mit der Länge d:

$$\vec{a} = \vec{a}_0 \cdot d$$

Beispiel:

Auf der Geraden g[A (−3, 6), B (3, −3)] ist von A aus in Richtung B eine Strecke der Länge $\sqrt{13}$ abzutragen. Die Koordinaten des Endpunktes E sind zu berechnen.

Lösung:

Zuerst berechnen wir den Einheitsvektor in Richtung der Geraden:

$$\overrightarrow{AB} = \begin{pmatrix} 6 \\ -9 \end{pmatrix} = 3\begin{pmatrix} 2 \\ -3 \end{pmatrix} \Rightarrow \vec{a}_0 = \frac{\begin{pmatrix} 2 \\ -3 \end{pmatrix}}{\sqrt{2^2 + (-3)^2}} = \ldots = \frac{1}{\sqrt{13}}\begin{pmatrix} 2 \\ -3 \end{pmatrix}$$

Diesen Vektor multipliziert man nun mit der gegebenen Größe und

addiert ihn zum Ortsvektor des Punktes A:

$$\overrightarrow{0E} = \overrightarrow{0A} + \sqrt{13}\,\vec{a}_0 = \overbrace{\begin{pmatrix} -3 \\ 6 \end{pmatrix}}^{\overrightarrow{0A}} + \sqrt{13} \cdot \overbrace{\frac{1}{\sqrt{13}}\begin{pmatrix} 2 \\ -3 \end{pmatrix}}^{\vec{a}_0} = \begin{pmatrix} -3 \\ 6 \end{pmatrix} + \begin{pmatrix} 2 \\ -3 \end{pmatrix} = \begin{pmatrix} -1 \\ 3 \end{pmatrix} \Rightarrow E(-1,\ 3)$$

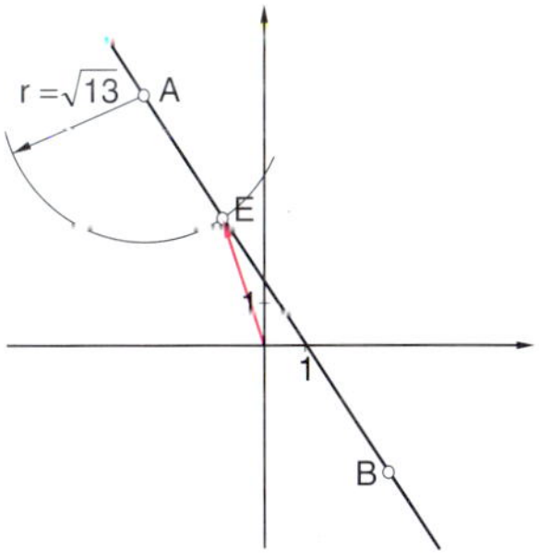

[1]) Diese Vorgangsweise wird **Normieren eines Vektors** genannt.

3. Teilungspunkt einer Strecke

Innere Teilung:[1)]

T_i liegt zwischen A und B.

Betrachten wir die Punkte A, B und T_i:

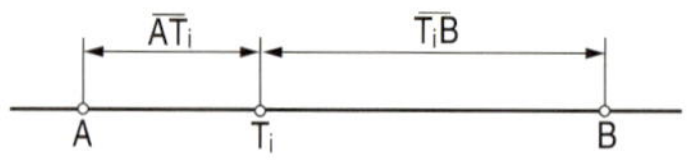

$\overline{AT_i}$ ist halb so groß wie $\overline{BT_i}$. Man sagt: T_i teilt die Strecke AB innen im Verhältnis 1:2.

Äußere Teilung:[1)]

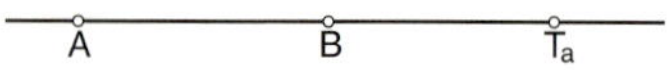

T_a liegt außerhalb der Strecke AB.

Nun die folgende Situation:

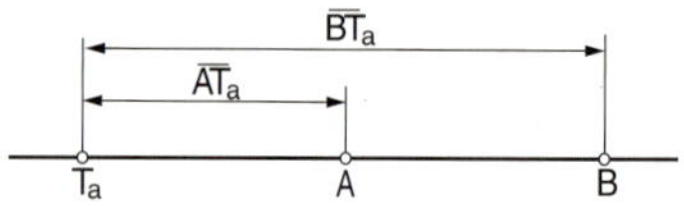

$\overline{AT_a}$ ist wiederum halb so groß wie $\overline{BT_a}$. Man sagt: T_a teilt die Strecke AB außen im Verhältnis 1:2.

Beispiel:

T_i teilt die Strecke AB [A(−7, 15), B(3, −5)] innen im Verhältnis 3:7. Koordinaten von T_i?

Lösung:

Wir zeichnen von A und B aus in gleicher Richtung aber verschiedener Orientierung 3 bzw. 7 Längeneinheiten. Ihre Größe kann unabhängig vom Maßstab der restlichen Zeichnung gewählt werden. Dann verbinden wir diese Endpunkte und erhalten T_i.

Wir können die Strecke AB in 10 gleich große Teilstücke zerlegen, von denen 3 auf der einen und 7 auf der anderen Seite von T_i liegen. Daraus folgt:

$$\overrightarrow{0T_i} = \overrightarrow{0A} + \tfrac{3}{10}\overrightarrow{AB} \text{ oder } \overrightarrow{0T_i} = \overrightarrow{0B} + \tfrac{7}{10}\overrightarrow{BA}$$

$$\overrightarrow{0T_i} = \begin{pmatrix}-7\\15\end{pmatrix} + \tfrac{3}{10}\begin{pmatrix}10\\-20\end{pmatrix} = \begin{pmatrix}-7\\15\end{pmatrix} + \begin{pmatrix}3\\-6\end{pmatrix} = \begin{pmatrix}-4\\9\end{pmatrix} \Rightarrow T_i(-4,\ 9)$$

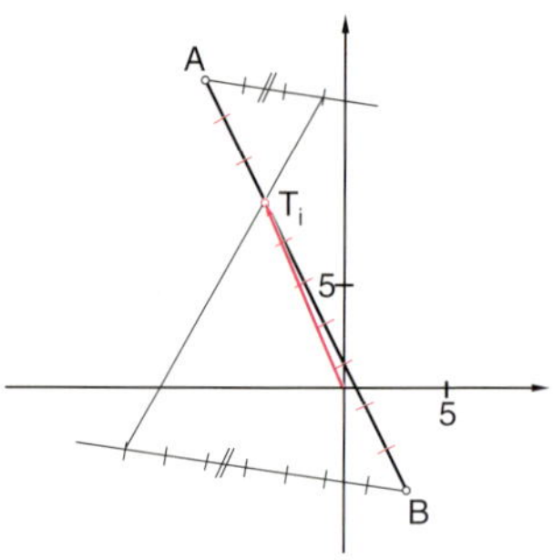

Beispiel:

T_a teilt die Strecke AB [A (2, 11), B (1, 7)] außen im Verhältnis 3:2. Koordinaten von T_a?

Lösung:

Wir zeichnen von A und B aus in gleicher Richtung und gleicher Orientierung 3 bzw. 2 Längeneinheiten. Durch Verbinden und Schneiden ergibt sich T_a. Wir können AT_a in drei gleich große Teile zerlegen. Daraus folgt:

$$\overrightarrow{0T_a} = \overrightarrow{0A} + 3\,\overrightarrow{AB} \text{ oder } \overrightarrow{0T_a} = \overrightarrow{0B} + 2\,\overrightarrow{AB}$$

$$\overrightarrow{0T_a} = \begin{pmatrix}2\\11\end{pmatrix} + 3\begin{pmatrix}-1\\-4\end{pmatrix} = \begin{pmatrix}2\\11\end{pmatrix} + \begin{pmatrix}-3\\-12\end{pmatrix} = \begin{pmatrix}-1\\-1\end{pmatrix} \Rightarrow T_a(-1,\ -1)$$

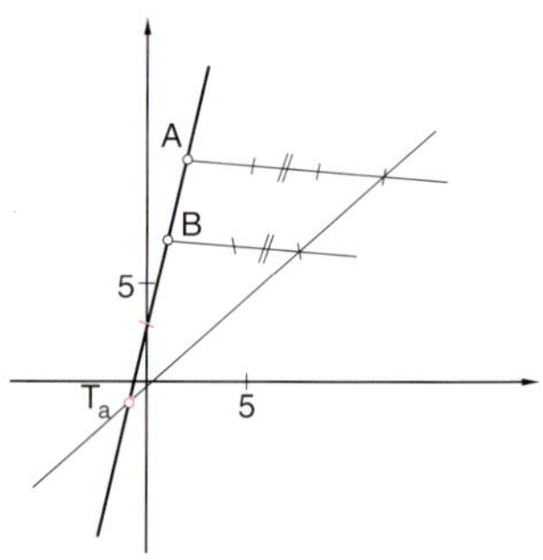

1) Bei einer inneren Teilung sind die Strecken AT und BT entgegengesetzt gerichtet, bei einer äußeren Teilung sind sie gleich gerichtet.

4. Skalares Produkt und Orthogonalität

Am 4. Oktober 1865 wurde in Wien die erste normalspurige Pferdestraßenbahnlinie eröffnet, der in den Folgejahren zahlreiche weitere Linien folgten und ein Großteil des damaligen Stadtgebietes erschlossen.

Das nebenstehende Foto stammt aus dem Jahre 1896 und zeigt eine Pferdestraßenbahn auf der Mariahilfer Straße.

Am 28. Jänner 1897 wurde in Wien die erste elektrische Straßenbahnstrecke in Betrieb genommen und in weiterer Folge auch die anderen Linien auf diese Betriebsform umgestellt. Die letzte Wiener Pferdestraßenbahn verkehrte im Jahre 1903.

Was haben nun die Pferdestraßenbahnen mit dem in der Überschrift angeführten „skalaren Produkt" zu tun? Um das aufzuzeigen muss man etwas weiter ausholen. Ohne dass die Pferde es wissen leisten sie Arbeit im physikalischen Sinn:

Arbeit = Kraft × Weg Kurz: $W = F \cdot s$

W wird durch eine reelle Zahl repräsentiert, ist also ein Skalar. Hingegen sind sowohl die Kraft F als auch der Weg s nicht nur durch eine Zahl ausdrückbar. Es sind gerichtete Größen. F und s sind Vektoren. Man nennt $F \cdot s$ das **skalare Produkt** der beiden Vektoren $\vec{F}$ und s:

$$W = \vec{F} \cdot \vec{s} = F \cdot s$$

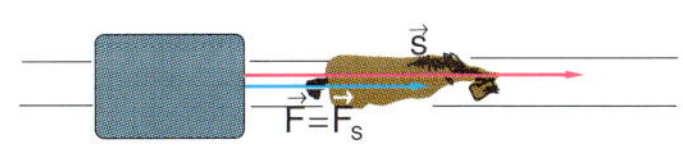

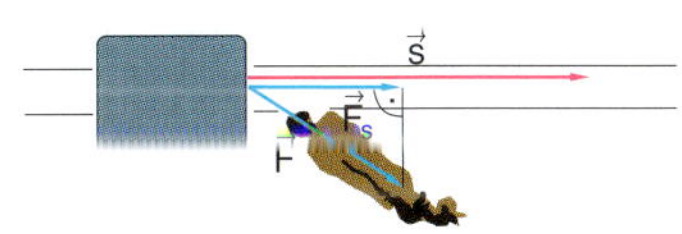

Es kommt jedoch darauf an, in welcher Richtung die Pferde ziehen! Nochmals: Die Kraft ist von der Wegrichtung abhängig. Stimmen Kraft- und Wegrichtung überein, wird die angewandte Kraft am besten ausgeübt.

In der Außenspalte befinden sich zwei Zeichnungen, die diesen Sachverhalt veranschaulichen. In der unteren Figur, wenn also die Pferde z. B. schräg nach rechts ziehen, kann von der eingesetzten Kraft F nur der Anteil F_S in mechanische Arbeit umgesetzt werden. Schließlich halten die Schienen die Straßenbahn in einer fixen Bahn.

In diesem Sinn können wir folgende Definition der Arbeit geben:

Arbeit = Kraft in Wegrichtung × Weg Kurz: $W = F_{\varepsilon} \cdot s$

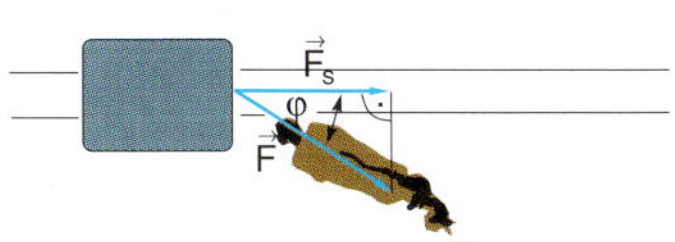

Der Winkel φ spielt eine entscheidende Rolle:

$\cos\varphi = \frac{F_s}{F} \Leftrightarrow F_S = F \cdot \cos\varphi$

In $W = F_S \cdot s$ eingesetzt:
$W = F \cdot s \cdot \cos\varphi$

Ersetzt man $\vec{F}$ und $\vec{s}$ wieder durch zwei beliebige Vektoren $\vec{a}$ und $\vec{b}$, erhält man schließlich die allgemeine Definition des skalaren Produkts.

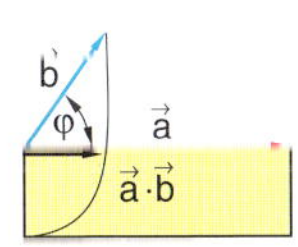

Allgemeine Definition des skalaren Produkts:

$$\vec{a} \cdot \vec{b} \overset{\text{def}}{=} |\vec{a}| \cdot |\vec{b}| \cdot \cos\varphi$$

φ ist der von $\vec{a}$ und $\vec{b}$ eingeschlossene Winkel.

Berechnung des skalaren Produkts

Für $\vec{a} = \begin{pmatrix} x_1 \\ y_1 \end{pmatrix}$ und $\vec{b} = \begin{pmatrix} x_2 \\ y_2 \end{pmatrix}$ gilt:

$$\vec{a} \cdot \vec{b} \overset{\text{def}}{=} x_1 x_2 + y_1 y_2$$

Die Herleitung dieser Formel erfolgt auf der nächsten Seite.

Beispiel:

Mit Hilfe der in der Außenspalte gegebenen Formel ist das skalare Produkt für $\vec{a} = \begin{pmatrix} 2 \\ 3 \end{pmatrix}$ und $\vec{b} = \begin{pmatrix} -7 \\ 6 \end{pmatrix}$ zu berechnen.

Lösung:

$\vec{a} \cdot \vec{b} = \begin{pmatrix} 2 \\ 3 \end{pmatrix} \cdot \begin{pmatrix} -7 \\ 6 \end{pmatrix} = 2(-7) + 3 \cdot 6 = -14 + 18 = 4 \qquad \vec{a} \cdot \vec{b} = 4$

Bemerkung: Wie in der Menge der reellen Zahlen wollen wir auch bei Vektoren vereinbaren, dass das Rechenzeichen „·" weggelassen werden kann, wenn es keine Verwechslungen gibt.

Kommutativgesetz

Für die Vektoren $\vec{a}$ und $\vec{b}$ gilt:

$$\vec{a} \cdot \vec{b} = \vec{b} \cdot \vec{a}$$

Beispiel:

Gegeben sind die Vektoren $\vec{a} = \begin{pmatrix} 12 \\ -7 \end{pmatrix}$ und $\vec{b} = \begin{pmatrix} -9 \\ -8 \end{pmatrix}$. Es ist zu zeigen, dass die skalare Multiplikation für die gegebenen Vektoren kommutativ ist, d. h. dass $\vec{a}\vec{b} = \vec{b}\vec{a}$ gilt.

Lösung:

$$\left.\begin{aligned} \vec{a}\vec{b} &= \begin{pmatrix} 12 \\ -7 \end{pmatrix}\begin{pmatrix} -9 \\ -8 \end{pmatrix} = 12(-9) + (-7)(-8) = -108 + 56 = \mathbf{-52} \\ \vec{b}\vec{a} &= \begin{pmatrix} -9 \\ -8 \end{pmatrix}\begin{pmatrix} 12 \\ -7 \end{pmatrix} = (-9)12 + (-8)(-7) = -108 + 56 = \mathbf{-52} \end{aligned}\right\} \Rightarrow \vec{a}\vec{b} = \vec{b}\vec{a}$$

Für eine reelle Zahl t sowie für die Vektoren $\vec{a}$ und $\vec{b}$ gilt:

$$(t\vec{a})\vec{b} = \vec{a}(t\vec{b}) = t(\vec{a}\vec{b})$$

Beispiel:

Mit Hilfe der Vektoren $\vec{a} = \begin{pmatrix} 8 \\ 5 \end{pmatrix}$ und $\vec{b} = \begin{pmatrix} -4 \\ 7 \end{pmatrix}$ sowie der reellen Zahl $t = 3$ ist folgende Eigenschaft zu zeigen: $(t\vec{a})\vec{b} = \vec{a}(t\vec{b}) = t(\vec{a}\vec{b})$

Lösung:

$$(t\vec{a})\vec{b} = \left[3\begin{pmatrix} 8 \\ 5 \end{pmatrix}\right]\begin{pmatrix} -4 \\ 7 \end{pmatrix} = \begin{pmatrix} 24 \\ 15 \end{pmatrix}\begin{pmatrix} -4 \\ 7 \end{pmatrix} = -96 + 105 = \mathbf{9}$$

$$\vec{a}(t\vec{b}) = \begin{pmatrix} 8 \\ 5 \end{pmatrix}\left[3\begin{pmatrix} -4 \\ 7 \end{pmatrix}\right] = \begin{pmatrix} 8 \\ 5 \end{pmatrix}\begin{pmatrix} -12 \\ 21 \end{pmatrix} = -96 + 105 = \mathbf{9}$$

$$t(\vec{a}\vec{b}) = 3\left[\begin{pmatrix} 8 \\ 5 \end{pmatrix}\begin{pmatrix} -4 \\ 7 \end{pmatrix}\right] = 3(-32 + 35) = 3 \cdot 3 = \mathbf{9}$$

Das Symbol „·" wird verschieden verwendet:

(1) $\vec{a} \cdot \vec{b} = x_1 x_2 + y_1 y_2$
(Skalares Produkt)

(2) $t \cdot \begin{pmatrix} x_1 \\ y_1 \end{pmatrix} = \begin{pmatrix} t \cdot x_1 \\ t \cdot y_1 \end{pmatrix}$
(Multiplikation eines Vektors mit einer reellen Zahl)

(3) $t \cdot s$
(Multiplikation zweier reeller Zahlen)

Beispiel:

Für die Vektoren $\vec{a} = \begin{pmatrix} 4 \\ 7 \end{pmatrix}$, $\vec{b} = \begin{pmatrix} -2 \\ 5 \end{pmatrix}$ und $\vec{c} = \begin{pmatrix} 6 \\ 1 \end{pmatrix}$ ist der Ausdruck $(\vec{a}\vec{b})\vec{c}$ zu berechnen.

Lösung:

$\left[\begin{pmatrix} 4 \\ 7 \end{pmatrix}\begin{pmatrix} -2 \\ 5 \end{pmatrix}\right]\begin{pmatrix} 6 \\ 1 \end{pmatrix} = [-8 + 35]\begin{pmatrix} 6 \\ 1 \end{pmatrix} = 27\begin{pmatrix} 6 \\ 1 \end{pmatrix} = \begin{pmatrix} 162 \\ 27 \end{pmatrix} \qquad (\vec{a} \cdot \vec{b}) \cdot \vec{c} = \begin{pmatrix} 162 \\ 27 \end{pmatrix}$

Beispiel:

Für reelle Zahlen gilt das Assoziativgesetz, z. B.: $(3 \cdot 4)5 = 3(4 \cdot 5)$. Gilt auch für die skalare Multiplikation das Assoziativgesetz?

Lösung:

Es müsste $(\vec{a}\vec{b})\vec{c} = \vec{a}(\vec{b}\vec{c})$ gelten.

Der Ausdruck $(\vec{a}\vec{b})$ ist eine reelle Zahl und soll daher skalar mit $\vec{c}$ multipliziert werden.

$$\left.\begin{array}{l}(\vec{a}\vec{b})\vec{c} = \lambda\vec{c}, \text{ wobei } \vec{a}\vec{b} = \lambda \\ \vec{a}(\vec{b}\vec{c}) = \vec{a}\mu, \text{ wobei } \vec{b}\vec{c} = \mu \text{ (Skalar!)}\end{array}\right\} \Rightarrow \lambda\vec{c} = \mu\vec{a}\ (?)$$

Sind $\vec{c}$ und $\vec{a}$ nicht parallel, so kann das Assoziativgesetz nicht gelten. Das Assoziativgesetz gilt genau dann, wenn $\vec{a}$ und $\vec{c}$ parallel sind.

Für reelle Zahlen gilt das Distributivgesetz, z. B.: $3(4+5) = 3\cdot4+3\cdot5$.
Kann auch das skalare Produkt „ausmultipliziert" werden?

Beispiel:

Mit Hilfe der Vektoren $\vec{e} = \binom{3}{-1}$, $\vec{f} = \binom{2}{5}$ und $\vec{g} = \binom{-8}{11}$ ist zu prüfen, ob das Distributivgesetz auch für Vektoren gilt.

Lösung:

$$\vec{e}(\vec{f}+\vec{g}) = \binom{3}{-1}\left[\binom{2}{5}+\binom{-8}{11}\right] = \binom{3}{-1}\binom{-6}{16} = -18-16 = -\mathbf{34}$$

$$\vec{e}\vec{f}+\vec{e}\vec{g} = \binom{3}{-1}\binom{2}{5}+\binom{3}{-1}\binom{-8}{11} = 6-5-24-11 = -\mathbf{34}$$

Da beide Seiten -34 ergeben, gilt das Distributivgesetz für die Vektoren $\vec{e}$, $\vec{f}$ und $\vec{g}$.

Distributivgesetz

Für die Vektoren $\vec{a}$, $\vec{b}$ und $\vec{c}$ gilt:

$$\vec{a}(\vec{b}+\vec{c}) = \vec{a}\vec{b}+\vec{a}\vec{c}$$

Beispiel:

Für $\vec{a} = \binom{x_1}{y_1}$ und $\vec{b} = \binom{x_2}{y_2}$ ist die Formel $\vec{a}\cdot\vec{b} = x_1x_2+y_1y_2$ herzuleiten.

Lösung:

Wir können $\vec{a}$ und $\vec{b}$ aufspalten: $\vec{a} = \binom{x_1}{0}+\binom{0}{y_1}$ und $\vec{b} = \binom{x_2}{0}+\binom{0}{y_2}$

Das wird in die linke Seite der Formel eingesetzt:

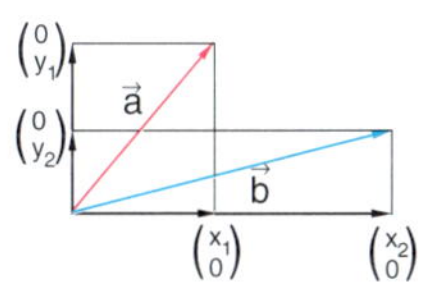

$$\vec{a}\vec{b} = \left[\binom{x_1}{0}+\binom{0}{y_1}\right]\left[\binom{x_2}{0}+\binom{0}{y_2}\right]$$

Auf Grund der Gültigkeit des Distributivgesetzes können wir „ausmultiplizieren".

$$\vec{a}\vec{b} = \binom{x_1}{0}\binom{x_2}{0}+\binom{x_1}{0}\binom{0}{y_2}+\binom{0}{y_1}\binom{x_2}{0}+\binom{0}{y_1}\binom{0}{y_2} =$$

$$= \left|\binom{x_1}{0}\right|\left|\binom{x_2}{0}\right|\cos 0° + \left|\binom{x_1}{0}\right|\left|\binom{0}{y_2}\right|\cos 90° + \left|\binom{0}{y_1}\right|\left|\binom{x_2}{0}\right|\cos 90° + \left|\binom{0}{y_1}\right|\left|\binom{0}{y_2}\right|\cos 0°$$

Da die Vektoren $\binom{x_1}{0}$ und $\binom{x_2}{0}$ parallel zur x-Achse liegen, schließen sie untereinander den Winkel 0° ein.

Die Vektoren $\binom{x_1}{0}$ und $\binom{0}{y_1}$ stehen aufeinander normal, bilden daher einen rechten Winkel.

$$\cos 0° = 1 \qquad \cos 90° = 0$$

$$\vec{a}\vec{b} = \sqrt{x_1^2+0}\sqrt{x_2^2+0}\cdot1+0+0+\sqrt{0+y_1^2}\sqrt{0+y_2^2}\cdot1 = \sqrt{x_1^2}\sqrt{x_2^2}+\sqrt{y_1^2}\sqrt{y_2^2} = x_1x_2+y_1y_2$$

Aus der Gleichung $\vec{a}\vec{b} = |\vec{a}|\cdot|\vec{b}|\cos\varphi$ ergibt sich durch Division nebenstehende Formel (vgl. Figur), die zur Berechnung des von den beiden Vektoren $\vec{a}$ und $\vec{b}$ eingeschlossenen Winkels herangezogen wird.

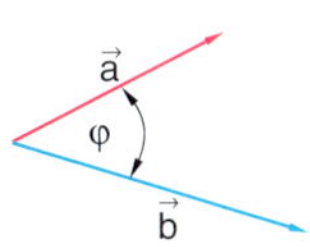

Für den Winkel φ zwischen $\vec{a}$ und $\vec{b}$ gilt:

$$\cos\varphi = \frac{\vec{a}\vec{b}}{|\vec{a}|\cdot|\vec{b}|}$$

φ ist der von $\vec{a}$ und $\vec{b}$ eingeschlossene Winkel.

Beispiel:

Der Winkel zwischen $\vec{a} = \begin{pmatrix} 4 \\ -3 \end{pmatrix}$ und $\vec{b} = \begin{pmatrix} 7 \\ 1 \end{pmatrix}$ ist zu berechen.

Lösung:

$$\cos\varphi = \frac{\begin{pmatrix} 4 \\ -3 \end{pmatrix}\begin{pmatrix} 7 \\ 1 \end{pmatrix}}{\left|\begin{pmatrix} 4 \\ -3 \end{pmatrix}\right|\left|\begin{pmatrix} 7 \\ 1 \end{pmatrix}\right|} = \frac{28-3}{\sqrt{4^2+(-3)^2}\sqrt{7^2+1^2}} = \ldots =$$

$$= \frac{25}{\sqrt{25}\sqrt{50}} = \frac{25}{\sqrt{25}\sqrt{25}\sqrt{2}} = \frac{25}{25\sqrt{2}} = \frac{1}{\sqrt{2}} = \frac{\sqrt{2}}{2}$$

$$\varphi = \arccos\frac{\sqrt{2}}{2} = 45° \qquad \varphi = 45°$$

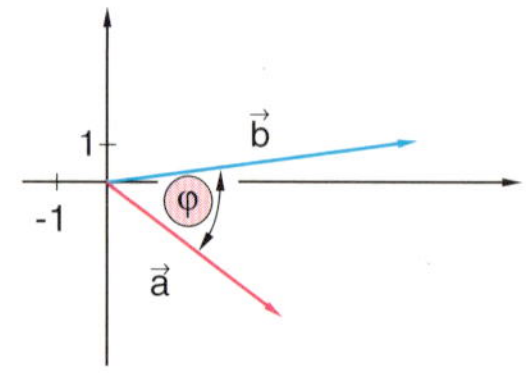

Beispiel:

Die Innenwinkel des Dreiecks ABC [A (−5, −3), B (−2, 3), C (2, 1)] sind zu ermitteln!

Lösung:

Wir benennen die von A weg zeigenden Vektoren mit $\vec{a}$ und $\vec{b}$.

$$\cos\alpha = \frac{\vec{a}\cdot\vec{b}}{|\vec{a}|\cdot|\vec{b}|} = \frac{\overrightarrow{AB}\cdot\overrightarrow{AC}}{|\overrightarrow{AB}|\cdot|\overrightarrow{AC}|} = \frac{\begin{pmatrix} 3 \\ 6 \end{pmatrix}\begin{pmatrix} 7 \\ 4 \end{pmatrix}}{\sqrt{3^2+6^2}\sqrt{7^2+4^2}} = \ldots =$$

$$= \frac{21+24}{\sqrt{45}\sqrt{65}} = \frac{45}{\sqrt{9\cdot 5}\sqrt{13\cdot 5}} = \frac{45}{3\cdot 5\cdot\sqrt{13}} = \frac{3}{\sqrt{13}}$$

$$\alpha = \arccos\frac{3}{\sqrt{13}} = 33{,}69° \qquad \alpha = 33{,}69°$$

$$\cos\beta = \frac{\overrightarrow{BA}\cdot\overrightarrow{BC}}{|\overrightarrow{BA}|\cdot|\overrightarrow{BC}|} = \frac{\begin{pmatrix} -3 \\ -6 \end{pmatrix}\begin{pmatrix} 4 \\ -2 \end{pmatrix}}{\sqrt{(-3)^2+(-6)^2}\sqrt{4^2+(-2)^2}} = \ldots = \frac{-12+12}{\sqrt{45}\sqrt{20}} = \frac{0}{\sqrt{45}\sqrt{20}} = 0$$

$$\beta = \arccos 0 = 90° \qquad \beta = 90°$$

$$\gamma = 180° - \alpha - \beta = 180° - 33{,}69° - 90° = 56{,}31° \qquad \gamma = 56{,}31°$$

Für γ ließe sich die selbe Methode anwenden. Einfacher arbeitet man mit der Winkelsumme, denn in jedem Dreieck gilt: $\alpha + \beta + \gamma = 180°$

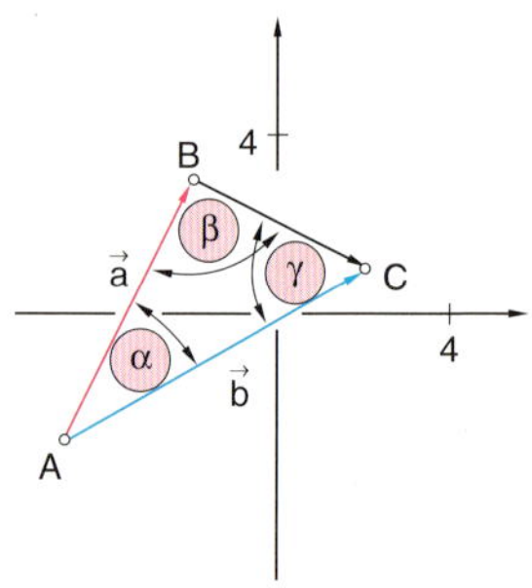

Orthogonalität:

$\vec{a}\vec{b} = 0 \Leftrightarrow \vec{a} \perp \vec{b}$

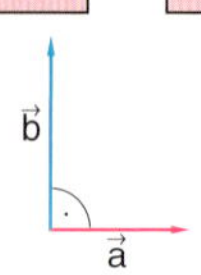

Im obigen Beispiel hat sich bei der Berechnung von β etwas Interessantes gezeigt: Zwei Vektoren $\vec{a}$ und $\vec{b}$ stehen genau dann normal aufeinander, wenn ihr skalares Produkt 0 ergibt.

Stehen zwei Vektoren $\vec{a}$ und $\vec{b}$ aufeinander normal sagt man, die Vektoren $\vec{a}$ und $\vec{b}$ sind zueinander **orthogonal**.

Der in der Außenspalte angeführte Zusammenhang ist somit das Kriterium für das Vorliegen der **Orthogonalität**[1)].

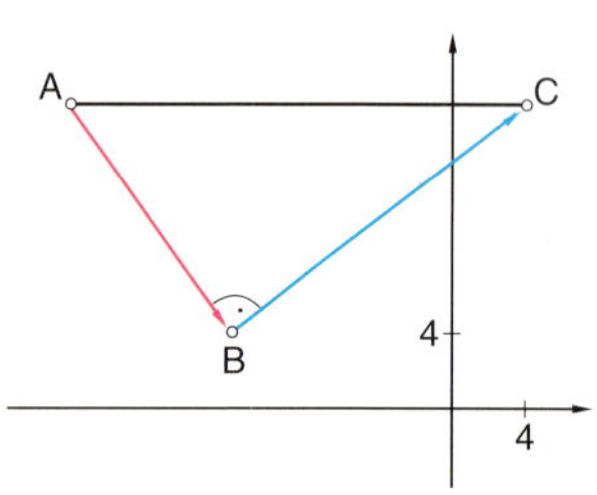

Beispiel:

Mit Hilfe des skalaren Produkts ist zu zeigen, dass das Dreieck ABC [A(−21, 16), B (−12, 4), C (4, 16)] rechtwinkelig ist.

Lösung:

Zunächst fertigen wir eine Zeichnung (vgl. Außenspalte) an. Wir vermuten den rechten Winkel in B.

$$\overrightarrow{AB}\cdot\overrightarrow{BC} = \begin{pmatrix} 9 \\ -12 \end{pmatrix}\begin{pmatrix} 16 \\ 12 \end{pmatrix} = 144 - 144 = 0 \Leftrightarrow \beta = 90°$$

1) Das skalare Produkt kann also auch dann Null sein, wenn keiner der beiden Vektoren der Nullvektor ist.

Wie wir später noch sehen werden, ist es oft notwendig, zu einem gegebenen Vektor $\vec{a} = \begin{pmatrix} x_1 \\ y_1 \end{pmatrix}$ sogenannte **Normalvektoren**[1] anzugeben.

Normalvektoren erhält man am einfachsten durch Vertauschen der Koordinaten und Vorzeichenwechsel bei einer Koordinate.

$$\vec{n}_l = \begin{pmatrix} -y_1 \\ x_1 \end{pmatrix} \text{ und } \vec{n}_r = \begin{pmatrix} y_1 \\ -x_1 \end{pmatrix}$$

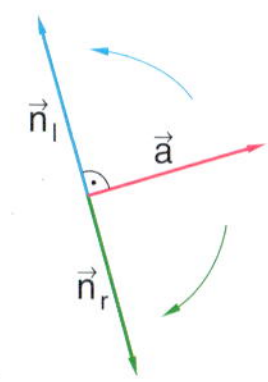

Die Indizes l und r bedeuten, dass $\vec{n}_l$ durch eine Linksdrehung, $\vec{n}_r$ durch eine Rechtsdrehung aus $\vec{a}$ entstanden ist.

Normalvektoren zu $\vec{a} = \begin{pmatrix} x_1 \\ y_1 \end{pmatrix}$:

$\vec{n}_l = \begin{pmatrix} -y_1 \\ x_1 \end{pmatrix}$ $\quad$ $\vec{n}_r = \begin{pmatrix} y_1 \\ -x_1 \end{pmatrix}$

Bemerkung: Unter einer **Linksdrehung** versteht man eine Drehung gegen den Uhrzeigersinn. Unter einer **Rechtsdrehung** versteht man eine Drehung im Uhrzeigersinn.

Beispiel:

Zum Vektor $\vec{a}$ sind die zugehörigen Normalvektoren $\vec{n}_l$ und $\vec{n}_r$ grafisch und rechnerisch anzugeben.

a) $\vec{a} = \begin{pmatrix} -2 \\ 3 \end{pmatrix}$ **b)** $\vec{a} = \begin{pmatrix} -1 \\ -4 \end{pmatrix}$ **c)** $\vec{a} = \begin{pmatrix} 4{,}1 \\ -1{,}8 \end{pmatrix}$ **d)** $\vec{a} = \begin{pmatrix} 0 \\ 3 \end{pmatrix}$

Lösung:

a) $\vec{n}_l = \begin{pmatrix} -3 \\ -2 \end{pmatrix}$, $\vec{n}_r = \begin{pmatrix} 3 \\ 2 \end{pmatrix}$

b) $\vec{n}_l = \begin{pmatrix} 4 \\ -1 \end{pmatrix}$, $\vec{n}_r = \begin{pmatrix} -4 \\ 1 \end{pmatrix}$

c) $\vec{n}_l = \begin{pmatrix} 1{,}8 \\ 4{,}1 \end{pmatrix}$, $\vec{n}_r = \begin{pmatrix} -1{,}8 \\ -4{,}1 \end{pmatrix}$

d) $\vec{n}_l = \begin{pmatrix} -3 \\ 0 \end{pmatrix}$, $\vec{n}_r = \begin{pmatrix} 3 \\ 0 \end{pmatrix}$

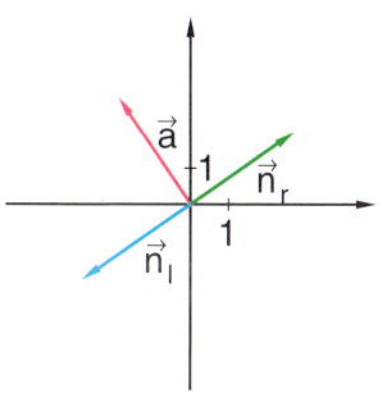

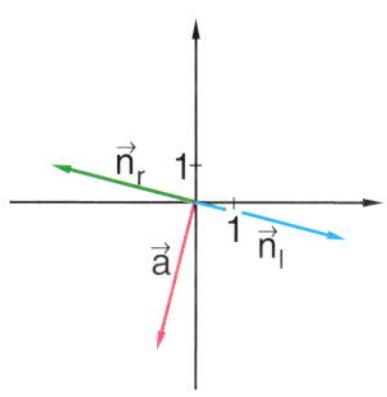

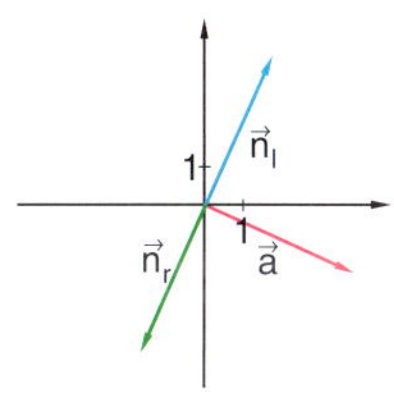

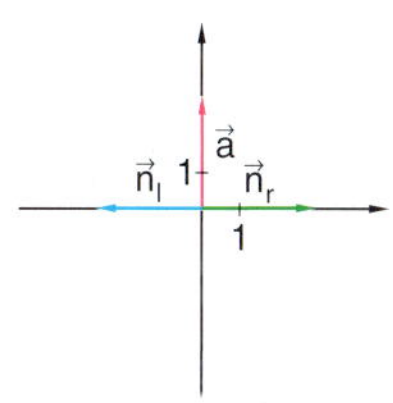

„Zwei Vektoren $\vec{a}$ und $\vec{b}$ stehen genau dann normal aufeinander, wenn ihr skalares Produkt 0 ergibt“, heißt es weiter vorne im Text. Damit lässt sich leicht nachprüfen, ob ein gegebener Vektor Normalvektor eines anderen Vektors ist.

Beispiel:

Es ist zu zeigen, dass $\vec{n}_l = \begin{pmatrix} -y_1 \\ x_1 \end{pmatrix}$ und $\vec{n}_r = \begin{pmatrix} y_1 \\ -x_1 \end{pmatrix}$ Normalvektoren von $\vec{a} = \begin{pmatrix} x_1 \\ y_1 \end{pmatrix}$ sind.

Lösung:

Die Vektoren $\vec{n}_l$, $\vec{n}_r$ und $\vec{a}$ sind gleich lang: $\sqrt{x_1^2 + y_1^2}$

Prüfen wir nun nach, ob $\vec{n}_l$ bzw. $\vec{n}_r$ auf $\vec{a}$ normal stehen:

$\vec{a} \cdot \vec{n}_l = \begin{pmatrix} x_1 \\ y_1 \end{pmatrix} \begin{pmatrix} -y_1 \\ x_1 \end{pmatrix} = -x_1 y_1 + y_1 x_1 = 0 \qquad \vec{a} \cdot \vec{n}_r = \begin{pmatrix} x_1 \\ y_1 \end{pmatrix} \begin{pmatrix} y_1 \\ -x_1 \end{pmatrix} = x_1 y_1 - y_1 x_1 = 0$

Beispiel:

Gegeben sind die Punkte A (−2, 5) und C (1, −6). $\overline{AC}$ ist Kathete eines gleichschenkelig-rechtwinkeligen Dreiecks mit positivem Umlaufsinn und dem rechten Winkel in C. Fehlender Eckpunkt?

Positiver Umlaufsinn:

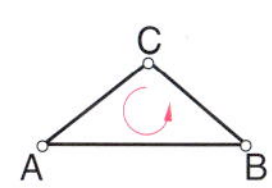

[1]) Zwei aufeinander normal stehende Vektoren heißen **Normalvektoren**.

Lösung:

Wir zeichnen in C auf AC eine Normale und tragen mit dem Zirkel $\overline{AC}$ auf dieser Normalen ab. Dies liefert uns die Punkte B_1 und B_2.

Nur B_1 erfüllt die vorgegebene Bedingung, dass das Dreieck positiven Umlaufsinn hat.

$\overrightarrow{0B_1} = \overrightarrow{0C} + \overrightarrow{CB_1}$

$\overrightarrow{CB_1}$ entspricht dem nach rechts gedrehten ($\vec{n}_r$) Vektor $\overrightarrow{AC}$.

$\overrightarrow{AC} = \begin{pmatrix} 3 \\ -11 \end{pmatrix} \Rightarrow \overrightarrow{CB_1} = \vec{n}_r = \begin{pmatrix} -11 \\ -3 \end{pmatrix}$

$\overrightarrow{0B_1} = \begin{pmatrix} 1 \\ -6 \end{pmatrix} + \begin{pmatrix} -11 \\ -3 \end{pmatrix} = \begin{pmatrix} -10 \\ -9 \end{pmatrix} \Rightarrow B_1(-10, -9)$

Negativer Umlaufsinn:

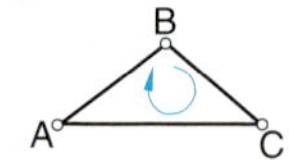

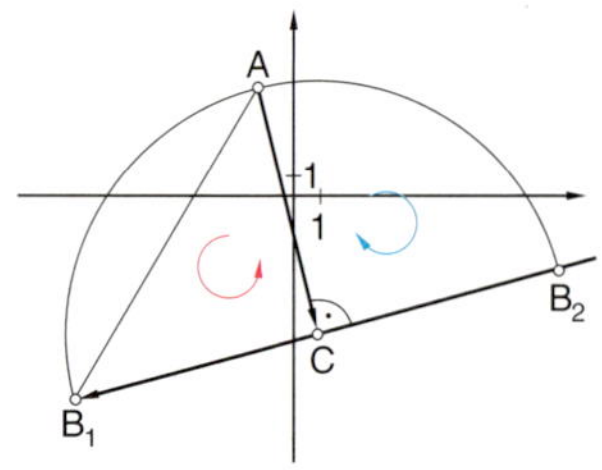

Beispiel:

ABCD [A (−7, 12), B (−8, y_2), C (x_3, y_3), D (x_4, y_4)] ist ein Deltoid mit dem Diagonalenschnittpunkt M (−4, 8). Die Symmetriediagonale e ist 3-mal so lang wie f. Die fehlenden Koordinaten sind zu berechnen.

Lösung:

Zunächst zeichnen wir A, M und die x-Koordinate von B, letztere als Gerade parallel zur y-Achse. Nun legen wir in M die Normale auf AM und schneiden diese mit der vorhin errichteten Geraden. Das liefert uns B. Jetzt übertragen wir den Abstand $\overline{BM}$ auf die Gegenseite und erhalten D. Schließlich schlagen wir $\overline{BD}$ 3-mal von A in Richtung M ab. Das ergibt C.

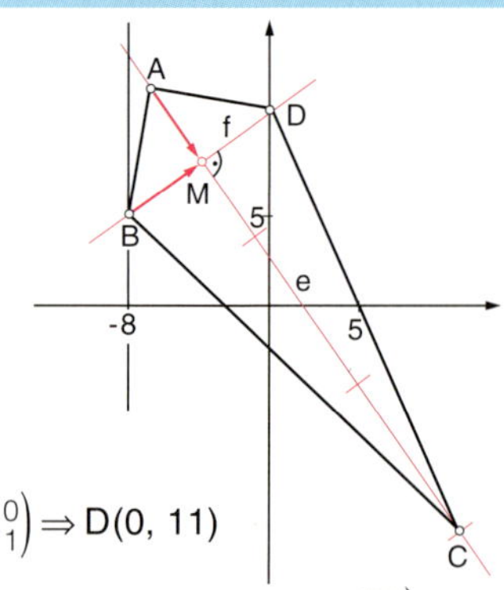

Bei der **Berechnung** gehen wir analog vor:

$\overrightarrow{BM}$ steht normal auf $\overrightarrow{AM}$!

$\overrightarrow{AM} \cdot \overrightarrow{BM} = 0$

$\begin{pmatrix} 3 \\ -4 \end{pmatrix}\begin{pmatrix} 4 \\ 8 - y_2 \end{pmatrix} = 0$

$3 \cdot 4 - 4(8 - y_2) = 0$

$12 - 32 + 4y_2 = 0$

$4y_2 = 20$

$y_2 = 5 \Rightarrow B(-8, 5)$

Da $\overrightarrow{BM}$ und $\overrightarrow{MD}$ gleich sind, gilt:

$\overrightarrow{0D} = \overrightarrow{0M} + \overrightarrow{MD} = \overrightarrow{0M} + \overrightarrow{BM} = \begin{pmatrix} -4 \\ 8 \end{pmatrix} + \begin{pmatrix} 4 \\ 3 \end{pmatrix} = \begin{pmatrix} 0 \\ 11 \end{pmatrix} \Rightarrow D(0, 11)$

Wenn man $\vec{n}_r$ von $\overrightarrow{BD}$ bildet und mit 3 multipliziert, erhält man $\overrightarrow{AC}$.

$\overrightarrow{0C} = \overrightarrow{0A} + 3\vec{n}_r$ $\qquad$ $\overrightarrow{BD} = \begin{pmatrix} 8 \\ 6 \end{pmatrix} \Rightarrow \vec{n}_r = \begin{pmatrix} 6 \\ -8 \end{pmatrix}$

$\overrightarrow{0C} = \begin{pmatrix} -7 \\ 12 \end{pmatrix} + 3\begin{pmatrix} 6 \\ -8 \end{pmatrix} = \begin{pmatrix} -7 \\ 12 \end{pmatrix} + \begin{pmatrix} 18 \\ -24 \end{pmatrix} = \begin{pmatrix} 11 \\ -12 \end{pmatrix} \Rightarrow C(11, -12)$

Für $\vec{a} = \begin{pmatrix} x \\ y \end{pmatrix}$ gilt: $(\vec{a})^2 = |\vec{a}|^2 = x^2 + y^2$

Beispiel:

Mit den Vektoren $\vec{a} = \begin{pmatrix} 2 \\ -3 \end{pmatrix}$ und $\vec{b} = \begin{pmatrix} -5 \\ 2 \end{pmatrix}$ sind die Ausdrücke **a)** $|\vec{a}|^2$ **b)** $(\vec{a})^2$ **c)** $(\vec{a} \cdot \vec{b})^2$ **d)** $(\vec{a})^2(\vec{b})^2$ zu bilden.

Lösung:

a) $\left|\begin{pmatrix} 2 \\ -3 \end{pmatrix}\right|^2 = \left(\sqrt{4+9}\right)^2 = (\sqrt{13})^2 = 13$

b) $\left[\begin{pmatrix} 2 \\ -3 \end{pmatrix}\right]^2 = \begin{pmatrix} 2 \\ -3 \end{pmatrix}\begin{pmatrix} 2 \\ -3 \end{pmatrix} = 4 + 9 = 13$

c) $\left[\begin{pmatrix} 2 \\ -3 \end{pmatrix}\begin{pmatrix} -5 \\ 2 \end{pmatrix}\right]^2 = (-10 - 6)^2 = 16^2 = 256$

d) $\left[\begin{pmatrix} 2 \\ -3 \end{pmatrix}\begin{pmatrix} 2 \\ -3 \end{pmatrix}\right]\left[\begin{pmatrix} -5 \\ 2 \end{pmatrix}\begin{pmatrix} -5 \\ 2 \end{pmatrix}\right] = (4+9)(25+4) = 13 \cdot 29 = 377$

Die Vektoren $\vec{a}$ und $\vec{b}$ spannen ein Parallelogramm auf. $\vec{b}_1$ ist die **Normalprojektion**[1] des Vektors $\vec{b}$ auf $\vec{a}$. Wir wählen folgende Bezeichnungen: $|\vec{a}| = a$, $|\vec{b}| = b$ und $|\vec{b}_1| = b_1$.

Wie groß ist nun der Flächeninhalt A unseres in der Außenspalte dargestellten Parallelogramms?

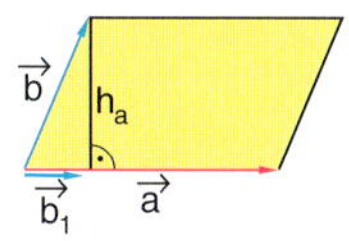

$A = ah_a$	Quadrieren!
$A^2 = a^2h_a^2$	Nach Pythagoras gilt: $b_1^2 + h_a^2 = b^2$
$A^2 = a^2(b^2 - b_1^2)$	
$A^2 = a^2b^2 - a^2b_1^2$	Für a^2 kann man $\vec{a}^2$ setzen, für b^2 analog $\vec{b}^2$.
$A^2 = \vec{a}^2\vec{b}^2 - (ab_1)^2$	Für ab_1 schreiben wir $\vec{a}\vec{b}$ (Definition des skalaren Produkts!).
$A^2 = \vec{a}^2\vec{b}^2 - (\vec{a}\vec{b})^2$	Quadratwurzel!

$$A = \sqrt{\vec{a}^2\vec{b}^2 - (\vec{a}\vec{b})^2}$$

Flächeninhalt A eines Parallelogramms:

$$A = \sqrt{\vec{a}^2\vec{b}^2 - (\vec{a}\vec{b})^2}$$

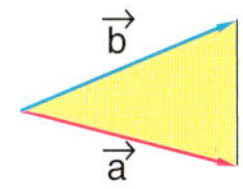

Flächeninhalt A eines Dreiecks:

$$A = \frac{1}{2}\sqrt{\vec{a}^2\vec{b}^2 - (\vec{a}\vec{b})^2}$$

Beispiel:

Der Flächeninhalt A des Parallelogramms ABCD [A(4, −3), B(−3, −1), $C(x_3, y_3)$, D(3, 4)] ist zu berechnen.

Lösung:

$A = \sqrt{\vec{a}^2\vec{b}^2 - (\vec{a}\vec{b})^2}$

$\vec{a} = \overrightarrow{AB} = \binom{-7}{2} \quad \vec{b} = \overrightarrow{AD} = \binom{-1}{7}$

$A = \sqrt{\left[\binom{-7}{2}\binom{-7}{2}\right]\left[\binom{-1}{7}\binom{-1}{7}\right] - \left[\binom{-7}{2}\binom{-1}{7}\right]^2} =$

$= \sqrt{(49+4)(1+49) - (7+14)^2} = \sqrt{53 \cdot 50 - 21^2} = \sqrt{2650 - 441} =$

$= \sqrt{2209} = 47 \qquad A = 47$

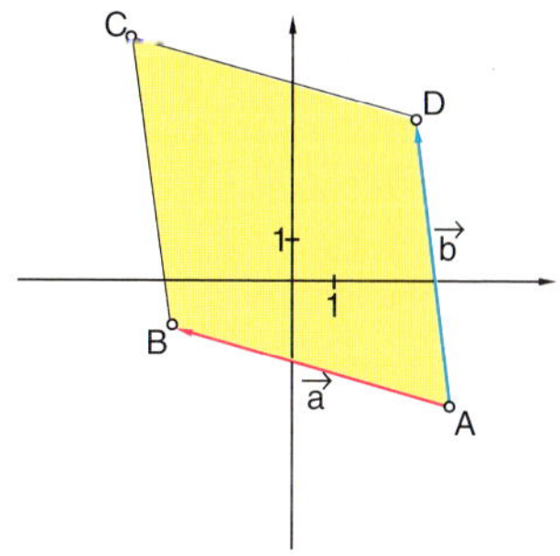

Bemerkung: Es ist günstig, Rechenergebnisse mit einer Zeichnung zu vergleichen. Man hat eine Kontrollmöglichkeit und schärft das Gefühl für die Größenordnung. Die Formel $A = \sqrt{\vec{a}^2\vec{b}^2 - (\vec{a}\vec{b})^2}$ hat den Vorteil, dass sie auch im Raum gilt. In der Ebene hingegen werden eher die in der Außenspalte angeführten Formeln verwendet, die man unter anderem auch mit der erstgenannten (sehr aufwendig) beweisen könnte.

Wie kann man sich die Indizes der Formel

$$A = \left|\frac{1}{2}[x_1(y_2 - y_3) + x_2(y_3 - y_1) + x_3(y_1 - y_2)]\right|$$

merken? Im Grunde genommen werden die Indizes jeweils vertauscht — vgl. die nebenstehende Übersicht! In der Reihenfolge 1-2-3 wird die Zahl 1 nach rechts „verschoben“, wir erhalten 2-3-1. Nun wird die Zahl 2 nach rechts verschoben, es ergibt sich 3-1-2.

1 2 3
2 3 1
3 1 2

Flächeninhalt A eines Dreiecks mit $A(x_1, y_1)$, $B(x_2, y_2)$, $C(x_3, y_3)$:

$$A = \left|\frac{1}{2}[x_1(y_2 - y_3) + x_2(y_3 - y_1) + x_3(y_1 - y_2)]\right|$$

Wenn man nicht durch 2 dividiert, erhält man die Flächenformel für ein Parallelogramm.

Beispiel:

Der Flächeninhalt A des Dreiecks ist ABC [A(2, −1), B(−4, 7), C(−9, 1)] ist zu ermitteln.

Lösung:

$A = \left|\frac{1}{2}[x_1(y_2 - y_3) + x_2(y_3 - y_1) + x_3(y_1 - y_2)]\right| =$

$= \left|\frac{1}{2}[2(7-1) - 4(1+1) - 9(-1-7)]\right| =$

$= \left|\frac{1}{2}[2 \cdot 6 - 4 \cdot 2 - 9(-8)]\right| = \left|\frac{1}{2}[12 - 8 + 72]\right| = \frac{1}{2} \cdot 76 = 38 \qquad A = 38$

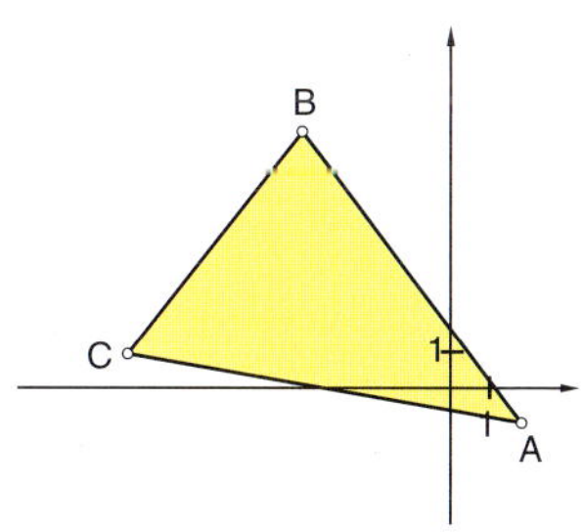

[1]) Die **Normalprojektion** lässt sich als Schatten des Vektors $\vec{b}$ auf den Vektor $\vec{a}$ erklären, wenn das Licht normal auf den Vektor $\vec{a}$ einfällt.

5. Einführung in die Vektorrechnung im Raum

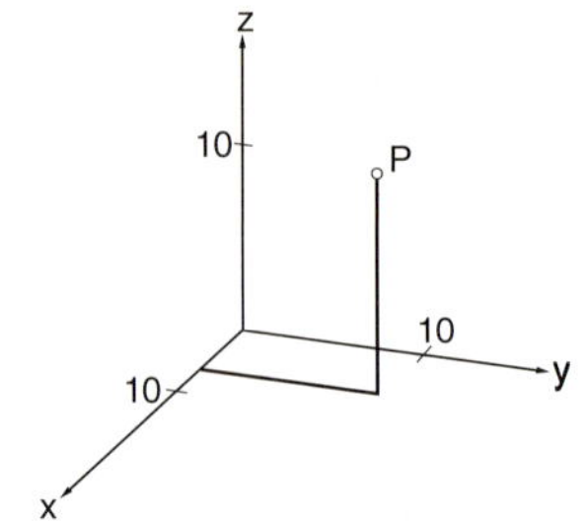

Um den Punkt P (6, 10, 12) zu konstruieren, gehen wir 6 Einheiten vom Ursprung entlang der x-Achse, sodann 10 Einheiten parallel zur y-Achse und schließlich 12 Einheiten parallel zur z-Achse.

Bisher beschäftigten wir uns mit der Vektorrechnung der Ebene. Die Überschrift hat es schon verraten: Jetzt geht es um die Vektorrechnung im Raum. Unser gewohntes kartesisches Koordinatensystem ist zweidimensional. Allerdings gibt es auch ein sogenanntes **dreidimensionales Koordinatensystem**. Hierbei handelt es sich einfach um eine Aufstockung des geläufigen ebenen Systems in die dritte Dimension. Wir denken dabei z. B. an eine nach vorne verlaufende (positive) x-Achse, eine y-Achse nach rechts und eine z-Achse nach oben. Jede Achse schließt mit der anderen einen rechten Winkel ein.

Vektor im Raum:

$$\vec{x} = \begin{pmatrix} x \\ y \\ z \end{pmatrix}$$

Betrag (Länge) eines Vektors für $\vec{x} = \begin{pmatrix} x \\ y \\ z \end{pmatrix}$:

$$|\vec{x}| = \sqrt{x^2 + y^2 + z^2}$$

Beispiel:

Gegeben ist F (3, 2, 5). Gesucht sind der Ortsvektor des Punktes F und sein Abstand vom Ursprung.

Lösung:

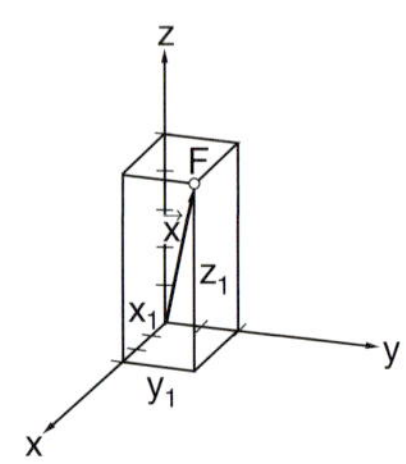

Ortsvektor: $\vec{x} = \begin{pmatrix} 3 \\ 2 \\ 5 \end{pmatrix}$

Um die gesuchte Entfernung zu bestimmen, benötigen wir den Betrag des Vektors $\vec{x}$. Die Koordinaten x_1, y_1 und z_1 bilden in einem kartesischen Koordinatensystem einen Quader. Für einen Quader mit den Seiten a, b, c und der Raumdiagonale d gilt:

$$d = \sqrt{a^2 + b^2 + c^2}$$

Daraus folgt:

$$|\vec{x}| = \sqrt{3^2 + 2^2 + 5^2} = \sqrt{9 + 4 + 25} = \sqrt{38}$$

Rechnerische Methode, um die Koordinaten eines Vektors $\overrightarrow{AB}$ aus $A(x_1, y_1, z_1)$ und $B(x_2, y_2, z_2)$ zu erhalten:

$$\overrightarrow{AB} = \begin{pmatrix} x_2 - x_1 \\ y_2 - y_1 \\ z_2 - z_1 \end{pmatrix}$$

Beispiel:

Die Länge der Strecke PQ [P(1, 4, −4), Q(−5, 1, −2)] ist zu bestimmen.

Lösung:

$$\overrightarrow{PQ} = \begin{pmatrix} -5 - 1 \\ 1 - 4 \\ -2 - (-4) \end{pmatrix} = \begin{pmatrix} -6 \\ -3 \\ 2 \end{pmatrix} \Rightarrow |\overrightarrow{PQ}| = \sqrt{36 + 9 + 4} = \sqrt{49} = 7$$

Multiplikation eines Vektors $\vec{x}$ mit einer reellen Zahl c (= Skalar):

$$c\begin{pmatrix} a_x \\ a_y \\ a_z \end{pmatrix} = \begin{pmatrix} c \cdot a_x \\ c \cdot a_y \\ c \cdot a_z \end{pmatrix}$$

Beispiel:

Aus den nachstehenden Vektoren ist so herauszuheben, dass die Koordinaten möglichst einfach, d. h. bruchfrei sind:

a) $\begin{pmatrix} 4 \\ -\frac{1}{3} \\ \frac{1}{2} \end{pmatrix}$ **b)** $\begin{pmatrix} \frac{5}{2} \\ 3{,}5 \\ -3{,}125 \end{pmatrix}$

Lösung:

a) $\begin{pmatrix} 4 \\ -\frac{1}{3} \\ \frac{1}{2} \end{pmatrix} = \frac{1}{6}\begin{pmatrix} 24 \\ -2 \\ 3 \end{pmatrix}$ **b)** $\begin{pmatrix} \frac{5}{2} \\ 3{,}5 \\ -3{,}125 \end{pmatrix} = \begin{pmatrix} \frac{5}{2} \\ \frac{7}{2} \\ -\frac{25}{8} \end{pmatrix} = \frac{1}{8}\begin{pmatrix} 20 \\ 28 \\ -25 \end{pmatrix}$

Beispiel:

Die Vektoren $\vec{a}=\begin{pmatrix}-2\\1\\3\end{pmatrix}$, $\vec{b}=\begin{pmatrix}4\\-3\\5\end{pmatrix}$ und $\vec{c}=\begin{pmatrix}5\\2\\-6\end{pmatrix}$ sind zu addieren.

Lösung:

$$\vec{a}+\vec{b}+\vec{c}=\begin{pmatrix}-2\\1\\3\end{pmatrix}+\begin{pmatrix}4\\-3\\5\end{pmatrix}+\begin{pmatrix}5\\2\\-6\end{pmatrix}=\begin{pmatrix}-2+4+5\\1-3+2\\3+5-6\end{pmatrix}=\begin{pmatrix}7\\0\\2\end{pmatrix}$$

Summe zweier Vektoren:

$$\vec{a}+\vec{b}=\begin{pmatrix}x_1\\y_1\\z_1\end{pmatrix}+\begin{pmatrix}x_2\\y_2\\z_2\end{pmatrix}=\begin{pmatrix}x_1+x_2\\y_1+y_2\\z_1+z_2\end{pmatrix}$$

Beispiel:

Der Einheitsvektor $\vec{a}_0$ von $\vec{a}=\begin{pmatrix}-2\\14\\23\end{pmatrix}$ ist zu bilden.

Lösung:

$$\vec{a}_0=\frac{\begin{pmatrix}-2\\14\\23\end{pmatrix}}{\sqrt{(-2)^2+14^2+23^2}}=\frac{\begin{pmatrix}-2\\14\\23\end{pmatrix}}{\sqrt{4+196+529}}=\frac{\begin{pmatrix}-2\\14\\23\end{pmatrix}}{\sqrt{729}}=\frac{1}{27}\begin{pmatrix}-2\\14\\23\end{pmatrix}$$

Einheitsvektor:

$$\vec{a}_0=\frac{\vec{a}}{|\vec{a}|}$$

Beispiel:

Der Mittelpunkt der Strecke AB [A(−3, 2, 5), B(11, −6, 7)] ist zu bestimmen.

Lösung:

$$\overrightarrow{0M}=\tfrac{1}{2}(\overrightarrow{0A}+\overrightarrow{0B})=\tfrac{1}{2}\left[\begin{pmatrix}-3\\2\\5\end{pmatrix}+\begin{pmatrix}11\\-6\\7\end{pmatrix}\right]=\tfrac{1}{2}\begin{pmatrix}8\\-4\\12\end{pmatrix}=\begin{pmatrix}4\\-2\\6\end{pmatrix}\Rightarrow M(4,\,-2,\,6)$$

Mittelpunkt der Strecke AB:

$$\overrightarrow{0M}=\tfrac{1}{2}(\overrightarrow{0A}+\overrightarrow{0B})$$

Beispiel:

Der Schwerpunkt des Dreiecks ABC [A(−7, 2, 1), B(6, 7, −2), C(4, −3, −5)] ist zu bestimmen.

Lösung:

$$\overrightarrow{0S}=\tfrac{1}{3}(\overrightarrow{0A}+\overrightarrow{0B}+\overrightarrow{0C})=\tfrac{1}{3}\left[\begin{pmatrix}-7\\2\\1\end{pmatrix}+\begin{pmatrix}6\\7\\-2\end{pmatrix}+\begin{pmatrix}4\\-3\\-5\end{pmatrix}\right]=\tfrac{1}{3}\begin{pmatrix}3\\6\\-6\end{pmatrix}=\begin{pmatrix}1\\2\\-2\end{pmatrix}$$

$\Rightarrow S(1,\,2,\,-2)$

Schwerpunkt des Dreiecks ABC:

$$\overrightarrow{0S}=\tfrac{1}{3}(\overrightarrow{0A}+\overrightarrow{0B}+\overrightarrow{0C})$$

Beispiel:

Es ist zu zeigen, dass $\vec{a}=\begin{pmatrix}-7\\2\\11\end{pmatrix}$ und $\vec{b}=\begin{pmatrix}3\\-6\\3\end{pmatrix}$ normal aufeinander stehen.

Lösung:

$$\vec{a}\cdot\vec{b}=\begin{pmatrix}-7\\2\\11\end{pmatrix}\begin{pmatrix}3\\-6\\3\end{pmatrix}=-21-12+33=0\Rightarrow\vec{a}\perp\vec{b}$$

Skalares Produkt zweier Vektoren:

$$\vec{a}\cdot\vec{b}=x_1x_2+y_1y_2+z_1z_2$$

Orthogonalität:

$$\vec{a}\cdot\vec{b}=0\Rightarrow\vec{a}\perp\vec{b}$$

6. Vektorielles Produkt

Vektorielle Produkte kommen nicht nur in der Mathematik vor. Man findet sie auch in der Physik, z. B. um die Größe des Drehmoments zu beschreiben.

Rechnen wir z. B. mit natürlichen Zahlen, so führt das bei bestimmten Rechenoperationen zu ganzen Zahlen oder zu rationalen bzw. reellen Zahlen. Aber Zahlen sind es immerhin — wenn auch nicht Zahlen „gleicher Art".

Anders schaut die Sache bei Vektoren aus: Die Addition von Vektoren führt wieder auf Vektoren, die Multiplikation von Vektoren (vgl. Kapitel **4. Skalares Produkt und Orthogonalität**) liefert reelle Zahlen.

Ist es möglich, das Produkt zweier Vektoren so zu definieren, dass wieder ein Vektor entsteht? Die Antwort lautet „ja" — wenn wir Vektoren im dreidimensionalen Raum heranziehen.

In der nun folgenden Zusammenstellung soll der Begriff erklärt werden und auf einige Eigenschaften dieses „vektoriellen Produkts" eingegangen werden.

Der Vektor $\vec{c} = \vec{a} \times \vec{b}$[1] heißt **vektorielles Produkt** der Vektoren $\vec{a}$ und $\vec{b}$ und hat folgende Eigenschaften:

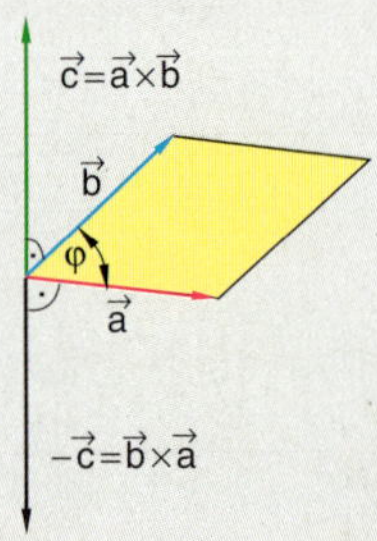

1. $\vec{c}$ steht auf $\vec{a}$ und $\vec{b}$ normal.
2. Der Betrag von $\vec{c}$ ist gleich dem Flächeninhalt des von $\vec{a}$ und $\vec{b}$ aufgespannten Parallelogramms:
   $|\vec{c}| = |\vec{a} \times \vec{b}| = |\vec{a}| \cdot |\vec{b}| \cdot \sin\varphi$
3. Die Vektoren $\vec{a}$, $\vec{b}$ und $\vec{c}$ bilden in dieser Reihenfolge ein Rechtssystem. Um dies festzustellen, verwendet man die **Rechtsschraubenregel**: Wird der Vektor $\vec{a}$ auf kürzestem Weg zum Vektor $\vec{b}$ gedreht, so würde sich eine Rechtsschraube dabei in Richtung $\vec{c}$ bewegen.

Berechnungsschema für das vektorielle Produkt:

$$\begin{pmatrix} x_1 \\ y_1 \\ z_1 \end{pmatrix} \times \begin{pmatrix} x_2 \\ y_2 \\ z_2 \end{pmatrix} \overset{\text{def}}{=} \begin{pmatrix} y_1 z_2 - y_2 z_1 \\ -(x_1 z_2 - x_2 z_1) \\ x_1 y_2 - x_2 y_1 \end{pmatrix}$$

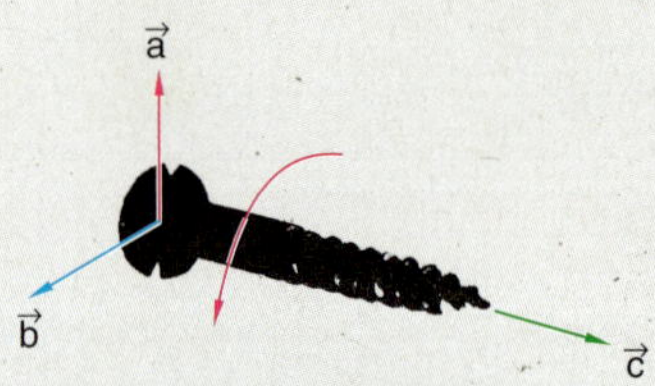

Bemerkung: Die Herleitung dieses Berechnungsschemas erfolgt im Aufgabenteil.

Beispiel:

Mit Hilfe der obigen Formel ist das vektorielle Produkt für $\vec{a} = \begin{pmatrix} 1 \\ -3 \\ 2 \end{pmatrix}$ und $\vec{b} = \begin{pmatrix} 3 \\ -2 \\ 4 \end{pmatrix}$ zu berechnen.

Lösung:

$$\begin{pmatrix} 1 \\ -3 \\ 2 \end{pmatrix} \times \begin{pmatrix} 3 \\ -2 \\ 4 \end{pmatrix} = \begin{pmatrix} (-3)\cdot 4 - (-2)\cdot 2 \\ -(1\cdot 4 - 3\cdot 2) \\ 1\cdot(-2) - 3\cdot(-3) \end{pmatrix} = \begin{pmatrix} -12 - (-4) \\ -(4 - 6) \\ -2 - (-9) \end{pmatrix} = \begin{pmatrix} -8 \\ 2 \\ 7 \end{pmatrix}$$

[1]) gesprochen: a kreuz b.

AUFGABEN

750. Die fehlenden Koordinaten und der Flächeninhalt A der Raute ABCD [A (−2, −2), B (5, 1), C (x_3, y_3), D (1, y_4)] sind zu bestimmen. (2 Lösungen!)

751. Ein regelmäßiges Fünfeck hat den Mittelpunkt M (0, 0), ein Eckpunkt liegt auf der positiven x-Achse, der Umkreisradius r = 5. Koordinaten der Eckpunkte?

752. Das Parallelogramm ABCD [A (−2, 2), B (1, −2), C (x_3, 10), D (x_4, y_4)] hat den Umfang u = 36. Die fehlenden Koordinaten sind zu bestimmen. (2 Lösungen!)

753. Der Abstand zwischen A und B beträgt d. Fehlende Koordinate?

a) A (14, 5), B (2, y_b), d = 37
b) A (5, 32), B (x_b, 4), d = 53
c) A (x_a, −16), B (17, 8), d = 26
d) A (10, y_a), B (2, 7), d = 17

754. Welcher Punkt der x-Achse hat von B (−5, 9) den Abstand 15? (2 Lösungen!)

755. Welcher Punkt der y-Achse hat von B (12, 3) den Abstand 13?

756. Gegeben ist das Parallelogramm ABCD [A (−13, −4), B (3, −16), C (2, −9) D (x_4, y_4)]. Die fehlenden Koordinaten sind zu ermitteln.

757. Gesucht ist ein Vektor $\vec{b}$ mit der Länge d, der parallel zu $\vec{a}$ ist. (2 Lösungen!)

a) d = 26, $\vec{a} = \binom{5}{12}$
b) d = 13, $\vec{a} = \binom{56}{-33}$
c) d = $\sqrt{8}$, $\vec{a} = \binom{-7}{7}$

758. Auf der Geraden g ist von A aus in Richtung B eine Strecke der Länge d abzutragen.

a) g [A (−4, −12), B (11, 8)], d = 15
b) g [A (16, −3), B (12, −1)], d = $9\sqrt{2}$
c) g [A (−19, 14), B (21, 5)], d = 123
d) g [A (−5, 1), B (1, −1)], d = 10

759. M (4, 2) sei der Mittelpunkt eines Parallelogramms, E (12, 8) ein Punkt auf der Diagonale e, F (−20, 12) ein Punkt auf der Diagonale f, e = 10 und f = 26. Die Koordinaten der Eckpunkte sind zu bestimmen.

760. Gegeben sei ein Trapez mit A (−11, 18), B (−3, −6), D (3, 8) und $\overline{CD} = \sqrt{10}$. Koordinaten des fehlenden Eckpunkts?

761. Gegeben: Dreieck ABC mit A (−11, −9), $\overline{AB} = \sqrt{41}$, $\overline{BC} = 10$, B liegt auf g [A, I(4, 3)], C auf der y-Achse. Gesucht sind die Koordinaten der fehlenden Eckpunkte, wenn der Umfang möglichst klein sein soll.

762. Die Strecke AB ist innen im gegebenen Verhältnis zu teilen.

a) A (17, −3), B (−7, 13), 3 : 5
b) A (14, 29), B (−31, 2), 7 : 2
c) A (−8, 17), B (10, −13), 1 : 5
d) A (−3, −22), B (28, −1), 7 : 3

763. Die Strecke AB ist außen im gegebenen Verhältnis zu teilen.

a) A (2, 1), B (18, −11), 1 : 2
b) A (−16, 13), B (−1, 4), 5 : 2
c) A (4, −10), B (−3, 4), 10 : 17
d) A (−8, −5), B (−5, 0), 7 : 9

764. Gegeben sind die Strecke AB und der Teilungspunkt T. In welchem Verhältnis erfolgt die Teilung?

a) A (−18, −11), B (−13, −10), T (2, −7)
b) A (−25, 39), B (24, 4), T (−4, 24)

Anleitung: Man bestimme jene reelle Zahl t, für die gilt $\overrightarrow{AT} = t \cdot \overrightarrow{BT}$. Wenn die Zahl t als Bruch dargestellt wird, kann die Proportion direkt abgelesen werden.

765. Gegeben sei ein Parallelogramm ABCD [A (4, −16), B (22, 11), C (13, 29), D (x_4, y_4)]. Jede Seite wird im Verhältnis 4 : 5 geteilt. Dadurch entsteht das Parallelogramm PQRS. In welchem Verhältnis stehen die Umfänge beider Figuren?

766. Das skalare Produkt der Vektoren $\vec{a}$ und $\vec{b}$ ist zu berechnen.

a) $\vec{a}=\binom{-3}{7}, \vec{b}=\binom{5}{2}$ **b)** $\vec{a}=\binom{-5}{3}, \vec{b}=\binom{3}{7}$ **c)** $\vec{a}=\binom{2}{8}, \vec{b}=\binom{9}{-11}$ **d)** $\vec{a}=\binom{12}{15}, \vec{b}=\binom{-7}{9}$

767. Für die Vektoren $\vec{a}=\binom{5}{-1}, \vec{b}=\binom{-2}{6}, \vec{c}=\binom{4}{3}$ und die reellen Zahlen $r=3$, $s=-2$, $t=0$ sind die nachstehenden Ausdrücke zu bilden.

a) $(\vec{a}\vec{b})t$ **b)** $(\vec{a}+\vec{b}+\vec{c})(r+s+t)$ **c)** $(r\cdot\vec{a})(s\cdot\vec{c})$ **d)** $\vec{c}\cdot(t+s)$

768. Man zeige anhand der Vektoren $\vec{a}=\binom{5}{3}, \vec{b}=\binom{4}{-2}, \vec{c}=\binom{1}{4}$ und $\vec{d}=\binom{-2}{5}$ die Richtigkeit der folgenden Formeln:

a) $(\vec{a}+\vec{b})(\vec{c}+\vec{d})=\vec{a}\cdot\vec{c}+\vec{a}\cdot\vec{d}+\vec{b}\cdot\vec{c}+\vec{b}\cdot\vec{d}$ **b)** $(\vec{a}+\vec{b})^2=\vec{a}^2+2\vec{a}\vec{b}+\vec{b}^2$

Bemerkung: $(\vec{a})^2$ ist eine Kurzschreibweise für $\vec{a}\cdot\vec{a}$.

769. Der Winkel zwischen $\vec{a}$ und $\vec{b}$ ist zu bestimmen.

a) $\vec{a}=\binom{1}{9}, \vec{b}=\binom{-2}{7}$ **b)** $\vec{a}=\binom{-2}{5}, \vec{b}=\binom{7}{13}$ **c)** $\vec{a}=\binom{8}{-6}, \vec{b}=\binom{3}{5}$ **d)** $\vec{a}=\binom{17}{-5}, \vec{b}=\binom{1}{-3}$

770. Die Innenwinkel des Dreiecks ABC sind zu bestimmen.

a) A(−12, 13), B(−3, −5), C(1, 19) **b)** A(−2, −2), B(5, −3), C(3, 3)
c) A(−5, −3), B(−2, 3), C(8, −2) **d)** A(−2, 1), B(3, −4), C(2, 2)

771. Mit Hilfe des skalaren Produkts und des pythagoräischen Lehrsatzes ist zu zeigen, dass folgende Dreiecke rechtwinkelig sind:

a) A(−1, 3), B(3, −3), C(4, 2) **b)** A(2, −4), B(3, 9), C(−3, −1)

772. Ist das Viereck ABCD [A(−2, 2), B(1, −1), C(4, 2), D(1, 5)] ein Quadrat? Flächeninhalt des Vierecks?

773. Ist das Viereck ABCD [A(−3, −3), B(3, −3), C(3, 1), D(−3, 1)] ein Rechteck? Flächeninhalt des Vierecks?

774. Zum Vektor $\vec{a}$ sind die zugehörigen Normalvektoren $\vec{n}_l$ und $\vec{n}_r$ grafisch und rechnerisch anzugeben.

a) $\vec{a}=\binom{-3}{9}$ **b)** $\vec{a}=\binom{\sqrt{2}}{-2}$ **c)** $\vec{a}=\binom{18}{13}$ **d)** $\vec{a}=\binom{-0{,}3}{-0{,}1}$

775. Über der Strecke AB [A(−1, 1), B(1, −1)] ist ein Rechteck ABCD zu errichten. Die Seite BC soll halb so lang wie AB sein! Koordinaten von C und D? (2 Lösungen!)

776. Die Strecke AC [A(2, 2), C(6, 6)] ist die Diagonale eines Quadrats ABCD. Koordinaten von B und D?

777. AC [A(−11, −1), C(7, 5)] ist eine Diagonale der Raute ABCD, deren Diagonale BD die Länge $3\sqrt{10}$ hat. Fehlende Koordinaten?

778. AC [A(−4, 2), C(−1, 3)] ist eine Kathete des rechtwinkeligen Dreiecks ABC, dessen Kathete BC doppelt so lang wie AC ist. Koordinaten des fehlenden Eckpunktes? (2 Lösungen!)

779. Über der Strecke AB [A(−2, 2), B(6, −2)] ist ein gleichseitiges Dreieck ABC zu errichten. Koordinaten von C? (2 Lösungen!)

780. Über der Strecke AB [A(−3, 1), B(5, −7)] ist ein gleichschenkeliges Dreieck ABC mit der Basishöhe $5\sqrt{2}$ zu errichten. Koordinaten von C? (2 Lösungen!)

781. Im Rhombus ABCD [A (−6, −2), B (x_2, −8), C (x_3, y_3), D (x_4, y_4)] ist E (−4, −4) der Schnittpunkt der Diagonalen. Fehlende Koordinaten?

782. Im Deltoid ABCD [A (x_1, 5), B (−6, 7), C (−4, y_3), D (x_4, y_4)] ist E (−2, 3) der Schnittpunkt der Diagonalen. Fehlende Koordinaten?

783. Welcher Punkt X der x-Achse ist Scheitel des rechten Winkels ∢ AXB mit A (2, 3) und B (3, −4)? (2 Lösungen!)

784. Mit den Vektoren $\vec{a} = \binom{-8}{3}$, $\vec{b} = \binom{-2}{-5}$ und $\vec{c} = \binom{11}{1}$ sind die nachstehenden Ausdrücke zu bilden:

a) $|\vec{a}|^2 - |\vec{b}|^2$ **b)** $|\vec{a}| \cdot |\vec{b}| - \vec{c}^2$ **c)** $\vec{b} \cdot \vec{c} - \vec{a}^2$ **d)** $\vec{c}^2 - \vec{a}^2$

785. Der Flächeninhalt des Parallelogramms ABCD ist auf zwei Arten zu bestimmen.

a) A (−4, −4), B (4, −6), D (−1, 1)
b) A (4, −5), B (2, −1), C (2, 3)
c) A (1, −1), B (7, −7), D (1, 4)
d) B (−3, 1), C (−4, 8), D (−10, 6)

786. Der Flächeninhalt des Dreiecks ABC ist auf zwei Arten zu berechnen.

a) A (−2, 2), B (5, −2), C (3, 4)
b) A (−11, −3), B (−2, 3), C (−7, 3)
c) A (−5, −2), B (−1, −3), C (−1, 3)
d) A (−4, −1), B (1, −3), C (2, 8)

787. a) Vom Viereck ABCD [A(−3, 1), B(−5, 7), C(1, 11), D(1, 7)] ist der Flächeninhalt zu berechnen.
b) Der Flächeninhalt des Vierecks, das durch die Seitenhalbierungspunkte des in **a)** gegebenen Vierecks gebildet wird, ist zu berechnen.

788. Die wahren Aussagen sind anzukreuzen:

○ **a)** $\binom{-3}{2}\binom{-8}{9} = \binom{24}{18}$
○ **b)** $3\binom{12}{-6} = 18$
○ **c)** $\binom{2}{1}\binom{3}{6} = 0$
○ **d)** Die skalare Multiplikation ist kommutativ.
○ **e)** $\vec{a} = \binom{3}{1} \Rightarrow \vec{n}_a = \binom{-1}{-3}$
○ **f)** $A_\Delta = \sqrt{\vec{a}^2\vec{b}^2 - (\vec{a}\vec{b})^2}$
○ **g)** Zwei Vektoren $\vec{a}$ und $\vec{b}$ stehen normal aufeinander, wenn ihr skalares Produkt Null ergibt.
○ **h)** Multipliziert man die Flächenformel für ein Dreieck mit 2, so erhält man die Flächenformel für ein Parallelogramm.

Vektoren im Raum

789. Gegeben ist der Punkt H. Gesucht sind der zugehörige Ortsvektor und der Abstand des Punktes vom Ursprung.

a) H(7, −2, −1) **b)** H(5, 13, −11) **c)** H(12, 9, 6) **d)** H(−3, 1, −2)

790. Gegeben ist ein Punktepaar. Gesucht ist die Länge der zugehörigen Strecke.

a) A(15, 7, 3), B(5, 3, 6)
b) P(0, 7, −2), Q(6, 4, −4)
c) P_1(7, 9, 4), P_2(5, 11, 3)
d) L(5, 3, 2), M(−2, −1, 0)

791. Der Betrag nachstehender Vektoren ist mittels Herausheben (ohne Taschenrechner) zu berechnen:

a) $\vec{a} = \begin{pmatrix} 12 \\ 6 \\ -4 \end{pmatrix}$ **b)** $\vec{b} = \begin{pmatrix} 8 \\ 14 \\ -8 \end{pmatrix}$ **c)** $\vec{c} = \begin{pmatrix} -12 \\ -6 \\ 4 \end{pmatrix}$ **d)** $\vec{d} = \begin{pmatrix} 24 \\ -18 \\ -15 \end{pmatrix}$

792. Die Koordinaten folgender Vektoren sind bruchfrei zu machen:

a) $\vec{a} = \begin{pmatrix} -\frac{1}{3} \\ \frac{2}{3} \\ \frac{1}{6} \end{pmatrix}$ **b)** $\vec{b} = \begin{pmatrix} -2 \\ \frac{14}{5} \\ -1 \end{pmatrix}$ **c)** $\vec{c} = \begin{pmatrix} -3 \\ \frac{5}{7} \\ \frac{3}{7} \end{pmatrix}$ **d)** $\vec{d} = \begin{pmatrix} \frac{2}{8} \\ \frac{1}{4} \\ \frac{1}{2} \end{pmatrix}$

793. Mit den Vektoren $\vec{a} = \begin{pmatrix} 3 \\ 9 \\ -8 \end{pmatrix}$, $\vec{b} = \begin{pmatrix} -2 \\ 4 \\ 3 \end{pmatrix}$, $\vec{c} = \begin{pmatrix} 8 \\ -3 \\ 11 \end{pmatrix}$ sind nachstehende Ausdrücke zu bilden:

a) $\vec{a} - 2\vec{b} + 3\vec{c}$ **b)** $3\vec{a} - 5\vec{b} - \vec{c}$ **c)** $\left(\frac{\vec{a}}{2} - \frac{\vec{b}}{3}\right) \cdot 9$ **d)** $\frac{\vec{a}}{4} - \frac{3\vec{b}}{5} + \frac{\vec{c}}{2}$

794. Der Einheitsvektor ist zu bestimmen.

a) $\vec{a} = \begin{pmatrix} -4 \\ 12 \\ 3 \end{pmatrix}$ **b)** $\vec{c} = \begin{pmatrix} 3 \\ -2 \\ 6 \end{pmatrix}$ **c)** $\vec{e} = \begin{pmatrix} 6 \\ -3 \\ 6 \end{pmatrix}$ **d)** $\vec{f} = \begin{pmatrix} 4 \\ 0 \\ -3 \end{pmatrix}$

795. Gegeben ist das Parallelogramm ABCD [A(−8, 11, 2), B(4, −3, 10), C(x_3, y_3, z_3), D(−2, 5, −2)]. Der fehlende Eckpunkt und die Koordinaten der Seitenmittelpunkte sind zu berechnen.

796. Der Schwerpunkt S des Dreiecks ABC ist zu ermitteln.

a) A(3, 4, −7), B(−8, 11, 5), C(2, −3, −7) **b)** A(−1, 5, −7), B(2, 9, −3), C(2, 1, −2)

797. Es ist zu untersuchen, ob $\vec{a}$ und $\vec{b}$ normal aufeinander stehen:

a) $\vec{a} = \begin{pmatrix} 3 \\ -4 \\ 9 \end{pmatrix}$, $\vec{b} = \begin{pmatrix} 7 \\ 16 \\ 2 \end{pmatrix}$ **b)** $\vec{a} = \begin{pmatrix} 5 \\ 6 \\ -2 \end{pmatrix}$, $\vec{b} = \begin{pmatrix} 2 \\ 0 \\ 5 \end{pmatrix}$ **c)** $\vec{a} = \begin{pmatrix} 7 \\ -3 \\ 4 \end{pmatrix}$, $\vec{b} = \begin{pmatrix} -7 \\ -3 \\ 10 \end{pmatrix}$ **d)** $\vec{a} = \begin{pmatrix} 2 \\ -5 \\ 3 \end{pmatrix}$, $\vec{b} = \begin{pmatrix} -3 \\ 3 \\ 7 \end{pmatrix}$

Vektorielles Produkt

798. Es ist das Vektorprodukt $\vec{a} \times \vec{b}$ zu berechnen:

a) $\vec{a} = \begin{pmatrix} 4 \\ 7 \\ 2 \end{pmatrix}$, $\vec{b} = \begin{pmatrix} 3 \\ 1 \\ 1 \end{pmatrix}$ **b)** $\vec{a} = \begin{pmatrix} 2 \\ -10 \\ 3 \end{pmatrix}$, $\vec{b} = \begin{pmatrix} -4 \\ 2 \\ -1 \end{pmatrix}$ **c)** $\vec{a} = \begin{pmatrix} -1 \\ -8 \\ -3 \end{pmatrix}$, $\vec{b} = \begin{pmatrix} 4 \\ -2 \\ 1 \end{pmatrix}$

d) $\vec{a} = \begin{pmatrix} 5 \\ 5 \\ 4 \end{pmatrix}$, $\vec{b} = \begin{pmatrix} 2 \\ 3 \\ 3 \end{pmatrix}$ **e)** $\vec{a} = \begin{pmatrix} -11 \\ -7 \\ 1 \end{pmatrix}$, $\vec{b} = \begin{pmatrix} -13 \\ -4 \\ -14 \end{pmatrix}$ **f)** $\vec{a} = \begin{pmatrix} -13 \\ 5 \\ -5 \end{pmatrix}$, $\vec{b} = \begin{pmatrix} -6 \\ 3 \\ 1 \end{pmatrix}$

799. Es ist der Flächeninhalt des von $\vec{a}$ und $\vec{b}$ aufgespannten Parallelogramms zu berechnen.

a) $\vec{a} = \begin{pmatrix} 1 \\ 1 \\ 1 \end{pmatrix}$, $\vec{b} = \begin{pmatrix} 1 \\ 0 \\ 0 \end{pmatrix}$ **b)** $\vec{a} = \begin{pmatrix} 2 \\ 4 \\ 3 \end{pmatrix}$, $\vec{b} = \begin{pmatrix} -2 \\ 1 \\ 8 \end{pmatrix}$ **c)** $\vec{a} = \begin{pmatrix} 4 \\ 2 \\ -2 \end{pmatrix}$, $\vec{b} = \begin{pmatrix} -2 \\ -1 \\ 1 \end{pmatrix}$ **d)** $\vec{a} = \begin{pmatrix} 5 \\ 9 \\ 7 \end{pmatrix}$, $\vec{b} = \begin{pmatrix} 6 \\ 10 \\ -3 \end{pmatrix}$

800. Es ist der Flächeninhalt des von $\vec{a}$ und $\vec{b}$ aufgespannten Dreiecks zu berechnen.

a) $\vec{a} = \begin{pmatrix} 3 \\ 1 \\ 2 \end{pmatrix}$, $\vec{b} = \begin{pmatrix} 4 \\ 0 \\ 0 \end{pmatrix}$ **b)** $\vec{a} = \begin{pmatrix} 2 \\ 5 \\ -7 \end{pmatrix}$, $\vec{b} = \begin{pmatrix} 2 \\ -1 \\ 4 \end{pmatrix}$ **c)** $\vec{a} = \begin{pmatrix} 0 \\ 5 \\ 0 \end{pmatrix}$, $\vec{b} = \begin{pmatrix} 2 \\ 3 \\ -1 \end{pmatrix}$ **d)** $\vec{a} = \begin{pmatrix} 2 \\ 4 \\ 1 \end{pmatrix}$, $\vec{b} = \begin{pmatrix} 7 \\ -5 \\ 1 \end{pmatrix}$

801. a) Flächeninhalt des Parallelogramms $[(A(5, -4, -2), B(2, 5, 11), C(x_3, y_3, z_3), D(-4, 3, -12)]$?

b) Flächeninhalt des Dreiecks $[A(-3, 8, 5), B(-14, -13, 6), C(4, 8, 14)]$?

c) Flächeninhalt des Trapezes $[A(5, -1, -15), B(3, 7, 1), C(x_3, y_3, z_3), D(13, 0, 12)]$ mit $c = 9$?

d) Flächeninhalt der Raute $[A(9, -2, 12), B(5, -15, -4), C(x_3, y_3, z_3), D(13, 14, 25)]$?

802. Es sind für $\vec{a} = \begin{pmatrix} 1 \\ 2 \\ 2 \end{pmatrix}$, $\vec{b} = \begin{pmatrix} 3 \\ -2 \\ 5 \end{pmatrix}$, $\vec{c} = \begin{pmatrix} -2 \\ 4 \\ 1 \end{pmatrix}$ die nachstehenden Ausdrücke zu bilden:

a) $(3\vec{a}) \times \vec{b}$ **b)** $2(\vec{b} \times (3\vec{c}))$ **c)** $\vec{a} \times \vec{c}$ **d)** $(\vec{a} \times \vec{b}) \cdot \vec{c}$

e) $\vec{a} \times \vec{b}$ **f)** $\vec{b} \times \vec{a}$ **g)** $(\vec{a} \times \vec{b}) \times \vec{c}$ **h)** $\vec{a} \times (\vec{b} \times \vec{c})$

803. a) Es ist zu zeigen, dass das vektorielle Produkt **antikommutativ** ist: $\vec{a} \times \vec{b} = -\vec{b} \times \vec{a}$

b) Es ist zu zeigen, dass für das vektorielle Produkt das Assoziativgesetz **nicht** gilt: $\vec{a} \times (\vec{b} \times \vec{c}) \neq (\vec{a} \times \vec{b}) \times \vec{c}$

c) Die **JACOBIsche Identität**[1] ist zu beweisen: $(\vec{a} \times \vec{b}) \times \vec{c} + (\vec{b} \times \vec{c}) \times \vec{a} + (\vec{c} \times \vec{a}) \times \vec{b} = \vec{0}$

804. Die fehlenden Komponenten der Vektoren $\vec{a}$ und $\vec{b}$ sind so zu berechnen, dass $\vec{c} = \vec{a} \times \vec{b}$ gilt.

a) $\vec{a} = \begin{pmatrix} x_1 \\ 4 \\ 8 \end{pmatrix}$, $\vec{b} = \begin{pmatrix} 14 \\ y_2 \\ z_2 \end{pmatrix}$, $\vec{c} = \begin{pmatrix} -44 \\ 118 \\ -26 \end{pmatrix}$ **b)** $\vec{a} = \begin{pmatrix} 1 \\ y_1 \\ 2 \end{pmatrix}$, $\vec{b} = \begin{pmatrix} x_2 \\ 0 \\ z_2 \end{pmatrix}$, $\vec{c} = \begin{pmatrix} 0 \\ 2 \\ 1 \end{pmatrix}$

c) $\vec{a} = \begin{pmatrix} 2 \\ y_1 \\ z_1 \end{pmatrix}$, $\vec{b} = \begin{pmatrix} x_2 \\ -1 \\ 7 \end{pmatrix}$, $\vec{c} = \begin{pmatrix} 36 \\ -6 \\ -6 \end{pmatrix}$ **d)** $\vec{a} = \begin{pmatrix} x_1 \\ 5 \\ z_1 \end{pmatrix}$, $\vec{b} = \begin{pmatrix} 9 \\ y_2 \\ 0 \end{pmatrix}$, $\vec{c} = \begin{pmatrix} 3 \\ -27 \\ -42 \end{pmatrix}$

805. Es ist das Drehmoment $\vec{M} = \vec{r} \times \vec{F}$ ($r = 23$ cm) zu berechnen, das ein Radfahrer aufbringen kann (vgl. nebenstehende Figur).

a) $\alpha = 30°$, $F = 300$ N

b) $\alpha = 45°$, $F = 424$ N

c) $\alpha = \frac{\pi}{3}$, $F = 500$ N

Anleitung: $[M] = 1$ Nm

806. Das Drehmoment $\vec{M}$ einer Kraft $\vec{F}$ um einen Drehpunkt P ist durch $\vec{M} = \vec{r} \times \vec{F}$ gegeben. $\vec{r}$ ist dabei der Vektor vom Drehpunkt P zum Angriffspunkt A der Kraft $\vec{F}$. Es ist das Drehmoment $\vec{M}$ zu berechnen.

a) P(0, 0, 0) m, A(2, 5, 14) m, $\vec{F} = \begin{pmatrix} 7 \\ 4 \\ 3 \end{pmatrix}$ N **b)** P(12, −12, −2) m, A(8, −4, −2) m, $\vec{F} = \begin{pmatrix} 2 \\ 5 \\ 11 \end{pmatrix}$ kN

c) P(−4, 3, −12) m, A(−3, 8, 5) m, $\vec{F} = \begin{pmatrix} -14 \\ -13 \\ 0 \end{pmatrix}$ N **d)** P(4, 8, 14) m, A(5, −1, −15) m, $\vec{F} = \begin{pmatrix} -11 \\ -4 \\ 10 \end{pmatrix}$ N

807. Text wie Aufgabe **806.** wobei das resultierende Moment zu berechnen ist:

a) P(−1, −14, 13) m, $A_1(0, 12, -12)$ m, $\vec{F}_1 = \begin{pmatrix} -3 \\ 4 \\ -6 \end{pmatrix}$ N, $A_2(2, -7, 7)$ m, $\vec{F}_2 = \begin{pmatrix} -7 \\ 4 \\ 11 \end{pmatrix}$ N

b) P(5, 0, 1) m, $A_1(8, 6, 3)$ m, $\vec{F}_1 = \begin{pmatrix} 11 \\ -13 \\ -10 \end{pmatrix}$ kN, $A_2(-8, -1, 14)$ m, $\vec{F}_2 = \begin{pmatrix} 10 \\ 5 \\ -5 \end{pmatrix}$ kN

c) P(−10, −5, 12) m, $A_1(9, -14, -14)$ m, $\vec{F}_1 = \begin{pmatrix} 11 \\ 8 \\ -5 \end{pmatrix}$ N, $A_2(-10, -1, -1)$ m, $\vec{F}_2 = \begin{pmatrix} -12 \\ 1 \\ 2 \end{pmatrix}$ N,

$A_3(-7, -1, -6)$ m, $\vec{F}_3 = \begin{pmatrix} -12 \\ -5 \\ 8 \end{pmatrix}$ N

d) P(10, −5, −11) m, $A_1(3, -8, 4)$ m, $\vec{F}_1 = \begin{pmatrix} -7 \\ 4 \\ 6 \end{pmatrix}$ N, $A_2(-11, 4, 12)$ m, $\vec{F}_2 = \begin{pmatrix} 12 \\ 10 \\ -5 \end{pmatrix}$ N,

$A_3(-14, -12, 2)$ m, $\vec{F}_3 = \begin{pmatrix} 9 \\ 11 \\ -1 \end{pmatrix}$ N

[1]) Carl Gustav Jacob JACOBI (1804—1851), deutscher Mathematiker.

808. Für die Zentrifugalkraft gilt: $\vec{F}_Z = -m\vec{\omega} \times (\vec{\omega} \times \vec{r})$

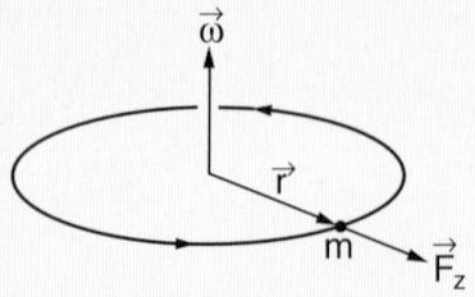

$\vec{\omega}$ ..... Winkelgeschwindigkeitsvektor der Drehung
$\vec{F}_Z$ ..... Zentrifugalkraft (Fliehkraft)
m ..... Masse
$\vec{r}$ ..... Abstandsvektor der Drehachse zur Masse m

Die rechte Spalte ist — entsprechend der Arbeitsanweisung und in Analogie zur linken Spalte auf einem separaten Blatt — zu vervollständigen:

Ein Körper mit der Masse m = 12 kg befindet sich momentan im Punkt A(2, 3, 6) und dreht sich mit 900 U/min um den Ursprung. Der Vektor $\vec{\omega}$ liegt zum Vektor $\vec{a} = \begin{pmatrix} 3 \\ 0 \\ 4 \end{pmatrix}$ parallel und weist in die selbe Richtung. $\vec{F}_Z$ und $|\vec{F}_Z|$ sind zu berechnen.

Um den Punkt M(2, 3, 7) rotiert ein Körper mit einer Masse m = 2 kg mit 810 U/min. Er befindet sich momentan im Punkt A (0, 2, 12). Drehachse und Drehsinn sind durch den Vektor $\vec{a} = \begin{pmatrix} 2 \\ -1 \\ 2 \end{pmatrix}$ gegeben. $\vec{F}_Z$ und $|\vec{F}_Z|$ sind zu berechnen.

Wir bestimmen zunächst den Vektor $\vec{r}$:

$$\vec{r} = \begin{pmatrix} 2 \\ 3 \\ 6 \end{pmatrix} - \begin{pmatrix} 0 \\ 0 \\ 0 \end{pmatrix} = \begin{pmatrix} 2 \\ 3 \\ 6 \end{pmatrix}$$

$\vec{r} =$

Der Betrag von $\vec{\omega}$ ergibt sich aus der Drehzahl (ω wird in rad/s angegeben)

$$\omega = \frac{900 \cdot 2\pi}{60} = 30\pi$$

$\omega =$

Der Einheitsvektor in Richtung $\vec{\omega}$ lautet:

$$\vec{a}_0 = \frac{\vec{a}}{|\vec{a}|} = \ldots = \frac{1}{5}\begin{pmatrix} 3 \\ 0 \\ 4 \end{pmatrix}$$

$\vec{a}_0 =$

Damit ergibt sich für $\vec{\omega}$:

$$\vec{\omega} = \omega \cdot \vec{a}_0 = 30\pi \cdot \frac{1}{5}\begin{pmatrix} 3 \\ 0 \\ 4 \end{pmatrix} = 6\pi\begin{pmatrix} 3 \\ 0 \\ 4 \end{pmatrix}$$

$\vec{\omega} =$

Für die Zentrifugalkraft gilt: $\vec{F}_Z = -m\vec{\omega} \times (\vec{\omega} \times \vec{r})$

$$\vec{\omega} \times \vec{r} = 6\pi\begin{pmatrix} 3 \\ 0 \\ 4 \end{pmatrix} \times \begin{pmatrix} 2 \\ 3 \\ 6 \end{pmatrix} = 6\pi\begin{pmatrix} -12 \\ -10 \\ 9 \end{pmatrix}$$

$$-m\vec{\omega} \times (\vec{\omega} \times \vec{r}) = -12(6\pi)^2\begin{pmatrix} 3 \\ 0 \\ 4 \end{pmatrix} \times \begin{pmatrix} -12 \\ -10 \\ 9 \end{pmatrix}$$

$$\vec{F}_Z = -432\pi^2\begin{pmatrix} 40 \\ -75 \\ -30 \end{pmatrix} = 2160\pi^2\begin{pmatrix} -8 \\ 15 \\ 6 \end{pmatrix}$$

$\vec{\omega} \times \vec{r} =$

$-m\vec{\omega} \times (\vec{\omega} \times \vec{r}) =$

$\vec{F}_Z =$

Der Betrag von $\vec{F}_Z$ ergibt sich aus:

$$|\vec{F}_Z| = 2160\pi^2\sqrt{8^2 + 15^2 + 6^2} = 384{,}3 \cdot 10^3$$

$$|\vec{F}_Z| = 384{,}3\ \text{kN}$$

$|\vec{F}_Z| =$

809. Um die Achse a[A(6, 5, 0) cm, B(4, −3, 6) cm] dreht sich ein Körper K mit der Masse m = 24 kg. Seine Entfernung von A beträgt 11 cm, von B 9 cm. Wie groß ist die Fliehkraft $\vec{F}_Z$ bei einer Drehzahl von 260 U/min?

Anleitung: Aus dem Dreieck ABK ist der Abstand r des Körpers von der Achse a zu berechnen. $\vec{r}$ ist dann ein Normalvektor auf a mit der Länge r.

810. In welche Richtung zeigt die Zentrifugalkraft $\vec{F}_Z = -m\,\vec{\omega} \times (\vec{\omega} \times \vec{r})$?

811. Wie groß ist die Zentrifugalkraft auf einen Menschen mit m = 70 kg auf Grund der Erddrehung an einem Ort mit der geografischen Breite **a)** 0° (Äquator) **b)** 23,5° (Wendekreis) **c)** 48,2° (Wien) **d)** 46,6° (Klagenfurt)? Um wie viel wird er dadurch leichter? (Erdradius $r_E = 6378$ km, Erdbeschleunigung $g = 9{,}81\,m/s^2$, Gewicht: $\vec{G} = m \cdot \vec{g}$, $\vec{g}$ zum Erdmittelpunkt gerichtet)

812. Der „Saturn" (vgl. nachstehende Fotos) steht in der xy-Ebene, der Arm bewegt sich in der xz-Ebene. Es ist der Ausdruck für den Winkelgeschwindigkeitsvektor $\vec{\omega}$ in Abhängigkeit des Winkels α gesucht. $|\vec{\omega}| = 40\,U/min$!

813. Bewegt sich ein elektrisch geladenes Teilchen mit der Geschwindigkeit $\vec{v}$ durch ein Magnetfeld $\vec{B}$, so erfährt es die sogenannte **LORENTZ-Kraft**[1] $\vec{F} = Q\vec{v} \times \vec{B}$, wobei Q die Ladung des Teilchens ist. Das Magnetfeld ist durch den Vektor $\vec{B} = \begin{pmatrix} 0 \\ 0 \\ -0{,}4 \end{pmatrix}$T und die Ladung Q = 0,3 C gegeben.

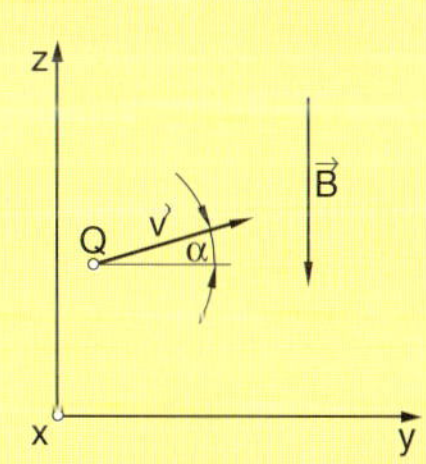

Wie groß ist die LORENTZ-Kraft für:

a) $\alpha = 0°$, $|\vec{v}| = 2\,m/s$

b) $\alpha = 30°$, $|\vec{v}| = 5\,m/s$

c) $\vec{v} = \begin{pmatrix} 3 \\ 2{,}5 \\ 4 \end{pmatrix} m/s$

d) $\alpha = 90°$, $|\vec{v}| = 10\,km/h$

Bemerkung: [B] = 1 T, [Q] = 1 C; T.....Tesla, C.....Coulomb.

[1]) Hendrik Antoon LORENTZ (1853—1928), niederländischer Physiker.

814. Mit Hilfe des vektoriellen Produkts sind die rot eingezeichneten Winkel zu berechnen:

a)

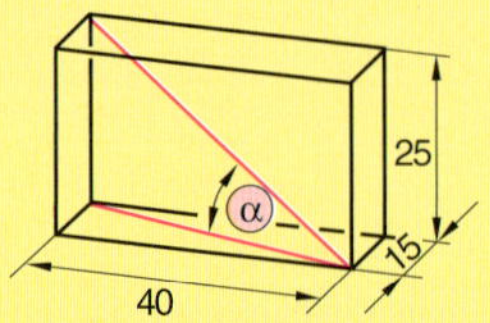

b)

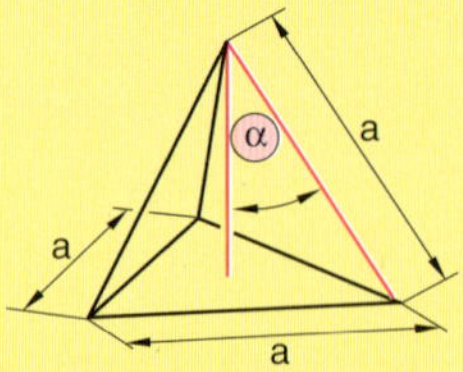

c)

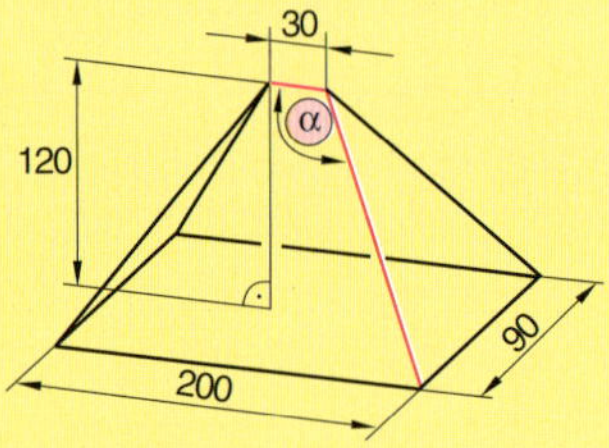

d)

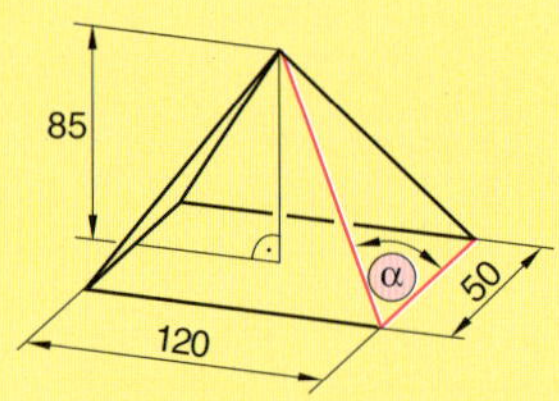

815. Es ist das Volumen des geraden vierseitigen Prismas mit den Kanten $\vec{a}$, $\vec{b}$ und $\vec{a} \times \vec{b}$ zu berechnen:

a) $\vec{a} = \begin{pmatrix} -2 \\ -5 \\ -13 \end{pmatrix}$, $\vec{b} = \begin{pmatrix} -5 \\ 14 \\ 14 \end{pmatrix}$ **b)** $\vec{a} = \begin{pmatrix} -11 \\ 13 \\ 1 \end{pmatrix}$, $\vec{b} = \begin{pmatrix} 4 \\ -6 \\ -10 \end{pmatrix}$ **c)** $\vec{a} = \begin{pmatrix} -3 \\ -4 \\ 4 \end{pmatrix}$, $\vec{b} = \begin{pmatrix} 12 \\ -8 \\ 11 \end{pmatrix}$ **d)** $\vec{a} = \begin{pmatrix} 3 \\ -14 \\ 15 \end{pmatrix}$, $\vec{b} = \begin{pmatrix} -8 \\ -5 \\ 1 \end{pmatrix}$

Die folgenden Aufgaben untersuchen die Eigenschaften des vektoriellen Produktes näher:

816. Die rechte Spalte ist — entsprechend der Arbeitsanweisung und in Analogie zur linken Spalte auf einem separaten Blatt — zu vervollständigen:

Es ist der Betrag von $\vec{a} \times \vec{b}$ (d. h. der Flächeninhalt des von $\vec{a}$ und $\vec{b}$ aufgespannten Parallelogramms) unter Verwendung des skalaren Produkts zu berechnen:

$\vec{a} = \begin{pmatrix} x_1 \\ y_1 \\ z_1 \end{pmatrix}$, $\vec{b} = \begin{pmatrix} x_2 \\ y_2 \\ z_2 \end{pmatrix}$	$\vec{a} = \begin{pmatrix} -3 \\ 2 \\ 5 \end{pmatrix}$, $\vec{b} = \begin{pmatrix} 4 \\ -1 \\ 1 \end{pmatrix}$

Zuerst wird der Betrag berechnet:

$\lvert\vec{a}\rvert = \sqrt{x_1^2 + y_1^2 + z_1^2}$	$\lvert\vec{a}\rvert =$
$\lvert\vec{b}\rvert = \sqrt{x_2^2 + y_2^2 + z_2^2}$	$\lvert\vec{b}\rvert =$

Der Winkel zwischen den Vektoren wird mit Hilfe des skalaren Produkts bestimmt:

$\vec{a} \cdot \vec{b} = x_1 x_2 + y_1 y_2 + z_1 z_2$	$\vec{a} \cdot \vec{b} =$
$\cos \varphi = \frac{\vec{a} \cdot \vec{b}}{\lvert\vec{a}\rvert \lvert\vec{b}\rvert}$	$\cos \varphi =$
$\varphi = \arccos \frac{\vec{a} \cdot \vec{b}}{\lvert\vec{a}\rvert \cdot \lvert\vec{b}\rvert}$	$\varphi =$

Die Höhe des Parallelogramms ergibt sich aus:

$h_a = \lvert\vec{b}\rvert \cdot \sin \varphi$	$h =$

und damit die Fläche:

$A = \lvert\vec{a}\rvert \cdot h_a$	$A =$

817. Es ist $\lvert\vec{a} \times \vec{b}\rvert$ mit Hilfe des (1) vektoriellen Produkts (2) skalaren Produkts zu berechnen:

a) $\vec{a} = \begin{pmatrix} -11 \\ -4 \\ 10 \end{pmatrix}$, $\vec{b} = \begin{pmatrix} -1 \\ -14 \\ 13 \end{pmatrix}$ **b)** $\vec{a} = \begin{pmatrix} 0 \\ 12 \\ -12 \end{pmatrix}$, $\vec{b} = \begin{pmatrix} -3 \\ 4 \\ -6 \end{pmatrix}$ **c)** $\vec{a} = \begin{pmatrix} 2 \\ -7 \\ 7 \end{pmatrix}$, $\vec{b} = \begin{pmatrix} -7 \\ 4 \\ 11 \end{pmatrix}$ **d)** $\vec{a} = \begin{pmatrix} -5 \\ 9 \\ 4 \end{pmatrix}$, $\vec{b} = \begin{pmatrix} -8 \\ 6 \\ -3 \end{pmatrix}$

818. Es ist zu zeigen:

a) $\vec{a} \times \vec{a} = \vec{o}$

b) $\vec{a} \parallel \vec{b} \Leftrightarrow \vec{a} \times \vec{b} = \vec{o}$

c) $(\vec{a} \times \vec{b})^2 = a^2b^2 - (\vec{a} \cdot \vec{b})^2$

d) Aus $\vec{a} \times \vec{x} = \vec{b}$ ist $\vec{x}$ nicht eindeutig zu bestimmen.

Für die Basisvektoren $\vec{i}$, $\vec{j}$ und $\vec{k}$ des kartesischen Koordinatensystems gelten folgende Zusammenhänge:

(4) $\vec{i} \times \vec{i} = \vec{j} \times \vec{j} = \vec{k} \times \vec{k} = \vec{o}$

(5) $\vec{i} \times \vec{j} = \vec{k},\ \vec{j} \times \vec{k} = \vec{i},\ \vec{k} \times \vec{i} = \vec{j},\ \vec{j} \times \vec{i} = -\vec{k},\ \vec{k} \times \vec{j} = -\vec{i},\ \vec{i} \times \vec{k} = -\vec{j}$

Weiters gelten für das vektorielle Produkt noch folgende Rechenregeln:

(6) $c(\vec{a} \times \vec{b}) = c \cdot \vec{a} \times \vec{b} = \vec{a} \times c\vec{b}$

(7) Distributivgesetz bezüglich Vektoraddition:

$\vec{a} \times (\vec{b} + \vec{c}) = (\vec{a} \times \vec{b}) + (\vec{a} \times \vec{c})$ $\qquad$ $(\vec{b} + \vec{c}) \times \vec{a} = (\vec{b} \times \vec{a}) + (\vec{c} \times \vec{a})$

819. Es ist zu überprüfen, ob (4) und (5) den Regeln (1), (2) und (3) (vgl. Seite 156) entsprechen.

820. Das Vektorprodukt $\vec{a} \times \vec{b}$ soll mittels (1) bis (7) berechnet werden. (Ohne Rechenschema!)

$\vec{a} = \begin{pmatrix} x_1 \\ y_1 \\ z_1 \end{pmatrix}, \quad \vec{b} = \begin{pmatrix} x_2 \\ y_2 \\ z_2 \end{pmatrix}$ $\qquad$ | $\qquad$ $\vec{a} = \begin{pmatrix} 9 \\ 12 \\ 9 \end{pmatrix}, \quad \vec{b} = \begin{pmatrix} 8 \\ 8 \\ -15 \end{pmatrix}$

Wir schreiben die Vektoren in Komponentendarstellung an:

$\vec{a} = x_1\vec{i} + y_1\vec{j} + z_1\vec{k}$ $\qquad$ | $\qquad$ $\vec{a} =$

$\vec{b} = x_2\vec{i} + y_2\vec{j} + z_2\vec{k}$ $\qquad$ | $\qquad$ $\vec{b} =$

Das Produkt wird angeschrieben:

$(x_1\vec{i} + y_1\vec{j} + z_1\vec{k}) \times (x_2\vec{i} + y_2\vec{j} + z_2\vec{k})$ $\qquad$ |

Jetzt wird unter Berücksichtigung der Reihenfolge ausmultipliziert:

$$x_1\vec{i} \times x_2\vec{i} + x_1\vec{i} \times y_2\vec{j} + x_1\vec{i} \times z_2\vec{k} +$$
$$+ y_1\vec{j} \times x_2\vec{i} + y_1\vec{j} \times y_2\vec{j} + y_1\vec{j} \times z_2\vec{k} +$$
$$+ z_1\vec{k} \times x_2\vec{i} + z_1\vec{k} \times y_2\vec{j} + z_1\vec{k} \times z_2\vec{k}$$

Wir wenden (6) an:

$$x_1x_2(\vec{i} \times \vec{i}) + x_1y_2(\vec{i} \times \vec{j}) + x_1z_2(\vec{i} \times \vec{k}) +$$
$$+ y_1x_2(\vec{j} \times \vec{i}) + y_1y_2(\vec{j} \times \vec{j}) + y_1z_2(\vec{j} \times \vec{k}) +$$
$$+ z_1x_2(\vec{k} \times \vec{i}) + z_1y_2(\vec{k} \times \vec{j}) + z_1z_2(\vec{k} \times \vec{k})$$

820. (Fortsetzung)

Unter Verwendung der Beziehungen (4) und (5) ergibt sich:

$$x_1y_2\vec{k} - x_1z_2\vec{j} - y_1x_2\vec{k} + y_1z_2\vec{i} + z_1x_2\vec{j} - z_1y_2\vec{i} =$$
$$= (y_1z_2 - y_2z_1)\vec{i} - (x_1z_2 - x_2z_1)\vec{j} + (x_1y_2 - x_2y_1)\vec{k}$$

in Koordinatendarstellung:

$$\vec{a} \times \vec{b} = \begin{pmatrix} x_1 \\ y_1 \\ z_1 \end{pmatrix} \times \begin{pmatrix} x_2 \\ y_2 \\ z_2 \end{pmatrix} = \begin{pmatrix} y_1z_2 - y_2z_1 \\ -(x_1z_2 - x_2z_1) \\ x_1y_2 - x_2y_1 \end{pmatrix}$$

$$\vec{a} \times \vec{b} = \begin{pmatrix} 9 \\ 12 \\ 9 \end{pmatrix} \times \begin{pmatrix} 8 \\ 8 \\ -15 \end{pmatrix} =$$

Drei Vektoren $\vec{a}$, $\vec{b}$, $\vec{c}$ spannen ein sogenanntes **Parallelepiped** auf. Sein Volumen V lässt sich folgendermaßen berechnen:

$$V = |(\vec{a} \times \vec{b}) \cdot \vec{c}|$$

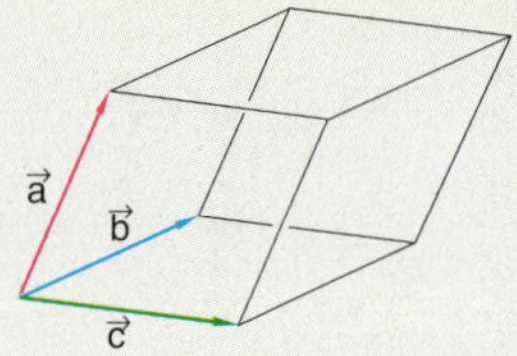

Den Ausdruck $(\vec{a} \times \vec{b}) \cdot \vec{c}$ nennt man **Spatprodukt („boxproduct")**.

821. Die rechte Spalte ist — entsprechend der Arbeitsanweisung und in Analogie zur linken Spalte auf einem separaten Blatt — zu vervollständigen:

Es ist das Volumen des von den drei Vektoren $\vec{a}$, $\vec{b}$, und $\vec{c}$ aufgespannten Parallelepipeds zu berechnen:

$$\vec{a} = \begin{pmatrix} 2 \\ 1 \\ 3 \end{pmatrix},\ \vec{b} = \begin{pmatrix} 4 \\ -2 \\ 1 \end{pmatrix},\ \vec{c} = \begin{pmatrix} -2 \\ 1 \\ 5 \end{pmatrix}$$

$$\vec{a} = \begin{pmatrix} -3 \\ 5 \\ 2 \end{pmatrix},\ \vec{b} = \begin{pmatrix} 2 \\ 2 \\ 0 \end{pmatrix},\ \vec{c} = \begin{pmatrix} 1 \\ -2 \\ 5 \end{pmatrix}$$

Für das Volumen des Parallelepipeds gilt: $V = |(\vec{a} \times \vec{b}) \cdot \vec{c}|$

Wir berechnen zuerst das Vektorprodukt $\vec{a} \times \vec{b}$:

$$\vec{a} \times \vec{b} = \begin{pmatrix} 2 \\ 1 \\ 3 \end{pmatrix} \times \begin{pmatrix} 4 \\ -2 \\ 1 \end{pmatrix} = \begin{pmatrix} 7 \\ 10 \\ -8 \end{pmatrix}$$

$$\vec{a} \times \vec{b} =$$

Jetzt bildet man das Skalarprodukt mit $\vec{c}$:

$$|(\vec{a} \times \vec{b}) \cdot \vec{c}| = \begin{pmatrix} 7 \\ 10 \\ -8 \end{pmatrix} \cdot \begin{pmatrix} -2 \\ 1 \\ 5 \end{pmatrix} = |-14 + 10 - 40|$$

$$|(\vec{a} \times \vec{b}) \cdot \vec{c}|$$

Das Volumen ist damit

$V = 44$

822. Es ist das Spatprodukt zu berechnen:

a) $\vec{a} = \begin{pmatrix} 0 \\ -11 \\ 3 \end{pmatrix},\ \vec{b} = \begin{pmatrix} -12 \\ 13 \\ 5 \end{pmatrix},\ \vec{c} = \begin{pmatrix} 12 \\ 10 \\ -12 \end{pmatrix}$

b) $\vec{a} = \begin{pmatrix} 3 \\ 8 \\ -9 \end{pmatrix},\ \vec{b} = \begin{pmatrix} -4 \\ 1 \\ 14 \end{pmatrix},\ \vec{c} = \begin{pmatrix} 6 \\ -2 \\ 3 \end{pmatrix}$

c) $\vec{a} = \begin{pmatrix} -6 \\ 8 \\ -4 \end{pmatrix},\ \vec{b} = \begin{pmatrix} 10 \\ 5 \\ -9 \end{pmatrix},\ \vec{c} = \begin{pmatrix} -8 \\ -5 \\ 5 \end{pmatrix}$

d) $\vec{a} = \begin{pmatrix} 11 \\ -10 \\ -11 \end{pmatrix},\ \vec{b} = \begin{pmatrix} 14 \\ -14 \\ -4 \end{pmatrix},\ \vec{c} = \begin{pmatrix} 7 \\ -7 \\ 7 \end{pmatrix}$

823. Es ist das Volumen des Parallelepipeds zu berechnen:

a) [A(−9, −19, −22), B(2, −8, 3), C(−22, −18, −6), D, E(−11, −4, 14), F, G, H]

b) [A(−15, −6, 8), B, C, D(−15, 23, 22), E(−11, −7, −14), F(24, −8, 2), G, H]

c) [A, B(25, 18, 6), C(−17, 1, 23), D(−21, 0, −20), E, F, G, H(20, 4, −8)]

d) [A, B, C, D(9, −3, 11), E(−12, 11, −7), F(9, −17, 15), G, H(−8, 13, −10)]

PARAMETERDARSTELLUNG VON FUNKTIONEN

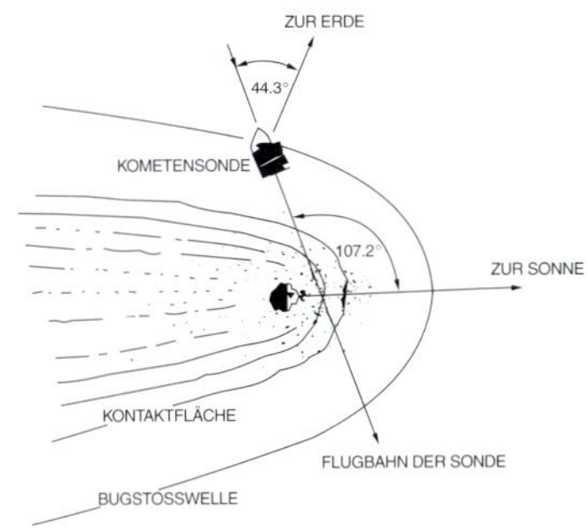

Der HALLEYsche Komet[1] ist schon seit Jahrhunderten ein Objekt von Spekulationen, Ängsten und Hoffnungen. Nur alle 76 Jahre kommt er der Erde nahe. 1986 war das zuletzt der Fall! Gleich 5 Sonden wurden von der Erde 140 Millionen km weit gesandt, um Aufnahmen vom Kometen zu machen und ihn zu erforschen[2]:

— Vega 1 und Vega 2 waren russische Sonden.
— Sukigake und Suisei waren japanische Sonden.
— Giotto war eine europäische Sonde.

Die Aktion funktionierte wie geplant. Zunächst erreichten die beiden russischen und eine der japanischen Sonden den Kometen in relativ großer Entfernung. Dann hatte „Giotto" seinen großen Auftritt: Er „durchflog" den Kometen und lieferte den Forschern einzigartige Bilder vom Kometenkern. (Bei einer Geschwindigkeit von $68{,}4\,\frac{km}{s}$ eine beachtenswerte Leistung!)

Um das präzise Zusammentreffen der 4 Raumsonden mit dem Kometen voraus zu planen hatten sich die Astronauten zu überlegen, **wo** sich der Komet **wann** befand. Die Koordinaten x, y, z legen zwar einen Punkt genau fest — diesen mussten aber die Wissenschafter in Abhängigkeit von der Zeit t kennen! Dadurch konnte z. B. vorherberechnet werden, dass die größte Annäherung der Sonde „Giotto" an den Kometen exakt am 14. März 1986 um 00:03:02 Uhr erfolgen wird (596 km!).

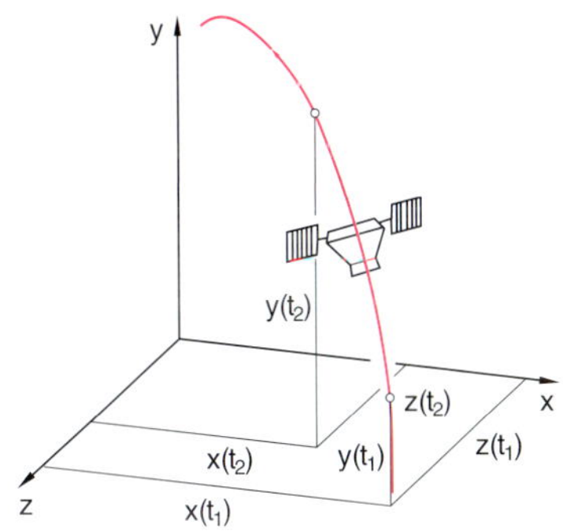

Jedem Zeitpunkt t werden eine x-, y- bzw. z-Koordinate zugeordnet. Die Gesamtheit dieser Punkte ergibt die Bahnkurve.

Wenn Koordinaten in Abhängigkeit von einer weiteren Variablen — hier ist es t — angegeben werden, spricht man von einer **Parameterdarstellung**[3].

Die Hilfsvariable t nennt man **Parameter**. Der Parameter ist also eine unabhängige Variable, durch die man andere Variablen beschreiben kann.

Sicherlich ist die Informationsflut des vorigen Absatzes im ersten Augenblick etwas verwirrend. Und was eine „Kurve in Parameterdarstellung" ist, lässt sich auf Grund der einleitenden theoretisch anmutenden Erklärungen auch wirklich nicht leicht verstehen.

Verlassen wir deshalb die Astronomie und schauen wir uns ein Beispiel an, das sich auf das mathematisch Wesentliche beschränkt. Die Gleichungen **(1)** $x = 3t$ und **(2)** $y = -t + 1$ liefern nachstehende Wertetabelle:

t	−6	−5	−4	−3	−2	−1	0	1	2	3	4	5	6
x	−18	−15	−12	−9	−6	−3	0	3	6	9	12	15	18
y	7	6	5	4	3	2	1	0	−1	−2	−3	−4	−5

Die durch die Gleichungen **(1)** und **(2)** festgelegte Funktion f lässt sich in Parameterform anschreiben: $t: t \mapsto \begin{cases} x = 3t \\ y = -t + 1 \end{cases}$

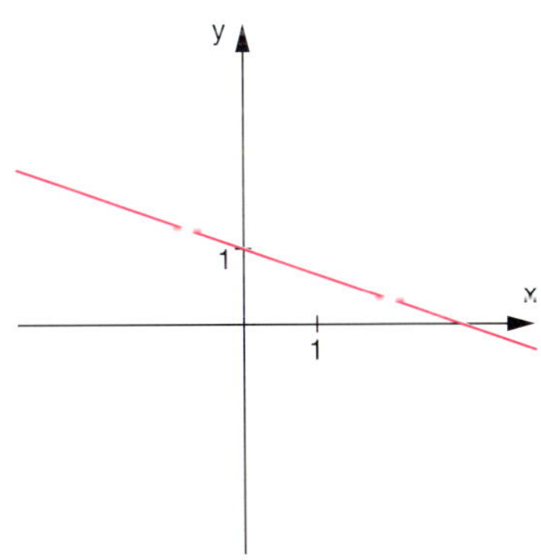

Die t-Werte wurden beliebig gewählt und die zugehörige x- bzw. y-Koordinate durch Einsetzen in die Gleichungen **(1)** und **(2)** berechnet. Zeichnet man die x- und die jeweils zugehörigen y-Werte in ein kartesisches Koordinatensystem, ergibt sich eine Gerade. (Vgl. Außenspalte)

---

[1]) Benannt nach **Edmond HALLEY** (1656—1742), englischer Naturwissenschafter.

[2]) Wie sich zeigte, ist der Komet eigentlich nur ein „schmutziger Schneeball": Er besteht ausschließlich aus Eis und Gestein.

[3]) παραμετρέω (gr.): noch etwas messen.

Gibt es eine **allgemeine** Methode, eine in Parameterform gegebene Kurve parameterfrei darzustellen? Leider nein. Es lässt sich keine feste Regel angeben. Einige Möglichkeiten sollen jedoch im folgenden Beispiel vorgestellt werden.

Beispiel:

Die in Parameterdarstellungen gegebenen Kurven **a)** $f\colon t \mapsto \begin{cases} x = 4\cos t \\ y = 7\sin t \end{cases}$ **b)** $f\colon t \mapsto \begin{cases} x = 2 + t^2 \\ y = 5 - t \end{cases}$ **c)** $f\colon t \mapsto \begin{cases} x = 7 - 5t \\ y = 3 - 10t \end{cases}$ sind durch Funktionsgleichungen $y = f(x)$ darzustellen.

Lösung:

a) $x = 4\cos t \Rightarrow \frac{x^2}{16} = \cos^2 t$

$y = 7\sin t \Rightarrow \frac{y^2}{49} = \sin^2 t$ (+)

$\Rightarrow \frac{x^2}{16} + \frac{y^2}{49} = 1$

$y = \pm\frac{7}{4}\sqrt{16 - x^2}$

Möglichkeit ①: Verwendung der Identität $\sin^2 t + \cos^2 t = 1$.

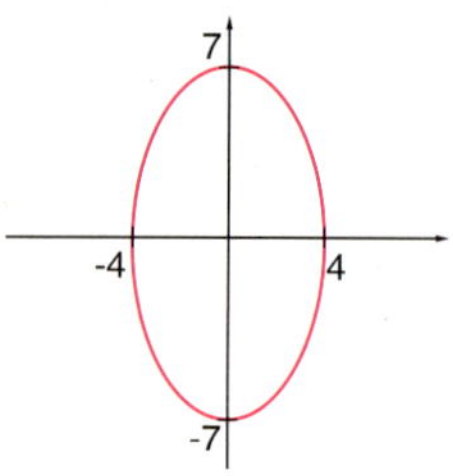

b) $y = 5 - t \Rightarrow t = 5 - y$

$x = 2 + t^2 = 2 + (5 - y)^2$

$\Rightarrow (5 - y)^2 = x - 2$

$5 - y = \pm\sqrt{x - 2}$

$y = 5 \pm \sqrt{x - 2}$

Möglichkeit ②: Der Parameter wird aus einer Gleichung explizit ausgerechnet und in die zweite Gleichung eingesetzt.

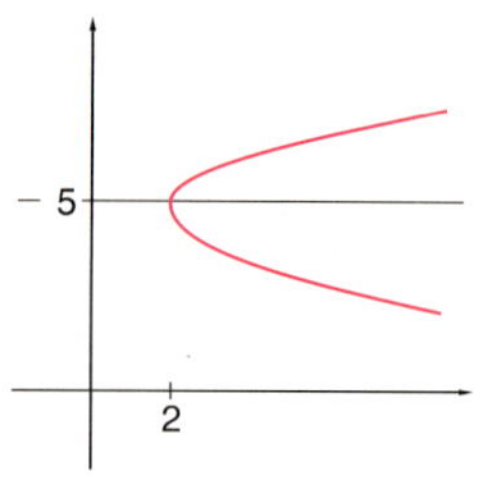

c) $x = 7 - 5t \quad | \cdot (-2)$

$-2x = -14 + 10t$

$y = -10t$ (+)

$\Rightarrow -2x + y = -11$

$y = 2x - 11$

Möglichkeit ③: Direkte Elimination.

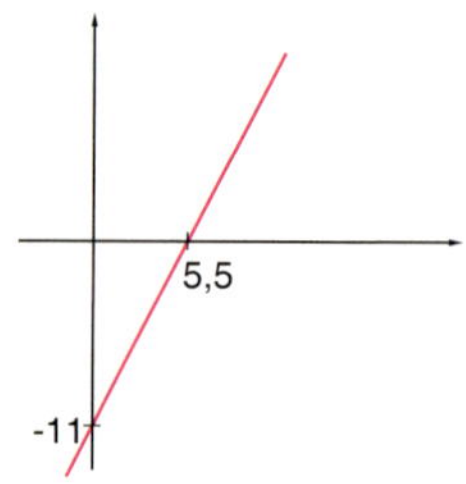

Parameterdarstellung von $y = f(x)$

$f\colon t \mapsto \begin{cases} x = t \\ y = f(t) \end{cases}$

Diese Parameterdarstellung wird allerdings nicht immer die eleganteste sein.

Umgekehrt gelingt es sehr einfach, eine mögliche Parameterdarstellung zu einer Funktion $y = f(x)$ zu finden (vgl. Außenspalte), indem man $x = x(t)$ beliebig wählt (z. B. $x = t$) und in die Gleichung $y = f(x)$ einsetzt.

Beispiel:

Geg.: $y = 17x^6 - 3x^3 + 7$

Ges.: Zwei verschiedene Parameterdarstellungen

Lösung:

(1) $f\colon t \mapsto \begin{cases} x = t \\ y = 17t^6 - 3t^3 + 7 \end{cases}$ (2) $f\colon t \mapsto \begin{cases} x = \sqrt[3]{t} \\ y = 17t^2 - 3t + 7 \end{cases}$

Der große Vorteil der Parameterdarstellung wird erst augenscheinlich, wenn wir Kurven betrachten, die sich nicht mehr in der Form $y = f(x)$ darstellen lassen. Eine ganze Reihe von ihnen, die sogenannten **Abrollkurven**, gehören zum mathematischen „Standardrüstzeug“ des Technikers. Wir unterscheiden drei Hauptgruppen:

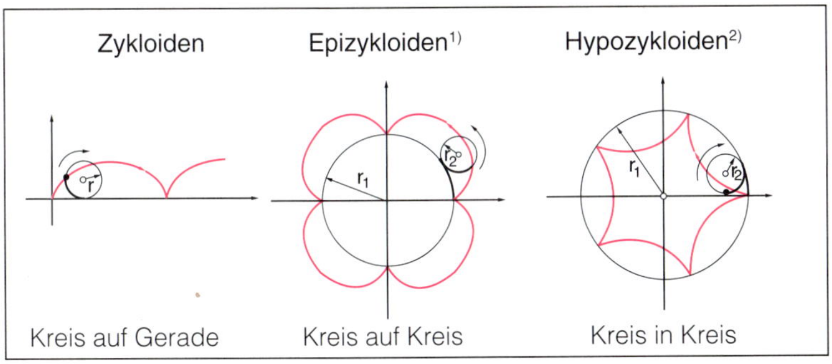

Die allgemeinen Gleichungen dieser Kurven lauten:

Zykloide:

$$f:\ t \mapsto \begin{cases} x = r\,(t - \sin t) \\ y = r\,(1 - \cos t) \end{cases}$$

Epizykloide:

$$f:\ t \mapsto \begin{cases} x = (r_1 + r_2)\cos t - r_2 \cos \frac{r_1 + r_2}{r_2}\,t \\ y = (r_1 + r_2)\sin t - r_2 \sin \frac{r_1 + r_2}{r_2}\,t \end{cases}$$

Hypozykloide:

$$f:\ t \mapsto \begin{cases} x = (r_1 - r_2)\cos t + r_2 \cos \frac{r_1 - r_2}{r_2}\,t \\ y = (r_1 - r_2)\sin t - r_2 \sin \frac{r_1 - r_2}{r_2}\,t \end{cases}$$

Aus den gegebenen Kurvengleichungen lassen sich die Radien der beiden Kreise durch Vergleich der — rot gedruckten — Koeffizienten leicht ermitteln. Ist das Verhältnis der Radien ganzzahlig, so entsteht nach einem Um- bzw. Inlauf eine diesem Verhältnis entsprechende symmetrische, geschlossene Kurve.

Beispiel:

Es sind die Graphen folgender Parameterdarstellungen für $0 \leqslant t \leqslant 2\pi$ gesucht:

a) $f:\ t \mapsto \begin{cases} x = 3\,(t - \sin t) \\ y = 3\,(1 - \cos t) \end{cases}$ **b)** $f:\ t \mapsto \begin{cases} x = 8\cos t - 2\cos 4t \\ y = 8\sin t - 2\sin 4t \end{cases}$ **c)** $f:\ t \mapsto \begin{cases} x = 4\cos t + \cos 4t \\ y = 4\sin t - \sin 4t \end{cases}$

Lösung:

a)

t	x	y
0	0	0
$\frac{\pi}{4}$	0,23	0,88
$\frac{\pi}{2}$	1,71	3
$\frac{3\pi}{4}$	4,95	5,12
π	3π	6
$\frac{5\pi}{4}$	13,90	5,12
$\frac{3\pi}{2}$	17,14	3
$\frac{7\pi}{4}$	18,61	0,88
2π	6π	0

b)

t	x	y
0	6	0
$\frac{\pi}{3}$	5	$5\sqrt{3}$
$\frac{\pi}{2}$	−2	8
$\frac{2\pi}{3}$	−3	$3\sqrt{3}$
π	−10	0
$\frac{4\pi}{3}$	−3	$-3\sqrt{3}$
$\frac{3\pi}{2}$	−2	−8
$\frac{5\pi}{3}$	5	$-5\sqrt{3}$
2π	6	0

c)

t	x	y
0	5	0
$\frac{\pi}{5}$	2,43	1,76
$\frac{2\pi}{5}$	1,55	4,76
$\frac{\pi}{2}$	1	4
$\frac{3\pi}{5}$	−0,93	2,85
$\frac{4\pi}{5}$	−4,05	2,94
π	−3	0
$\frac{6\pi}{5}$	−4,05	−2,94
$\frac{7\pi}{5}$	−0,93	−2,85
$\frac{3\pi}{2}$	1	−4
$\frac{8\pi}{5}$	1,55	−4,76
$\frac{9\pi}{5}$	2,43	−1,76
2π	5	0

$r = 3$

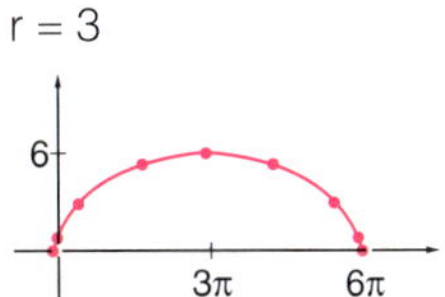

$r_2 = 2 \quad r_1 = 8 - 2 = 6$

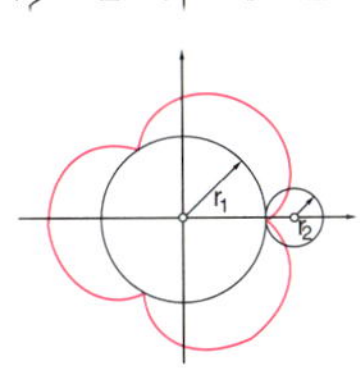

$r_2 = 1 \quad r_1 = 4 + 1 = 5$

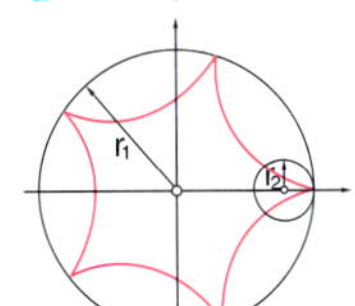

[1] Auch **Aufradlinie** oder **Epitrochoide** genannt.
[2] Auch **Inradlinie** oder **Hypotrochoide** genannt.

AUFGABEN

824. Es sind folgende Kurven zu konstruieren:

a) $f\colon t \mapsto \begin{cases} x = -8 + t^2 \\ y = 4 + t \end{cases}$ **b)** $f\colon t \mapsto \begin{cases} x = 3 + t^2 \\ y = 5 - t \end{cases}$ **c)** $f\colon t \mapsto \begin{cases} x = 2\cos t \\ y = 7\sin t \end{cases}$

d) $f\colon t \mapsto \begin{cases} x = 2\,(t - \sin t) \\ y = 2\,(1 - \cos t) \end{cases}$ **e)** $f\colon t \mapsto \begin{cases} x = 5\cos t - \cos 5t \\ y = 5\sin t - \sin 5t \end{cases}$ **f)** $f\colon t \mapsto \begin{cases} x = 5\cos t + \cos 5t \\ y = 5\sin t - \sin 5t \end{cases}$

825. Für die in Parameterform gegebenen Kurven ist die Darstellung $y = f(x)$ zu ermitteln:

a) $f\colon t \mapsto \begin{cases} x = 3 + t \\ y = 7 - t \end{cases}$ **b)** $f\colon t \mapsto \begin{cases} x = 18 - 7t \\ y = 3 + 5t \end{cases}$ **c)** $f\colon t \mapsto \begin{cases} x = 12 + t^2 \\ y = t + 2 \end{cases}$

d) $f\colon t \mapsto \begin{cases} x = t^2 - 7 \\ y = t^2 + 8 \end{cases}$ **e)** $f\colon t \mapsto \begin{cases} x = r\cos t \\ y = r\sin t \end{cases}$ **f)** $f\colon t \mapsto \begin{cases} x = a\cos t \\ y = b\sin t \end{cases}$

826. Es ist eine Parameterdarstellung für folgende Funktionen anzugeben, wobei eine allenfalls gegebene Zuordnung $x = x(t)$ heranzuziehen ist!

In welchen Fällen erhält man durch die Angabe von $x = x(t)$ keine „einfache" Parameterdarstellung?

Welche Gleichung sollte man dann z. B. wählen, um eine für die praktische Rechnung möglichst geschickte Darstellung zu gewinnen?

a) $y = 4\sqrt{x} + \frac{x}{2}$, $x = t^2$ **b)** $y = \frac{x^2}{3} + \sqrt[3]{x}$ **c)** $y = \frac{x^2}{2} - \frac{1}{x}$, $x = t$

d) $y = e^x$, $x = \ln t$ **e)** $y = \ln x\,(\ln x + 1)$ **f)** $y = \sin(x^3 - 5)$, $x = \sqrt[3]{t + 5}$

827. Es ist der Graph der Funktion $g\colon t \mapsto \begin{cases} x = 5t - 3\sin t \\ y = 5 - 3\cos t \end{cases}$ für $0 \leq t \leq 4\pi$ gesucht.

Bemerkung: Diese Kurve heißt **gestreckte Radlinie**.

828. Gegeben: a) $f\colon t \mapsto \begin{cases} x = 7t - 10\sin t \\ y = 7 - 10\cos t \end{cases}$ **b)** $f\colon t \mapsto \begin{cases} x = 3t - 6\sin t \\ y = 3 - 6\cos t \end{cases}$

Gesucht: Graph im Intervall $0 \leq t \leq 6\pi$.

Bemerkung: Es handelt sich um sogenannte **verschlungene Radlinien**.

LINEARE OPTIMIERUNG

1. Ein Beispiel aus der Volksschule ...

Dem rührigen Kulturverein der Stadt Knittelfeld ist es wieder einmal gelungen, eine beliebte Musikgruppe für ein Konzert zu gewinnen. Der Saal, in dem die Veranstaltung stattfinden soll, kann maximal 800 Besucher aufnehmen. Ein Sitzplatz kostet 8 Euro, ein Stehplatz 4 Euro. Allerdings stehen nur 300 Sitzplätze zur Verfügung. Wie viele Sitzplätze und wie viele Stehplätze muss der Kulturverein verkaufen, um einen möglichst hohen Erlös zu erzielen?

Dieses Beispiel passt wohl eher in die Volksschule als in den Mathematikunterricht einer Oberstufenklasse? Möglich — aber lehrreich ist es auf alle Fälle: Denn den einzuschlagenden Weg, die Methodik der **linearen Optimierung** (vgl. Außenspalte), können wir am besten an so einem einfachen Beispiel kennen lernen. Wir wollen streng systematisch sein, alle Schritte nummerieren und auch bei schwierigeren Aufgaben analog vorgehen.

Die lineare Optimierung hat zum Ziel, Maximum oder Minimum einer linearen Funktion zu bestimmen. Mit anderen Worten: Aufgabe der linearen Optimierung ist es, den bestmöglichen Wert für ein vorgegebenes Ziel unter gewissen einschränkenden Bedingungen zu erreichen. Die einschränkenden Bedingungen lassen sich in Form linearer Ungleichungen darstellen.

Die lineare Optimierung wird z. B. bei Entscheidungen im Bereich der Produktionsplanung, der Landwirtschaft oder der Lebensmittelindustrie herangezogen.

Wir werden hier nur einfache Optimierungsaufgaben lösen und bedienen uns dabei der grafischen Methode. Diese ist nur einsetzbar, wenn sich die einschränkenden Bedingungen der Aufgabe in die Form eines Systems linearer Ungleichungen in zwei Variablen bringen lassen.

① Festlegung der Variablen für die gesuchten Größen

x ..... Anzahl der Sitzplätze   y ..... Anzahl der Stehplätze

② Formulierung der einschränkenden Bedingungen (Nebenbedingungen) in Form von Ungleichungen

Es stehen höchstens 300 Sitzplätze zur Verfügung. Außerdem fasst der Saal nur 800 Besucher. Diese Einschränkungen werden in der „Sprache der Mathematik" ausgedrückt.

$$x \leq 300$$
$$x + y \leq 800 \Leftrightarrow y \leq 800 - x$$

Außerdem gibt es keine negative Anzahl von Plätzen. Dieser Einschränkung wird durch die sogenannten **Nichtnegativitätsbedingungen** Rechnung getragen: $x \geq 0, y \geq 0$.

③ Erstellung der „Zielfunktion"

Die Funktion, die eine Aussage über den Erlös macht, heißt **Zielfunktion Z**. Der Erlös hängt sicherlich von der Anzahl x der verkauften Sitzplätze und der Anzahl y der verkauften Stehplätze ab.

$$\Rightarrow Z = 8x + 4y \Leftrightarrow y = -2x + \frac{Z}{4}$$

Es empfiehlt sich, in der Zielfunktion die Variable y explizit darzustellen.

④ Anfertigung eines Planungsfeldes im geeigneten Maßstab

Die Ungleichungen (1) $x \leq 300$ (2) $y \leq 800 - x$ (3) $x \geq 0$ (4) $y \geq 0$ sollen in einem Koordinatensystem grafisch dargestellt werden. Beginnen wir mit der Ungleichung $x \leq 300$. Ein schwieriges Problem. Die Gleichung von $x = 300$ ist eine Gerade (vgl. nebenstehende Figur). Die Ungleichung $x \leq 300$ wird hingegen durch eine Halbebene grafisch veranschaulicht, d. h. durch die Menge aller Punkte, deren Koordinaten die Ungleichung erfüllen! Nehmen wir z. B. den Punkt P(1, 1): P erfüllt die Ungleichung: $1 \leq 300 (w) \Rightarrow P \in h$.

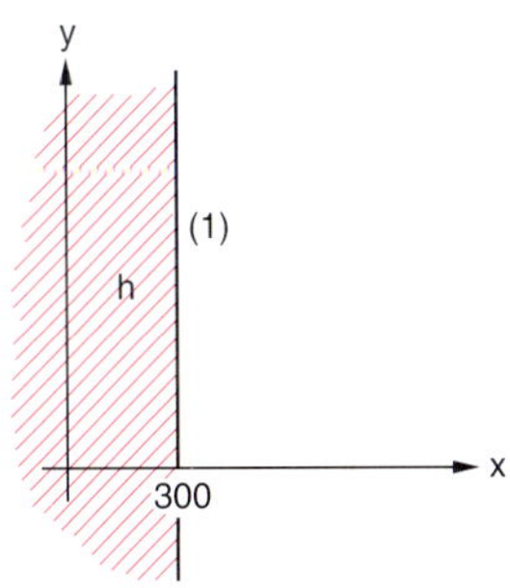

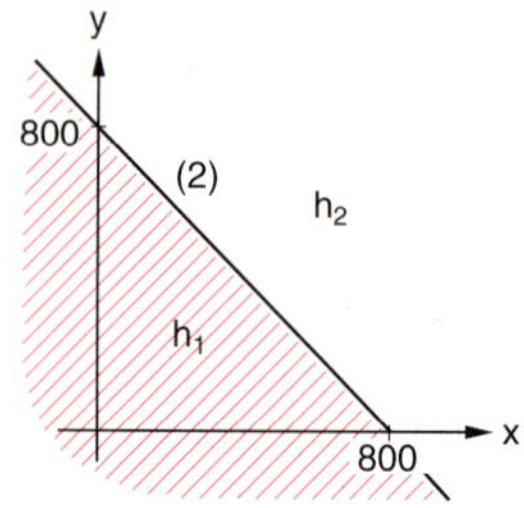

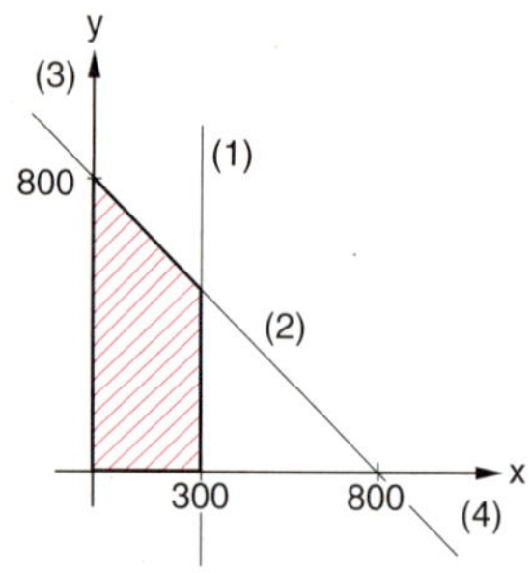

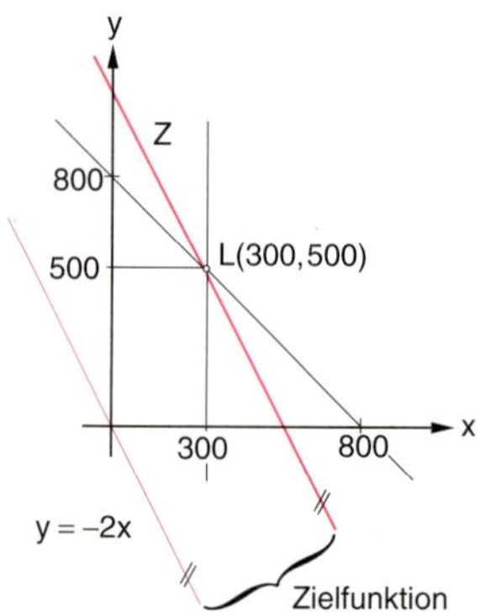

Lineare Optimierungsaufgaben wurden erstmals von dem russischen Mathematiker Leonid W. KANTOROWITSCH behandelt.

Von der Presseagentur NOWOSTI/APN erhielt der Verlag am 25. Februar 1986 nebenstehende Information.

Analog gehen wir bei den anderen Ungleichungen, z. B. bei $y \leqslant 800 - x$ vor: Wir zeichnen zuerst $y = 800 - x$, erhalten die beiden Halbebenen h_1 und h_2 und bestimmen die „richtige" Halbebene durch Einsetzen beliebiger Koordinaten.

Sollen aber die Ungleichungen **(1)** bis **(4)** gleichzeitig erfüllt sein (Man spricht dann von einem **linearen Ungleichungssystem**.), dann kann die Lösungsmenge nur die Menge aller geordneten Paare (x, y) sein, deren Koordinaten x und y jede Ungleichung erfüllen. Damit die Koordinaten eines Lösungspunktes jeder Ungleichung genügen, muss der Punkt in jeder Halbebene liegen. Die Lösungsmenge des linearen Ungleichungssystems ist die Durchschnittsmenge aller Halbebenen. Das ist unser gesuchtes Planungsfeld.

> (5) Aus den möglichen Lösungen ist der optimale[1] Wert zu bestimmen.

Alle Punkte, die nicht außerhalb des Planungsfeldes liegen, sind mögliche Lösungen. In unserem Beispiel gibt aber nur ein Punkt jene Kombination von x Sitzplätzen und y Stehplätzen an, bei der ein möglichst hoher Erlös erreicht wird. Diesen Punkt gilt es zu bestimmen!

Die Gleichung der Zielfunktion $y = -2x + \frac{Z}{4}$ ist eine Schar von parallelen Geraden mit der Steigung − 2 und dem y-Abschnitt $\frac{Z}{4}$. Z soll ein Maximum werden. Die erhaltene Lösung darf weiters nicht außerhalb des Planungsfeldes liegen. Und damit wird die Sache ganz einfach: Man zeichnet zunächst $y = -2x$ und verschiebt diese Gerade parallel im Planungsfeld.

Wenn Z maximal wird, dann natürlich auch $\frac{Z}{4}$ und umgekehrt. Mit anderen Worten: Die „Lösungsgerade" ist jene, die den größtmöglichen y-Abschnitt hat und dennoch nicht außerhalb des Planungsfeldes liegt. In der Figur in der Außenspalte wurde diese Gerade rot eingezeichnet![2]

Aus der Zeichnung lesen wir die beiden Lösungen ab: $\mathbf{x = 300}$, $\mathbf{y = 500}$. d. h. bei einem Verkauf von 300 Sitzplätzen und 500 Stehplätzen wird ein maximaler Erlös erzielt.

Wird die Forderung „Z soll ein Minimum werden" gestellt, muss der y-Abschnitt der Zielfunktion so klein wie möglich sein. In unserem Fall wäre der Koordinatenursprung der Lösungspunkt.

Leonid Kantorowitsch wurde am 19. Januar 1912 in Petersburg geboren. Mit 14 Jahren wurde er Student an der mathematischen Abteilung der Leningrader Universität. Seit 1930 ist er an Hochschulen als Dozent tätig. 1934 wurde er Professor. 1935 wurde ihm (ohne Verteidigung einer Dissertation[3]) der wissenschaftliche Grad eines Doktors der physikalisch-mathematischen Wissenschaften zuerkannt. 1958 wurde Leonid Kantorowitsch zum korrespondierenden Mitglied der Akademie der Wissenschaften auf dem Gebiet der Wirtschaftswissenschaften gewählt und 1964 zum Akademiemitglied.

Mitte der Dreißigerjahre begann Leonid Kantorowitsch als einer der ersten sowjetischen Mathematiker mit der Erforschung der Funktional-Analysis — einer damals neuen wissenschaftlichen Richtung. In einem Zyklus von Arbeiten schuf er in den Jahren 1935—1937 die Theorie der halbgeordneten Räume, die jetzt als Kantorowitsch-Räume bekannt sind.

---

1) „Optimal" ist eine andere Formulierung für „bestmöglich".

2) Falls die Zielfunktionsgerade zu einer das Planungsfeld begrenzenden Geraden parallel ist, lässt sich **ein** optimaler Wert (Lösungspunkt) nicht eindeutig bestimmen.

3) Die Verteidigung der Dissertation ist ein in manchen Ländern übliches Verfahren. Nicht zur Verteidigung antreten zu müssen ist eine Auszeichnung für überdurchschnittliche Leistungen.

Leonid W. KANTOROWITSCH
(1912—1986)

Einen wichtigen Platz in den Arbeiten von Kantorowitsch nimmt die Rechenmathematik ein. 1933 schlug er eine neue Variationsmethode, die seinen Namen trägt, und die Methode der angenäherten konformen Abbildung vor. Seine Arbeit „Die Funktionalanalysis und die angewandte Mathematik" wurde 1949 mit dem Staatspreis gewürdigt.

In den anschließenden Jahren leitete Kantorowitsch die Konstruktion von Rechenmaschinen. Er machte auf diesem Gebiet mehrere Entdeckungen. Später arbeitete er zusammen mit seinen Schülern die Prinzipien der automatischen Programmierung aus. Ende der Vierziger-/Anfang der Fünfzigerjahre wurden unter seiner Leitung Arbeiten von großer volkswirtschaftlicher Bedeutung durchgeführt.

1939 formulierte er im Buch „Die mathematischen Methoden der Organisierung und Planung der Produktion" eine prinzipiell neue Klasse von bedingt extremen Aufgaben und arbeitete eine effektive Methode ihrer Lösung aus. Gerade diese Arbeit bildete die Grundlage einer neuen Richtung der Mathematik, die später die Bezeichnung lineare Planung erhielt und auch eines neuen Zweiges der Wirtschaftswissenschaft — der Theorie des optimalen Funktionierens der sozialistischen Wirtschaft. In der Arbeit „Die ökonomische Berechnung der besten Nutzung der Ressourcen" wurde eine harmonische Theorie der optimalen Planung der sozialistischen Wirtschaft dargelegt. Für dieses Buch wurde L. Kantorowitsch gemeinsam mit W. Nemtschinow und W. Nowoshilow 1965 mit dem Lenin-Preis geehrt.

1975 teilten sich L. Kantorowitsch und der amerikanische Professor T. Koopmans den Nobelpreis für Wirtschaftswissenschaften für ihren Beitrag zur Ausarbeitung der Theorie der optimalen Nutzung der Ressourcen in der Wirtschaft.

Leonid Witaljewitsch KANTOROWITSCH ist am 7. April 1986 in Moskau gestorben.

Bemerkung: Während des Zweiten Weltkriegs, also etwa zur gleichen Zeit wie Leonid W. KANTOROWITSCH, hat sich der US-amerikanische Wissenschafter **George B. DANTZIG** (1914 – 2005) mit der Lösung linearer Planungsaufgaben beschäfigt. Das von DANTZIG entwickelte **Simplexverfahren** dient zur rechnerischen Lösung von Optimierungsanfgaben.

Beispiel:

Die Lösungsmenge von **a)** $y = -\frac{3}{2}x + 2$ **b)** $y \geqslant -\frac{3}{2}x + 2$ **c)** $y > -\frac{3}{2}x + 2$ **d)** $y \leqslant -\frac{3}{2}x + 2$ ist grafisch zu veranschaulichen.

Lösung:

a)

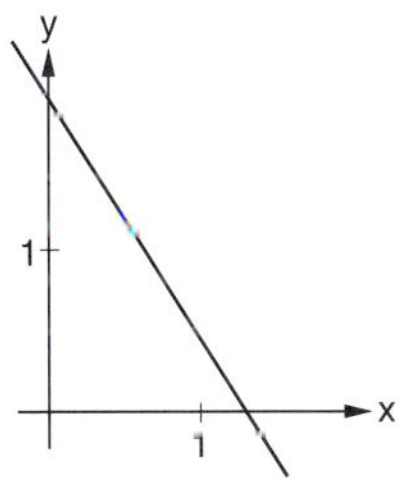

Die Gerade ist die Menge aller Lösungspunkte, deren Koordinaten die Gleichung $y = -\frac{3}{2}x + 2$ erfüllen.

b)

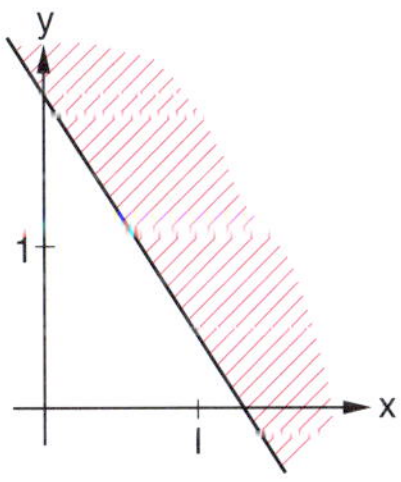

Die durch die Gerade festgelegte Halbebene ist die Menge aller Lösungen, deren Koordinaten die Ungleichung $y \geqslant -\frac{3}{2}x + 2$ erfüllen. Z.B. P(2, 3): $3 \geqslant -1$ (w). Die Gerade gehört wegen der „kleiner-gleich" Relation zur Lösungsmenge.

c)

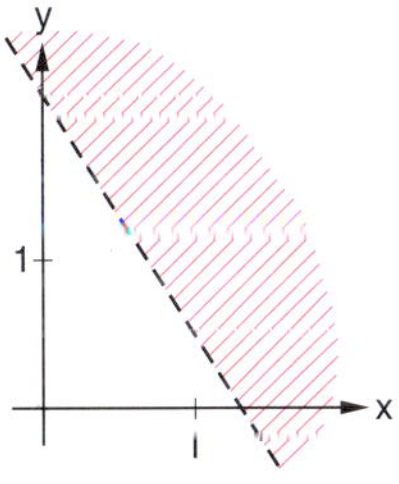

Die Punkte der Geraden zählen nicht zur Lösungsmenge.

d)

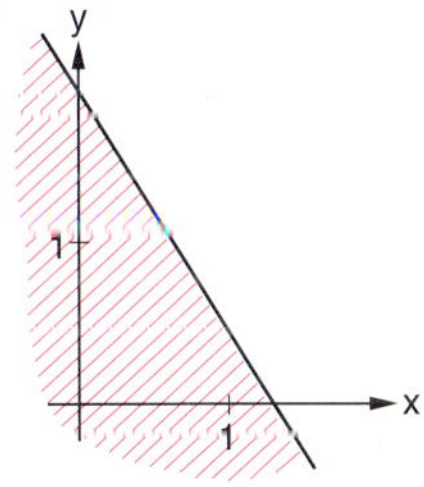

Die Punkte der Geraden zählen zur Lösungsmenge.

2. Maximum- und Minimumaufgabe

Beispiel:

Unserem rührigen Kulturverein ist es schon wieder gelungen, eine beliebte Musikgruppe für ein Konzert zu gewinnen. Die Unkosten für die Veranstaltung belaufen sich auf 2 000,— Euro. Der Saal kann maximal 800 Besucher aufnehmen. Für einen Sitzplatz will man 10,— Euro, für einen Stehplatz 5,— Euro verlangen. Es stehen allerdings maximal 300 Sitzplätze zur Verfügung.

a) In welcher Anzahl sollen die Karten aufgelegt werden, um die oben genannten Unkosten zu decken?

b) Für welche Platzzahlen ist der Gewinn maximal?

Lösung:

a) ① x ..... Anzahl der Sitzplätze y ..... Anzahl der Stehplätze

②
$$\left.\begin{array}{ll} (1) & x+y \leqslant 800 \\ (2) & x \leqslant 300 \\ (3) & x \geqslant 0 \\ (4) & y \geqslant 0 \end{array}\right\} \Rightarrow \begin{array}{ll} (1) & y \leqslant -x+800 \\ (2) & x \leqslant 300 \\ (3) & x \geqslant 0 \\ (4) & y \geqslant 0 \end{array}$$

③ (5) $Z = 10x + 5y \Leftrightarrow y = -2x + \frac{Z}{5}$

④

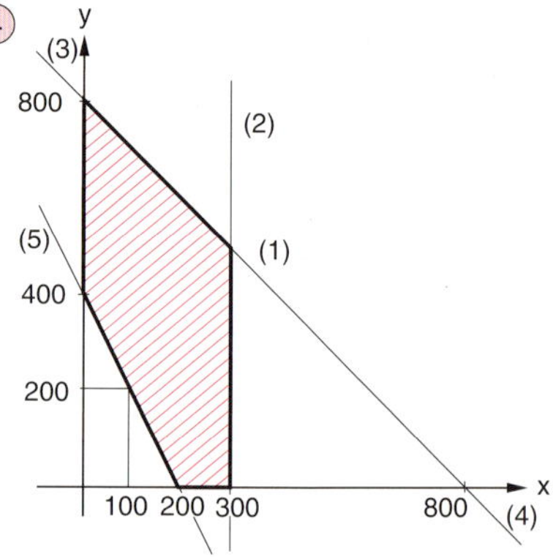

Da die Unkosten zu decken sind, wird Z = 2000 gesetzt. Der Graph zeigt: Das Problem hat mehrere Lösungen. Jeder Punkt auf der Geraden **(5)** und im gekennzeichneten Feld liefert eine mögliche Lösung.

Zum Beispiel erfüllt der Punkt (100, 200) die genannten Bedingungen: $10 \cdot 100 + 5 \cdot 200 = 2000$.

Dies bedeutet: Legt man 100 Sitzplatz- und 200 Stehplatzkarten auf, so sind die Unkosten gerade gedeckt.

b) Soll der Gewinn maximal sein, so muss der Graph der Zielfunktion durch einen Lösungspunkt gehen und der Wert $\frac{Z}{5}$ der größtmögliche auf der y-Achse sein. (Vgl. nebenstehende Figur)

Minimaler Gewinn: $Z_{min} = 0$ für $x = 0$ und $y = 0$.

Maximaler Gewinn: Wir verschieben den Graphen von $y = -2x$ so, dass $\frac{Z}{5}$ der größtmögliche Abschnitt auf der y-Achse ist. Lösungspunkt ist L (300, 500).

Den maximalen Erlös erhält man durch Einsetzen in die Zielfunktion: $Z_{max} = 10 \cdot 300 + 5 \cdot 500 = 5500$,— Euro. Nach Abzug der Unkosten verbleibt ein Gewinn von **3500**,— Euro.

⑤

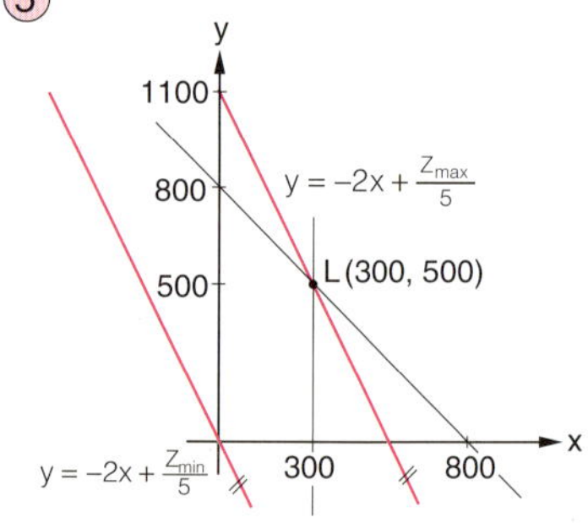

Den größtmöglichen Gewinn erzielt man, wenn der Saal mit 300 Sitzplätzen und 500 Stehplätzen vollständig ausgenützt wird.

Im obigen Beispiel haben wir alle Punkte des Lösungsvielecks als mögliche Lösungen des Ungleichungssystems zugelassen. Ist das immer sinnvoll? Genau genommen kommen doch nur nichtnegative **ganze** Sitz- bzw. Stehplatzzahlen in Frage. Es ist daher stets zu überlegen, ob das durch Parallelverschieben erhaltene (theoretische) Optimum auch tatsächlich erreichbar ist. Ist dies nicht der Fall, muss die Zielgerade in das Lösungsvieleck bis zur ersten auftretenden ganzzahligen Lösung hinein verschoben werden.

Bei einer nur geringen Anzahl zulässiger ganzzahliger Lösungen ist es günstiger, das Optimum durch Einsetzen der Koordinaten in die Zielfunktion zu bestimmen (Rechnerische Lösung!).

Beispiel:

Es sollen 8 mm starke Tafeln aus Bronze derart in Rechtecksform gegossen werden, dass die Tafellänge größer als die Tafelbreite, aber kleiner als das 1,5-fache der Tafelbreite ist. Der Tafelumfang soll zwischen 15 dm und 24 dm liegen. Die Seitenlängen sind nur in ganzen dm zulässig.

a) Welche Möglichkeiten gibt es?

b) Für welche Seitenlängen sind die Materialkosten minimal? Wie viel kostet dann eine Tafel? ($\rho_{Bronze} = 8{,}7\ \text{kg/dm}^3$, 1 kg Bronze kostet 25,— Euro).

Lösung:

a) ① Festlegung der Variablen

x ..... Länge der Tafeln in dm

y ..... Breite der Tafeln in dm

② Nebenbedingungen

$$\left.\begin{array}{ll} (1) & x > y \\ (2) & x < \frac{3y}{2} \\ (3) & 2x + 2y > 15 \\ (4) & 2x + 2y < 24 \\ (5) & x \geqslant 0 \\ (6) & y \geqslant 0 \end{array}\right\} \Rightarrow \begin{array}{ll} (1) & y < x \\ (2) & y > \frac{2x}{3} \\ (3) & y > -x + 7{,}5 \\ (4) & y < -x + 12 \\ (5) & x \geqslant 0 \\ (6) & y \geqslant 0 \end{array}$$

„Die Seitenlängen sind nur in ganzen dm zulässig", heißt es weiter oben im Text. Demgemäß kommen einzig die Lösungspaare (5, 4) und (6, 5) in Frage.

④ Das Planungsvieleck sieht nun Folgendermaßen aus:

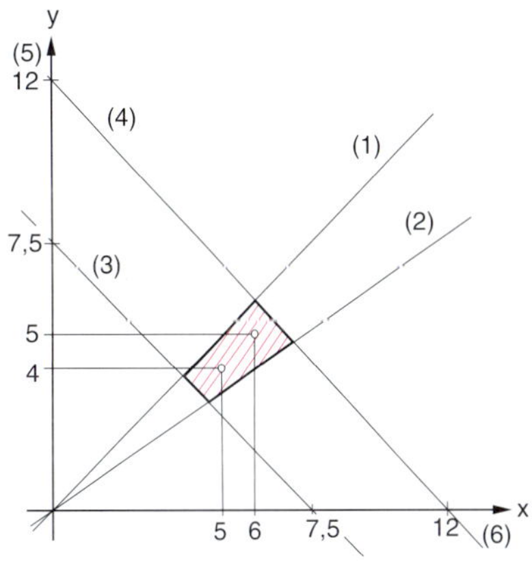

Man beachte: Die Seiten des Vielecks gehören nicht zur Lösungsmenge des Ungleichungssystems.

b) Die Materialkosten sind minimal, wenn das Volumen und damit auch die Fläche einer Bronzetafel minimal ist.

③ Zielfunktion

$Z = x \cdot y$

⑤ Setzen wir nun die beiden zulässigen Lösungen ein:

$x = 5,\ y = 4 \Rightarrow Z = 5 \cdot 4 = 20 \Rightarrow$ Minimum

$x = 6,\ y = 5 \Rightarrow Z = 6 \cdot 5 = 30$

Die minimalen Kosten entstehen bei einer Länge von 5 dm und einer Breite von 4 dm und werden wie folgt berechnet:

Volumen $V = x \cdot y \cdot 0{,}08 = 1{,}6\ \text{dm}^3$

Masse $m = \rho \cdot V = 8{,}7 \cdot 1{,}6 = 13{,}92$ kg

Kosten $= 25 \cdot 13{,}92 = 348$ Kosten = 348,— Euro

Aus den bisherigen Beispielen erkennen wir bereits zwei Aufgabentypen der linearen Optimierung.

Die Maximumaufgabe

Eine Größe Z (z. B. der Gewinn) hängt in Form einer linearen Gleichung von zwei Größen x und y (z. B. die Anzahl der Sitz- und Stehplätze) ab. Die Größe Z soll maximiert — d. h. möglichst groß — werden, wobei die Größen x und y in den Grenzen des Planungsvielecks variieren können.

Die Minimumaufgabe

Im Gegensatz zur Maximumaufgabe soll eine Größe Z (z. B. der Tafelpreis), abhängig von zwei Größen x und y (z. B. Länge und Breite), den minimalen Wert annehmen.

3. Genauigkeitsproblem

Maximumaufgabe

Beispiel:

In einem Betrieb werden zur Erzeugung der Produkte P_1 und P_2 die Maschinen A, B und C eingesetzt. Die für die Fertigstellung nötigen Maschinenzeiten sowie die höchstmögliche wöchentliche Ausnützung sind aus der nebenstehenden Tabelle ersichtlich.

Produkt P_1 liefert als Gewinn 38,— Euro und Produkt P_2 20,— Euro pro kg. Welche Menge jedes Produkts soll erzeugt werden, damit der größtmögliche Gewinn erzielt wird?

Maschine	Zeit in Stunden für 1 kg von		Größtmögliche Nutzung in Stunden
	P_1	P_2	
A	4	8	80
B	10	4	100
C	8	0	64

Lösung:

① x ..... pro Woche erzeugte Menge P_1 in kg
y ..... pro Woche erzeugte Menge P_2 in kg

②
$$\left.\begin{array}{ll}(1) & 4x + 8y \leqslant 80\\ (2) & 10x + 4y \leqslant 100\\ (3) & 8x \leqslant 64\\ (4) & x \geqslant 0\\ (5) & y \geqslant 0\end{array}\right\} \Rightarrow \begin{array}{ll}(1) & y \leqslant -\frac{x}{2} + 10\\ (2) & y \leqslant -\frac{5x}{2} + 25\\ (3) & x \leqslant 8\\ (4) & x \geqslant 0\\ (5) & y \geqslant 0\end{array}$$

③ $Z = 38x + 20y \Leftrightarrow y = -1{,}9x + \frac{Z}{20}$ (rot eingezeichnet!)

④

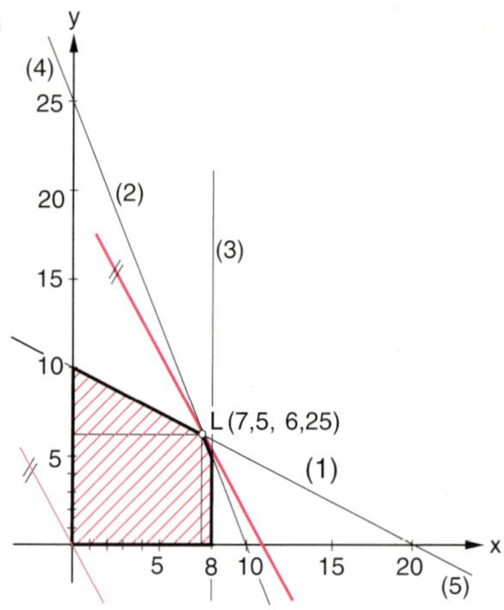

⑤ Die Koordinaten des Lösungspunktes für das Maximum sind aus der Zeichnung **nicht genau** ablesbar („schleifender Schnitt"). Wir bestimmen daher den Schnittpunkt L der Randgeraden durch Lösung des Gleichungssystems:

$$\begin{array}{lrcll}(1)' & 4x + 8y & = & 80 & \mid :(-2)\\ (2)' & 10x + 4y & = & 100 & \\ \hline & 8x & = & 60 & \\ & x & = & 7{,}5 & \end{array}$$

$4 \cdot 7{,}5 + 8y = 80 \Leftrightarrow 8y = 50 \Leftrightarrow \mathbf{y = 6{,}25}$ L(7,5, 6,25) $Z = 38 \cdot 7{,}5 + 20 \cdot 6{,}25 = 410 \Leftrightarrow \mathbf{Z = 410}$

Es sollen zu den genannten Bedingungen wöchentlich 7,5 kg des Produktes P_1 und 6,25 kg des Produktes P_2 erzeugt werden. Der Gewinn beträgt dabei 410,— Euro.

Minimumaufgabe

Beispiel:

Ein Betrieb arbeitet in einer Zeit geringen Wirtschaftswachstums mit Verlust. Um eine Schließung zu vermeiden — unter anderem werden dadurch Arbeitsplätze gesichert — versucht man, die Verluste möglichst gering zu halten. Der Aufwand an Lohnzahlungen und Erhaltung der Anlagen beträgt jährlich mindestens 26 Millionen Euro. Der Gesamtbetrag der Löhne ist mindestens dreimal so groß wie die Erhaltungskosten der Anlagen. Diese wiederum betragen mindestens 5 Millionen Euro zuzüglich 10% der Lohnkosten. Wie verteilen sich die Kosten und wie groß sind sie pro Jahr?

Lösung:

① x ..... Lohnkosten
y ..... Erhaltungskosten } in Millionen Euro

②
(1)	$x + y \geqslant 26$	(1)	$y \geqslant -x + 26$
(2)	$x \geqslant 3y$	(2)	$y \leqslant \frac{x}{3}$
(3)	$y \geqslant 5 + \frac{x}{10}$	(3)	$y \geqslant \frac{x}{10} + 5$
(4)	$x \geqslant 0$	(4)	$x \geqslant 0$
(5)	$y \geqslant 0$	(5)	$y \geqslant 0$

③ $Z = x + y \Leftrightarrow y = -x + Z$ (rot eingezeichnet!)

④ 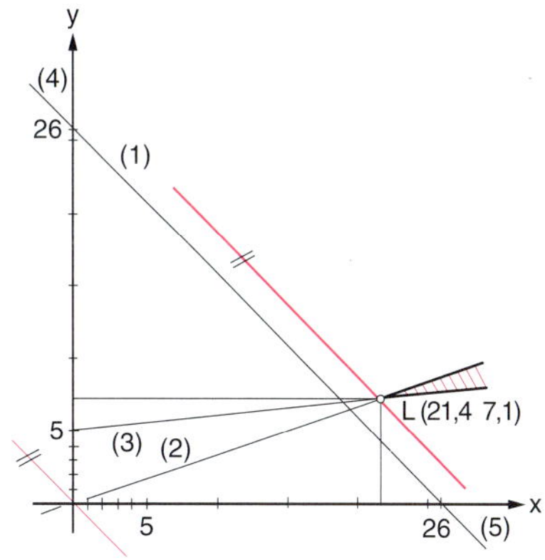

⑤ Auch in diesem Beispiel müssen die Koordinaten des Lösungspunktes L rechnerisch ermittelt werden:

$(2)'\ y = \frac{x}{3}$

$(3)'\ y = \frac{x}{10} + 5$

$\frac{x}{3} = \frac{x}{10} + 5$

$10x - 3x + 150$

$7x = 150$

$x \approx 21{,}4 \qquad y \approx 7{,}1 \qquad Z \approx 28{,}6$

Die jährlichen Gesamtkosten betragen etwa **28,6 Millionen Euro.** Davon entfallen auf die Lohnkosten 21,4 Millionen Euro, auf die Kosten zur Erhaltung der Anlagen 7,1 Millionen Euro.

4. Transportkostenproblem

Beispiel:

Zwei Fabriken eines Autokonzerns stellen zusammen pro Tag 1500 PKW her. Diese werden auf drei Lager verteilt (vgl. nebenstehende Übersicht).

Lager I kann 500 PKW, Lager II 400 PKW und Lager III 600 PKW aufnehmen. Wie müssen die PKW von den Fabriken A und B zu den Lagern I, II und III transportiert werden, damit die niedrigsten Transportkosten entstehen?

Fabrik	Produktion pro Tag	Transportkosten in Euro zum Lager		
		I	II	III
A	800	110	120	70
B	700	100	90	80

Lösung:

① x ..... Anzahl der von Fabrik A zum Lager I transportierten PKW
y ..... Anzahl der von Fabrik A zum Lager II transportierten PKW

② Erklärung zum Transportvorgang:

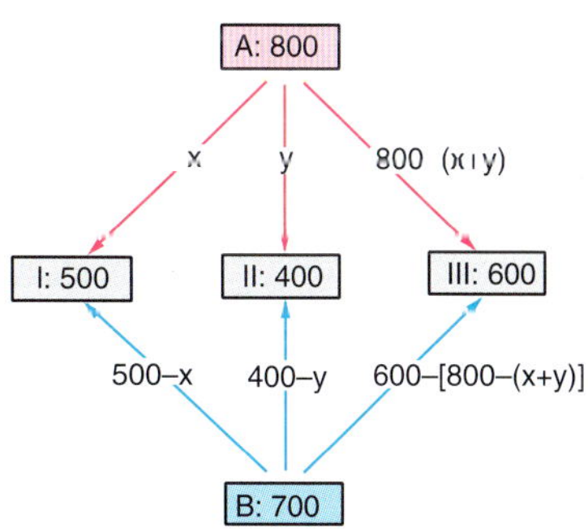

Ist x die Anzahl der PKW von Fabrik A zum Lager I und y die Anzahl der PKW von Fabrik A zum Lager II, so wird wegen der Tagesproduktion von 800 PKW in A der Rest, das sind 800 – (x + y), in das Lager III transportiert. Da Lager I nur 500 PKW aufnehmen kann, lassen sich von der Fabrik B nur mehr 500 – x PKW in das Lager I verfrachten. Entsprechendes gilt für den Transport von Fabrik B in das Lager II: 400 – y. Lager III bietet Platz für 600 PKW. Da bereits eine Lieferung von 800 – (x + y) PKW von Fabrik A erfolgt, verbleibt also ein Restplatz von 600 – [800 – (x + y)] für den Transport von B zum Lager III.

Daraus ergeben sich folgende Nebenbedingungen:

Fabrik	Lager	Liefermenge (nicht negativ)		
A	I	(1) $x \geqslant 0$		(1) $x \geqslant 0$
A	II	(2) $y \geqslant 0$		(2) $y \geqslant 0$
A	III	(3) $800-(x+y) \geqslant 0$	$\Rightarrow$	(3) $y \leqslant -x+800$
B	I	(4) $500-x \geqslant 0$		(4) $x \leqslant 500$
B	II	(5) $400-y \geqslant 0$		(5) $y \leqslant 400$
B	III	(6) $600-[800-(x+y)] \geqslant 0$		(6) $y \geqslant -x+200$

③ Die gesamten Transportkosten sollen minimal sein. Daher erhalten wir nachstehende Zielfunktion:

$Z = 110x + 120y + 70\,[800-(x+y)] + 100\,(500-x) + 90\,(400-y) + 80\,\{600-[800-(x+y)]\} = \ldots$

$= 20x + 40y + 126000 \Leftrightarrow y = -\frac{x}{2} + \frac{Z-126000}{40}$ (Rot eingezeichnet!)

⑤ Rechnerische Lösung:

Punkte **innerhalb** des Planungsfeldes sind nicht optimal im Sinne der Aufgabenstellung. Deshalb überprüfen wir die **Eckpunkte** A bis F nach dem Minimum:

Eckpunkt		A	B	C	D	E	F
Koordinaten	x	0	200	500	500	400	0
	y	200	0	0	300	400	400
Wert der Zielfunktion in 1000 Euro		134	130	136	148	150	142
			↑ minimale Kosten			↑ maximale Kosten	

④

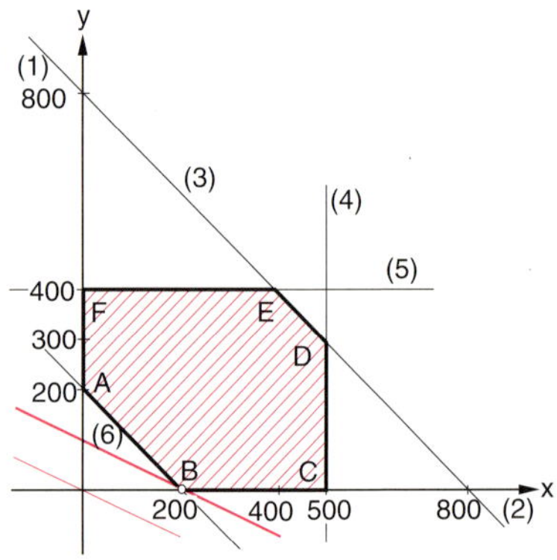

Grafische Lösung:

Durch Parallelverschiebung der Geraden $y = -\frac{x}{2}$ erhalten wir den Punkt B(200, 0) als Lösung (Minimum aller möglichen y-Abschnitte).

Wir setzen in die Zielfunktion ein: $Z = 20 \cdot 200 + 40 \cdot 0 + 126000 = 130000 \Leftrightarrow \mathbf{Z = 130\,000}$

Die tägliche Verteilung der PKW zu minimalen Transportkosten zeigt die nebenstehende Zusammenstellung:

Die Transportkosten betragen **130 000,— Euro**.

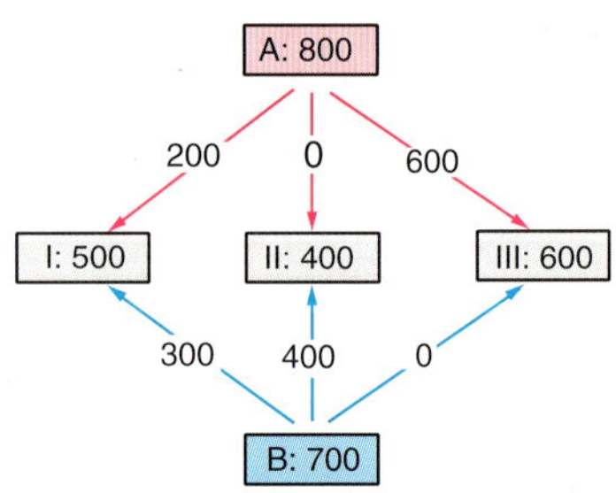

Sowohl die Schnittpunkte der Geraden als auch die Summen lassen sich heutzutage schon mit einem Programm auf einem herkömmlichen Taschencomputer errechnen. Damit werden dem Anwender zwar nicht die Ermittlung und Aufbereitung der Rahmenbedingungen und Zielfunktion sowie die Deutung des Ergebnisses abgenommen, es werden aber durch die zuverlässigen Berechnungen des Computers wesentliche Fehlerquellen ausgeschaltet.

AUFGABEN

Die nachstehenden Ungleichungen sind grafisch zu veranschaulichen:

829. **a)** $x \leqslant -2$ **b)** $y < 3$ **c)** $6x - 4y > 0$ **d)** $y \geqslant \frac{x}{4} + 3$

830. **a)** $3y \leqslant 2x - 4$ **b)** $6x + y \geqslant 4$ **c)** $6x - 5y < 1$ **d)** $x + y - 1 < 0$

Bei den nachstehenden Aufgaben ist zur jeweils gegebenen Lösungsmenge die zugehörige Ungleichung zu ermitteln:

831. **a)**

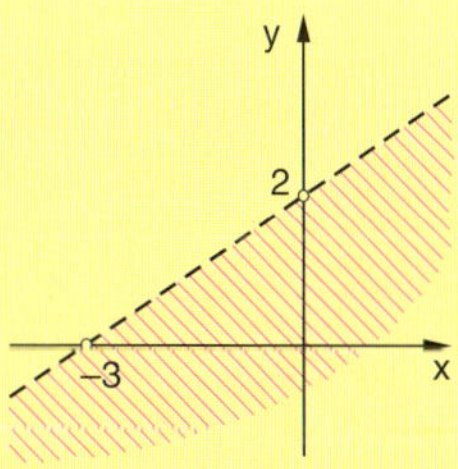

b)

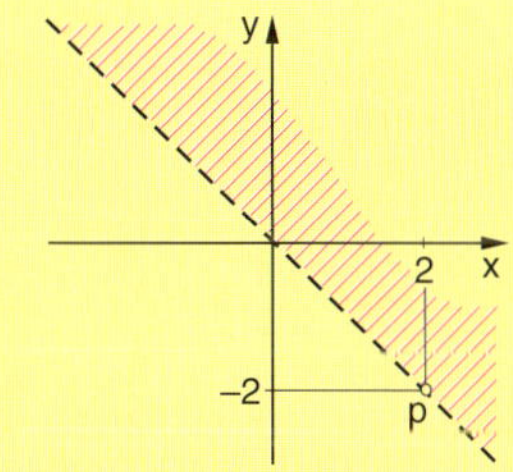

c)

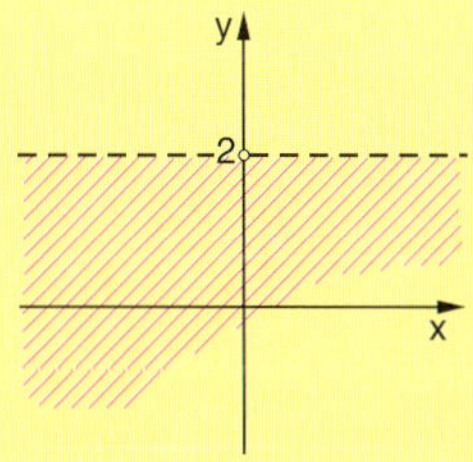

832. **a)**

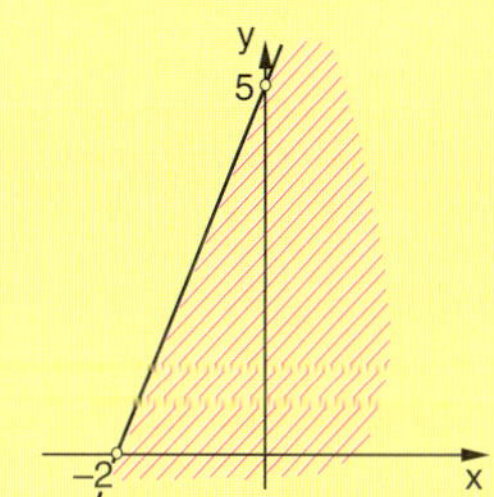

b)

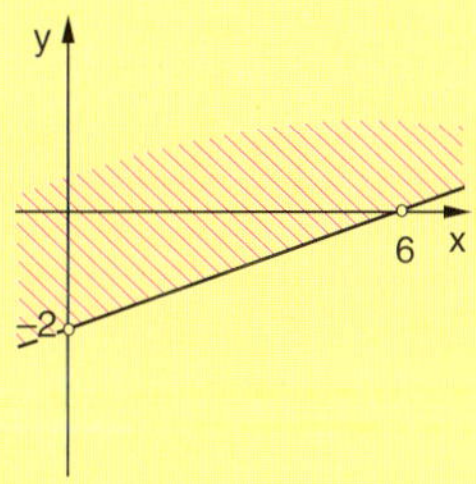

c)

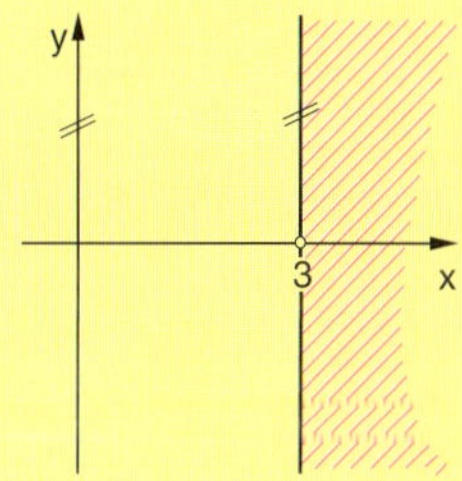

833. **a)**

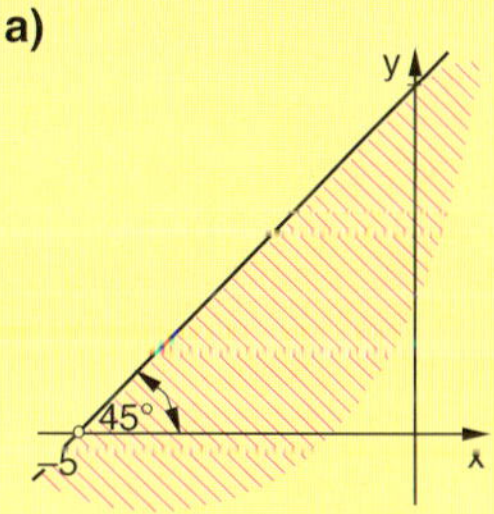

b)

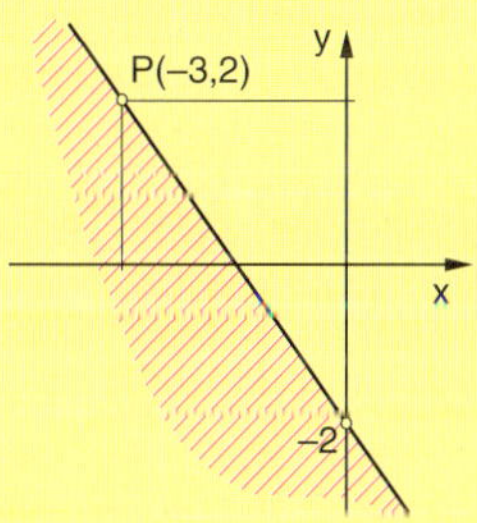

c)

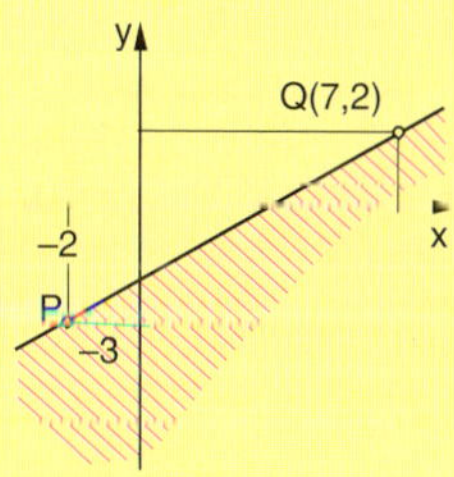

834. **a)**

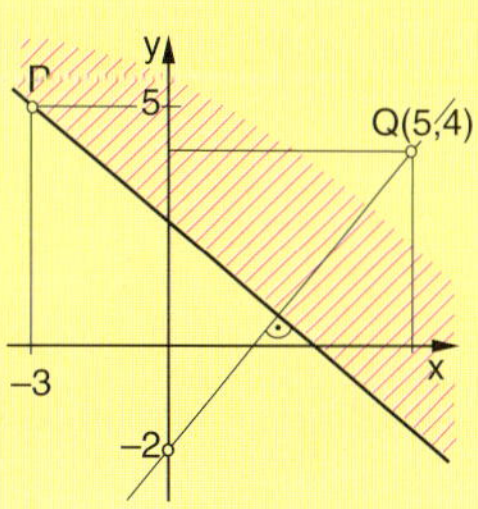

b)

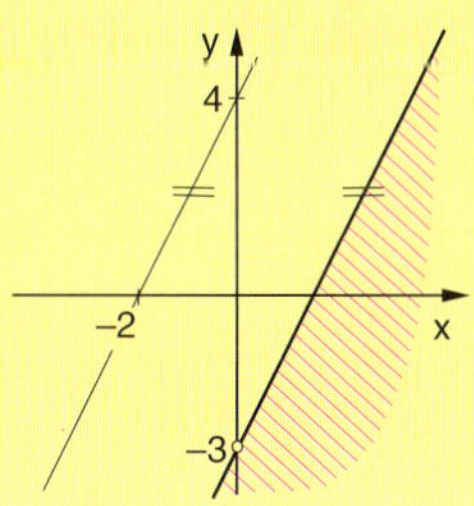

c)

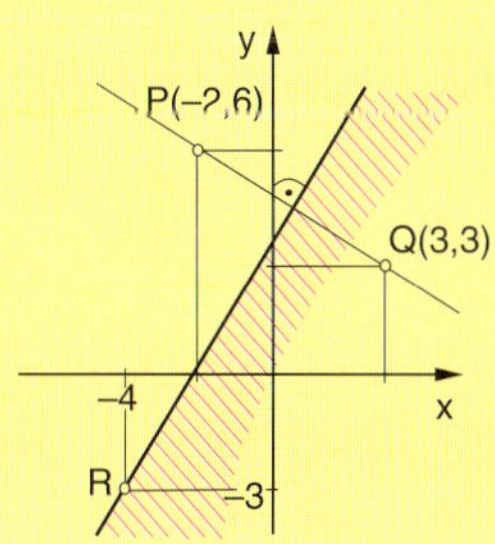

Die Lösungsmenge der in den folgenden Aufgaben gegebenen Ungleichungssysteme ist über der Grundmenge $G = \mathbb{R} \times \mathbb{R}$ grafisch darzustellen!

835. **a)** (1) $x \geq 2$ (2) $y \geq 1$ **b)** (1) $x + y \leq 8$ (2) $x + y \geq 4$ **c)** (1) $3x + 4y \geq 6$ (2) $2x - y \leq -2$ **d)** (1) $\frac{x}{3} + \frac{y}{5} \leq 2$ (2) $-\frac{x}{7} + \frac{y}{5} \leq 2$

836. **a)** (1) $x \leq 0$ (2) $y \geq 0$ (3) $x - y \geq -1$ **b)** (1) $y \geq 0$ (2) $x - y \geq -1$ (3) $x + y \leq 1$ **c)** (1) $x + y \geq 2$ (2) $x - 2y \geq 0$ (3) $2x + 3y \geq 5$ **d)** (1) $x + y \geq 2$ (2) $x - 2y \geq -6$ (3) $x \leq 3$

837. **a)** (1) $x \geq 0$ (2) $y \geq 0$ (3) $x \leq 4$ (4) $y \leq 4$ **b)** (1) $x \geq 0.5$ (2) $x + y \geq 3$ (3) $x + y \leq 9$ (4) $y \geq 1$ **c)** (1) $x \geq 0$ (2) $y \geq 0$ (3) $x \leq 6$ (4) $x \leq 5$ (5) $x + y \leq 7$ **d)** (1) $x + 7y \leq 4200$ (2) $3x + 7y \leq 5600$ (3) $5x + 8y \leq 8000$ (4) $x \geq -1000$ (5) $y \geq -1000$

Bei den nachstehenden Aufgaben soll die gegebene Zielfunktion Z über dem durch das jeweilige Ungleichungssystem bestimmten Planungsfeld optimiert[1] werden:

838. **a)** $Z = 4x - y + 20$ (1) $8x + 7y - 56 \geq 0$ (2) $2x - 7y + 21 \geq 0$ (3) $x + 2y - 17 \leq 0$ (4) $3x - 4y - 21 \leq 0$ **b)** $Z = x + y + 13$ (1) $x - 4y + 16 \geq 0$ (2) $x + 3y - 19 \leq 0$ (3) $2x + y - 18 \leq 0$ (4) $x \geq 0$ (5) $y \geq 0$ **c)** $Z = 2x + 6y + 15$ (1) $3x - 8y + 32 \geq 0$ (2) $5x + y - 47 \leq 0$ (3) $x - 4y - 1 \leq 0$ (4) $x + 3y - 8 \geq 0$ (5) $x + y - 4 \geq 0$

839. **a)** $Z = x + 5$ (1) $3x - 5y + 19 \geq 0$ (2) $5x + 3y - 59 \leq 0$ (3) $x \leq 10$ (4) $x - 4y - 2 \leq 0$ (5) $3x + 4y - 22 \geq 0$ (6) $3x + 2y - 16 \geq 0$ **b)** $Z = 3x + y + 75$ (1) $5x + y - 9 \geq 0$ (2) $2x + y - 6 \geq 0$ (3) $x + 2y - 6 \geq 0$ (4) $x + 5y - 9 \geq 0$ (5) $x \geq 0$ (6) $y \geq 0$ **c)** $Z = 3x + 2y + 20$ (1) $x + y - 7 \leq 0$ (2) $x - 4y + 34 \geq 0$ (3) $3x + 2y - 38 \leq 0$ (4) $3x - y - 17 \leq 0$ (5) $x + 3y - 9 \geq 0$ (6) $x \geq 0$

840. Ein landwirtschaftlicher Betrieb will 45 ha Ackerland mit Weizen und Zuckerrüben bebauen, keinesfalls aber mehr als 15 ha für den Rübenanbau verwenden. Arbeitskräfte stehen für insgesamt 1200 Arbeitsstunden zur Verfügung. Die erforderliche Arbeitszeit bei Weizen beträgt 20 Stunden/ha, bei Rüben 60 Stunden/ha. Der Reingewinn beträgt bei Weizen 300,— Euro pro ha, bei Rüben 600,— Euro. Wie viel Ackerland muss mit Rüben und wie viel mit Weizen bebaut werden, damit der Ertrag maximal ist?

841. Eine Großhandlung beabsichtigt, für höchstens 9000,— Euro zwei Typen von Kreissägen zu kaufen. Kreissäge A kostet im Einkauf 300,— Euro, Kreissäge B 500,— Euro. Man möchte sich vom Typ A mehr als ein Drittel der Anzahl von B, höchstens aber so viele Exemplare wie von B auf Lager legen. Der Gewinn bei Verkauf der Kreissäge A beträgt 70,— Euro, bei Gerät B 140,— Euro. Wie viele Kreissägen A und B soll die Großhandlung ankaufen, um den größtmöglichen Gewinn zu erzielen?

842. Aus den Rohmaterialien, R_1, R_2 und R_3 sollen zwei Produkte A und B erzeugt werden. Die Vorräte betragen bei R_1 200 kg, bei R_2 100 kg und bei R_3 240 kg. Für die Herstellung eines Stücks von A benötigt man 1 kg R_1, 2 kg R_2 und 4 kg R_3, für B braucht man 2,5 kg R_1, 1 kg R_2 und 4 kg R_3. Der Gewinn pro Stück beträgt für A 30,— Euro und für B 20,— Euro. Wie viele Stück von A und B müssen sinnvollerweise hergestellt werden, damit der Gewinn maximal ist?

[1] „... soll optimiert werden" ist eine andere Formulierung für eine bestimmte Zielstellung: „Die günstigste Lösung ist zu ermitteln."

843. Ein Händler bestellt zwei Produkte A und B einer Firma. Er braucht mindestens 500 Stück von A und 300 Stück von B. Die Firma liefert erst ab einer Gesamtmenge von 600 Stück, kann jedoch maximal 400 Stück B liefern. Die Firma stellt Waren außerdem nur bis zu 500,— Euro Gesamtkosten ohne Versicherungsabschluss zu, wobei A 0,50 Euro und B 0,40 Euro kostet. Welche Anzahl von A und B muss der Händler bestellen, um die Bestellung möglichst billig zu halten?

844. Eine Abteilung einer Textilfabrik ist für das Nähen zweier Modelle (A, B) zuständig, wobei vom Modell A maximal 700 Stück im Monat verkauft werden. Jedes Modell wird verschiedenen Arbeitsgängen in drei Arbeitsräumen unterworfen. Diese weisen unterschiedliche Effizienz[1] auf. Im Raum I stehen insgesamt maximal 5500 Arbeitsstunden zur Verfügung, wobei pro Stück von A 3 Stunden und von B 7 Stunden benötigt werden. Im Raum II, der insgesamt 3000 Stunden Kapazität hat, wird für A 1 Stunde und für B 4 Stunden benötigt, und im Raum III, bei 4400 Stunden Gesamtkapazität, wird A in 5 Stunden und B in 3 Stunden hergestellt. Der Produktionsplan soll zu maximalem Gewinn führen, wenn für A 12,—Euro und B 18,— Euro Gewinn pro Stück erzielt wird.

845. Ein Betrieb verfügt über 1000 t eines Grundmaterials und über 2400 t eines zweiten Grundmaterials sowie über 630 Arbeitskräfte. Zur Herstellung eines Produktes A werden 10 t vom ersten Grundstoff und 20 t vom zweiten Grundstoff benötigt, während Produkt B nur 10 t des zweiten Grundstoffes benötigt. A braucht zu seiner Herstellung nur jeweils eine Arbeitskraft, während B neun Arbeitskräfte benötigt. Der Produktionsplan ist lediglich unter Berücksichtigung der Kapazitätsbegrenzung zu entwerfen, sodass die Produktion möglichst groß ist.

846. Ein Betrieb stellt unter anderem die Produkte A und B her. Der Stückgewinn bei Produkt A beträgt 40,— Euro, der des Produktes B 80,— Euro. Jedes dieser Produkte wird von drei Maschinen gefertigt, von denen die erste (M_1) maximal 45000, die zweite (M_2) 30000 und die dritte (M_3) 20000 ZE (= Zeiteinheiten) im Monat läuft. Die Durchlaufzeit des Produktes A durch M_1 beträgt 400, durch M_2 300 und durch M_3 100 ZE, die des Produktes B durch M_1 300, durch M_2 100 und durch M_3 200 ZE. Der Produktionsplan ist derart zu konzipieren, dass ein maximaler Gewinn erzielt wird.

847. In einem Betrieb für die Erzeugung landwirtschaftlicher Geräte werden in einem bestimmten Zeitraum zwei Produkte A und B erzeugt. Beide werden in jeweils drei Abteilungen bearbeitet, wobei für Abteilung I 21, für Abteilung II 24 und für Abteilung III 22 Arbeitskräfte zur Verfügung stehen. In Abteilung I werden pro Stück A drei Arbeitskräfte, pro Stück B eine Arbeitskraft, in Abteilung II pro Stück A drei Arbeitskräfte, pro Stück B zwei Arbeitskräfte und in Abteilung III pro Stück A eine Arbeitskraft und pro Stück B drei Arbeitskräfte gebraucht. Es soll das optimale Sortiment von A und B zusammengestellt werden, wenn A einen Stückgewinn von 40,— Euro und B einen Stückgewinn von 90,— Euro bringt, sodass der Gesamtgewinn möglichst groß ist.

848. Laut Diätvorschrift darf ein Kranker pro Tag maximal 30 g Fett und 160 g Kohlehydrate zu sich nehmen. Er muss gleichzeitig jedoch täglich mindestens 140 g Eiweiß verzehren. Um den Bedarf zu decken, stehen die zwei Grundnahrungsmittel A und B zur Verfügung: A enthält 20% Eiweiß, 6% Fett und 35% Kohlehydrate. B enthält 60% Eiweiß, 5% Fett und 20% Kohlehydrate. Bei welcher Zusammensetzung wird die tägliche Mahlzeit am billigsten, wenn 1 kg von A 2,— Euro und 1 kg von B 10,— Euro kostet?

849. Aus zwei Legierungen I und II soll eine Schmelze hergestellt werden, die mindestens 40 kg Cu, 50 kg Zn und 120 kg Cr enthält. Legierung I enthält 20% Cu, 10% Zn, 50% Cr und 20% Al und kostet 9,— Euro/kg. Legierung II enthält 15% Cu, 30% Zn, 20% Cr und 35% Al und kostet 7,50 Euro/kg. Wie kann man unter den gegebenen Bedingungen die billigste Schmelze herstellen?

850. Ein Heizöllieferant hat die Wahl, seine drei Kunden A, B und C aus zwei Lagern L_1 (mit 68 hl Vorrat) und L_2 (mit 45 hl Vorrat) zu beliefern. A braucht 22 hl. Der Transport kostet von L_1 zu A 7,50 Euro/hl von L_2 zu A 3,30 Euro/hl. B benötigt 33 hl. Die Transportkosten betragen von L_1 zu B 5,50 Euro/hl von L_2 zu B 4,30 Euro/hl. Schließlich soll C mit 58 hl bei gleichen Kosten von L_1 bzw. L_2 von je 4,20 Euro/hl beliefert werden. Der Lieferplan ist so einzuteilen, dass die Transportkosten minimal werden. Wie hoch sind die Kosten?

---

[1]) Wirksamkeit.

Vermischte Aufgaben

851. Aus zwei Gasen soll ein möglichst billiges Mischgas hergestellt werden, wobei die Verbrennungsenergie nicht unter 1200 kJ gehen darf und der Schwefelgehalt höchstens 4 g/m^3 zu betragen hat. Der Heizwert von G_1 beträgt 1200 kJ und von G_2 1000 kJ/m^3. Der Schwefelgehalt von G_1 liegt bei 2 g/m^3, von G_2 bei 6 g/m^3. 1 m^3 des ersten Gases kostet 8,— Euro, 1 m^3 des zweiten Gases 15,— Euro.

852. In einem Tierzuchtunternehmen stehen zwei Futtermittelsorten A und B zur Verfügung, die drei unentbehrliche Nährstoffe N_1, N_2 und N_3 enthalten. Der Anteil von N_1 in A beträgt 2%, in B 1% pro Mengeneinheit, der Anteil von N_2 in A beträgt 4%, in B 5%, der Anteil von N_3 beträgt in A 1% und in B 2%. Eine Mischung aus den zwei Futtermitteln soll mindestens 8 Mengeneinheiten (= ME) des ersten, 34 ME des zweiten und 10 ME des dritten Nährstoffes enthalten. Es ist zu ermitteln, wie viele ME von jedem Futtermittel zu verwenden sind, damit die Kosten dafür möglichst gering sind, wenn A 3,— Euro und B 5,— Euro kostet.

853. Es ist eine Mischung aus zwei Heizstoffen H_1 und H_2 mit möglichst hohem Heizwert herzustellen, wobei eine Einheit von H_1 2,— Euro und von H_2 3,— Euro kostet. Die Gesamtkosten von 200,— Euro sollen nicht überschritten werden. H_1 hat einen Heizwert von 3000 kJ/m^3, H_2 einen von 2500 kJ/m^3. Von H_1 sollen mindestens 50 Einheiten in die Mischung eingehen, und insgesamt soll die Mischung nicht mehr als 90 Heizstoffeinheiten umfassen.

854. Für ein Textilgeschäft sollen insgesamt 2500 Röcke von drei Sorten gekauft werden. Sorte I kostet im Einkauf 24,— Euro und bringt 8,— Euro Gewinn, Sorte II kostet 14,— Euro und bringt 16,— Euro und Sorte III kostet 12,— Euro und bringt 4,— Euro. Es sollen höchstens 40 000,— Euro ausgegeben werden. Die optimale Wahl ist herauszufinden, wobei jedoch von Sorte II nur 1000 Stück lieferbar sind.

855. Zwei Materiallager L_1 und L_2 einer Baufirma haben gleichen Lagerstand von 50 t Material. Die Firma soll drei verschiedene Baustoffhandlungen (A, B, C) mit Material beliefern, wobei A 30 t, B 40 t und C 30 t erhalten soll. Die Transportkosten/t betragen $L_1 \rightarrow$ A: 5,— Euro, $L_2 \rightarrow$ A: 3,— Euro, $L_1 \rightarrow$ B: 6,— Euro, $L_2 \rightarrow$ B: 3,— Euro, $L_1 \rightarrow$ C: 3,— Euro und $L_2 \rightarrow$ C: 2,— Euro. Die Lieferung ist so zu organisieren, dass die Transportkosten minimal werden.

856. Ein Händler muss aus zwei Lagern L_1 (mit 90 t Lagervorrat) und L_2 (mit 75 t Vorrat) drei Konsumenten, und zwar K_1 mit 80 t, K_2 mit 40 t und K_3 mit 45 t beliefern. Die Transportkosten/t betragen von $L_1 \rightarrow K_1$ 12,— Euro, von $L_1 \rightarrow K_2$ 9,— Euro, von $L_1 \rightarrow K_3$ 8,50 Euro, von $L_2 \rightarrow K_1$ 7,— Euro, von $L_2 \rightarrow K_2$ 5, — Euro und von $L_2 \rightarrow K_3$ 9,50 Euro. Der Lieferplan ist so einzuteilen, dass die Transportkosten minimal sind.

857. Die Erforschung des Marktes ergab, dass mindestens 5000 Farbfernsehgeräte und 8000 Radiorekorder einer Firma pro Jahr abgesetzt werden können. Der Produktionsmanager dieser Firma erhofft einen Verkauf von 15 000 Fernsehern und 20 000 Rekordern im Jahr. Die Produktion ist jedoch derzeit auf insgesamt 22 000 Erzeugnisse limitiert. Der Gewinn pro Farbfernsehgerät beträgt 60,— Euro, pro Radiorekorder 20,— Euro. Bei welchem Produktionsplan wird maximaler Gewinn erzielt?

858. Um einen besonders günstigen Ausflugspreis nach Formentor auf Mallorca anzubieten, muss das Reisebüro „TORERO" pro Tag mindestens 400 Personen an den Ferienort bringen. Die beiden Busunternehmen X und Y bieten die Ausflüge zu nebenstehenden Bedingungen an:

Unternehmen	Max. Beförderung/ Tag	Sitzplätze/ Bus	Preis/Person
X	300	25	20,— Euro
Y	270	20	15,— Euro

Das Reisebüro kann höchstens 25 Reiseleiter (je Bus einen) stellen, die Busse sollen außerdem voll ausgelastet sein.

Wie muss das Reisebüro die Aufträge vergeben, damit **a)** möglichst wenige Reiseleiter nötig sind **b)** die Kosten möglichst gering werden?

FINANZMATHEMATIK

1. Zinsen und Zinseszinsen

Die **Zinsen** als Preis für die Zurverfügungstellung von Geld bilden das zentrale Element in der Finanzmathematik. Hierbei sind verschiedene **Arten der Verzinsung** zu unterscheiden.

Einteilung der Verzinsung nach der Kapitalisierung:

- Bei den **einfachen Zinsen** bleibt die Berechnungsbasis für die Zinsen während der gesamten Verzinsungsdauer unverändert (lineares Wachstum).
- Bei den **Zinseszinsen** erhöht sich die Berechnungsbasis für die Zinsen jeweils um die in der voran gegangenen Periode gutgeschriebenen Zinsen (exponentielles Wachstum).

Einteilung der Verzinsung nach dem Zeitpunkt der Fälligkeit:

- Bei der **dekursiven Verzinsung** sind die Zinsen am Ende der Verzinsungsperiode fällig.
- Bei der **antizipativen Verzinsung** sind die Zinsen am Beginn der Verzinsungsperiode fällig.

Einteilung der Verzinsung nach der Dauer der Verzinsungsperiode:

- Bei der **ganzjährigen Verzinsung** dauert die Verzinsungsperiode ein Jahr.
- Bei der **unterjährigen Verzinsung** dauert die Verzinsungsperiode kürzer als ein Jahr, d. h. ein Jahr umfasst mehrere Verzinsungsperioden.

Die folgende Tabelle gibt eine Übersicht über die Zusammenhänge zwischen Anfangskapital K_0 und Endkapital nach n Jahren K_n bei einer Verzinsung von p % p. a.[1]:

	dekursive Verzinsung	antizipative Verzinsung
einfache Zinsen	$K_n = K_0 \cdot (1 + \frac{p}{100} \cdot n)$	$K_0 = K_n \cdot (1 - \frac{p}{100} \cdot n)$
Zinseszinsen	$K_n = K_0 \cdot (1 + \frac{p}{100})^n$	$K_0 = K_n \cdot (1 - \frac{p}{100})^n$

Bei unterjähriger Verzinsung (m Verzinsungsperioden pro Jahr) ist in den obigen Formeln statt n (Anzahl der Jahre) jeweils der Wert m · n (Anzahl der Verzinsungsperioden in n Jahren) einzusetzen.

In der Praxis kommt es oft vor, dass die Veranlagungsdauer nicht einer vollen Anzahl an Verzinsungsperioden entspricht. In diesem Fall rechnet man für volle Verzinsungsperioden Zinseszinsen und für den verbleibenden Teil einfache Zinsen.

Wird also z. B. ein Kapital bei ganzjähriger Verzinsung 4 Jahre und 9 Monate lang angelegt, rechnet man für 4 Jahre Zinseszinsen und für 0,75 Jahre einfache Zinsen. Diese Berechnungsart wird **gemischte Verzinsung** genannt.

Der Term $1+\frac{p}{100}$ heißt **dekursiver Aufzinsungsfaktor**.

Der Term $1-\frac{p}{100}$ heißt **antizipativer Abzinsungsfaktor**.

Der folgende Zusammenhang zwischen Aufzinsungsfaktor r und Abzinsungsfaktor v gilt sowohl bei dekursiver als auch bei antizipativer Verzinsung:

$$r = \frac{1}{v} \text{ bzw. } v = \frac{1}{r}$$

[1]) pro anno = für ein Jahr.

Da die antizipative Verzinsung in der Praxis eher selten vorkommt, wollen wir uns in den Beispielen und Aufgaben auf die Behandlung der dekursiven Verzinsung beschränken. Weiters soll – wenn nicht anders angegeben – davon ausgegangen werden, dass die jeweiligen Einzahlungen zu Jahresbeginn erfolgen.

Beispiel:

Zu Beginn eines Jahres werden 600,— Euro auf ein mit 3,5 % p. a. verzinstes Sparbuch gelegt. Wie hoch ist das Guthaben nach **a)** 5 Monaten **b)** 3 Jahren **c)** 55 Monaten?

Einfache Zinsen:

$$K_n = K_0 \cdot \left(1 + \frac{p}{100} \cdot n\right)$$

Zinseszinsen:

$$K_n = K_0 \cdot \left(1 + \frac{p}{100}\right)^n$$

Gemischte Verzinsung:

$$K_n = K_0 \cdot \left(1 + \frac{p}{100}\right)^{n_v} \cdot \left(1 + \frac{p}{100} \cdot n_r\right)$$

n_v ..... volle Verzinsungsperioden

n_r ...... restliche Zeit als Teil der vollen Verzinsungsperiode

Lösung:

a) Da die Anlagedauer weniger als ein Jahr ist, werden einfache Zinsen berechnet. Wir setzen für $K_0 = 600$, für $p = 3{,}5$ und für $n = \frac{5}{12}$ ein:

$$K_n = 600 \cdot \left(1 + \frac{3{,}5}{100} \cdot \frac{5}{12}\right) = \mathbf{608{,}75\ Euro}$$

b) Da die Anlagedauer mehrere Jahre beträgt, werden Zinseszinsen berechnet. Wir setzen für $K_0 = 600$, für $p = 3{,}5$ und für $n = 3$ ein:

$$K_n = 600 \cdot \left(1 + \frac{3{,}5}{100}\right)^3 = \mathbf{665{,}23\ Euro}$$

c) Die Anlagedauer beträgt 4 Jahre und 7 Monate. Es werden daher zunächst für 4 Jahre Zinseszinsen und dann für die restlichen 7 Monate einfache Zinsen berechnet:

$$K_n = 600 \cdot \underbrace{\left(1 + \frac{3{,}5}{100}\right)^4}_{\text{4 Jahre}} \cdot \underbrace{\left(1 + \frac{3{,}5}{100} \cdot \frac{7}{12}\right)}_{\text{7 Monate}} = \mathbf{702{,}57\ Euro}$$

Beispiel:

500,— Euro waren 7 Jahre lang zu einem Jahreszinssatz 6 % angelegt. Wie hoch ist das Guthaben, wenn die Kapitalisierung **a)** ganzjährig **b)** halbjährig **c)** vierteljährlich erfolgt ist?

Ganzjährige Kapitalisierung:

$$K_n = K_0 \cdot \left(1 + \frac{p}{100}\right)^n$$

Unterjährige Kapitalisierung:

$$K_n = K_0 \cdot \left(1 + \frac{p_m}{100}\right)^{m \cdot n}$$

m ...... Anzahl der Verzinsungsperioden im Jahr

p_m .... unterjähriger Zinssatz

Lösung:

a) Wir berechnen Zinseszinsen für $K_0 = 500$, für $p = 6$ und für $n = 7$:

$$K_n = 500 \cdot \left(1 + \frac{6}{100}\right)^7 = \mathbf{751{,}82\ Euro}$$

b) Bei einem Jahreszinssatz von 6 % und halbjähriger Kapitalisierung haben wir pro Jahr 2 Verzinsungsperioden zu 3 % Zinsen:

$$K_n = 500 \cdot \left(1 + \frac{3}{100}\right)^{2 \cdot 7} = \mathbf{756{,}30\ Euro}$$

c) Bei einem Jahreszinssatz von 6 % und vierteljährlicher Kapitalisierung haben wir pro Jahr 4 Verzinsungsperioden zu 1,5 % Zinsen:

$$K_n = 500 \cdot \left(1 + \frac{1{,}5}{100}\right)^{4 \cdot 7} = \mathbf{758{,}61\ Euro}$$

Beispiel:

Zu Beginn eines Jahres werden 400,— Euro zu einem Jahreszinssatz von 4 % angelegt. Wie hoch ist das Guthaben nach 32 Monaten, wenn die Kapitalisierung vierteljährlich erfolgt?

Bei unterjähriger Kapitalisierung ist die Formel für die gemischte Verzinsung zu verwenden, wenn die Anlagedauer kein ganzzahliges Vielfaches einer Verzinsungsperiode umfasst.

Lösung:

Die Anlagedauer beträgt 10 volle Verzinsungsperioden und 2 Monate. Es werden daher für 10 Verzinsungsperioden Zinseszinsen und für die restlichen 2 Monate einfache Zinsen berechnet:

$$K_n = 400 \cdot \left(1 + \frac{1}{100}\right)^{10} \cdot \left(1 + \frac{1}{100} \cdot \frac{2}{3}\right) = \mathbf{444{,}80\ Euro}$$

Bei den Beispielen auf Seite 184 war jeweils das Endkapital zu berechnen. Ist dieses gegeben und das Anfangskapital oder der Zinssatz oder die Anlagedauer zu bestimmen, so ist die jeweilige Formel entsprechend umzuformen.

Beispiel:

Welchen Betrag muss man zu 3 % p. a. anlegen, um nach 4 Jahren über ein Guthaben von 1200,— Euro verfügen zu können?

Lösung:

Es ist K_0 mit Hilfe der Zinseszins-Formel zu berechnen, wenn $K_n = 1200$, $p = 3$ und $n = 4$ gegeben sind.

$$K_0 = \frac{1200}{\left(1+\frac{3}{100}\right)^4} = \mathbf{1066{,}18\ Euro}$$

Allgemeine Berechnung des Anfangskapitals:

$$K_n = K_0 \cdot \left(1+\frac{p}{100}\right)^n \Leftrightarrow$$

$$\Leftrightarrow \boxed{K_0 = \frac{K_n}{\left(1+\frac{p}{100}\right)^n}}$$

Bei einfachen Zinsen bzw. bei gemischter Verzinsung erfolgt die Umformung der betreffenden Formel analog.

Beispiel:

Mit wie viel Prozent p. a. wird ein Konto verzinst, wenn ein Anfangskapital von 800,— Euro in 5 Jahren auf 961,68 Euro anwächst?

Lösung:

Es ist p mit Hilfe der Zinseszins-Formel zu berechnen, wenn $K_n = 961{,}68$, $K_0 = 800$ und $n = 5$ gegeben sind.

$$p = 100 \cdot \left(\sqrt[5]{\frac{961{,}68}{800}} - 1\right) = 3{,}75 \qquad \mathbf{p = 3{,}75\ \%\ p.\ a.}$$

Allgemeine Berechnung des Zinssatzes bei ganzjähriger Kapitalisierung:

$$\frac{K_n}{K_0} = \left(1+\frac{p}{100}\right)^n \Leftrightarrow 1+\frac{p}{100} = \sqrt[n]{\frac{K_n}{K_0}}$$

$$\Leftrightarrow \frac{p}{100} = \sqrt[n]{\frac{K_n}{K_0}} - 1 \Leftrightarrow$$

$$\Leftrightarrow \boxed{p = 100 \cdot \left(\sqrt[n]{\frac{K_n}{K_0}} - 1\right)}$$

Beispiel:

Mit wie viel Prozent p. a. wird ein Konto verzinst, wenn ein Anfangskapital von 1000,— Euro in 14 Monaten auf 1029,27 Euro anwächst?

Lösung:

Eine Anlagedauer von 14 Monaten bedeutet bei ganzjähriger Kapitalisierung eine volle Verzinsungsperiode und eine restliche Zeit von 2 Monaten.

Es ist p mit Hilfe der Formel für gemischte Verzinsung zu berechnen, wenn $K_n = 1029{,}27$, $K_0 = 1000$, $n_v = 1$ und $n_r = \frac{2}{12}$ gegeben sind.

$$1029{,}27 = 1000 \cdot \left(1+\frac{p}{100}\right)^1 \cdot \left(1+\frac{p}{100}\cdot\frac{2}{12}\right)$$

Durch Umformung erhalten wir $\frac{p^2}{60000} + \frac{7p}{600} - \frac{29{,}27}{1000} = 0$

bzw. $p^2 + 700p - 1756{,}2 = 0$

und lösen diese quadratische Gleichung mit Hilfe der bekannten Formel:

$$p_{1,2} = -350 \pm \sqrt{122500 + 1756{,}2} = \ldots$$

Wir erhalten die Lösungen $p_1 = 2{,}49993$ und $p_2 = -702{,}49993$.

Es ist nur die positive Lösung brauchbar. Auf Grund der Rundung von Geldbeträgen kann man den Zinssatz daher mit **2,5 % p. a.** angeben.

Das nebenstehende Beispiel für die Berechnung des Zinssatzes bei gemischter Verzinsung führt auf eine quadratische Gleichung, für deren exakte Lösung wir bereits entsprechende Formeln kennen gelernt haben.

Oftmals führt die Frage nach dem Zinssatz auf eine Gleichung höheren Grades, für deren Lösung es mehr oder weniger komplizierte Näherungsverfahren gibt.

Moderne Hilfsmittel erlauben es, auch bei solchen Fragestellungen ohne großen Aufwand die Lösung zu bestimmen, weshalb wir auf die Darstellung von Näherungsverfahren hier verzichten.

Allgemeine Berechnung der Anlagedauer bei ganzjähriger Kapitalisierung:

$$K_n = K_0 \cdot \left(1 + \frac{p}{100}\right)^n$$

$$\ln K_n = \ln K_0 + n \cdot \ln\left(1 + \frac{p}{100}\right)$$

$$\ln K_n - \ln K_0 = n \cdot \ln\left(1 + \frac{p}{100}\right)$$

$$n = \frac{\ln K_n - \ln K_0}{\ln\left(1 + \frac{p}{100}\right)}$$

Man beachte: Die Berechnung der Anlagedauer führt auf eine Exponentialgleichung, die durch Logarithmieren zu lösen ist.

Beispiel:

Wie lange dauert es, bis ein Anfangskapital von 1200,— Euro bei einer Verzinsung von 3 % p. a. auf 1350,61 Euro anwächst?

Lösung:

Es ist n mit Hilfe der Zinseszins-Formel zu berechnen, wenn $K_n = 1350{,}61$, $K_0 = 1200$ und $p = 3$ gegeben sind.

$$n = \frac{(\ln 1350{,}61 - \ln 1200)}{\ln\left(1 + \frac{3}{100}\right)} = 3{,}99999$$

Auf Grund der Rundung von Geldbeträgen können wir die Anlagedauer mit **4 Jahren** angeben.

Berechnung der nicht ganzjährigen Anlagedauer (gemischte Verzinsung):

(1) Berechnung der Anzahl der vollen Verzinsungsperioden mit Hilfe der Zinseszins-Formel
(2) Berechnung des Guthabens am Ende der letzten vollen Verzinsungsperiode
(3) Berechnung der Anlagedauer bei einfachen Zinsen

$$n = \frac{100}{p} \cdot \left(\frac{K_n}{K_0} - 1\right)$$

Beispiel:

Wie lange dauert es, bis ein Anfangskapital von 1500,— Euro bei einer Verzinsung von 2 % p. a. auf 1568,40 Euro anwächst?

Lösung:

(1) Es ist n mit Hilfe der Zinseszins-Formel zu berechnen, wenn $K_n = 1568{,}40$, $K_0 = 1500$ und $p = 2$ gegeben sind.

$$n = \frac{(\ln 1568{,}40 - \ln 1500)}{\ln\left(1 + \frac{2}{100}\right)} = 2{,}25177$$

(2) Im Gegensatz zum vorigen Beispiel haben wir hier ganz offensichtlich keine ganzjährige Anlagedauer, sondern eine Anlagedauer von **2 Jahren und einer restlichen Zeit**.

Wir müssen daher für die vollen Verzinsungsperioden Zinseszinsen und für die restliche Zeit einfache Zinsen berücksichtigen und berechnen daher zunächst, auf welchen Betrag das Anfangskapital in 2 Jahren anwächst:

$$1500 \cdot \left(1 + \frac{2}{100}\right)^2 = \mathbf{1560{,}60}$$

(3) Dieser Wert steht am Ende des 2. Jahres zur Verfügung. Nun ist n mit Hilfe der Formel für einfache Zinsen zu berechnen, wenn $K_n = 1568{,}40$, $K_0 = 1560{,}60$ und $p = 2$ gegeben sind.

$$n = \frac{100}{2} \cdot \left(\frac{1568{,}40}{1560{,}60} - 1\right) = 0{,}249904$$

0,249904 Jahren entsprechen 90 Tage, also 3 Monate.

Die gesamte Anlagedauer beträgt daher **2 Jahre und 3 Monate**.

Bemerkung: Banken rechnen bei Sparguthaben üblicherweise das Jahr mit 360 Tagen und jedes Monat einheitlich mit 30 Tagen.

Allgemeine Berechnung der Anlagedauer bei einfachen Zinsen:

$$K_n = K_0 \cdot \left(1 + \frac{p}{100} \cdot n\right)$$

$$\frac{K_n}{K_0} = 1 + \frac{p}{100} \cdot n$$

$$\frac{K_n}{K_0} - 1 = \frac{p}{100} \cdot n$$

$$n = \frac{100}{p} \cdot \left(\frac{K_n}{K_0} - 1\right)$$

Beispiel:

Jemand eröffnet zu Jahresbeginn ein mit 3 % p. a. verzinstes Sparbuch mit einer Ersteinlage von 300,— Euro. Zwei Jahre später werden 250,— Euro und weitere drei Jahre später 150,— Euro auf dieses Sparbuch eingezahlt. Wie hoch ist der Guthabenstand 8 Jahre nach Eröffnung des Sparbuchs?

Lösung:

Wir stellen den Sachverhalt anhand einer Zeitlinie dar:

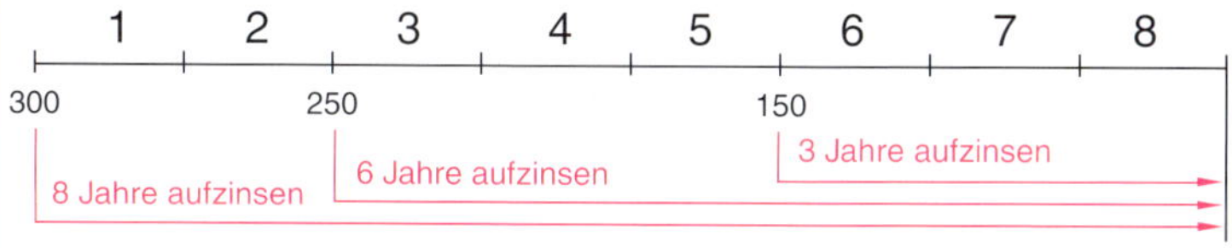

$K_n = 300 \cdot 1{,}03^8 + 250 \cdot 1{,}03^6 + 150 \cdot 1{,}03^3 =$ **842,45 Euro**

Bei mehreren zu verschiedenen Zeitpunkten zahlbaren Beträgen empfiehlt sich die Darstellung anhand einer Zeitlinie.

Aufzinsen:

$K_n = K_0 \cdot \left(1+\frac{p}{100}\right)^n$

Beispiel:

Für ein Grundstück liegen von zwei Interessenten Kaufangebote vor. Interessent A bietet an, 10000,— Euro sofort und 120000,— Euro nach zwei Jahren zu zahlen. Interessent B bietet 100000,— Euro sofort und je 10000,— Euro nach einem und nach zwei Jahren.

a) Welches Angebot ist günstiger, wenn dem Vergleich eine Verzinsung von 4 % p. a. zugrunde gelegt wird.

b) Welches Angebot ist günstiger, wenn dem Vergleich eine Verzinsung von 6 % p. a. zugrunde gelegt wird.

c) Bei welchem Jahreszinssatz wären beide Angebote gleichwertig?

Vergleich zweier Angebote:

Um zu verschiedenen Zeitpunkten fällige Zahlungen vergleichbar zu machen, sind sie auf den selben Zeitpunkt zu beziehen, d. h. entsprechend auf- oder abzuzinsen.

Lösung:

Wir berechnen den heutigen Wert der einzelnen Zahlungen und stellen für beide Angebote eine Zeitlinie auf:

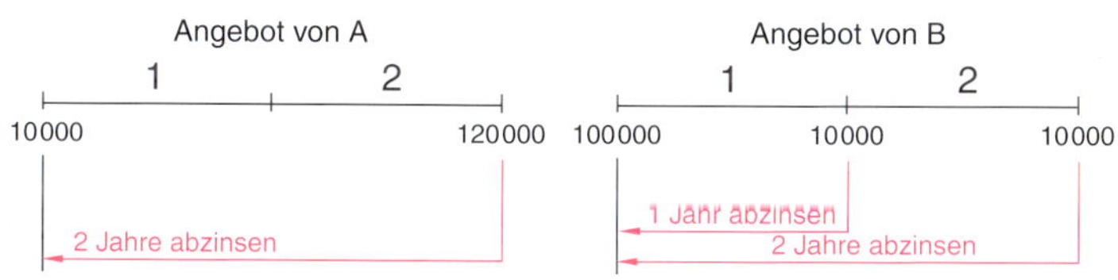

Abzinsen:

$K_0 = \dfrac{K_n}{\left(1+\frac{p}{100}\right)^n}$

a) $K_A = 10000 + \dfrac{120000}{1{,}04^2} = 120946{,}75$ Euro

$K_B = 100000 + \dfrac{10000}{1{,}04} + \dfrac{10000}{1{,}04^2} = 118860{,}95$ Euro

Bei 4 % p. a. ist Angebot A günstiger.

b) $K_A = 10000 + \dfrac{120000}{1{,}06^2} = 116799{,}57$ Euro

$K_B = 100000 + \dfrac{100000}{1{,}06} + \dfrac{10000}{1{,}06^2} = 118333{,}95$ Euro

Bei 6 % p. a. ist Angebot B günstiger.

Welches Angebot günstiger ist kann auch von dem zugrunde gelegten Zinssatz abhängen.

c) Wir setzen $r = 1+\frac{p}{100}$ und $K_A = K_B$:

$10000 + \dfrac{120000}{r^2} = 100000 + \dfrac{10000}{r} + \dfrac{10000}{r^2}$

Durch Umformung erhalten wir $9r^2 + r - 11 = 0$

$r_{1,2} = \dfrac{-1 \pm \sqrt{1+396}}{18} = \ldots$

Wir erhalten die Lösungen $r_1 = 1{,}05138$ und $r_2 = -1{,}16249$.

Es ist nur die positive Lösung brauchbar. Aus $r = 1+\frac{p}{100}$ ermitteln wir den gesuchten Zinssatz mit **5,138 %**.

Das nebenstehende Beispiel für die Berechnung des Zinssatzes, bei dem beide Angebote gleichwertig sind, führt auf eine quadratische Gleichung. Allerdings können auch derartige Fragestellungen auf eine Gleichung höheren Grades führen.

2. Regelmäßige Zahlungen (Renten)

Unter einer **Rente** versteht man Zahlungen, die in gleicher Höhe und in gleichen Zeitabständen erfolgen. Der Zeitraum zwischen zwei Zahlungen heißt **Rentenperiode**.

Einteilung der Renten nach dem Zahlungstermin:

- Bei **vorschüssigen Renten** erfolgen die Zahlungen jeweils am Anfang der Rentenperiode.
- Bei **nachschüssigen Renten** erfolgen die Zahlungen jeweils am Ende der Rentenperiode.

Einteilung der Renten nach dem Zahlungszweck:

- Bei einer **Ansparung** erfolgen Zahlungen, um nach einer gewissen Zeit über einen **Endwert** zu verfügen.
- Bei einer **Abzahlung** erfolgen Zahlungen, um nach einer gewissen Zeit einen **Barwert** (z. B. Kreditbetrag) auszugleichen bzw. einen vorhandenen Betrag zu verbrauchen.

Einteilung der Renten nach der Dauer der Rentenperiode:

- Bei **ganzjährigen Renten** erfolgt jährlich eine Zahlung.
- Bei **unterjährigen Renten** erfolgen jährlich mehrere Zahlungen.

Die Zusammenhänge zwischen der Rentenzahlung R, der Anzahl der Rentenperioden n, dem Auf- bzw. Abzinsungsfaktor und dem Endwert E bzw. dem Barwert B sind in der folgenden Tabelle zusammengefasst:

	vorschüssige Rente	nachschüssige Rente
Endwert E	$E = R \cdot r \cdot \frac{r^n - 1}{r - 1}$	$E = R \cdot \frac{r^n - 1}{r - 1}$
Barwert B	$B = R \cdot \frac{1 - v^n}{1 - v}$	$B = R \cdot v \cdot \frac{1 - v^n}{1 - v}$

Wenn eine Schuld durch gleich bleibende Zahlungen getilgt wird, spricht man statt von Renten von **Annuitäten**.

Die Annuität umfasst einen Zinsen- und einen Tilgungsanteil. Der Tilgungsanteil verringert den aushaftenden Betrag, und dieser wieder den Zinsenanteil des jeweils nächsten Jahres. Da die Annuitäten während der gesamten Laufzeit gleich bleiben, vermehrt sich der Tilgungsanteil jährlich genau um den Betrag, um den sich die Zinsen verringern.

Die obigen Formeln gelten für ganzjährige Renten bei ganzjähriger Kapitalisierung.

Für ganzjährige Renten bei unterjähriger Kapitalisierung (m Verzinsungsperioden pro Jahr) ist statt r bzw. v jeweils r^m bzw. v^m einzusetzen.

Bei unterjährigen Renten kann man Endwert- und Barwertberechnungen nur dann mit Hilfe der obigen Formeln vornehmen, wenn entweder Renten- und Verzinsungsperiode gleich lang sind oder eine Rentenperiode mehrere Verzinsungsperioden umfasst.

Wenn allerdings innerhalb einer Verzinsungsperiode mehrere Rentenraten eingezahlt werden, sind für die einzelnen Zahlungen während der Verzinsungsperiode einfache Zinsen zu berechnen.

Beispiel:

Jemand zahlt 5 Jahre lang jeweils **a)** zu Jahresbeginn **b)** am Jahresende 500,— Euro auf ein mit 3,5 % p. a. verzinstes Sparbuch ein. Wie hoch ist das Guthaben am Ende des 5. Jahres?

Lösung:

a) Gesucht ist der Endwert einer vorschüssigen Jahresrente, wenn $R = 500$, $r = 1{,}035$ (vgl. Außenspalte) und $n = 5$ gegeben sind.

$$E = 500 \cdot 1{,}035 \cdot \frac{1{,}035^5 - 1}{1{,}035 - 1} = 2775{,}08 \text{ Euro}$$

b) Gesucht ist der Endwert einer nachschüssigen Jahresrente, wenn $R = 500$, $r = 1{,}035$ und $n = 5$ gegeben sind.

$$E = 500 \cdot \frac{1{,}035^5 - 1}{1{,}035 - 1} = 2681{,}23 \text{ Euro}$$

Aufzinsungsfaktor:

$$r = 1 + \frac{p}{100}$$

Endwert einer vorschüssigen Jahresrente:

$$E = R \cdot r \cdot \frac{r^n - 1}{r - 1}$$

Endwert einer nachschüssigen Jahresrente

$$E = R \cdot \frac{r^n - 1}{r - 1}$$

Beispiel:

Jemand zahlt ab Beginn eines Jahres jeweils zu Quartalsbeginn 200,— Euro auf ein mit 4 % p. a. verzinstes Sparbuch ein. Welcher Betrag ist bis zum Ende des 4. Jahres angespart?

Lösung:

(1) Wir überlegen zunächst, auf welchen Wert die unterjährigen Einzahlungen bis zum Jahresende bei einfacher Verzinsung anwachsen. Dazu stellen wir diesen Sachverhalt grafisch dar:

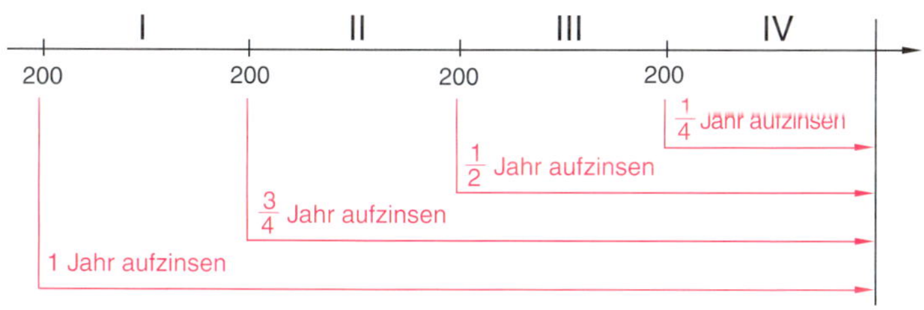

Der Wert der einzelnen unterjährigen Einzahlungen am Jahresende ist durch Einsetzen in die Formel $K_n = K_0 \cdot \left(1 + \frac{p}{100} \cdot n\right)$ zu berechnen:

$K_{1/4} = 200 \cdot \left(1 + \frac{4}{100} \cdot \frac{1}{4}\right) = 202$ $\quad K_{1/2} = 200 \cdot \left(1 + \frac{4}{100} \cdot \frac{1}{2}\right) = 204$

$K_{3/4} = 200 \cdot \left(1 + \frac{4}{100} \cdot \frac{3}{4}\right) = 206$ $\quad K_1 = 200 \cdot \left(1 + \frac{4}{100} \cdot 1\right) = 208$

(2) $202 + 204 + 206 + 208 = 820$

(3) Die Einzahlungen während des Jahres sind bis zum Jahresende auf 820,— Euro angewachsen. Dieser Betrag entspricht einer Einzahlung am Jahresende in gleicher Höhe. Wir rechnen daher mit diesem Wert (nachschüssige Jahresrente) weiter, indem wir in die entsprechende Formel einsetzen:

$$E = 820 \cdot \frac{1{,}04^4 - 1}{1{,}04 - 1} = 3\,482{,}10$$

Bis zum Ende des 4. Jahres ist ein Betrag von 3482,10 Euro angespart.

Endwert von unterjährigen Renten bei ganzjähriger Kapitalisierung:

(1) Berechnung der Werte der unterjährigen Zahlungen am Jahresende (einfache Zinsen)

(2) Aufsummieren der in (1) errechneten Werte

(3) Die in (2) errechnete Summe entspricht einer Einzahlung am Jahresende in gleicher Höhe
⇒ Berechnung des Endwerts einer nachschüssigen Jahresrente $E = R \cdot \frac{r^n - 1}{r - 1}$

Abzinsungsfaktor:

$$v = \frac{1}{\left(1 + \frac{p}{100}\right)}$$

Barwert einer nachschüssigen Jahresrente:

$$B = R \cdot v \cdot \frac{1 - v^n}{1 - v}$$

Beispiel:

Über welches Guthaben muss jemand verfügen, um bei einer Verzinsung von 3,5 % p. a. 7 Jahre lang jeweils am Jahresende 800,— Euro beheben zu können?

Lösung:

Gesucht ist der Barwert einer nachschüssigen Jahresrente, wenn $R = 800$, $v = \frac{1}{1{,}035}$ (vgl. Außenspalte) und $n = 7$ gegeben sind.

$$B = 800 \cdot \frac{1}{1{,}035} \cdot \frac{1 - \left(\frac{1}{1{,}035}\right)^7}{1 - \left(\frac{1}{1{,}035}\right)} = \mathbf{4891{,}64\ Euro}$$

Schuldtilgung mit gleich bleibenden Kreditraten:

Die Höhe der Rente ist durch Umformung der Barwertformel zu berechnen.

$$R = B \cdot \frac{1}{v} \cdot \frac{1 - v}{1 - v^n}$$

Beispiel:

Ein mit 7,5 % p. a. verzinster Kredit von 20000,— Euro ist in 8 gleich hohen, jeweils am Jahresende fälligen Raten zu tilgen. Wie hoch ist eine Kreditrate?

Lösung:

Gesucht ist die Höhe der nachschüssigen Jahresrente, wenn $B = 20000$, $v = \frac{1}{1{,}075}$ und $n = 8$ gegeben sind:

$$R = 20000 \cdot 1{,}075 \cdot \frac{1 - \left(\frac{1}{1{,}075}\right)}{1 - \left(\frac{1}{1{,}075}\right)^8} = \mathbf{3414{,}54\ Euro}$$

Schuldtilgung mit Restrate:

(1) Berechnung der Anzahl der Vollraten durch Umformung der Barwertformel und Auflösung nach n (Exponentialgleichung)

(2) Berechnung des Barwerts der Vollraten = der durch die Vollraten abgedeckte Kreditanteil

(3) Berechnung des durch die Vollraten nicht gedeckten Betrages und Aufzinsen dieses Betrages bis zur Fälligkeit der Restrate

Beispiel:

Ein mit 8 % p. a. verzinster Kredit von 15000,— Euro soll durch nachschüssige Jahresraten von 2000,— Euro getilgt werden. Wie viele derartige Zahlungen und welcher ein Jahr nach der letzten Rate fällige Restbetrag sind dazu erforderlich?

Lösung:

(1) Zunächst wird n berechnet, wenn $B = 15000$, $R = 2000$ und $v = \frac{1}{1{,}08}$ gegeben sind:

$$15000 = 2000 \cdot \frac{1}{1{,}08} \cdot \frac{1 - \left(\frac{1}{1{,}08}\right)^n}{1 - \left(\frac{1}{1{,}08}\right)} \Rightarrow \mathbf{n = 11{,}9059}$$

Zur Tilgung des Kredites sind 11 Vollraten und ein Restbetrag erforderlich.

(2) Wir berechnen den Barwert der 11 Vollraten:

$$B = 2000 \cdot \frac{1}{1{,}08} \cdot \frac{1 - \left(\frac{1}{1{,}08}\right)^{11}}{1 - \left(\frac{1}{1{,}08}\right)} = \mathbf{14\,277{,}93\ Euro}$$

Die 11 Vollraten reichen zur Abdeckung eines Kreditbetrages von 14277,93 Euro.

(3) Der Restbetrag von 722,07 Euro (= 15000 – 14277,93) wird durch eine Zahlung ein Jahr nach der letzten Vollrate — also am Ende des 12. Jahres — getilgt. Es ist daher für 12 Jahre aufzuzinsen:

$$722{,}07 \cdot 1{,}08^{12} = \mathbf{1818{,}30\ Euro}$$

Zur Tilgung des Kredits sind daher **11 Vollraten zu 2000,— Euro und eine Zahlung von 1818,30 Euro erforderlich**.

Bemerkungen zur Kreditverzinsung:

In den hier betrachteten Fragestellungen wird vereinfacht mit ganzjähriger Kapitalisierung gearbeitet. In der Praxis werden Kredite jedoch im Unterschied zu Spareinlagen meist vierteljährig kapitalisiert.

In letzter Zeit hört man immer Schlagworte wie „Altersvorsorge", „Zusatzpension" usw. Dabei handelt es sich meist um Sparformen, bei denen eine gewisse Zeit lang regelmäßig Einzahlungen – sogenannte **Ansparraten** – geleistet werden, um nach Ende der Ansparzeit entweder auf Lebenszeit[1)] oder für einen vorab festgelegten Zeitraum regelmäßig Beträge beheben zu können.

Beispiel:

Jemand zahlt 25 Jahre lang jeweils zu Jahresbeginn 1000,— Euro auf ein mit 5 % p. a. verzinstes Konto ein, um nach Ablauf der Ansparzeit das Guthaben in 15 gleich hohen Jahresraten zu verbrauchen. Wie hoch ist eine dieser Jahresraten?

Lösung:

(1) Zunächst wird der Endwert der Ansparraten berechnet:

$$E = 1000 \cdot 1{,}05 \cdot \frac{1{,}05^{25}-1}{1{,}05-1} = \mathbf{50\,113{,}45\ Euro}$$

(2) Der Endwert der Ansparraten entspricht dem Barwert der 15 Jahresraten. Die Höhe einer solchen Rate wird mit Hilfe der Barwertformel berechnet:

$$R = 50113{,}45 \cdot \frac{1-\left(\frac{1}{1{,}05}\right)}{1-\left(\frac{1}{1{,}05}\right)^{15}} = \mathbf{4598{,}14\ Euro}$$

Berechnung der Rentenzahlung bei gegebener Höhe der Ansparrate:

(1) Berechnung des Endwerts der Ansparraten (= Barwert der Rentenzahlungen)

$$E = R \cdot r \cdot \frac{r^n-1}{r-1}$$

(2) Berechnung der Rentenzahlung durch Umformung der Barwertformel

$$R = B \cdot \frac{1-v}{1-v^n}$$

Beispiel:

Welche Ansparraten sind 20 Jahre lang bei 4,5 % p. a. jeweils zu Jahresbeginn zu entrichten, um nach Ablauf der Ansparzeit 15 Jahre lang eine Jahresrente von 5000,— Euro beziehen zu können?

Lösung:

(1) Zunächst wird der Barwert der Rentenzahlungen berechnet:

$$B = 5000 \cdot \frac{1-\left(\frac{1}{1{,}045}\right)^{15}}{1-\left(\frac{1}{1{,}045}\right)} = \mathbf{56\,114{,}13\ Euro}$$

(2) Der Barwert der Rentenzahlungen entspricht dem Endwert der Ansparraten. Die Höhe der Ansparraten wird mit Hilfe der Endwertformel berechnet:

$$R = \frac{56114{,}13}{1{,}045} \cdot \frac{1{,}045-1}{1{,}045^{20}-1} = \mathbf{1711{,}68\ Euro}$$

Berechnung der Ansparrate bei gegebener Höhe der Rentenzahlung:

(1) Berechnung des Barwerts der Rentenzahlungen (= Endwert der Ansparraten)

$$B = R \cdot \frac{1-v^n}{1-v}$$

(2) Berechnung der Ansparrate durch Umformung der Endwertformel

$$R = \frac{E}{r} \cdot \frac{r-1}{r^n-1}$$

Wir wollen an dieser Stelle auf Folgendes hinweisen: In diesem Abschnitt wurden Methoden entwickelt, die bei einem vertretbaren Rechenaufwand möglichst genaue Ergebnisse liefern. Tatsächlich ist es unmöglich, immer genau am Monats- bzw. Quartalsersten einzuzahlen, zumal die Banken an Samstagen, Sonn- und Feiertagen geschlossen sind. Der 1. Jänner ist in Österreich ein gesetzlicher Feiertag. Wenn dieser auf einen Freitag fällt, ist der erste Banktag des Jahres erst der 4. Jänner. Allgemeine Berechnungen gehen immer davon aus, dass Zeitpunkte wie „Monatsanfang", „Jahresende" usw. uneingeschränkt für Ein- und Auszahlungen genützt werden können. Daher ist in der Praxis jedes Konto individuell abzurechnen.

1) Die Berechnung von auf Lebenszeit zahlbaren Renten erfordert Kenntnisse der Versicherungsmathematik, die die Anforderungen der Lehrpläne von berufsbildenden Schulen übersteigen.

AUFGABEN

Bei den folgenden Aufgaben ist stets dekursive Verzinsung anzunehmen und – wenn nicht anders angegeben – davon auszugehen, dass die jeweiligen Einzahlungen zu Jahresbeginn erfolgen:

859. 800,— Euro werden auf ein mit 2,5 % p. a. verzinstes Sparbuch gelegt. Wie hoch ist das Guthaben nach **a)** 7 Monaten **b)** 2 Jahren **c)** 38 Monaten?

860. 750,— Euro werden zu einem Jahreszinssatz von 6 % angelegt. Wie hoch ist das Guthaben nach 8 Jahren, wenn die Kapitalisierung **a)** ganzjährig **b)** halbjährig **c)** vierteljährlich erfolgt?

861. 900,— Euro werden zu einem Jahreszinssatz von 4 % angelegt. Wie hoch ist das Guthaben nach 28 Monaten, wenn die Kapitalisierung **a)** ganzjährig **b)** halbjährig **c)** vierteljährlich erfolgt?

Anleitung: Man beachte bei den unterschiedlichen Kapitalisierungen, wie viele Monate jeweils volle Verzinsungsperioden bilden.

862. Welchen Betrag muss man zu 2 % p. a. anlegen, um nach 2 Jahren über **a)** 1300,— Euro **b)** 1800,— Euro verfügen zu können?

863. Welchen Betrag muss man zu 2,25 % p. a. anlegen, um nach **a)** 11 Monaten **b)** 3 Jahren **c)** 40 Monaten über ein Guthaben von 1500,— Euro verfügen zu können?

864. Welchen Betrag muss man zu einem Jahreszinssatz von 4 % anlegen, um bei **a)** ganzjähriger **b)** halbjähriger **c)** vierteljährlicher Kapitalisierung nach 5 Jahren über ein Guthaben von 2000,— Euro verfügen zu können?

865. Welchen Betrag muss man zu einem Jahreszinssatz von 3 % anlegen, um bei **a)** ganzjähriger **b)** halbjähriger **c)** vierteljährlicher Kapitalisierung nach 34 Monaten über ein Guthaben von 2400,— Euro verfügen zu können?

Anleitung: Man beachte bei den unterschiedlichen Kapitalisierungen, wie viele Monate jeweils volle Verzinsungsperioden bilden.

866. Mit wie viel Prozent p. a. wird ein Konto verzinst, wenn ein Anfangskapital von 1250,— Euro in 3 Jahren auf **a)**1326,51 Euro **b)** 1346,11 Euro anwächst?

867. Mit wie viel Prozent p. a. wird ein Konto verzinst, wenn ein Anfangskapital von 1200,— Euro in **a)** 8 Jahren **b)**10 Jahren auf 1462,— Euro anwächst?

868. Mit wie viel Prozent p. a. wird ein Konto verzinst, wenn ein Anfangskapital von 1600,— Euro in 19 Monate auf **a)** 1638,21 Euro **b)** 1651,04 Euro anwächst?

869. Zu wie viel Prozent p. a. müsste man sein Geld anlegen, damit sich dieses in **a)** 18 Jahren **b)** 23 Jahren verdoppelt?

870. Wie lange dauert es, bis ein Anfangskapital von 800,— Euro bei 2,5 % p. a. auf **a)** 883,05 Euro **b)** 950,95 Euro anwächst?

871. Wie lange dauert es, bis ein Anfangskapital von 1000,— Euro bei 2 % p. a. auf **a)** 1040,40 Euro **b)** 1050,80 Euro anwächst?

872. Wie lange dauert es, bis sich ein zu **a)** 3,5 % p. a. **b)** 4 % p. a. angelegtes Kapital verdoppelt?

873. Jemand eröffnet zu Jahresbeginn ein mit 2,75 % p. a. verzinstes Sparbuch mit einer Ersteinlage von 720,— Euro. 2 Jahre später werden 800,— Euro und weitere 4 Jahre später 500,— Euro auf dieses Sparbuch eingezahlt. Wie hoch ist der Guthabenstand 9 Jahre nach Eröffnung des Sparbuchs?

874. Für ein Grundstück liegen von zwei Interessenten Kaufangebote vor. Interessent A bietet an, 40000,— Euro sofort und 60000,— Euro in 7 Jahren zu zahlen. Interessent B bietet eine in 4 Jahren fällige Zahlung von 100000,— Euro an. Welches Angebot ist günstiger, wenn dem Vergleich eine Verzinsung von **a)** 2,5 % p. a. **b)** 3,5 % p. a. zugrunde gelegt wird?

875. Jemand zahlt 6 Jahre lang jeweils zu Jahresbeginn 750,— Euro auf ein mit 3,25 % p. a. verzinstes Sparbuch ein. Wie hoch ist das Guthaben am Ende des 6. Jahres?

876. Jemand zahlt jeweils zu Quartalsbeginn 160,— Euro auf ein mit 3,5 % p. a. verzinstes Sparbuch ein. Welcher Betrag ist bis zum Ende des 5. Jahres angespart?

877. Über welches Guthaben muss jemand verfügen, um bei einer Verzinsung von 3 % p. a. 3 Jahre lang jeweils am Jahresende 400,— Euro beheben zu können?

878. Ein mit 7,75 % p. a. verzinster Kredit von 15000,— Euro ist in 10 gleich hohen, jeweils am Jahresende fälligen Raten zu tilgen. Wie hoch ist eine Kreditrate?

879. Ein mit 8,5 % p. a. verzinster Kredit von 40000,— Euro soll durch nachschüssige Jahresraten von 4000,— Euro getilgt werden. Wie viele derartige Zahlungen und welcher ein Jahr nach der letzten Rate fällige Restbetrag sind dazu erforderlich?

880. Jemand zahlt 28 Jahre lang jeweils zu Jahresbeginn 800,— Euro auf ein mit 4,75 % p. a. verzinstes Konto ein, um nach Ablauf der Ansparzeit das Guthaben in 20 gleich hohen Jahresraten zu verbrauchen. Wie hoch ist eine dieser Jahresraten?

881. Jemand zahlt 30 Jahre lang jeweils zu Jahresbeginn 750,— Euro auf ein mit 5 % p. a. verzinstes Konto, um nach Ablauf der Ansparzeit das Guthaben in gleich hohen Jahresraten von 5000,— Euro zu verbrauchen. Wie viele derartige Jahresraten und welcher ein Jahr nach der letzten Jahresrate fällige Restbetrag können bezogen werden?

882. Welche Ansparraten sind 35 Jahre lang bei 5,5 % p. a. jeweils zu Jahresbeginn zu entrichten, um nach Ablauf der Ansparzeit 15 Jahre lang eine Jahresrente von 6000,— Euro beziehen zu können?

883. Jemand hat von 1975 bis 1998 jeweils zu Jahresbeginn 10000,— Schilling auf ein mit 4,5 % p. a. verzinstes Konto eingezahlt, um das angesparte Guthaben ab 1999 in gleich hohen Jahresraten zu verbrauchen.

a) Welcher Betrag in Schilling wurde bis Ende 1998 angespart?

b) Wie lange können ab Anfang 1999 Jahresraten zu je 2500,— Euro bezogen werden?

c) Welcher Restbetrag kann ein Jahr nach der letzten Jahresrate bezogen werden?

Bemerkung: 1 Euro = 13,7603 Schilling

Vermischte Aufgaben

Bei den folgenden Aufgaben ist stets dekursive Verzinsung anzunehmen:

884. Eine Schuld von 780000,— Euro, die mit 6 % p. a. verzinst wird, ist durch drei Raten, die nach 3, 5 und 7 Jahren fällig sind, zu tilgen. Die erste Rate beträgt 325000,— Euro, die zweite 395000,— Euro. Wie hoch ist die dritte Rate?

885. Eine Schuld von 215000,— Euro ist durch 4 gleich hohe Zahlungen, von denen die erste sofort, die zweite nach 14 Monaten, die dritte nach 3,25 Jahren und die vierte nach 23 Quartalen fällig ist, zu begleichen. Wie groß ist eine Zahlung, wenn während der gesamten Laufzeit eine Verzinsung von 0,75 % p. m.[1] erfolgt?

886. Ein Kapital von 55000,— Euro, das zuerst mit 4 % p. s.[2] und dann mit 1,5 % p. q.[3] verzinst wurde, wuchs in 10 Jahren auf 111742,77 Euro an. Nach welcher Zeitdauer fand die Zinssatzänderung statt?

887. Zu welchem Jahreszinssatz sind folgende Angebote für einen Gebrauchtwagen gleichwertig?

A: 600,— Euro sofort, 2520,— Euro nach einem Jahr, 480,— Euro nach zwei Jahren

B: 1 000,— Euro sofort, 300,— Euro nach einem Jahr, 2370,— Euro nach zwei Jahren

Bemerkung: Diese Aufgabe führt auf eine quadratische Gleichung. Es ist zu begründen, warum eine der beiden Lösungen zwar theoretisch möglich, in der Praxis jedoch unrealistisch ist.

888. Ein Kapital, das 6 Jahre zu 2,5 % p. s. angelegt war und dann durch eine Einlage von 12000,— Euro aufgestockt wurde, brachte nach weiteren 4,5 Jahren einen Endwert von 66822,93 Euro, wobei die Verzinsung anlässlich der Kapitalaufstockung auf 2,75 % p. s. erhöht wurde. Wie groß war das Kapital ursprünglich?

889. Bei einer Bank war ein bestimmter Betrag zu 6,75 % p. a. angelegt. Bei dieser Verzinsung wäre er in 15 Jahren auf 80 000,— Euro angewachsen. Nach 9 Jahren wurde aber der Zinssatz herabgesetzt. Um dennoch in der vorgesehenen Zeit den vollen Endwert zu erreichen, wurde zum Zeitpunkt der Zinssatzänderung ein Betrag von 5636,65 Euro zur Einzahlung gebracht. Man berechne **a)** die Höhe des Anfangkapitals **b)** mit welchem Jahreszinssatz ab dem Beginn des 10. Jahres gerechnet wird.

890. Bei einer Bank, die mit 4 % p. a. verzinst, werden zu Jahresbeginn einmalig 40 000,— Euro eingezahlt, um am Ende jeden Jahres 4 000,— Euro zu beheben.

a) Wie viele Jahre lang kann man dies tun?

b) Welcher Restbetrag ist ein Jahr nach der letzten Abhebung von 4000,— Euro übrig?

891. Wie viele Zahlungen von je 500,— Euro am Anfang eines jeden Jahres und welcher gemeinsam mit der letzten Zahlung notwendige Restbetrag sind erforderlich, um bei 6 % p. a. ein Kapital von 15000,— Euro anzusammeln?

892. Wie groß ist ein zu 4 % p. a. angelegtes Kapital, wenn von diesem jeweils am Jahresende 1117,40 Euro behoben werden und nach 8 Jahren noch 1200,— Euro übrig bleiben?

893. Am 1.1.1999 wurde ein Kapital von 250000,— Euro zu 5 % p. a. angelegt, um, beginnend mit 31.12. 2004, jeweils am letzten Tag des Jahres 25000,— Euro zu beheben.

a) Wann kann dies letztmalig erfolgen?

b) Wie groß ist der Restbetrag ein Jahr danach?

---

[1] pro mense = für einen Monat.

[2] pro semestro = für ein Halbjahr.

[3] pro quartalo = für ein Vierteljahr.

894. a) Welcher Betrag ist am Beginn jedes Jahres einzuzahlen, um bei einer Verzinsung von 6 % p. a. nach 16 Jahren über 10 000,— Euro zu verfügen?

b) Nach 6 Jahren verringert die Sparkasse den Zinssatz auf 2 % p. a. Wie hoch sind die Beträge, die unter dieser Bedingung vom Beginn des 7. Jahres an zu entrichten sind?

895. Ein Anleger hat bei einer Verzinsung von 4 % p. a. Anspruch, 12 Jahre lang jeweils zu Jahresende über 12 000,— Euro zu verfügen. Auf welchen Wert erhöht sich dieser jährlich fällige Betrag, wenn mit der ersten Abhebung 5 Jahre zugewartet wird?

896. 9,25 Jahre lang werden jeweils zu Quartalsbeginn 1 000,— Euro zu 1 % p. q. angelegt. Wie groß ist das Guthaben ein Quartal nach der letzten Einlage?

897. Ein Anleger verzichtet auf eine in 5 Jahren beginnende, jeweils am Jahresende auszahlbare 20-jährige Rente von 700,— Euro bei einer Verzinsung von 5 % p. a. und hebt dafür nach einer bestimmten Zeit 14 000,— Euro ab. Zu welchem Zeitpunkt kann diese Abhebung erfolgen?

Anleitung: Da für volle Verzinsungsperioden Zinseszinsen, für Teile davon jedoch einfache Zinsen zu berechnen sind, ist die Zeitdauer wie folgt zu berechnen:

(1) Bestimmung der Anzahl der vollen Verzinsungsperioden (Zinseszinsen)

(2) Berechnung des Kapitals K_n nach n vollen Verzinsungsperioden (= Berechnungsbasis für die „einfachen Zinsen")

(3) Bestimmung des Teils der Verzinsungsperiode (einfache Zinsen)

898. Bei einer Bank, die mit 6,5 % p. a. verzinst, werden 15 Jahre lang jeweils am Jahresende 3 500,— Euro eingezahlt, um ab Beginn des 18. Jahres 10 Jahre lang eine Rente beziehen zu können. Welche Höhe hat der Betrag der Rente, wenn für die Rente eine Verzinsung von 2 % p. a. verrechnet wird.

899. Welchen Betrag muss man 7 Jahre lang jeweils zu Jahresbeginn auf ein Sparbuch legen, um bei einer Verzinsung von 4 % p. a. 9 Monate nach der letzten Einzahlung über 50 000,— Euro verfügen zu können?

Anleitung: Für den Zeitraum nach der letzten Einzahlung sind einfache Zinsen zu berechnen.

900. Beim Kauf eines Grundstücks wurde vertraglich festgelegt, dass der Käufer 12 Jahre lang jeweils am Ende des Quartals 32 000,— Euro zu zahlen hat. Nachdem der Käufer seinen Verpflichtungen 5 Jahre hindurch nachgekommen ist, sollen die noch ausständigen Zahlungen durch einen nach weiteren zwei Jahren fälligen einmaligen Betrag beglichen werden. Wie hoch ist dieser, wenn mit einer Verzinsung von 2 % p. q. gerechnet wird?

901. Eine Schuld von 40 000,— Euro ist in 16 Jahren durch gleichbleibende, jeweils am Ende jedes Halbjahrs fällige Zahlungen bei 4 % p. s. zu tilgen. Nachdem diese Zahlungen 5 Jahre lang entrichtet wurden, wird drei Jahre lang mit den Zahlungen ausgesetzt und nachher wieder regelmäßig weiter gezahlt. Um welchen Betrag ist die ursprüngliche Rate nach Wiederaufnahme der Zahlungen zu erhöhen, wenn die Schuld termingerecht beglichen werden soll?

902. Aus einem Vertrag ergibt sich der Anspruch, ab sofort 9 Jahre lang zu Jahresbeginn 4 000,— Euro beheben zu dürfen. Der Begünstigte verzichtet in den ersten zwei Jahren, behebt jedoch zu den folgenden zwei Terminen jeweils 6 000,— Euro. Welche gleich bleibenden Jahresraten können ab Beginn des 5. Jahres behoben werden, wenn dem Geschäft eine Verzinsung von 6 % p. a. zugrunde gelegt wird?

903. Ein bei einer Bank zu 6,5 % p. a. angelegtes Kapital wäre bei dieser Verzinsung in 7 Jahren auf 48 000,— Euro angewachsen. Nach Ablauf von drei Jahren wurde die Verzinsung auf 6 % p.a. verringert. Um in der vorgesehenen Zeit das Sparziel zu erreichen entschließt sich der Anleger, ab dem Zeitpunkt der Zinssatzreduktion sein Sparguthaben jeweils am Jahresanfang um einen gleich hohen Betrag zu erhöhen. Wie groß ist dieser?

904. Die Firma „Made in Taiwan" hat einen Kredit von 250 000,— Euro mit einer Verzinsung von 0,75 % p. m. aufgenommen. Zu Beginn jeden Monats hebt die Abteilung Einkauf 2 500,— Euro von diesem Kreditkonto ab, die Abteilung Verkauf zahlt jeweils am Quartalsende 11 000,— Euro ein. Jeweils am Jahresende erfolgt des weiteren eine Einzahlung von 30 000,— Euro. Kontostand am Ende des 8. Jahres?

905. Herr Müller legt am Ende eines Jahres 4000,— Euro zu 4 % p. a. an und erhöht ein Jahr später sein Guthaben um 5000,— Euro. Auf diese Weise erfolgen jeweils in Jahresabständen weitere Einzahlungen, die jeweils um 1000,— Euro höher sind wie die Sparzahlung im vorangehenden Jahr. Welcher Betrag wird in 20 Jahren angespart?

906. Ein Kredit von 100000,— Euro soll durch 6 gleich hohe nachschüssige **Annuitäten** bei einer Verzinsung von 9 % p. a. getilgt werden.

a) Wie hoch ist die Annuität?

b) Die nebenstehende Tabelle — der sogenannte **Tilgungsplan** — ist auf einem separaten Blatt zu vervollständigen.

Jahr	Zinsen-anteil	Tilgungs-anteil	Annuität	aushaften-der Betrag
0	0,—	0,—	0,—	100000,—
1	9000,—	...	...	...
...	...	...	...	...

Die Annuität setzt sich aus Zinsen- und Tilgungsanteil zusammen. Letzterer vermindert den aushaftenden Kreditbetrag.

Es ist zu beachten, dass die Zinsen jeweils vom aushaftenden Kreditbetrag des Vorjahres berechnet werden.

Bemerkung: Der Tilgungsanteil vermehrt sich jährlich genau um den Betrag, um den sich die Zinsen verringern. Die Annuitäten bleiben während der gesamten Laufzeit gleich hoch. Diese Form der Tilgung wird **Annuitätentilgung** genannt.

907. Der Tilgungsplan für die Rückzahlung eines Kredites von 250000,— Euro durch 10 gleich hohe Annuitäten bei einer Verzinsung von 8,5 % p. a. ist aufzustellen.

908. Eine mit 5 % p. a. verzinste Schuld von 20000,— Euro ist in 18 Jahren durch jeweils am Jahresende zahlbare Annuitäten zu tilgen.

a) Wie groß sind diese Annuitäten?

b) Im 8., 9. und 10. Jahr wird mit den Zahlungen ausgesetzt und dann wieder regelmäßig weiter gezahlt. Welche neue Annuitäten sind nach Wiederaufnahme der Zahlungen zu entrichten, wenn sich an der Verzinsung nichts geändert hat?

909. Zur Tilgung einer Schuld von 225000,— Euro sollen bei einer Verzinsung von 8 % p. a. durch 7 Jahre gleich bleibende nachschüssige Annuitäten gezahlt werden.

a) Der Tilgungsplan ist aufzustellen.

b) Nach der dritten Zahlung wird die Verzinsung auf 8,5 % p. a. erhöht. Zur Tilgung des zu dieser Zeit aushaftenden Restbetrages sind daher höhere Annuitäten notwendig. Der Tilgungsplan ist ab dem 4. Jahr neuerlich zu bestimmen.

Bemerkung: Eine Änderung der Rückzahlungsbedingungen heißt **Konvertierung**.

910. Eine mit 7,5 % p. a. verzinste Schuld von 180000,— Euro soll in 5 Jahren durch gleich bleibende nachschüssige Annuitäten getilgt werden. Nach zwei Jahren erhöht sich die Verzinsung auf 9 % p. a. gleichzeitig wird die Laufzeit um ein Jahr erstreckt. Tilgungsplan?

Anleitung: Für die „neuen“ Annuitäten gilt eine Restlaufzeit von 4 Jahren.

911. Eine Schuld von 90000,— Euro soll in 15 Jahren bei 9 % p. a. zurückgezahlt werden. Am Ende des ersten Jahres bezahlte der Schuldner 15000,— Euro und am Ende des zweiten Jahres 10000,— Euro. Da der Schuldner am Ende des dritten Jahres nicht bezahlen konnte, wurde folgende Regelung getroffen: Der Rest ist ab dem 4. Jahr in gleich hohen Annuitäten zurückzuzahlen. Der Tilgungsplan hierfür ist aufzustellen.

BESCHREIBENDE STATISTIK

1. Lügt die Statistik?

Aus der Tageszeitung
DIE PRESSE:

Bildungsniveau in Österreich stark angestiegen

Eigenbericht der „Presse"
WIEN (ki). Die Bildungsstruktur der österreichischen Bevölkerung hat sich von 1971 bis 1981 stark verbessert. So stieg die Zahl der Hochschulabsolventen um 71,6 Prozent auf 86.400, die Zahl der Maturanten um 31,9 Prozent auf 105.000. In den beiden obersten Bildungsebenen sind jedoch, so ergab die gestern präsentierte Auswertung der Volkszählung 1981 durch das Statistische Zentralamt, immer noch die Männer vorherrschend.

Aus der Tageszeitung
SALZBURGER NACHRICHTEN:

Bildungsstruktur verbessert

Stark gebessert hat sich gegenüber 1971 die Bildungsstruktur. 3,4 Prozent der Österreicher sind Hochschulabsolventen, 7,2 Prozent legten die Matura ab und 10,4 Prozent waren in einer Fachschule erfolgreich. Innerhalb von zehn Jahren stieg die Zahl der Akademiker damit um über 70 Prozent, die der Maturanten um fast 32 Prozent und die Fachschulabsolventen um nahezu 60 Prozent.

Benjamin DISRAELI (1804–1881) war ein englischer Politiker. Er gehörte zur Partei der Konservativen und war ein Vertreter des britischen Imperialismus. Sein Zynismus trug dazu bei, dass er viele Gegner hatte. DISRAELI schrieb auch Romane, die sehr erfolgreich waren. Als er bereits schwer krank war, sagte er (es sind dies seine letzten bezeugten Worte): *„Ich möchte lieber leben bleiben, ich habe aber keine Angst vor dem Sterben."*

Es gibt drei Arten von Lügen:
Lügen, infame Lügen und Statistik.
(Benjamin DISRAELI)

Wer sich die historischen Originalzitate vom 15. Februar 1985[1] genau durchliest, wird den Widerspruch erkennen: Nach Berichterstattung der Tageszeitung DIE PRESSE gab es damals in Österreich nur 86400 Akademiker und 105000 Maturanten, das wären (ausgehend von 6050000 Österreichern über 15 Jahre) rund 1,4 % Akademiker und 1,7 % Maturanten. Laut SALZBURGER NACHRICHTEN waren aber 3,4 % der Österreicher Hochschulabsolventen und 7,2 % legten die Matura ab. Handelte es sich um eine Falschmeldung? Dann könnte man über die oberflächliche Berichterstattung einer der beiden Tageszeitungen verärgert sein, und die Sache wäre erledigt. Was aber ist, wenn die Meldungen der Zeitungen „richtig" waren, **weil Statistiken verschieden interpretiert wurden?** In diesem Fall drängt sich die Frage auf: Lässt sich denn alles mit irgendeiner Statistik „beweisen"? Wenn ja, so könnte man dem englischen Politiker und Schriftsteller **Benjamin DISRAELI** (1804–1881) Recht geben und Statistik als infamste aller Lügen bezeichnen.

„Ich glaube an die Statistik aber nur wenn ich sie selbst verfälscht habe", ist ein Standpunkt vieler unserer Mitmenschen — aber der ist falsch! Denn die Statistik an sich ist weder wahr noch falsch. Es kommt nur darauf an, **welche** Daten man zur Verfügung hat und **wie** man sie interpretiert. Wer sich mit Statistik ein wenig auskennt, wird die eingangs aufgezeigten Widersprüche leicht aufklären können. Wer nicht jenen hilflos gegenüberstehen möchte, die ihre Aussagen mit Statistik „beweisen", findet in diesem Kapitel eine erste Einführung in die Problematik.

Die Statistik gliedert sich in
— die **beschreibende Statistik**, die Daten erfasst und diese durch Tabellen, Grafiken und Kennzahlen möglichst übersichtlich beschreibt;
— die **beurteilende Statistik**, die auf Basis der beschreibenden Statistik prognostiziert und vergleicht, sich also z. B. mit der Qualitätskontrolle von Produkten beschäftigt.

[1]) Zum Aufzeigen der grundlegenden Problematik wurden bewusst historische Zeitungsartikel gewählt. Nach Durcharbeiten des vorliegenden Lehrbuchabschnitts sollten in Gruppenarbeit aktuelle Zeitungsartikel im Hinblick auf die Stichhaltigkeit der enthaltenen statistischen Aussagen überprüft werden.

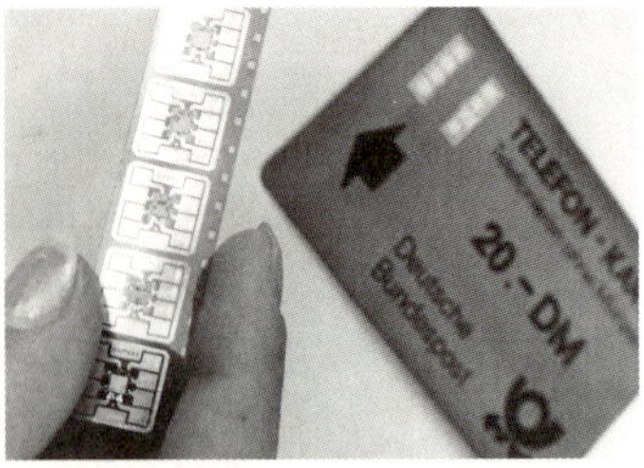

Das sind die von Siemens vorgestellten Kredit-Chips SLE 4401 K. Das flache Mikropack-Gehäuse erlaubt die Einbettung in einer üblichen Kreditkarte, um bargeldlos telefonieren, tanken oder parken zu können. Kontaktiert werden die Chips über acht Anschlussflächen nach der ISO-Norm, die sich bereits auf dem Mikropack befinden und an die Oberfläche der Karte geführt werden.

2. Arbeitsweise der Statistik, Datenerhebung

Winzige Plättchen, sogenannte **Chips**, sind das Herz jedes Computers. Chips lassen Industrieroboter laufen, kontrollieren Telefonanlagen und stecken in der Fernbedienung von TV-Geräten und Videorekordern. Ob eine Herstellungsart von Chips wirtschaftlich ist, wird unter anderem danach bewertet, wie viel Prozent der produzierten Chips **funktionstüchtig** sind.

Nehmen wir an, es gilt 180000 Chips zu beurteilen. Wir wählen hierfür folgende Vorgangsweise[1]:

(1) **Formulierung des Problems**
Das Problem liegt auf der Hand: Wie viele der 180000 Chips funktionieren?
Der Begriff „funktionieren" ist eindeutig, die Fragestellung präzise. Das ist nicht immer so. Wenn man z. B. herausbekommen möchte, wie viel Prozent der österreichischen Bevölkerung geisteskrank sind, wird es schwierig. Zählen zu den Geisteskranken nur jene Patienten, die in stationärer Behandlung sind? Wo zieht man die Grenze zwischen kranken und „normalen" Menschen?

(2) **Planung des Experiments**
Um ganz sicherzugehen, wie viele der 180000 Chips funktionieren, müsste man alle überprüfen. Ist das möglich und sinnvoll, brauchen wir keine statistischen Methoden anwenden. Oft wird man sich aus Kosten- und Zeitgründen zu einer sogenannten **Stichprobenentnahme** entschließen: Einige Chips (z. B. 200 Stück) werden ausgewählt und deren Funktionsfähigkeit überprüft.

(3) **Durchführung des Experiments**
Von den 200 Chips funktionieren 182 einwandfrei, die restlichen 18 Stück sind fehlerhaft. Die 200 ausgewählten Chips sind eine **„Stichprobe"** aus der **„Grundgesamtheit"** der 180000 Chips.

> Die **Grundgesamtheit** ist die Menge der zu beurteilenden Objekte. Der **Umfang der Grundgesamtheit** ist die Anzahl ihrer Elemente.
> Eine **Stichprobe** ist eine Menge von Objekten, die einer Grundgesamtheit zufällig (d. h. mit gleicher Chance für jedes Objekt der Grundgesamtheit) entnommen werden. Der **Stichprobenumfang** ist die Anzahl der Elemente einer Stichprobe.

(4) **Auswertung des Ergebnisses**
Oftmals werden die Ergebnisse grafisch dargestellt, oder es werden (vor allem bei umfangreichen Untersuchungen) Tabellen angelegt. Wir wollen hier nur berechnen, wie viel Prozent der Chips unserer Stichprobe funktionieren: 182 : 200 = 0,91, d. h. 91% der Chips funktionieren einwandfrei.

(5) **Schluss von der Stichprobe auf die Grundgesamtheit**
Aus der Stichprobe schließen wir, dass 163800 Chips (= 91 % der Grundgesamtheit) funktionieren. Inwieweit derartige Schlüsse von der Stichprobe auf die Grundgesamtheit zulässig sind, wird in der **beurteilenden Statistik** untersucht.

Die Arbeitsweise der Statistik scheint einfach zu sein: Zunächst werden die Daten erfasst. Dann erfolgt die Datenaufbereitung, d. h. das Ordnen und Verdichten der Daten in Form von Tabellen bzw. Diagrammen. Schließlich wird noch eine Schlussfolgerung gezogen — und die Sache hat sich.

Bei dem nebenstehend beschriebenen Experiment erfolgte die Datenerhebung speziell für die statistische Untersuchung. Man spricht in einem solchen Fall von einer **Primärerhebung**, zum Unterschied von der **Sekundärerhebung**, bei der das Datenmaterial schon vorliegt; z. B. sind die Daten in statistischen Jahrbüchern oder in Fachbüchern bereits gegeben.

Durch Sekundärerhebung gewonnene Daten können im Allgemeinen nicht mehr überprüft werden, die Qualität der Daten ist kaum abschätzbar.

Die Primärerhebung erfolgt meistens durch
- Beobachtung (Experiment) oder
- Befragung.

Vor allem die Befragung ist problematisch.

[1] In Anlehnung an „KREYSZIG, Statistische Methoden und ihre Anwendungen".

Leider ist es in der Praxis keineswegs ganz so einfach. Wir beschränken uns auf ein einziges Beispiel, um zu zeigen, dass uns schon die Stichprobenentnahme vor Schwierigkeiten stellen kann.

Beispiel:

Wie könnte man eine Stichprobe von 700 Personen aus der Grundgesamtheit aller Österreicherinnen und Österreicher ziehen? Folgende Methoden werden angeboten:

a) Wir nehmen das Telefonbuch und wählen 700 Telefonnummern zufällig aus.

b) Aus einem Stadtplan suchen wir uns zufällig die Angaben von 700 Häusern heraus und schreiben (um die Arbeit nicht unnötig zu erschweren) jeweils die Daten der ersten Person ab, also die Daten der auf Tür Nr. 1 wohnenden Person.

c) Die Namen werden aus der alphabetisch geordneten Wählerevidenz herausgeschrieben. Zu diesem Zweck wird vorher der Buchstable V ausgewählt. (Dieser Buchstabe kann auch „erwürfelt" werden.) Nun sollen also 700 Personen, deren Familienname mit V beginnt, herausgesucht werden.

d) Die Namen werden aus der alphabetisch geordneten Wählerevidenz herausgeschrieben. Hierfür wird zunächst eine Österreicherin bzw. ein Österreicher zufällig ausgewählt (z. B.: Eine Liste wird „blind" herausgezogen, das Los bestimmt eine Österreicherin bzw. einen Österreicher.) und von dieser/diesem wird nach vorne und hinten in 10000er-Schritten weitergezählt. Alle so ermittelten Personen werden ebenfalls in die Stichprobe aufgenommen.

Welche Methode ist geeignet, welche ist ungeeignet? Die Entscheidung ist in allen Fällen zu begründen!

Lösung:

a) Telefonverzeichnisse sind als Grundlage der Stichprobenkonstruktion nicht geeignet, da ja Personen, die nicht im Telefonverzeichnis stehen, keine Chancen haben, in die Stichprobe zu kommen. („Eine Stichprobe ist eine Menge von Objekten, die einer Grundgesamtheit zufällig — d. h. **mit gleicher Chance für jedes Objekt** der Grundgesamtheit — entnommen werden...")

b) Ungeeignet! Jene, die nicht auf Tür Nr. 1 wohnen, können niemals in die Stichprobe gelangen. Wenn man die ausgewählten Personen nach ihrem Beruf befragt, wird sich übrigens zeigen, dass sehr viele davon Hauswarte sind. Der Grund hierfür: Hausbesorgerinnen und Hausbesorger wohnen oft auf Tür Nr. 1.

c) Ungeeignet! Jene, deren Namen nicht mit V beginnt, sind chancenlos.

d) Geeignet! Diese Methode nennt man **„systematisches Stichprobenziehen"**. Sie ist immer dann geeignet, wenn eine Liste kein periodisches Verhalten aufweist.

Neben dem Problem der Stichprobenmethode und -größe ergeben sich bei einer Meinungsumfrage unter anderem noch folgende Schwierigkeiten:

— Jede Veröffentlichung einer Umfrage bewirkt eine unvoraussagbare Veränderung der Meinung der Grundgesamtheit.

— Inwieweit sich die von einer/einem Befragten geäußerte Meinung mit ihrer/seiner tatsächlichen Meinung deckt, lässt sich oft nur sehr schwer (mitunter auch gar nicht) feststellen.

Bemerkung: Nicht jede(r) ist bereit zuzugeben, dass sie/er sich z. B. nur 2-mal pro Jahr wäscht, Steuern hinterzieht oder in das Bett nässt.

3. Merkmal, Merkmalsträger, Merkmalsausprägung

Beispiele für Merkmalsträger, Merkmale und Merkmalsausprägungen:

Merkmalsträger	Merkmal	Merkmalsausprägungen
HTL-Schülerinnen und Schüler Tirols im Schuljahr 2006/07	Schulnote aus Physik	sehr gut, gut, ..., nicht genügend
Angestellte der Fa. Gerhard Bidlas am 1.1. 2007	Familienstand	ledig, verheiratet, verwitwet, geschieden
Angestellte der Reniets Verlag Gesellschaft m.b.H. am 1. 4. 2007	Alter in Jahren	15 bis 65 Jahre
Verkaufte Taschenrechner Voyage 200[1]	Funktionsfähigkeit in Tagen	0 bis 8000 Tage
2007 bei österreichischen Postämtern aufgegebene Briefe	Masse	1 bis 2000 Gramm

Ein **Merkmal** ist eine Eigenschaft, die zur Beurteilung der zu untersuchenden Objekte **(Merkmalsträger)** dienen kann.

Unter einer **Merkmalsausprägung** versteht man einen Wert (eine Eigenschaft), den (die) ein Merkmal annimmt.

Die genaue Abgrenzung von Grundgesamtheiten ist wichtig. Diese muss in räumlicher, sachlicher und zeitlicher Hinsicht erfolgen.

Beispiel:

Merkmalsträger: 1000 Stück 1-Euro-Münzen. Handelt es sich — bei den nachstehenden Angaben — um Merkmale oder um Merkmalsausprägungen?

a) Masse **b)** Durchmesser **c)** 23 mm **d)** Dicke
e) 8 g **f)** Echtheit **g)** 2 mm **h)** echt

Lösung:

a) Merkmal **b)** Merkmal **c)** Merkmalsausprägung **d)** Merkmal
e) Merkmalsausprägung **f)** Merkmal **g)** Merkmalsausprägung **h)** Merkmalsausprägung

Beispiel:

Es ist zu überprüfen ob die folgenden Grundgesamtheiten ausreichend abgegrenzt sind:

a) Menge aller am 1.1. 2007 in Graz gemeldeten Personen.
b) Anzahl der Ehrenbeleidigungsprozesse im Jänner 2007.
c) Unentschuldigte Fehlstunden aller Schülerinnen und Schüler der HTL in Hallstatt.
d) Verkehrsunfälle, in die Alkoholikerinnen und Alkoholiker im März 2007 in Österreich verwickelt waren.

Lösung:

a) ausreichend abgegrenzt **b)** räumliche Abgrenzung fehlt **c)** zeitliche Abgrenzung fehlt
d) sachliche Abgrenzung fehlt (Wie sind die Begriffe „Alkoholikerin“ und „Alkoholiker“ definiert?)

„Unter einer **Merkmalsausprägung** versteht man einen Wert (eine Eigenschaft), den (die) ein Merkmal annimmt“, heißt es weiter vorne im Text. Wird eine Merkmalsausprägung eigentlich durch eine Zahl ausgedrückt? Oder durch einen Namen? Durch eine Bezeichnung?

Nehmen wir das Merkmal „Masse“ her. Die Merkmalsausprägungen sind Messwerte. Diese Messwerte wurden z. B. durch eine Brückenwaage ermittelt. Die Merkmalsausprägungen des Merkmals „Masse“ sind also Zahlen. Anders ist es beim Merkmal „Familienstand“. Hier sind die Merkmalsausprägungen durch Bezeichnungen ausdrückbar: ledig, verheiratet, verwitwet, geschieden.

1) Genau genommen wird diese Grundgesamtheit nicht in räumlicher und zeitlicher Hinsicht abgegrenzt.

Beispiel:

Gegeben sind Merkmalsträger, Merkmal und Merkmalsausprägungen:

Merkmalsträger	Merkmal	Merkmalsausprägungen
a) Alle Zuchtsauen Österreichs im Jahre 2006	Zahl der Ferkel/Wurf	3 bis 18 Stück
b) HTL-Schülerinnen und Schüler Kärntens im Schuljahr 2006/07	Körpergröße	1,45 bis 2,05 m
c) Einwohnerinnen und Einwohner der Stadt Graz am 1.1. 2007	Geschlecht	männlich, weiblich
d) Schülerinnen und Schüler einer bestimmten Schulklasse	Laufgeschwindigkeit	10 bis 18 km/h
e) Am 31.12. 2006 lagernde Lebensmittel des Supermarktes ABC	Güteklasse bei Lebensmitteln	Klasse I, II, III, IV
f) Ehepaare in Oberösterreich im Jänner 2007	Anzahl der Kinder	0 bis 15
g) Von Dr. Würl im Dezember 2006 untersuchte Personen	Körpermasse	2 bis 150 kg
h) Handelsangestellte Tirols im März 2007	monatliches Bruttoeinkommen	€ 1000,— bis € 15000,—

Welche Art der Merkmalsausprägung liegt jeweils vor? Bei quantitativen Merkmalen ist anzugeben, ob es sich um stetige oder um diskrete Merkmale handelt.

Lösung:

a) quantitativ, diskret **b)** quantitativ, stetig **c)** qualitativ
d) quantitativ, stetig **e)** qualitativ **f)** quantitativ, diskret
g) quantitativ, stetig **h)** quantitativ, diskret

Wieso liegt eine **qualitative** Merkmalsausprägung beim Merkmal „Güteklasse bei Lebensmitteln" vor? Sicher liegt es nicht daran, dass die Klassen I, II, III und IV mit römischen (und nicht mit arabischen) Zahlzeichen bezeichnet wurden.

Wieso liegt eine **diskrete** Merkmalsausprägung beim Merkmal „monatliches Bruttoeinkommen" vor, obwohl — genauso wie bei Körpergröße und Körpergewicht — Dezimalstellen denkbar sind?

Merkmalsausprägungen sind **quantitativer Art**, wenn sie nur durch Zahlen dargestellt werden können, andernfalls sind sie **qualitativer Art**.

Bei quantitativen Merkmalen unterscheidet man außerdem zwischen **stetigen** und **diskreten Merkmalsausprägungen**.

Stetige Ausprägungen können jeden beliebigen Wert eines bestimmten Intervalls der Menge ℝ annehmen.

Diskrete Ausprägungen können im betrachteten Intervall nur endlich viele Zahlenwerte annehmen, d. h. nur spezielle Werte sind möglich, die z. B. durch Zählen ermittelt werden.

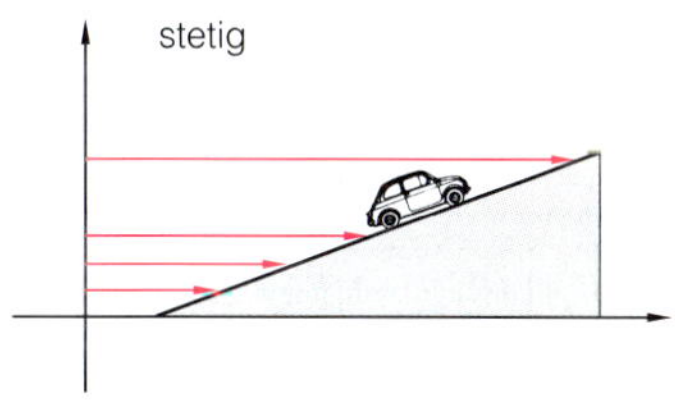

Im betrachteten Intervall ist jede reelle Zahl möglich.

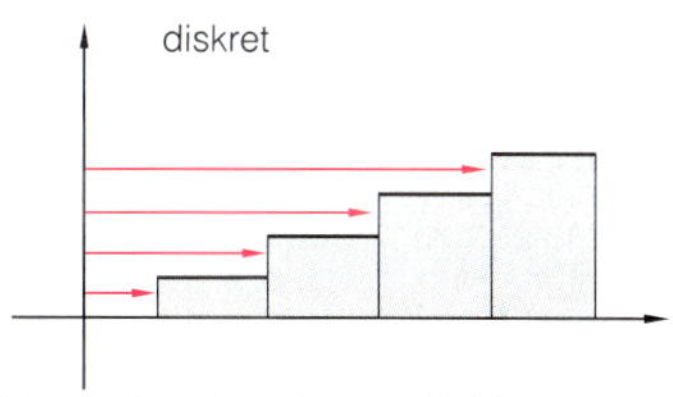

Es sind nur bestimmte Zahlenwerte der Kategorien möglich.

Die Eigenschaft **„stetig"** oder **„diskret"** bezieht sich ausschließlich auf das Merkmal selbst. Es ist deshalb vollkommen unerheblich, ob wir die Merkmalswerte mit einem genauen Maßstab ermittelt oder nur grob geschätzt haben!

4. Absolute und relative Häufigkeit

Die Anzahl der Stichprobenwerte von ein und derselben Merkmalsausprägung heißt **absolute Häufigkeit** dieser Merkmalsausprägung und wird mit H_i bezeichnet.

Eine ungeordnete Zusammenstellung von Daten nennt man **Urliste**.

Mitunter wird die Urliste schon als Strichliste angelegt, wie das bei der nebenstehenden Wahl des Klassensprechers geschehen ist.

Beispiel:

Bei 20 Familien soll die absolute Häufigkeit des Merkmals „Anzahl der Kinder" aus der gegebenen Urliste festgestellt werden: 1, 5, 4, 0, 1, 2, 1, 1, 1, 3, 1, 0, 1, 2, 1, 3, 1, 2, 1, 2

Lösung:

Anzahl der Kinder	Strichliste	(absolute) Häufigkeit
0	II	2
1	𝍸 𝍸	10
2	IIII	4
3	II	2
4	I	1
5	I	1
		20 ← Gesamtumfang der Stichprobe

Die Strichliste wird im Allgemeinen nicht in die Tabelle (auch „Häufigkeitstabelle" genannt) aufgenommen, erleichtert aber die Bestimmung der absoluten Häufigkeit.

In der Tabelle sind die Häufigkeiten der einzelnen Merkmalsausprägungen (0 Kinder, 1 Kind, 2 Kinder usw.) erfasst. Eine Zusammenstellung von Ausprägungen bezeichnet man auch als **Häufigkeitsverteilung**[1].

Das Verhältnis der absoluten Häufigkeit H_i einer Merkmalsausprägung zum Gesamtumfang n der Stichprobe heißt **relative Häufigkeit** und wird mit h_i bezeichnet.

Relative Häufigkeit = $\frac{\text{absolute Häufigkeit}}{\text{Stichprobenumfang}}$

$$h_i = \frac{H_i}{n}$$

Beispiel:

Eine Befragung von 505 Schülerinnen und Schülern über deren Interesse am Mathematikunterricht könnte z. B. das nebenstehende Ergebnis liefern.

Man berechne die relativen Häufigkeiten.

Interesse	absolute Häufigkeit
Groß	137
Mittelmäßig	83
Gering	102
Kein Interesse	168
Ohne Antwort	15
Summe	505

Lösung:

Groß: $\frac{137}{505} = 0{,}27 \mathrel{\hat=} \mathbf{27\,\%}$ Mittelmäßig: $\frac{83}{505} = 0{,}16 \mathrel{\hat=} \mathbf{16\,\%}$

Gering: $\frac{102}{505} = 0{,}20 \mathrel{\hat=} \mathbf{20\,\%}$ Kein Interesse: $\frac{168}{505} = 0{,}33 \mathrel{\hat=} \mathbf{33\,\%}$

Ohne Antwort: $\frac{15}{505} = 0{,}03 \mathrel{\hat=} \mathbf{3\,\%}$

(27 % + 16 % + 20 % + 33 % + 3 % = 99 % — das „fehlende" eine Prozent ergibt sich durch Rundungsungenauigkeiten.)

[1]) Häufigkeitsverteilungen können auch — wie später gezeigt wird — grafisch dargestellt werden.

Die Schlagzeile „Ein Drittel der Schülerinnen und Schüler interessieren sich nicht für Mathematik" wäre im Zusammenhang mit der obigen Umfrage nicht angebracht, denn Prozentangaben rufen Assoziationen von großen Beobachtungsreihen hervor. Es wurden aber nur 505 Personen gefragt!

Was würde sich ändern, wenn man die Möglichkeit „Ohne Antwort" unberücksichtigt lässt? Natürlich kommt es zu einer Verschiebung der relativen Häufigkeiten. In diesem Sinn ist die gewählte Grundgesamtheit zu bedenken.

5. Klasseneinteilung

Angenommen, von allen Österreicherinnen und Österreichern wird das Merkmal „Körpergröße" untersucht. Die Urliste würde aus ca. 8 Millionen Daten bestehen, und das bei rund 180 Merkmalsausprägungen, wenn auf cm genau gemessen wird. Selbst eine Strichliste schafft hier keine Übersicht. Wie lassen sich die Daten zusammenfassen, sodass man auf den ersten Blick eine gewisse Übersicht bekommt?

Unter einer **Klasseneinteilung** versteht man die Zusammenfassung zweier oder mehrerer benachbarter Merkmalsausprägungen zu Gruppen oder Klassen.

Nun: Es wäre in diesem Fall günstig, Merkmalsausprägungen in „Klassen" zu vereinigen, d. h. eine **Klasseneinteilung** vorzunehmen.

Genau genommen wird bereits bei einer Messgenauigkeit auf cm eine Klasseneinteilung vorgenommen. Bei dem stetigen Merkmal „Körpergröße" sind nämlich unendlich viele Werte zwischen jeweils zwei benachbarten ganzzahligen Körpergrößen denkbar, die dann **alle** — nach Runden auf cm — mit dem größeren oder kleineren Zahlenwert zusammenfallen.

Beispiel:

Bei der Betonierung der Wiener Reichsbrücke in den Jahren 1978 bis 1981 wurden von der ausführenden ARGE „Johann Nestroy" 167 Probekörper-Trios (Betonwürfel mit 20 cm Kantenlänge) für die Betongüteprüfung hergestellt und von der MA 39, Versuchs- und Forschungsanstalt der Stadt Wien, geprüft. Die im Alter von 28 Tagen nach Normlagerung erhaltenen Druckfestigkeiten sind in der nebenstehenden Tabelle zusammen gefasst. Bei der Betonprüfung wurden im Allgemeinen drei Würfel aus einer Betonmische hergestellt.

Für statische Untersuchungen für die Gleichmäßigkeit der Betonherstellung werden die Mittelwerte verwendet. Jeder Mittelwert gibt die Betonfestigkeit einer anderen Betonmische wieder.

(Quelle: Forschungsinstitut des Vereins der österreichischen Zementfabrikanten)

Für die statistische Auswertung der 167 Mittelwerte ist eine geeignete Klasseneinteilung zu wählen.

Tabelle 1

D_{28} in N/mm²

Mittel

56,3	52,6	60,9	54,9	54,9
55,9	55,6	51,4	52,2	55,9
54,6	53,5	62,6	59,8	51,8
57,9	59,8	54,7	55,2	57,4
57,7	60,7	60,5	53,8	61,6
56,7	58,0	55,7	53,9	54,7
62,3	53,6	56,9	52,3	54,7
58,6	61,5	58,1	55,9	51,7
61,5	50,3	50,4	53,0	50,8
59,2	59,9	56,7	57,6	54,7
54,3	50,7	55,6	60,8	52,7
59,4	52,4	51,5	50,3	56,7
60,6	55,9	56,2	61,0	54,0
61,0	53,8	56,9	58,8	56,1
58,9	57,1	56,7	57,8	58,9
57,3	57,8	62,3	57,9	53,1
57,0	55,5	61,7	59,0	60,7
61,8	53,8	60,5	48,7	59,7
56,3	58,2	60,0	52,5	60,9
56,1	59,2	59,5	51,8	55,7
52,3	53,1	58,2	49,3	59,2
54,5	55,3	60,2	53,6	61,0
61,8	59,5	60,5	58,6	50,7
57,2	57,2	60,9	47,6	55,5
55,6	57,7	54,1	50,7	55,0
57,7	66,4	61,1	51,2	57,5
60,8	60,4	60,7	50,3	56,7
58,6	61,1	51,8	54,6	52,9
60,9	59,1	56,5	59,1	55,7
60,7	59,9	58,4	54,9	56,7
56,7	59,9	57,1	58,7	55,5
57,9	49,1	55,5	55,1	
60,6	61,5	52,7	56,7	
57,1	60,5	57,2	53,1	

Lösung:

Druckfestigkeit	Strichliste	(absolute) Häufigkeit
[45,50[	||||	4
[50,55[	卌 卌 卌 卌 卌 卌 卌 卌 卌 ||	47
[55,60[	卌 卌 卌 卌 卌 卌 卌 卌 卌 卌 卌 卌 卌 卌 卌 卌 |	81
[60,65[	卌 卌 卌 卌 卌 卌 ||||	34
[65,70[	|	1
		167

Beim letzten Beispiel haben wir als Klassen Intervalle der Form [a, b[verwendet. Hätten nicht auch Intervalle der Art [a, b] ihren Zweck erfüllt? Sicherlich nicht. Denn dann würde es z. B. für den Wert 60 N/mm^2 nicht feststehen, ob er in das Intervall [55, 60] oder in das Intervall [60, 65] gehört. Eine Klasseneinteilung liegt **genau dann** vor, wenn jeder Wert in **genau ein** Intervall fällt.

Die Klasseneinteilung hat Vor- und Nachteile:

— **Je weniger Klassen,** desto übersichtlicher. Die Information wird aber gleichzeitig kleiner.

— **Je mehr Klassen,** desto unübersichtlicher. Es treten aber Eigentümlichkeiten der Häufigkeitsverteilung hervor, die bei weniger Klassen nicht zu erkennen wären.

Zwei Hinweise für eine günstige Klasseneinteilung:

1. Alle Klassen werden gleich breit gewählt.
2. Die Anzahl der Klassen liegt zwischen 5 und 15.

Es gibt kein Richtmaß hinsichtlich der **Klassenbreite**[1]. In der Außenspalte finden sich Hinweise für eine günstige Klasseneinteilung...

6. Aufsummierte Häufigkeit

Im Jahr 2003 sind in Österreich insgesamt 77209 Personen gestorben. In der Außenspalte findet sich eine Gliederung der Verstorbenen nach Altersklassen.

Alter in Jahren	Anzahl der Gestorbenen
bis unter 10	473
10 bis unter 20	317
20 bis unter 30	611
30 bis unter 40	1094
40 bis unter 50	2502
50 bis unter 60	5154
60 bis unter 70	9637
70 bis unter 80	19571
80 bis unter 90	25363
90 und darüber	12487
Summe	77209

(Quelle: Statistisches Jahrbuch Österreichs 2005)

Aus der Tabelle können wir z. B. unmittelbar herauslesen, wie viele 10- bis 20-jährige Personen 2003 gestorben sind.

Wir wollen nun folgende Frage klären:

— Wie viele Personen sind vor ihrem 90. Lebensjahr gestorben?

Allgemein: Wie viele Merkmalsträger haben Merkmalswerte kleiner als x Einheiten?

„Wie viele Personen sind vor ihrem 90. Lebensjahr gestorben?" Diese Frage ist leicht zu beantworten.

Wir bilden — vgl. nachstehende Tabelle — eine Spalte, in der die **aufsummierten Häufigkeiten** angeführt werden.

Unter der **aufsummierten Häufigkeit** verstehen wir die Summe der Häufigkeiten aller Werte, die kleiner oder gleich einer bestimmten Merkmalsausprägung (oder Merkmalsklasse) sind.

Alter a	Aufsummierte Häufigkeiten
$0 \leqslant a < 10$	473
$0 \leqslant a < 20$	473 + 317 = 790
$0 \leqslant a < 30$	790 + 611 = 1401
$0 \leqslant a < 40$	1401 + 1094 = 2495
$0 \leqslant a < 50$	2495 + 2502 = 4997
$0 \leqslant a < 60$	4997 + 5154 = 10151
$0 \leqslant a < 70$	10151 + 9637 = 19788
$0 \leqslant a < 80$	19788 + 19571 = 39359
$0 \leqslant a < 90$	39359 + 25363 = 64722
$0 \leqslant a < \infty$	64722 + 12487 = 77209

Selbstverständlich kann man auch relative Häufigkeiten aufsummieren. Welchen Prozentsatz muss übrigens die letzte Zeile der aufsummierten Häufigkeiten aufweisen?

[1]) Die **Klassenbreite** kennzeichnet — grob gesagt — die Breite des Intervalls, in welchem wir benachbarte Merkmalsausprägungen zu einer Klasse zusammenfassen.

7. Grafische Darstellungen

(1) **Kreisdiagramm**

Um ein **Kreisdiagramm** zu erhalten, wird ein Kreis in Sektoren aufgeteilt. Die Flächeninhalte der Sektoren (und die Längen ihrer Kreisbögen) sind den relativen Häufigkeiten der im Allgemeinen qualitativen Merkmalsausprägungen direkt proportional.

18.03 Obsternte 2003
Production of fruit in 2003

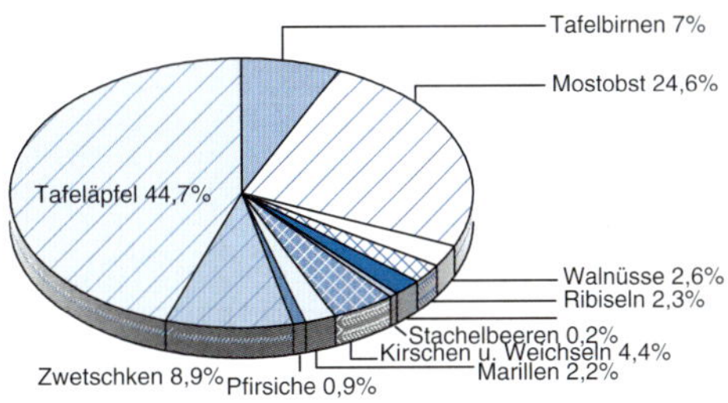

Insgesamt: 784.228 t

(Quelle: Statistisches Jahrbuch Österreichs 2005)

(2) **Balkendiagramm**

Das **Balkendiagramm** besteht aus voneinander **getrennten** Vollstreifen mit konstanter Breite. Die Länge der Streifen wird durch die absolute Häufigkeit der betreffenden qualitativen Merkmalsausprägung bestimmt. Zur Darstellung der absoluten Häufigkeiten mehrerer Merkmalsausprägungen innerhalb eines Diagramms verwendet man unterschiedliche Farben bzw. Schraffuren.

20.02 Holzeinschlag 2003 nach Holzarten
Felling quantity in 2003 by species

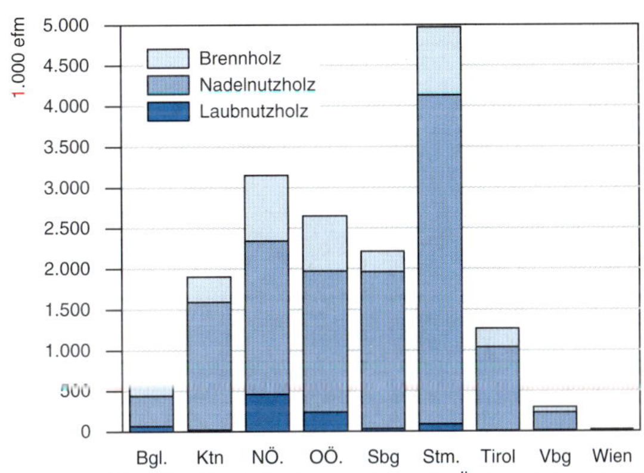

(Quelle: Statistisches Jahrbuch Österreichs 2005)

(3) **Liniendiagramm**

Das **Liniendiagramm** kann nur bei quantitativen Merkmalen verwendet werden. Die einzelnen Punkte werden — aus Gründen der Deutlichkeit — durch Strecken verbunden. Zwischenwerte sind im Allgemeinen nicht sinnvoll!

22.08 Erdöl 1990 bis 2002: Verbrauch von Benzin, Diesel, Gasöl und Heizöl
Crude oil 1990 to 2002: consumption of gasoline, diesel oil, gas oil and fuel oil

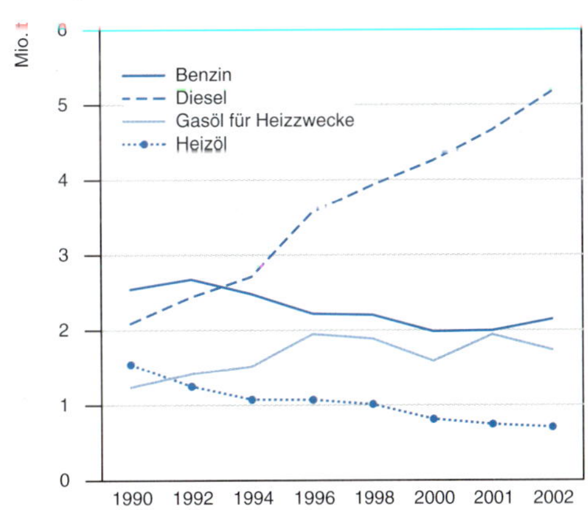

(Quelle: Statistisches Jahrbuch Österreichs 2005)

Das nebenstehende Diagramm ist ein Beispiel für eine etwas kompliziertere, aber durchaus gelungene grafische Darstellung: Kreisförmig um einen Ausgangspunkt — den Flughafen Wien — wurden in allen Himmelsrichtungen die Flugdestinationen in maßstabsgetreuer Länge abgetragen.

Die Länge jedes Vollstreifens verkörpert die Flugdistanz, die Breite veranschaulicht die Anzahl der Passagiere.

Wodurch werden dann z. B. die Flugkilometer **aller** Wien — Zürich und Zürich — Wien fliegenden Passagiere dargestellt?

29.11 Anzahl der Passagiere im planmäßigen Luftverkehr 2003 (nach und von Wien, ohne Transit)
Number of passengers of scheduled air traffic in 2003 (to and from Vienna, transit excluded)

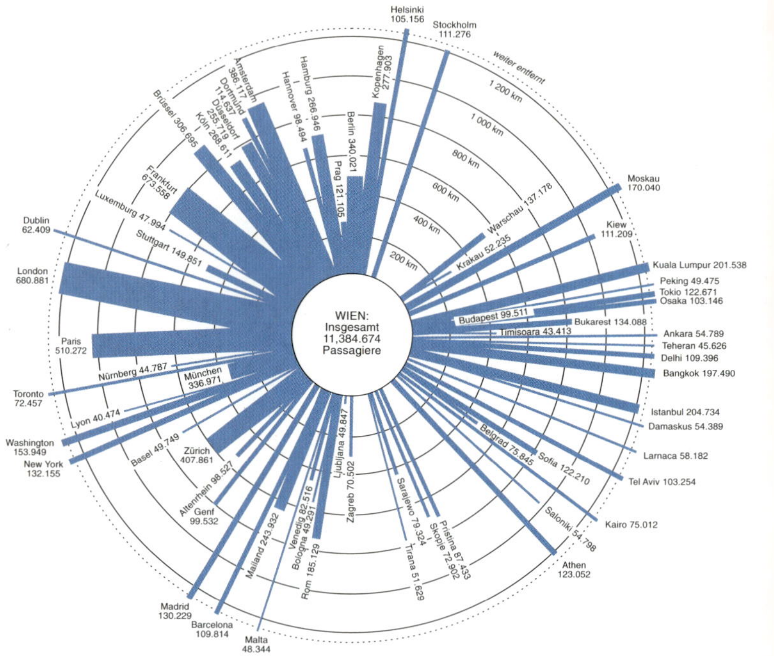

(Quelle: Statistisches Jahrbuch Österreichs 2005)

8. Was versteht man unter Mittelwert?

Die Angestellten A, B und C verdienen 1200,— Euro, 1800,— Euro und 1500,— Euro. Wie viel verdient jeder der Angestellten „im Durchschnitt"?

Dieses Problem kann wohl jeder lösen. Das arithmetische Mittel ist der bekannteste Mittelwert:

> Das **arithmetische Mittel** $\bar{x}$ (gesprochen: x quer) der Zahlen $x_1, x_2, \ldots, x_n$ erhält man, indem man die Summe dieser Zahlen durch ihre Anzahl n dividiert.
>
> $$\bar{x} = \frac{x_1 + x_2 + \ldots + x_n}{n} \quad \text{bzw.} \quad \bar{x} = \frac{1}{n}\sum_{i=1}^{n} x_i$$

„Wenn ein Mann mit einem Fuß auf einem heißen Ofen und mit dem anderen in einer Kühltruhe steht, würde ein Statistiker sagen, daß der Mann sich durchschnittlich in angenehmer Temperatur befindet."

(Walter Heller)

Das arithmetische Mittel ist ein wichtiger — aber nicht der einzige — Mittelwert.

Einige Beispiele für andere Mittelwerte:

— das gewogene arithmetische Mittel
— das geometrische Mittel
— der Zentralwert
— der Modalwert

Die Frage „Was versteht man unter Mittelwert?" lässt sich somit nicht in einem Satz beantworten.

Es sind folgende Fragen zu klären:

— Welchen Mittelwert darf man bei welchem Problem anwenden?
— Wie berechnet man die einzelnen Mittelwerte?
— Wie darf man den jeweiligen Mittelwert interpretieren?

Damit werden wir uns in diesem Abschnitt hauptsächlich beschäftigen!

Beispiel:

Die folgende Tabelle informiert über die Anzahl und die durchschnittliche Höhe der im Dezember 2003 ausgezahlten Renten in der Unfallversicherung:

Gebiet	Insgesamt	
	Anzahl	Durchschnitt in Euro
Burgenland	5.159	*280*
Kärnten	8.944	*302*
Niederösterreich	21.258	*291*
Oberösterreich	20.397	*295*
Salzburg	7.630	*305*
Steiermark	17.600	*296*
Tirol	9.270	*291*
Vorarlberg	3.803	*296*
Wien	9.712	*335*
Ausland	3.243	*305*

(Quelle: Statistisches Jahrbuch Österreichs 2005)

Für die Berechnung des durchschnittlichen Betrags $\bar{x}$, der an einen Rentenempfänger ausbezahlt wurde, wird folgender Weg eingeschlagen:

$$\bar{x} = \frac{280 + 302 + 291 + 295 + 305 + 296 + 291 + 296 + 335 + 305}{10}$$

$\bar{x} = 299{,}60$ Euro

Ist das richtig?

Lösung:

Nein, in dieser Form darf das arithmetische Mittel nicht angewendet werden. Der obige „Durchschnittswert" ist falsch. Schließlich wurde ja der relativ niedrige Betrag von € 291,— von **mehr** Personen bezogen als z. B. die höchste durchschnittliche Rente. Es gilt eine „Gewichtung" vorzunehmen.

Um den richtigen arithmetischen Mittelwert zu erhalten, berechnen wir die Anzahl der Rentenempfänger und den Gesamtbetrag, der an alle Empfänger ausbezahlt wurde:

$$\begin{aligned}
5\,159 \cdot 280 &= 1\,444\,520\\
8\,944 \cdot 302 &= 2\,701\,088\\
21\,258 \cdot 291 &= 6\,186\,078\\
20\,397 \cdot 295 &= 6\,017\,115\\
7\,630 \cdot 305 &= 2\,327\,150\\
17\,600 \cdot 296 &= 5\,209\,600\\
9\,270 \cdot 291 &= 2\,697\,570\\
3\,803 \cdot 296 &= 1\,125\,688\\
9\,712 \cdot 335 &= 3\,253\,520\\
3\,243 \cdot 305 &= 989\,115\\
107\,016 \qquad & \quad 31\,951\,444
\end{aligned}$$

Damit ergibt sich für den Durchschnitt der an einen Empfänger einer Rente aus der Unfallversicherung im Dezember 2003 ausgezahlten Beträge:

$$\bar{x} = \frac{31951444}{107016} \approx 298{,}57$$

$\bar{x} \approx 299,$— Euro

Gewogenes arithmetisches Mittel $\bar{x}$

Wenn z. B. die 4 Arbeiter eines Unternehmens durchschnittlich 1280,— Euro, die 5 Angestellten hingegen durchschnittlich 1430,— Euro verdienen, dann berechnet man das mittlere Einkommen $\bar{x}$ **aller** Dienstnehmer wie folgt:

$$\bar{x} = \frac{1280 \cdot 4 + 1430 \cdot 5}{4 + 5} = \ldots$$

$\bar{x}$ heißt das **gewogene arithmetische Mittel**.

$$\bar{x} = \frac{\bar{x}_1 m_1 + \bar{x}_2 m_2}{m_1 + m_2}$$

$\bar{x}_1, \bar{x}_2$ ..... Mittelwerte

m_1, m_2 ..... Umfänge der betreffenden Gruppen

Allgemein:

$$\bar{x} = \frac{\bar{x}_1 m_1 + \bar{x}_2 m_2 + \ldots + \bar{x}_n m_n}{m_1 + m_2 + \ldots + m_n}$$

Darstellung mit dem Summenzeichen:

$$\bar{x} = \frac{\sum_{i=1}^{n} \bar{x}_i m_i}{\sum_{i=1}^{n} m_i}$$

Da die Daten des nebenstehenden Beispiels auf Euro genau gegeben waren, hat es natürlich keinen Sinn, beim Resultat Cent anzuführen. Der Taschenrechner verleitet dazu, eine Genauigkeit vorzutäuschen, die nicht gerechtfertigt ist.

Beispiel:

Wie man der nachstehenden Tabelle entnehmen kann, hat sich die Anzahl der im planmäßigen Luftverkehr von der Austrian Airlines Group absolvierten Flugstunden in den Jahren 1997 bis 2002 stark verändert:

Jahr	Flugstunden	Veränderung in %
1997	102 071	—
1998	109 025	+6,8 %
1999	106 477	−2,3 %
2000	115 417	+8,4 %
2001	109 230	−5,4 %
2002[1]	241 469	+ 121,1 %

(Quelle: Statistisches Jahrbuch Österreichs 2005)

Um die durchschnittliche Veränderung der Jahre 1997 bis 2003 zu ermitteln wird das arithmetische Mittel gebildet:

$$\bar{x} = \frac{6{,}8 + (-2{,}3) + 8{,}4 + (-5{,}4) + 121{,}1}{5} = \frac{128{,}6}{5} = 25{,}72$$

Die durchschnittliche Veränderung von +25,72 % müsste die Anzahl der Flugstunden von 102 071 (1997) auf 241 469 (2002) anwachsen lassen.

a) Es ist zu zeigen, dass das nicht zutrifft.

b) Wie groß ist die tatsächliche durchschnittliche Veränderung $\bar{x}_g$?

Lösung:

a) $102\,071 \cdot (1 + 25{,}72\,\%) \cdot (1 + 25{,}72\,\%) \cdot (1 + 25{,}72\,\%) \cdot$
$\cdot (1 + 25{,}72\,\%) \cdot (1 + 25{,}72\,\%) =$
$= 102\,071 \cdot 1{,}2572^5 = 320\,571 \neq 241\,469$ (vgl. obige Tabelle)

b) $\bar{x}_g$ ist jener Prozentsatz, der für alle 5 Jahre gleich hoch ist und eine Erhöhung der Flugstundenanzahl von 102 071 auf 241 469 ergibt:

$$241\,469 = 102\,071 \cdot (1+\bar{x}_g) \cdot (1+\bar{x}_g) \cdot (1+\bar{x}_g) \cdot (1+\bar{x}_g) \cdot (1+\bar{x}_g)$$

$$241\,469 = 102\,071 \cdot (1+\bar{x}_g)^5$$

$$\vdots$$

$\bar{x}_g \approx 0{,}1879$ $\qquad$ $\bar{x}_g \approx +18{,}8\,\%$

Geometrisches Mittel $\bar{x}_g$

Wenn sich z. B. der Umsatz eines Betriebs im ersten Jahr um den Faktor 1,3 und im zweiten Jahr um 1,8 steigert, dann berechnet man die mittlere jährliche Steigerungsrate $\bar{x}_g$ des Betriebs wie folgt:

$\bar{x}_g = \sqrt{1{,}3 \cdot 1{,}8} = \ldots$

$\bar{x}_g$ heißt das geometrische Mittel.

Allgemein:

$$\bar{x}_g = \sqrt[n]{x_1 \cdot x_2 \cdot \ldots \cdot x_n}$$

$(x_1, x_2, \ldots, x_n \in \mathbb{R}^+)$

Das geometrische Mittel wird dann verwendet, wenn der Durchschnitt von positiven oder negativen Wachstumsraten berechnet werden soll.

Beispiel:

In einer Klasse werden die Fehlstunden der Schülerinnen und Schüler pro Semester festgestellt:
2, 0, 5, 15, 0, 1, 312, 0, 17, 4, 6, 12, 36, 0, 12, 6, 1, 0.
Um herauszufinden wie viele Fehlstunden durchschnittlich auf eine Schülerin bzw. einen Schüler entfallen, wird das arithmetische Mittel gebildet: $\bar{x} = 23{,}8$ Fehlstunden.
Was spricht gegen die Anwendung des arithmetischen Mittels in dieser Form?

[1] Ab 2002 beinhaltet Austrian Airlines Group Austrian Airlines, Tyrolean Airways und Rheintalflug. Die Tabelle enthält die Werte inklusive Inlandsverkehr.

Lösung:
Zunächst ordnen wir die Daten der Größe nach:

Mittelwert?
↓
0 0 0 0 0 1 1 2 4 5 6 6 12 12 15 17 ↑ 36 312
16 Schüler(innen) — 2 Schüler(innen)
$\bar{x} = 23{,}8$

16 der 18 Schüler(innen) könnten damit argumentieren, dass ihre Fehlstundenanzahl zum Teil erheblich unter dem „Mittelwert" liegt. Schuld daran ist die Schülerin bzw. der Schüler mit den 312 Fehlstunden. Wenn wir vom Mittelwert sprechen, meinen wir aber sicherlich etwas anderes.

Zentralwert z

Ordnet man eine Liste $x_1, x_2, \ldots, x_n$ der Größe nach, so heißt derjenige Wert, der die mittlere Lage aller Werte einnimmt, **Zentralwert z** oder **Median**.

Der Zentralwert halbiert also die gesamte Liste:

Im obigen Beispiel wäre es günstiger, den **Zentralwert** (vgl. Außenspalte) anzuwenden!

Laufende Nummer	1	2	3	4	5	6	7	8	9	10	11	12	13	14	15	16	17	18
Fehlstunden	0	0	0	0	0	1	1	2	4	5	6	6	12	12	15	17	36	312

Hätten wir 19 Daten, so wäre der in der Mitte stehende Wert bei der laufenden Nummer 10 zu finden. Hier liegen aber 18 Daten vor, und wir bilden das arithmetische Mittel aus dem 9. und 10. Wert: $\frac{4+5}{2} = 4{,}5$. 4,5 ist der Zentralwert, 9 Daten liegen oberhalb, 9 Daten liegen unterhalb von z.

Ist die Anzahl n der Daten ungerade, so findet man z an der Stelle $\frac{n+1}{2}$. Bei geradem n gibt es zwei mittlere Werte: $\frac{n}{2}$ und $\frac{n}{2}+1$, z ergibt sich dann als das arithmetische Mittel dieser beiden Werte.

Beispiel:
Die nachstehende Grafik zeigt den energetischen Endverbrauch 2002 nach Energieträgern.

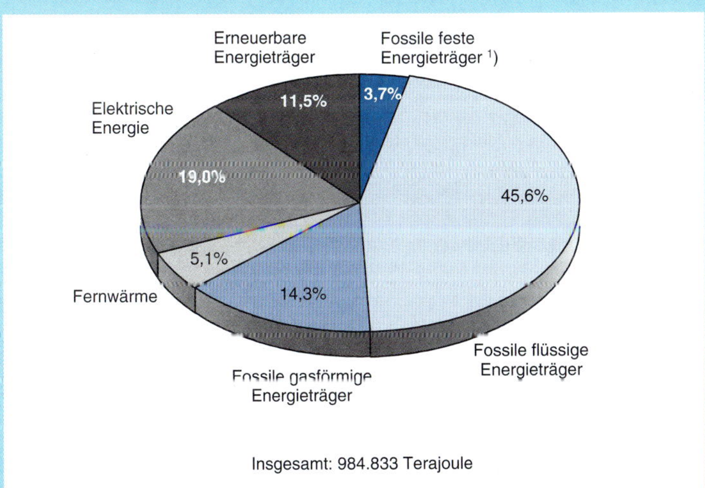

(Quelle: Statistisches Jahrbuch Österreichs 2005)

Es ist zu überlegen, ob die bisher besprochenen Mittelwerte auch hier verwendet werden können.

Modalwert m

Wenn z. B. die Daten 6, 4, 1, 0, 1, 1, 5 vorliegen, dann ist der am häufigsten vorkommende Wert m die Zahl 1.

m wird als Modalwert bezeichnet.

Allgemein: In einer Liste von Merkmalsausprägungen heißt der Wert, der bezüglich der anderen Ausprägungen am häufigsten vorkommt, **Modalwert m**.

Wenn mehrere Werte mit der höchsten Häufigkeit auftreten, existiert kein Modalwert. Z. B.: 6, 4, 4, 0, 1, 5, 1.

Lösung:

Es handelt sich um qualitative Merkmalsausprägungen. Arithmetisches Mittel, geometrisches Mittel und Zentralwert sind hier vollkommen ungeeignet. Einzig der **Modalwert** (vgl. Außenspalte) kann — mit Vorbehalt — angewandt werden. Der Modalwert ist die am häufigsten auftretende Merkmalsausprägung. Mit einer Quote von 45,6 % sind die fossilen flüssigen Energieträger die häufigste Merkmalsausprägung, mithin also der Modalwert.

Es gibt viele Fälle, in denen ein Mittelwert problematisch ist. Als Beispiel sei das Mitteln von Schulnoten (unter Verwendung des arithmetischen Mittels) angeführt: Das Ergebnis der Notenmittelung hängt ausschließlich von der Zuordnung zwischen zahlenmäßiger und wörtlicher Benotung ab! Die Zuordnung $1 \mapsto$ sehr gut, $2 \mapsto$ gut usw. ist schließlich willkürlich. Auch eine Notenskala 1-2-3-4-6 wäre möglich, denn der Unterschied zwischen „Genügend" und „Nicht genügend" ist im Schulalltag viel wichtiger als z. B. der zwischen „Gut" und „Befriedigend".

9. Streuungsmaße

Wir bilden einerseits das arithmetische Mittel der Zahlen 499 und 501, andererseits das der Zahlen 1 und 999. Was fällt auf?

Nun: Zu beiden Fällen ist 500 das arithmetische Mittel. Während aber die Zahlen 499 und 501 nahe beim Mittelwert liegen, **„streuen"** die Zahlen 1 und 999 viel stärker. Durch die bloße Angabe eines Mittelwertes weiß man eben nichts über die sogenannte **Streuung** der Daten.

„Ein Statistiker bringt es fertig, dass ein Mensch in einem durchschnittlich 5 cm tiefen See ertrinkt", wurde einmal spöttisch gesagt. Wenn die Streuung entsprechend groß ist, kann dieses Unglück aber wirklich passieren.

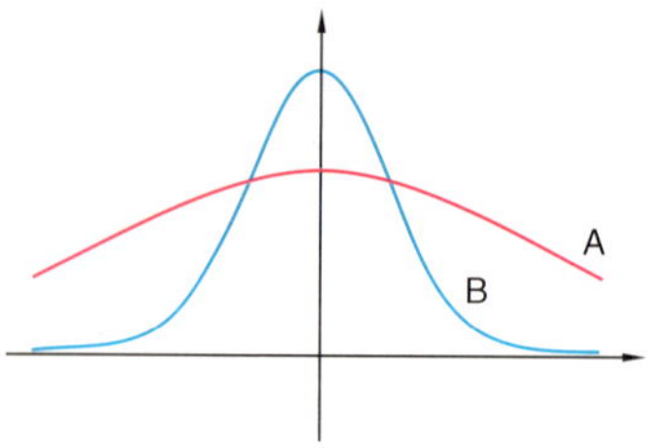

Beispiel:

Die in der Außenspalte dargestellte Figur zeigt zwei verschiedene Häufigkeitsverteilungen eines stetigen Merkmals:

a) Worin stimmen die beiden Verteilungen A und B überein?

b) Worin unterscheiden sie sich?

Lösung:

a) Sie stimmen im arithmetischen Mittel überein.

b) Sie unterscheiden sich in der Streuung.

Nochmals: Der Mittelwert allein sagt wenig über eine Verteilung aus. Wir wollen versuchen, die Abweichungen der einzelnen Datenwerte vom Mittelwert zu beschreiben, d. h. eine Messzahl für die Streuung zu ermitteln. Damit werden wir uns in diesem Abschnitt hauptsächlich beschäftigen.

Beispiel:

Bei einer Truppenübung des österreichischen Bundesheeres soll ein Fluss überquert werden. Es stehen zwei Informationen zur Verfügung:

(1) Die Flusstiefe reicht von 0,4 m bis 2,7 m.

(2) Die durchschnittliche Flusstiefe beträgt 1,4 m.

a) Welche der beiden Informationen ist wahrscheinlich wichtiger?

b) Wie groß ist die Spannweite w?

Lösung:

a) Die Information **(1)**, die ja den Streubereich der Tiefe angibt, ist wahrscheinlich wichtiger.

b) $w = 2{,}7 - 0{,}4 = 2{,}3$ $\quad$ $\mathbf{w = 2{,}3\ m}$

Die Spannweite ist das am einfachsten zu berechnende Streuungsmaß. Sie hat aber einen entscheidenden Nachteil: Ausgehend von den beiden Extremwerten wird eine Aussage getroffen! Von einem fundierten Streuungsmaß muss man aber verlangen, dass **alle** Werte (und nicht nur die zwei Extremwerte) berücksichtigt werden. Dies ist z. B. bei der mittleren linearen Abweichung der Fall.

Wie wird die mittlere lineare Abweichung berechnet?

Die Definition in der Außenspalte ist vielleicht nicht ganz leicht zu verstehen. Besprechen wir gleich ein Beispiel, um Klarheit zu schaffen. Die Daten 5, 9 und 1 sind gegeben. Das arithmetische Mittel dieser Zahlen ist — wie man leicht nachprüfen kann — 5. Berechnen wir nun die Absolutbeträge der Abweichungen aller Werte vom arithmetischen Mittel, also von 5: $|5-5| = \mathbf{0}$; $|9-5| = \mathbf{4}$; $|1-5| = \mathbf{4}$. Das arithmetische Mittel der Zahlen 0, 4 und 4 ist schließlich $\mathbf{2{,}\dot{6}}$.

$2{,}\dot{6}$ ist die mittlere lineare Abweichung der Zahlen 5, 9 und 1!

Tabellen erhöhen oft die Übersichtlichkeit und erleichtern das systematische Vorgehen. Wie könnte man eine Tabelle für die Berechnung der mittleren linearen Abweichung der Zahlen 5, 9 und 1 anlegen?

Bei der mittleren linearen Abweichung e wird den Abweichungen aller Werte vom Mittelwert die gleiche Bedeutung beigemessen, unabhängig vom Ausmaß der Abweichung.

Von einem guten Streuungsmaß verlangen wir jedoch, dass es größere Abweichungen auch entsprechend stärker berücksichtigt als kleinere. Dies kann z. B. durch Quadrieren der Differenzen erreicht werden. Das so errechnete Streuungsmaß wird als **Varianz** bezeichnet (vgl. Außenspalte).

Beispiel:

Gegeben sind die Zahlen 5, 9 und 1. Varianz $s^2 = ?$

Lösung:

$\bar{x} = \frac{15}{3} = 5$

x_i	$(x_i - \bar{x})$	$(x_i - \bar{x})^2$
5	0	0
9	4	16
1	−4	16

$n = 3$ $\quad$ $\sum_{i=1}^{n}(x_i - \bar{x})^2 = 32$ $\quad$ $s^2 = \frac{32}{3} = 10{,}\dot{6}$ $\quad$ $\mathbf{s^2 = 10{,}\dot{6}}$

Spannweite w

Die Differenz zwischen der größten und der kleinsten Merkmalsausprägung einer Verteilung bezeichnen wir als **Spannweite w**.

Mittlere lineare Abweichung e

Das arithmetische Mittel aus den Absolutbeträgen der Abweichungen aller Merkmalsausprägungen von deren (gewogenen) arithmetischem Mittel bezeichnen wir als **mittlere lineare Abweichung e**.

Die mittlere lineare Abweichung kann man auch auf den Zentralwert beziehen.

$$e = \frac{|x_1 - \bar{x}| + \ldots + |x_n - \bar{x}|}{n}$$

Darstellung mit dem Summenzeichen:

$$e = \frac{1}{n}\sum_{i=1}^{n}|x_i - \bar{x}|$$

Sind $x_1, x_2, \ldots, x_n$ beliebige reelle Zahlen mit dem arithmetischen Mittel $\bar{x}$, so definieren wir die **Varianz s^2** wie folgt:

$$s^2 = \frac{(x_1 - \bar{x})^2 + \ldots + (x_n - \bar{x})^2}{n}$$

Darstellung mit dem Summenzeichen:

$$s^2 = \frac{1}{n}\sum_{i=1}^{n}(x_i - \bar{x})^2$$

Mitunter wird nicht durch n, sondern durch n − 1 dividiert:

$$s^2 = \frac{1}{n-1}\sum_{i=1}^{n}(x_i - \bar{x})^2$$

Für größere Werte von n (ab ca. n = 25) sind die Unterschiede zur weiter oben angeführten Formel gering. Wir wollen hier jedoch stets mit der sogenannten **n-Wichtung** rechnen. (Vorsicht bei der Verwendung von im Taschenrechner vorprogrammierten Formeln!)

Beispiel:

Gegeben sind die beiden Messwerte 0 cm und 100 cm. Varianz $s^2 = ?$

Lösung:

$\overline{x} = 50$ cm $\quad s^2 = \frac{1}{2}[(0-50)^2 + (100-50)^2] = 2500 \quad s^2 = 2500\ \text{cm}^2$

Standardabweichung s

Die Standardabweichung kann man als das wichtigste Streuungsmaß betrachten.

Im letzten Beispiel haben arithmetisches Mittel und Varianz **verschiedene** Dimensionen: Das arithmetische Mittel wird in cm angegeben, die Varianz in cm^2. Es ist typisch für die Varianz, dass sich die Dimension des Merkmals verändert. Will man das vermeiden, muss man aus der Varianz die Quadratwurzel ziehen. Die Quadratwurzel aus der Varianz heißt **Standardabweichung s**.

$$s = \sqrt{\frac{\text{Summe der quadratischen Abweichungen vom Mittelwert}}{\text{Anzahl der Stichprobenwerte}}}$$

Beispiel:

Bei einem Mathematiktest waren 5 Aufgaben zu lösen. Die Schülerinnen und Schüler einer Klasse schnitten wie folgt ab:

Anzahl der gelösten Aufgaben	0	1	2	3	4	5
Häufigkeit	1	2	4	7	5	3

Es lässt sich leicht nachprüfen, dass im Mathematiktest durchschnittlich drei Aufgaben gelöst wurden. Die Standardabweichung s von dieser Verteilung soll berechnet werden: Wie stark weicht die Anzahl der gelösten Aufgaben im Durchschnitt vom arithmetischen Mittel $\overline{x} = 3$ ab?

Lösung:

x_i (1)	Absolute Häufigkeit H_i (2)	$(x_i - \overline{x})$ (3)	$(x_i - \overline{x})^2$ (4)	$H_i(x_i - \overline{x})^2$ (5) = (2) · (4)
0	1	−3	9	9
1	2	−2	4	8
2	4	−1	1	4
3	7	0	0	0
4	5	1	1	5
5	3	2	4	12
	n = 22			$\sum_{i=1}^{n} H_i(x_i - \overline{x})^2 = 38$

$s = \sqrt{\frac{38}{22}} = 1{,}31 \qquad s = 1{,}31$

AUFGABEN

912. Glühlampen werden maschinell hergestellt. Um die Produktion zu überprüfen, entnimmt man täglich der Produktionsmenge von 50000 Stück zur Prüfung 100 Stück.

a) Wie groß ist der Umfang der Grundgesamtheit?

b) Wie groß ist der Stichprobenumfang?

913. Es ist anzukreuzen, mit welchen Texten die gegebenen Aussageformen sinnvoll zu ergänzen sind:

a) Aus einer Grundgesamtheit wird eine Stichprobe entnommen, um daraus Schlüsse auf ..... zu ziehen.

○ (1) den Umfang der Grundgesamtheit
○ (2) Eigenschaften der Grundgesamtheit
○ (3) Gesetzmäßigkeiten in der Grundgesamtheit in Bezug auf eine bestimmte Eigenschaft
○ (4) eine Verteilung der Eigenschaften in der Grundgesamtheit

b) Der Stichprobenumfang aus der zu untersuchenden Grundgesamtheit muss ..... sein, um möglichst sicher auf Eigenschaften der Grundgesamtheit schließen zu können.

○ (1) eher klein ○ (2) höchstens 10 ○ (3) sehr klein ○ (4) möglichst groß

c) Die Aussagen, die man mit Hilfe einer Stichprobe über die Grundgesamtheit macht, sind ......

○ (1) Gesetzmäßigkeiten einer Massenerscheinung
○ (2) Aussagen über ein einzelnes Objekt
○ (3) Prognosen für ein Element der Grundgesamtheit
○ (4) Regeln für die Ermittlung von Einflussfaktoren

d) Das Ergebnis einer Stichprobe muss als ..... erfolgen.

○ (1) Zufallsauswahl
○ (2) gezielte Auswahl
○ (3) Auswahl wie beim Ziehen von Nummern aus einer Urne (Lotterie)
○ (4) Auswahl der Elemente mit extremen Ausprägungen von Eigenschaften

e) Die Aussagen, die man auf Grund einer Stichprobe über die Grundgesamtheit nach Berücksichtigung aller Genauigkeitsregeln macht, sind ......

○ (1) fehlerfrei
○ (2) mit geringen Fehlern behaftet
○ (3) mit so großen Fehlern behaftet, dass erst Korrekturen notwendig sind

f) Die Qualität der Daten kann bei einer Primärerhebung im Allgemeinen ..... beurteilt werden als bei der Sekundärerhebung.

○ (1) leichter ○ (2) schwerer ○ (3) weder leichter noch schwerer

g) Die Primärerhebung kann durch ..... erfolgen.

○ (1) Beobachtung ○ (2) Experiment ○ (3) Befragung ○ (4) Auswertung vorhandener Daten

h) Unter einer Merkmalsausprägung versteht man ..... ein Merkmal annimmt.

○ (1) einen Merkmalsträger, der
○ (2) eine Eigenschaft, die

914. a) Es sind einige Fehlerquellen zu nennen die bei einer mündlichen oder schriftlichen Befragung auftreten können.

b) Angenommen, der nebenstehende Fragebogen wird an die Schülerinnen und Schüler Ihrer Schule ausgegeben und soll anonym beantwortet werden.

Was ist von diesem Fragebogen zu halten?

Anders gefragt: Wie „gut" sind die Daten, die man durch den Fragebogen erhoben hat?

Man diskutiere diese Problematik in Kleingruppen!

Fragebogen: (Zutreffendes bitte ankreuzen)

1. Geschlecht: weiblich O männlich O
2. Klasse:
3. Wie lange beschäftigen Sie sich täglich mit Mathematik?
4. Welches Interesse haben Sie am Unterrichtsgegenstand Mathematik?

O groß O mittelmäßig O gering
O kein O Ich möchte darauf nicht antworten

915. Aus der Grundgesamtheit aller Einwohnerinnen und Einwohner der Stadt Graz soll — im Rahmen einer Meinungsforschung — eine Stichprobe von 200 Personen gezogen werden. Zu diesem Zweck werden die auf dem Hauptplatz vorbeikommenden Personen befragt. Erhält man durch diese Methode eine repräsentative Stichprobe?

916. In einer Schule wird zunächst eine Klasse zufällig ausgewählt, dann aus dieser Klasse eine Schülerin oder ein Schüler mit dem Los bestimmt. Unter welchen Voraussetzungen hat jede Schülerin oder jeder Schüler der Schule die gleiche Chance, ausgewählt zu werden?

917. Für die nachstehend angeführten Merkmale sind jeweils einige Merkmalsausprägungen und Merkmalsträger anzugeben:

a) Geschlecht **b)** Haarfarbe **c)** Beruf **d)** Körpermasse in kg
e) Temperatur in ° C **f)** Soziale Stellung **g)** Wirtschaftszweig **h)** Dieselmotor

918. Es ist zu untersuchen, ob die folgenden Grundgesamtheiten ausreichend abgegrenzt sind (Begründung!):

a) Menge aller Schülerinnen und Schüler, die 2007 an der HTL in Villach die Reifeprüfung bestanden haben.
b) Menge der Motorradzulassungen in Österreich.
c) Menge der am 1. 3. 2007 in der Steiermark in Betrieb befindlichen Computer.
d) Menge der am 3. 2. 2007 geborenen österreichischen Staatsbürgerinnen und Staatsbürger.
e) Menge aller bei der Nationalratswahl 2006 im Wiener Wahlsprengel 72 abgegebenen gültigen Stimmen.
f) Menge aller Käuferinnen und Käufer von Eintrittskarten für das Konzert von Wolfgang Ambros.
g) Menge aller Mitarbeiterinnen und Mitarbeiter der Reniets Verlag Gesellschaft m. b. H. im Jahre 2007.
h) Menge der im Jahre 2007 im Salzburger Tiergarten Hellbrunn geborenen exotischen Tiere.

919. Aus 100 Mathematikarbeiten werden zur Beschreibung einer Leistungsbeurteilung 20 Arbeiten (ohne Zurücklegen) zufällig entnommen.

a) Die nebenstehende Tabelle, die die sich daraus ergebende Notenverteilung darstellt, ist zu vervollständigen!
b) Wie groß ist der Stichprobenumfang?
c) Wie groß ist die relative Häufigkeit der Merkmalsausprägung „genügend"?

Note	Anzahl	(absolute) Häufigkeit H_i	(relative) Häufigkeit h_i
sehr gut	2		
gut	5		
befriedigend	9		
genügend	3		
nicht genügend	1		

920. Kriminalstatistik der Sicherheitsbehörden (Quelle: Statistisches Jahrbuch für die Republik Österreich 1996)

34.04 Kriminalstatistik der Sicherheitsbehörden 1985, 1990 und 1995

34.04 Criminal statistics of the police authorities 1985, 1990 and 1995

Bundesland	Bekanntgewordene	Geklärte	Ermittelte Tatverdächtige				
				darunter			
				Jugendliche[1])		Erwachsene	
	Fälle strafbarer Handlungen		insgesamt	insgesamt	darunter männlich	insgesamt	darunter männlich
				1995			
Burgenland	8.764	5.226	4.886	729	615	4.032	3.335
Kärnten	26.432	13.673	12.157	1.870	1.620	10.170	8.232
Niederösterreich	69.033	40.324	31.583	3.765	3.233	27.230	21.599
Oberösterreich	68.217	41.090	32.493	4.702	4.079	27.332	21.865
Salzburg	39.049	22.754	13.186	1.609	1.318	11.296	9.097
Steiermark	52.751	27.721	25.856	3.668	3.060	21.768	17.270
Tirol	39.681	19.152	18.216	2.348	1.880	15.638	12.793
Vorarlberg	16.084	10.452	8.156	1.538	1.294	6.417	5.224
Wien	166.422	61.841	52.503	5.283	4.354	46.383	37.157
Österreich 1995	**486.433**	**242.233**	**199.036**	**25.512**	**21.453**	**170.266**	**136.572**
1990	457.623	202.406	176.649	19.164	16.042	155.913	125.597
1985	426.724	242.198	184.753	17.493	14.659	164.530	134.449

Q: BMI. – [1]) Siehe Fußnote [2]) der Tabelle 34.03e.

a) Wie groß waren 1995 die relativen Anteile der geklärten Fälle in den einzelnen Bundesländern, bezogen auf die Menge aller in Österreich bekannt gewordenen Fälle?

b) Kann man aus den in **a)** gefundenen Werten auf die „Erfolgsquote" der Polizei/Gendarmerie in den einzelnen Bundesländern schließen?

c) In welchem Bundesland arbeiteten die Kriminalisten — statistisch gesehen — am besten?

d) Wie groß waren 1995 die Anteile der weiblichen Jugendlichen unter den Tatverdächtigen im Verhältnis zu den gleichaltrigen männlichen Tatverdächtigen?

921. **Motorisierungsgrad der Österreichischen Bevölkerung, 1995** (Quelle: Statistisches Jahrbuch für die Republik Österreich 1996)

Bundesland	Wohnbevölkerung	Familien[1])	Haushalte[1])	PKW und Kombi/ 1000 Einwohner	(1) PKW und Kombi/ Familie	(2) PKW und Kombi/ Haushalt
Burgenland	270880	75528	96900	491,2		
Kärnten	547798	148932	209800	473,2		
Niederösterreich	1473813	409603	564600	510,8		
Oberösterreich	1333480	350402	502300	483,2		
Salzburg	482365	127663	191000	454,0		
Steiermark	1184720	323816	444200	479,0		
Tirol	631410	163957	235800	438,4		
Vorarlberg	331472	86149	121100	443,5		
Wien	1539848	414078	765300	385,7		
Österreich[2])	7795786	2109128	3131000	461,0		

a) In der Tabelle sind die fehlenden Werte einzusetzen.

b) Der Motorisierungsgrad der einzelnen Bundesländer ist nach den Kriterien **(1)** und **(2)** zu reihen.

c) Das Ergebnis ist zu interpretieren!

[1]) Welcher Unterschied besteht zwischen Familien und Haushalten?

[2]) Innerhalb der Bundesländer-Werte erfolgte eine Rundung. Der Österreich-Wert ergibt sich aus der Summe der ungerundeten Zahlen.

922. Die nebenstehende Tabelle zeigt die Übernachtungszahlen des Jahres 1995 in allen Fremdenunterkünften in Gemeinden mit mehr als 500000 Nächtigungen[1] (Quelle: Statistisches Jahrbuch für die Republik Österreich 1996)

a) Für das Merkmal „Übernachtungszahl" ist eine geeignete Klasseneinteilung zu wählen.
b) Die absoluten und relativen Häufigkeiten sind zu bestimmen.
c) Die absoluten Häufigkeiten sind grafisch darzustellen.

Saalbach-Hinterglemm	1,918,307
Sölden	1,862.573
Mittelberg	1,696.072
Salzburg	1,570.546
Bad Hofgastein	1,254.527
Mayrhofen	1,230.651
Zell am See	1,193.315
Seefeld in Tirol	1,175.215
Innsbruck	1,147.539
Neustift im Stubaital	1,044.698
St. Kanzian am Klopeinersee	1,026.889
Ischgl	1,018.242
Badgastein	1,011.311
Lech	980.254
Villach	972.092
St. Anton	932.014
Eben am Achensee	921.590
Kirchberg in Tirol	914.035
Hermagor - Presseggersee	893.696
Bad Kleinkirchheim	884.372
Kitzbühel	823.820
Ramsau am Dachstein	776.518
Wildschönau	774.920
Flachau	762.904
Tux	748.497
Finkenstein	737.528
Kaprun	665.472
Serfaus	649.843
Leutasch	636.646
Ellmau	635.628
Maria Alm am Steinernen Meer	631.211
Wagrain	568.776
St. Johann in Tirol	564.188
Velden	554.317
Kössen	548.865
Linz	541.529
Altenmarkt im Pongau	533.456

923. Zu der nebenstehenden Häufigkeitstabelle sind die aufsummierten relativen Häufigkeiten anzugeben!

Klasse	absolute Häufigkeit
[24, 26[	5
[26, 28[	2
[28, 30[	1
[30, 32[	7

924. Was erscheint österreichischen Jugendlichen — im Hinblick auf den individuellen Lebensbereich — wichtig? Die folgende Tabelle gibt eine kleine Übersicht:

		GESCHLECHT		STATUS		SCHULAUSBILDUNG				PARTEI-PRÄFERENZ			POLIT. INTERESSE		
	TOTAL %	männlich %	weiblich %	Schulausbildung %	Berufstätig %	Hauptschule %	FS/BHS %	AHS, Mat.k %	Universität %	SPÖ %	ÖVP %	and/unklar %	hoch %	gering %	desintëressiert %
SEHR WICHTIG:															
Ein harmonisches Familienleben führen	84	80	88	81	85	80	83	79	84	84	92	77	86	83	83
Guten Kontakt mit Freunden u. Bekannten haben	61	61	61	67	58	69	67	62	76	61	57	59	66	60	56
Das Leben nach eigenen Vorstellungen gestalten	56	58	53	56	56	40	57	53	91	63	52	69	64	55	47
Im Beruf möglichst viel Erfolg haben	51	57	44	48	52	67	50	33	35	48	45	44	41	53	56
Auf andere Menschen Rücksicht nehmen	20	47	53	53	48	58	54	54	38	40	53	50	57	48	45
Anderen helfen, für andere etwas tun	46	41	51	49	43	56	53	46	35	43	44	39	53	44	39
Persönlich viel Erfolg im Leben haben, von allen anerkannt werden	41	42	40	40	42	50	40	35	30	37	40	39	38	41	45
Ein einfaches und bescheidenes Leben führen	21	19	23	19	22	31	17	12	9	18	21	18	18	20	28
Für die Gemeinschaft Verantwortung tragen	21	20	22	23	20	26	24	19	20	18	21	15	32	17	19
Auf politische Entscheidungen Einfluß nehmen können	12	14	10	14	11	10	10	14	28	13	13	15	31	7	3

(Quelle: „PISKATY, Jugend und Politik.")

a) Wir wollen als Merkmalsträger männliche Jugendliche herausgreifen. Ein entsprechendes Balkendiagramm ist anzufertigen.

b) Warum ist die grafische Darstellung durch ein Kreisdiagramm nicht sinnvoll?

c) Gibt es noch andere Diagramme, die zur Darstellung des Sachverhaltes ungeeignet sind? Begründung?

[1]) Mit Ausnahme der Bundeshauptstadt.

925. Die Haushalte eines Ortes werden nach der Anzahl der zum Haushalt gehörenden Personen eingeteilt. Folgende Einteilung liegt vor:

1-Personen-Haushalt:	120	absolute Häufigkeit
2-Personen-Haushalt:	183	
3-Personen-Haushalt:	253	
4-Personen-Haushalt:	230	
5-Personen-Haushalt:	98	
6-Personen-Haushalt:	46	
7-Personen-Haushalt:	5	

a) Die Funktion der relativen Häufigkeit ist
(1) durch ein Liniendiagramm
(2) durch ein Balkendiagramm anzugeben.

b) Die Funktion der relativen Summenhäufigkeit ist mit Hilfe einer waagrechten Wertetabelle darzustellen.

926. Ein Betrieb veranschaulicht die Gewinne dreier Geschäftsjahre. In welchem Jahr war der **Gewinnanstieg** am größten?

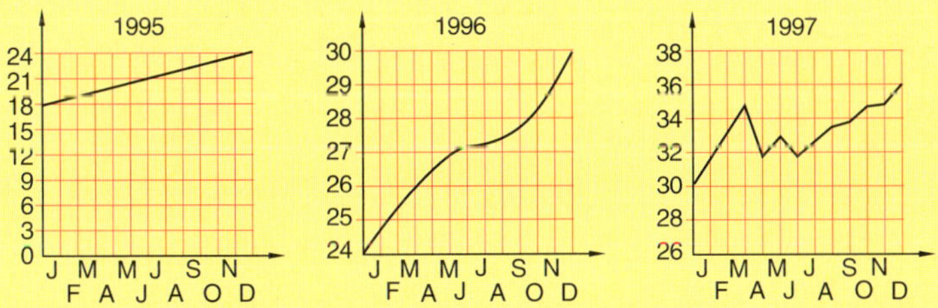

927. Ein Betrieb hatte in den Jahren 1996 bis 2001 einen Umsatz von $3{,}52 \cdot 10^6$ Euro, von 2002 bis 2007 einen Umsatz von $14{,}78 \cdot 10^6$ Euro. Um diese Zahlen zu illustrieren, wurde das nebenstehende Diagramm angefertigt. Was ist von dieser Grafik zu halten?

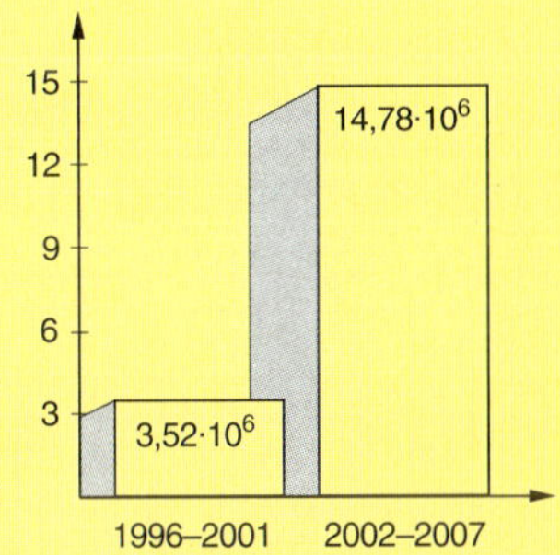

928. Die nebenstehende Grafik informiert über die Herkunft der ausländischen Gäste, die in den Jahren 1980, 1990 und 1995 in Österreich übernachtet haben.

Die Staffelbilder beziehen sich — unabhängig von der Übernachtungszahl — jeweils auf 100%. Die zugehörigen Gesamtnächtigungszahlen (in Mio.) sind jeweils unterhalb des Staffelbildes angeführt.

Es ist zu überprüfen ob die folgenden Aussagen anhand der nebenstehenden Grafik überprüft werden können. Wenn ja, ist der Wahrheitswert der Aussagen anzugeben.

a) 1995 entfielen rund zwei Drittel der Ausländerübernachtungen auf Gäste aus Deutschland.

b) Die Anzahl der Übernachtungen niederländischer Gäste war 1990 höher als 1995.

c) Die Anzahl der Übernachtungen italienischer Gäste ist seit 1980 kontinuierlich gestiegen.

Übernachtungen ausländischer Gäste
1980, 1990 und 1995
nach Herkunftsländern

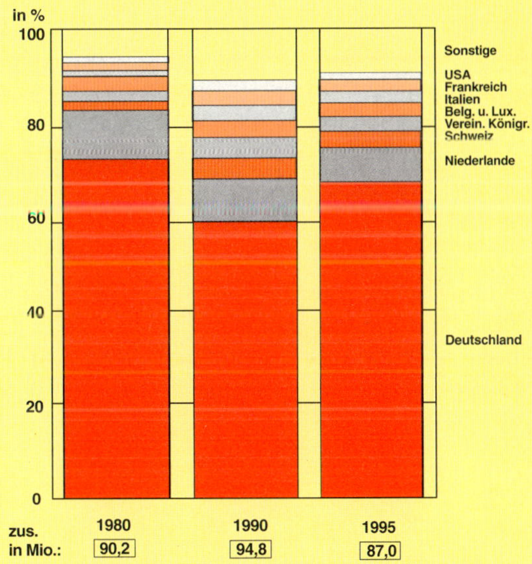

(Quelle: Statistisches Jahrbuch für die Republik Österreich 1996)

929.

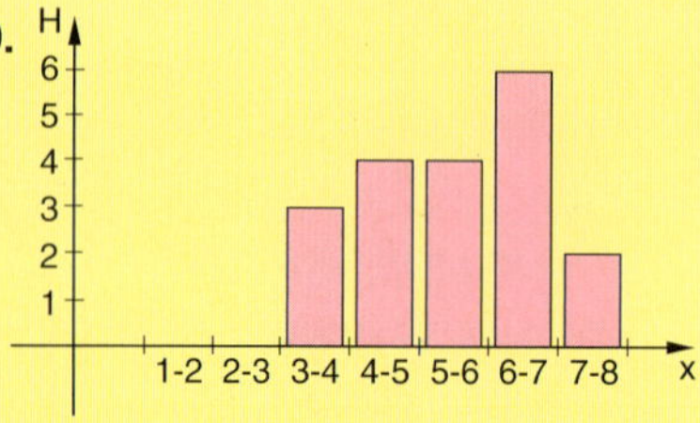

Dem Diagramm sind folgende Häufigkeiten H zu entnehmen:

a) H (x > 8) **b)** H (x < 6) **c)** H (0 < x < 10)

930.

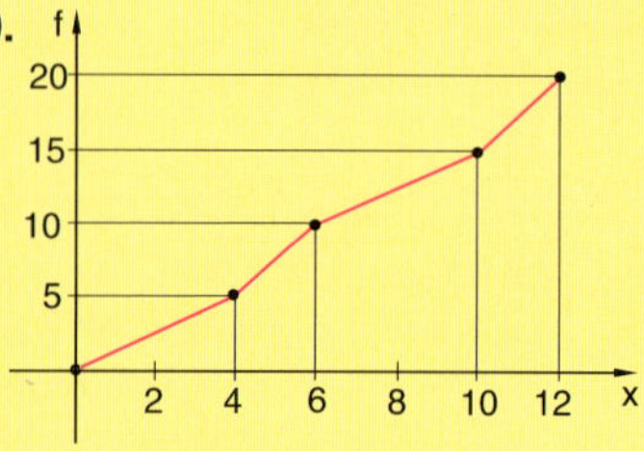

a) Wie viele Merkmalswerte fallen in die Merkmalsklasse 6 bis 10?

b) 75 % der Merkmalswerte sind nicht größer als ......? (1 Dezimale)

c) Wie viel Prozent der Merkmalswerte sind nicht größer als 6? (auf Einer genau)

931. a) Ein **Histogramm** besteht aus nebeneinander stehenden Rechtecken. Die Breite jedes auf der x-Achse liegenden Rechtecks wird durch die jeweilige Klassenbreite bestimmt. Die Höhe jedes Rechtecks richtet sich nach der entsprechenden Häufigkeit.

Wie sieht das Histogramm zu nebenstehender Häufigkeitstabelle aus?

○ (1)

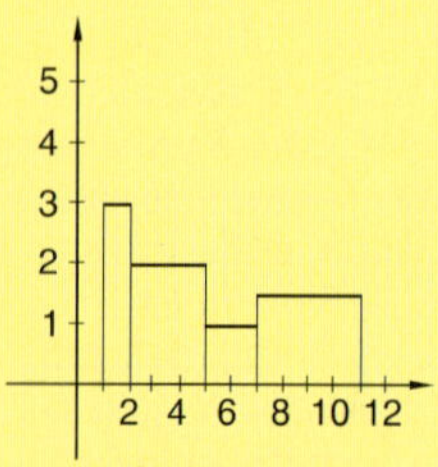

○ (2)

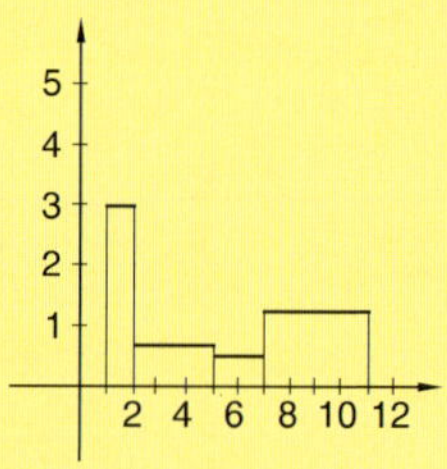

○ (3)

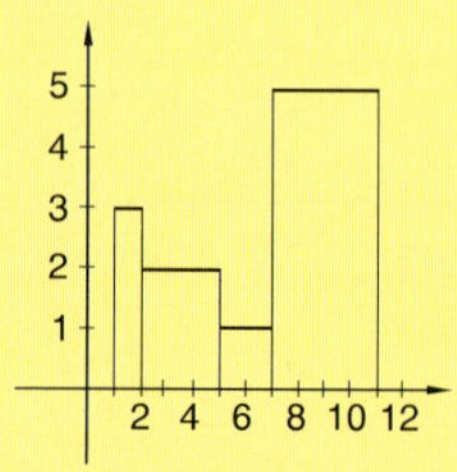

Ausprägungen	absolute Häufigkeit
1—2	3
2—5	2
5—7	1
7—11	5

Bemerkung: Auch Histogramme mit unterschiedlichen Klassenbreiten können ein getreues Abbild der Wirklichkeit geben. Voraussetzung hierfür ist, dass die Flächeninhalte der Rechtecke in einem Histogramm **proportional** zu den zugehörigen Häufigkeiten sind. Um das zu erreichen, wählt man für die Höhe des Rechtecks den Quotienten $\frac{\text{Häufigkeit}}{\text{Klassenbreite}}$ ...

b) Das Liniendiagramm für die **Summenkurve**[1] ist zu zeichnen!

932. Aus dem nebenstehenden Histogramm ist die Häufigkeit für die einzelnen Merkmalsklassen zu schätzen.

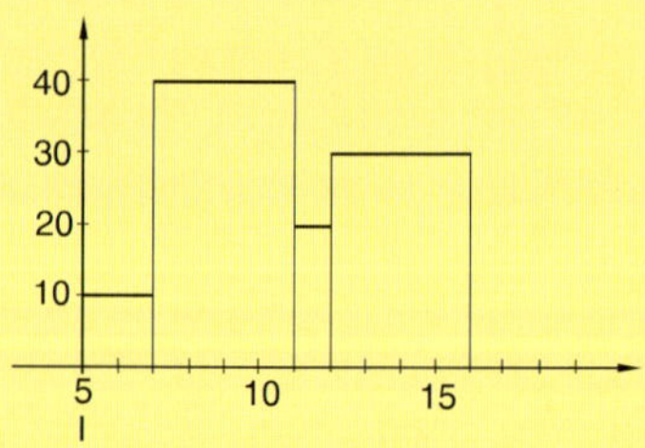

933. Gegeben ist die Häufigkeitstabelle:

x	H_i
22	10
23	20
24	15
25	45
26	10

a) Das arithmetische Mittel beträgt: ○ (1) 24 ○ (2) 24,25 ○ (3) 24,5 ○ (4) 25

b) Der Zentralwert ist: ○ (1) 24 ○ (2) 24,25 ○ (3) 24,5 ○ (4) 25

c) Der Modalwert ist: ○ (1) 24 ○ (2) 24,25 ○ (3) 24,5 ○ (4) 25

[1]) Die grafische Veranschaulichung der aufsummierten Häufigkeiten erfolgt durch die **Summenkurve**.

934. Gegeben sind die Körpermassen von 100 Schülerinnen und Schülern:

Masse (kg)	Anzahl der Schüler(innen)
[59, 62[	5
[62, 65[	18
[65, 68[	42
[68, 71[	27
[71, 74[	6
[74, 89[	2

Wenn als Repräsentant jeder Klasse die Klassenmitte genommen wird, lautet das arithmetische Mittel:

○ **a)** 67,13 ○ **b)** 67,01 ○ **c)** 66,5

935. Ein Student erhält 62 Punkte für eine bestandene Englisch-Prüfung und 50 Punkte für eine bestandene Spanisch-Prüfung. Wenn ein Punkt der Englisch-Prüfung das Gewicht 2 und ein Punkt der Spanisch-Prüfung das Gewicht 1 hat, wie groß ist dann das gewogene arithmetische Mittel?

936. Jemand fährt die Strecke Wien—Salzburg (320 km) an drei Tagen mit folgenden durchschnittlichen Geschwindigkeiten: 1. Tag 100 km/h, 2. Tag 120 km/h, 3. Tag 80 km/h. Wie groß ist die durchschnittliche Reisegeschwindigkeit?

937. Jemand kauft jeweils um 15,— Euro an drei Tankstellen bleifreies Normalbenzin zum Preis von 1,15 Euro, 1,20 Euro und 1,17 Euro pro Liter. Wie groß ist der Durchschnittspreis pro gekauftem Liter?

938. In einem Betrieb beträgt der durchschnittliche Bruttolohn eines Arbeitnehmers 1 650,— Euro. Die Angestellten verdienen durchschnittlich 1 730,— Euro, die Arbeiter hingegen nur 1 480,— Euro. Man berechne den Prozentsatz der Angestellten bzw. Arbeiter in diesem Betrieb.

939. In der Tageszeitung DIE PRESSE vom 22./23. Dezember 1984 fand sich die nebenstehende Meldung. Auf Grund der Anzahl der Fernsehapparate und der Kabel-TV-Anschlüsse ist die Anzahl der Haushalte zu berechnen, wobei von der Annahme auszugehen ist, dass ein Haushalt nur über je einen Fernsehapparat bzw. Kabel-TV-Anschluss verfügt. Die Ergebnisse sind zu diskutieren.

Bemerkung: Sicher ist die Anzahl der Haushalte, die über mehrere Fernsehapparate verfügen, größer als die Anzahl der Haushalte, in denen es mehrere Kabel-TV-Anschlüsse gibt. Könnten die unterschiedlichen Ergebnisse darauf zurückzuführen sein? Wie sieht es übrigens derzeit mit der Ausstattung der Haushalte mit Fernsehapparaten und Kabel-TV-Anschlüssen aus?

TV-Dichte seit 1980 stark gestiegen

Eigenbericht der „Presse"

WIEN (red.). In Österreich sind derzeit 2,21 Millionen Fernsehapparate und 162.000 Videorecorder in Betrieb. Gegenüber 1980 ist die Zahl der TV-Geräte damit um 64 Prozent gestiegen, die der Aufzeichnungs- und Wiedergabegeräte hat sich versechsfacht. Zwei Drittel aller Haushalte verfügen derzeit über einen Fenseh-apparat. Sechs Prozent der Haushalte sind ans Kabel-TV angeschlossen. Seit 1980 ist ein Anstieg von 106.000 auf 270.000 Anschlüsse zu verzeichnen gewesen.

940. Dem Fahrplanbild 3 des österreichischen Kursbuches ist der nebenstehende Ausschnitt entnommen.

a) Die durchschnittliche **Reisegeschwindigkeit** der Züge D 1488 und D 288 zwischen Brenner und Kufstein ist zu ermitteln.

b) Bei welchem dieser Züge ist die durchschnittliche **Fahrgeschwindigkeit** zwischen Brenner und Kufstein größer? (Begründung!)

Lienz 22 a

ÖBB. Dion Innsbruck

km		D 417	Ex 467	D 1488	D 288	515 ?
				von Ancona	von Roma	
0	**Brennero/Brenner**			3 3 15	4 01	
1	Brennersee Hu					
5	Gries					
10	St. Jodok Hu					
14	Steinach in Tirol					
19	Matrei					
28	Patsch Hu					
31	Unterberg-Stefansbrücke Hu	von	von			
37	**Innsbruck** Hbf 2, 4, 41 ○	Zürich	Basel	3 50	4 39	
	Innsbruck Hbf	0 13	1 32	3 58	4 46	
42	Rum Hu	Zürich-Beograd-Express	Wiener Walzer		Brenner-Express	
46	Hall in Tirol					
50	Volders-Baumkirchen Hu					
53	Fritzens-Wattens					
57	Terfens Weer Hu					
61	Pill-Vomperbach Hu					
64	Schwaz					
67	Stans bei Schwaz Hu					
72	**Jenbach** 2, 31, a ○	0 35			5 08	
	Jenbach	0 36			5 09	
76	Münster-Wiesing Hu					
82	Brixlegg					
83	Rattenberg-Kramsach H					
91	Kundl					
97	**Wörgl** 2 ○	0 52		4 34	5 24	
	Wörgl	nach		4 36	5 26	⊙5
101	Kirchbichl	Beograd				5
104	Langkampfen Hu					5
106	Schaftenau Hu					5
110	**Kufstein** ○			3 4 46	5 36	5
			nach Budapest	nach München	nach München	
	Kufstein					
	Salzburg Hbf 2 ○		4 58			
	Linz Hbf 1 ○		6 31			
	Wien Westbf ○		8 35			

Zugverbindungen mit dem Ausland im Band 2, Fahrplanbild E, E/1

3 am 29. IX. und ab 18. V.

941. Das österreichische Bruttoinlandsprodukt ist von 1990 bis 1995 von S $1461{,}79 \cdot 10^9$ auf S $1597{,}63 \cdot 10^9$ gestiegen (Quelle: Statistisches Jahrbuch für die Republik Österreich 1996). Wie groß ist die durchschnittliche Wachstumsrate pro Jahr?

Bemerkung: Das **Bruttoinlandsprodukt** ist ein Versuch, die wirtschaftliche Leistung einer Volkswirtschaft während eines Kalenderjahres auszudrücken: Es ist die Summe der Werte aller konsumierten, investierten und exportierten Güter und Dienstleistungen, vermindert um den Wert aller importierten Güter und Dienstleistungen. Es werden aber nur diejenigen Güter und Dienstleistungen in Betracht gezogen, die einen Marktpreis besitzen. Das Bruttoinlandsprodukt wird in der jeweiligen Landeswährung angegeben.

942. In der Zeit von 1986 bis 1995 sind die Verbraucherpreise in Österreich um insgesamt 22,5% gestiegen. Um wie viel Prozent erhöhten sich die Preise durchschnittlich pro Jahr?

943. Die 6 Angestellten eines Kleinunternehmens erhalten folgende Monatsgehälter: 1000,— Euro, 1200,— Euro, 1300,— Euro, 1350,— Euro, 1600,— Euro, 2100,— Euro.

Welcher Mittelwert beschreibt die Einkommen dieser Angestellten am besten? (Begründung!)

944. Welcher Mittelwert wird für die folgenden Sachverhalte zweckmäßigerweise ermittelt?

a) Bei einer Firma soll, ausgehend von den prozentuellen Umsatzzuwächsen der Jahre 2004 bis 2007, der durchschnittliche jährliche Umsatzzuwachs bestimmt werden.

b) Ausgehend vom prozentuellen Umsatzzuwachs des Jahres 2007 von 5 Konkurrenzunternehmen soll der durchschnittliche Umsatzzuwachs der Branche errechnet werden.

945. Nehmen wir an bei einem Geschworenenprozess soll die Strafe für den Angeklagten auf folgende Weise bestimmt werden: Jeder Geschworene gibt bekannt, welche Strafe er für angemessen hält. Als tatsächliches Strafausmaß wird ein Mittelwert der Geschworenenaussagen festgesetzt. Es ist zu diskutieren, welcher Mittelwert in diesem Fall die „gerechteste" Strafe bewirken würde? (Begründung!)

Bemerkung: Es bleibt dahingestellt, ob es moralisch vertretbar ist, mit Strafausmaßen derart umzugehen.

946. Gegeben ist die nebenstehende Summenkurve für ein stetiges Merkmal: Wie groß ist der Zentralwert?

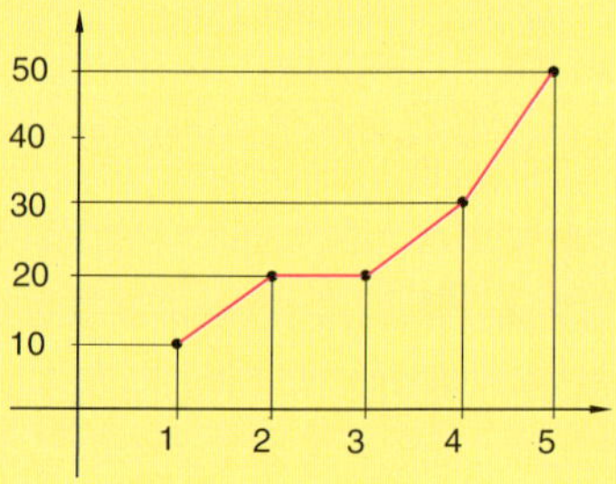

947. Die Spannweite für folgende Messwerte ist zu ermitteln: 7,8, 8,2, 6,3, 13,5, 10,8, 9,6, 12,4, 13.

948. Text wie Aufgabe **947.** jedoch für die folgenden Werte: 165,6 cm, 179,9 cm, 184,3 cm, 157,1 cm, 169,7 cm, 166,0 cm, 164,9 cm, 179,9 cm, 182,8 cm.

949. Gegeben sind die Zahlen 12, 15 und 24. Man berechne **a)** die mittlere lineare Abweichung vom arithmetischen Mittel **b)** die Varianz.

950. Gegeben sind nachstehende Beobachtungswerte: 7, 8, 8, 24, 19, 17, 9, 4, 4, 7, 9, 12, 3, 5, 4, 4, 15, 9, 23. Man berechne **a)** das arithmetische Mittel **b)** die Varianz **c)** die Standardabweichung.

951. Bei einem Eignungstest war ein Eignungsgrad von 0 bis 6 zu erreichen. Dabei ergaben sich folgende Werte:

Eignungsgrad	0	1	2	3	4	5	6
Häufigkeit	2	4	5	7	12	6	3

a) Arithmetisches Mittel? **b)** Standardabweichung?

c) Mittlere lineare Abweichung bezüglich des arithmetischen Mittels?

d) Mittlere lineare Abweichung bezüglich des Zentralwertes?

952. In der Forschungsabteilung eines Chemiekonzerns wurde der Zeitaufwand für die Entwicklung neuer Produkte festgestellt. Die sich dabei ergebende Verteilung wurde in der nebenstehenden Tabelle festgehalten.

Die für ein Projekt durchschnittlich aufgewendete Stundenanzahl und deren Standardabweichung ist zu berechnen!

Anleitung: Wir gehen davon aus, dass die Merkmalswerte innerhalb einer Klasse gleich der Klassenmitte sind ...

aufgwendete Arbeitsstunden	Anzahl der Projekte
0 — 300	3
300 — 600	5
600 — 900	7
900 — 1200	2

953. Die nachstehenden Tabellen geben Auskunft über die Lebensdauer von **(1)** Glühlampen **(2)** Kompaktleuchtstofflampen.

a) Die durchschnittliche Lebensdauer und deren Varianz sind zu berechnen.

b) Die Lebensdauer ist grafisch zu veranschaulichen.

(1)

Zeitpunkt t_i (Stunden)	absoluter Bestand nach t_i Stunden
500	100
550	99
600	97
650	95
700	92
750	87
800	83
850	76
900	68
950	60
1000	50
1050	42
1100	34
1150	27
1200	20
1250	15
1300	11
1350	8
1400	5
1450	3
1500	1

(2)

Zeitpunkt t_i (Stunden)	absoluter Bestand t_i nach Stunden
2000	100
2250	100
2500	99
2750	99
3000	98
3250	98
3500	97
3750	96
4000	95
4250	93
4500	91
4750	88
5000	85
5250	81
5500	74
5750	67
6000	60
6250	52
6500	38
6750	21
7000	0

954. Von einem Kreditinstitut wurden 1998 folgende Firmenkredite vergeben:

Kreditsumme in Schilling	Anzahl der Kredite
0—2 000 000	15
2 000 000—4 000 000	8
4 000 000—6 000 000	17
6 000 000—8 000 000	3
8 000 000 und mehr	0

a) Durchschnittliche Kredithöhe?

b) Verteilung und Mittelwert sind grafisch darzustellen

c) Mittlere Abweichung?

d) Standardabweichung?

955. Österreichische Schulstatistik (Quelle: Statistisches Jahrbuch für die Republik Österreich 1996)

Schulen

4.42 Höhere technische und gewerbliche Lehranstalten (im engeren Sinn) 1995/96

4.42 Higher industrial and Trade schools (in a limited sense) 1995/96

Gliederung		Burgenland	Kärnten	Niederösterreich	Oberösterreich	Salzburg	Steiermark	Tirol	Vorarlberg	Wien	**Österreich**
Anzahl		2	10	12	16	6	11	9	4	17	**87**
Klassen		67	120	325	259	95	197	99	55	411	**1.628**
Schüler	m.	1.635	2.955	6.926	6.214	2.200	4.520	2.445	992	8.165	**36.052**
	w.	63	155	711	288	122	288	230	166	1.228	**3.251**
	z.	1.698	3.110	7.637	6.502	2.322	4.808	2.675	1.158	9.393	**39.303**
Lehrer	m.	235	383	1.011	793	349	636	418	216	1.061	**5.102**
	w.	36	43	136	135	41	111	85	52	246	**885**
	z.	271	426	1.147	928	390	747	503	268	1.307	**5.987**
Schüler im I. Jahrgang		527	813	2.195	1.616	695	1.280	745	300	2.376	**10.547**
Schüler im II. Jahrgang		321	613	1.541	1.274	473	919	512	189	1.505	**7.347**
Schüler im III. Jahrgang		288	552	1.270	1.079	390	786	441	148	1.206	**6.160**
Schüler im IV. Jahrgang		311	532	1.179	1.018	369	717	426	174	1.176	**5.902**
Schüler im V. Jahrgang		251	451	1.047	881	319	601	415	133	1.007	**5.105**
Schüler im Aufbaulehrgang		-	60	72	620	65	259	73	214	801	**2.164**
Schüler im Kolleg		-	30	333	14	11	246	63	-	951	**1.648**
Schüler im Speziallehrgang		-	59	-	-	-	-	-	-	371	**430**

4.46 Handelsakademien 1995/96

4.46 Higher commercial schools 1995/96

Gliederung		Burgenland	Kärnten	Niederösterreich	Oberösterreich	Salzburg	Steiermark	Tirol	Vorarlberg	Wien	**Österreich**
Anzahl		7	10	23	23	9	16	12	5	15	**120**
Klassen		75	154	291	276	116	216	137	68	234	**1.567**
Schüler	m.	615	1.573	2.568	2.727	1.175	1.887	1.426	791	2.044	**14.806**
	w.	1.138	2.112	4.349	3.993	1.527	3.580	1.767	811	3.530	**22.807**
	z.	1.753	3.685	6.917	6.720	2.702	5.467	3.193	1.602	5.574	**37.613**
Lehrer	m.	127	168	394	375	176	270	250	150	266	**2.176**
	w.	144	248	478	397	196	436	230	101	646	**2.876**
	z.	271	416	872	772	372	706	480	251	912	**5.052**
Schüler im I. Jahrgang		511	1.108	2.086	2.199	898	1.540	983	460	1.587	**11.372**
Schüler im II. Jahrgang		380	800	1.406	1.416	551	1.018	597	358	1.067	**7.593**
Schüler im III. Jahrgang		317	562	1.209	1.133	484	916	564	258	861	**6.304**
Schüler im IV. Jahrgang		267	565	1.165	975	398	777	498	212	741	**5.598**
Schüler im V. Jahrgang		278	491	1.027	879	342	712	412	174	616	**4.931**
Schüler im Aufbaulehrgang		-	127	-	68	-	357	95	107	469	**1.223**
Schüler im Kolleg		-	32	24	50	29	118	44	33	214	**544**
Schüler im Speziallehrgang		-	-	-	-	-	29	-	-	19	**48**

a) Es ist ein Balkendiagramm für die Anzahl der **(1)** HTL-Schüler **(2)** HAK-Schüler je Bundesland zu zeichnen.

b) Welches Bundesland hatte im Schuljahr 1995/96 im Durchschnitt die größten bzw. kleinsten **(1)** Höheren technischen und gewerblichen Lehranstalten **(2)** Handelsakademien.

Anleitung: Man ermittle die durchschnittliche Schüleranzahl pro Schule.

c) Man kann eine durchschnittliche **Erfolgsquote** E eines Jahrganges definieren:

$$E = \frac{\text{Anzahl der Maturanten m der Stammklasse}}{\text{Anzahl n der Schüler der 1. Klasse}}$$

Warum kann eine Erfolgsquote anhand der obigen Tabellen nicht berechnet werden?

956. Bei größeren Datenmengen und insbesondere in der Programmierung verwendet man oft den sogenannten **Verschiebungssatz** zur Berechnung der Varianz:

$$s^2 = \left(\frac{1}{n}\sum_{i=1}^{n} x_i^2\right) - \bar{x}^2$$

Beweis?

Anleitung: Ausgehend von $s^2 = \frac{1}{n}\sum_{i=1}^{n}(x_i - \bar{x})^2$ ist die Differenz $x_i - \bar{x}$ zu quadrieren.

$\frac{1}{n}\sum_{i=1}^{n} x_i = \bar{x}$ und $\sum_{i=1}^{n} c = \underbrace{c + c + \ldots + c}_{\text{n Summanden}} = nc \Rightarrow \sum_{i=1}^{n} \bar{x}^2 = n\bar{x}^2$ usw.

WAHRSCHEINLICHKEITSRECHNUNG UND BEURTEILENDE STATISTIK

1. Anwendungsgebiete und Arbeitsweise der beurteilenden Statistik

Im vorigen Kapitel haben wir uns mit der beschreibenden Statistik befasst: Daten wurden durch Tabellen, Grafiken und Kennzahlen möglichst übersichtlich beschrieben. Statistik ist freilich mehr als das Erfassen und Wiedergeben von Daten: Mit Hilfe der beurteilenden Statistik lassen sich Prognosen treffen und aus einer Stichprobe Rückschlüsse auf die Grundgesamtheit ziehen. Ein typisches Anwendungsgebiet der beurteilenden Statistik ist die **industrielle Qualitätssicherung**.

Die Statistik gliedert sich in

- die **beschreibende Statistik**, die Daten erfasst und diese durch Tabellen, Grafiken und Kennzahlen möglichst übersichtlich beschreibt;
- die **beurteilende Statistik**, die auf Basis der beschreibenden Statistik prognostiziert und vergleicht, sich also z. B. mit der Qualitätskontrolle von Produkten beschäftigt.

Ein Unternehmen kann am Markt nur bestehen, wenn es Produkte anbietet, deren Preis, Liefertermin und Qualität den Anforderungen des Kunden entsprechen. Qualitätsprodukte verbessern die Chancen, gegenüber dem Mitbewerb zu bestehen und die Arbeitsplätze der Mitarbeiterinnen und Mitarbeiter zu sichern.

Fehler im Herstellungsprozess führen zu unnötigen Mehrkosten durch Aussortieren, Nacharbeit oder Ausschuss sowie Garantieleistungen. Fehler wirken sich negativ auf Liefertermin und Preis aus und verschlechtern die Chancen, am Markt konkurrenzfähig zu bleiben.

Ein Qualitätsprodukt entsteht nicht durch Zufall, sondern durch ein geplantes und systematisches Vorgehen. Alle Unternehmensfunktionen sind daran beteiligt, die Anforderungen der Kundinnen und Kunden zu erfüllen. Dieser Zusammenhang wird modellhaft im sogenannten **Qualitätskreis**[1] veranschaulicht.

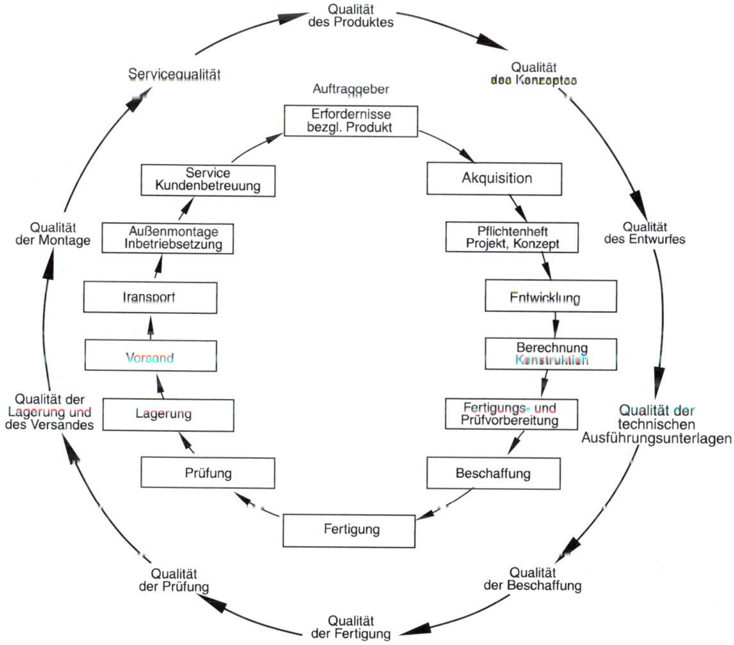

Im äußeren Kreis sind qualitätsbestimmende Tätigkeiten in der Reihenfolge ihrer Einwirkung auf die Entstehung des Produktes dargestellt. Im inneren Kreis finden sich die Unternehmensfunktionen, die diese Tätigkeiten verantwortlich auszuführen haben. Der Qualitätskreis beginnt und endet beim Kunden, da es ja die Anforderungen der Kunden sind, die in einer marktwirtschaftlichen Ordnung den Anstoß zur Entwicklung und Herstellung eines Produktes geben. Man spricht daher von einem **Qualitätsprodukt** dann, wenn es den Anforderungen des Kunden genügt. Mit den Maßnahmen zur Erzielung der geforderten Qualität befasst sich die Qualitätssicherung. Viele Auftraggeber verlangen von ihren Lieferanten heute oftmals den Nachweis über ein funktionierendes Qualitätssicherungssystem. Wie ein Qualitätssicherungssystem auszusehen hat und wie es nachzuweisen ist, ist in Normen[2] festgelegt. Ein gemeinsames Element dieser Normen sind auch Methoden zur Unterstützung der Qualitätssicherung. Diese Methoden sind im Wesentlichen statistische Verfahren.

[1]) Der **Qualitätskreis** ist nach ÖNORM A 6671 bzw. DIN 55350, Teil 11, genormt. Der Abdruck dieses Auszugs aus ÖNORM A 6671 erfolgt mit freundlicher Genehmigung des Österreichischen Normungsinstituts.

[2]) DIN ISO 9001 bis 9003.

Das **arithmetische Mittel $\overline{x}$** (gesprochen: x quer) der Zahlen $x_1, x_2, \dots, x_n$ erhält man, indem man die Summe dieser Zahlen durch ihre Anzahl n dividiert:

$$\overline{x} = \frac{x_1 + x_2 + \dots + x_n}{n}$$

$$\text{bzw. } \overline{x} = \frac{1}{n} \sum_{i=1}^{n} x_i$$

Sind $x_1, x_2, \dots, x_n$ beliebige reelle Zahlen mit dem arithmetischen Mittel $\overline{x}$, so definieren wir die **Varianz s^2** wie folgt:

$$s^2 = \frac{(x_1 - \overline{x})^2 + \dots + (x_n - \overline{x})^2}{n}$$

Darstellung mit dem Summenzeichen:

$$s^2 = \frac{1}{n} \sum_{i=1}^{n} (x_i - \overline{x})^2$$

Die Quadratwurzel der Varianz heißt **Standardabweichung**.

Der **mathematische Wahrscheinlichkeitsbegriff** hat mit dem im Alltag bzw. in der Umgangssprache verwendeten Wort „wahrscheinlich" nichts zu tun! „Ich werde die Mathematikprüfung wahrscheinlich bestehen" bedeutet so viel wie „Ich werde die Mathematikprüfung vermutlich bestehen." Wenn wir von mathematischer Wahrscheinlichkeit sprechen, dann meinen wir niemals die alltagssprachliche Bedeutung von „vermutlich" oder „vielleicht".

Ohne Hilfe der statistischen Verfahren wäre eine Beurteilung der im Rahmen des Produktentstehungsprozesses gesammelten Daten, die in unterschiedlichster Form, z. B. als Messwerte (Gewicht, Festigkeitswerte, Längen usw.), Zählwerte (Fehler pro Einheit, fehlerhafte Einheiten) oder als Kosten anfallen, nicht möglich.

Alle Herstellungsprozesse sind verschiedenen zufälligen Einflüssen unterworfen. Diese Einflüsse sind leicht merkbar zu den „6M", Material, Mensch, Maschine, Methode, Milieu, Management, zusammengefasst.

Die beurteilende Statistik befasst sich mit der Interpretation der aus diesen zufälligen Einflüssen ermittelten Daten. Das heißt, es wird auf Grund eines Stichprobenergebnisses mit einer vorgegebenen statistischen Wahrscheinlichkeit eine Grundgesamtheit beurteilt. Die Ergebnisse der durchgeführten Untersuchungen sollen einen möglichst genauen Rückschluss über die Beschaffenheit der Grundgesamtheit der erzeugten Produkte ermöglichen. Es werden statistische Maßzahlen wie z. B. **arithmetisches Mittel** als Kennwert für die Lage oder **Varianz** bzw. **Standardabweichung** als Kennwert für die Streuung der Ergebnisse berechnet sowie **Häufigkeitsverteilungen** ermittelt und grafisch dargestellt.

Gibt es absolut sicher Schlüsse von einer Stichprobe auf die Grundgesamtheit? Leider nein! Wenn ein Fabrikant von Hosenknöpfen wissen möchte, wie viele der 100000 von ihm an einem Tag produzierten Knöpfe fehlerhaft sind, dann hat er dafür nur eine einzige sichere Methode: Er muss Stück für Stück prüfen und die fehlerhaften Knöpfe zählen.

Freilich: Wesentlich kosten- und zeitsparender ist es, wenn eine Stichprobe getroffen wird und aus diesen relativ wenigen Beobachtungen auf die Grundgesamtheit geschlossen wird. Bemerkenswert ist, dass die durch eine Stichprobenentnahme gefundenen Resultate den tatsächlichen Werten sehr nahe kommen.

Wäre es für unseren Hosenknopf-Fabrikanten von Wichtigkeit, ob nur 3512 oder ob 3522 Knöpfe fehlerhaft sind? Natürlich nicht, denn beide Werte liefern das selbe Resultat: Rund 3,5 % der produzierten Ware ist fehlerhaft.

Sehr oft ist es nicht die Kosten- und Zeitfrage, die die Ziehung von Stichproben und die Anwendung der beurteilenden Statistik sinnvoll macht. Man denke etwa an die folgende Fragestellung: Welche Qualität haben die von der Firma Bomb & Schütz produzierten Sprengladungen? Hier kann keine vollständige Prüfung erfolgen, da diese die Zerstörung der Sprengladungen mit sich bringt. Es bleibt nur die Möglichkeit einer Stichprobenentnahme, um hinsichtlich der Grundgesamtheit eine Aussage zu treffen.

Grundlage für die beurteilende Statistik ist die Wahrscheinlichkeitsrechnung, die die Gesetzmäßigkeit von zufälligen Ereignissen untersucht. Sie wird zum tragenden Element, wenn es darum geht, von der Stichprobe auf die Grundgesamtheit zu schließen.

Bevor wir uns mit der Wahrscheinlichkeitsrechnung befassen, müssen wir uns jedoch Grundkenntnisse der Kombinatorik aneignen. Auf den nächsten Seiten wollen wir uns daher mit diesem mathematischen Gebiet befassen und somit eine Grundlage für das „Lösen von Problemen der beurteilenden Statistik" schaffen.

2. Kombinatorik

2.1 Permutationen

Beispiel:

In den USA werden Studierende der Rechtswissenschaften auf ihr logisches Denkvermögen getestet. Ein stark vereinfachtes Beispiel für den mehrere Stunden dauernden Test, der einige hundert Fragen umfasst, findet sich in dem grau unterlegten Kasten.

Ein Konsumentenreport zeigt, dass die Telefongesellschaften A, B, C, D, E und F unterschiedliche Preise für drei Minuten Gesprächszeit mit Österreich verrechnen:[1)]

— A ist teurer als C

— F ist billiger als D

— C ist teurer als E

— B ist teurer als D

Die folgenden drei Fragen sind in Bezug auf ein drei Minuten dauerndes Ferngespräch USA — Österreich zu beantworten:

(1) Ist D die billigste und A die teuerste Telefongesellschaft?

O JA O NEIN

(2) Angenommen, die Tarife von A und F sind identisch. Sind dann wenigstens zwei der Gesellschaften billiger als F?

O JA O NEIN

(3) Können maximal zwei der betrachteten Gesellschaften billiger als B und teurer als E sein?

O JA O NEIN

Wie viele verschiedene Arten gibt es, den obigen Test zu beantworten?

Lösung:

Bei jeder Frage kann nur mit JA (j) oder NEIN (n) geantwortet werden. Die Möglichkeiten sind im nebenstehenden Baumdiagramm übersichtlich zusammengefasst: Es gibt 8 verschiedene Arten, den Test zu beantworten!

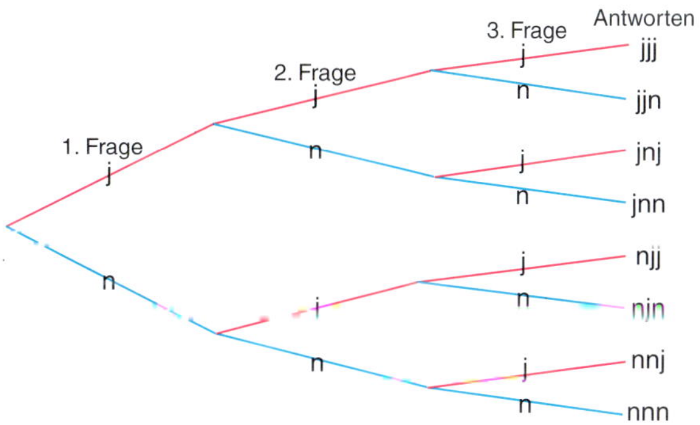

Um dieses Ergebnis rechnerisch zu erhalten, ist die Anzahl der Entscheidungsmöglichkeiten (JA, NEIN ⇒ zwei Möglichkeiten) so oft zu multiplizieren, wie es Entscheidungen (3 Fragen ⇒ 3 Entscheidungen) gibt:

$$2 \cdot 2 \cdot 2 = 2^3 = 8$$

Fundamentale Produktregel:
Die Gesamtanzahl der Möglichkeiten ergibt sich als Produkt aus der Anzahl der Möglichkeiten, die bei jeder Entscheidung getroffen werden kann.

[1)] In den USA hat der Konsument die Wahl zwischen verschiedenen Telefongesellschaften.

Beispiel:

In Anlehnung an das MAD-Heft Nr. 215:

Und nun werfen wir allesamt einen Blick unters Hemd! Finger weg, du Sittenstrolch ... unter das EIGENE Hemd, haben wir gemeint. Dort findet man nämlich oft Aufnäher mit diesen komischen Krixeln zur Pflegeanleitung ...

Einige „echte" Pflegesymbole:

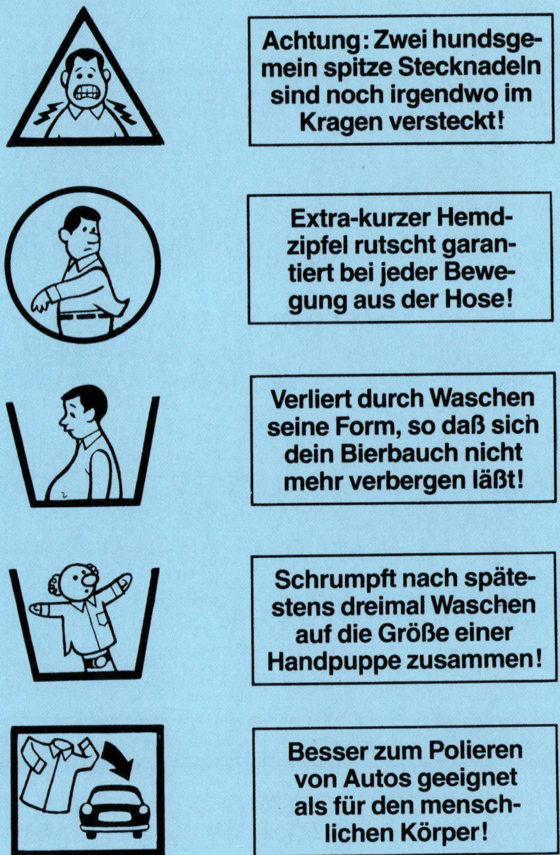

Wie viele Möglichkeiten gibt es, jedem Text genau ein Pflegesymbol zuzuordnen?

Lösung:

Im Gegensatz zum vorigen Beispiel haben wir bei der Zuordnung des ersten Textes zu einem Pflegesymbol 5 Möglichkeiten. Beim nächsten Text stehen jedoch nur noch 4 Varianten zur Auswahl, schließlich ist ja die Pflegeanleitung „Zwei hundsgemein ..." bereits verbraucht. Bei dem Text „Verliert durch Waschen seine ..." haben wir überhaupt nur noch 3 Möglichkeiten usw.

Gesamtanzahl: $5 \cdot 4 \cdot 3 \cdot 2 \cdot 1 = \mathbf{120}$

Offensichtlich hat der Gastgeber seine Gäste nicht optimal „angeordnet". Hätte er überhaupt viele Varianten zur Auswahl gehabt? Schenken wir der Tatsache keine Bedeutung, dass Tante Gusti nicht neben Onkel Poldi sitzen darf, weil sich die beiden nicht gut verstehen. Versuchen wir vielmehr die maximale Anzahl von Sitzordnungen herauszufinden, die man mit 13 Personen bilden kann. Die erste Person, die sich an den Tisch setzt, hat 13 Möglichkeiten, die zweite Person hat nur noch 12 Möglichkeiten usw. Nach unserer „Fundamentalen Produktregel" ergibt sich mithin:

$$13 \cdot 12 \cdot 11 \cdot 10 \cdot 9 \cdot 8 \cdot 7 \cdot 6 \cdot 5 \cdot 4 \cdot 3 \cdot 2 \cdot 1 = \mathbf{6\,227\,020\,800}$$

Sofern für eine Sitzordnung-Variante nur eine Sekunde Zeit gebraucht wird, wären unsere Partygäste nahezu 200 Jahre beschäftigt, alle Möglichkeiten „durchzuspielen".

Um das Produkt $13 \cdot 12 \cdot \ldots \cdot 2 \cdot 1$ kurz und prägnant anzuschreiben wird das Zeichen „!" verwendet — vgl. Außenspalte.

Weitere Beispiele:

$$3! = 1 \cdot 2 \cdot 3 = 6$$
$$5! = 1 \cdot 2 \cdot 3 \cdot 4 \cdot 5 = 120$$
$$10! = 1 \cdot 2 \cdot 3 \cdot 4 \cdot 5 \cdot 6 \cdot 7 \cdot 8 \cdot 9 \cdot 10 = 3628800$$

„Wie viele Möglichkeiten gibt es, n Elemente anzuordnen?", ist die Frage, die durch folgende Formel beantwortet wird:

$$n! = 1 \cdot 2 \cdot 3 \cdot \ldots \cdot (n-1)\,n$$ [1]

n! (gesprochen: n Fakultät) liefert also die Anzahl der sogenannten **Permutationen**, d. h. alle verschiedenen Anordnungen n verschiedener Elemente.

Beispiel:

Auf wie viele verschiedene Arten können die Buchstaben des Wortes „AFFE" angeordnet werden?

Lösung:

Das Wort AFFE besteht aus 4 Buchstaben, also liefert 4! (so könnte man glauben) die Anzahl der Permutationen

$$4! = 1 \cdot 2 \cdot 3 \cdot 4 = 24$$

In der Außenspalte finden wir jedoch nur 12 Möglichkeiten, da zwei Elemente (die beiden F) jeweils gleich sind.

Im Hinblick auf den in der Außenspalte dargestellten Sachverhalt berechnen wir die Anzahl der Anordnungen wie folgt:

$$\frac{4!}{2!} = \frac{1 \cdot 2 \cdot 3 \cdot 4}{1 \cdot 2} = 12$$

Systematische Anordnung der Buchstaben des Wortes „AFFE":
AEFF, AFEF, AFFE, EAFF, EFAF, EFFA, FAEF, FAFE, FEAF, FEFA, FFAE, FFEA

Für die Anzahl m der Anordnung von n Elementen, von denen $n_1, n_2, \ldots, n_k$ Elemente nicht unterscheidbar sind, gilt:

$$m = \frac{n!}{n_1! \cdot n_2! \cdot \ldots \cdot n_k!}$$

[1]) Definitionsgemäß gilt: $0! = 1! = 1$.

AUFGABEN

957. Im Jänner 1998 bereiste Familie Kamerman die Kanarischen Inseln. Die Reiseroute erstreckte sich von Gran Canaria über Las Palmas bis nach Lanzarote. Anschließend kehrte man wieder nach Gran Canaria zurück. Alle Verkehrsverbindungen (Schifffahrten, Flüge) wurden auf der nebenstehenden Landkarte eingezeichnet.

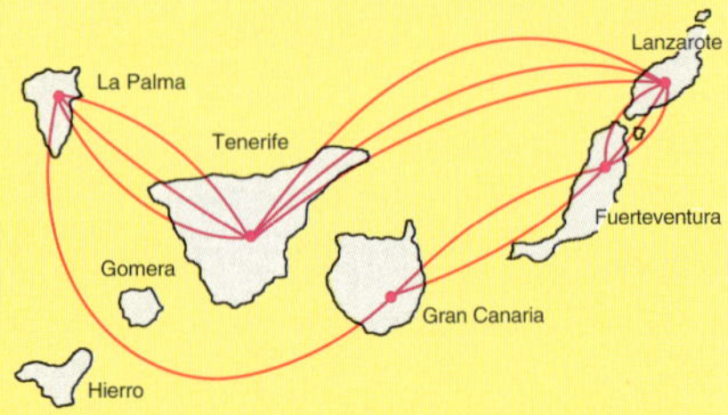

a) Auf wie viele verschiedene Arten kann man von Gran Canaria nach Lanzarote reisen?

b) Gesamtzahl der möglichen Reisevarianten von Familie Kamerman?

958. Die österreichische Nationalmannschaft begann beim Fußballländerspiel gegen die Bundesrepublik Deutschland am 29. Oktober 1986 mit folgender Aufstellung: Lindenberger, Piesinger, Weber, Messlender, Weinhofer, Zsak, Kienast, Werner, Baumeister, Ogris, Polster.

Wie viele Möglichkeiten gibt es, den Spielern Dressen mit den Nummern 1 bis 11 zuzuordnen, wenn jeder Spieler jede Nummer tragen kann?

Bemerkung: In der Praxis wird jeder Spielerposition eine bestimmte Nummer zugeordnet, sodass diese nur bedingt austauschbar sind.

959. Kombiniert man die Worte der nachstehenden Tabelle, so erhält man beeindruckend klingende 3er-Wortphrasen: konzentrierte Führungskonzeption, progressive Wachstumsphase, qualifizierte Herrschaftskritik usw.

Einzig die Reihenfolge ist entscheidend, d. h. zunächst ist aus Liste 1 ein Wort zu wählen, anschließend aus Liste 2 usw.

a) Wie viele 3er-Wortphrasen lassen sich aus der Tabelle bilden?

b) Wie ändert sich das Ergebnis, wenn jede Liste nur 4 Wörter umfasst?

c) Wie ändert sich das Ergebnis, wenn die Liste 1 nur 4 Wörter umfasst?

1	2	3
0. konzentrierte	0. Führungs-	0. -struktur
1. integrierte	1. Organisations-	1. -flexibilität
2. permanente	2. Identifikations-	2. -ebene
3. systematisierte	3. Drittgenerations-	3. -tendenz
4. progressive	4. Koalitions-	4. -programmierung
5. funktionelle	5. Fluktuations-	5. -konzeption
6. orientierte	6. Übergangs-	6. -phase
7. synchrone	7. Herrschafts-	7. -kritik
8. qualifizierte	8. Wachstums-	8. -problematik
9. ambivalente	9. Interpretations-	9. -kontingenz

960. Auch in der englischen Sprache gibt es — ähnlich wie in Aufgabe **959.** beschrieben — nichtssagende Wortkombinationen, die beeindruckend klingen:

„Optional logistical concept"
„Balanced policy projection" usw.

Wer Englisch als Fremdsprache lernt, wird es nicht einmal als störend empfinden, wenn keine Reihenfolge bei der Wortauswahl eingehalten wird:

„Logistical concept total"
„Options total organizational" usw.

Die in Aufgabe **959.** gestellten Fragen sind für die nebenstehende Tabelle zu beantworten, wobei aus jeder Liste (in beliebiger Reihenfolge) genau ein Wort entnommen werden soll.

Aus der Zeitschrift „Time" vom 13. September 1968:

1	2	3
integrated	management	options
total	organizational	flexibility
systematized	monitored	capability
parallel	reciprocal	mobility
functional	digital	programming
responsive	logistical	concept
optional	transitional	time-phase
synchronized	incremental	projection
compatible	third-generation	hardware
balanced	policy	contingency

961. Wie viele Buchstabenanordnungen des Wortes **a)** RENIETS **b)** HONOLULU gibt es?

962.

Anzahl der Permutationen des Wortes **a)** musculus **b)** extensor **c)** digitorum **d)** longus?

963. Ein Eilzug umfasst 5 Waggons gemäß dem abgebildeten Wagenstandsanzeiger:

Wie viele Möglichkeiten der Anordnung gibt es, wenn man **a)** alle Waggons auf Grund der unterschiedlichen Wagennummer unterscheidet **b)** die drei reinen 2.-Klasse-Waggons nicht voneinander unterscheidet?

964. Autoschlüssel kann man sich aus verschiedenen Teilen zusammengesetzt denken. So bestehen z. B. die Schlüssel für Autos von General Motors aus 6 Teilen.
Bis vor dem Jahre 1967 gab es für jeden Teil zwei Möglichkeiten, bald danach standen schon für jeden Teil drei Varianten zur Auswahl.
Um wie viel Prozent hat die Anzahl der verschiedenen Autoschlüssel im Vergleich zu der Zeit bis vor dem Jahre 1967 zugenommen?

965. Ein Kunde fragt in einer Eisenhandlung nach dem Preis einer bestimmten Ware. „Ein Stück kostet 1,— Euro, 10 Stück kosten 9,— Euro", antwortet ihm der Verkäufer. Der Kunde kauft 133 und bezahlt 3,— Euro. Was hat er gekauft?

Richtig: Ziffern für die Nummern seines Einfamilienhauses.

Wie viele verschiedene dreiziffrige Hausnummern können aus den Ziffern 1, 3, 3 hergestellt werden?

966. Für große Zahlen n berechnet man n! näherungsweise mit der sogenannten **STIRLINGschen Formel**[1]:

$$n! = n^n e^{-n} \sqrt{2\pi n} \qquad (e \approx 2{,}718)$$

Die Zahl 15! ist **a)** exakt **b)** näherungsweise mit der STIRLINGschen Formel zu ermitteln. **c)** Wie groß ist die prozentuelle Abweichung des Näherungswertes vom exakten Wert?

---

[1]) **James STIRLING** (1692–1770), schottischer Mathematiker, Mitglied der Adelsfamilie der „Stirlings of Garden" lebte bis 1725 in Italien und anschließend in London. 1735 wurde er Direktor der Schottischen Bergwerksgesellschaft in Leadhills. STIRLINGs bedeutendste mathematische Arbeiten finden sich auf dem Gebiet der **unendliche Reihen.**

2.2 Kombinationen

— Wie groß sind die Chancen, beim Glücksspiel zu gewinnen?
— Wie sind meine Gewinn- und Verlustaussichten?
— Habe ich mehr Erfolg, wenn ich im Roulette oder beim Pokern mein Geld riskiere?
— Gibt es „absolut sichere" Strategien, sodass ich z. B. beim Roulette nicht verlieren kann?

Das sind einige der Fragen, die sich Mathematiker im 17. Jahrhundert gestellt haben. Auch wir wollen in diesem und im nächsten Abschnitt Probleme der Anordnung und Wahrscheinlichkeit besprechen, um eine Antwort auf die eingangs gestellten Fragen zu finden.

Definition:

Unter einer **Kombination** versteht man die Auswahl von k Elementen aus einer Grundmenge von n Elementen.

Angenommen bei der LAUDA-AIR warten 5 „Stand-Bys" darauf, einen Sitz im Flugzeug zu bekommen. Nur 2 Plätze stehen zur Verfügung. Von den 5 Fluggästen, die auf die Warteliste gesetzt wurden, müssen also 2 bestimmt werden. Wie viele Möglichkeiten gibt es, eine Auswahl zu treffen?

Um den ersten Sitzplatz zu „vergeben" haben wir 5 Möglichkeiten. Für den zweiten Sitzplatz verbleiben nur noch 4 Fluggäste, aus denen einer auszuwählen ist. Nach der „Fundamentalen Produktregel" gibt es also **$5 \cdot 4 = 20$** Varianten. Die Reihenfolge der 2 ausgewählten Elemente war in diesem Fall von Bedeutung: Ein einmal zugewiesener Sitzplatz kann ja kein zweites Mal vergeben werden!

Beispiel:

Wie viel Möglichkeiten gibt es, aus 45 Zahlen 6 auszuwählen?

Bemerkung: Diese Auswahl haben Spielerinnen und Spieler beim österreichischen Lotto zu treffen („6 aus 45").

Lösung:

Für eine Auswahl der ersten Zahl stehen uns 45 Möglichkeiten zur Verfügung, für die zweite der 6 Zahlen gibt es 44 Varianten usw.

Lautet das Ergebnis mithin $45 \cdot 44 \cdot 43 \cdot 42 \cdot 41 \cdot 40 = 5\,864\,443\,200$?

Nein, denn dieses Resultat berücksichtigt alle Anordnungen. Die Reihenfolge der 6 ausgewählten Zahlen ist allerdings ohne Bedeutung:

3, 19, 17, 46, 12, 27 ist „genauso gut" wie
17, 12, 27, 3, 19, 46 oder
27, 17, 19, 3, 46, 12 usw.

} soll man als eine Möglichkeit zählen!

Es gilt herauszufinden wie viele Möglichkeiten es gibt, die oben erwähnten 6 Zahlen anzuordnen. Mit anderen Worten: Die Anzahl der Permutationen von 6 Zahlen ist zu berechnen!

$$6! = 1 \cdot 2 \cdot 3 \cdot 4 \cdot 5 \cdot 6 = 720$$

Das bedeutet: 5864443200 ist 720-mal so groß wie die tatsächliche Anzahl von Kombinationen. Mithin ergibt sich für die Gesamtanzahl m aller Möglichkeiten, 6 Zahlen aus 45 Zahlen auszuwählen:

$$m = \frac{45 \cdot 44 \cdot 43 \cdot 42 \cdot 41 \cdot 40}{1 \cdot 2 \cdot 3 \cdot 4 \cdot 5 \cdot 6} = 8\,145\,060$$

Für den Ausdruck $m = \frac{45 \cdot 44 \cdot 43 \cdot 42 \cdot 41 \cdot 40}{1 \cdot 2 \cdot 3 \cdot 4 \cdot 5 \cdot 6}$ gibt es eine prägnante Schreibweise: $\binom{45}{6}$[1)]

Weitere Beispiele – vgl. die nebenstehende Formel:

$$\binom{n}{k} = \frac{n!}{k!\,(n-k)!}$$

$$\binom{8}{6} = \frac{8!}{6!\,2!} = \frac{7 \cdot 8}{1 \cdot 2} = 28$$

$$\binom{3}{2} = \frac{3!}{2!\,1!} = 3$$

$$\binom{9}{5} = \frac{9!}{5!\,4!} = \frac{6 \cdot 7 \cdot 8 \cdot 9}{1 \cdot 2 \cdot 3 \cdot 4} = 126$$

$$\binom{103}{99} = \frac{103!}{99!\,4!} = \frac{103 \cdot 102 \cdot 101 \cdot 100}{1 \cdot 2 \cdot 3 \cdot 4} = 4421275$$

Beim LAUDA-AIR-Beispiel haben wir eine **geordnete Auswahl** von k aus n Elementen getroffen, d. h. die Reihenfolge der k Elemente wurde als wichtig angesehen. Bei „6 aus 45" lag eine **nicht geordnete Auswahl** von k aus n Elementen vor, d. h. die Reihenfolge war unwichtig.

Da sich der Lösungsweg in den beiden Fällen unterscheidet, ist es notwendig, die Verschiedenheit von „geordneter Auswahl" und „nicht geordneter Auswahl" zu verstehen. In der folgenden Tabelle wird eine Übersicht gegeben, die helfen soll, die Unterschiede zu erkennen:

geordnete Auswahl	nicht geordnete Auswahl
Möglichkeiten der Belegung der ersten drei Plätze bei einem Pferderennen, an dem 5 Pferde teilnehmen.	Aus einer Menge von 20 Pferden sollen 8 Pferde ausgewählt werden, die an einem Rennen teilnehmen. Wie viele Möglichkeiten gibt es?
Für ein Projekt soll aus 7 Bewerbern ein Projektleiter und ein Stellvertreter bestimmt werden.	Aus 7 Bewerbern sind zwei Personen auszuwählen, die an einem Projekt mitarbeiten.
Bei einer Wahl bewerben sich 4 Kandidaten für den Posten des Bürgermeisters. Möglichkeiten des Wahlausgangs, wenn der Kandidat, der am zweithäufigsten gewählt wurde, Vizebürgermeister wird.	Aus 10 Kandidaten sollen 4 Personen gewählt werden, die einen Sitz in einem bestimmten politischen Ausschuss erhalten.

Für eine Auswahl von k Elementen aus insgesamt n Elementen gibt es $\frac{n!}{k!\,(n-k)!}$ Möglichkeiten, sofern die Reihenfolge der Auswahl unbedeutend ist.

Für $\frac{n!}{k!\,(n-k)!}$ wollen wir das Symbol $\binom{n}{k}$[2)] einführen. $\binom{n}{k}$ wird **Binomialkoeffizient** genannt.

Ist die Reihenfolge der Auswahl der k Elemente von Bedeutung, ergeben sich k!-mal so viele zu unterscheidende Möglichkeiten, sodass die Anzahl der Auswahlmöglichkeiten $\frac{n!}{(n-k)!}$ beträgt.

In manchen Lehrbüchern spricht man bei einer derartigen geordneten Auswahl von einer **Variation**.

---

1) gesprochen: 45 über 6.

2) Nicht zu verwechseln mit einem Vektor!

Beispiel:

Wie viele Möglichkeiten gibt es, um aus einer Menge von 13 Fußballspielern 11 Spieler auszuwählen?

Lösung:

Es liegt eine nicht geordnete Auswahl vor, d. h. die Reihenfolge ist unwichtig.

$\binom{13}{11} = \frac{13!}{2! \cdot 11!} = \frac{13 \cdot 12}{1 \cdot 2} = 78$ Es gibt 78 Möglichkeiten.

Beispiel:

Wie viel Möglichkeiten gibt es, um aus den 39 Mitgliedern eines Vereins einen Präsidenten und einen Vizepräsidenten auszuwählen?

Lösung:

Die Reihenfolge der ausgewählten Elemente ist hier von Bedeutung. Wenn Herr Mayer zum Präsidenten gewählt wird, dann ist er kein Kandidat für die Position des Vizepräsidenten. Es liegt also eine geordnete Auswahl vor.

Im Hinblick auf die „Fundamentale Produktregel" ergibt sich: $39 \cdot 38 = \mathbf{1482}$, d. h. es gibt **1482 Möglichkeiten**, um einen Präsidenten und einen Vizepräsidenten auszuwählen.

AUFGABEN

967. Beim „Süddeutschen Lotto" sind aus 49 Zahlen 6 auszuwählen. Wie viele Möglichkeiten gibt es hierfür?

968. Bei „Dreiereinlaufwetten" starten 8 Pferde, die Belegung der ersten drei Plätze ist von Bedeutung. Wie viele Möglichkeiten gibt es hierfür?

969. Im Hörsaal 4.42 der Wirtschaftsuniversität Wien gibt es 72 Sitzplätze, der Rest der Studierenden muss stehen. Wie viele **Sitzplatzanordnungen** gibt es, wenn 79 Studierende an der Vorlesung teilnehmen wollen?

970. Vor einigen Jahren veranstaltete die NEUE KRONENZEITUNG ein „Millionen-Quiz", bei dem nach 39 Wochen als Hauptpreis ein Haus und ein größerer Bargeldbetrag zu gewinnen war. Jede Woche wurden 66 Gewinner ermittelt: 6 von ihnen erhielten Golddukaten, der Rest je eine Stange Zigaretten, wobei die **gezogenen** Gewinner eines Preises von der weiteren Verlosung der Woche (nicht jedoch von der Verlosung des Endpreises) ausgeschlossen wurden. Es gab im Durchschnitt 300000 richtige Einsendungen pro Woche. Angenommen, es waren in einer Woche genau 288236 richtige Einsendungen. Auf wie viele Arten konnten die 66 Gewinner ermittelt werden?

971. Der kleinste Straßenbahnbetrieb Österreichs befindet sich in Gmunden. Das nebenstehende Foto zeigt den Triebwagen Nr. 5 in jenem Straßenstück, das eine Steigung von 95 ‰ aufweist. Dieser Wagen hat 32 Sitzplätze. Wie viele **Sitzanordnungen** gibt es, wenn 36 Fahrgäste die Straßenbahn benützen?

972. „Zug fährt ab!“, ertönt es aus den Lautsprechern des „Silberpfeils“ — der Garnitur der Wiener U-Bahn. Obwohl kurz darauf das Signal zur Abfahrt zu vernehmen ist, gelingt es doch noch einigen, über die Rolltreppe zu hasten und sich durch die bereits schließenden Waggontüren zu zwängen. Und schon saust der Zug aus der Station „Stephansplatz“. Im Wagen beginnt nun ein Geschiebe und Gedränge um die 49 vorhandenen Sitzplätze. So mancher der 68 Fahrgäste muss stehenbleiben. Wie viele **Sitzanordnungen** sind möglich?

973. Die nebenstehend dargestellten 5 Karten sind das beste Blatt, das ein Spieler beim Pokern erhalten kann.

a) Auf wie viele verschiedene Arten kann dieses Blatt aus 32 Karten ausgeteilt werden?

b) Wie viele verschiedene Blätter kann man beim Pokern erhalten?

974. Die nebenstehende Fotografie zeigt einen Ausschnitt aus dem Telefonbuch für Oberösterreich und Salzburg von 1915. Laut Geschäftsbericht gab es damals in Oberösterreich 115 Ortsnetze mit insgesamt 3489 Hauptanschlüssen, in Salzburg 14 Ortsnetze mit insgesamt 1577 Hauptanschlüssen.

Wie viele Möglichkeiten, miteinander zu telefonieren, hatten die Hauptanschlussbesitzer in **a)** Oberösterreich **b)** Salzburg insgesamt?

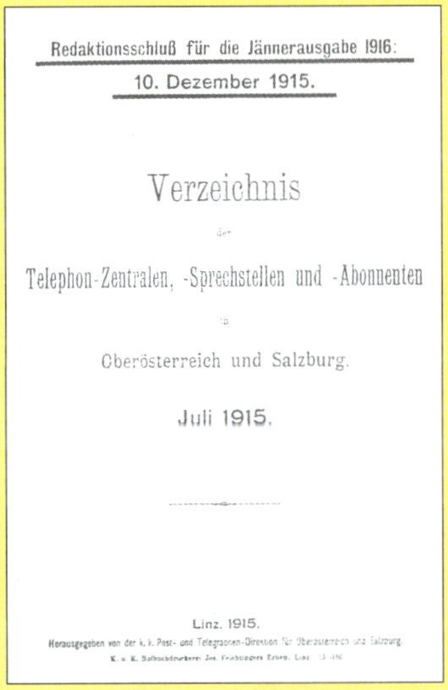

Redaktionsschluß für die Jännerausgabe 1916:

10. Dezember 1915.

Verzeichnis

der

Telephon-Zentralen, -Sprechstellen und -Abonnenten

Oberösterreich und Salzburg.

Juli 1915.

Linz, 1915.

Herausgegeben von der k. k. Post- und Telegraphen-Direktion für Oberösterreich und Salzburg.

975. Die Firma SCHRACK verwendet bei der Installation von Telefonanlagen 8-polige Kabel, wobei folgende Farben für einen Pol verwendet werden: weiß, blau, schwarz, gelb, grün, rot, braun.

Wie viele Möglichkeiten der Drahtanordnung gibt es, wenn zwei braune Pole und je ein Pol in jeder der anderen genannten Farben verwendet werden?

976. Bei der Standardausführung eines PKW kann zwischen 10 verschiedenen Lackierungen gewählt werden. Darüber hinaus werden folgende Zusatzeinrichtungen angeboten: elektrisches Schiebedach, Heckspoiler, Leichtmetallfelgen.

Angenommen, ein Autohändler hält nur Autos mit jeweils einer Zusatzeinrichtung auf Lager. Wie viele Stück dieser PKW-Type muss er auf Lager halten, wenn er jede Zusatzeinrichtung in jeder Farbe anbietet?

977. Vereinzelt findet man noch die alten österreichischen KFZ Kennzeichen, die in weißer Schrift auf schwarzem Grund einen „Bundesland-Kennbuchstaben“ und eine maximal 6-stellige Nummer aufgewiesen haben.

In Niederösterreich gab es auch KFZ-Kennzeichen, bei denen an der „Hunderterstelle“ statt einer Ziffer ein Buchstabe aufschien.

Wie viele derartige Kennzeichen konnten gebildet werden, wenn dreistellige, mit einem Buchstaben beginnende Kennzeichen sowie die Verwendung der Buchstaben B, I, O, Q und W nicht erlaubt waren? (Vgl. nebenstehenden Auszug aus § 26 der Kraftfahrgesetz-Durchführungsverordnung 1987)

(5) Als Vormerkzeichen, das sind die Zeichen, unter denen die Fahrzeuge gemäß § 48 Abs. 4 letzter Satz des Kraftfahrgesetzes 1967 bei der Behörde vorgemerkt sind, sind Zahlen zu verwenden. Wenn hiebei unter Berücksichtigung der vom Landeshauptmann festgesetzten Bezeichnung der Behörden seines örtlichen Wirkungsbereiches ein Kennzeichen mehr als sechs Ziffern enthält, sind Vormerkzeichen zu verwenden, die anstelle der ersten Ziffer des Vormerkzeichens einen Buchstaben, ausgenommen die Buchstaben B, I, O, Q und W, enthalten.

3. Was ist Wahrscheinlichkeit?

„Gute Mathematikerinnen und Mathematiker können berechnen, welche Zahl beim Roulette als nächstes kommt“, ist eine Aussage, die einfach falsch ist. Zwar befassen sich Mathematiker bereits seit dem 17. Jahrhundert damit, ein gewisses Geschehen abzuschätzen, aber Hellseher sind sie dadurch keine geworden. Schließlich weiß niemand, was morgen geschieht.[1] Ein falscher Schritt kann uns in einen Autounfall verwickeln. Durch einen Einsatz beim österreichischen TOTO gewinnen wir **vielleicht** einige Millionen.

Dieses „vielleicht“ ist es, mit dem wir uns näher beschäftigen wollen. Immerhin lassen sich Chancen durch eine Zahl ausdrücken: Diese Zahl ist die Wahrscheinlichkeit. Ihre Berechnung kann manchmal auf verschiedene Arten erfolgen. Mitunter lässt sie sich überhaupt nicht ermitteln, weil die vorhandenen Daten unzureichend sind. Zwei Beispiele:

— Die Wahrscheinlichkeit, dass ein bestimmtes Geschehen beim Roulette eintritt, lässt sich durch eine Zahl fassen.

— Die Wahrscheinlichkeit, dass bis zum Jahre 2040 ein atomarer Weltkrieg ausbricht, ist nicht berechenbar.

In diesem Sinne können wir mit der Wahrscheinlichkeitsrechnung zwar nicht den Zufall in den Griff bekommen, jedoch die Möglichkeit eines bestimmten Ereignisses beurteilen.

Beispiel:

Wie groß ist die Wahrscheinlichkeit, mit einem Spielwürfel einen „Zweier“ zu würfeln?

Lösung:

Wenn wir davon ausgehen, dass es sich um einen „fairen“ Würfel handelt, gibt es 6 Möglichkeiten, die alle gleich wahrscheinlich sind: 1, 2, 3, 4, 5 und 6.

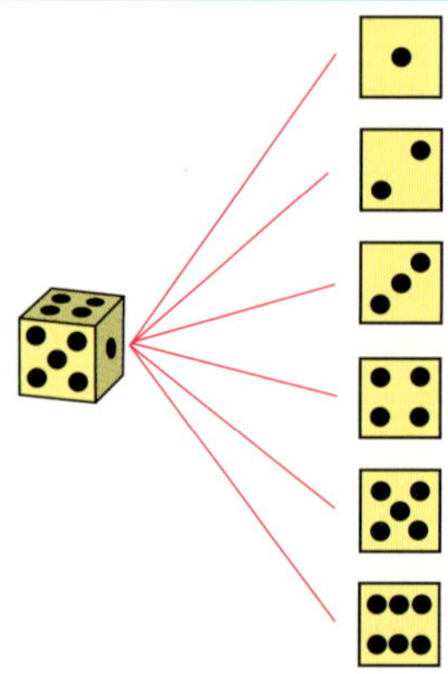

Die Wahrscheinlichkeit P(A), dass ein Ereignis A eintritt, ist wie folgt definiert:

$$P(A) = \frac{\text{Anzahl aller Ergebnisse, bei denen das Ereignis A eintritt}}{\text{Anzahl aller möglichen Ergebnisse}} \Rightarrow P(2) = \frac{1}{6}$$

Was bedeutet eine Wahrscheinlichkeit von $\frac{1}{6}$? Nun: Bei einer großen Anzahl von Versuchen (wenn unser Würfel also „sehr oft“ geworfen wird!) stabilisiert sich die relative Häufigkeit des Ereignisses — einen Zweier zu würfeln — um einen festen Wert. Dieser Wert lautet: $\frac{1}{6} = 16{,}7\,\%$, d. h. bei 16,7 % aller Versuche wird man einen Zweier würfeln!

Je größer die Versuchsanzahl, desto eher wird dieser Wert erreicht. Allerdings kann auch 3-mal hintereinander ein Zweier kommen! Denn der Würfel hat kein Gedächtnis und der Glaube, nach 10 „Sechsern“ kann kein „Sechser“ mehr kommen, ist ein Irrtum. Jeder Wurf ist ja ein neuer, von den vorhergehenden Würfen unabhängiger Versuch.

Ist der Ausgang eines Versuchs vom Zufall abhängig, sprechen wir von einem **Zufallsexperiment**.

Jedes mögliche Ergebnis eines solchen Zufallsexperiments wird als **Elementarereignis** bezeichnet. Alle möglichen Ergebnisse eines Zufallsexperiments bilden die **Menge der Elementarereignisse**. Man spricht in diesem Zusammenhang auch vom **Ergebnisraum**.

Unter einem **Ereignis** wollen wir eine Teilmenge der Menge der Elementarereignisse verstehen.

Sind alle Ergebnisse eines Zufallsexperiments gleich wahrscheinlich, dann lässt sich die **Wahrscheinlichkeit P (A) eines Ereignisses A** nach der von Pierre Simon de LAPLACE (1749–1827) im Jahr 1812 formulierten Formel bestimmen.

P(A)[2] $= \frac{\text{Anzahl der günstigen Fälle}}{\text{Anzahl der möglichen Fälle}}$

LAPLACE.

Gesetz der großen Zahlen:

Je größer die Anzahl von Versuchen ist, desto deutlicher stabilisiert sich die relative Häufigkeit eines Ereignisses um einen festen Wert — seine Wahrscheinlichkeit.

[1] Schon in der Bibel findet sich der Hinweis, dass *„die Zeit und der Zufall allen Menschen geschehen“.*

[2] Der Buchstabe P kommt von dem englischen Wort „Probability“ ≙ Wahrscheinlichkeit.

Die Wahrscheinlichkeit kann als Zahl zwischen 0 und 1 ausgedrückt werden:

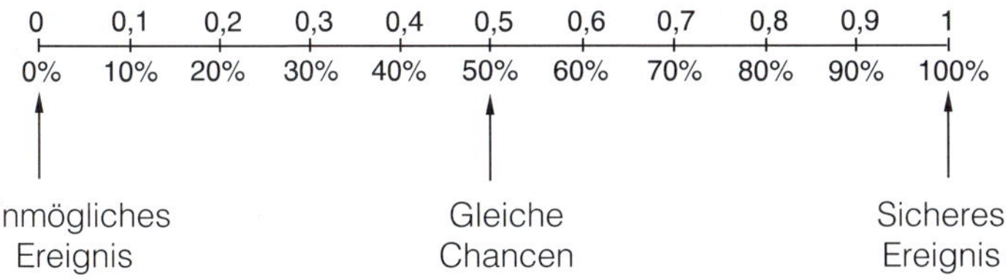

„Zahl":

„Mozart":

Es ist ein sicheres Ereignis, mit einer österreichischen Ein-Euro-Münze „Zahl" oder „Mozart" zu werfen. Die Wahrscheinlichkeit, dass eines der beiden Ereignisse eintritt, liegt bei 50%. „Zahl" und „Mozart" haben die selben Chancen.

Ein unmögliches Ereignis ist es, dass die Augensumme der im Comic in der Außenspalte dargestellten falschen Würfel eine andere Zahl als 7 ist.

Beispiel:

Angenommen bei Familie Friedberger war im Jahr 1995 Familienzuwachs in Sicht. Mit welcher Wahrscheinlichkeit hatte das Ehepaar Friedberger, das in Österreich zu Hause ist, mit einem Sohn zu rechnen?

Lösung:

Gehen wir davon aus, dass „Gleichwahrscheinlichkeit" vorliegt, so kann man wie beim letzten Beispiel vorgehen:

$P(\text{Mädchen}) = P(\text{Bub}) = \frac{1}{2}$

Wer allerdings das „Statistische Jahrbuch für die Republik Österreich" zur Hand nimmt, hat die Möglichkeit nachzulesen, dass im Jahr 1995 in Österreich 45419 Knaben und 43250 Mädchen geboren wurden. Das ist sicherlich **keine** „Gleichverteilung", denn auf je 1000 Mädchengeburten kamen 1050 Knabengeburten.

Tatsache ist, dass die relative Häufigkeit des Ereignisses ungefähr gleich der Wahrscheinlichkeit des Ereignisses ist:

$\frac{45419}{88669} = 0{,}512$, d. h. die Wahrscheinlichkeit, dass ein Knabe geboren wird, liegt bei **51,2%**.

Das letzte Beispiel zeigt deutlich: Die Angabe der Wahrscheinlichkeit hängt von der zur Verfügung stehenden Information ab. Ist uns z. B. nicht die Anzahl der in Österreich geborenen Kinder (nach Geschlechtern getrennt) bekannt, oder wissen wir nicht, dass Familie Friedberger in Österreich lebt, könnten wir nur auf die „klassische Wahrscheinlichkeitsdefinition" von LAPLACE zurückgreifen.

Es ist gar nicht so einfach zu entscheiden wie eine Wahrscheinlichkeit in der Praxis bestimmt, überprüft und interpretiert wird. Sicher ist nur eines: Wahrscheinlichkeit kann als Maßzahl für die Erwartungshaltung verstanden werden, die als Beziehung zwischen Mathematik und Realität nicht objektiv festlegbar ist. Das ist vielleicht enttäuschend für jene, die als Antwort auf unsere Frage „Was ist Wahrscheinlichkeit?" eine strenge mathematische Definition erwartet haben.

Im folgenden Beispiel wollen wir uns nun mit der Zusammensetzung mehrerer Ereignisse befassen.

Beispiel:
Beim Wurf eines Spielwürfels werden die Ereignisse „A: Wurf einer Augenzahl größer 3" und „B: Wurf einer Augenzahl, die einer Primzahl entspricht" untersucht.

a) Wie groß ist die Wahrscheinlichkeit, dass Ereignis A bzw. B eintritt?

b) Wie groß ist die Wahrscheinlichkeit, dass sowohl Ereignis A als auch Ereignis B eintritt?

c) Wie groß ist die Wahrscheinlichkeit, dass Ereignis A oder Ereignis B eintritt?

d) Es ist bekannt, dass das Ereignis A eingetreten ist. Wie groß ist dann die Wahrscheinlichkeit, dass gleichzeitig auch Ereignis B eingetreten ist?

e) Es ist bekannt, dass das Ereignis B eingetreten ist. Wie groß ist dann die Wahrscheinlichkeit, dass gleichzeitig auch Ereigns A eingetreten ist?

Lösung:

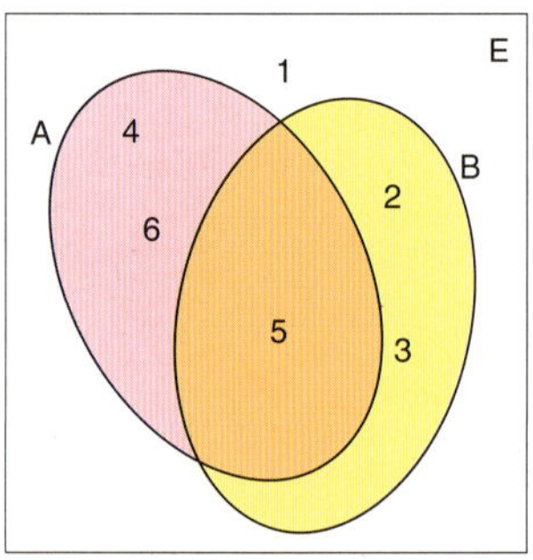

Zunächst überlegen wir, bei Wurf welcher Augenzahl jeweils welches Ereignis eingetreten ist:

Ereignis A ist eingetreten, wenn 4, 5 oder 6 geworfen wurde. Ereignis B ist eingetreten, wenn 2, 3 oder 5 geworfen wurde. Die Menge der Elementarereignisse E enthält die Elemente 1, 2, 3, 4, 5 und 6.

Wir wollen diese nun mit Hilfe von Symbolen darstellen, die wir schon von der Mengenlehre her kennen:

$A = \{4, 5, 6\}$ $\qquad B = \{2, 3, 5\}$ $\qquad E = \{1, 2, 3, 4, 5\}$

Dieser Sachverhalt ist in dem in der Außenspalte befindlichen Mengendiagramm dargestellt.

a) Wir wenden die LAPLACE-Formel an: $P(A) = \frac{3}{6} = \frac{1}{2}$, $P(B) = \frac{3}{6} = \frac{1}{2}$.

b) Gesucht ist der **Durchschnitt der Ereignisse A und B.** Wir wollen hierfür wieder die uns schon von der Mengenlehre her bekannte Schreibweise wählen: $A \cap B = \{5\}$

Wir erhalten also die gesuchte Wahrscheinlichkeit $P(A \cap B) = \frac{1}{6}$.

Bemerkung: Wenn zwei Ereignisse A und B nicht gleichzeitig eintreten können, gilt $P(A \cap B) = 0$. In diesem Fall liegen **einander ausschließende Ereignisse** vor.

c) Gesucht ist die **Vereinigung der Ereignisse A und B.** Mit den Symbolen der Mengenlehre erhalten wir: $A \cup B = \{2, 3, 4, 5, 6\}$

Die gesuchte Wahrscheinlichkeit ist also $P(A \cup B) = \frac{5}{6}$.

Wir hätten diese Wahrscheinlichkeit auch wie folgt berechnen können:

$$P(A \cup B) = P(A) + P(B) - P(A \cap B)$$

In Worten: Die Wahrscheinlichkeit des Eintretens von einem von zwei Ereignissen ist die Summe der Wahrscheinlichkeiten des Eintretens der einzelnen Ereignissse, verringert um die Wahrscheinlichkeit, dass beide Ereignisse gleichzeitig eintreten. Dieser Zusammenhang wird **Additionssatz** genannt.

Additionssatz:

$$P(A \cup B) = P(A) + P(B) - P(A \cap B)$$

d) Gesucht ist die Wahrscheinlichkeit für das Eintreten von B unter der Voraussetzung, dass das Ereignis A eingetreten ist. Wir sprechen in diesem Zusammenhang von einer **bedingten Wahrscheinlichkeit** und schreiben $P(B|A)$.
Wir wollen auch hier die LAPLACE-Formel anwenden: Günstig sind alle jene Fälle, in denen sowohl A und B eintreten ($A \cap B$). Möglich sind alle jene Fälle, in denen die Voraussetzung (Eintreten von A) erfüllt ist.
Wir erhalten also $P(B|A) = \frac{P(A \cap B)}{P(A)}$, in unserem Fall $\mathbf{P(B|A) = \frac{1}{3}}$.
Wir erkennen: $P(B|A) \neq P(B)$. Es liegen **abhängige Ereignisse** vor.

e) In Analogie zu **d)** berechnen wir $P(A|B) = \frac{P(A \cap B)}{P(B)} = \frac{1}{3}$.
Wir erkennen: $P(A|B) \neq P(A) \Rightarrow$ **abhängige Ereignisse**

Durch Umformung der im Beispiel verwendeten Gleichung erhalten wir den **Multiplikationssatz für abhängige Ereignisse**:

$$P(A \cap B) = P(B|A) \cdot P(A) \text{ bzw.}$$
$$P(A \cap B) = P(A|B) \cdot P(B)$$

Aus $P(B|A) = P(B)$ bzw. $P(A|B) = P(A)$ folgt: A und B sind voneinander unabhängige Ereignisse.
Der **Multiplikationssatz für unabhängige Ereignisse** lautet:

$$P(A \cap B) = P(A) \cdot P(B)$$

Durchaus exakt und wenig anschaulich ist das in der Außenspalte angeführte Axiomensystem von **Andrej N. KOLMOGOROW** (1903–1987). Doch selbst mit diesem Axiomensystem ist keine Deutung des Wahrscheinlichkeitsbegriffs gegeben, die alle Sonderfälle erfasst und die Wahrscheinlichkeit immer berechnen lässt. Erst durch die Beschäftigung mit Problemen der Wahrscheinlichkeitsrechnung bekommt man ein gewisses Gefühl, was man unter Wahrscheinlichkeit versteht. Deshalb liegt der Schwerpunkt dieses Abschnitts im Aufgabenteil, der mit zahlreichen Anleitungen und Hinweisen versehen wurde. Die Lernenden sind eingeladen, sich das Verständnis für den Wahrscheinlichkeitsbegriff durch das Lösen von Problemen zu erarbeiten!

Axiomensystem von Andrej N. KOLMOGOROW:

(1) Jedem beliebigen Ereignis A aus der Menge der Elementarereignisse kann eine nichtnegative, reelle Zahl als Wahrscheinlichkeit zugeordnet werden: $P(A) \in \mathbb{R}_0^+$

(2) Die Wahrscheinlichkeit des sicheren Ereignisses ist gleich 1: $P(S) = 1$

(3) Die Wahrscheinlichkeit des Eintritts von einem von zwei Ereignissen A und B, die einander ausschließen, ist gleich der Summe der Wahrscheinlichkeiten P(A) und P(B): $P(A \cup B) = P(A) + P(B)$

Mit dem Namen **Andrej Nikolajewitsch KOLMOGOROW** sind fundamentale Errungenschaften der Mathematik verbunden. Der Mathematiker und Naturforscher, Theoretiker und Praktiker KOLMOGOROW nimmt einen bedeutenden Platz in der modernen Wissenschaft ein. Er bereicherte viele Wissensgebiete durch wichtige Ideen und Ergebnisse: die Funktionentheorie und Mengentheorie, Geometrie und Topologie, Wahrscheinlichkeitstheorie und mathematische Statistik, Kybernetik und mathematische Logik, Hydrodynamik und Himmelsmechanik. Besondere Berühmtheit erreichte auf der ganzen Welt sein Werk „Grundbegriffe der Wahrscheinlichkeitsrechnung", in welchem er die Entwicklungswege der Wahrscheinlichkeitstheorie und der Zufallsprozesse behandelt.

KOLMOGOROW wurde am 25. April 1903 in Tambow geboren. 1920 trat er in die Moskauer Universität ein, mit der er sein ganzes Leben lang verbunden war. Seit 1931 war er Universitätsprofessor und schuf eine Reihe von Lehrstühlen und Laboratorien sowie eine Internatsschule. Bis zu seinem Lebensende leitete er die mathematische Abteilung der mechanisch-mathematischen Fakultät der Moskauer Universität.

Seit 1939 war er ordentliches Mitglied der Akademie der Wissenschaften der UdSSR. Im mathematischen Institut „B. A. Steklowa" der Akademie der Wissenschaften organisierte und leitete er die Abteilungen für Wahrscheinlichkeitstheorie, mathematische Statistik und Informationstheorie. KOLMOGOROW ist Gründer einer Reihe von wissenschaftlichen Schulen, aus denen bedeutende sowjetische Wissenschafter hervorgegangen sind. Lange Zeit war er Präsident der Moskauer Mathematischen Gesellschaft, Mitglied der Hauptredaktion der Großen Sowjetischen Enzyklopädie sowie Hauptredakteur einiger mathematischer Fachzeitschriften.

Die wissenschaftliche Tätigkeit von KOLMOGOROW erhielt international große Anerkennung. Er war Mitglied bei mehr als 20 ausländischen Akademien und wissenschaftlichen Gesellschaften. Er starb am 20. Oktober 1987.

AUFGABEN

978. a) Wie groß ist die Wahrscheinlichkeit mit einem Spielwürfel **(1)** eine ungerade Zahl **(2)** die Zahlen 3 oder 5 **(3)** eine gerade Zahl oder die Zahl 5 **(4)** eine gerade oder ungerade Zahl **(5)** eine irrationale Zahl zu würfeln?

b) Welches der Ereignisse **(1)** bis **(5)** ist ein sicheres, welches ein unmögliches Ereignis?

979. Aus den nachstehenden 8 Karten wird eine Karte „blind" gezogen. Wie groß ist die Wahrscheinlichkeit, dass ein Herz-As gezogen wird?

980. Der Aberglaube, dass die Zahl 13 Unglück bringt, geht auf den Volksglauben zurück, dass die heilige Zahl 12 durch den „Tod des Dreizehnten" wiederhergestellt wird. Eine ähnliche Mystik umgibt den Freitag, der als „schwarzer Tag" betrachtet wird. Wie groß ist die Wahrscheinlichkeit, dass ein beliebiger Freitag auf den 13. eines Monats fällt?

Anleitung: „Freitag der 13." ist ein Ereignis, das im Zeitraum von 28 Jahren insgesamt 48-mal eintritt.

981. In einem amerikanischen Mathematikbuch[1] werden folgende Daten angegeben: Wenn ein New Yorker wegen einer Bissverletzung verarztet wird, stammt der Biss in $\frac{9}{10}$ der Fälle von einem Hund, in $\frac{1}{20}$ der Fälle von einer Katze und in $\frac{1}{25}$ der Fälle von einem Menschen. Wie groß ist demgemäß die Wahrscheinlichkeit, wegen einer Bissverletzung in New York verarztet zu werden, wenn der Patient weder von einem Hund, noch von einer Katze oder einem Menschen gebissen wurde?

982. Wie groß ist die Wahrscheinlichkeit, dass in 5 von 32 Karten 4 Asse enthalten sind?

Bemerkung: Dieses Blatt wird **Poker** genannt.

[1]) HAROLD R. JACOBS, Mathematics a human endeavor (W. H. Freeman and Company, New York).

983. Dem „Statistischen Jahrbuch für die Republik Österreich 1996“ ist zu entnehmen, dass im Schuljahr 1995/96 insgesamt 106587 Personen eine berufsbildende höhere Schule besucht haben — vgl. nebenstehende Tabelle.

	männlich	weiblich	Gesamt
Handelsakademien	14 806	22 807	37 613
Höhere technische und gewerbliche Lehranstalten	36 052	3 251	39 303
andere BHS	5 220	24 451	29 671
BHS	56 078	50 509	106 587

a) Wie groß ist die Wahrscheinlichkeit P(A), dass eine aus diesem Personenkreis zufällig ausgewählte Person männlich ist?

b) Wie groß ist die Wahrscheinlichkeit P(B), dass bei zufälliger Auswahl aus den angeführten BHS-Schülerinnen und Schülern jemand gezogen wird, der 1995/96 eine HTL besucht hat?

c) Wie groß ist die Wahrscheinlichkeit, aus diesem Personenkreis einen männlichen BHS-Schüler auszuwählen, wenn man nur unter den HTL-Schülern des Schuljahres 1995/96 sucht?

Bemerkung: Es ist die Wahrscheinlichkeit des Ereignisses A „Schüler ist männlich“ unter der Voraussetzung B „Schüler besuchte 1995/96 eine HTL“ zu berechnen.

d) Mit welcher Wahrscheinlichkeit ist ein aus diesem Personenkreis zufällig ausgewählter BHS-Schüler männlich und hat 1995/96 die HTL besucht?

Anleitung: Gesucht ist die Wahrscheinlichkeit $P(A \cap B) = P(A|B) \cdot P(B)$

e) Mit welcher Wahrscheinlichkeit wird jemand aus dem genannten Personenkreis zufällig ausgewählt, der männlich ist **oder** 1995/96 die HTL besucht hat? Diese Frage ist mit Hilfe der **(1)** Zahlen aus der Tabelle **(2)** in Aufgabe **a)**, **b)** und **d)** ermittelten Wahrscheinlichkeiten P(A) und P(B) zu beantworten.

Anleitung: Wer für **(2)** $P(A \cup B) > 1$ erhält, hat offensichtlich einige Personen doppelt gezählt. Man vergleiche den Unterschied zum Ereignis **(1)** mit dem Ergebnis von Aufgabe **d)**.

Wir wollen an dieser Stelle folgende Übersicht geben:

	abhängige Ereignisse	unabhängige Ereignisse
Gleichzeitiger Eintritt von zwei Ereignissen (Multiplikationssatz) $P(A \cap B)$	$P(A\|B) \cdot P(B)$ bzw. $P(B\|A) \cdot P(A)$	$P(A) \cdot P(B)$
Eintritt von einem von zwei Ereignissen (Additionssatz) $P(A \cup B)$[1]	$P(A) + P(B) - P(A \cap B)$	

984. Herr Gregory kommt an 40 Prozent der Arbeitstage wegen Überstunden spät nach Hause, an 70 Prozent der Arbeitstage wegen einer Verabredung.

a) Jemand argumentiert, dass die obigen Angaben falsch sein müssen, weil man bei der Addition auf mehr als 100 Prozent kommt. Welcher Trugschluss liegt vor?

b) Im Durchschnitt hat Herr Gregory an jedem zweiten Tag, an dem er Überstunden macht, trotzdem eine Verabredung. Wie groß ist die Wahrscheinlichkeit, dass Herr Gregory spät nach Hause kommt?

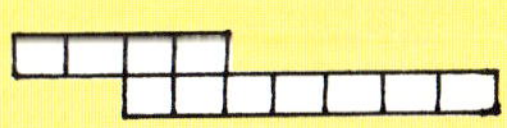

c) Wie groß ist die Wahrscheinlichkeit, dass Herr Gregory **nicht** spät nach Hause kommt?

Anleitung: Es ist die **Gegenwahrscheinlichkeit** zur Fragestellung in Aufgabe **b)** zu berechnen.

Für die Gegenwahrscheinlichkeit zum Ereignis E gilt: $P(\neg E) = 1 - P(E)$

[1]) Für einander ausschließende Ereignisse gilt: $P(A \cup B) = P(A) + P(B)$, da $P(A \cap B) = 0$ — vgl. 3. Axiom von KOLMOGOROW.

985. Harlem ist ein Bezirk von Manhattan, der vorwiegend von Farbigen bewohnt wird. Ein Ausschnitt des schachbrettartigen Straßennetzes findet sich in der folgenden, vereinfachten Darstellung:

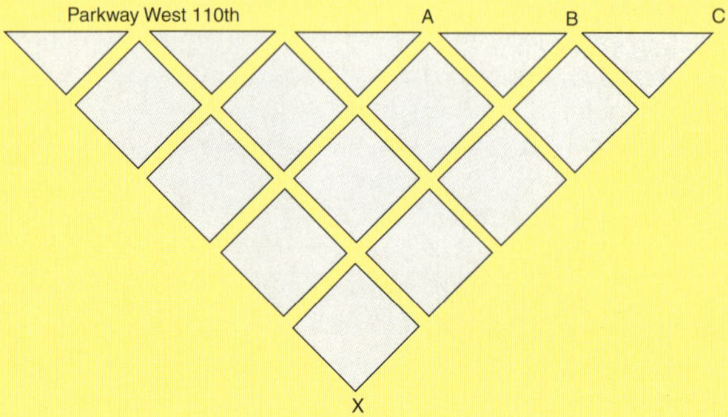

Die Punkte A, B und C sind für Touristen nicht ungefährlich: Nahe beim East River ist die Verbrechensquote besonders hoch.

Angenommen, ein österreichischer Tourist startet im Punkt X und möchte die Adresse „Parkway W. 110th" erreichen. Da er nur die Richtung weiß, wollen wir die Wahrscheinlichkeit bei jeder Kreuzung links oder rechts zu gehen mit 0,5 annehmen.

Wie groß ist unter diesen Gegebenheiten die Wahrscheinlichkeit, dass unser Tourist zu einem der Punkte A, B oder C gelangt?

986. Zitat aus „PIERRE BOULLE, Die Brücke am Kwai" (Paul ZSOLNAY Verlag): *„Wenn sie einmal abspringen, verstehen Sie mich richtig, haben die Leute annähernd fünfzig Prozent Chancen, sich irgendetwas zu brechen. Springen sie zweimal ab, haben sie achtzig Prozent Chancen. Springen Sie dreimal ab, so haben sie die absolute Gewissheit, daß sie nicht heil davon kommen. Haben Sie verstanden? Es handelt sich hier nicht um die Frage der Ausbildung, es handelt sich um die Frage der Wahrscheinlichkeiten."*

a) Nehmen wir an, die Verletzungsgefahr beim zweiten Sprung ist davon unabhängig, ob man sich beim ersten Sprung etwas gebrochen hat. Wie groß ist dann — laut obiger Aussage — die Wahrscheinlichkeit, sich beim zweiten Sprung etwas zu brechen?

Anleitung: Es ist nicht auszuschließen, dass sich jemand sowohl beim ersten als auch beim zweiten Sprung etwas bricht.

b) In Analogie zu a) ist die Wahrscheinlichkeit für einen Bruch beim dritten Sprung zu berechnen.

c) Im Hinblick auf die Ergebnisse a) und b) ist die obige Aussage kritisch zu erörtern.

MODERNE HILFSMITTEL IN DER MATHEMATIK: DER VOYAGE 200

In diesem Abschnitt soll der Gebrauch der in der Praxis üblichen Rechenhilfen geübt werden. Das rechnerunterstützte Arbeiten in der Mathematik wird anhand des Voyage 200 (kurz: TR) vorgeführt. Arbeiten Sie bitte die folgenden Kapitel mit Ihrem TR durch!

1. Potenzen und Wurzeln

Beispiel:

Man berechne 2^{150}.

Lösung:

Tastenfolge: [2] [^] [1] [5] [0] [ENTER]

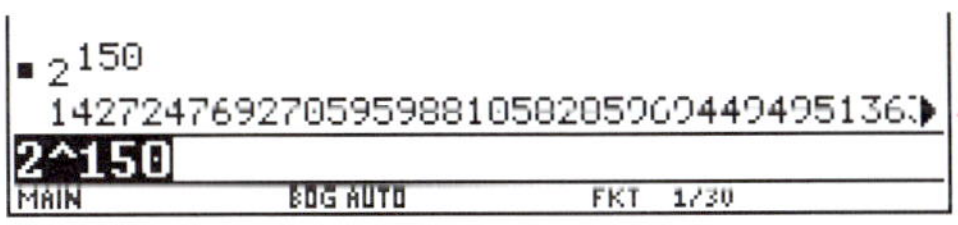

Dieser Pfeil zeigt an, dass weitere Ziffern folgen!

Notieren Sie sich die sichtbaren Ziffern des Resultats.

Dann drücken Sie [▲], um zunächst das Ergebnis 142724... zu unterlegen.

Anschließend ist [▶] zu drücken, um eine weitere Ziffer des Resultats sichtbar zu machen. Setzen Sie fort, bis Sie zu der in der Außenspalte dargestellten Anzeige gelangen.

Manchmal reicht die Größe des Displays nicht aus, um das Ergebnis anzuzeigen.

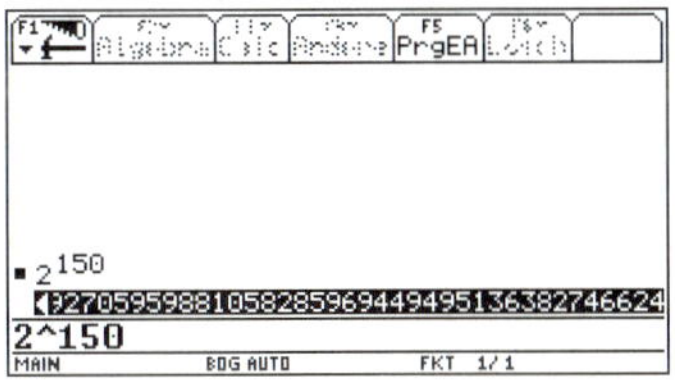

Beispiel:

Man berechne **a)** $\sqrt{2}$ **b)** $\sqrt[3]{2}$ als Dezimalzahl.

Lösung:

a) Für die Quadratwurzel gibt es eine spezielle Taste (Zweitfunktion von [×]).

Tastenfolge: [2ND] [√] [2] [)] [◆] [ENTER]

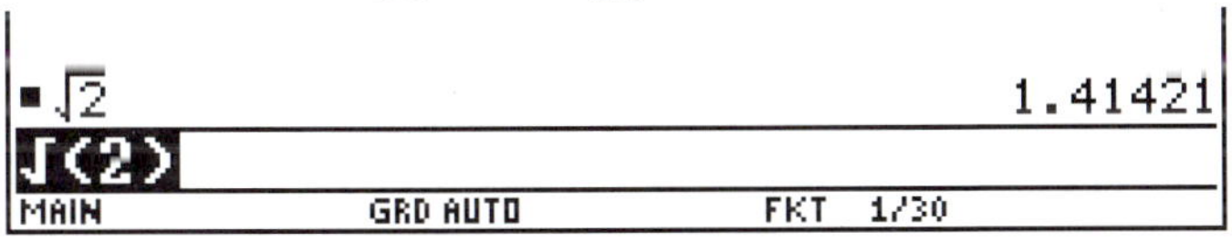

b) Für alle anderen Wurzeln muss die Eingabe als Potenz mit einer Bruchzahl als Exponent erfolgen. Diese Bruchzahl ist in Klammern zu setzen.

Tastenfolge: [2] [^] [(] [1] [÷] [3] [)] [◆] [ENTER]

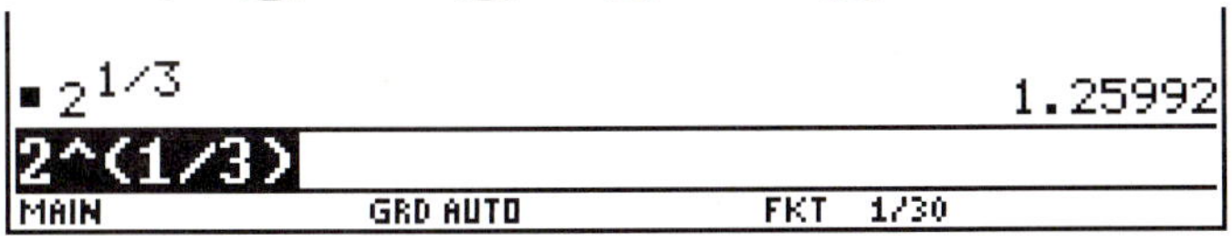

Wenn Sie [2ND] [√] drücken, erhalten Sie die Anzeige √(und müssen deshalb die Eingabe mit einer schließenden runden Klammer beenden.

Durch Drücken von [◆] erfolgt die Ausgabe als Dezimalzahl.

Der Voyage 200 berechnet bis zu 14 gültige Stellen, wobei maximal 12 Stellen angezeigt werden.

Um die Anzahl der Stellen zu ändern, drückt man die Tasten [MODE] [▼] [▼] [▶] und wählt die gewünschte Stellenanzahl.

Z. B.: FLIESS 6 bedeutet, dass auf 6 Stellen gerundet wird.

2. Programmierung

Programme werden mit dem Programmeditor geschrieben. Den Programmeditor ruft man auf, indem man die Taste APPS drückt, sich dann mit den Cursortasten zu Prgm (Programme...) bewegt und ENTER drückt!

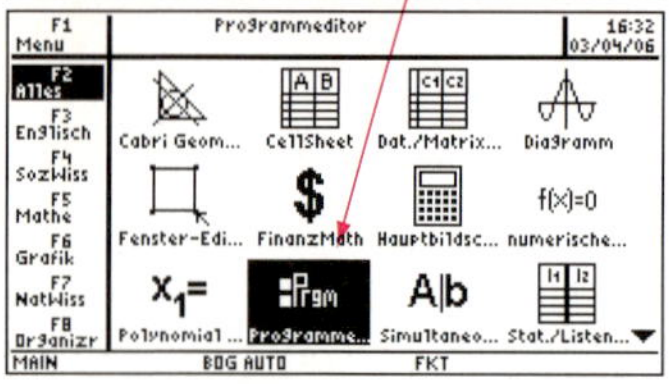

(Falls MODE F3 Apps-Arbeitsfläche → AUS gewählt wurde, wählt man den Programmeditor mit APPS 7)

Die folgende Nummerierung ist nicht Bestandteil des Programms!

```
(1) :umfang
(2) :Prgm
(4) :LöEA
(5) :Eingabe "radius",r
(6) :approx(2*π*r)→u
(7) :Zeige "umfang ist",u
(3) :EndPrgm
```

Beispiel:

Gegeben ist die Formel $u = 2\pi r$. Es ist ein Programm zu schreiben, das nach Eingabe der Werte **a)** $r = 2$ **b)** $r = 3$ und **c)** $r = 5$ den Wert von u entsprechend berechnet und anzeigt.

Lösung:

Dieses Beispiel erscheint auf den ersten Blick sehr einfach: Eingabe einer Zahl und Multiplikation mit 2π liefert Ihnen das Ergebnis. Sie könnten entweder händisch oder mit jedem simplen Taschenrechner das jeweilige Endresultat erhalten:

a) $2\pi \cdot 2 = 4\pi = 12{,}566$

b) $2\pi \cdot 3 = 6\pi = 18{,}850$

c) $2\pi \cdot 5 = 10\pi = 31{,}416$

Freilich ist die Aufgabenstellung in diesem Beispiel viel weitreichender: Sie sollen ein **Programm** schreiben, das nach Eingabe der Werte das jeweilige Endresultat anzeigt.

Manche Leserinnen und Leser denken an seitenlange, unverständliche „Codes", wenn sie das Wort „Programm" hören.

Die Programme für Ihren TR fallen nicht in diese Kategorie. Werfen Sie einen Blick auf das Programm in der Außenspalte. Es mag auf den ersten Blick schwer verständlich erscheinen — aber es ist zweifelsohne kurz.

Die Farbunterlegungen sollen Ihnen helfen, den Sachverhalt zu verstehen. Die orange Unterlegung kennzeichnet die „Schablone" eines Programms. Jedes Programm besteht aus dieser Schablone, deren Zeilen wir mit (1) bis (3) durchnummerierten:

(1) Das ist der Programmname: Auf unser Beispiel bezogen ist das „**umfang**". Bitte beachten Sie, dass Programmnamen keine Leerzeichen enthalten dürfen.

(2) Der Befehl „**Prgm**" zeigt den Beginn des Programms an und

(3) der Befehl „**EndPrgm**" bestimmt das Ende des Programms.

Diese Schablone kann äußerst einfach erzeugt werden.

Es sind nur wenige Tasten zu drücken: APPS Prgm (Programme...) 3 ▼ ▼

(Vgl. Außenspalte – (A).)

(A)

Der Cursor blinkt nun im Feld „Variable". In dieses Feld ist der Programmname einzugeben und ENTER zu drücken: **umfang** ENTER.
— Vgl. Außenspalte – (B).

(B)

Wenn Sie nun ENTER ein weiteres Mal drücken, dann gelangen Sie zu (C) — die Schablone ist fertig!

(C)

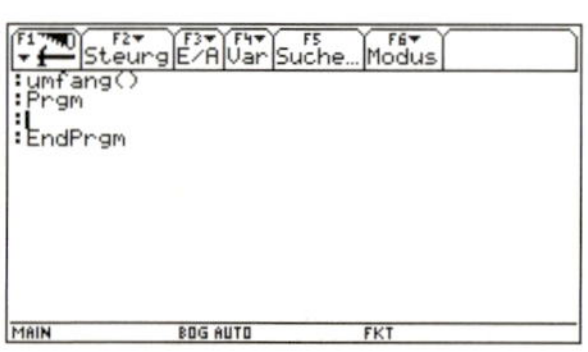

Nun gilt es, die auf Seite 242 grün unterlegten Programmzeilen entsprechend zu platzieren. Am Ende jeder Zeile ist die ENTER-Taste zu drücken. Hier nochmals die einzugebenden Programmzeilen:

```
: LöEA
: Eingabe "radius",r
: approx(2*π*r)→u
: Zeige "umfang ist",u
```

Das Zeichen „→" wird durch Drücken der Taste STO▸ (unterhalb des Buchstabens C) erzeugt. Vorsicht! Die Eingabe dieser Befehle mittels Tastatur ist mühsam. Es gibt einen schnelleren Weg! Drücken Sie 2ND CATALOG. Mittels der ▼- bzw. ▲-Taste können Sie die Befehle finden. Die Auswahl erfolgt mittels ENTER-Taste. (vgl. **(D)** bzgl. der Auswahl des Befehls "**LöEA**").

Wie geht es weiter, nachdem Sie alle Programmzeilen eingegeben haben? Sie rufen einfach den Ausgangsbildschirm auf: ◆ CALC HOME. Wenn Sie danach den Programmnamen, gefolgt von 2 runden Klammern[1]) eintippen und ENTER drücken, fragt Sie das Programm nach dem Radius r. Wählen Sie z. B. den Wert 2 für r, so sollten Sie nach Drücken von ENTER das Resultat „umfang ist 12.5664" erhalten. Wenn Sie anschließend das Programm mittels ◆ CALC HOME ENTER neu aufrufen und für den Radius 3 wählen, dann ist der Umfang 18.8496. Und für r = 5 ist u = 31.4159. Gratulation! Ihr erstes Programm ist damit erfolgreich beendet.

Wenn Sie nach Drücken von 2ND CATALOG den ersten Buchstaben des gesuchten Wortes eingeben, springt der Cursor entweder auf den oder nahe zu dem gesuchten Befehl. Probieren Sie das einfach aus!

(D)

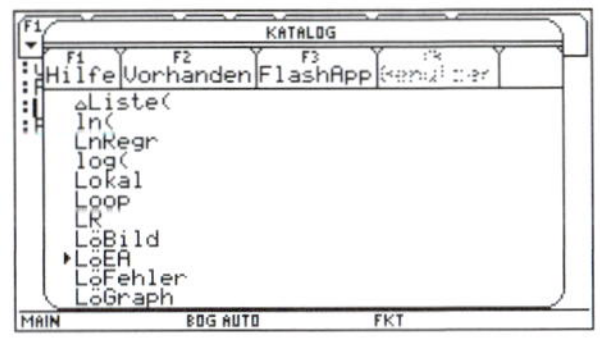

Bemerkung: Leerzeilen oder fehlerhafte Zeilen werden mittels ◆ DEL oder CLEAR gelöscht!

Werfen wir nochmals einen Blick auf das vorige Beispiel. Die Befehle LöEA, Eingabe, approx und Zeige waren leicht zu finden bzw. einzugeben. Wir haben sie aber nicht näher erklärt. Das soll jetzt nachgeholt werden!

LöEA: Dieser Befehl löscht den Bildschirm.

LöEA

Eingabe: Das Programm wird angehalten, der unter Anführungszeichen aufscheinende Text wird angezeigt und der TR wartet auf Ihre Eingabe. Sobald Sie einen Wert eingegeben und ENTER gedrückt haben, wird der Wert unter dem dem Komma folgenden Variablennamen gespeichert.

Eingabe "*Text*", Variable
(Wenn Sie Text weglassen, wird „?" als Eingabeaufforderung angezeigt)

approx (*Formel*): Ist gleichwertig mit der Eingabe einer Formel und anschließendem Drücken von ◆ ENTER im Ausgangsbildschirm. Dieser Befehl liefert die Auswertung der in der Klammer auftretenden Formel als Dezimalwert.

approx (*Formel* bzw. *Term*)
(Bsp.: approx(π) ENTER 3.141...)

Zeige: Liefert eine Anzeige des Bildschirms, wobei jede Zeichenkette (also ein unter Anführungszeichen aufscheinender Text) bzw. jede Formel oder Variable in einer separaten Zeile ausgegeben wird.

Zeige (*Term oder "Text 1"*), (*Term oder "Text 2"*), ...

Verzweifeln Sie nicht, wenn Ihnen die obigen Erklärungen nicht auf Anhieb klar sind. Wenn Sie mit diesen Befehlen selbstständig programmieren, werden Sie sehr schnell lernen, mit diesen Anweisungen umzugehen. Programmieren ist eine Tätigkeit, die man am besten durch Übung erlernt. Als kleine Starthilfe geben wir Ihnen das Listing von 6 Programmen, verbunden mit der Erklärung, was diese Programme leisten. Aus den folgenden Programmier-Beispielen können Sie viel lernen!

[1]) Wenn Sie das Programm aufrufen, muss der Programmname mit einem Paar runder Klammern abschließen: **umfang()** ENTER

Programmbeschreibung	Listing

Das Programm **SCHLEIFE** soll die Funktion des Schleifenbefehls „*For*" zeigen. Nach dem Löschen des Programm-/EA-Bildschirms wird die *For*-Schleife gestartet. x nimmt beim ersten Durchlauf den Wert 1 an und wird dann um eins hochgezählt, bis 1000 erreicht ist. Alle Werte von x werden dabei ausgegeben. Nach dem Ende der Schleife wird noch die Aufforderung „Bitte ESC drücken!" ausgegeben. Da die Ausgabe sehr lange dauert, wird man das **Programm unterbrechen** müssen. Das geht mit der [ON]-Taste und [ESC].

Aufruf des Programms: schleife() [ENTER]
Ausgabe: siehe rechts

```
: schleife() ............................ (1)
: Prgm .................................. (2)
: Lokal x ............................... (3)
: LöEA .................................. (4)
: For x,1,1000 .......................... (5)
:     Zeige x ........................... (6)
: EndFor ................................ (7)
: Zeige "Bitte ESC druecken" ............ (8)
: EndPrgm ............................... (9)
```

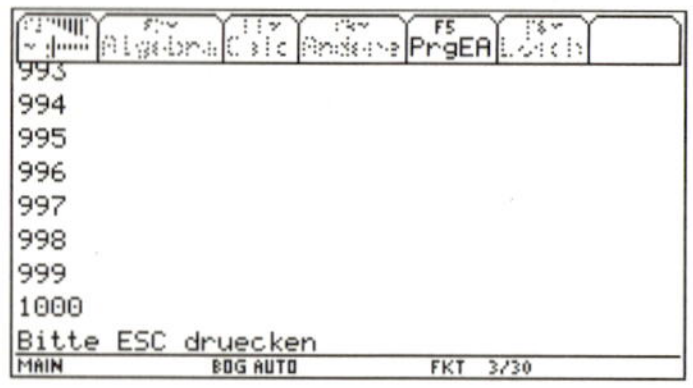

Das **POKER**-Programm zeigt die Verwendung des „*ZufallZ*"-Befehls. *ZufallZ* ist die Abkürzung für „ZufallZahl". Mit dieser Funktion lassen sich ganz leicht Spiele programmieren. *ZufallZ(6)* liefert eine Zahl zwischen 1 und 6 — ganz zufällig. Damit lässt sich ein Würfel simulieren. Mit der Eingabe von *anz* = 5 lässt sich ein Pokerspiel simulieren. Es werden in der For-Schleife 5 Würfelwürfe erzeugt und ausgegeben.

Aufruf des Programms: poker(5) [ENTER]
Ausgabe: siehe rechts

```
: poker(anz) ............................ (1)
: Prgm .................................. (2)
: LöEA .................................. (3)
: For i,1,anz ........................... (4)
:     Zeige ZufallZ(6) .................. (5)
: EndFor ................................ (6)
: Zeige "Bitte F5 oder ESC druecken" .... (7)
: EndPrgm ............................... (8)
```

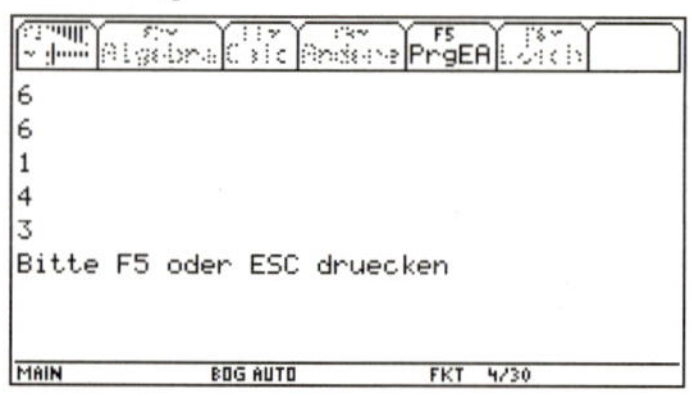

Das Programm **WETTER** soll zeigen, wie Texte ein- und ausgegeben werden können. Die Eingabe erfolgt mit *„Abfrage"*. Das erzeugt ein Eingabefenster (noch im Haupt-Bildschirm). Danach gibt das Programm den Namen wieder aus, indem es „Liebe(r)" davorstellt, und den Namen mit & (erreichbar mit [2ND] [H]) ankettet. Danach erfolgt eine zufällige Ausgabe des Wetters. Hier wird eine Liste für die Wetterarten benutzt, die auf *wet* gespeichert ist. Ein Element der Liste bekommt man mit den eckigen Klammern (z. B. ist *wet[1]* das erste Element der Liste, das „Regen" als Inhalt enthält).

Aufruf des Programms:
wetter() [ENTER]

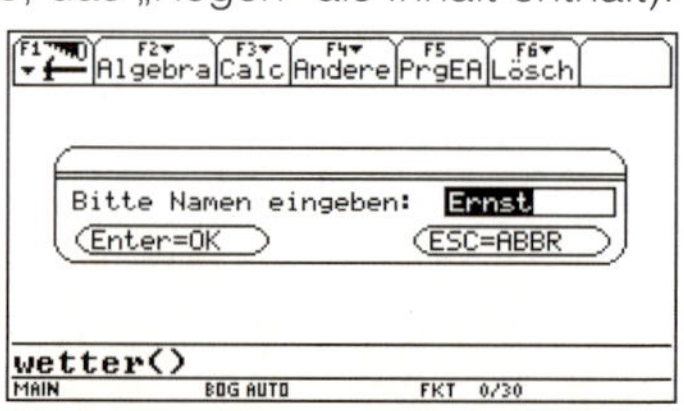


```
: wetter() .............................. (1)
: Prgm .................................. (2)
: Lokal name,wet ........................ (3)
: {"Regen","Schnee","Sturm","Schoenwetter",
  "Hagel","Hitze","Kaelte","Hoch","Tief"}→wet ... (4)
: LöEA .................................. (5)
: Abfrage "Bitte Namen eingeben" ,name .. (6)
: Zeige "Liebe(r) "&name&"," ............ (7)
: Zeige "Ihr Wetter ist heute" .......... (8)
: Zeige wet[ZufallZ(Dim(wet))] .......... (9)
: EndPrgm ............................... (10)
```

Kommentar

(1) Programmname: **schleife**
(2) Programmbeginn
(3) Vereinbarung der lokalen Variablen x. x wird nur für den Ablauf des Programms erzeugt und nach Beenden des Programms gelöscht. Dabei wird eine gleich lautende Variable x des HOME-Bereichs nicht verändert. Dadurch wird „Datenmüll" vermieden.
(4) Löschen des Programm-/EA-Bildschirms
(5) Beginn der For-Schleife: Die Variable x wird von 1 beginnend bis 1000 hochgezählt (da nichts anderes angegeben ist – um eins).
(6) Jedes Mal, wenn die Schleife durchlaufen wird, wird der Wert von x ausgegeben. Hier könnte auch die Zeile **Zeige x^2** stehen. Dann würde die Liste der Quadratzahlen ausgegeben werden. Auf ähnliche Weise erzeugt man eine Wertetabelle für beliebige Funktionen. Es muss nur der Funktionsterm an Stelle von x ausgegeben werden. Probieren Sie die verschiedenen Varianten aus. Begnügen Sie sich dabei mit 7 Ausgabewerten *(For x,1,7)*.
(7) Ende der For-Schleife
(8) Ausgabe der Schlussmeldung
(9) Programmende

---

(1) Programmname: **poker**
Die Eingangsvariable *anz* gibt die Anzahl der Würfel an, die simuliert werden sollen
(2) Programmbeginn
(3) Löschen des Programm-/EA-Bildschirms
(4) Beginn der For-Schleife: i wird von 1 bis *anz* hochgezählt (jeweils um eins).
(5) Jedes Mal wird ein Würfelwurf ausgegeben. *ZufallZ(6)* liefert eine Zufallszahl zwischen 1 und 6.
(6) Ende der For-Schleife
(7) Ausgabe der Schlussmeldung
(8) Programmende

---

(1) Programmname: **wetter**
(2) Programmbeginn
(3) Vereinbarung der lokalen Variablen *name* und *wet*. Auf *name* wird der eingegebene Name gespeichert, auf *wet* die Wetterliste.
(4) Speicherung der Wetterliste: Die Liste muss mit geschwungenen Klammern begrenzt werden. Die einzelnen Einträge sind Texte, die in Anführungszeichen eingegeben werden. (Ohne Anführungszeichen werden die Wörter als Variablen aufgefasst!)
(5) Löschen des Programm-/EA-Bildschirms
(6) Eingabe des Namens mit Abfrage
(7) Ausgabe des Namens mit Anrede
(8) Ausgabe
(9) Ausgabe des zufälligen Wetters: Dazu wird *ZufallZ* aufgerufen. Die zufällige Zahl soll einen Wert zwischen 1 und der **Dim**ension der *wet*-Liste (=Anzahl der zur Auswahl stehenden Möglichkeiten) bekommen (mit *ZufallZ(Dim(wet))*). Dieses Element der Liste wird dann gewählt.
(10) Programmende

Programmbeschreibung	Listing

Der **BRUCHRECHENTRAINER** gibt Bruchrechenaufgaben auf. Dazu benutzt er die Funktion *ZufallZ(max)*. Die Zahl *max* in der Klammer gibt an, welche maximale Zufallszahl ausgegeben werden soll. Die Funktion *ZufallZ* wird benutzt um Brüche mit Zahlen zwischen 2 und 10 zu erzeugen. Diese Brüche werden auf a und b gespeichert und ausgegeben. Nach Eingabe der Lösung auf z wird überprüft, ob die Zahl richtig ist und dann ein dementsprechender Kommentar ausgegeben.

Aufruf des Programms:
trainer() ENTER

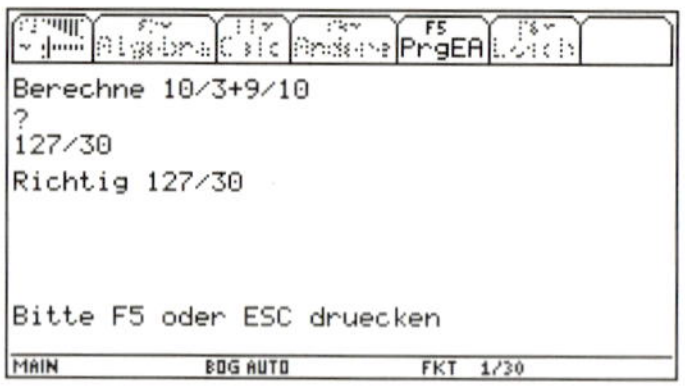


```
: trainer()
: Prgm
: Lokal a,b,z
: LöEA
: (1+ZufallZ(9))/(1+ZufallZ(9))→a
: (1+ZufallZ(9))/(1+ZufallZ(9))→b
: Zeige "Berechne " &String(a)& "+" &String(
  b)
: Eingabe z
: If z=a+b Then
:   Zeige "Richtig " &String(z)
: Else
:   Zeige "Leider falsch, richtig waere " &S
    tring(a+b)
: EndIf
: Zeige " ", " ", " ", "Bitte F5 oder ESC  druec
  ken"
: EndPrgm
```

Das Programm **TEILER** liefert die Teilermenge der angegebenen Zahl z. Die Ausgabe erfolgt sowohl im Programm-/EA-Bildschirm als auch auf der Listenvariable t des Haupt-Bildschirms, die anschließend weiter verwendet werden kann. Die Erstellung der Liste erfolgt mittels einer Zählervariablen n, die von 1 an hochzählt (1→n ... n+1→n) und die Listenvariable t mit den Teilern von z bespeichert (1→t[1] ... i→t[n]). Dabei ist t[n] das n-te Element der Liste.
Ob eine Zahl i Teiler von z ist wird hier mittels des Restes, der bei der Teilung von z durch i entsteht (=mod(z,i)), entschieden. Falls der Rest Null ist, ist die Teilung ganzzahlig und daher ist dieses i ein Teiler von z.

Aufruf des Programms für z=100:
teiler(100) ENTER
F5
t ENTER

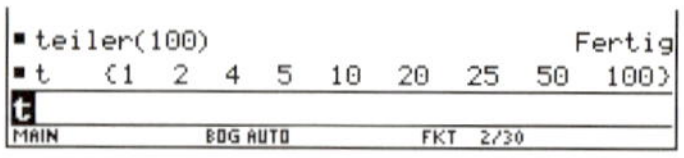


```
: teiler(z)
: Prgm
: Lokal i,n
: EntfVar t
: 1→n
: 1→t[1]
: For i,2,z
:    If Mod(z,i)=0 Then
:       n+1→n
:       i→t[n]
:    EndIf
: EndFor
: LöEA
: Zeige "Teiler von " & String(z) & " sind"
: Zeige t
: Zeige " "," "," ","Bitte F5 oder ESC  druec
  ken"
: EndPrgm
```

Die Funktion **ALOG** liefert den allgemeinen Logarithmus mit der Basis a. Das Programm ist als Funktion geschrieben, was bedeutet, dass nicht in den Programm-/EA-Bildschirm gewechselt wird, sondern die Ausgabe des Logarithmus erfolgt im Haupt-Bildschirm. Dadurch kann sofort mit dem Logarithmus gerechnet werden, z. B. mit der Eingabe:
alog(2,32) + 2 ENTER

Aufruf des Programms:
alog(2,16) ENTER (liefert $\log_2 16$)

```
: alog(a,x)
: Fkt
: Rückgabe ln(x)/ln(a)
: EndFkt
```

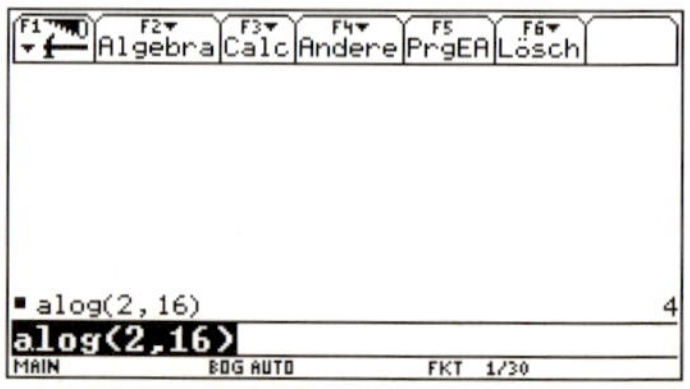

Kommentar

(1) Programmname: **trainer**
(2) Beginn des Programms
(3) Vereinbarung der lokal gültigen Variablen a, b, z
(4) Löschen des Programm-/EA-Bildschirms
(5)-(6) Der erste und zweite Bruch werden aus Zahlen zwischen 2 und 10 gebildet und auf a und b gespeichert.
(7) Ausgabe der Bruchrechenausgabe. Der Ausgabestring[1)] besteht aus 5 Teilen, die mit & verbunden werden. Die Variablenwerte werden mit String(a) (bzw. mit String(b)) in Textstrings umgewandelt.
(8) Eingabeaufforderung für die Lösung, die auf z gespeichert wird.
(9) **If-Abfrage:** Wenn z = a + b ist, ist die Lösung richtig und das Programm geht in den Then-Zweig weiter. Andernfalls geht das Programm in den Else-Zweig weiter.
(10) **Then-Zweig:** Ausgabe von „Richtig" und der richtigen Lösung.
(11)-(12) **Else-Zweig:** Ausgabe von „Falsch" und der richtigen Lösung.
(13) **Ende der if-Anweisung:** muss angegeben weden.
(14) Ausgabe von 3 Leerzeilen (" ") und der Aufforderung, [F5] oder [ESC] zu drücken, um das Programm zu beenden.
(15) Programmende

---

(1) Der Programmname ist **teiler**. Z ist die Eingangsvariable, von der die Teiler zu berechnen sind.
(2) Programmbeginn
(3) Vereinbarung der lokalen Variablen i (für die Teilersuche) und n (für die Ausgabe des n-ten Teilers).
(4) Löschen der Listenvariablen t (muss erfolgen, da es sonst Probleme gibt).
(5) Anfangswert von n ist 1.
(6) Der erste Teiler ist 1 und wird auf t[1] gespeichert.
(7) For-Schleife: Die folgenden Zeilen (9) und (10) werden (z – 1)-mal durchlaufen. Zuerst erhält die Variable i den Wert 2, dann 3, usw. bis zum Schluss i den Wert von z erhält.
(8) If-Abfrage: Wenn der Rest (= Mod(z,i)) der Teilung von z durch i gleich 0 ist, dann wird i in die Teilerliste t aufgenommen ((9) und (10)).
(9) Erhöhung der Zählervariablen n um eins.
(10) Speicherung des Teilers i auf t[n] (= n-tes Element der Teilerliste t)
(11) Ende der If-Abfrage
(12) Ende der For-Schleife
(13) Löschen des Programm-/EA-Bildschirms
(14) Ausgabe der Titelzeile „Teiler von ..."
(15) Ausgabe der Teilerliste t
(16) Ausgabe von 3 Leerzeilen (" ") und der Aufforderung F5 oder ESC zu drücken, um das Programm zu beenden
(17) Ende des Programms

---

(1) Der Funktionsname ist **alog**. In der Klammer scheinen a und x auf: Das sind die Eingangsvariablen der Funktion.
(2) Nach Aufruf des Programm-/EA-Bildschirms (mit [APPS] [Prgm Programme...] [3] [)] [2] [▼] [▼] alog [ENTER] [ENTER]) erscheint Fkt als 2. Zeile (statt Prgm), um zu kennzeichnen, dass hier die Befehle der Funktionen beginnen.
(3) Dies ist die Ausgabezeile der Funktion. Statt mit **Zeige** muss der Ausgabewert mit **Rückgabe** ausgegeben werden. Danach endet auch sofort das Programm (auch wenn der Rückgabe-Befehl mitten in der Funktion stehen sollte). ln(x)/ln(a) liefert den richtigen Wert für $\log_a x$.
(4) Ende der Funktion. Auch diese Zeile erscheint sofort nach Aufruf des Programm-/EA-Bildschirms.

---

1) „String"= Text. Zahlen existieren intern in einem anderen Format und müssen für die Ausgabe in einen Textstring umgewandelt werden.

3. Quadratische Funktionen

Beispiel:

Zeichnen Sie mit dem TR den Graphen der Funktion mit der Gleichung $y = x^2 - 10x + 21$. Bestimmen Sie weiters die Scheitelkoordinaten der Parabel näherungsweise mittels Spur-Modus.

Lösung:

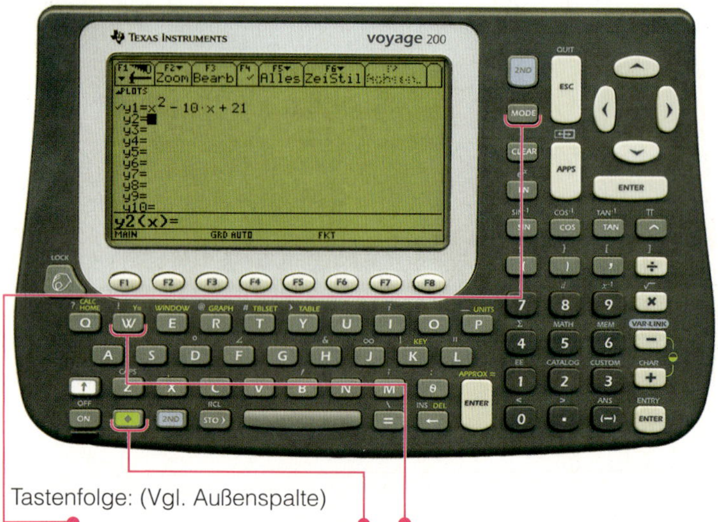

Tastenfolge: (Vgl. Außenspalte)

(1) [MODE] [▶] [1] [ENTER] (2) [◆] [Y=] (3) [F1] [8] [ENTER]

(4) [X] [^] [2] [−] [1] [0] [X] [+] [2] [1] [ENTER]

Jetzt sollte ihr Gerät die oben dargestellte Anzeige aufweisen.

(5) [F2] [4]

(6) [F3] [▶] … [▶]

Im Spur-Modus können Sie den Cursor entlang der Kurve bewegen. Hierfür gibt es — wie der nachstehende Auszug aus der Bedienungsanleitung beschreibt — mehrere Möglichkeiten:

Bewegung des Zeichencursors:	Vorgehensweise
Zum vorigen oder nächsten geplotteten Punkt	Drücken Sie [◀] oder [▶].
Um ungefähr 5 geplottete Punkte (je nach xres-Window-Variable können es mehr oder weniger als 5 Punkte sein)	Drücken Sie [2ND] [◀] oder [2ND] [▶].
Zu einem bestimmten x-Wert auf der Funktion	Geben Sie den x-Wert ein, und drücken Sie [ENTER].

Versuchen Sie nun, den Cursor zum „tiefsten Punkt" (Minimum) der Funktion, also zum Scheitel der Parabel zu bewegen! Sie können dann — vgl. die Grafik in der Außenspalte — die ungefähren Scheitelkoordinaten S (x, y) ablesen: S (4,9, −3,99) bzw. S (5,1, −3,99).
Durch Eingabe von [5] [ENTER] erhalten Sie den tatsächlichen Scheitelpunkt S (5, −4).

Erklärung der Tastenfolge des nebenstehenden Beispiels:

1. Einstellen des Graph-Modus auf Funktion
2. Anzeigen des [Y=]-Editors
3. Löschen allenfalls „bestehender" Funktionen
4. Eingabe der Funktion
5. ZoomDez wählt auf der x- und der y-Achse die selben Einheiten und zentriert den Ursprung. Sie könnten auch ZoomQuad ([F2] [5]) wählen: ZoomQuad wählt auf der x- und der y-Achse die selben Einheiten.
6. Der Spur-Modus dient zur Abtastung der Kurve mit Hilfe des Cursors. Die Koordinaten jedes Punktes der Kurve auf der der Cursor liegt werden am unteren Rand des Bildschirms angezeigt.

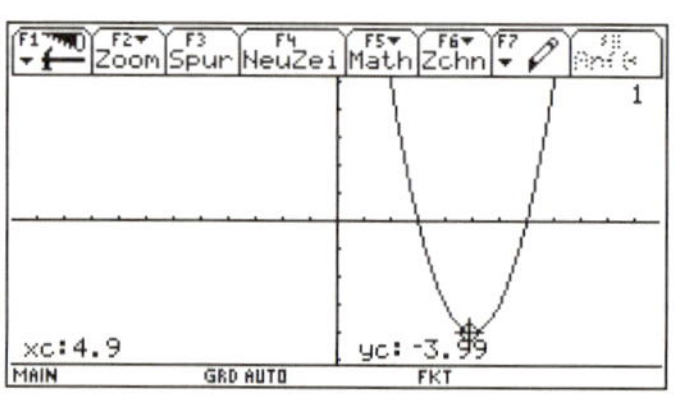

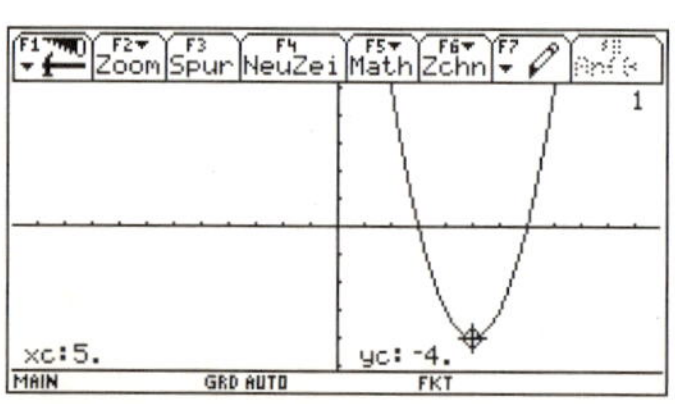

4. Trigonometrie

Beispiel:

Die Funktionen mit den Gleichungen $y_1 = \sin\left(\frac{x}{2}\right)$, $y_2 = \sin x$ und $y_3 = \sin 2x$ sind im Bogenmaß in die selbe Grafik zu zeichnen!

Lösung:

Tastenfolge:

(1) [MODE] [▼] [▼] [▼] [▶] [1] [ENTER]   (2) [◆] [Y=]

(3) [F1] [8] [ENTER]

(4) [SIN] [X] [÷] [2] [)][1] [ENTER]

[SIN] [X] [)][1] [ENTER]

[SIN] [2] [X] [)][1] [ENTER]

Jetzt sollte ihr Gerät die oben dargestellte Anzeige aufweisen.

(5) [▲] [▲] [▲] [F6] [2] [▼] [▼] [F6] [4]

(6) [F2] [7]

Die obige Tastenfolge (1) bis (6) liefert letztendlich die nachstehende Grafik als Lösung:

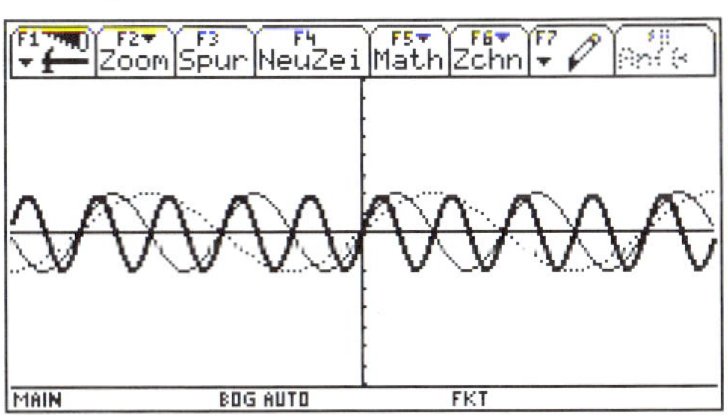

[1] Nach Drücken der Taste [SIN] erhalten Sie die Anzeige Sin(und müssen daher die Eingabe mit einer schließenden runden Klammer beenden.

Erklärung der Tastenfolge des nebenstehenden Beispiels:

(1) Einstellung auf Bogenmaß

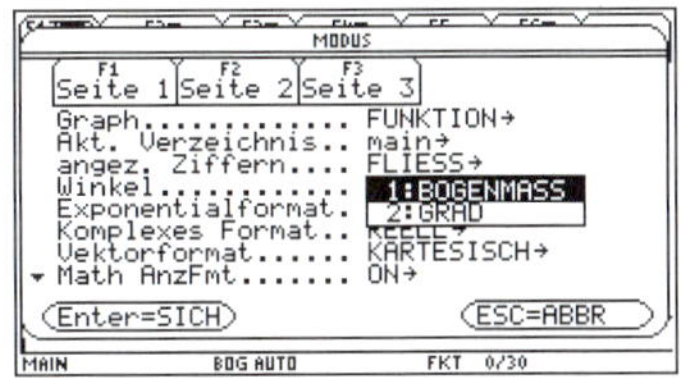

Die Winkelwerte trigonometrischer Funktionen können im Gradmaß oder im Bogenmaß eingegeben und angezeigt werden.

Woran erkennt man, ob der TR auf Grad- oder Bogenmaß eingestellt ist? Und woran erkennt man, ob der Graph-Modus auf Funktion eingestellt ist?

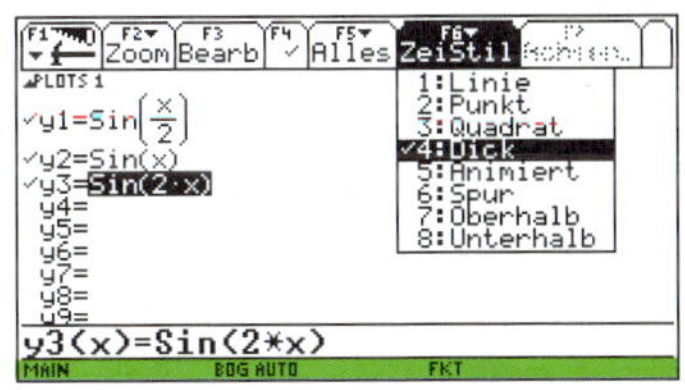

Beide Einstellungen (GRD für Gradmaß bzw. BOG für Bogenmaß sowie FKT für Funktion) können Sie der Statuszeile am unteren Bildschirmrand entnehmen. Diese Statuszeile ist in der obigen Grafik grün unterlegt.

(2) Anzeigen des [Y=] Editors

(3) Löschen allenfalls „bestehender" Funktionen

(4) Eingabe der Funktionsgleichungen

(5) Einstellung des Anzeigestils [F6] — dies ist eine Option: Auf dieser Basis können mehrere Funktionen voneinander unterschieden werden.

(6) ZoomTrig: Wählt die Werte für die Einheiten auf der x- und y-Achse, die häufig für die grafische Darstellung trigonometrischer Funktionen geeignet sind. Aktualisiert (löscht) den Bildschirm, zentriert den Ursprung und zeichnet die Funktion(en).

Hinweis:

Um in den normalen Rechenmodus zurück zu kehren, drückt man die Tasten [◆] und [CALC HOME].

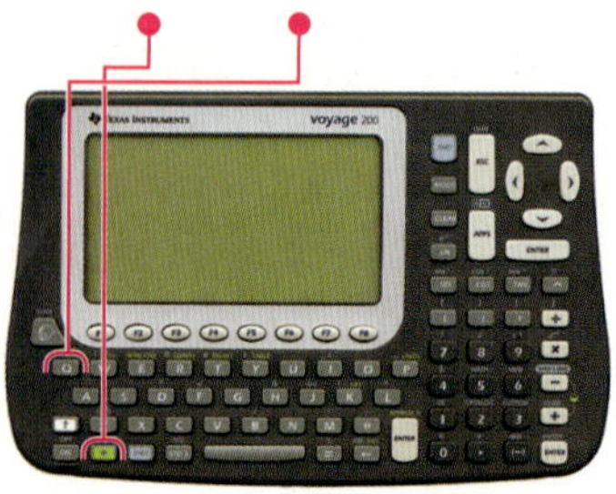

In der Bedienungsanleitung findet sich eine umfassende Beschreibung des Anzeigestils:

Stil	Beschreibung
Linie	Verbindet aufgezeichnete Punkte durch eine Linie. Dies ist die Standardeinstellung.
Punkt	Stellt jeden aufgezeichneten Punkt punktförmig dar.
Quadrat	Zeigt an jedem aufgezeichneten Punkt einen Kasten an.
Dick	Verbindet aufgezeichnete Punkte durch eine dicke Linie.
Animiert	Ein runder Cursor bewegt sich am Graphanfang entlang, verlässt aber einen bestimmten Pfad nicht.
Spur	Ein runder Cursor bewegt sich am Graphanfang entlang und verlässt einen bestimmten Pfad.
Oberhalb	Schattiert den Bereich über dem Graphen.
Unterhalb	Schattiert den Bereich unter dem Graphen.

Der TR verfügt über vier Schattierungsarten, die abwechselnd verwendet werden.

Soll eine Funktion schattiert werden, wird die erste Art angewendet.

Für die nächste zu schattierende Funktion wird die zweite Art angewendet usw.

Bei der fünften zu schattierenden Funktion wird wieder auf die erste Art zurückgegriffen.

An den Schnittstellen schattierter Flächen überschneiden sich die jeweiligen Schattierungsarten.

Die nebenstehende Bildschirmanzeige stellt die Funktionen $y = \sin(x)$ und $y = x - 2$ dar, beide mit der Zeichenstil-Einstellung „8: Unterhalb“.

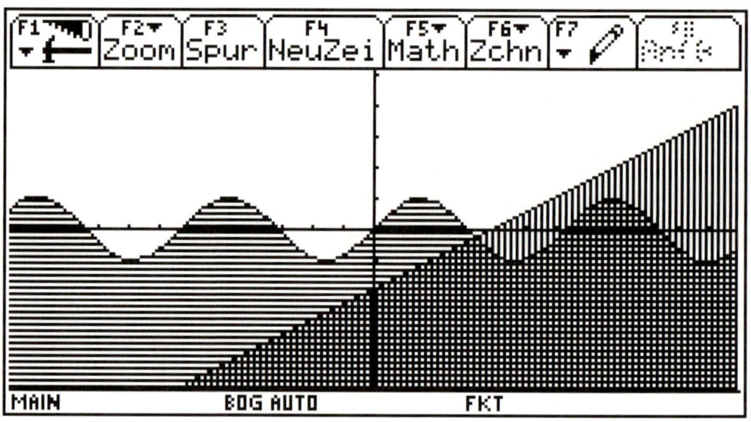

5. Exponentialfunktion und Logarithmus

Beispiel:

Berechnen Sie mit ihrem TR **a)** ln 3 **b)** e^{-x} für $x = 3$ **c)** lg 8 **d)** $\log_4 11$.

Lösung:

a) Tastenfolge: [LN] [3] [)] [1] [ENTER] [2] [◆] [ENTER] — Dezimalzahl — Resultat: **1,09861**

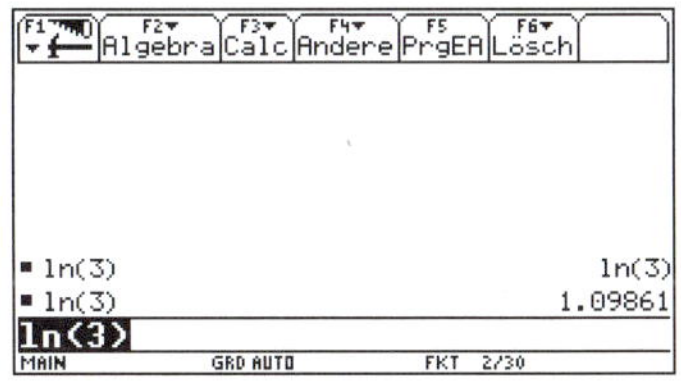

Um eine Dezimalzahl zu erhalten, ist [◆] [ENTER] zu drücken!

b) Tastenfolge:
[2ND] [e^x] [(–)] [X] [)] [1] [2ND] [|] [X] [=] [3] [ENTER] [2] [◆] [ENTER] — Dezimalzahl

Resultat: 0,049787

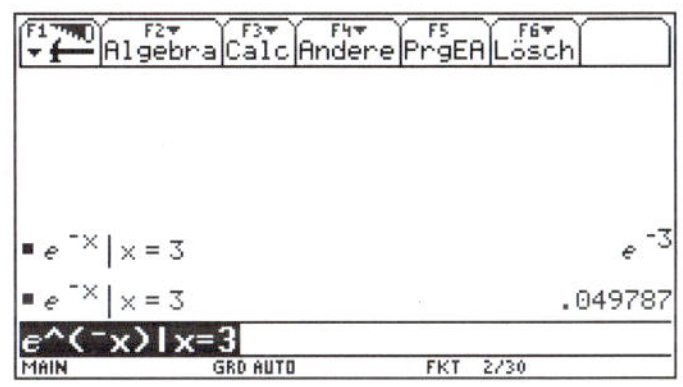

c) Es gibt für den Zehnerlogarithmus am TR keine eigene Taste. Sehr wohl ist für den Zehnerlogarithmus der Befehl **log(** vorhanden. (Die vollständige Liste der Befehle können Sie mit [2ND] [CATALOG] [▼] [▼] ... einsehen).

Tastenfolge: [L] [O] [G] [(] [8] [)] [1] [ENTER] [2] [◆] [ENTER] — Dezimalzahl

Aber auch durch Umformung lässt sich das selbe Resultat erzielen:

$\lg 8 = x \Leftrightarrow 10^x = 8 \Leftrightarrow x \ln 10 = \ln 8 \Leftrightarrow x = \frac{\ln 8}{\ln 10}$

Tastenfolge: [LN] [8] [)] [1] [÷] [LN] [1] [0] [)] [1] [ENTER] [2] [◆] [ENTER] — Dezimalzahl

Resultat: **0,90309**

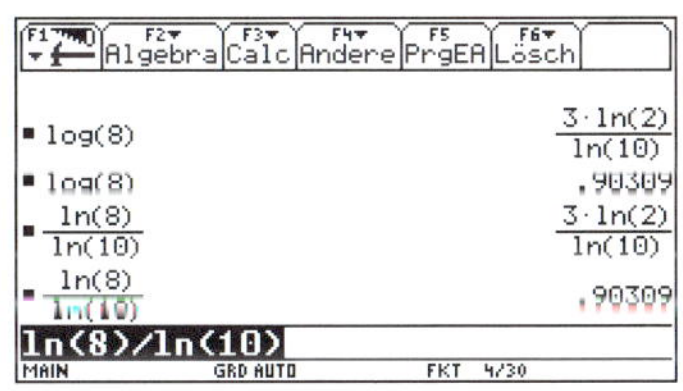

d) Hier muss in jedem Fall umgeformt werden, sofern man nicht die auf Seite 246 dargestellte Funktion **alog** verwenden möchte:

$\log_4 11 = x \Leftrightarrow 4^x = 11 \Leftrightarrow x \ln 4 = \ln 11 \Leftrightarrow x = \frac{\ln 11}{\ln 4}$

Tastenfolge: [LN] [1] [1] [)] [1] [÷] [LN] [4] [)] [1] [ENTER] [2] [◆] [ENTER] — Dezimalzahl

Resultat: **1,72972**

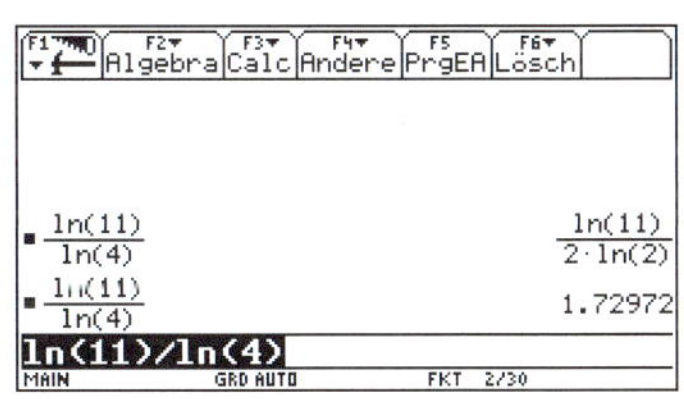

[1] Nach Drücken der Taste [LN] erhalten Sie die Anzeige **ln(** und müssen daher die Eingabe mit einer schließenden runden Klammer beenden. Selbiges gilt für das Drücken von [2ND] [e^x] und die Anzeige **e^(** sowie für die [CATALOG]-Funktion **log(**.

[2] Diese Taste kann entfallen. Im Protokollbereich des Bildschirms findet sich dann eine Zeile weniger.

Der Logarithmus wird oftmals verwendet, um Exponentialgleichungen (also Gleichungen, in denen die Variable als Hochzahl aufscheint) zu lösen. Manche dieser Gleichungen erfordern einen beträchtlichen Rechenaufwand, wenn man sie „händisch" löst. Mit einem TR ist die Lösung freilich derart einfach, dass ein einziges Beispiel ausreicht, um den Lösungsweg zu demonstrieren.

Wie ist vorzugehen, wenn nicht die ln-Funktion, sondern eine beliebige logarithmische Funktion gegeben ist?

Beispiel: $x^{\lg x} = 10$

Wie sich analog zu dem vorigen Beispiel **c)** und **d)** zeigen lässt, gelten folgende Zusammenhänge:

$$\lg x = \frac{\ln x}{\ln 10}$$

bzw. allgemein:

$$\log_b a = \frac{\ln a}{\ln b}$$

Die Lösung für $x^{\lg x} = 10$ ist auf dem folgenden Bildschirm zu finden:

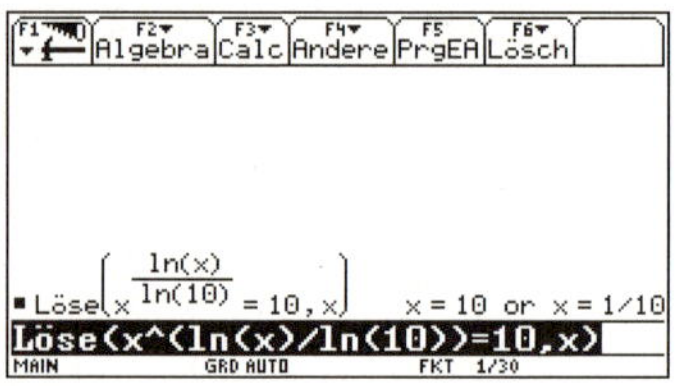

Beispiel:

Die Gleichung $x^{\ln x} = 8$ ist in $\mathbb{R}$ zu lösen.

Lösung:

Wir verwenden den **Löse**-Befehl, um Gleichungen in $\mathbb{R}$ zu lösen!

Tastenfolge: [F2] [1] [X] [^] [LN] [X] [)] [=] [8] [,] [X] [)] [ENTER]

(F2 1 = Löse( )

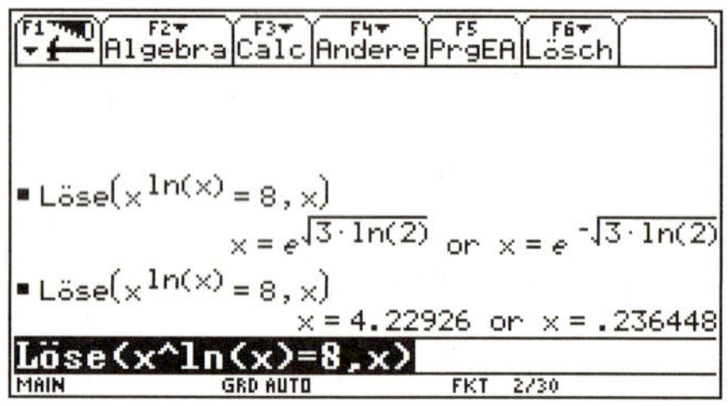

Resultat: $e^{\sqrt{3\cdot\ln(2)}}$ oder $e^{-\sqrt{3\cdot\ln(2)}}$

Mittels [◆] [ENTER] erhalten wir die numerischen Resultate: **4,22926** oder **0,236448** Probe!

6. Komplexe Zahlen

Angenommen, Sie wollen die Lösungen der quadratischen Gleichung $x^2 - 4x + 5 = 0$ über der Menge der komplexen Zahlen bestimmen. Wenn Sie den **Löse**-Befehl anwenden, erhalten Sie keine Lösung — vgl. Außenspalte.

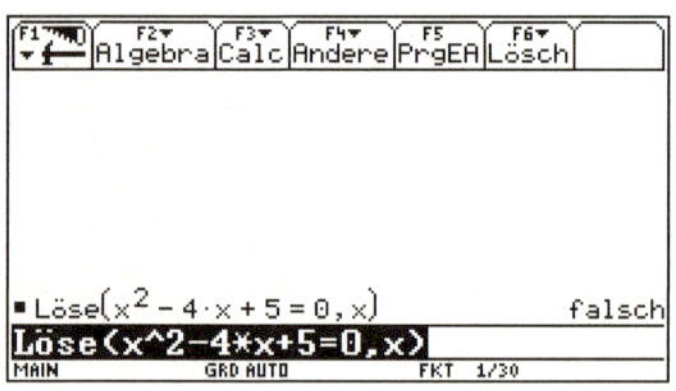

Hierfür gibt es einen Grund: Der Löse-Befehl liefert die reellen Lösungen einer Gleichung oder Ungleichung. Und wenn keine reellen Lösungen ermittelt werden können, wird „**falsch**" angezeigt.

Ungeduldige Leserinnen und Leser dieser Zeilen werden einwenden: Alles schön und gut, aber wie löse ich die Gleichung über der Menge der komplexen Zahlen? Die Antwort ist einfacher, als Sie vielleicht erwarten: mit dem Befehl **cLöse(**.

Es gibt verschiedene Möglichkeiten, diesen Befehl am Bildschirm zu erzeugen. Am einfachsten ist es, Sie drücken zuerst auf die Taste [C] und dann auf die Taste [F2] und [1]. Die weitere Eingabe erfolgt analog zum Löse-Befehl.

Lösen Sie jetzt die Gleichung $x^2 - 4x + 5 = 0$ mit dem TR. Wie Sie sich händisch leicht überzeugen können, sind die Lösungen dieser Gleichung die komplexen Zahlen $x_1 = 2 + i$ und $x_1 = 2 - i$.

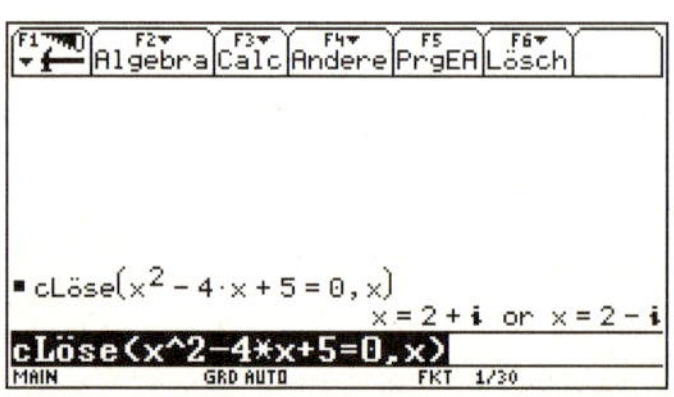

Und genau diese Lösungen sollten Sie auch am Bildschirm angezeigt erhalten — vgl. Außenspalte. Auf die gleiche Art und Weise kann man auch Gleichungen höheren als zweiten Grads lösen.

Beispiel:

$(3+4i)^5 = ?$

Lösung:

Nehmen wir an, Sie hätten $(x+1)^5 = ?$ zu berechnen. Diese Art von Problemstellungen haben wir bereits früher besprochen und erfolgreich gelöst. Die einzige Schwierigkeit, um $(3+4i)^5$ analog zu lösen, ist die Eingabe der imaginären Einheit $i=\sqrt{-1}$. Am TR findet sich die imaginäre Einheit i als Zweitfunktion der Taste [I].

Tastenfolge: [(] [3] [+] [4] [2ND] [I] [)] [^] [5] [ENTER]

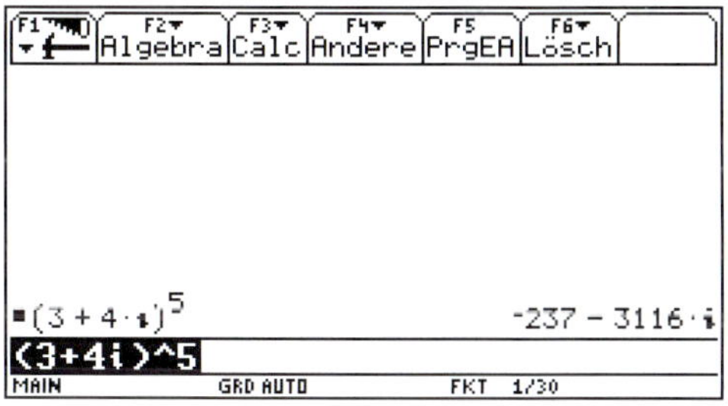

Resultat: $-237 - 3116 \cdot i$

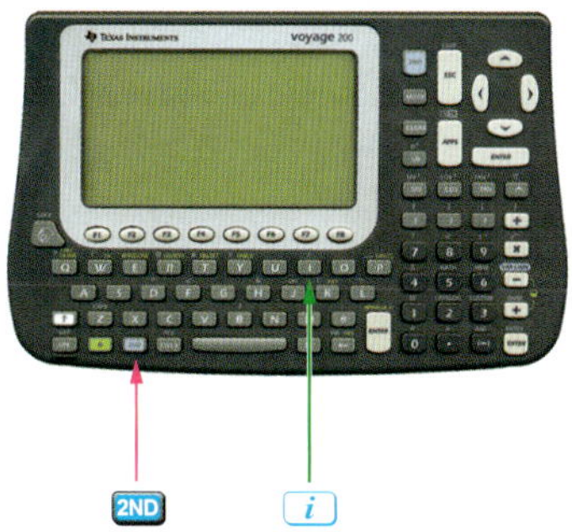

Wie berechnen Sie übrigens den Betrag einer komplexen Zahl? Antwort: mit dem Befehl **abs(**

Beispiel: $abs(3+4i) = 5$

Der Befehl **abs(** ist über die Tastatur einzugeben:

[A] [B] [S] [(]

Die meisten Aufgaben, die komplexe Zahlen behandeln, lassen sich nicht so einfach lösen wie das obige Beispiel. Die folgenden Bildschirminhalte geben Ihnen Beispiele von verschiedenen Problemstellungen. Es ist das eine hervorragende Übung, wenn Sie letztere auf Ihrem TR nachvollziehen.

$\frac{5-7i}{2+3i} = ?$

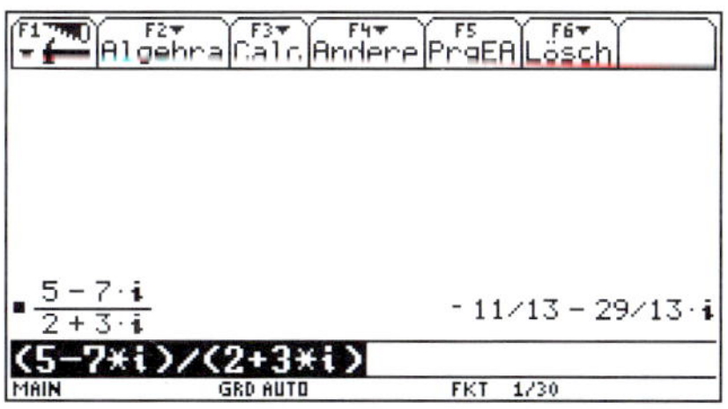

$x^7 - 1 = 0$

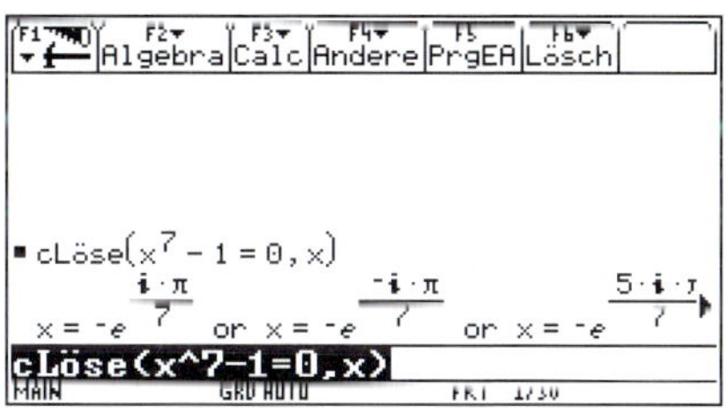

Vorsicht! Wenn Sie mit dem **Löse**-Befehl arbeiten, erhalten Sie nur eine Lösung: $x = 1$ (die einzige reelle Lösung der Gleichung)

$\sqrt{-9+40i} = ?$

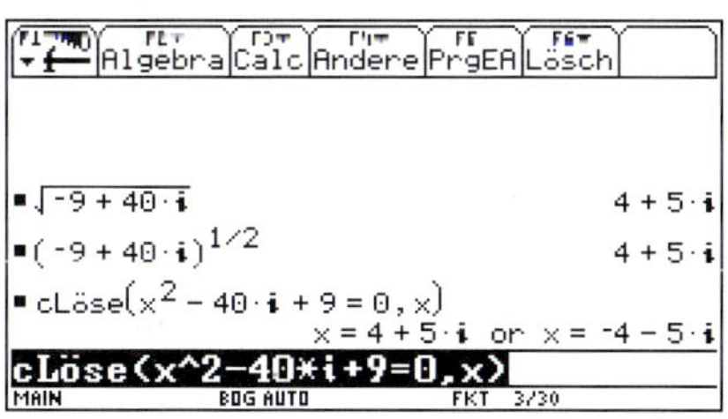

Vorsicht! Wenn Sie $\sqrt{-9+40i}$ bzw. $(-9+40i)$^(1/2) eingeben und [ENTER] drücken, erhalten Sie nur den Hauptwert.

Um alle Lösungen zu erhalten, müssen Sie $\sqrt{-9+40i} = x$ als Gleichung betrachten:

$-9+40i = x^2 \Leftrightarrow x^2 - 40i + 9 = 0$

$\Rightarrow$ cLöse($x^2 - 40i + 9 = 0$, x) [ENTER]

7. Vektorrechnung

Flächenvektoren können mit dem Befehl *Linie* gezeichnet werden.

Dieser Befehl hat fünf Eingabegrößen:

Linie *xStart, yStart, xEnd, yEnd [, Zeichenmodus]*

Die Koordinaten des Anfangspunktes der Linie sind (xStart, yStart) und die Koordinaten des Endpunktes sind (xEnd, yEnd).

Der Zeichenmodus muss 1 für eine gezeichnete Linie sein (und 0 für eine zu löschende Linie sein). Er muss nicht angegeben werden.

Mit folgendem Befehl wird z. B. eine Linie von (–2, 0) bis (3, 2) gezeichnet: Linie –2,0,3,2 [ENTER]

Vektorlinie von (–2, 0) bis (3, 2)

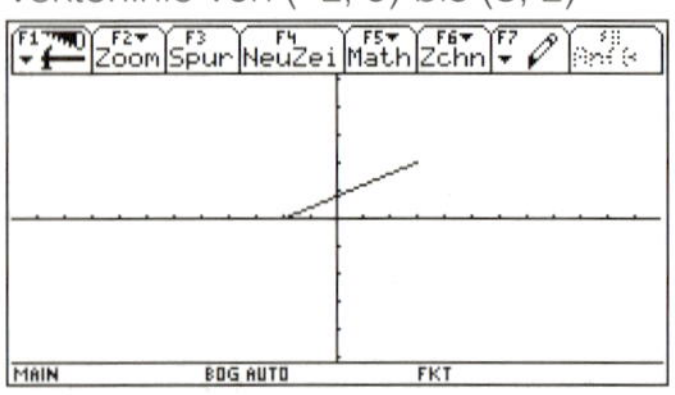

a) mit Pfeilspitze

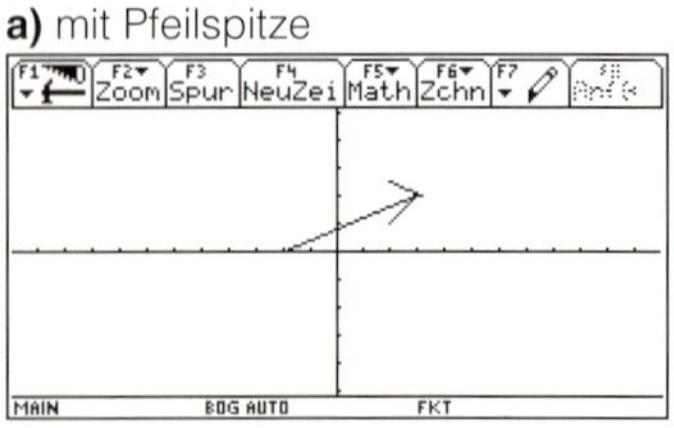

b) mit Kreis

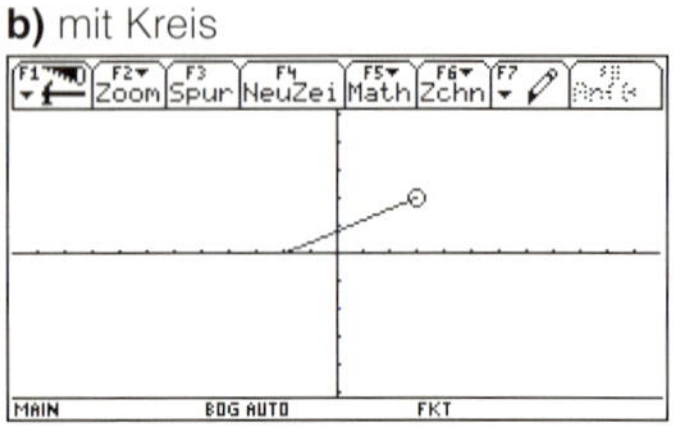

c) mit Buchstabe „v“

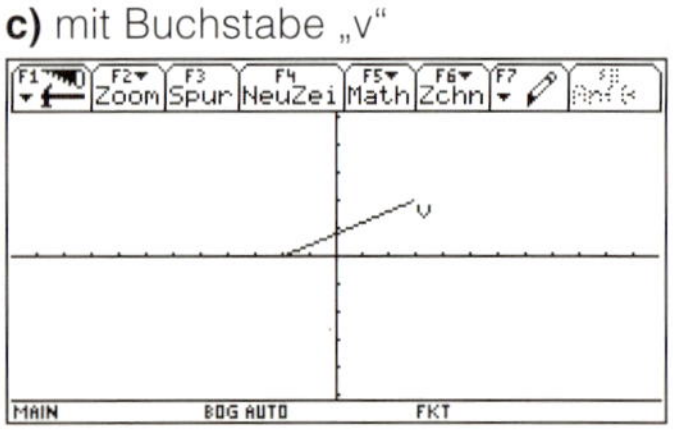

Beispiel: ebene Vektoren

Der Vektor $\vec{v} = \binom{5}{2}$ soll mit Hilfe des Befehls **Linie** gezeichnet werden. Der Anfangspunkt dieses Vektors soll bei A(–2, 0) liegen. Die Spitze des Vektors soll

a) eine Pfeilspitze sein

b) ein kleiner Kreis sein

c) mit dem Buchstaben v markiert werden

Lösung:

Der Vektor $\vec{v}$ soll im Punkt A beginnen. Der Endpunkt B ergibt sich aus der Regel:
Anfangspunkt A + Vektor $\vec{v}$ = Endpunkt B: (–2, 0) + (5, 2) = (3, 2)

Zuerst wollen wir die Ausgangsbedingungen herstellen:
Eingabe: [◆] [Y=] [F1] [8] [ENTER] [F2] [4] [◆] [HOME]
<löscht die [Y=] Eingabe und stellt den richtigen Zoom ein>

Um die Vektorlinie zu zeichnen, geben wir ein:
Linie –2,0,3,2 [ENTER] [F4]
<[F4] löscht das Bild wieder>

Für die weitere Verschönerung der Vektorspitze geben wir ein:

a) [◆] [HOME] Linie –2,0,3,2 [2ND] [:][1)]
Linie 3,2,2,1 [2ND] [:][1)]
Linie 3.2,2,2.5 [ENTER]
[F4]

b) [◆] [HOME] Linie –2,0,3,2 [2ND] [:][1)]
Kreis 3,2,0.3 [ENTER]
[F4]

Der Befehl *Kreis* liefert einen Kreis. Die ersten zwei Zahlen sind die Koordinaten des Mittelpunktes — hier (3, 2). Die letzte Zahl ist der Radius — hier 0.3.

c) [◆] [HOME] Linie –2,0,3,2 [2ND] [:][1)]
PktText [2ND] ["] [V] [2ND] ["] [,] 3,2 [ENTER]
[F4]

Der Befehl *PktText* schreibt den angegebenen Text (hier „v“) an die darauf folgenden Koordinaten — hier (3, 2)

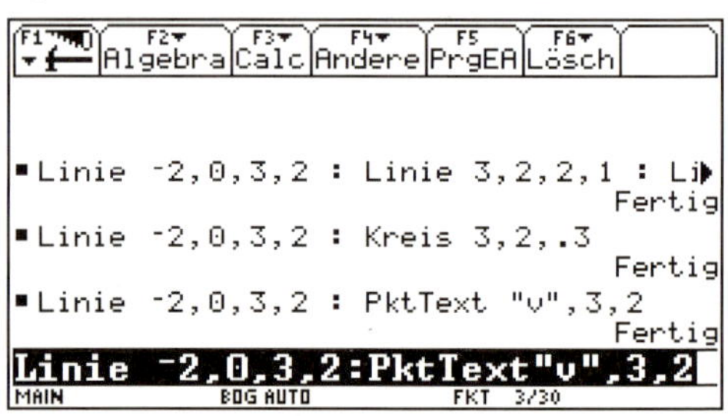

[1)] Mehrere Befehle können in eine Eingabezeile geschrieben werden, getrennt durch Doppelpunkte (erreichbar mit [2ND] [ⓔ]).

Beispiel: Raumvektoren

Gegeben sind die Vektoren und $\vec{v} = \begin{pmatrix} 2 \\ 6 \\ 9 \end{pmatrix}$, $\vec{w} = \begin{pmatrix} -3 \\ 0 \\ 4 \end{pmatrix}$, $\vec{u} = \begin{pmatrix} 1 \\ -1 \\ 3 \end{pmatrix}$.

Unter Verwendung der Befehle **SkalarP(v,w)** für das skalare Produkt, **KreuzP(v,w)** für das vektorielle Produkt und **Norm(v)** für den Betrag (= die Länge) von Vektoren soll Folgendes berechnet werden:

a) der Betrag (= die Länge) von $\vec{v}$, $\vec{w}$ und $\vec{u}$.

b) der Winkel zwischen $\vec{v}$ und $\vec{w}$.

c) das vektorielle Produkt von $\vec{z} = \vec{v} \times \vec{w}$ von $\vec{v}$ und $\vec{w}$.

d) die Parallelogrammfläche, die von $\vec{v}$ und $\vec{w}$ aufgespannt wird.

e) das Volumen des Parallelepipeds, das von $\vec{v}$, $\vec{w}$ und $\vec{u}$ aufgespannt wird.

f) die Koordinaten der Eckpunkte eines solchen Parallelepipeds, wenn der erste Eckpunkt die Koordinaten A (2 | 3 | −5) hat.

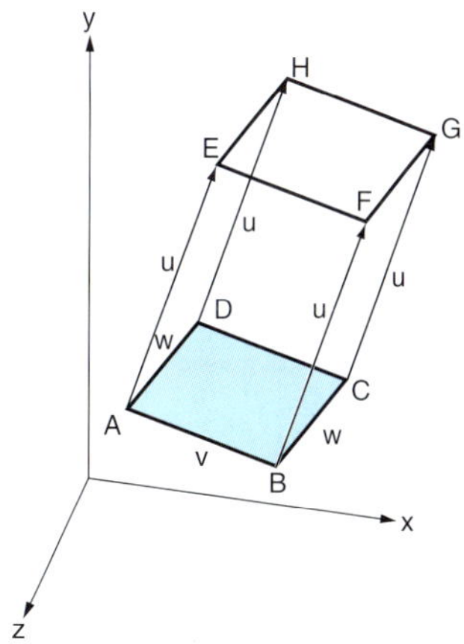

Lösung:

a) Zunächst werden die Werte von $\vec{v}$, $\vec{w}$ und $\vec{u}$ auf den Variablen v, w und u gespeichert und dann die Beträge ermittelt.

Eingabe:

[2, 6, 9] STO▸ v ENTER

[-3, 0, 4] STO▸ w ENTER

[1, -1, 3] STO▸ u ENTER

Norm(v) ENTER

Norm(w) ENTER

Norm(u) ENTER

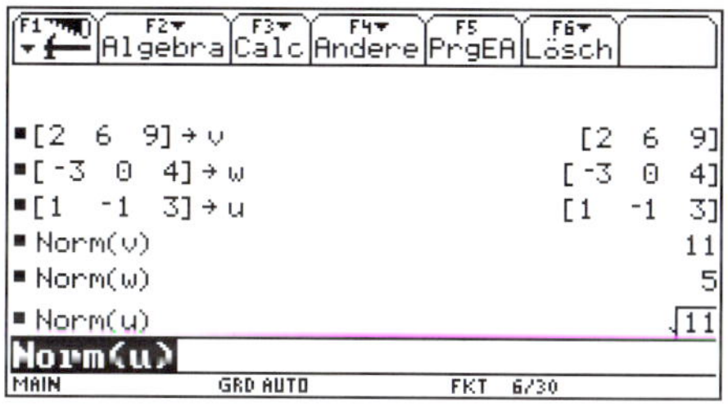

[findet sich am TR als Zweitfunktion der Taste ,,] als Zweitfunktion der Taste ÷.

Norm(ist mit 2ND MATH 4 H 1 erreichbar.

b) Für die Berechnung des Winkels gibt es die Cosinus-Formel (vgl. Außenspalte), wobei im Zähler das skalare Produkt und im Nenner das Produkt der Beträge der Vektoren steht.

Man berechnet φ, indem man folgende Schritte durchführt:

Die MODUS-Einstellung für „Winkel" muss Grad sein (MODE ▾ ▾ ▾ ▸ 2 ENTER)

Eingabe:

2ND COS⁻¹ [1]

SkalarP(v, w)/

(Norm(v) ·

(Norm(w))) ◆ [2] ENTER

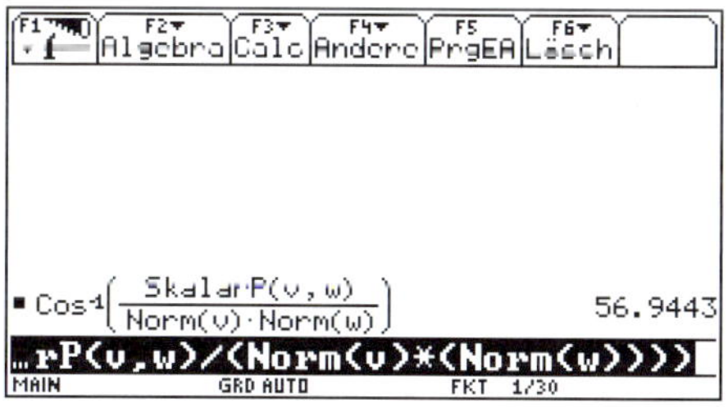

Für den Winkel φ zwischen $\vec{a}$ und $\vec{b}$ gilt:

$$\cos\varphi = \frac{\vec{a} \cdot \vec{b}}{|\vec{a}| \cdot |\vec{b}|}$$

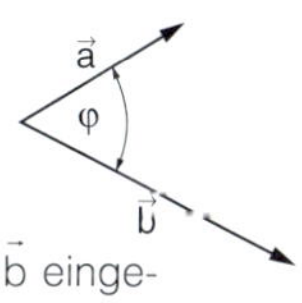

φ ist der von $\vec{a}$ und $\vec{b}$ eingeschlossene Winkel.

SkalarP(ist mit 2ND MATH 4 L 3 erreichbar.

[1] Um zu einem gegebenen Wert einer trigonometrischen Funktion SIN, COS oder TAN den zugehörigen Winkel zu bestimmen, ist die Zweitfunktion der Tasten SIN, COS oder TAN zu verwenden.

[2] Durch Drücken von ◆ wird eine Ausgabe als Dezimalzahl erwirkt.

KreuzP(ist mit [2ND] [MATH] [4] [L] [2] erreichbar.

c) Eingabe:

KreuzP(v, w) [STO▸] z [ENTER]

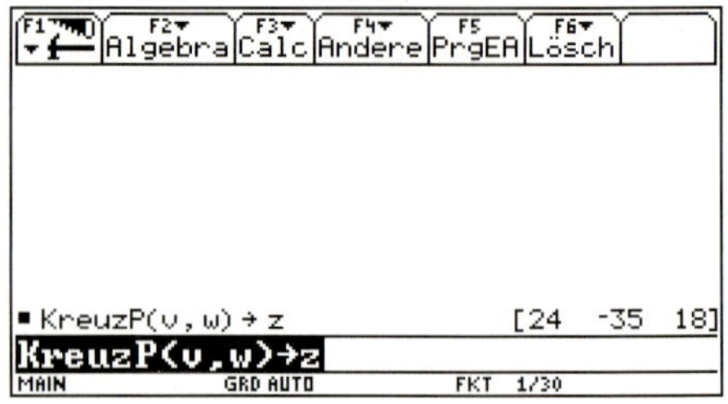

Für das vektorielle Produkt $\vec{c} = \vec{a} \times \vec{b}$ gilt: Der Betrag von $\vec{c}$ ist gleich dem Flächeninhalt des von $\vec{a}$ und $\vec{b}$ aufgespannten Parallelogramms.

d) Die Fläche des von $\vec{v}$ und $\vec{w}$ aufgespannten Parallelogramms ist der Betrag des in **c)** ermittelten Vektors $\vec{z}$.

Eingabe:

Norm(z) [◆][1] [ENTER]

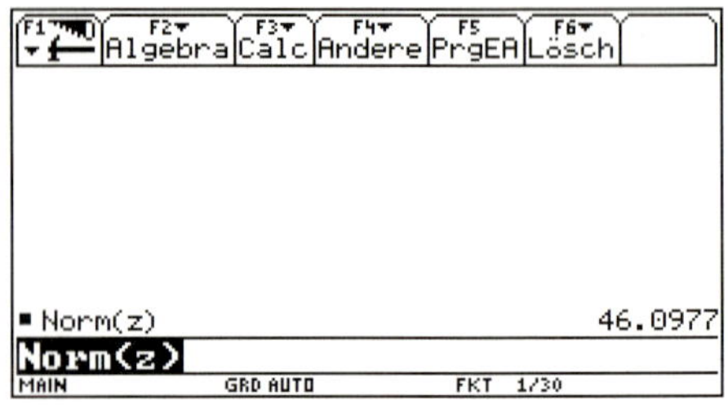

Die Vektoren $\vec{a}$, $\vec{b}$ und $\vec{c}$ spannen ein **Parallelepiped** auf. Sein Volumen V lässt sich folgendermaßen berechnen:

$$V = \left|\left(\vec{a} \times \vec{b}\right) \cdot \vec{c}\right|$$

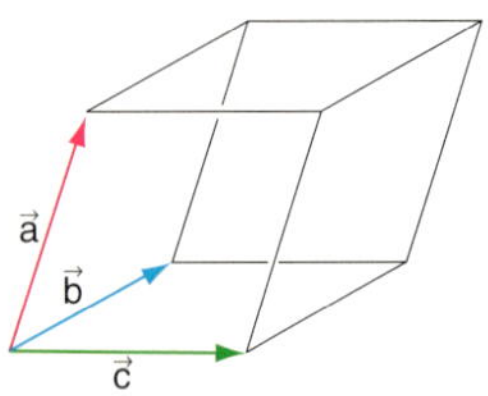

e) Das Volumen des von $\vec{v}$, $\vec{w}$ und $\vec{u}$ aufgespannten Parallelepipeds ergibt sich aus dem skalaren Produkt des in **c)** ermittelten Vektors $\vec{z}$ mit dem Vektor $\vec{u}$.

Eingabe:

SkalarP(z, u) [◆][1] [ENTER]

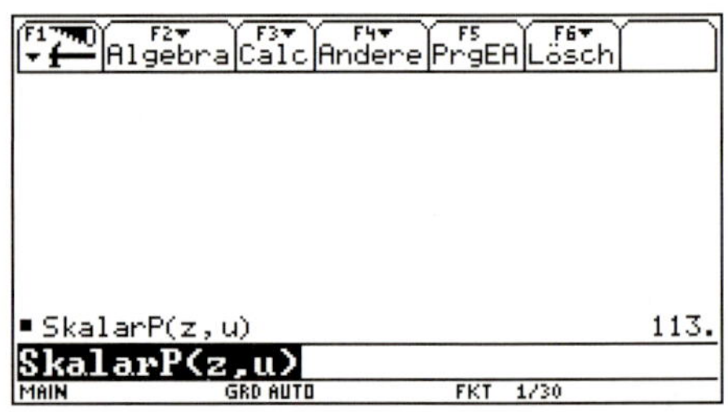

Zunächst wird der Ortsvektor $\vec{a}$ des Punktes A eingegeben. Die Ortsvektoren der weiteren Eckpunkte ergeben sich durch Vektoradditionen:

$\vec{b} = \vec{a} + \vec{v}$
$\vec{c} = \vec{b} + \vec{w}$
$\vec{d} = \vec{a} + \vec{w}$
$\vec{e} = \vec{a} + \vec{u}$
$\vec{f} = \vec{b} + \vec{u}$
$\vec{g} = \vec{c} + \vec{u}$
$\vec{h} = \vec{d} + \vec{u}$

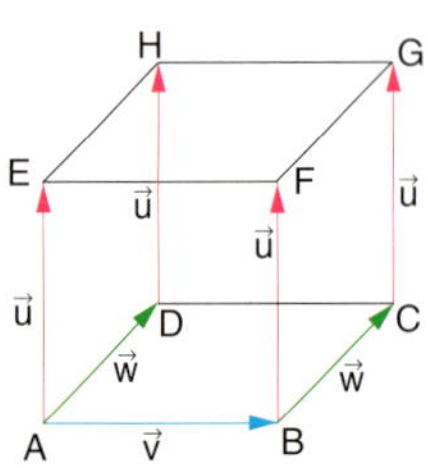

f) Eingabe:

[2, 3, −5] [STO▸] a [ENTER]
a + v [STO▸] b [ENTER]
b + w [STO▸] c [ENTER]
a + w [STO▸] d [ENTER]
a + u [STO▸] e [ENTER]
b + u [STO▸] f [ENTER]
c + u [STO▸] g [ENTER]
d + u [STO▸] h [ENTER]

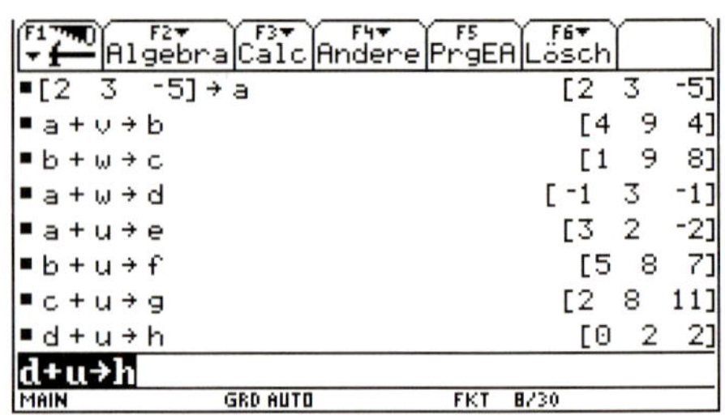

Bemerkung: Um alle Variablen wieder zu löschen, ist [F6] [ENTER] [ENTER] einzugeben.

[1]) Durch Drücken von [◆] wird eine Ausgabe als Dezimalzahl erwirkt.

6. Finanzmathematik

In der Finanzmathematik kommt man bei den meisten Berechnungen mit einigen wenigen Formeln aus. Auf dieser Seite wollen wir daher zeigen, wie man solche Formeln im TR abspeichert und dann bei verschiedenen Berechnungen immer wieder darauf zurückkommt.

Beispiel:

Für verschiedene Anfangskapitalien, Verzinsungen und Anlagedauern ist das Endkapital bei ganzjähriger dekursiver Verzinsung zu ermitteln.

a) Die Zinseszins-Formel für ganzjährige Verzinsung ist im TR abzuspeichern.

b) Mit Hilfe der in **a)** erfolgten Eingabe ist zu berechnen, auf welchen Wert **(1)** ein Anfangskapital von € 1500,— bei 2,5 % p. a. in 4 Jahren **(2)** ein Anfangskapital von € 1 800,— bei 3 % p. a. in 6 Jahren **(3)** ein Anfangskapital von € 2000,— bei 3,5 % p. a. in 8 Jahren anwächst.

Lösung:

Eingabe:

a) k0 · (1 + p/100)^n [STO] kn(k0, p, n) [ENTER]

b) (1) kn(1500, 2.5, 4) [◆][1] [ENTER]

(2) kn(1800, 3, 6) [◆][1] [ENTER]

(3) kn(2000, 3.5, 8) [◆][1] [ENTER]

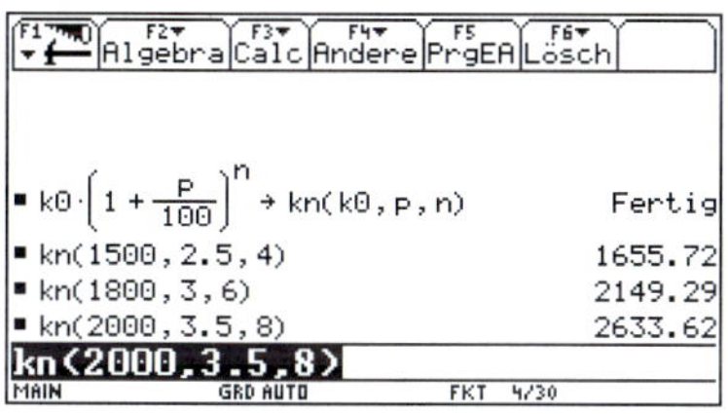

Die Zinseszins-Formel für ganzjährige dekursive Verzinsung lautet

$$K_n = K_0 \cdot \left(1 + \frac{p}{100}\right)^n$$

Da der TR bei Formeln weder zwischen Groß- und Kleinbuchstaben unterscheidet noch Index-Schreibweisen kennt, ist kn statt K_n bzw. k0 statt K_0 einzugeben.

Beispiel:

Wie lange muss man ein Kapital von € 1000,— zu 3 % p. a. anlegen, um ein Endkapital von € 1092,73 zu erhalten?

Lösung:

Hier ist die Größe n der Zinseszinsformel zu ermitteln, wenn k0 = 1000, p = 3 und kn = 1092,73 gegeben sind. Wir führen die Berechnung mit Hilfe des **Löse**-Befehls und der im vorigen Beispiel abgespeicherten Formel durch.

Eingabe:

[F2] [1] kn(1000, 3, n) = 1092.73, n) [◆] [ENTER]

Löse(

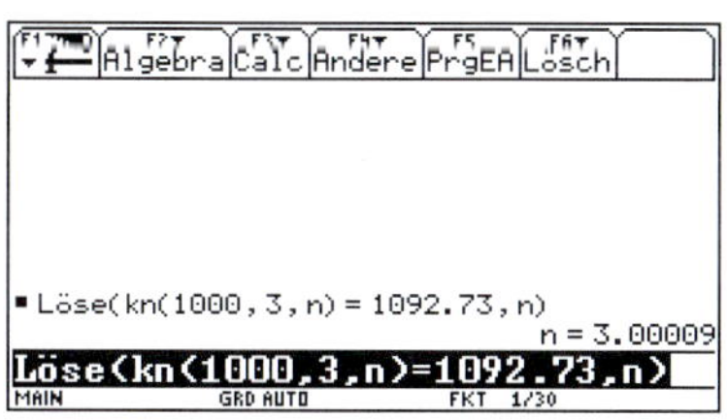

Der TR zeigt Ihnen als Resultat 3,00009. Die gesuchte Zeitdauer ist daher **3 Jahre**.

Selbstverständlich könnte man das nebenstehende Beispiel auch ohne Verwendung der abgespeicherten Zinseszinsformel lösen.

In diesem Fall wäre für $K_n = 1092{,}73$, für $K_0 = 1000$ und für p = 3 einzusetzen und die Gleichung

$$1092{,}73 = 1000 \cdot \left(1 + \frac{3}{100}\right)^n$$

mit Hilfe des **Löse**-Befehls zu lösen:

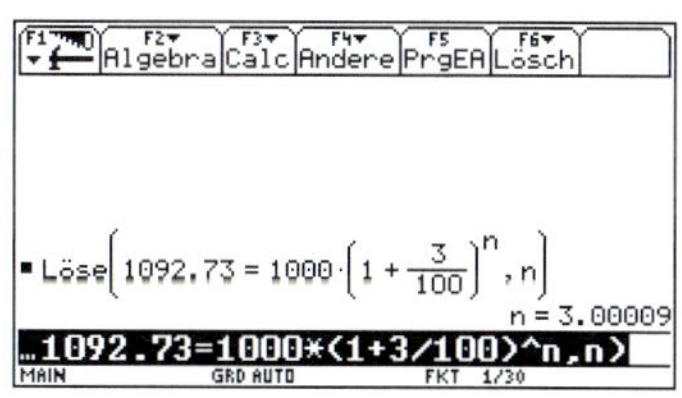

---

[1]) Durch Drücken von [◆] wird eine Ausgabe in Dezimalzahlen bewirkt.

Der TR bietet auch die Möglichkeit, bei neu eingegebenen Formeln auf vorher definierte andere Formeln zuzugreifen. Das kann z. B. bei der Eingabe der Formeln der Rentenrechnung vorteilhaft sein.

Nachdem die Variablen r und v in Abhängigkeit von p definiert wurden, ist bei weiterer Verwendung in anderen Formeln jeweils r(p) bzw. v(p) einzugeben.

Da der TR nicht zwischen Groß- und Kleinbuchstaben unterscheidet und mit r bereits der Aufzinsungsfaktor bezeichnet wurde, kann für den Rentenbetrag nicht die Bezeichnung R verwendet werden. Wir wählen daher für den Rentenbetrag eine andere Bezeichnung, z. B. z.

Für die End- und Barwerte von vor- bzw. nachschüssigen Renten verwenden wir unterschiedliche Bezeichnungen, z. B. ev, en, bv und bn.

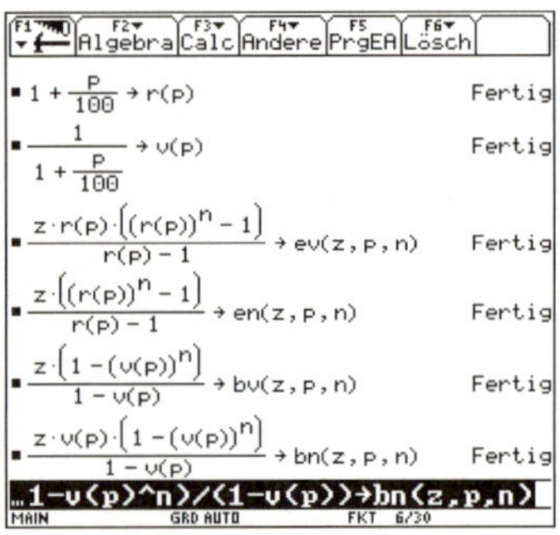

Beispiel:

a) Die Formel für den **(1)** Aufzinsungsfaktor r **(2)** Abzinsungsfaktor v bei ganzjähriger dekursiver Verzinsung ist im TR abzuspeichern.

b) Unter Verwendung der in **a)** definierten Variablen r(p) ist die Formel für den Endwert einer **(1)** vorschüssigen **(2)** nachschüssigen Jahresrente im TR abzuspeichern.

c) Unter Verwendung der in **a)** definierten Variablen v(p) ist die Formel für den Barwert einer **(1)** vorschüssigen **(2)** nachschüssigen Jahresrente im TR abzuspeichern.

Lösung:

Eingabe:

a) (1) 1 + p/100 [STO▸] r(p) [ENTER]

(2) 1/(1 + p/100) [STO▸] v(p) [ENTER]

b) (1) z · r(p) · (r(p)^n – 1)/(r(p) – 1) [STO▸] ev(z, p, n) [ENTER]

(2) z · (r(p)^n – 1)/(r(p) – 1) [STO▸] en(z, p, n) [ENTER]

c) (1) z · (1 – v(p)^n)/(1 – v(p)) [STO▸] bv(z, p, n) [ENTER]

(2) z · v(p) · (1 – v(p)^n)/(1 – v(p)) [STO▸] bn(z, p, n) [ENTER]

Das Foto zeigt Gerald im Alter von 8 Jahren, also zu einem Zeitpunkt, zu dem er noch nichts von den Sparabsichten seiner Eltern wusste.

Beispiel:

Zu seinem 9. Geburtstag haben Geralds Eltern beschlossen, ab dem nächsten Jahr für ihren Sohn 4 Jahre lang jeweils zu Jahresbeginn € 100,— auf ein Sparbuch zu legen. Am Ende des 4. Jahres verfügte Gerald über ein Guthaben von € 475,—. Wie hoch war der dekursive Jahreszinssatz für diese 4 Jahre?

Lösung:

Gesucht ist der Zinssatz p, wenn der Rentenbetrag, die Anzahl der Rentenperioden und der Endwert einer vorschüssigen Jahresrente gegeben sind. Wir führen die Berechnung mit Hilfe des **Löse**-Befehls und der im vorigen Beispiel abgespeicherten Formel für ev durch.

Eingabe:

[F2] [1] ev(100, p, 4) = 475, p) [ENTER] [1]

(F2 1 = Löse( )

Der TR zeigt zwei Lösungen, wobei nur die Lösung **p = 6,99356** brauchbar ist. Auf Grund der Rundung von Geldbeträgen kann man den Zinssatz daher mit **7 % p. a.** angeben.

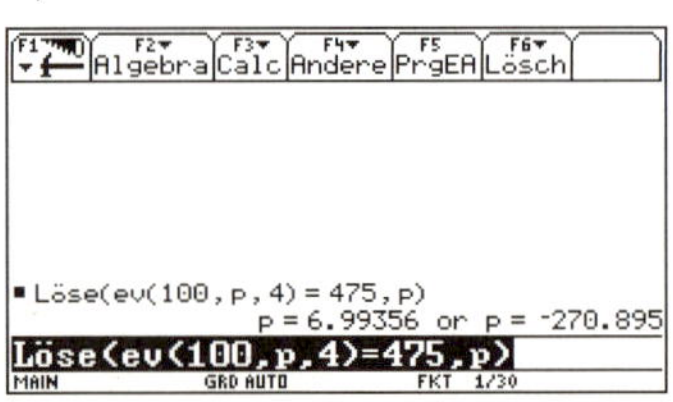

---

[1]) Falls der TR zu lange rechnet, unterbreche man ihn mit [ON] [ESC] und setze mit [◀] num [ENTER] die Buchstaben **num** vor den **Löse**-Befehl. (**numLöse** löst die Gleichung näherungsweise und kann mit [F2] [8] direkt aufgerufen werden.)

9. Beschreibende Statistik

Beispiel:

Gegeben ist die „Urliste" der Körpergrößen von 30 Schülerinnen und Schülern:

170, 168, 175, 162, 183, 170, 166, 170, 172, 181, 178, 177, 169, 172, 175, 168, 175, 177, 169, 182, 175, 176, 174, 181, 175, 172, 176, 172, 169, 175

Gesucht ist:

a) die Eingabe der Urliste im TR auf der Variablen „urliste"

b) die geordnete Urliste

c) der Median (Zentralwert), Minimum, Maximum und Spannweite der Daten

d) arithmetisches Mittel und Standardabweichung

e) die Löschung der benutzten Variablen „urliste"

Lösung:

a) Für die Eingabe der Urliste verwenden wir den Data/Matrix-Editor (vgl. Außenspalte), wählen 3, bestätigen „Typ" und „Verzei" mit ▼, geben den Variablennamen ein und drücken zwei Mal ENTER.

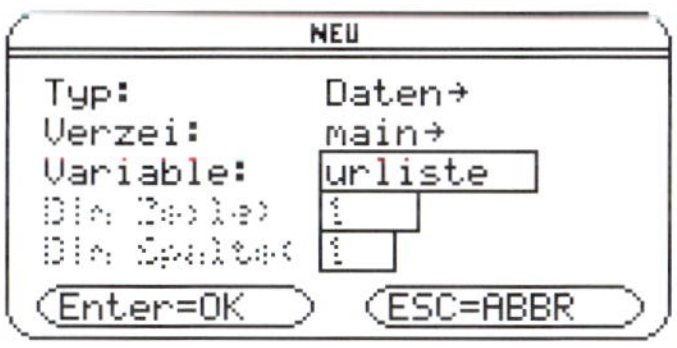

Nun können wir die Daten der Reihe nach eingeben und gleichzeitig überprüfen, ob es auch insgesamt 30 Daten sind.

1 7 0 ENTER

1 6 8 ENTER

⋮

1 7 5 ENTER

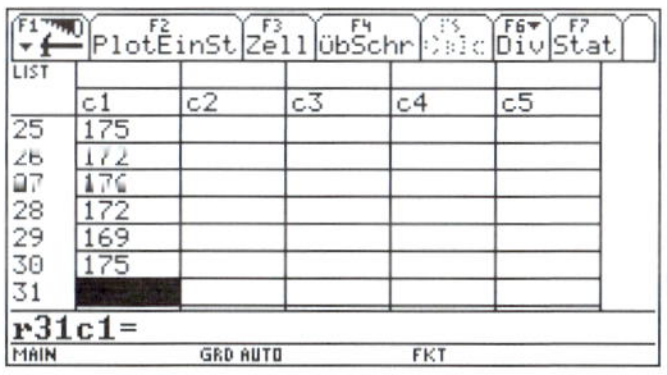

b) Um diese Urliste zu ordnen, verwenden wir den F6-Hilfsbildschirm:

F6 3 (sortiere Spalte)

Ergebnis:

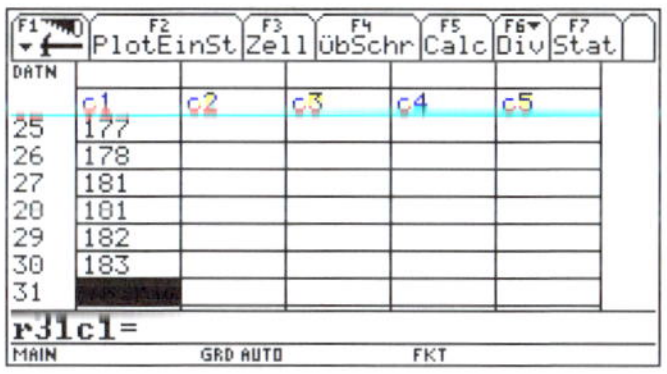

c) Jetzt können wir den F5-Rechenbildschirm aufrufen:

F5	(Rechenbildschirm, vgl. Außenspalte)
► 1	(1: Statistik mit 1 Variablen)
▼ C 1	(x-Werte: Rechenspalte c1)
▼ ► 1	(keine Häufigkeiten)
ENTER	(Abspeichern)

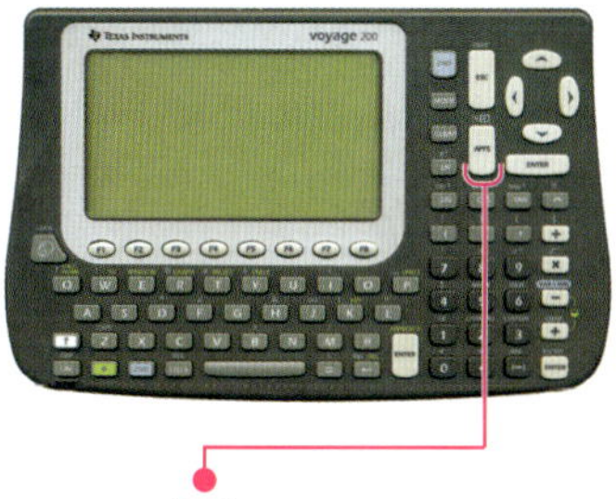

Wenn Sie APPS drücken, sehen Sie die Applikations-Arbeitsfläche:

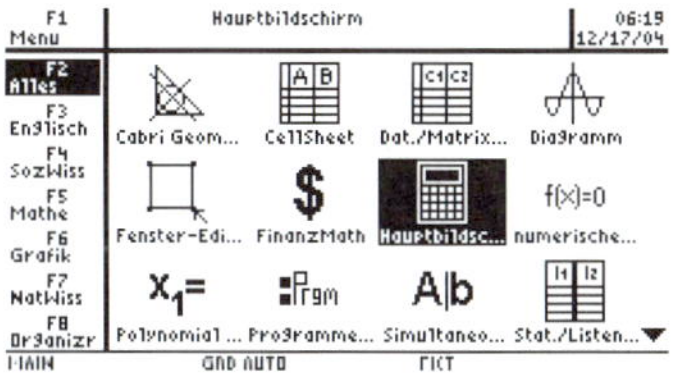

Mittels Cursortaste gelangen Sie zum Data/Matrix-Editor:

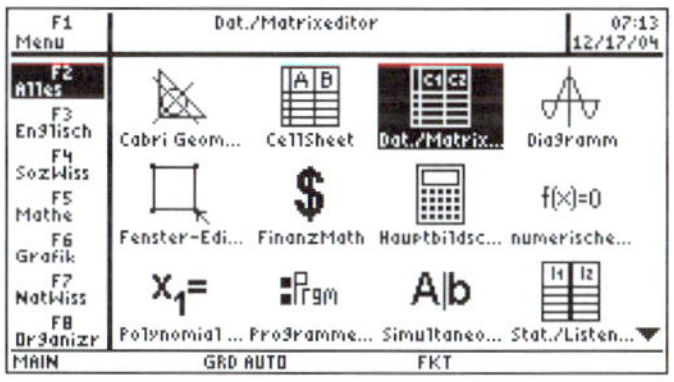

Wenn Sie jetzt ENTER drücken, sehen Sie

F6-Hilfsbildschirm:

F5-Rechenbildschirm:

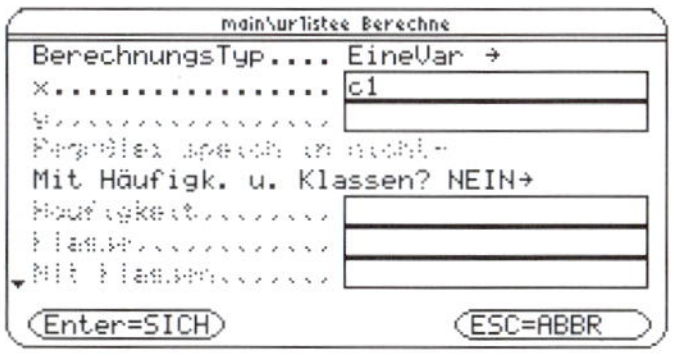

Neben den gesuchten Größen werden auch noch die Quartile q_1 und q_3 angezeigt, auf deren Bedeutung wir jedoch nicht eingehen.

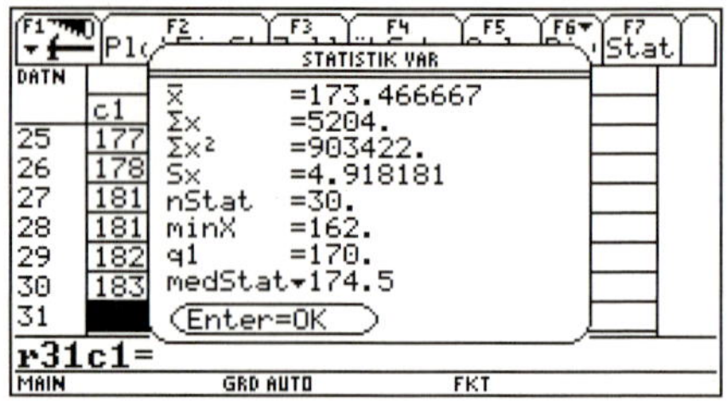

Das liefert u. a. die Variablen:
x̄ . . . . arithmetisches Mittel
nStat . . . . Anzahl der Daten
minX . . . . Minimum der Daten
medStat . . . . Medium (Zentralwert)
Nach Bewegung mit dem Cursor ([▼] [▼]) sehen wir noch:
maxX . . . . . . Maximum der Daten

Mit [ENTER] schließen wir diesen Bildschirm.

Die Spannweite müssen wir mit der Eingabe **maxx–minx** ermitteln. Davor suchen wir uns aber noch eine freie Zelle am Anfang der Datenliste:

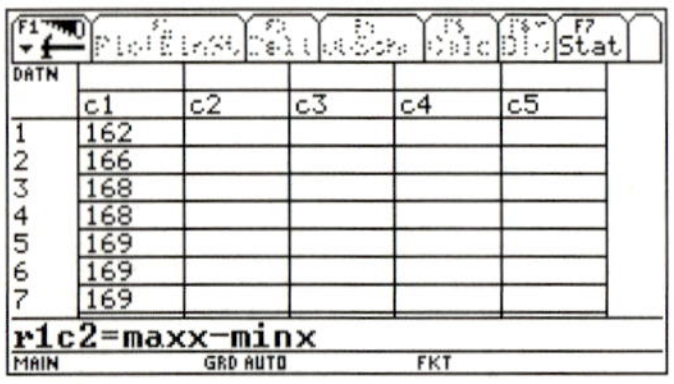

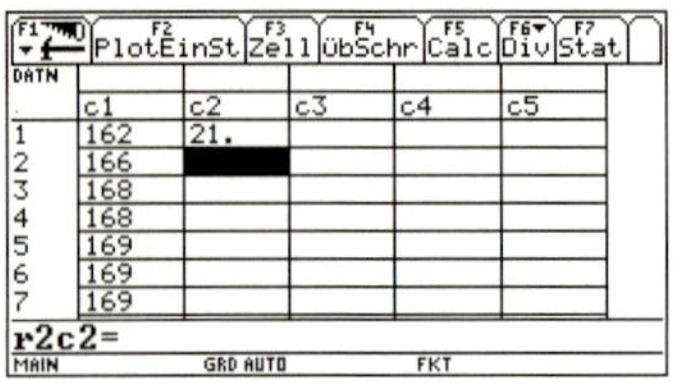

[2ND] [▲] [2ND] [▲] [2ND] [▲] [2ND] [▲] [▶]
(freie Zelle am Anfang der Datenliste)

[M] [A] [X] [X] [–] [M] [I] [N] [X] [ENTER] (maxX – minX)

Das liefert **21** als **Spannweite**.

[F7]-Statistikbildschirm:

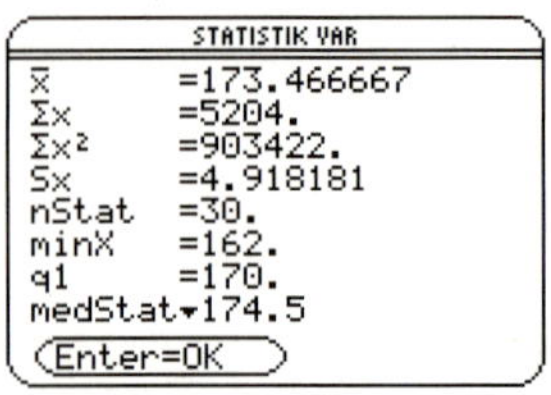

d) Das **arithmetische Mittel** x̄ liefert uns die Statistik (x̄ = 173,466667). Durch Aufruf von [F7] im Data/Matrix-Editor erhalten wir die gesamten Statistikdaten wieder, darunter auch x̄ (vgl. Außenspalte).
Die Varianz und die Wurzel daraus, die **Standardabweichung**, erhalten wir nicht durch die eingebauten Funktionen (**Varianz** und **StdAbw**), da diese durch n – 1 statt durch n dividieren.

Wir müssen dies durch Multiplikation von Sx mit $\sqrt{\frac{n-1}{n}}$ korrigieren (n ist hier die Anzahl der Daten, also n = 30):

[ENTER] (Statistik ausschalten)
[S] [X] [×] [2ND] [√] [2] [9] [÷] [3] [0] [)] [ENTER]
(Korrektur der Standardabweichung)

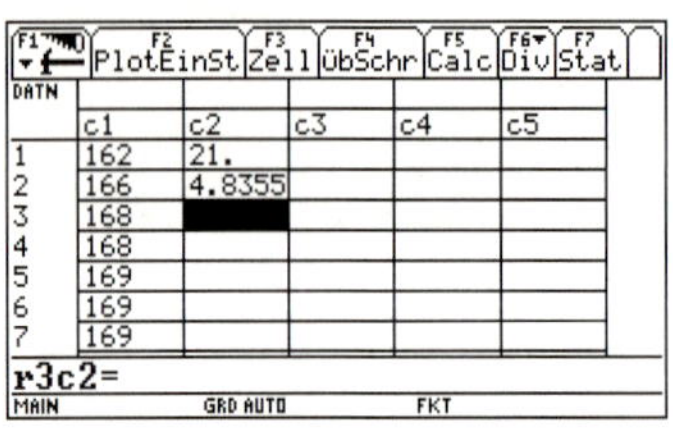

Das ergibt **4.8355** für die **Standardabweichung**.

e) Die Löschung der Variablen „**urliste**" kann im [CALC HOME]-Bildschirm erfolgen durch Eingabe von:

[◆] [CALC HOME] (Rückkehr zum [CALC HOME]-Bildschirm)

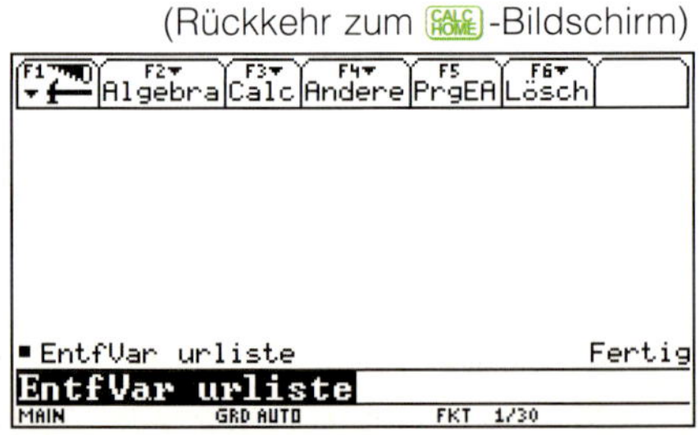

Löschen der Variablen mit EntfVar Name1, Name2, ..., aufrufbar mit [F4] [4]

Beispiel:

Die Schuhgrößen von 20 Personen sind gegeben:
38, 42, 44, 37, 39, 42, 42, 40, 37, 35, 42, 41, 45, 41, 40, 37, 39, 42, 44, 41

Gesucht sind:

a) die Liste der absoluten Häufigkeiten
b) die Liste der relativen Häufigkeiten
c) der Modalwert
d) das gewogene arithmetische Mittel
e) die gewogene Standardabweichung

Lösung:

a) Zuerst wird ein Programm eingegeben, das die Häufigkeitenliste erstellen soll:

[APPS] [Prgm Programme...] [3] (neues Programm)

[▼] [▼] [H] [A] [E] [U] [F] [ENTER] [ENTER] (mit Namen „haeuf")

[U] (bei haeuf( ) wird die Variable „u" eingefügt)

[▼] [▼] [F2] [9] (Erzeugt das Sonderzeichen ©)

[ ] [U] [.] [.] [.] [U] [R] [L] [I] [S] [T] [E] [ENTER]

[2ND] [CATALOG] [L] [▼] ... [▼] [ENTER]

(über den den Katalog den Befehl **Lokal** auswählen)

⋮ (Programmeingabe siehe Außenspalte)[1)]

[F2] [4] [ENTER] (Schleifenbefehl **For...EndFor** einfügen)

⋮

[F2] [2] [2] [ENTER] (Schleifenbefehl **If...Then...Endif** einfügen)

⋮

[◆] [CALC HOME] (in Haupt-Bildschirm wechseln)

Jetzt wird die Urliste eingegeben und danach das Programm **haeuf** aufgerufen:

[F1] [8] (alles löschen)

[2ND] [{] [3] [8] [,] [4] [2] [,] ... [4] [4] [,] [4] [1] [2ND] [}]

[STO▸] [U] [ENTER] (Abspeichern der Daten unter dem Variablennamen u)

[D] [I] [M] [(] [U] [)] [ENTER] (**Dim** = Datenanzahl)

[H] [A] [E] [U] [F] [(] [U] [)] [ENTER]

(Häufigkeitenlisten d und h erzeugen)

[ENTER] (startet das Programm)

[F5] (schaltet in HOME-Bildschirm)

[D] [ENTER] (Liste der geordneten Daten)

[H] [ENTER] (Häufigkeitenliste)

```
: haeuf(u)¹⁾
: Prgm
: © u...urliste
: Lokal i,n
: LöEA
: Zeige "Vorsicht, d und h werden
  neu bespeichert"
: Zeige "d...Datenliste, h...Haeufigkeiten
  liste"
: Zeige "mit ENTER geht es weiter"
: Zeige "mit ON ESC F5 steigt man
aus"
: Pause : DelVar d,h
: SortAufw u
: 1→n: u[1]→d[1]: 1→h[1]
: For i,2,Dim(u)
:   If d[n]=u[i] Then
:      h[n]+1→h[n]
:   Else
:      n+1→n
:      u[i]→d[n]
:      1→h[n]
:   EndIf
: EndFor
: LöEA
: Zeige "d=",d,"h=",h,""
: Zeige "Bitte F5 druecken"
: EndPrgm
```

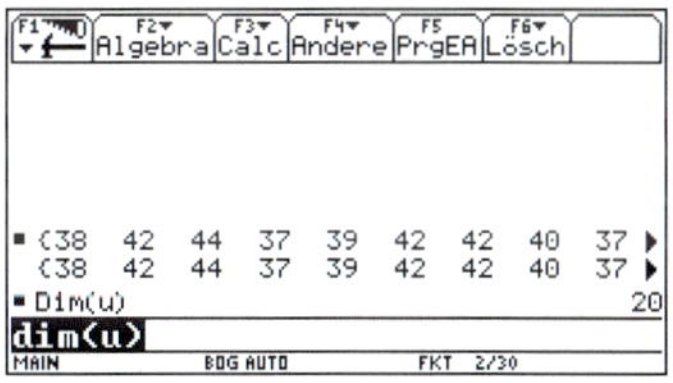

EA-Bildschirm (nach Aufruf von haeuf(u)):

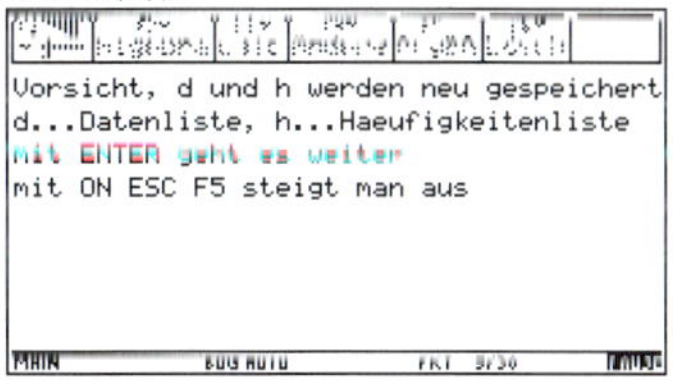

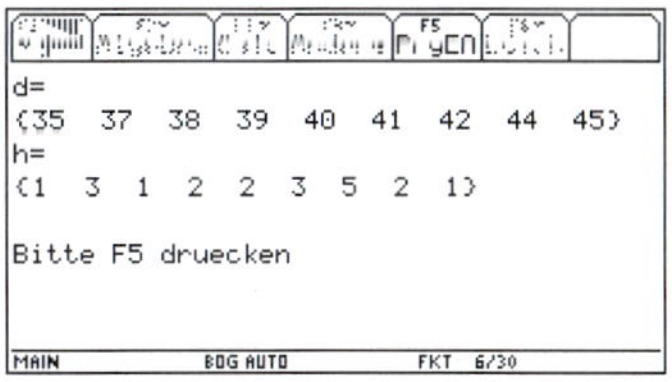

[1)] Die Pfeile → bedeuten die [STO▸]-Taste. Für die Erklärung der Befehle vgl. Programm „Teiler" auf Seite 246 f.

Der **Data/Matrix**-Editor wird mit

[APPS] [Dat./Matrix...] [ENTER] [3] für ein neues

Datenblatt aufgerufen, dessen Name eingegeben werden muss:

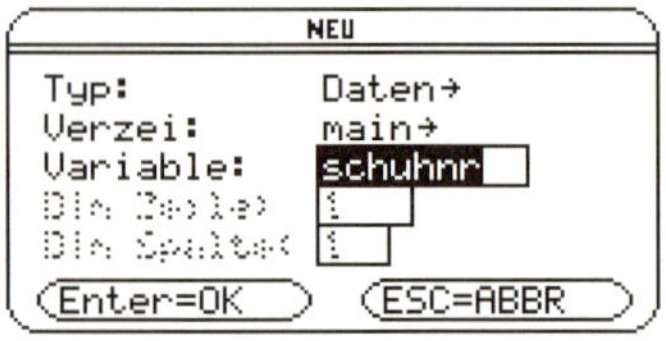

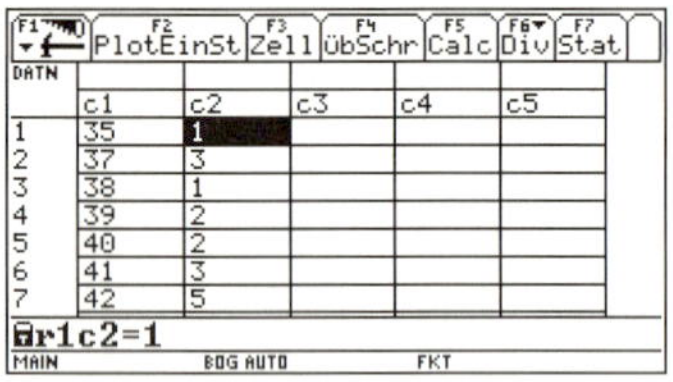

Diese Listen werden wir für die weitere Arbeit in ein Datenblatt eintragen:

[APPS] [Dat./Matrix...] [ENTER] [3] (neues Datenblatt)

[▼] [▼] [S] [C] [H] [U] [H] [N] [R] [ENTER] [ENTER] (mit Namen„**schuhnr**“)

[F4] [D] [ENTER] (Liste der geordneten Daten in Spalte **c1** eingeben)

[▶] [F4] [H] [ENTER] (Häufigkeitenliste in Spalte **c2** eingeben)

Achtung: Um Tippfehler zu vermeiden, wird empfohlen vordefinierte Funktionen (Befehle) wie **Summe(**, **approx(**, **Dim(** und **SortAbw** nicht auszuschreiben, sondern über [2ND] [CATALOG] zu erreichen. Diese vordefinierten Befehle werden wir ab jetzt bei Tastenfolgen anzeigen wie folgt:

Summe(, ***approx(***, ***Dim(*** und ***SortAbw***

Relative Häufigkeit h_i:

$$h_i = \frac{\text{absolute Häufigkeit } H_i}{\text{Stichprobenumfang } n}$$

b) Nun ist die Erstellung der **relativen Häufigkeiten** nicht mehr schwer. Es müssen alle Werte von Spalte c2 durch die Anzahl der Daten (= **Summe(c2)**) dividiert werden:

[▶] [F4] [C] [2] [÷]

Summe([C] [2] [)] [ENTER]

Daten absolute Häufigkeit relative Häufigkeit

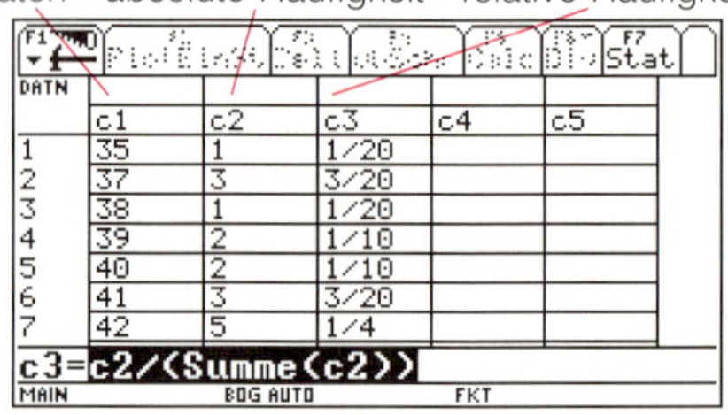

Da die Anzeige „exakt“ ist, geben wir ein:

[F4] [◀] ***approx(*** [2ND] [▶] [)] [ENTER]

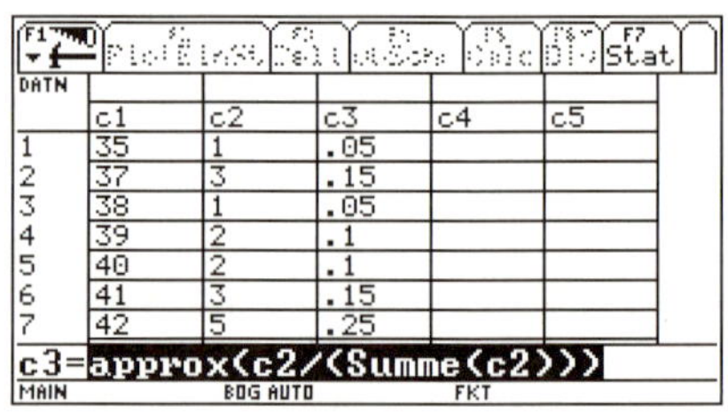

Stichprobenumfang n =
= Summe der Spalte c2 =
= Anzahl der Daten =
= Summe der absoluten Häufigkeitswerte

Summe der relativen Häufigkeitswerte = **1**

Auch die Summe der absoluten Häufigkeiten (= Anzahl der Daten, also hier 20) und der relativen Häufigkeiten (muss 1 sein) kann man sich anzeigen lassen durch:

[▶] ***Summe(*** [C] [2] [)] [ENTER]

Summe([C] [3] [)] [ENTER]

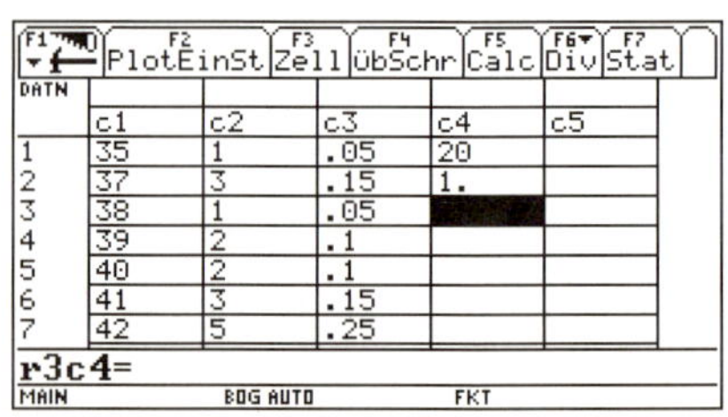

c) Der **Modalwert** ist der häufigste Wert. Durch Ordnen der Liste der Häufigkeiten der Größe nach, wobei die Liste der Daten gleichzeitig mitsortiert wird, erhält man den Modalwert:

[◆] [CALC HOME] (Rückkehr zum [CALC HOME]-Bildschirm)

[F1] [8] (Anzeige löschen)

SortAbw [H] [,] [D] [ENTER]

[D] [ENTER]

[H] [ENTER]

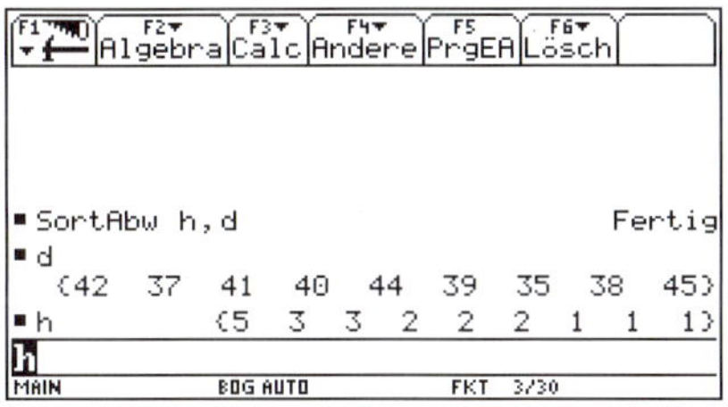

Der Modalwert ist demnach **42.**

d) Das **gewogene arithmetische Mittel** erhält man aus der Summe der Produkte von Daten mit Häufigkeiten, dividiert durch die Summe der Häufigkeiten (= Anzahl der Daten):

[F1] [8] (Anzeige löschen)

Summe([D] [×] [H] [)] [÷]

Summe([H] [)]

[◆][1] [ENTER]

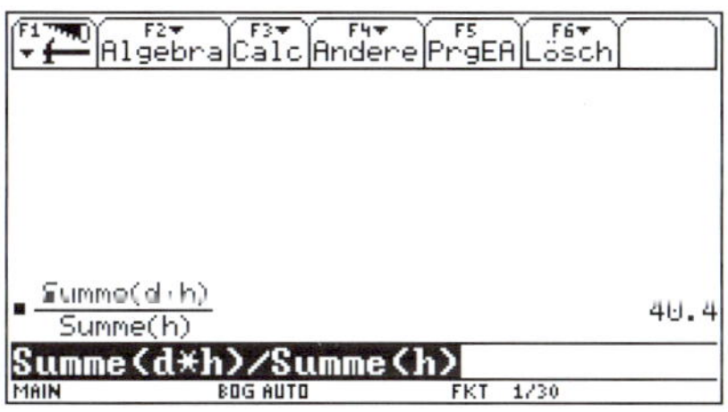

Das gewogene arithmetische Mittel:

Daten	absolute Häufigkeiten	Produkt
35	1	35
37	3	111
38	1	38
39	2	78
40	2	80
41	3	123
42	5	210
44	2	88
45	1	45
Summe	20	808
$\bar{X} =$	$\frac{808}{20} =$	40,4

e) Die „gewogene" **Standardabweichung** erhält man als Quadratwurzel des Quotienten aus der Summe der Quadrate der Abweichungen vom Mittelwert multipliziert mit den absoluten Häufigkeiten, gebrochen durch die Anzahl der Daten:

[F1] [8] (Anzeige löschen)

[2ND] [√] *Summe(* [(] [D] [−] [4] [0] [.] [4] [)] [^] [2] [×] [H] [)]

[÷] *Summe(* [H] [)] [)] [◆][1] [ENTER]

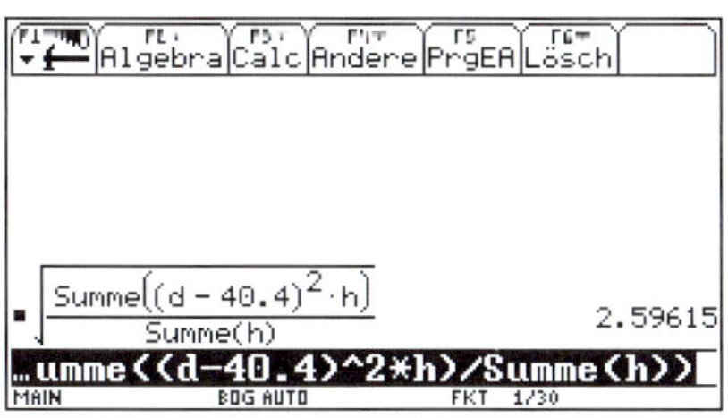

Die gewogene Standardabweichung:

Daten	absolute Häufigkeiten	$(\text{Daten} - \bar{X})^2 \cdot$ abs. Häufigkeit
35	1	29,16
37	3	34,68
38	1	5,76
39	2	3,92
40	2	0,32
41	3	1,08
42	5	12,8
44	2	25,92
45	1	21,16
Summe	20	134,8
$\sigma^2 =$	$\frac{134{,}8}{20} =$	6,74
$\sigma =$	$\sqrt{6{,}74} =$	2,59615

[1]) Durch Drücken von [◆] wird eine Ausgabe als Dezimalzahl erwirkt.

10. Wahrscheinlichkeitsrechnung und Kombinatorik

Beispiel: Fakultät, Permutation

Wie viele Möglichkeiten gibt es, eine 4-köpfige Staffel aus 4 Personen zu bilden?

Lösung:

Dieses Problem gehört zur Kombinatorik. Es soll eine Permutation der 4 Personen gebildet werden. Nennen wir diese Leute Anton, Barbara, Claudia und Dieter — oder nur kurz: A,B,C,D. Dann lassen wir sie der Reihe nach die verschiedenen Positionen einnehmen:

ABCD	BACD	CABD	DABC
ABDC	BADC	CADB	DACB
ACBD	BCAD	CBAD	DBAC
ACDB	BCDA	CBDA	DBCA
ADBC	BDAC	CDAB	DCAB
ADCB	BDCA	CDBA	DCBA

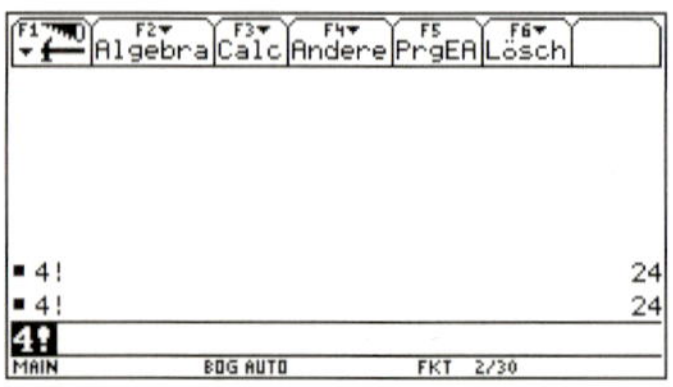

Wie viele Möglichkeiten gibt es?

$4 \cdot 3 \cdot 2 \cdot 1 = 4! = 4$ Faktorielle $= 4$ Fakultät $= 24$ Möglichkeiten

Wie muss das am TR eingegeben werden?

[4] [2ND] [W] [ENTER] oder:

[4] [2ND] [MATH] [7] [1] [ENTER]

Beispiel: Variation (englisch: Permutation)

Wie viele Möglichkeiten gibt es, eine Zweierstaffel aus 5 Personen zusammenzustellen?

Lösung:

Wir stellen wieder alle möglichen Staffeln aus 2 Personen auf:

AB	BA	CA	DA	EA
AC	BC	CB	DB	EB
AD	BD	CD	DC	EC
AE	BE	CE	DE	ED

Die erste Wahl einer Person erfolgt aus 5 Personen, die zweite Wahl erfolgt aus 4 Personen. Es handelt sich um eine geordnete Auswahl. Da es keine Einschränkung bei der Wahl gibt, müssen die beiden Möglichkeiten miteinander multipliziert werden (Produktregel):

$5 \cdot 4 = \frac{5!}{(5-2)!} = \frac{5!}{3!} = \frac{5 \cdot 4 \cdot 3 \cdot 2 \cdot 1}{3 \cdot 2 \cdot 1} = 20$

$=$ nPr(5,2) = Variation (Permutation) von 5 Personen auf 2 Plätzen

Man beachte: Bei der geordneten Auswahl von k Elementen aus n Elementen lautet die Berechnung $\frac{n!}{(n-k)!}$. Bei der Verwendung von *Permutat(* lautet die Eingabe jedoch *Permutat(n,k)*

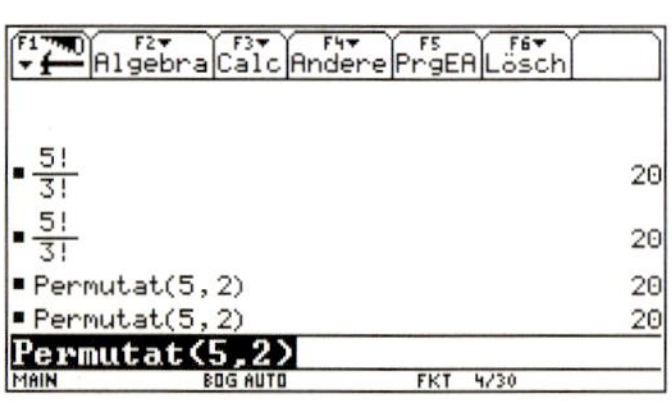

Wie sieht die Eingabe dazu aus?

[5] [2ND] [W] [÷] [3] [2ND] [W] [ENTER] oder:

[5] [2ND] [MATH] [7] [1] [÷] [3] [2ND] [MATH] [7] [1] [ENTER] oder:

Permutat([5] [,] [2] [)] [ENTER]

(Permutation von 5 Personen auf 2 Plätzen)

oder: [2ND] [MATH] [7] [2] [5] [,] [2] [)] [ENTER] (Permutat(5,2))

Beispiel: Kombination

Wie viele Möglichkeiten gibt es, eine zweiköpfige Gruppe aus 5 Personen auszuwählen? (Die Reihenfolge in der Gruppe ist egal!)

Lösung:

Wir sehen uns die Möglichkeiten mit den Buchstaben A,B,C,D und E an:

AB BC CD DE
AC BD CE
AD BE
AE

Da die Reihenfolge egal ist liegt eine nicht geordnete Auswahl vor, die wir mit Hilfe des Binomialkoeffizienten berechnen.

$$\binom{5}{2} = \frac{5!}{2!(5-2)!} = \frac{5!}{2!\cdot 3!} = \frac{5\cdot 4\cdot 3\cdot 2\cdot 1}{2\cdot 1\cdot 3\cdot 2\cdot 1} = 10$$

Die Eingabe kann auf folgende Arten erfolgen:

[5] [2ND] [W] [÷] [(] [2] [2ND] [W] [×] [3] [2ND] [W] [)] [ENTER] oder:

[5] [2ND] [MATH] [7] [1] [÷] [(] [2] [2ND] [MATH] [7] [1] [×] [3] [2ND] [MATH] [7] [1] [)] [ENTER] oder:

Kombinat([5] [,] [2] [)] [ENTER] (Kombinationen von 5 Personen auf 2 Plätzen)

oder: [2ND] [MATH] [7] [3] [5] [,] [2] [)] [ENTER] (Kombinat(5,2))

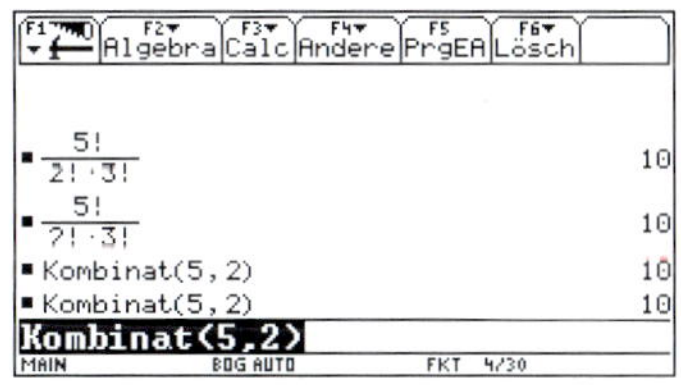

Beispiel: zufällige Sätze

Wie viele Sätze kann man aus folgender Tabelle machen?

Wer?	macht was?	Warum?	Wo?
Mein Vater	geht	aus Altersgründen	im Garten.
Peter	springt	wegen der vielen Sonne	im Gemüse.
Claudia	spielt	weil keiner da ist	hinter dem Baum.
Der Lehrer	weint	„ "	auf dem Mist.
Die alte Frau	wundert sich	wegen der Weinernte	im Haus.

```
:satz()
:Prgm
:Lokal u,v,w,x
:{"Mein Vater ","Peter ","Claudia ","Die
 Lehrkraft ","Die alte Frau "}→u
:{"geht ","springt ","spielt ","weint ",
 "wundert sich "}→v
:{"aus Altersgruenden ","wegen der viele
 n Sonne ","weil keiner da ist "," ","weg
 en der Weinernte "}→w
:{"im Garten.","im Gemuese.","hinter dem
 Baum.","auf dem Mist.","im Haus."}→x
:Zeige u[ZufallZ(Dim(u))]&
 v[ZufallZ(Dim(v))]
:Zeige w[ZufallZ(Dim(w))]&
 x[ZufallZ(Dim(x))]
:EndPrgm
```

Lösung:

Da jede Spalte 5 Wörter beinhaltet und man jedes Wort einer Spalte mit jedem Wort einer anderen Spalte usw. zu einem Satz verbinden kann, müssen die Möglichkeiten miteinander multipliziert werden:

Es gibt also $5\cdot 5\cdot 5\cdot 5 = 625$ Möglichkeiten.

Diese Sätze sind mit nebenstehendem Programm per Zufall erzeugbar.[1]

Durch Eingabe von *satz()* [ENTER] im Haupt-Bildschirm ist ein Satz abrufbar.

Die Eingabe des Programms erfolgt mit:

[APPS] [Prgm Programme...] [3] [▼] [▼] *satz* [ENTER] [ENTER] (neues Programm)

Lokal [U] [,] [V] [,] [W] [,] [X]

⋮

EndPrgm

[◆] [CALC HOME]

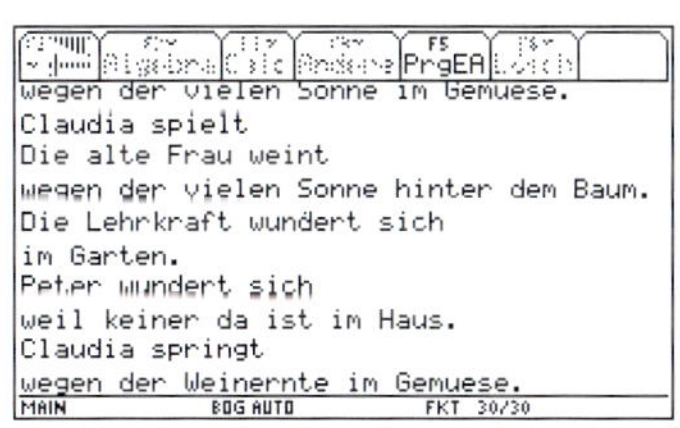

[1]) Die Eingabe von & erfolgt mit [2ND] [H].

Die folgende Tabelle gibt eine Übersicht über alle 36 möglichen Würfelergebnisse:

2 \ 1	1	2	3	4	5	6
1	2	3	4	5	6	7
2	3	4	5	6	7	8
3	4	5	6	7	8	9
4	5	6	7	8	9	10
5	6	7	8	9	10	11
6	7	8	9	10	11	12

Beispiel: Würfeln

Wie groß ist die Wahrscheinlichkeit, mit 2 Würfeln die Augensumme 6 zu würfeln? Wie ist das empirisch nachprüfbar?

Lösung:

Es gibt $6 \cdot 6$ verschiedene Würfelergebnisse. Davon gibt es nur die folgenden 5, deren Summe 6 ist: (1,5), (2,4), (3,3), (4,2), (5,1).

Daher ist die Wahrscheinlichkeit:

$$\frac{\text{Anzahl der günstigen Ereignisse}}{\text{Anzahl der möglichen Ereignisse}} = \frac{5}{36} \approx 0{,}14 = \mathbf{14\,\%}$$

Die empirische Prüfung dieses Ergebnisses soll durch 100 Würfelwürfe und deren Ergebnis erfolgen. Einen Würfelwurf simulieren wir durch die Zufallsfunktion **ZufallZ(6)**. Eine Liste von 100 Würfen erhalten wir mit der Funktion **Folge(***Term*, *Variable*, *Startwert*, *Endwert*).

Dazu probieren wir zunächst beide Funktionen aus:

ZufallZ([6] [)] [ENTER] erzeugt einen Würfelwurf,

Folge([N] [^] [2] [,] [N] [,] [1] [,] [1] [0] [)] [ENTER] erzeugt die ersten 10 Quadratzahlen.

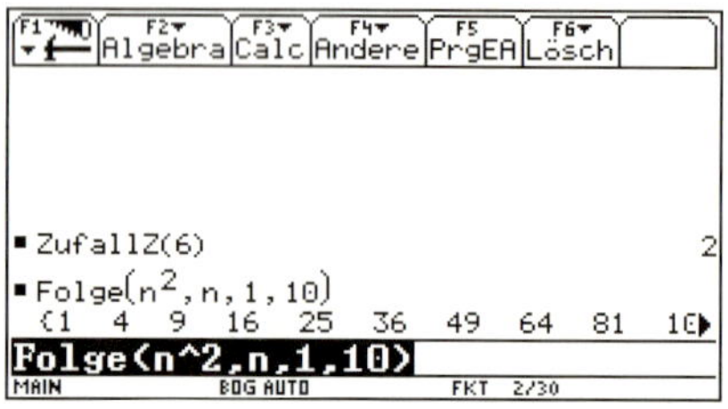

Die Augensumme von 2 Würfeln erhält man durch Eingabe von rand(6) + rand(6), die Liste mit 100 Würfeln ergibt sich somit zu:

Folge(ZufallZ([6] [)] [+]
ZufallZ([6] [)] [,] [N] [,] [1] [,] [1] [0] [0] [)] [ENTER]

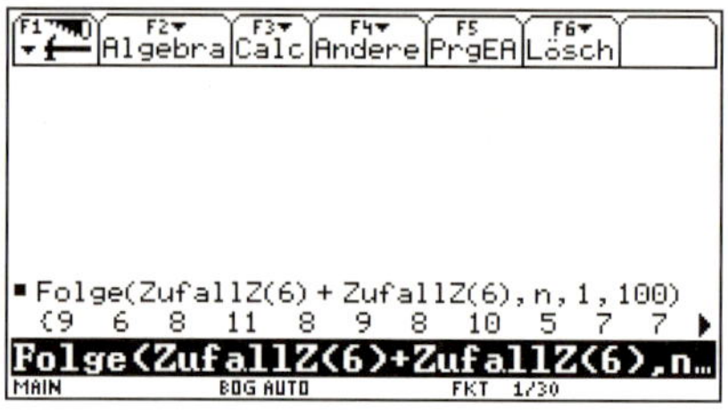

Die Ergebnisliste speichern wir auf **u** und bestimmen die Häufigkeiten mit dem auf Seite 261 dargestellten Programm **haeuf(u)**:

[STO▸] [U] [ENTER]
haeuf([U] [)] [ENTER]
[ENTER] [F5]
[D] [ENTER] (Datenliste)
[H] [ENTER] (Häufigkeitenliste)

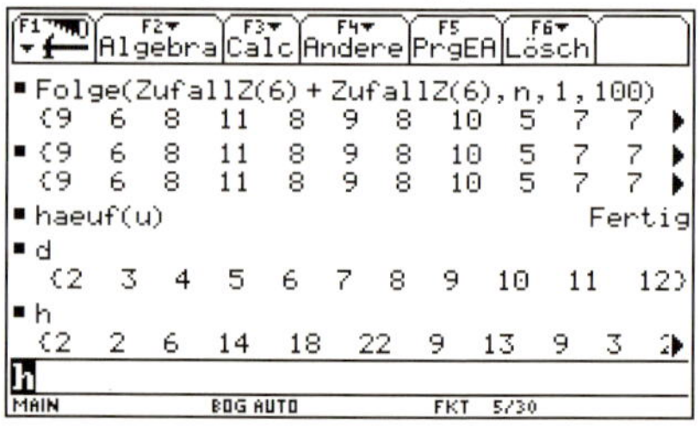

Die absolute Häufigkeit des Auftretens von Augensumme 6 sollte ca. 14 sein, da die Wahrscheinlichkeit davon ca. 14 % (= 14 von 100) ist. Hier ist es 18, was bei einem zweiten Aufruf schon nicht mehr sein muss.

AUFGABEN

Terme mit Potenzen und Wurzeln

Bei den Aufgaben **987.** bis **989.** sind die gegebenen Identitäten zunächst ohne TR zu überprüfen. Anschließend ist die linke Seite jeder Gleichung in den TR einzugeben und das vom TR gelieferte Resultat anzuschreiben. Zuletzt sind die gegebenen Identitäten mit dem TR zu überprüfen![1]

987. **a)** $8(x^3-4)^7\cdot 3x^2 = 24x^2(x^3-4)^7$ **b)** $5(4-x^3)^4(-3x^2) = -15x^2(x^3-4)^4$

988. **a)** $2\left(x-\frac{3}{x}\right)\left(1+\frac{3}{x^2}\right) = \frac{2(x^4-9)}{x^3}$ **b)** $8\left(3x-\frac{2}{x^3}\right)^7\left(3+\frac{6}{x^4}\right) = \frac{24(x^4+2)(3x^4-2)^7}{x^{25}}$

989. **a)** $2(\sqrt{x}-3)\cdot\frac{1}{2\sqrt{x}} = 1-\frac{3}{\sqrt{x}}$ **b)** $\sqrt{x-3}+(x+1)\cdot\frac{1}{2\sqrt{x-3}} = \frac{3x-5}{2\sqrt{x-3}}$

Bei den Aufgaben **990.** bis **998.** sind die gegebenen Terme für die gegebenen Werte zu berechnen. Hierbei ist der senkrechte Strich „|" (der durch die Zweitfuntkion der Taste **K** erzeugt wird) zu verwenden, um die Variable durch die jeweilige Zahl zu ersetzen.

990. **a)** $3\left(x^5-1\right)^4\cdot 5x^4,\ x=1$ **b)** $3\left(x+\frac{1}{x}\right)^2\left(1-\frac{1}{x^2}\right),\ x=3$

991. **a)** $5(\sqrt{x}-2)^4\left(\frac{1}{2\sqrt{x}}\right),\ x=4$ **b)** $3\left(\sqrt[3]{x}-4\right)^2\left(\frac{1}{3\sqrt[3]{x^2}}\right),\ x=27$

992. **a)** $\frac{1}{2\sqrt{x+1}},\ x=3$ **b)** $\frac{2}{3\sqrt[3]{3-x^2}}(-2x),\ x=\sqrt{2}$

993. **a)** $2x\left(1-\frac{9}{x^4}\right),\ x=3$ **b)** $-5x\sqrt{\left(3-x^2\right)^3},\ x=1$

994. **a)** $\frac{1}{2\sqrt{x^2+x-1}}(2x+1),\ x=-2$ **b)** $\frac{2}{3\sqrt[3]{x^2-x-1}}(2x-1),\ x=2$

995. **a)** $\frac{5(3-x^2)^4(-2x)}{2\sqrt{(3-x^2)^5}},\ x=-1$ **b)** $\frac{5x^2-5x-3}{(x-1)\sqrt{x^2-1}},\ x=-2$

996. **a)** $\frac{1}{2}\sqrt{\frac{1-2x}{1+2x}}\cdot\frac{2(1-2x)-(1+2x)(-2)}{(1-2x)^2},\ x=\frac{1}{4}$ **b)** $\frac{1}{3}\sqrt[3]{\left(\frac{3x+1}{3x-1}\right)^2}\cdot\frac{3(3x+1)-(3x-1)(3)}{(3x+1)^2},\ x=\frac{2}{3}$

997. **a)** $\frac{1}{2}\sqrt{\frac{3-4x}{3+4x}}\cdot\frac{4(3-4x)-(3+4x)(-4)}{(3-4x)^2},\ x=0$ **b)** $4\sqrt{\left(\frac{2x-9}{3+2x}\right)^3}\cdot\frac{2(2x-9)-(3+2x)2}{(2x-9)^2},\ x=5$

998. **a)** $3\sqrt{\frac{1+x}{1-x}}-(3-x)\sqrt{\frac{x-1}{x+1}}\cdot\frac{1}{1-x^2},\ x=0$ **b)** $5\sqrt{\frac{x+1}{x-1}}+(5x-2)\frac{1}{2}\sqrt{\frac{x-1}{x+1}}\cdot\frac{-2}{(x-1)^2},\ x=2$

---

1) Verwenden Sie gegebenenfalls die Befehle „**Faktor**" und „**Entwick**" und/oder bringen Sie den Links- und Rechtsterm auf eine Seite der Gleichung. Wenn die Differenz 0 ist, muss eine Identität vorliegen!

Quadratische Gleichungen

999. Herleitung der quadratischen Lösungsformel: $x_{1,2} = \frac{-b \pm \sqrt{b^2-4ac}}{2a}$

Besitzen Sie die Gabe, den Anweisungen einer Gebrauchsanweisung folgen zu können? Das ist eine Fähigkeit, die Sie Ihr ganzes Leben lang brauchen werden. Sei es so einfach wie die Bedienungsanleitung eines Videorecorders oder so kompliziert wie die Informationen zum Betriebssystem eines Computers. Testen Sie Ihr Können und versuchen Sie, die folgenden Anweisungen Schritt für Schritt nachzuvollziehen:

(1) Löschen Sie alle nur ein Zeichen langen Variablen aus dem aktuellen Ordner, indem Sie [F6] [ENTER] drücken.

(2) Geben Sie im Ausgangsbildschirm die allgemeine quadratische Gleichung ein: $ax^2 + bx + c = 0$.[1)]

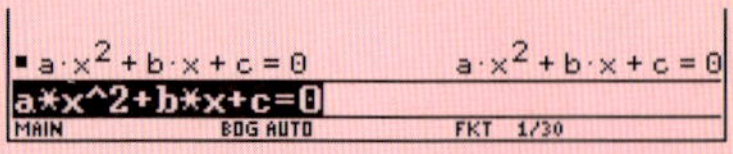

(3) Subtrahieren Sie c von beiden Seiten der Gleichung. Geben Sie ein: [2ND] [ANS] [−] [C]

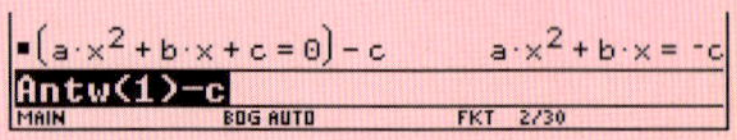

(4) Dividieren Sie beide Gleichungsseiten durch den führenden Koeffizienten **a**.

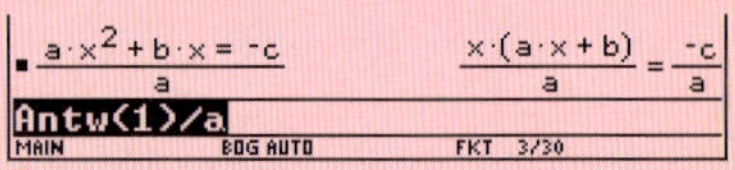

(5) Benutzen Sie den Befehl **Entwick(**[2ND] [ANS]), um das Ergebnis der letzten Antwort auszumultiplizieren.

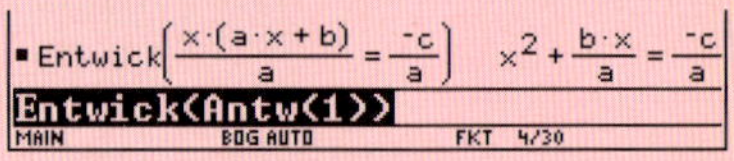

(6) Ergänzen Sie quadratisch durch Addition von $((b/a)/2)^2$ auf beiden Seiten der Gleichung.

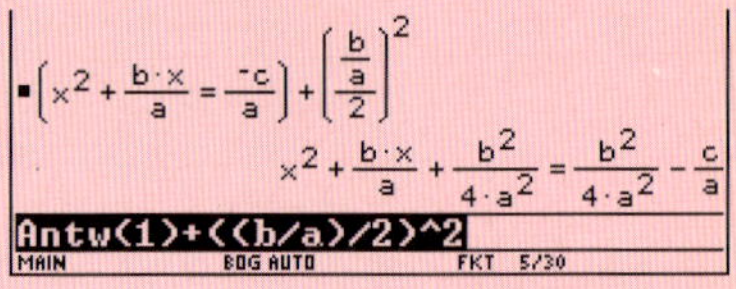

(7) Vereinfachen Sie mit dem Befehl **Faktor(**[2ND] [ANS]).

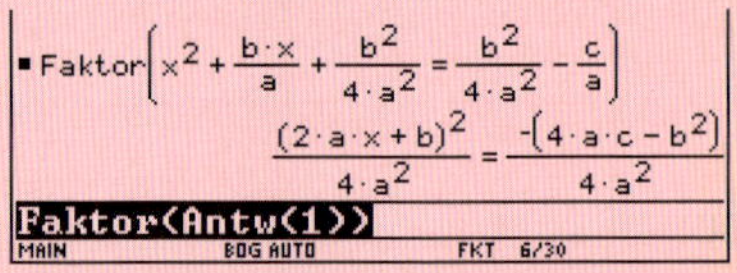

(8) Multiplizieren Sie beide Seiten der Gleichung mit $4a^2$.

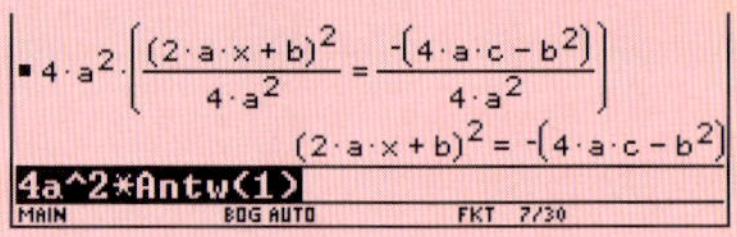

(9) Ermitteln Sie die Quadratwurzel für beide Seiten der Gleichung, und zwar mit der Beschränkung, dass $a > 0$ und $b > 0$ und $x > 0$.[2)] Obgleich die Arbeitssprache Deutsch eingestellt ist, muss für „und" das englische Wort „and" eingegeben werden.

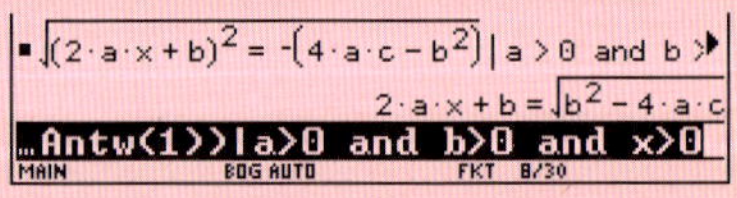

(10) Lösen Sie nach x auf, indem Sie von beiden Seiten b subtrahieren und dann eine Division durch 2a vornehmen.

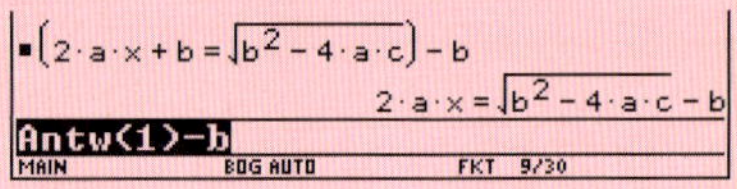

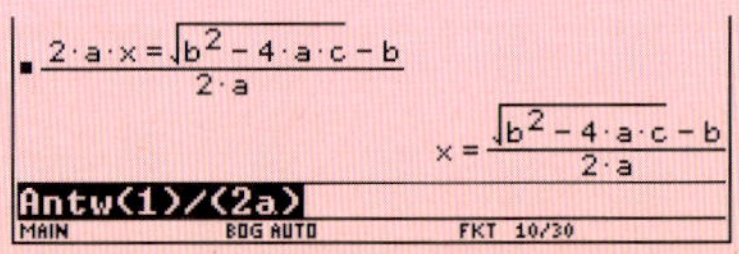

Hinweis: Dies ist auf Grund der Beschränkung in Schritt 9 nur eine der beiden allgemeinen quadratischen Lösungen.

1) Vergessen Sie nicht auf das Multiplikationszeichen zwischen a und x^2 bzw. b und x.

2) Verwenden Sie den senkrechten Strich „|", der durch die Zweitfunktion der Taste [K] erzeugt wird.

Bei den Aufgaben **1000.** bis **1002.** sind die gegebenen Formeln mit dem „Löse"-Befehl für die gefragte Größe zu berechnen. Anschließend ist — in Analogie zu dem blau gehaltenen Beispiel — ein Programm zu schreiben, das nach Eingabe entsprechender (selbst gewählter) Werte, die gefragte(n) Größe(n) ausgibt.

Geben Sie jeweils das „Listing" des Programms und das Ergebnis für drei selbst gewählte Werte an!

Tastenfolge für die Programmeingabe:[1)]

[APPS] [Prgm Programme...] [3] [▼] [▼]

Obflkug [ENTER] [ENTER] *LöEA* [ENTER]

[F3] [3] "Oberfl" [,] [O] [ENTER]

approx [(] [2ND] [√] [O] [÷] [(] [4] [×] [2ND] [π] [)] [)] [)]

[STO▸] [R] [ENTER] [F3] [2] "Radius ist" [,] [R]

```
: Obflkug()
: Prgm
: LöEA
: Eingabe "Oberfl ",O
: approx (√(O/(4*π)))→r
: Zeige "Radius ist",r
: EndPrgm
```

1000. a)[2)] $O = 4\pi r^2$, $r = ?$ **b)** $A = \frac{\pi}{4} d^2$, $d = ?$ **c)** $A = \frac{a^2\sqrt{3}}{4}$, $a = ?$

1001. a) $A = 2a^2(\sqrt{2}+1)$, $a = ?$ **b)** $A = \frac{3a^2\sqrt{3}}{2}$, $a = ?$ **c)** $V = \frac{4\pi r^2 h}{3}$, $r = ?$

1002. a) $a^2 + b^2 = c^2$, (1) $a = ?$, (2) $b = ?$, (3) $c = ?$ **b)** $O = 4\pi(r_1^2 + r_2^2)$, (1) $r_1 = ?$, (2) $r_2 = ?$

1003. Bestimmen Sie die ungefähren Scheitelkoordinaten der folgenden quadratischen Funktionen mit Hilfe des **Spur**-Modus:

a) $y = x^2 - 4x - 2$ **b)** $y = 2x - x^2$ **c)** $y = 2x^2 - 5x$

Trigonometrie

Um auf Ihrem TR Gradmaß oder Bogenmaß zu wählen sind folgende Tasten zu drücken: [MODE] [▼] [▼] [▼] [▶]
Wählen Sie nun [1] (für Bogenmaß) oder [2] (für Gradmaß) und drücken Sie anschließend [ENTER].

Bei den Aufgaben **1004.** bis **1006.** sind die Werte der trigonometrischen Funktionen zu berechnen:

1004. a) $\sin 45°$ **b)** $\cos 60°$ **c)** $\tan 60°$

1005. a) $\sin \frac{5\pi}{2}$ **b)** $\cos \frac{12\pi}{5}$ **c)** $\tan \frac{7\pi}{3}$

1006. a) $\sin 17° 12' 5''$ **b)** $\cos 32° 33' 34''$ **c)** $\tan 198° 19' 59''$

Anleitung: ° = Zweitfunktion der Taste [D], ' = Zweitfunktion der Taste [B] und " = Zweitfunktion der Taste [L].

Bei den Aufgaben **1007.** bis **1010.** ist unter Verwendung von [2ND] [SIN⁻¹], [2ND] [COS⁻¹] und [2ND] [TAN⁻¹] sowie durch entsprechende Überlegungen am Einheitskreis jeweils der Winkel α (Gradmaß) oder **x** (Bogenmaß) zu ermitteln.

1007. a) $\sin\alpha = 0{,}73998$ $(0° < \alpha < 90°)$ **b)** $\cos\alpha = 0{,}34361$ $(270° < \alpha < 360°)$

1008. a) $\tan x = 0{,}72654$ $(\pi < x < \frac{3\pi}{2})$ **b)** $\sin x = 0{,}73998$ $(\frac{\pi}{2} < x < \pi)$

1009. a) $\cos x = 0{,}34361$ $(0 < x < \frac{\pi}{2})$ **b)** $\tan\alpha = 0{,}72654$ $(0° < \alpha < 90°)$

1010. a) $\sin\alpha = \sqrt{3}$ $(90° < \alpha < 180°)$ **b)** $\cos x = \sqrt{3}$ $(\frac{3\pi}{2} < x < 2\pi)$

[1)] Dieses Programm berechnet den Radius einer Kugel, deren Oberfläche gegeben ist.
[2)] Siehe Programmlisting rechts oben.

1011. Es ist mittels der Tastenfolge 2ND MATH 2 8 (▸GMS) von Dezimalgrad in „Grad-Minuten-Sekunden" umzuwandeln:

a) 3,15° **b)** 177,28° **c)** 9,8065° **d)** 179,314°

Anleitung: 3,15° ▸ GMS...

1012. Die nachstehenden goniometrischen Gleichungen sind über $[0, 2\pi[$ zu lösen:

a) $\sin^2 x + 1{,}5 = \frac{5}{2}\sin x$ **b)** $\frac{2}{\sin^2 x} - \frac{1}{1-\cos x} = \frac{1}{1+\cos x}$

c) $\frac{\cos^2 x}{\sin^2 x} = \tan^2 x$ **d)** $9\sin\left(\frac{x}{2}\right) - 9 = 0$

1013. Die Funktionen mit den Gleichungen $y_1 = \sin\left(\frac{x}{3}\right)$, $y_2 = \sin x$ und $y_3 = \sin(3x)$ sind in die selbe Grafik zu zeichnen!
Welche Periodenlänge (= Abstand von einem Maximum bis zum nächsten Maximum) haben diese trigonometrischen Funktionen?

1014. Text wie Aufgabe **1013.** für $y_1 = \cos\frac{x}{2}$, $y_2 = \cos x$, und $y_3 = \cos 2x$.

1015. Von einem allgemeinen Dreieck ist folgendes gegeben: $a = 16\,\text{mm}$, $b = 19\,\text{mm}$, und $\gamma = 97{,}812°$.

a) Man berechne c, α, β und A.

b) Es ist ein Programm zur Lösung von **a)** zu schreiben! EINGABE: a,b,γ; AUSGABE: c, α, β und A.

1016. Text wie Aufgabe **1015.** für $a = 15\,\text{mm}$, $b = 24\,\text{m}$ und $c = 18\,\text{mm}$ — AUSGABE: α, β, γ und A.

Exponentialfunktion und Logarithmus

Bei den Aufgaben **1017.** bis **1019.** sind die Taste LN bzw. 2ND e^x Taste Ihres TRs zu verwenden:

1017. a) $\ln 5$ **b)** e^{-2} **c)** $\ln\left(\frac{5}{3}\right)^2$

1018. a) $7e^{7x}$ für $x = 0$ **b)** $4e^{-1} - 2e^{-1}$ **c)** $\ln x + 1$ für $x = 1$

1019. a) $\frac{e^x + e^{-x}}{2}$ für $x = 4$ **b)** $\frac{\ln x - 1}{(\ln x)^2}$ für $x = 2$ **c)** $x + \ln x$ für $x = e$

1020. Bereits im Jahre 1968 wurde der „**Club of Rome**" gegründet. Hierbei handelt es sich um einen informellen Zusammenschluss von Wissenschaftern aus über 30 Ländern, die sich mit den Menschheitsproblemen, insbesondere der Überbevölkerung unseres Planeten, befassen. Das Problem der Überbevölkerung soll in dieser Aufgabe näher beleuchtet und mathematisch analysiert werden.

Im Jahr 1959 erreichte die Weltbevölkerung 3 Milliarden Menschen, 1974 waren es 4 Milliarden, 1986 5 Milliarden und 1997 6 Milliarden. Anders formuliert: Es dauerte vom Beginn der Menschheit bis zum Jahr 1959 um eine Anzahl von 3 Milliarden zu erreichen — und nur 38 weitere Jahre, um diese Anzahl zu verdoppeln!

Das Bevölkerungswachstum ist exponentiell. Die Publikation „KELLY, Investigating Advanced Algebra with the TI-92" (Brendan Kelly Publishing Inc.) gibt die Anzahl der Menschen y als eine Funktion der Zeit x wie folgt an:

$$y = 10^{0{,}00389x+2}$$

1020. (Fortsetzung)

a) Die Gleichung $y = 10^{0,00389x+2}$ ist grafisch mit dem TR zu veranschaulichen. Verwenden Sie den (F3) TRACE-Mode im Grafikbildschirm, um herauszufinden, in welchen Jahren die Bevölkerung 1 Milliarde, 5 Milliarden und 6 Milliarden erreichte bzw. erreichen wird.

Anleitung: Um die WINDOW-Variablen einzugeben, ist [◆] [WINDOW] zu drücken. In Band 1 wird Ihnen auf Seite 277 sehr übersichtlich erklärt, wie Sie die Grenzen und andere Merkmale des Ansichtsfensters durch Einstellungen der WINDOW-Variablen definieren können. Für diese Aufgabe ist es vorteilhaft, WINDOW-Variablen wie folgt einzustellen:

```
xmin=1800.
xmax=2000.
xscl=1.
ymin=0.
ymax=6000000000.
yscl=1.
xres=2.
```

b) Überprüfen Sie die in **a)** gefundenen Werte durch Lösung der entsprechenden Gleichungen.

Anleitung: Löse$\left(y = 10^{0,00389x+2} - 1000000000 = 0, x\right)$

c) Die in **a)** und **b)** gefundenen Werte stimmen mit den eingangs gegebenen (und im weiß unterlegten rechten Kasten nochmals zusammengefassten) Daten nicht überein. Man überzeuge sich, dass die Exponentialfunktion mit der Gleichung

$$y = 0,109741 \cdot 10^{-5} \cdot e^{0,01814882x}$$

Daten des „Club of Rome"	
Jahr	Anzahl
1959	$3 \cdot 10^9$
1986	$5 \cdot 10^9$
1997	$6 \cdot 10^9$

eine bessere Näherung der Daten des „Club of Rome" liefert. Welche Werte liefert diese neue Funktionsgleichung für das Jahr 2010?

d) Gehen wir davon aus, dass die Weltbevölkerung im Jahr 1997 6 Milliarden Menschen war. In welchem Jahr wird sich diese Anzahl verdoppelt haben? Diese Frage ist einerseits in Hinblick auf die in **a)** gegebene Funktionsgleichung und andererseits auf Basis der in **c)** gegebenen Funktionsgleichung zu beantworten. Versuchen Sie, eine Begründung für die voneinander abweichenden Resultate zu finden!

Bei den Aufgaben **1021.** bis **1023.** sind die Gleichungen mit und ohne (algebraischen) TR zu lösen:

1021. a) $5^{x^2-3x} = 625$ **b)** $x^{x^2-4x+4} = 1$ **c)** $\sqrt[4]{5^{3x+1}} = \sqrt[x]{5^{4+x}}$

1022. a) $2^{x+1} = 80 - 4^x$ **b)** $17^{\frac{x+1}{x-1}} = 71^{\frac{x-1}{x+1}}$ **c)** $320 - 2^{x+3} = 4^{x+1}$

1023. a) $64^{\frac{x+2}{8x+5}} = \sqrt[4]{0,5} \cdot \sqrt[x+3]{2^{x+21}}$ **b)** $2 \cdot 5^{2x-2} - 9 \cdot 5^{x-1} - 5 = 0$ **c)** $\sqrt{2^{x-1}} = \sqrt[7]{0,5^{6-4x}}$

1024. a) Wenn f(n) die Anzahl der Primzahlen zwischen 0 und n ($n \in \mathbb{N}^*$) beschreibt, dann gilt für große n die folgende Annäherung: $f(n) = \frac{n}{\ln n}$

Verwenden Sie diese Formel, um die Anzahl der Primzahlen zwischen **(1)** 0 und 100 **(2)** 0 und 1000 **(3)** 0 und 10000 näherungsweise zu bestimmen.

b) Die tatsächliche Anzahl der Primzahlen zwischen 0 und 100 ist 25, zwischen 0 und 1000 ist sie 168 und zwischen 0 und 10000 ist sie 1229. Wie groß ist der prozentuelle Fehler zwischen der tatsächlichen Anzahl und der Annäherung? Wird der Fehler größer oder kleiner, wenn n zunimmt?

Bei den Aufgaben **1025.** bis **1028.** sind die Gleichungen mit und ohne (algebraischen) TR zu lösen:

1025. a) $\frac{1}{2}\lg\left(5x-5+\sqrt{28x^2-290x+903}\right)=0{,}69897$ **b)** $\frac{1}{2}\lg\left(4x-2+\sqrt{18x^2-67x+26}\right)=0{,}30103$

1026. a) $\frac{1}{2}\ln\left(3x-4+\sqrt{12x^2-31x+58}\right)=0{,}69315$ **b)** $\frac{1}{2}\ln\left(2x-3+\sqrt{12x^2-87x+139}\right)=1{,}0986$

1027. a) $\frac{1}{2}\lg\left(2x+7+\sqrt{7x^2+2x+7}\right)=0{,}47712$ **b)** $\frac{1}{2}\lg\left(4x+3+\sqrt{17x^2-9x-19}\right)=0{,}30103$

1028. a) $x^{\ln x}=12$ **b)** $x^{3\log x}=10^9$

Komplexe Zahlen

1029. Wie groß ist der Abstand zwischen den Punkten **a)** $5+3i$ und $-4-2i$ **b)** $-2+i$ und $-12+4i$ in der komplexen Zahlenebene?

1030. Das nebenstehende Programm fragt nach zwei komplexen Zahlen und gibt deren Summe an.

a) Das Programm ist in den TR einzugeben.

b) Anschließend ist das Programm für

(1) $(3+4i)+(5-7i)$ und

(2) $(9+i)+(-2+3i)$ zu testen.

Programm

```
: komplex() ........................ (1)
: Prgm ............................. (2)
: Lokal a,b,z ...................... (3)
: LöEA .............................. (4)
: Eingabe "Erste Zahl",a ............ (5)
: Eingabe "Zweite Zahl",b ........... (6)
: Definier z=a+b .................... (7)
: Zeige "Summe",z ................... (8)
: EndPrgm ........................... (9)
```

Kommentar

(1) Programmname
(2) Programmbeginn
(3) Vereinbarung der lokalen Größen a,b,z
(4) Löschen des Programm-/EA-Bildschirms
(5) Eingabe der ersten Zahl
(6) Eingabe der zweiten Zahl
(7) Berechnung der Summe, abgespeichert auf z
(8) Ausgabe der Summe z
(9) Ende des Programms

1031. Das nebenstehende Programm ist so abzuändern, dass nunmehr zwei komplexe Zahlen **subtrahiert** werden! Anschließend ist es an selbst gewählten Problemstellungen zu testen.

1032. Das nebenstehende Programm ist so abzuändern, dass nunmehr zwei komplexe Zahlen **multipliziert** werden! Anschließend ist es an selbst gewählten Problemstellungen zu testen.

1033. Das nebenstehende Programm ist so abzuändern, dass nunmehr zwei komplexe Zahlen **dividiert** werden. Anschließend ist es an selbst gewählten Problemstellungen zu testen.

1034. Wie können die in den letzten Aufgaben erstellten Programme „zusammengefasst“ werden, sodass letztendlich ein einziges Programm vorliegt, das — nach Eingabe von zwei komplexen Zahlen — die Summe, die Differenz, das Produkt und den Quotienten dieser Zahlen ausgibt? Erstellen Sie ein derartiges Programm!

Bei den Aufgaben **1035.** bis **1041.** ist so weit wie möglich zu vereinfachen:

1035. a) i^{20} **b)** i^{63} **c)** i^{-18} **d)** i^{-35}

1036. a) $(3+2i)+(7-5i)$ **b)** $(4+13i)-(8-15i)$ **c)** $(5+i)(3-2i)$ **d)** $(25i-12)(25i+12)$

1037. a) $(5+2i)^2$ **b)** $(3-4i)^3$ **c)** $(1-i)^4$ **d)** $(6+i)^5$

1038. a) $\frac{2+3i}{2i^5-1}$ **b)** $\frac{4i-1}{(2-i)^2}$ **c)** $\frac{-5+2i}{(3-2i)^3}$ **d)** $\frac{2-i}{(2+3i)^4}$

1039. a) $\frac{3+4i}{1-4i^{29}}$ **b)** $\frac{3-i}{(2+5i)^2}$ **c)** $\frac{3-5i}{(1-2i)^3}$ **d)** $\frac{4-3i^7}{(4-3i)^7}$

1040. a) $(5+3i)^4-(5-3i)^4$ **b)** $\frac{(3-7i)^4}{(3+7i)^4}$ **c)** $(2+4i)^5-(1-3i)^6$ **d)** $\sqrt[5]{(3+7i)^3}$

1041. a) $(3+2i)^{7i}$ **b)** i^{2i} **c)** $(3+2i)^{5-3i}$ **d)** $\sin\varphi-\frac{e^{i\varphi}-e^{-i\varphi}}{2i}$

Bemerkung: Der in **d)** gegebene Term kann verwendet werden, um $\sin\varphi=\frac{e^{i\varphi}-e^{-i\varphi}}{2i}$ zu beweisen!

Vektorrechnung

1042. Man zeichne die Ortsvektoren der Punkte A(5, 0), B(3, 3) und C(0, 4) **a)** mit einem Pfeil **b)** mit einem Kreis **c)** mit den Buchstaben a, b, bzw. c an der Spitze.

Anleitung: Man verwende die Befehle *Linie*, *Kreis* und *PktText*.

1043. Gegeben sind die Vektoren $\vec{v}=\begin{pmatrix}5\\0\\0\end{pmatrix}, \vec{w}=\begin{pmatrix}-3\\0\\4\end{pmatrix}$ und $\vec{u}=\begin{pmatrix}1\\2\\7\end{pmatrix}$

Man berechne

a) den Betrag (= die Länge) von $\vec{v}$, $\vec{w}$ und $\vec{u}$

b) den Winkel zwischen $\vec{v}$ und $\vec{w}$

c) das vektorielle Produkt $\vec{z}=\vec{v}\times\vec{w}$ von $\vec{v}$ und $\vec{w}$

d) die von $\vec{v}$ und $\vec{w}$ aufgespannte Parallelogrammfläche

e) das Volumen des Parallelepipedes, das von $\vec{v}$, $\vec{w}$ und $\vec{u}$ aufgespannt wird

f) die Koordinaten der Eckpunkte eines solche Parallelepipedes, wenn der erste Eckpunkt die Koordinaten A(1, 1, 1) hat.

Anleitung: Man verwende die Befehle *SkalarP* (für das skalare Produkt), *KreuzP* (für das vektorielle Produkt) und *Norm* (für den Betrag von Vektoren).

Finanzmathematik

Bei den Aufgaben **1044.** bis **1047.** ist die im TR abgespeicherte Zinseszins-Formel zu verwenden.

1044. Man berechne, auf welchen Wert **a)** ein Anfangskapital von € 2700,— bei 2,75 % p. a. in 3 Jahren **b)** ein Anfangskapital von € 3800,— bei 3,25 % p. a. in 5 Jahren anwächst.

1045. Man berechne, mit wie viel Prozent p. a. ein Sparbuch verzinst wird, wenn **a)** ein Anfangskapital von € 2800,— in 6 Jahren auf € 3492,10 **b)** ein Anfangskapital von € 5000,— in 8 Jahren auf € 6842,85 anwächst.

1046. Welches Anfangskapital ist erforderlich, um **a)** bei einer Verzinsung von 3 % p. a. in 3 Jahren einen Betrag von € 1803,— und **b)** bei einer Verzinsung von 4 % p. a. in 7 Jahren einen Betrag von € 2900,— anzusparen ?

1047. Wie lange dauert es, damit **a)** ein Anfangskapital von € 4720,— bei einer Verzinsung von 3,5 % p. a. auf € 5416,30 **b)** ein Anfangskapital von € 600,— bei einer Verzinsung von 4% p. a. auf € 960,62 anwächst?

Bei den Aufgaben **1048.** bis **1052.** sind die im TR abgespeicherten Formeln für die End- und Barwerte von Renten zu verwenden.

1048. Welcher Betrag wird angespart, wenn jemand 5 Jahre lang jeweils am **a)** Jahresbeginn **b)** Jahresende € 400,— auf ein mit 4 % p. a. verzinstes Sparbuch einlegt ?

1049. Welchen Betrag muss jemand 4 Jahre lang jeweils am **a)** Jahresbeginn **b)** Jahresende auf ein mit 3,5 % p. a. verzinstes Sparbuch legen, um am Ende des 4. Jahres über ein Guthaben von € 5000,— zu verfügen ?

1050. Jemand zahlt 3 Jahre lang jeweils € 500,— auf ein Konto ein und verfügt am Ende des dritten Jahres über ein Guthaben von € 1519,80. Mit wie viel Prozent p. a. wird das Konto verzinst, wenn die Einzahlungen jeweils am **a)** Jahresbeginn **b)** Jahresende erfolgt sind?

1051. Über welches Guthaben muss man verfügen, um bei einer Verzinsung von 3,25 % p. a. 4 Jahre lang jeweils € 2000,— beheben zu können, wenn diese Behebungen jeweils am **a)** Jahresbeginn **b)** Jahresende erfolgen und das Guthaben am Ende des 4. Jahres aufgebraucht ist?

1052. Welche gleich bleibenden Beträge kann jemand, der über ein Guthaben von € 9000,— auf einem mit 2,5 % p. a. verzinsten Konto verfügt, 4 Jahre lang jeweils am **a)** Jahresanfang **b)** Jahresende beheben, um dieses Guthaben zu verbrauchen?

Die Aufgaben **1053.** bis **1055.** führen auf Gleichungen höheren Grades, die mit Hilfe des **Löse**-Befehls zu lösen sind:

1053. Jemand eröffnet zu Jahresbeginn ein Sparbuch mit einer Ersteinlage von € 300,—. Ein Jahr später werden € 250,— und weitere zwei Jahre später € 150,— auf dieses Sparbuch eingezahlt. Mit wie viel Prozent p. a. wird dieses Sparbuch verzinst, wenn das Guthaben 8 Jahre nach Eröffnung dieses Sparbuchs € 861,40 beträgt?

1054. Jemand eröffnet zu Jahresbeginn ein Sparbuch mit einer Einlage von € 1000,—. Mit wie viel Prozent p. a. wird dieses Sparbuch verzinst, wenn das Guthaben nach **a)** 26 Monaten € 1043,90 **b)** 33 Monaten € 1063,10 beträgt?

1055. Für ein Grundstück liegen von 2 Interessenten Kaufangebote vor. Interessent A bietet an, € 20000,— sofort und € 80000,— nach 3 Jahren zu zahlen. Interessent B bietet an, jeweils € 50000,— sofort und nach 5 Jahren zu zahlen. Bei welcher Verzinsung in Prozent p. a. wären beide Angebote gleichwertig?

Beschreibende Statistik

1056. Gegeben ist die Urliste der Wartezeiten auf einen Bus (in Minuten):

5, 4, 2, 1, 4, 6, 7, 12, 4, 3, 9, 14, 12, 5, 6, 7, 9, 4, 2, 3, 5, 4.

Gesucht ist

a) die geordnete Urliste, gespeichert auf der Data/Matrix-Variablen u

b) Median (Zentralwert), Minimum, Maximum und Spannweite der Daten

c) das arithmetische Mittel und die Standardabweichung (mit der richtigen Gewichtung!) mittels Eingabe im Data/Matrix-Editor

d) die Liste h der relativen Häufigkeiten (mit Verwendung des Programms haeuf)

e) der Modalwert

f) das gewogene arithmetische Mittel

g) die gewogene Standardabweichung mittels Eingabe im Data/Matrix-Editor

1057. Text wie Aufgabe **1056.** mit der Urliste der Anzahl der Fahrzeuge, die zwischen zwei Rotphasen einer Ampel vorbeifahren:

15, 12, 14, 17, 13, 14, 5, 10, 12, 17, 12, 14, 15, 19, 12, 7, 16, 14, 12.

1058. Gegeben ist die Urliste der Geburtsmonate von 30 Schülern und Schülerinnen:

3, 12, 11, 2, 7, 5, 9, 1, 5, 12, 3, 10, 12, 3, 5, 1, 12, 2, 1, 7, 11, 12, 4, 4, 2, 5, 9, 1, 6, 4.

Gesucht ist **a)** die Anzahl der Daten (mit dim) **b)** der Modalwert (häufigster Wert).

1059. Gegeben sind die Daten: 5, 9, 17, 1, 3, 19, 14, 14, 12, 17, 4.

Gesucht ist **a)** der Zentralwert (Median) **b)** das arithmetische Mittel mittels Eingabe im Data/Matrix-Editor.

1060. Gegeben sind die Daten der Anzahl der gekauften Coladosen pro Tag für 4 Wochen:

3, 16, 15, 12, 6, 9, 0, 14, 20,14, 21, 13, 4, 0, 12, 17, 10, 12, 7, 8, 0, 15, 12, 20, 16, 17, 10, 0.

Gesucht ist **a)** die Liste der relativen Häufigkeiten (erstellt mit dem Programm *haeuf*), **b)** das gewogene arithmetische Mittel, **c)** die gewogene Standardabweichung

Zusatzfrage: Wieso gibt es immer die Anzahl 0? Ergibt das einen Hinweis für den Aufstellungsort des Cola-Automaten?

Wahrscheinlichkeitsrechnung und Kombinatorik

1061. Ermitteln Sie **a)** $\binom{10}{7}$ **b)** $\binom{32}{4}$ **c)** $\binom{45}{6}$ **d)** $\binom{200}{2}$ mittels der Faktorielle-Funktion (!) und mittels der Kombinat-Funktion und vergleichen Sie die Ergebnisse!

1062. Berechnen Sie **a)** 13! **b)** $\frac{21!}{13!}$ **c)** $\frac{24!}{12!4!}$ **d)** $50!\frac{4!}{2!2!}$

1063. Wie viele Möglichkeiten für die Reihenfolge gibt es, einen Zug aus 14 verschiedenen Waggons zusammenzustellen ?

1064. Wie viele Möglichkeiten gibt es, Wörter mit 5 verschiedenen Buchstaben aus den Buchstaben A, B, C, D und E zu bilden ?[1)]

1065. Wie viele Möglichkeiten gibt es, Wörter mit 5 verschiedenen Buchstaben aus den Buchstaben A bis Z (26 Buchstaben) zu bilden ?[1)]

1066. Wie viele Möglichkeiten gibt es, 3 Kugeln aus einem Sack mit 6 verschiedenfarbigen Kugeln zu ziehen ? Die Reihenfolge der gezogenen Kugeln ist egal.

1067. Wie viele Möglichkeiten gibt es, beim Würfeln mit 2 Würfeln die Augensumme 7 zu erzielen ?

a) Geben Sie alle Möglichkeiten in Form von Zahlenpaaren an.

b) Wie groß ist die Wahrscheinlichkeit, die Augensumme 7 beim Würfeln mit 2 Würfeln zu erzielen ?

c) Erzeugen Sie eine Liste mit 100 Würfen (mit rand und seq) und erstellen Sie die Häufigkeitsliste h und die Datenliste d mit dem Programm haeuf.

d) Wie groß ist die erwartete Anzahl von Würfen mit Augensumme 7 bei 100 Würfen ?

Anleitung: Wahrscheinlichkeit von b) multipliziert mit 100.

1068. Text wie Aufgabe 1067. für die Augensumme 10.

1069. Wie groß ist die Wahrscheinlichkeit beim Würfeln eine Zahl kleiner als **a)** 2 **b)** 4 **c)** 6 **d)** 10 zu würfeln ?

Erzeugen Sie eine Liste mit 100 Würfen (mit ZufallZ und Folge) und erstellen Sie eine Häufigkeitenliste (mit haeuf) und berechnen Sie die relative Häufigkeit für a) bis d) und vergleichen Sie diese Daten mit den berechneten Wahrscheinlichkeiten!

1070. Eine Schachtel enthält 4 rote, 3 blaue und 2 gelbe Bälle. Wie groß ist die Wahrscheinlichkeit, dass ein zufällig ausgewählter Ball **nicht** blau ist ?

1071. Eine Zahl aus der Menge A={1, 2, 4, 5, 8, 12, 15} soll zufällig gezogen werden. Wie groß ist die Wahrscheinlichkeit **a)** eine Zahl kleiner als 9 **b)** eine gerade Zahl **c)** eine Primzahl zu ziehen ?

1072. Eine Reisegruppe besteht aus 30 Personen. Von diesen 30 Personen sprechen 15 englisch und 8 französisch. 4 Personen, die englisch sprechen, sprechen auch französisch. Wie groß ist die Wahrscheinlichkeit, dass eine zufällig ausgewählte Person dieser Reisegruppe **a)** englisch spricht **b)** nicht französisch spricht **c)** englisch oder französisch spricht ?

1073. Eine Urne enthält 5 rote, 3 gelbe und 7 blaue Kugeln. Eine Kugel wird zufällig ausgewählt. Wie groß ist die Wahrscheinlichkeit, dass eine rote oder eine blaue Kugel gezogen wird ?

[1)] Damit sind auch sinnlose Wörter, wie ABCDE gemeint, aber nicht AAABB.

ZUSAMMENSTELLUNG WICHTIGER FORMELN

$a^0 = 1$	$a^1 = a$	$a^{-n} = \frac{1}{a^n}$	$\sqrt[n]{a} = a^{\frac{1}{n}}$	$\sqrt[n]{a^m} = a^{\frac{m}{n}}$	
$a^m \cdot a^n = a^{m+n}$	$a^m : a^n = a^{m-n}$	$(a^m)^n = a^{m \cdot n}$	$(a \cdot b)^n = a^n \cdot b^n$	$\left(\frac{a}{b}\right)^n = \frac{a^n}{b^n}$	$a^{\frac{n}{m}} = a^{\frac{nr}{mr}}$
$\sqrt[n]{a} \cdot \sqrt[m]{a} = \sqrt[nm]{a^{m+n}}$	$\frac{\sqrt[n]{a}}{\sqrt[m]{a}} = \sqrt[nm]{a^{m-n}}$	$\sqrt[n]{\sqrt[m]{a}} = \sqrt[m]{\sqrt[n]{a}} = \sqrt[mn]{a}$			
$\sqrt[n]{ab} = \sqrt[n]{a} \cdot \sqrt[n]{b}$	$\sqrt[n]{\frac{a}{b}} = \frac{\sqrt[n]{a}}{\sqrt[n]{b}}$	$\sqrt[mr]{a^{nr}} = \sqrt[m]{a^n}$			
$a^x = b \Leftrightarrow x = \log_a b$	$\log_a (uv) = \log_a u + \log_a v$	$\log_a \frac{u}{v} = \log_a u - \log_a v$			
$\log_a u^r = r \log_a u$	$\log_a \sqrt[n]{u} = \frac{1}{n} \log_a u$				

Quadratische Gleichung:

$ax^2 + bx + c = 0 \Leftrightarrow x^2 + px + q = 0 \left(\text{mit } p = \frac{b}{a} \text{ und } q = \frac{c}{a}\right)$

$x_{1,2} = \frac{-b \pm \sqrt{b^2 - 4ac}}{2a} \qquad x_{1,2} = -\frac{p}{2} \pm \sqrt{\left(\frac{p}{2}\right)^2 - q}$

Satz von VIÈTA:

$x_1 + x_2 = -p$

$x_1 \cdot x_2 = q$

$(x - x_1)(x - x_2) = x^2 + px + q$

Im rechtwinkeligen Dreieck gilt:

$\sin\alpha = \frac{\text{Gegenkathete}}{\text{Hypotenuse}} = \frac{a}{c} \qquad \cos\alpha = \frac{\text{Ankathete}}{\text{Hypotenuse}} = \frac{b}{c} \qquad \tan\alpha = \frac{\text{Gegenkathete}}{\text{Ankathete}} = \frac{a}{b}$

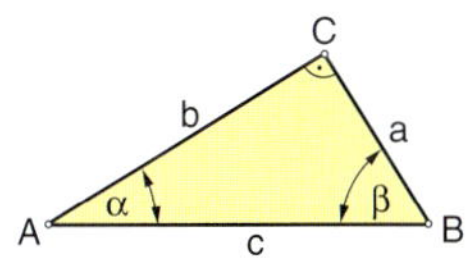

Vorzeichen in den Quadranten:

Funktion \ Quadrant	I	II	III	IV
sin α	+	+	−	−
cos α	+	−	−	+
tan α	+	−	+	−

⇔

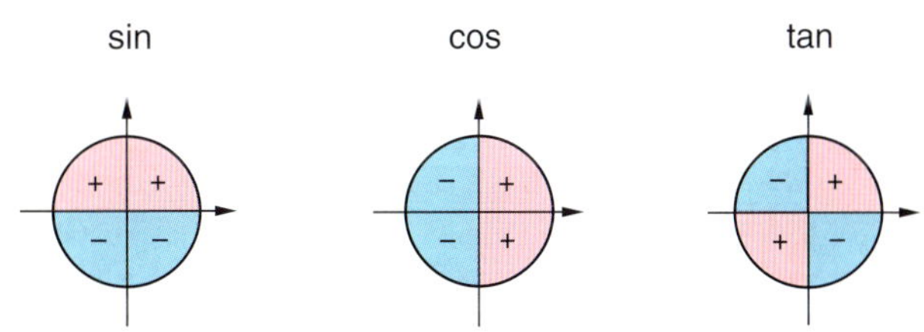

Funktionswerte negativer Winkel:

$\sin\alpha = -\sin(-\alpha) \qquad \cos\alpha = \cos(-\alpha) \qquad \tan\alpha = -\tan(-\alpha)$

Zusammengang zwischen Funktion und Kofunktion:

$\sin(90° - \alpha) = \cos\alpha \qquad \cos(90° - \alpha) = \sin\alpha \qquad \left(90° = \frac{\pi}{2}\right)$

Flächeninhalt des allgemeinen Dreiecks:

$A = \frac{ab}{2}\sin\gamma =$

$= \frac{ac}{2}\sin\beta =$

$= \frac{bc}{2}\sin\alpha$

Sinussatz:

$a : b : c = \sin\alpha : \sin\beta : \sin\gamma$

$\frac{a}{\sin\alpha} = \frac{b}{\sin\beta} = \frac{c}{\sin\gamma}$

Kosinussatz:

$a^2 = b^2 + c^2 - 2bc\cos\alpha$

$b^2 = a^2 + c^2 - 2ac\cos\beta$

$c^2 = a^2 + c^2 - 2ab\cos\gamma$

Goniometrische Beziehungen:

(1) $\sin^2\alpha + \cos^2\alpha = 1$

(2) $\tan\alpha = \frac{\sin\alpha}{\cos\alpha}$

(3) $1 + \tan^2\alpha = \frac{1}{\cos^2\alpha}$

(4) $\sin(\alpha+\beta) = \sin\alpha\cdot\cos\beta + \cos\alpha\cdot\sin\beta$

(5) $\sin(\alpha-\beta) = \sin\alpha\cdot\cos\beta - \cos\alpha\cdot\sin\beta$

(6) $\cos(\alpha+\beta) = \cos\alpha\cdot\cos\beta - \sin\alpha\cdot\sin\beta$

(7) $\cos(\alpha-\beta) = \cos\alpha\cdot\cos\beta + \sin\alpha\cdot\sin\beta$

(8) $\tan(\alpha+\beta) = \frac{\tan\alpha + \tan\beta}{1 - \tan\alpha\cdot\tan\beta}$

(9) $\tan(\alpha-\beta) = \frac{\tan\alpha - \tan\beta}{1 + \tan\alpha\cdot\tan\beta}$

(10) $\sin 2\alpha = 2\sin\alpha\cdot\cos\alpha$

(11) $\cos 2\alpha = \cos^2\alpha - \sin^2\alpha$

(12) $\tan 2\alpha = \frac{2\tan\alpha}{1-\tan^2\alpha}$

(13) $\sin\alpha + \sin\beta = 2\sin\frac{\alpha+\beta}{2}\cos\frac{\alpha-\beta}{2}$

(14) $\sin\alpha - \sin\beta = 2\cos\frac{\alpha+\beta}{2}\sin\frac{\alpha-\beta}{2}$

(15) $\cos\alpha + \cos\beta = 2\cos\frac{\alpha+\beta}{2}\cos\frac{\alpha-\beta}{2}$

(16) $\cos\alpha - \cos\beta = -2\sin\frac{\alpha+\beta}{2}\sin\frac{\alpha-\beta}{2}$

(17) $\sin\alpha = \sin(180° - \alpha)$

(18) $\cos\alpha = \cos(360° - \alpha)$

(19) $\tan\alpha = \tan(180° + \alpha)$

$i = \sqrt{-1}$ $\quad i^2 = -1$ $\quad i^3 = -i$ $\quad i^4 = 1$

$i^{4n+1} = i$ $\quad i^{4n+2} = -1$ $\quad i^{4n+3} = -i$ $\quad i^{4n} = 1$

Darstellung komplexer Zahlen: $z = a + bi = r(\cos\varphi + i\sin\varphi) = r\cdot e^{i\varphi}$

Satz von MOIVRE:

$$\left.\begin{aligned}(\cos\alpha + i\cdot\sin\varphi)^n &= \cos n\alpha + i\cdot\sin n\alpha\\ (\cos\alpha + i\cdot\sin\varphi)^{\frac{1}{n}} &= \cos\frac{\alpha}{n} + i\cdot\sin\frac{\alpha}{n}\end{aligned}\right\}\ n\in\mathbb{Z}$$

Skalares Produkt von Vektoren:

$$\vec{a}\cdot\vec{b} = \begin{pmatrix}x_1\\y_1\end{pmatrix}\begin{pmatrix}x_2\\y_2\end{pmatrix} = x_1x_2 + y_1y_2 = |\vec{a}|\cdot|\vec{b}|\cos\varphi$$

Orthogonalität:

$$\vec{a}\cdot\vec{b} = 0 \Leftrightarrow \vec{a}\perp\vec{b}$$

Normalvektoren zu $\vec{a} = \begin{pmatrix}x_1\\y_1\end{pmatrix}$:

$$\vec{n}_l = \begin{pmatrix}-y_1\\x_1\end{pmatrix} \qquad \vec{n}_r = \begin{pmatrix}y_1\\-x_1\end{pmatrix}$$

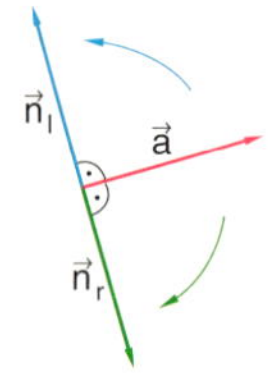

Winkel zwischen zwei Vektoren:

$$\cos\alpha = \frac{\vec{a}_1\vec{a}_2}{|\vec{a}_1|\cdot|\vec{a}_2|} = \frac{\vec{n}_1\vec{n}_2}{|\vec{n}_1|\cdot|\vec{n}_2|}$$

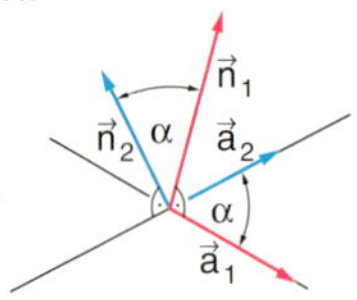

Flächeninhalt eines Parallelogramms:

$$A = \sqrt{\vec{a}^2\vec{b}^2 - (\vec{a}\vec{b})^2}$$

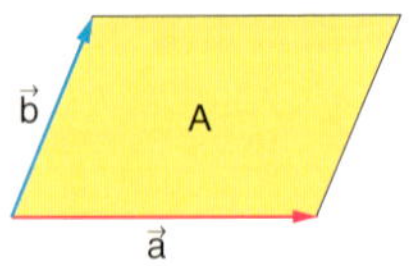

Flächeninhalt eines Dreiecks:

$$A = \frac{1}{2}\sqrt{\vec{a}^2\vec{b}^2 - (\vec{a}\vec{b})^2}$$

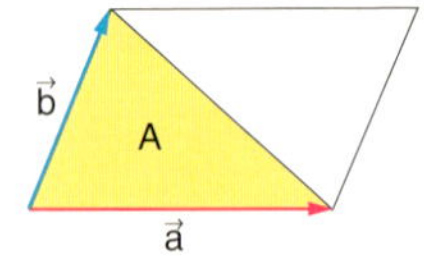

Vektorielles Produkt:

$$\begin{pmatrix}x_1\\y_1\\z_1\end{pmatrix}\times\begin{pmatrix}x_2\\y_2\\z_2\end{pmatrix} = \begin{pmatrix}y_1z_2 - y_2z_1\\ -(x_1z_2 - x_2z_1)\\ x_1y_2 - x_2y_1\end{pmatrix}$$

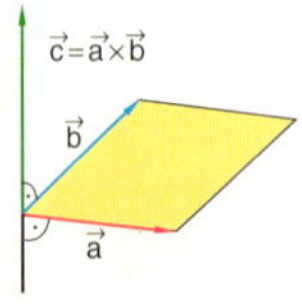

Volumen eines Parallelepipeds:

$$V = |(\vec{a}\times\vec{b})\vec{c}|$$

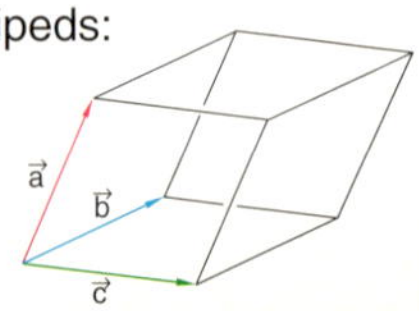

Einfache Zinsen:	Zinseszinsen:	Gemischte Verzinsung:
$K_n = K_0 \cdot \left(1+\frac{p}{100} \cdot n\right)$	$K_n = K_0 \cdot \left(1+\frac{p}{100}\right)^n$	$K_n = K_0 \cdot \left(1+\frac{p}{100}\right)^{n_v} \cdot \left(1+\frac{p}{100} \cdot n_r\right)$ n_v volle Verzinsungsperioden n_r restliche Zeit
Ganzjährige Verzinsung: $K_n = K_0 \cdot \left(1+\frac{p}{100}\right)^n$	**Unterjährige Verzinsung:** $K_n = K_0 \cdot \left(1+\frac{p_m}{100}\right)^{m \cdot n}$	m ...... Anzahl der Verzinsungsperioden im Jahr p_m ..... unterjähriger Zinssatz

Regelmäßige Zahlungen:	vorschüssige Rente	nachschüssige Rente
Endwert E	$E = R \cdot r \cdot \frac{r^n-1}{r-1}$	$E = R \cdot \frac{r^n-1}{r-1}$
Barwert B	$B = R \cdot \frac{1-v^n}{1-v}$	$B = R \cdot v \cdot \frac{1-v^n}{1-v}$

Relative Häufigkeit h_i: $h_i = \frac{\text{absolute Häufigkeit } H_i}{\text{Stichprobenumfang } n}$

Arithmetisches Mittel $\bar{x}$: $\bar{x} = \frac{x_1 + \ldots x_n}{n} = \frac{1}{n}\sum_{i=1}^{n} x_i$

Gewogenes arithmetisches Mittel $\bar{x}$: $\bar{x} = \frac{x_1 m_1 + \ldots + x_n m_n}{m_1 + \ldots + m_n} = \frac{\sum_{i=1}^{n} x_i m_i}{\sum_{i=1}^{n} m_i}$

Geometrisches Mittel $\bar{x}_g$: $\bar{x}_g = \sqrt[n]{x_1 \cdot \ldots \cdot x_n}$ mit $x_1, \ldots, x_n \in \mathbb{R}^+$

Varianz s^2: $s^2 = \frac{(x_1-\bar{x})^2 + \ldots + (x_n-\bar{x})^2}{n} = \frac{1}{n}\sum_{i=1}^{n}(x_i - \bar{x})^2$

Standardabweichung s: $s = \sqrt{\frac{1}{n}\sum_{i=1}^{n}(x_i - \bar{x})^2}$

Permutation (Auswahl von n Elementen): $n! = 1 \cdot 2 \cdot 3 \cdot \ldots \cdot n$

Variation (geordnete Auswahl von n Elementen auf k Plätzen): $\frac{n!}{(n-k)!}$

Kombination (nicht geordnete Auswahl von n Elementen auf k Plätzen): $\binom{n}{k} = \frac{n!}{k!(n-k)!}$

Wahrscheinlichkeit eines Ereignisses A: $P(A) = \frac{\text{Anzahl der günstigen Fälle}}{\text{Anzahl der möglichen Fälle}}$

Additionssatz: $P(A \cup B) = P(A) + P(B) - P(A \cap B)$

Multiplikationssatz: $P(A \cap B) = P(A) \cdot P(B)$ (bei unabhängigen Ereignissen)
$P(A \cap B) = P(A|B) \cdot P(B)$ bzw. $P(B|A) \cdot P(A)$ (bei abhängigen Ereignissen)

SACHWORTVERZEICHNIS

A

B

C

D

E

F

LEHRSTOFFÜBERSICHT

Der folgenden Zusammenstellung ist zu entnehmen, in welchen Jahrgängen der Höheren technischen und gewerblichen bzw. Höheren land- und forstwirtschaftlichen Lehranstalten die betreffenden Abschnitte des Werkes lehrplanmäßig vorgesehen sind. Bei im Lehrplan nicht expressis verbis angeführten Themenbereichen, deren Behandlung aber für das Verständnis anderer Abschnitte bzw. zur Erreichung des Bildungszieles vorteilhaft erscheint, findet sich der Jahrgangshinweis in eckiger Klammer.

	(1)	(2)	(3)	(4)
Potenzen und Wurzeln	2.	2.	2.	2.
Quadratische Gleichungen, Ungleichungen und Funktionen	2.	2.	2.	2.
Trigonometrie	2.	2.	2.	2.
Exponentialfunktion und Logarithmus(funktion)	2.	2.	2.	2.
Die komplexen Zahlen	2.	2.	2.	2.
Vektorrechnung	2.	–	2.	2.
Parameterdarstellung von Funktionen	2.	–	–	–
Lineare Optimierung	2.	–	–	3.
Finanzmathematik	2.	3.	4.	4.
Beschreibende Statistik	2.	2.	2.	2.
Wahrscheinlichkeitsrechnung und beurteilende Statistik	2.	4.	4.	4.
Moderne Hilfsmittel in der Mathematik: der TI-92	2.	[2.–4.]	[2.–4.]	[2.–4.]

(1) Höhere technischen und gewerbliche Lehranstalten (Anlage 1)

(2) Höhere Lehranstalt für allgemeine Landwirtschaft (Anlage 1.1)
Höhere Lehranstalt für alpenländische Landwirtschaft (Anlage 1.2)
Höhere Lehranstalt für Wein- und Obstbau (Anlage 1.3)
Höhere Lehranstalt für Gartenbau
- Ausbildungszweig: Garten- und Landschaftsgestaltung (Anlage 1.4)
- Ausbildungszweig: Erwerbsgartenbau (Anlage 1.5)

Höhere Lehranstalt für Milchwirtschaft und Lebensmitteltechnologie (Anlage 1.9)

(3) Höhere Lehranstalt für Landtechnik (Anlage 1.6)

(4) Höhere Lehranstalt für Forstwirtschaft (Anlage 1.7)

Anlagenverweise beziehen sich auf die Verordnung des Bundesministers für Unterricht und kulturelle Angelegenheiten über die Lehrpläne für Höhere technische und gewerbliche Lehranstalten, BGBl. Nr. 302/1997, sowie auf die Verordnung des Bundesministers für Unterricht, Kunst und Sport über die Lehrpläne für Höhere land- und forstwirtschaftliche Lehranstalten, BGBl. Nr. 491/1988, jeweils in der geltenden Fassung. In den Lehrplänen 2004 der Höheren land- und forstwirtschaftlichen Lehranstalten ist der Lehrstoff keinen bestimmten Jahrgängen zugeordnet.

An technischen, gewerblichen und kunstgewerblichen Fachschulen sowie an Vorbereitungslehrgängen bzw. Höheren technischen und gewerblichen Lehranstalten für Berufstätige erfolgt die Lehrstoffauswahl gemäß dem für die jeweilige Fachrichtung bzw. für den jeweiligen Ausbildungszweig geltenden Lehrplan.